W0259960

Berndt Lüderitz

Elektrische Stimulation des Herzens

Diagnostik und Therapie kardialer Rhythmusstörungen

Unter Mitarbeit von
D. W. Fleischmann · C. Naumann d'Alnoncourt
M. Schlepper · L. Seipel · G. Steinbeck

Mit 229 Abbildungen

Springer-Verlag
Berlin · Heidelberg · New York 1979

Professor Dr. med. BERNDT LÜDERITZ
Medizinische Klinik I der Universität München,
Klinikum Großhadern,
Marchioninistraße 15
D-8000 München 70

ISBN-13:978-3-642-67170-8 e-ISBN-13:978-3-642-67169-2
DOI: 10.1007/978-3-642-67169-2

CIP-Kurztitelaufnahme der Deutschen Bibliothek. Lüderitz, Berndt: Elektrische Stimulation des Herzens : Diagnostik u. Therapie kardialer Rhythmusstörungen/B. Lüderitz. Unter Mitarb. von D. W. Fleischmann ... – Berlin, Heidelberg, New York : Springer, 1979.

Softcover reprint of the hardcover 1st edition 1979

Reproduktion der Abbildungen: Gustav Dreher GmbH, Stuttgart.

2123/3130 – 543210

Vorwort

Die Elektrostimulation des Herzens hat eine über zweihundertjährige Vorgeschichte. Bereits in den Schriften der Royal Human Society aus dem Gründungsjahr 1774 findet sich eine Abhandlung über die Wiederbelebung durch Applikation transthorakaler Stromstöße. In den elektromedizinischen Zeitabschnitten des Galvanismus und der Faradaysation ist wiederholt über die Anwendung elektrischer Stromimpulse durch den Brustkorb berichtet worden. Ein Gerät zur elektrischen Herzreizung durch periodische Stromimpulse wurde 1932 von dem New Yorker Arzt HYMAN beschrieben und in Hinblick auf den natürlichen Taktgeber des Herzens „künstlicher Schrittmacher" genannt, eine Bezeichnung, die heute allgemein üblich ist. Die klinische Bedeutung der Schrittmacheranwendung wurde aber wohl erst in vollem Ausmaße erkannt, als ZOLL im Jahre 1952 über die Wiederbelebung durch externe Elektrostimulation beim Herzstillstand berichtete. Seither sind zahlreiche Fortschritte auf technischem Gebiet erreicht worden. Neue Stimulationsmethoden haben eine Erweiterung des therapeutischen Indikationskataloges erbracht. In mehr als 15 Jahren sind weltweit Hunderttausende von Patienten erfolgreich mit der Elektrostimulation behandelt worden. Obwohl schon frühzeitig versucht wurde, die Schrittmacherstimulation diagnostisch einzusetzen und die Anwendung auf bestimmte Tachyarrhythmien auszudehnen, gelang es erst in den letzten Jahren, geeignete Stimulationsaggregate herzustellen und standardisierte Untersuchungs- und Therapieverfahren zu etablieren.

Dieses Buch gründet sich auf eine langjährige Beschäftigung mit der Elektrophysiologie des Herzens auf tierexperimentellem wie auf klinischem Gebiet. Die Entwicklung führte über Mikroelektrodenstudien am isolierten Papillarmuskel zur klinisch-experimentellen Anwendung der Elektrostimulation mit intrakardialen Ableitungen. Ein internationales Symposium im Herbst 1975 diente der Erarbeitung des aktuellen Erkenntnisstandes. Der in englischer Sprache erschienene Berichtsband (Cardiac Pacing, Diagnostic und Therapeutic Tools, 1976) fand ein unerwartet großes Interesse. Das jetzt vorgelegte Buch stellt einen weiterführenden Schritt insofern dar, als nunmehr versucht wird, die klinische Relevanz der aktuellen wissenschaftlichen Ergebnisse systematisch darzustellen. Grundlage hierzu bilden die einschlägigen Erfahrungen der Autoren, die sämtlich in der klinisch-elektrophysiologischen Forschung wie in der aktiven Patientenbetreuung tätig sind. Es ist Ziel der Abhandlung, die Verknüpfung von klinischem Experiment und angewandter Elektrophysiologie zu nutzen, um neue Erkenntnisse und Weiterentwicklungen der allgemeinen klinischen Anwendung zugänglich zu machen. In diesem Sinne sei auch die Gesamtgliederung verstanden: Die elektrophysiologische Einführung weist unter Berücksichtigung tierexperimenteller Befunde auf Grundphänomene hin, die sodann unter klinischem Bezug diskutiert werden. Ein allgemeiner Teil stellt die konventionelle Diagnostik und Therapie der Herzrhythmusstörungen unter besonderer Berücksichtigung der symptomatischen medikamentösen Therapie dar, um die Rolle der Elektrotherapie innerhalb des allgemeinen Behandlungsplanes zu beleuchten. Der spezielle Teil behandelt ausführlich die diagnostische und therapeutische Schrittmacherstimulation, wobei neben der herkömmlichen Pacemaker-Behandlung bei bradykarden Rhythmusstörungen auch auf die Elektrotherapie von Tachyarrhythmien Wert gelegt wird. Die Betonung kasuistisch relevanter Beobachtungen erfolgte, um auch bei komplizierten rhythmologischen Problemen den Bezug zum Patienten deutlich werden zu lassen. Als Orientierungshilfe ist das abschließende Schrittmacher-Glossarium gedacht.

Das Buch wendet sich an alle mit Herzrhythmusstörungen und besonders mit dem Schrittmacherwesen befaßten Kollegen und soll zur Verbreitung der neuen diagnostischen und therapeutischen Möglichkeiten der Elektrostimulation beitragen. Anregungen und Kritik aus dem Leserkreis werden wir dankbar entgegennehmen.

Unser herzlicher Dank gilt den Mitautoren für die freundschaftliche Zusammenarbeit. Dies gilt für die auswärtigen Kollegen Privatdozent Dr. D. W. FLEISCHMANN, Professor Dr. M. SCHLEPPER und Professor Dr. L. SEIPEL gleichermaßen wie für die Mitarbeiter der Münchner Klinik Dr. C. NAUMANN D'ALNONCOURT und Dr. G. STEINBECK. Dem Direktor der Medizinischen Klinik I der Universität München, Herrn Professor Dr. G. RIECKER, sind wir für die stetige wissenschaftliche Förderung besonders verpflichtet, ohne die dieses Buch nicht entstanden wäre. Unseren Assistentinnen Frau JOHANNA KRIEG und Frau REGINE PULTER danken wir für die Hilfe bei den Bildvorlagen und bei der Korrektur.

Der Springer-Verlag hat uns wiederum sachkundig beraten und ist in großzügiger Weise unseren Wünschen entgegengekommen.

München, Februar 1979 B. LÜDERITZ

Inhaltsverzeichnis

Autorenverzeichnis

Privatdozent Dr. D. W. Fleischmann
Abteilung Innere Medizin I
an der Medizinischen Fakultät
der RWTH Aachen
Goethestr. 27/29, 5100 Aachen

Professor Dr. B. Lüderitz
Medizinische Klinik I
der Universität München
Klinikum Großhadern
Marchioninistr. 15, 8000 München 70

Dr. C. Naumann d'Alnoncourt
Medizinische Klinik I
der Universität München
Klinikum Großhadern
Marchioninistr. 15, 8000 München 70

Professor Dr. M. Schlepper
Kerckhoff-Klinik
Benekestr. 6 – 8, 6350 Bad Nauheim

Professor Dr. L. Seipel
Medizinische Klinik und Poliklinik, Klinik B
Universität Düsseldorf
Moorenstr. 5, 4000 Düsseldorf 1

Dr. G. Steinbeck
Medizinische Klinik I
der Universität München
Klinikum Großhadern
Marchioninistr. 15, 8000 München 70

Einführung

1. Elektrophysiologische Grundlagen

Für die Erregung und die Erregungsausbreitung im Herzmuskel stellen die intra-/extrazellulären Ionenkonzentrationsgradienten einerseits und die Permeabilitätseigenschaften andererseits die wichtigsten Determinanten dar. Zur Erkennung des Pathomechanismus von Herzrhythmusstörungen sind daher die Wechselwirkungen zwischen den zellulären Kationenkonzentrationen (Natrium, Kalium) und den Permeabilitätseigenschaften der Zellmembran zu berücksichtigen und umgekehrt.

1.1 Ionengradienten und Ruhemembranpotential

Intra-/extrazelluläre Verteilungsgleichgewichte für Ionen zählen zu den charakteristischen Eigenschaften des Warmblüterorganismus. Normalerweise beträgt bei Skeletmuskelzellen und Herzmuskelzellen (Ventrikelmyokard) die intrazelluläre Kaliumkonzentration ca. 150 mval/l bei einer extrazellulären Kaliumkonzentration von etwa 4,5 mval/l; und die intrazelluläre Natriumkonzentration etwa 20 mval/l bei einer extrazellulären Natriumkonzentration von 140 mval/l [112, 435, 642]. – Die Ionenverteilungsgleichgewichte an den Zellgrenzflächen sind bedingt durch Prozesse der Diffusion und Osmose (sog. „passiver Transport") und Prozesse des „aktiven", d. h. energieabhängigen Transports entgegen einem elektrochemischen Gradienten.

Das Konzentrationsgefälle von Elektrolyten zwischen Zelle und extrazellulärer Flüssigkeit wird mithin sowohl durch den aktiven Ionentransport wie auch durch physikalisch-chemische Gesetzmäßigkeiten der Zellmembran im Sinne einer Donnan-Verteilung determiniert. Die unterschiedlichen Elektrolytkonzentrationen auf beiden Seiten der Zellmembran und die elektrostatischen Eigenschaften der Membranstruktur bedingen die intra-/extrazelluläre Potentialdifferenz, die an fast allen Körperzellen nachweisbar ist [vgl. 523].

Im Gleichgewichtszustand, bei dem keine Nettoverschiebungen von Ionen auftreten, kann die intra-/extrazelluläre Potentialdifferenz annähernd durch die Nernstsche Gleichung beschrieben werden, bei extrazellulären Kaliumkonzentrationen > 10 mval/l:

$$E_K = \frac{R \times T}{F} \ln \frac{(K_i)}{(K_e)}$$

E_K = Kaliumgleichgewichtspotential,
R = allgemeine Gaskonstante (8,31 Joule/Grad),
T = absolute Temperatur ((f. 37° C) 310° Kelvin),
F = Faraday-Konstante (96 490 Coulomb),
K_i = intrazelluläre Kaliumkonzentration,
K_e = extrazelluläre Kaliumkonzentration.

Die Anwendbarkeit dieser Gleichung ist auf Bedingungen beschränkt, unter denen die Beweglichkeit und die Aktivitätskoeffizienten der betreffenden Ionen auf beiden Seiten der Membran gleich sind, keine größeren Verschiebungen von Wasser auftreten und die Bewegungen anderer Ionen vernachlässigt werden können. Abweichungen vom theoretischen Kaliumdiffusionspotential E_K ergeben sich im Bereich niedriger extrazellulärer Kaliumkonzentrationen (< 10 mval/l). Die Abhängigkeit des Membranpotentials vom intra-/extrazellulären Kaliumkonzentrationsgradienten beschreibt für extrazelluläre Kaliumkonzentrationen unter 10 mval/l die Gleichung von Hodgkin und Horowicz [280]:

$$E_{Na+K} = \frac{R \times T}{F} \ln \frac{(K_i) + \alpha\,(Na_i)}{(K_e) + \alpha\,(Na_e)}$$

E_{Na+K}: intra-/extrazelluläre Potentialdifferenz,
α_{Na}: Permeabilitätsfaktor für Natrium (= Verhältnis von Kaliumpermeabilitätskonstante zu Natriumpermeabilitätskonstante).
Setzt man für den Faktor α_{Na} einen Wert von 0,01 in die Gleichung ein, dann entsprechen die unter physiologischen Bedingungen gemessenen Potentialwerte den mit der Gleichung errechneten Werten weitgehend. Unter den Voraussetzungen konstanter Ionenbeweglichkeit und eines linearen Potentialgefälles an der Zellmembran haben Hodgkin und Katz [282] unter Berücksichtigung zahlreicher monovalenter Ionen folgende Gleichung formuliert:

$$E = -\frac{R \times T}{F} \ln \frac{P_{Cl}\,(Cl_i) + P_{Na}\,(Na_e) + P_K\,(K_e) \ldots}{P_{Cl}\,(Cl_e) + P_{Na}\,(Na_i) + P_K\,(K_i) \ldots}$$

P_{Cl}, P_{Na}, P_K: Permeabilitätskoeffizienten für Chlorid, Natrium, Kalium.
Trotz wesentlicher morphologischer und funktioneller Unterschiede zwischen der Skeletmuskelfaser (einzelne Zellen mit synaptischer Erregungsübertragung) und Herzmuskelzellen (Schrittmachergewebe, kontraktile Muskulatur) sind einige grundlegende Eigenschaften der Zellmembran hinsichtlich der Potentialentstehung und Permeabilität für Ionen beiden Geweben gemeinsam. So besteht gleichermaßen an beiden Strukturen eine Korrelation zwischen intra-/extrazellulärem Ionengradienten und Membranpotential. Nach experimentellen Untersuchungen scheint aber bei Skeletmuskelzellen unter Ruhebedingungen die Chlorpermeabilität die Kaliumpermeabilität zu überwiegen [288], während das Umgekehrte für Herzmuskelzellen wahrscheinlich gemacht wurde [289, vgl. 367].

1.2 Aktionspotential

Das Aktionspotential stellt die Antwort auf einen Reiz dar (vgl. Abb. 1.1). Eine Erregung tritt ein, wenn die Faser depolarisiert wird, d. h. wenn das Ruhemembranpotential um einen kritischen Betrag unterhalb des Ruhemembranpotentials gesenkt wird (sog. kritisches Potential). – Erreicht das Membranpotential durch den depolarisierenden Impuls diesen kritischen Wert, das Schwellenpotential, so nimmt die Natriumleitfähigkeit der Zellmembran stark zu; es resultiert ein Natriumeinstrom, der die Depolarisation der Einzelfaser bewirkt. Bei ausreichender Amplitude des depolarisierenden Impulses, aber zu langsamem Amplitudenanstieg bleibt ein Aktionspotential aus. Als Ursache wird die unterschiedliche zeit- und potentialabhängige Aktivierung und Reaktivierung des Natriumsystems angesehen [281].

Das Aktionspotential unterliegt dem Alles-oder-nichts-Gesetz. Bei Reizstärken unterhalb eines Schwellenniveaus bleibt die spezifische Zellantwort aus, während das Aktionspotential oberhalb des Schwellenwertes von der Reizstärke unabhängig ist. Unter physiologischen Bedingungen ist das fort-

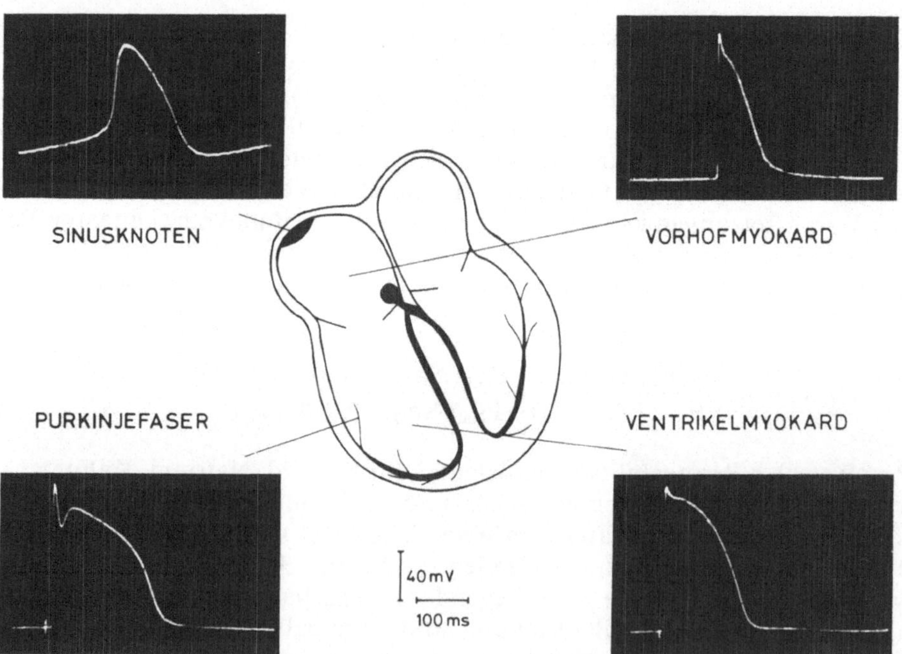

Abb. 1.1. Aktionspotentiale verschiedener myokardialer Strukturen. Originalregistrierungen vom isolierten Kaninchenherzen. Im Gegensatz zu den Aktionspotentialen des Vorhofmyokards, des Ventrikelmyokards und der Purkinje-Faser, zeigen die Aktionspotentiale am Schrittmacherareal in der Diastole einen instabilen Verlauf. Die Dauer der Repolarisationsphase ist strukturspezifisch, die längsten Aktionspotentiale werden an der Purkinje-Faser gemessen

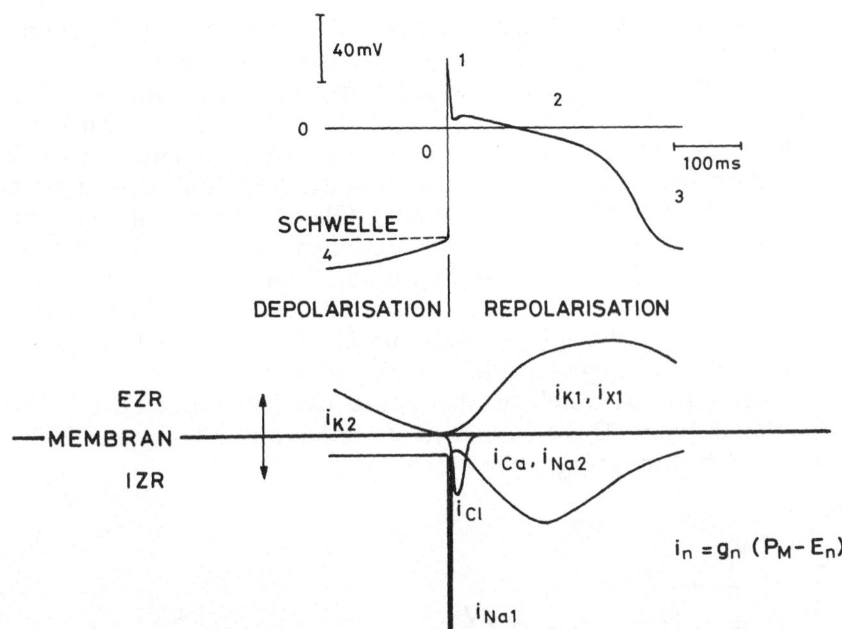

Abb. 1.2. Aktionspotential und Ionenströme. Die einzelnen Phasen des Aktionspotentials sind mit den Ziffern von 0 bis 4 gekennzeichnet: 0: Phase der schnellen Depolarisation; 1, 2 und 3: Repolarisationsphasen verschiedener Geschwindigkeit; 4: Phase der diastolischen Depolarisation. In der unteren Bildhälfte sind den einzelnen Abschnitten des Aktionspotentials die entsprechenden Ionenströme durch die Zellmembran zugeordnet. In der Phase der diastolischen Depolarisation kommt es bei geringem Natriumstrom in die Zelle ($i_{Na\,2}$) zu einem allmählichen Rückgang des Kaliumausstromes ($i_{K\,2}$). Bei Erreichen der Schwelle ändert sich die Permeabilität der Zellmembran für Natriumionen innerhalb einer Millisekunde; es resultiert der schnelle Natriumeinstrom ($i_{Na\,1}$). Während der Repolarisationsphase fließen Chlorid-, Natrium-, Kalium- und Calciumströme durch die Zellmembran. i_{xl}: nicht identifizierbarer Auswärtsstrom [vgl. 481], i_n: Ionenstrom n, g_n: Leitfähigkeit der Membran für dieses Ion, P_M: aktuelles Membranpotential; E_n: Gleichgewichtspotential des Ions n

geleitete Aktionspotential selbst der adäquate Reiz für die elektrische Aktion der Zelle. Daneben kann auch elektrische, thermische oder mechanische Stimulation zu Aktionspotentialen führen oder es kann bei Ausbleiben jeglichen Reizes in allen Herzabschnitten spontan Aktivität auftreten.

Den verschiedenen Phasen des Aktionspotentials: schnelle Depolarisation (Phase 0), schnelle Repolarisation (Phase 1), Plateauphase (Phase 2), späte Repolarisation (Phase 3) und diastolische Depolarisation (Phase 4) [vgl. 527] liegen Ionenströme durch die Zellmembran zugrunde, die abhängig sind von der spezifischen Ionenleitfähigkeit der Membran, dem Membranpotential und dem Gleichgewichtspotential für ein bestimmtes Ion (vgl. Abb. 1.2). Die einzelnen Ionenströme werden durch das Membranpotential selbst gesteuert bzw. aktiviert und inaktiviert. Nach initialem kapazitivem Strom wird das Schwellenpotential von ca. – 65 mV erreicht, wobei die Natriumleitfähigkeit der Membran auf das 300- bis 500fache zunimmt (Ventri-

kelmyokard, Purkinje-System). Es resultiert ein schneller Natriumeinstrom ($i_{Na\,1}$) [147], der innerhalb weniger Millisekunden inaktiviert wird und in einen zweiten langsamen Einwärtsstrom, der von Natrium- und Calciumionen ($i_{Na\,2}$ i_{Ca}) getragen wird [150, 522], übergeht. Bei ca. −30 mV wird dieser langsame Strom aktiviert, er verläuft über mehrere Hundert msec. Ein Einwärtsstrom von Chloridionen (i_{Cl}) leitet die Repolarisationsphase ein [151] und verschiebt das Membranpotential. Gleichzeitig nimmt die Leitfähigkeit der Membran, besonders für Kaliumionen ($i_{K\,1}$) zu [481] und überwiegt schließlich, so daß damit die Phase der Repolarisation abgeschlossen ist. Bei geringem Natriumeinstrom nimmt die Kaliumleitfähigkeit dann weiter ab, es fließt ein Strom ($i_{K\,2}$) [665], der eine wesentliche Rolle in der Phase der diastolischen Depolarisation spielt [vgl. 453].
Im Gegensatz zum Skeletmuskel besitzt der Herzmuskel die Fähigkeit zur Spontanaktivität. Diese Fähigkeit ist unter physiologischen Bedingungen auf das Schrittmachergewebe beschränkt.

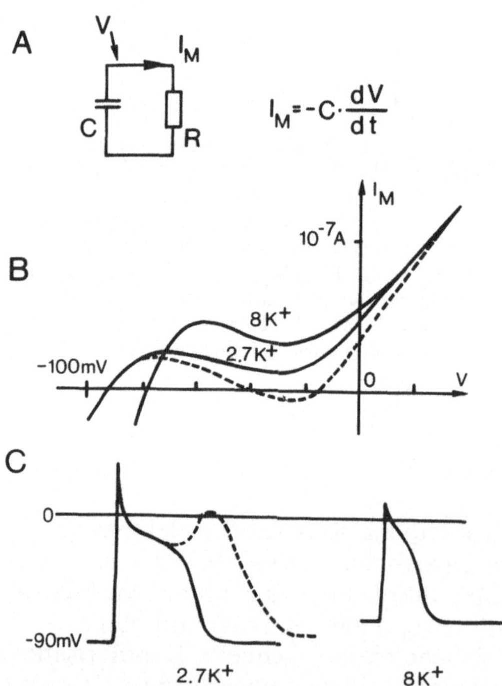

Abb. 1.3. (**A**) Beziehung zwischen dem Membranstrom I_M, der Membrankapazität C und der zeitlichen Änderung des Membranpotentials dV/dt. Der Strom I, der durch die Membran fließt, lädt die Membrankapazität C auf und bewirkt eine seiner Stärke und der Größe der Kapazität entsprechende zeitliche Änderung des Membranpotentials. (**B**) Spannungsklemmexperiment an einem Purkinje-Faden. Der Strom, der nach 500 msec dauernder Depolarisation zu verschiedenen Potentialen durch die Membran fließt, ist als Funktion des Potentials (Abszisse) dargestellt. Die beiden ausgezogenen Kurven sind die Spannungsbeziehung bei 2,7 mM K^+ und 8 mM K^+ in der Tyrodelösung. Die punktierte Kurve bei 0,5 mM K^+. (**C**) Im selben Experiment unter 2,7 mM und 8 mM K^+ gemessene Aktionspotentiale. Die gestrichelte Kurve im linken Aktionspotential entspricht der gestrichelten Kennlinie in B [nach 657]

Normalerweise besteht eine funktionelle Zweiteilung der Herzmuskulatur in Reizbildungs- bzw. -leitungssystem und Arbeitsmyokard. Unter abnormen Bedingungen (extrem niedrige extrazelluläre Kaliumkonzentration, Calciumentzug; Pharmaka: Vergiftung mit Strophanthin, Akonitin, Bariumchlorid) kann die nicht-automatische Arbeitsmuskulatur des Herzens einen sog. Funktionswandel erfahren und selbst zur automatischen Reizbildung befähigt werden. Auch physikalische Einwirkungen können zu einem Funktionswandel des kontraktilen Myokards Anlaß geben: z. B. der Einfluß mechanischer Dehnung [23, 310].

Durch eine Erniedrigung der extrazellulären Kaliumkonzentration kann das Phänomen einer gekoppelten Extrasystole hervorgerufen werden (Abb. 1.3). Zur Erklärung dieses Ereignisses können Untersuchungen mit der Klemm-Spannungstechnik herangezogen werden, die zeigen, daß bei kontrolliertem Ablauf der Repolarisation charakteristische Beziehungen zwischen Membranpotential und Membranstrom bestehen. Die sich daraus ergebenden sog. Kennlinien (Abb. 1.3) lassen erkennen, daß bei erniedrigter extrazellulärer Kaliumkonzentration durch einen vergleichsweise sehr kleinen depolarisierenden Strom eine extrasystolische Erregung in der Repolarisationsphase des vorangegangenen Aktionspotentials entstehen kann.

1.3 Erregungsausbreitung und Refraktärität

Die Geschwindigkeit, mit der sich die Erregungsfront über das Myokard ausbreitet, ist von den elektrochemischen Ionenkonzentrationsgradienten und transmembranären Ionenfluxen, als dessen Ausdruck das Aktionspotential gilt (s. o.), und den sog. „passiven Membraneigenschaften" abhängig. Nicht ohne Einfluß sind auch Zellgröße, Zelldimensionen und interzelluläre Verbindungen der unterschiedlichen Gewebestrukturen des Herzens: Reizbildungsgewebe, Vorhofmyokard, AV-Knoten, Erregungsleitungsgewebe, Ventrikelmyokard.

Zellen mit hohem Ruhemembranpotential (Purkinje-Fasern) erzeugen Aktionspotentiale mit größerer Amplitude und höherer Depolarisationsgeschwindigkeit und leiten die Erregung schneller als Zellen niedrigen Ruhemembranpotentials (AV-Knoten) [147]. Auch die Höhe des Schwellenpotentials wirkt mitbestimmend auf die Erregungsausbreitungsgeschwindigkeit: je größer die Differenz zwischen Schwellenpotential und Ruhemembranpotential, desto länger das Intervall bis zur Erniedrigung des Membranpotentials auf das Schwellenniveau durch den depolarisierenden Reiz [146]. Ein indirekter Parameter für die Erregungsausbreitungsgeschwindigkeit ist die sog. „membrane responsiveness" [676]; sie ist definiert als Abhängigkeit der maximalen Depolarisationsgeschwindigkeit von der Höhe des Membranpotentials, von dem aus ein Aktionspotential initiiert wird (Startpotential, „activation voltage"). Diese Meßgröße charakterisiert die Reaktion der Zelle auf frühe Zusatzerregungen und enthält Hinweise auf den Reaktivierungsgrad des Natriumsystems während der Repolarisationsphase [676].

Wesentliche Bedeutung für die Ausbreitung der Erregung kommt den strukturbedingten passiven Membraneigenschaften zu, d. h. der Membrankapazität und dem elektrischen Widerstand der Membran. Lokale Erregung („local response") erfolgt durch einen elektrischen Strom („local circuit current flow") aufgrund eines Potentialgefälles zwischen einem erregten und einem unerregten Myokardareal [609, 714]. Die Erregung wird fortgeleitet, wenn der lokale Strom ausreicht, die Kapazität der angrenzenden Zellmembran zu entladen und das Membranpotential auf das Schwellenniveau anzuheben („lokale" und „fortgeleitete" Erregung). Während die Kapazität der Membran den zeitlichen Verlauf des „local circuit current flow" determiniert, bestimmt der Membranwiderstand, charakterisiert durch die Längenkonstante λ seine räumliche Verteilung. Je größer der Membranwiderstand, desto größer die Längenkonstante und desto größer die lokale Erregung und die Erregungsausbreitungsgeschwindigkeit. Am spontan aktiven Vorhofgewebe konnte unter dem Einfluß einer erhöhten extrazellulären Kaliumkonzentration der Schrittmacherregion die Synchronisation eines größeren Zellareals nachgewiesen werden, die möglicherweise auf einer Zunahme der Längenkonstante λ beruht [vgl. 453].

Während des Plateaus eines Aktionspotentials und zu Beginn der späten Repolarisationsphase lösen noch so starke Stimuli keine fortgeleiteten Aktionspotentiale aus: die myokardiale Faser ist während dieser Zeit absolut refraktär. Das Intervall, während dessen die Zelle zwar erregbar ist, zur Auslösung der Erregung jedoch größere als diastolische Schwellenreize erforderlich sind, wird als relative Refraktärzeit bezeichnet. An die Phase der relativen Refraktärzeit schließt sich zeitlich die sog. „supernormale Phase" [677] an: während dieser Phase bedarf es zur Auslösung einer Zusatzerregung geringerer als diastolischer Reizstärken. Die funktionelle Refraktärzeit ist definiert als der kürzeste Abstand vom Beginn eines Aktionspotentials an bis zum Auftreten eines mit doppelter Reizstromstärke ausgelösten zweiten Aktionspotentials [vgl. 180, 327].

Ursächlich liegt dem Refraktäritätsverhalten der Einzelfaser der unterschiedliche Funktionszustand des Natrium-Systems zugrunde; es kann inaktiviert (absolute Refraktärzeit), teilweise aktiviert (relative Refraktärzeit) oder vollständig aktiviert sein.

Bei Messung der Refraktäritätsparameter ist die Identität von Stimulationsort und Ableitort Voraussetzung. Wird diese Bedingung nicht eingehalten, so müssen die besonderen Leitungseigenschaften des myokardialen Gewebes berücksichtigt werden. Diese bestehen u. a. in Frequenzabhängigkeit der Leitungsgeschwindigkeit und progressiver Verzögerung von Zusatzerregungen bei Verkürzung des Kopplungsintervalls. Je größer die räumliche Distanz zwischen Stimulationsort und Ableitort, desto größer die Anzahl der in den Leitungsweg integrierten Strukturen mit unterschiedlichen funktionellen Eigenschaften. Die leitungsbegrenzende Struktur eines Systems kann am Stimulationsort und am Ableitort oder an einem beliebigen Ort zwischen beiden Punkten liegen. Die vom Ableitort unabhängige Struktur

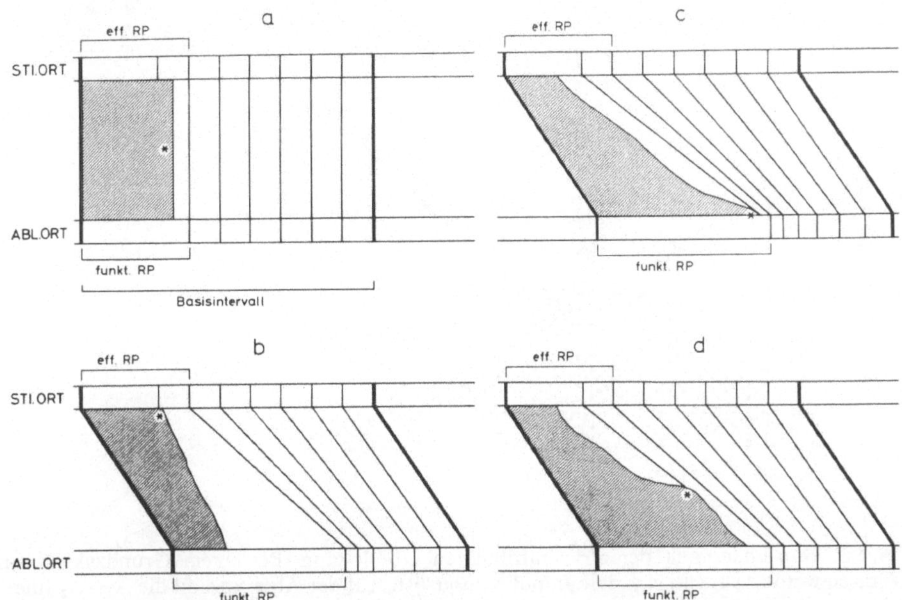

Abb. 1.4 a – d. Effektive und funktionelle Refraktärperiode. Effektive und funktionelle Refraktärzeit werden begrenzt durch die Leitungseigenschaften der im Leitungsweg liegenden Strukturen. Sind Stimulationsort (STI.ORT) und Ableitort (ABL.ORT) identisch, so ist die funktionelle Refraktärzeit gleich der effektiven Refraktärzeit **(a)**. Beispiel **(b)**, **(c)** und **(d)** verdeutlichen, daß bei der Refraktärzeitmessung mit unterschiedlichem Stimulationsort und Ableitort keine Aussage über die Lokalisation der leitungsbegrenzenden Struktur gemacht werden kann; sie liegt unbestimmt zwischen beiden Orten; in den Beispielen jeweils bei *. (eff. RP: effektive Refraktärperiode, funkt. RP: funktionelle Refraktärperiode, schraffiertes Areal: Dauer der Aktionspotentiale längs des Leitungsweges)

wird durch die effektive Refraktärzeit charakterisiert. Sie ist definiert als das kürzeste Kopplungsintervall, das eine fortgeleitete Erregung hervorruft [284]. Dieses kürzeste Kopplungsintervall führt nicht immer zum kürzesten Intervall der Erregung am Ableitort, da die Zusatzerregung mit dem kürzesten Kopplungsintervall die niedrigste Ausbreitungsgeschwindigkeit besitzt. Aufgrund der Inkongruenz von effektiver und funktioneller Refraktärzeit ergeben sich verschiedene Phänomene, die in der Abbildung 1.4 dargestellt sind [vgl. 5, 180, 216, 496, 705].

Von Wit u. Mitarb. [705] wurde das sog. „gap" in der atrioventrikulären Überleitung am Menschen untersucht: Wird bei vorzeitiger atrialer Stimulation das Kopplungsintervall zunehmend verkürzt, so wird ein Zeitpunkt erreicht, zu dem der angekoppelte Impuls nicht mehr auf die Ventrikel übergeleitet wird. Die entsprechende Leitungsblockierung ist distal des Hisschen Bündels lokalisiert. Das Intervall zwischen der Grundrhythmus- und der durch vorzeitige Stimulation bedingten His-Bündel-Depolarisation bei Auftreten des Blocks gilt als effektive Refraktärperiode des His-Purkinje-Systems. Bei noch weitergehender Verkürzung des Kopplungsintervalls tritt dann jedoch wieder eine Überleitung des vorzeitigen Impulses auf die

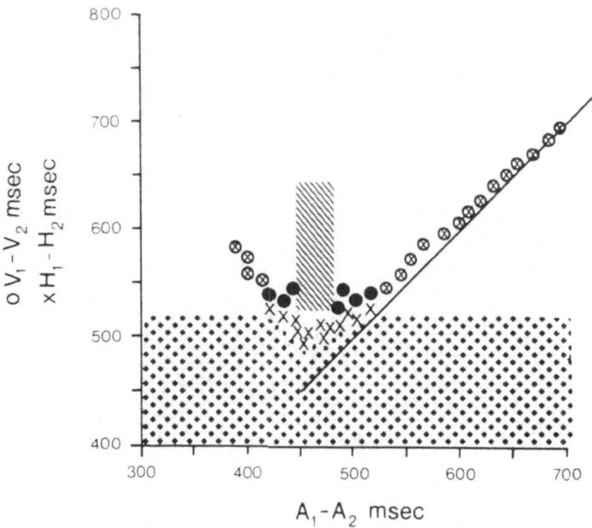

Abb. 1.5. Gap-Phänomen der atrioventrikulären Überleitung. Bei einem Grundzyklus von 900 msec werden vorzeitige atriale Impulse ausgelöst. Auf der Abszisse sind die $A_1 - A_2$-Intervalle (A = Atrium) wiedergegeben, auf der Ordinate die $V_1 - V_2$-Intervalle (V = Ventrikel) als Kreise und die $H_1 - H_2$-Intervalle (H = His) durch X-Symbole. Eine Leitungsverzögerung der vorzeitigen atrialen Impulse im AV-Knoten zeigte sich bei $A_1 - A_2$-Abständen von 650 bis 525 msec, erkennbar an der Abweichung der Kurve von der Geraden (Gerade = keine AV-Leitungsverzögerung). Bei einem $A_1 - A_2$-Intervall von 525 msec beginnt eine Leitungsverzögerung von A_2 im spezifischen ventrikulären Leitungssystem wie aus den differierenden $V_1 - V_2$- und $H_1 - H_2$-Intervallen ersichtlich wird. (Die ausgefüllten Kreise bezeichnen aberrierende QRS-Komplexe im Ekg.) Bei $A_1 - A_2$-Abständen von 480 bis 440 msec unterbleibt die Überleitung von A_2 auf die Ventrikel: „gap" in der AV-Überleitung (schraffierte Säule). Während des Gap-Phänomens wird A_2 jedoch noch zum His-Bündel geleitet (X). Das „gap" tritt bei $H_1 - H_2$-Intervallen auf, die unterhalb von 513 msec, d. h. der effektiven Refraktärperiode des spezifischen ventrikulären Leitungssystems liegen (punktierte Fläche). Nach Durchlaufen des „gaps" nehmen die $H_1 - H_2$-Intervalle auf Werte über 513 msec zu; eine Überleitung auf die Ventrikel ist wieder gegeben [nach 705]

Kammern auf. Zu diesem Zeitpunkt hatte die Leitungsverzögerung im AV-Knoten eine derartige Zunahme erreicht, daß das His-Purkinje-System wieder erregbar werden konnte; d. h. das Intervall der sukzessiven His-Bündel-Depolarisationen war größer als die effektive Refraktärzeit des His-Purkinje-Systems (Abb. 1.5). Dieses „Gap"-Phänomen kann durch Verkürzung der Grundzyklusdauer oder durch Beta-Rezeptorenblockade aufgehoben werden [705].

Reizbildung und Erregungsausbreitung vollziehen sich im synzytialen Zellverband des Herzens nach einem bestimmten zeitlichen und räumlichen Muster. Die Wiedererregung der Myokardfaser durch die gleiche Erregungswelle wird unter physiologischen Bedingungen durch die im Verhältnis zur Refraktärzeit kurze Erregungsausbreitungszeit verhindert [vgl. 453].

1.4 Membran-ATPase

Der aktive Natriumtransport an der myokardialen Einzelfaser steht in enger Beziehung zu der ($Na^+ + K^+$)-Membran-ATPase und kann in charakteristischer Weise durch eine Erniedrigung der extrazellulären Kaliumkonzentration und durch Herzglykoside gehemmt werden. Dieses Enzym katalysiert den Umsatz von ATP in ADP und anorganisches Phosphat unter Energiefreisetzung und ist durch Natrium- und Kaliumionen aktivierbar. Das Enzym ist membranstrukturgebunden und hat ein Aktivitätsmaximum bei einer Kaliumkonzentration von 10 mM/l und einer Natriumkonzentration von 50 mM/l [171]. Eine Hemmung dieses Enzyms führt zu einer verminderten Freisetzung von Energie aus ATP und wird gefolgt von einer Zunahme der zellulären Natriumkonzentration und einer Abnahme der zellulären Kaliumkonzentration. Dadurch kommt es zu Änderungen der intra-/extrazellulären Ionenkonzentrationsgradienten und sekundär auch zu Änderungen der passiven Permeabilitätseigenschaften der Zellmembran, verbunden mit einer Erniedrigung des Ruhe- und Aktionspotentials. Ein kausaler Zusammenhang zwischen der Hemmung der Membran-ATPase und einer Steigerung der myokardialen Kontraktionskraft durch Herzglykoside wird diskutiert.

1.5 Pathogenese von Herzrhythmusstörungen

1.5.1 Bradykarde Arrhythmien

Bradykardien entstehen entweder durch eine Dysfunktion der Reizbildung oder aufgrund einer gestörten Erregungsleitung. Eine Abnahme der Reizfrequenz im Sinusknoten als dem natürlichen Impulsgeber des Herzens kann seine Ursache haben in einer Verlängerung der Aktionspotentialdauer, in einer Zunahme des maximalen diastolischen Potentials, d. h. einer Hyperpolarisation, die ein verzögertes Erreichen des kritischen Potentials bedingt, oder in einer verminderten Anstiegssteilheit der diastolischen Depolarisation. Umgekehrt führen die gegensinnigen Veränderungen zu einer Zunahme der Impulsfrequenz des natürlichen Herzschrittmachers. – Die Erregungsleitungsgeschwindigkeit wird im wesentlichen determiniert durch Aktionspotentialamplitude, maximale Anstiegsgeschwindigkeit des Aktionspotentials, Schwellenpotential und durch die Glanzstreifen („intercalated discs"). Die Leitungsgeschwindigkeit ist um so größer, je höher die Aktionspotentialamplitude und Anstiegsgeschwindigkeit, je negativer das Schwellenpotential, je zahlreicher die Glanzstreifen und je niedriger deren elektrischer Widerstand sind [vgl. 616]. Maximale Anstiegsgeschwindigkeit und Amplitude des Aktionspotentials werden weitgehend durch den

schnellen Einstrom von Natriumionen bestimmt (s. o.). Eine Depolarisation der Membran oder eine durch pharmakologische Maßnahmen (z. B. Antiarrhythmika mit lokalanästhetischer Wirkung) bedingte Hemmung des Natriumeinstromes führt über eine Abnahme von Anstiegssteilheit und Aktionspotentialamplitude zu einer Senkung der Leitungsgeschwindigkeit. Auch eine Verminderung der funktionellen Verknüpfung des Herzmuskelgewebes durch Nekrose, Dehiszenz oder fibrotische Einlagerungen kann zu einer Abnahme der Leitungsgeschwindigkeit führen.
Störungen der Erregungsleitung unterscheiden sich naturgemäß in ihrem Ausmaß, das zwischen einer graduellen Leitungsverzögerung und einer kompletten Blockierung der Erregungsleitung variieren kann. Unter klinischen Bedingungen gewinnen Störungen der Reizbildung und Erregungsleitung vor allem beim sog. Sinusknoten-Syndrom (s. S. 99, 142) sowie bei den sinuatrialen und atrioventrikulären Blockierungen verschiedener Schweregrade besondere Relevanz (s. S. 66, 189).

1.5.2 Tachykardien

Als Ursache tachykarder Rhythmusstörungen sind zwei unterschiedliche pathogenetische Prinzipien zu diskutieren: die fokale Impulsbildung und die kreisende Erregung. Während die kreisende Erregung vorwiegend pathologische Veränderungen der Erregungsleitung zur Voraussetzung hat, ist die ektope fokale Impulsbildung in besonderem Maß mit umschriebenen Störungen der Depolarisations- und Repolarisationsvorgänge der Zellmembran verknüpft.

1.5.2.1 Fokale Impulsbildung

Vielfältige Einflüsse wie Hypoxie, Ischämie, Erhöhung der extrazellulären Calciumkonzentration, Verminderung der extrazellulären Kaliumkonzentration und Überdehnung können zu einer fokalen Impulsbildung führen. Es ist hierbei zu unterscheiden zwischen der gesteigerten Automatie – als einem pathologisch beschleunigten physiologischen Vorgang – und der sog. „getriggerten Aktivität“, einer Störung der Repolarisation der Zellmembran.

Gesteigerte Automatie
Als Ursprungsort von Heterotopien kommt vor allem das spezifische ventrikuläre Erregungsleitungssystem, weniger häufig das Arbeitsmyokard in Frage.
Das Aktionspotential der Purkinje-Faser wird ausgelöst, wenn während der Phase der diastolischen Depolarisation der Kaliumefflux den depolarisierenden Natriuminflux unterschreitet und das Schwellenpotential für den schnellen Natriumeinstrom erreicht wird. Die Geschwindigkeit der diastolischen Depolarisation sowie die Höhe des Schwellenpotentials reagieren be-

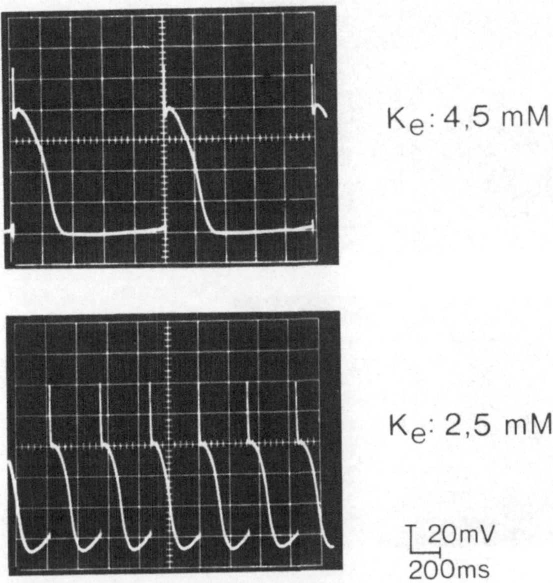

Abb. 1.6. Einfluß einer Verminderung der extrazellulären Kaliumkonzentration (K_e) auf die Depolarisationsfrequenz einer Purkinje-Faser. Nach Senkung von K_e auf 2,5 mM kommt es zu einer deutlichen Steigerung der Automatie

sonders empfindlich auf Elektrolytstörungen. Durch Erniedrigung der Kaliumkonzentration kommt es an der Purkinje-Faser aufgrund einer verminderten Kaliumpermeabilität der Zellmembran zu einer Steigerung der Automatie und zu einem Anstieg der Spontanfrequenz (Abb. 1.6). Die bei Ganztierexperimenten beobachteten ventrikulären Tachykardien nach rascher Kaliumsenkung durch Glukose-Insulin-Infusionen sind möglicherweise auf diesen Mechanismus, nämlich der Steigerung der Depolarisationsfrequenz eines latenten Schrittmachers, zurückzuführen.

Getriggerte Aktivität

Ein anderer Mechanismus gesteigerter fokaler Impulsbildung liegt dem Phänomen der „getriggerten Aktivität" zugrunde. Hierbei handelt es sich um eine Störung der Post-Repolarisationsphase der Zellmembran. Durch eine intermittierende Störung der Koordination repolarisierender und depolarisierender Ionenströme kommt es zu wechselnder Hyper- und Depolarisation, wobei das Membranpotential um das Ruhepotential oszilliert und – falls das Schwellenpotential erreicht wird – ein Aktionspotential ausgelöst werden kann. Cranefield prägte für diese Art der Reizbildung den Begriff „triggered activity" [110] (Abb. 1.7).

Unter Einwirkung von Ouabain (g-Strophanthin) in einer hohen Konzentration können durch elektrische Stimulation Aktionspotentiale mit typischen oszillierenden Nachpotentialen ausgelöst werden, wobei die Höhe dieser „delayed afterdepolarization" nicht ausreicht, um das Schwellenpotential zu erreichen. Im Auswaschversuch treten dann bei abnehmendem

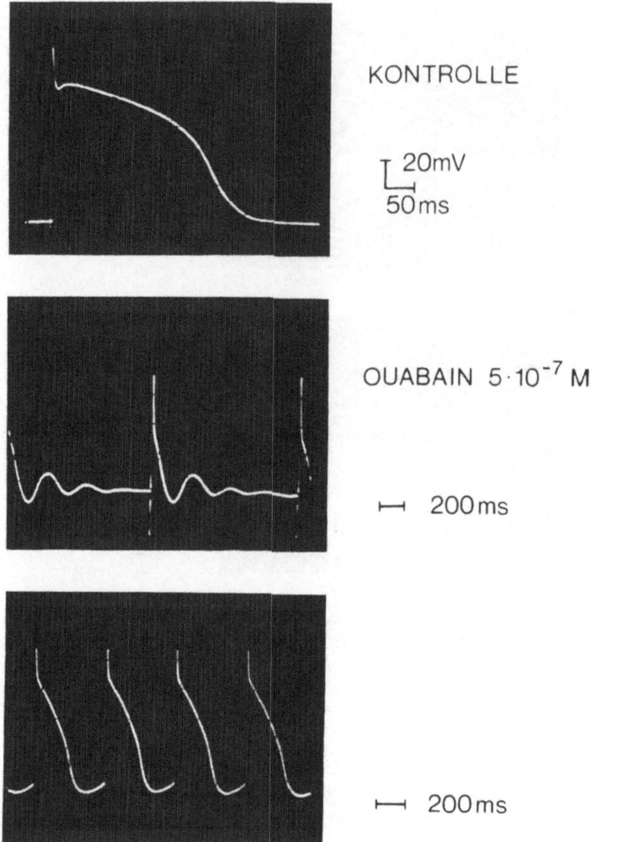

Abb. 1.7. Auslösung oszillierender Nachpotentiale durch Ouabain (g-Strophanthin) an der Purkinje-Faser. Die Höhe dieser „delayed after-depolarization" ist zu gering, um das Schwellenpotential zu erreichen. Mit Rückgang des toxischen Glykosideinflusses (Auswaschversuch) resultiert eine Zunahme der Depolarisationsfrequenz bis auf 200/min, die ursächlich auf die Nachpotentiale bezogen werden dürfte (vgl. Text) [454]

Einfluß der toxischen Glykosidkonzentration Depolarisationsfrequenzen von bis zu 200/min auf, die auf diese Nachpotentiale bezogen werden dürften und nicht auf eine gesteigerte Automatie, die bekanntermaßen unter Glykosideinfluß abnimmt. – Einflüsse, die den Calciumeinstrom in die Zelle erhöhen (Frequenzstimulation, Katecholamine, Hyperkalzämie und Hypokaliämie) können die Ausbildung fokaler Oszillationen fördern, während Substanzen, die den Calciumeinstrom reduzieren (z. B. Verapamil), einen hemmenden Einfluß haben können.

1.5.2.2 Kreisende Erregung (re-entry, circus movement)

Für die Entstehung einer kreisenden Erregung müssen folgende Voraussetzungen erfüllt sein: 1. unidirektionale Blockierung eines Impulses in einer

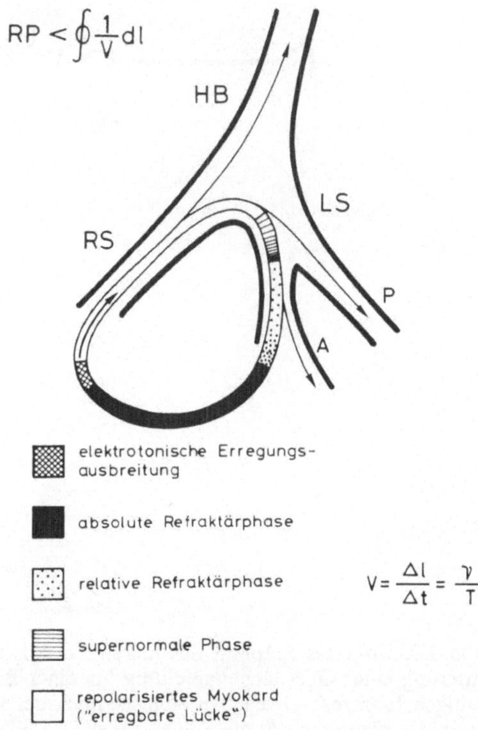

Abb. 1.8. Schematische Darstellung einer re-entry-Tachykardie bei antegradem Rechtsschenkelblock. Schwarzes Areal: Länge des absolut refraktären Teilabschnittes des Leitungsweges (Dauer von absoluter Refraktärzeit multipliziert mit Leitungsgeschwindigkeit). Die Erregung verläuft in diesem Modell über den anterioren (A) und posterioren (P) Faszikel des linken Tawaraschenkels (LS) und erregt retrograd den rechten Tawaraschenkel (RS). HB: Hissches Bündel. Es erfolgt ein Wiedereintritt der Erregung in das linke Tawarasystem vor Eintreffen der nächsten orthograd übergeleiteten Sinuserregung. Somit resultiert die Perpetuierung einer kreisenden Erregung. Hierbei ist die Refraktärperiode (RP) kleiner als das Kreisintegral von 1/V (V = Leitungsgeschwindigkeit der Kreisbahn multipliziert mit der differentiellen Weglänge der Kreisbahn (dl)): $RP < \oint 1/V \, dl$

oder in mehreren Herzregionen, 2. Erregungsfortleitung über eine alternative Leitungsbahn, 3. verzögerte Erregung distal der Blockierung und 4. Wiedererregung der proximal des Blocks gelegenen Bezirke [426]. Zur Aufrechterhaltung einer kreisenden Erregung muß die Wellenlänge der Erregung (Dauer von absoluter Refraktärzeit multipliziert mit Leitungsgeschwindigkeit) kürzer sein als die Kreisbahn, damit die Erregungsfront stets in ein Gebiet vorzudringen vermag, das nicht refraktär ist. Die schematische Darstellung einer kreisenden Erregung am Modell eines antegraden Rechtsschenkelblocks ist in Abb. 1.8 wiedergegeben. – Als Ansatzpunkte für die Unterbrechung einer kreisenden Erregung ergeben sich:

1. die Verlängerung der Refraktärperiode im atypischen Leitungskreis (z. B. durch Pharmaka oder spezielle elektrische Stimulation),
2. Erhöhung der Leitungsgeschwindigkeit im atypischen Leitungskreis,

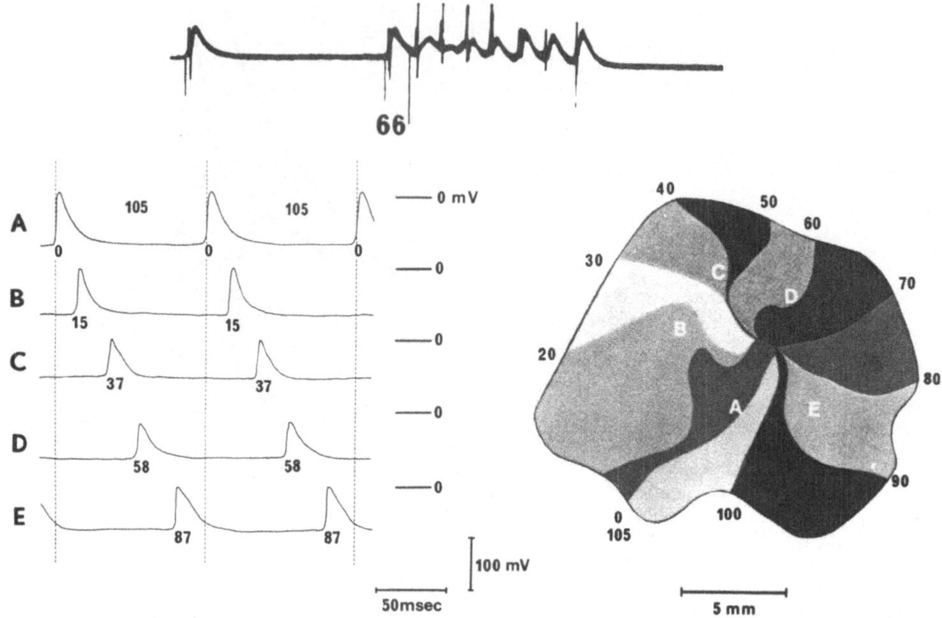

Abb. 1.9. Isoliertes Präparat des linken Vorhofs des Kaninchenherzens. Obere Reihe: Registrierung einer Oberflächenableitung bei einer Basisstimulation von 2/sec. Durch einen vorzeitigen Extrareiz, abgegeben 66 msec nach der letzten Basisstimulation, wird eine kurzdauernde spontane tachykarde Salve ausgelöst. Links unten: Registrierung von 5 intrazellulären Potentialen während einer länger anhaltenden konstanten Tachykardie (Tachykardiezyklus 105 msec), deren Positionen A – E in der Skizze rechts angegeben sind. Rechts unten: Analyse des Musters der Erregungsausbreitung während eines Tachykardiezyklus im Vorhofpräparat, dargestellt am Verlauf isochroner Linien der Erregung in 10 msec Abständen. In 105 msec hat die Erregung einmal um 360° im Uhrzeigersinn gekreist [nach 14, 15]

3. Verkleinerung des Radius des atypischen Leitungskreises und
4. Depolarisation der erregbaren Lücke durch Elektrostimulation.

Klinisch ist ein *Sinusknoten*-re-entry als Ursache atrialer Echoschläge und supraventrikulärer Tachykardien postuliert worden [444]. Tierexperimentell konnte bislang lediglich der Beweis geführt werden, daß einzelnen Echoschlägen ein Sinusknoten-re-entry zugrunde liegen kann [13, 271]. Andererseits weisen intrazelluläre Potentialableitungen vom Sinusknoten während Vorhoftachykardie darauf hin, daß diese intraatrial entstehen und der Sinusknoten nicht beteiligt ist an der Aufrechterhaltung derartiger perpetuierender Kreiserregungen [vgl. 616]. Insgesamt muß derzeit ein Sinusknoten-re-entry als Ursache von Tachykardien als noch nicht schlüssig bewiesen angesehen werden.
Im *Vorhofbereich* konnten kreisende Erregungen als Ursache von Tachykardien nachgewiesen werden. Am Beispiel von Vorhofflattern zeigte Lewis, daß es sich um Erregungen handelt, die um die Einmündungen der oberen und unteren Hohlvene im rechten Vorhof kreisen [356]. In neueren Untersuchungen wurde darüber hinaus der Nachweis erbracht, daß Kreis-

erregungen im Vorhofmyokard ohne Vorliegen eines anatomischen Hindernisses, um das die Erregung kreist, auftreten [14, 15] (s. Abb. 1.9): ein isoliertes Präparat des linken Vorhofs des Kaninchens ist in einer Versuchskammer aufgespannt und wird in einem Intervall von 500 msec elektrisch gereizt (obere Reihe). Durch einen vorzeitigen Extrareiz, der 66 msec nach der letzten Basisstimulation abgegeben wurde, kommt es zur Auslösung einer spontanen tachykarden Salve. Im unteren Teil der Abbildung sind 5 Aktionspotentiale während einer längerdauernden, konstanten Tachykardie (Intervall 105 msec) registriert, deren Lokalisation A – E in der Skizze des Vorhofpräparates angegeben ist. Die Erregung läuft von A über B, C, D nach E, um dann wieder bei A einzutreten. Durch Verfolgung des Erregungsmusters mit multiplen Mikroelektrodenableitungen gelang es, eine Ausbreitung im Uhrzeigersinn (s. isochrone Linien in der Skizze) lückenlos zu verfolgen und damit ein re-entry praktisch zu beweisen.

Für atriale und ventrikuläre Echoschläge sowie supraventrikuläre Tachykardien mit Ursprungsort im *AV-Knoten*areal dient das Konzept der funktionellen Längsdissoziation [431] als Erklärungsmöglichkeit. Es besagt, daß der AV-Knoten zwei funktionell getrennte Leitungsbahnen mit unterschiedlicher Refraktärzeit und Leitungsgeschwindigkeit aufweist. Damit wären die Bedingungen für eine kreisende Erregung gegeben; z. B.: ein vorzeitiger atrialer Impuls wird in einer Leitungsbahn blockiert und verläuft auf der Alternativbahn nach distal, vermag jedoch retrograd die zunächst blockierte, nun aber nicht mehr refraktäre Leitungsbahn zu penetrieren und imponiert als atriales Echo. Durch Mikroelektrodenuntersuchungen konnte denn auch bewiesen werden, daß ein AV-Knoten-re-entry zu atrialen Echoschlägen bzw. Tachykardien nach vorzeitiger Vorhofstimulation führen kann [299, 417]. Die Voraussetzungen für kreisende Erregungen sind in besonderem Maße durch akzessorische atrioventrikuläre Überleitungsbahnen gegeben (Kentsches Bündel, Jamessches Bündel, Maheim-Fasern) (s. S. 105, 223).

Auch am *Ventrikel* werden re-entry-Phänomene als Kausalfaktor von Tachykardien angenommen, wenngleich der experimentelle Nachweis sehr viel schwerer zu führen ist als am Vorhof. Als Leitungsbahnen kommen die Tawara-Schenkel, das Purkinje-System mit oder ohne benachbartes Ventrikelmyokard, sowie infarziertes und fibrotisches Arbeitsmyokard in Frage [685] (s. auch Abb. 1.8). Eine relativ lange Aktionspotentialdauer und Refraktärzeit des Ventrikelmyokards lassen einen großen re-entry-Kreis vermuten („Macro-re-entry"). Andererseits konnte gezeigt werden, daß es beim Auftreten einer Blockierung am Übergang vom Purkinje-System zum Ventrikelmyokard proximal des Blocks zu einer ausgeprägten Verkürzung der Aktionspotentialdauer der Purkinje-Zellen kommt [419, 549], ein Ereignis, das das Auftreten von „Micro-re-entry" an den peripheren Einmündungsstellen des Purkinje-Systems in das Kammermyokard begünstigt. Daneben kommt einer Erniedrigung der Leitungsgeschwindigkeit eine bedeutende Rolle für das Auftreten von re-entry-Phänomen zu [111, 707]. Wit und Mitarb. gelang es, in einem Netzwerk aus Purkinje-Fäden und Ventrikelmyokard re-entry mit einer Länge von nur 20 – 30 mm direkt nachzu-

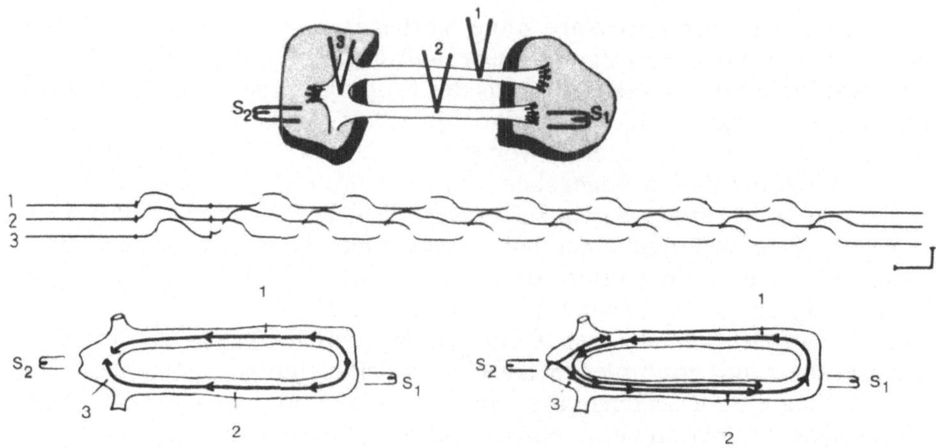

Abb. 1.10. Re-entry in einem Netzwerk aus Purkinje-Fäden und Ventrikelmyokard des Kalbsherzens in vitro. Es wurde eine Abnahme der Leitungsgeschwindigkeit erzeugt durch Erhöhung der extrazellulären Kaliumkonzentration auf 15 mM K^+. Zusätzlich wurde Adrenalin 5×10^{-6} M gegeben. Oben: Skizze des Präparates mit Angabe der Position dreier Mikroelektrodenableitungen und der Stimulationsorte S_1 und S_2. Mitte: 3 simultan abgeleitete intrazelluläre Potentiale (Eichung 100 mV und 100 msec). Unten: Schematische Darstellung der Erregungsausbreitung nach einer Basisstimulation von S_1 aus (links) und nach einem vorzeitigen Extrareiz von S_2 aus (rechts) [nach 707]

weisen (Abb. 1.10) [707]. In der Skizze des Präparates ist die Lokalisation dreier intrazellulärer Ableitungen gezeigt zusammen mit den Stimulationsorten S_1 und S_2. In den Registrierungen 1, 2 und 3 ist das erste Aktionspotential von S_1 ausgelöst, das zweite vorzeitig durch einen Impuls S_2. Die folgenden Potentiale entstanden spontan durch Initiierung einer kreisenden Erregung. Die beiden Diagramme im unteren Teil der Abbildung zeigen schematisch die Sequenz der Erregung nach einer Basisstimulation von S_1 aus (links unten) und nach einem vorzeitigen Extrareiz von S_2 aus (rechts unten). Von S_1 pflanzt sich die Erregung in beiden Schenkeln von rechts nach links fort. Die vorzeitige Erregung, ausgelöst von S_2, wird im oberen Schenkel blockiert, im unteren Schenkel fortgeleitet und führt damit über die Ableitungspunkte 3-2-1 zu einer Erregung, die insgesamt 7× entgegen dem Uhrzeigersinn kreist [vgl. 616].

1.5.3 Arrhythmiegenese bei koronarer Herzkrankheit

An den elektrophysiologischen Veränderungen im Rahmen des akuten Myokardinfarkts sind zahlreiche Faktoren beteiligt: Die Anatomie der Gefäßversorgung des Erregungsleitungssystems, autonome Regulationsmechanismen (Sympathikotonie, Vagotonie), hämodynamische Faktoren („ischämisches Blut"), Hypoxie, metabolische Veränderungen (Azidose, zellulärer Kaliumverlust, Katecholaminexzeß, freie Fettsäuren) und schließlich auch iatrogene Ursachen [28, 267 a, 400 a] (Tabelle 1.1).

Tabelle 1.1. Bestimmende Faktoren der elektrophysiologischen Veränderungen beim akuten Myokardinfarkt [379 a]

- Anatomie der Gefäßversorgung (Reizbildungs- und Erregungsleitungssystem)
- Hämodynamik (Transport von Stoffwechselprodukten)
- Autonome Regulation (Sympathikotonie, Vagotonie)
- Metabolische Veränderungen
  - Hypoxie, Ischämie
  - Azidose
  - Zellulärer Kaliumverlust
  - Katecholaminexzeß
  - Freie Fettsäuren
- Iatrogene Ursachen (z. B. Digitalis, Kalium)

1.5.3.1 Pathophysiologische Grundlagen

Hypoxie
Grundsätzlich hat ein Sauerstoffmangel ähnliche Auswirkungen auf die Elektrophysiologie des Ventrikelmyokards wie Stoffwechselinhibitoren: die Steilheit der Phase 2 des Aktionspotentials wird erhöht und die Aktionspotentialdauer wird verkürzt entsprechend einer Abnahme der Refraktärperiode. Weiterhin ist eine Verminderung des Ruhemembranpotentials zu beobachten sowie ein gradueller Abfall der Amplitude [283, 658 a].

Ischämie
Der Einfluß sog. „ischämischen Blutes“ (Schweineblut aus dem Sinus coronarius nach Koronararterienverschluß) auf das Aktionspotential äußert sich an Herzmuskelstreifen in einer Verkürzung des Aktionspotentials und stärkeren Abnahme des Ruhemembranpotentials als unter Anoxie sowie in einer Reduzierung der Aufstrichgeschwindigkeit und der Amplitude; sodann in postrepolarisatorischer Refraktärität und schließlich in völliger Reaktionslosigkeit. Diese Veränderungen sind von denen der Anoxie eindeutig zu trennen [146 a]. – Auch ist die myokardiale Durchblutung selbst für die elektrophysiologischen Veränderungen von Bedeutung: Wenn der regionale Blutfluß weniger als 70% des im nicht-ischämischen Bezirk ausmacht, wird die Refraktärperiode des Ventrikelmyokards bereits signifikant verkürzt. Das Ausmaß der Refraktärzeitverkürzung ist vom Grad der Blutflußverminderung abhängig. Umgekehrt beeinflußt eine Verbesserung der Myokarddurchblutung das ventrikuläre Refraktärzeitverhalten deutlich [45 a].

Azidose
Durch eine Azidose kann die Schrittmachertätigkeit und Kontraktionskraft des anoxischen, isolierten Rattenherzens supprimiert werden [221 a]. Das Auftreten von ventrikulären Tachyarrhythmien (Extrasystolie, paroxysmale Tachykardie, Kammerflimmern) konnte am Hund bei hypoxischer Azidose

nach Herzstillstand gezeigt werden [349 a]. Aus diesen Experimenten darf geschlossen werden, daß die Beseitigung einer hypoxischen Azidose eine wesentliche Voraussetzung für die Verhütung bedrohlicher Arrhythmien darstellt.

Intrazellulärer Kaliumverlust
Eine Hypoxie führt ebenso wie eine Azidose zu einer intrazellulären Kaliumverminderung und bewirkt damit ganz ähnliche Effekte wie eine Kaliumerhöhung im extrazellulären Milieu. Durch eine Verminderung des intra-/extrazellulären Kaliumkonzentrationsgradienten kommt es zu einer Abnahme des Ruhepotentials und Verkürzung des Aktionspotentials sowie einer Abnahme der maximalen Anstiegsgeschwindigkeit des Aktionspotentials. Die Erregungsleitung des Ventrikelmyokards ist bei Hyperkaliämie herabgesetzt [31 a, 65].

Katecholamine
Einer der wichtigsten Faktoren in der Genese ventrikulärer Tachyarrhythmien bei kardialer Ischämie ist die lokale Katecholaminfreisetzung. Elektrophysiologische Befunde machen die arrhythmogene Wirkung der Katecholamine verständlich (s. S. 40). – Zum Einfluß der freien Fettsäuren im Rahmen der koronaren Herzkrankheit s. S. 45.

1.5.3.2 Aktionspotential und Elektrokardiogramm

In tierexperimentellen Untersuchungen am perfundierten Schweineherzen sind die Veränderungen des transmembranären Aktionspotentials und des extrazellulären Elektrogramms unter Ischämiebedingungen untersucht worden (Abb. 1.11) [314 a, 314 b]. Unmittelbar nach Okklusion einer Koronararterie nimmt das Ruhepotential im ischämischen Bereich geringfügig ab. Im extrazellulären Elektrogramm äußert sich dies als Depression des TQ-Segmentes. Nach etwa 5 min nehmen Dauer und Amplitude des Aktionspotentials ab und führen zu einer Elevation des ST-Segmentes. Die infolge verminderter Erregungsausbreitungsgeschwindigkeit verzögerte Depolarisation im ischämischen Bereich äußert sich in einer Verbreiterung des QRS-Komplexes. Die Polarität der T-Welle wird durch die Repolarisationssequenz der ischämischen und nicht-ischämischen Bezirke determiniert. Erfolgt die Repolarisation der ischämischen Zone zuerst, so resultiert eine positive T-Welle; wird der ischämische Bereich verspätet repolarisiert, so tritt eine negative T-Welle auf (Abb. 1.12) [156 a].
Eine Erhöhung der Herzfrequenz in der akuten Phase der Ischämie verzögert die elektrische Erregung des Myokards und erhöht damit die Wahrscheinlichkeit ventrikulärer Rhythmusstörungen [314 a].

1.5.3.3 Der sog. Verletzungsstrom

Neuere theoretische Überlegungen und tierexperimentelle Befunde stellen die Bedeutung des ischämischen Verletzungsstroms bei der Wiedererregung

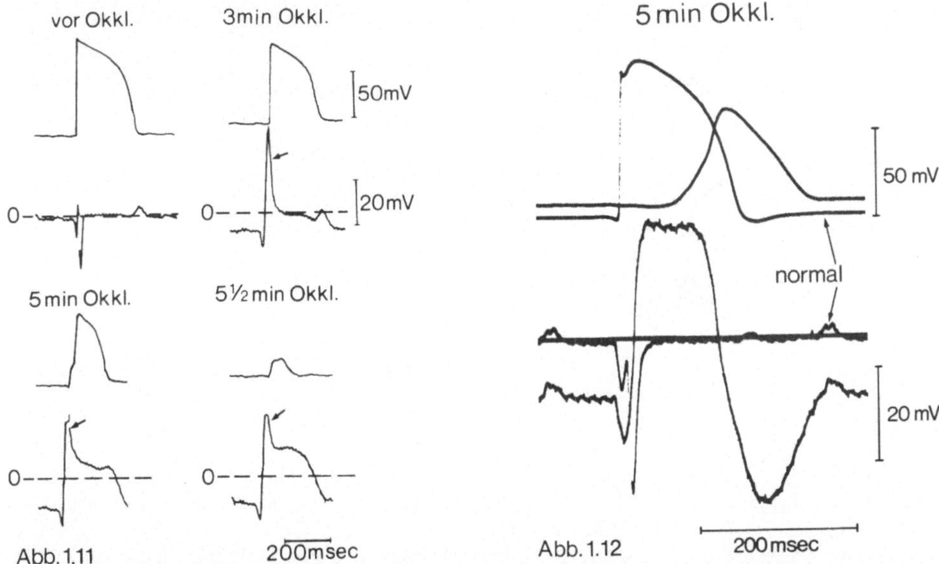

Abb. 1.11 Aktionspotential einer myokardialen Einzelzelle der Vorderwand des linken Ventrikels eines perfundierten Schweineherzens (oben) und extrazelluläres Gleichspannungselektrogramm (unten). Die Nullinie stellt das Referenzpotential an der Aortenwurzel dar. Vor Koronarverschluß sind TQ und ST isoelektrisch. 3 min nach Okklusion findet sich eine Negativverschiebung der TQ-Strecke, entsprechend einer Depolarisation des Ruhepotentials der ischämischen Zelle. Die Verminderung von Aktionspotentialamplitude und -dauer bedingt 5 min und 5½ min nach Okklusion eine zusätzliche Anhebung des ST-Segments. Durch die verminderte Erregungsausbreitungsgeschwindigkeit kommt es zu einer verspäteten Depolarisation der ischämischen Zelle entsprechend einer Rechtsverschiebung (Pfeil) im extrazellulären Elektrogramm [314 a]

Abb. 1.12. Transmembranäres Aktionspotential (oben) einer subepikardialen Zelle eines perfundierten Hundeherzens 5 min nach Koronarokklusion und lokales extrazelluläres Elektrogramm (unten). Die entsprechenden Kontrollsignale (normal) sind superponiert. Die verspätete De- und Repolarisation der ischämischen Zelle ist deutlich erkennbar. Die Repolarisationsverspätung führt zu einer negativen T-Welle im extrazellulären Elektrogramm [156 a]

von myokardialen Zellen in der Randzone eines Infarkts in den Vordergrund [314 a, 314 b].

Während der elektrischen Diastole (Einzelzellableitung) fließt ein Verletzungsstrom zwischen ungeschädigten und ischämischen Zellen, der im Oberflächenelektrogramm von einer TQ-Senkung begleitet ist (s. o.) und auf das ungeschädigte Myokard eine depolarisierende Wirkung ausübt. Während der Repolarisationsphase fließt der Verletzungsstrom in entgegengesetzter Richtung und koinzidiert im Oberflächenelektrogramm mit einer ST-Hebung (Abb. 1.13). Überdauert die Repolarisation des ischämischen Gewebes die Phase der Repolarisation im ungeschädigten Myokard (z. B. bei verzögerter Erregung des ischämischen Areals), so resultiert eine negative T-Welle [314 b]. – Die potentiellen Wirkungen des Verletzungsstroms beruhen in einer Steigerung der Erregungsbildung in Purkinje-Fasern des normalen Randbezirkes des Myokardinfarkts.

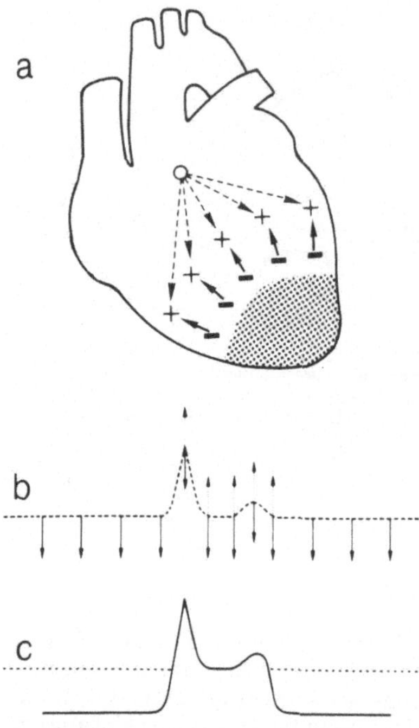

Abb. 1.13 a – c. Das Verletzungspotential stellt einen Vektor dar, der vom verletzten (negativen) zum intakten (positiven) Myokard gerichtet ist und kontinuierlich während der gesamten Herzaktion wirksam ist (durchgehende Pfeile). In der Diastole (TQ-Segment) ist das Verletzungspotential als einzige elektromotorische Kraft wirksam, die ihrer Richtung entsprechend die TQ-Strecke in den jeweils infarktspezifischen Ableitungen nach unten auslenkt (durchgezogene Pfeile). Während der elektrischen Systole (QT) wird dann das erregbare Myokard im intakten Herzmuskel elektronegativ, ist jedoch mit umgekehrter Vektorrichtung wirksam (gestrichelte Pfeile) [140 a]

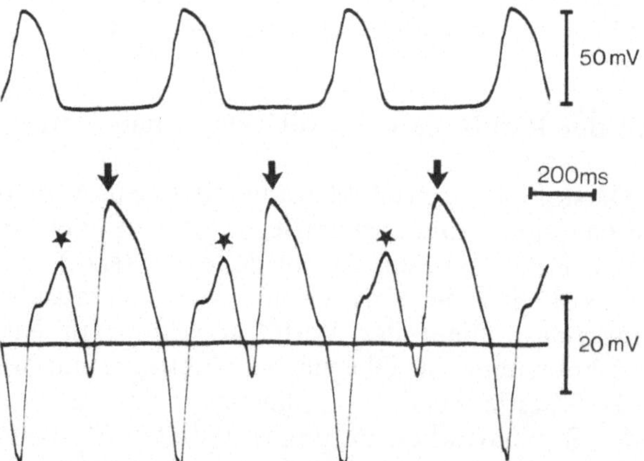

Abb. 1.14. Transmembranäres Aktionspotential einer subepikardialen ischämischen Myokardzelle (oben) und lokales extrazelluläres Elektrogramm (unten) 6 min nach Ligatur. Die bigeminusförmige ventrikuläre Extrasystolie (*) entsteht zu einem Zeitpunkt, zu dem die Repolarisation der vorangegangenen Basisaktion (Pfeil) noch nicht abgeschlossen ist [nach 314 a]

Große lokale Stromstärken können insbesondere während der negativen T-Welle auftreten und in der Infarktrandzone Extrasystolen auslösen zu einem Zeitpunkt, in dem die Repolarisation des ischämischen Gebietes nach vorangegangener Herzaktion noch nicht abgeschlossen ist (Abb. 1.14) [156 a, 314 a].
Die monophasische Deformierung des Elektrokardiogramms bei frischem Myokardinfarkt beruht also letztlich auf dem Verletzungsstrom, der zwischen ischämischem und nicht-ischämischem Myokard fließt. Mit den Auswirkungen des Verletzungsstroms muß so lange gerechnet werden, wie monophasische Deformierungen im EKG nachweisbar sind. Unter Berücksichtigung der bisher vorliegenden Befunde muß jedoch betont werden, daß die arrhythmogene Wirkung des Verletzungsstroms noch nicht schlüssig bewiesen ist.

1.5.3.4 Zur Arrhythmiegenese

Prinzipiell ist davon auszugehen, daß die Pathogenese der ektopischen Aktivität in der Frühphase des Infarktes von der in der Spätphase unterschieden ist. – Vieles spricht dafür, daß in der Frühphase des Myokardinfarkts Wiedereintrittsphänomene entstehen [vgl. 294 a], wobei ein „re-entry“ früheinfallender Extrasystolen auf alternativen Leitungsbahnen auftritt.
Als Parameter für die Flimmerbereitschaft des Herzens in der Akutphase kann die sog. elektrische Flimmerschwelle herangezogen werden. Je niedriger die Flimmerschwelle ist, bzw. je geringer die Schwellenreizstromstärke, desto größer wird die Flimmerneigung sein. Tierexperimentelle Untersuchungen weisen darauf hin, daß die erhöhte Flimmerbereitschaft nur so lange währt, wie das infarzierte Myokard noch erregbar ist [415 a]. – Die experimentell begründeten Überlegungen finden klinisch nur teilweise ihre Bestätigung.
Im Zusammenhang mit den Arrhythmien in der Spätphase des Myokardinfarktes wird den erregbaren subendokardialen Purkinje-Fasern, die sich auch submikroskopisch von den übrigen Purkinje-Zellen unterscheiden lassen, besondere Bedeutung beigemessen [25 a]. Sie sind nämlich die einzigen Strukturen im Infarktbereich, die ihre Erregbarkeit erhalten und eine Reihe elektrophysiologischer Abnormitäten aufweisen. Insbesondere kann die verlängerte Erregungsdauer, die einen inhomogenen Repolarisationszustand bedingt, eine Wiedererregung begünstigen. Auch eine erhöhte Automatie der Purkinje-Fasern im Infarktbereich spricht für die besondere Rolle dieser Strukturen in der Arrhythmiegenese.

1.5.3.5 Folgerungen

Entsprechend der vielfältigen Entstehungsweise kardialer Arrhythmien sind keine infarkttypischen Herzrhythmusstörungen bekannt. Unter Berücksichtigung der elektrophysiologischen Befunde wird auch verständlich, daß die

sog. Warnarrhythmien kein verläßliches prämonitorisches Symptom drohender letaler Rhythmusstörungen sind [160 a, 359 a].
In therapeutischer Hinsicht ist darauf hinzuweisen, daß es entsprechend der multifaktoriellen Arrhythmiegenese bei akutem Myokardinfarkt auch kein einheitliches Behandlungskonzept gibt. Relativ gut begründet ist die Gabe von Betarezeptorenblockern, da einer Sympathikotonie in der Phase des frischen Myokardinfarktes offenbar besondere Bedeutung zukommt. Einer Re-entry-Tachykardie können möglicherweise die sog. Calciumantagonisten durch Hemmung der langsamen Erregungsform vorbeugen [25 a]. Durch Lidocain wird das Aktionspotential der Purkinje-Fasern verkürzt. Einer infarktbedingten Veränderung der Erregungsdauer in diesen Strukturen kann damit begegnet werden.
Eine Frequenzerhöhung bei bradykarden Rhythmusstörungen im Rahmen des Myokardinfarktes durch Atropin oder Schrittmacherstimulation kann auch, wie experimentelle Untersuchungen zeigen, ventrikuläre Arrhythmien verstärken und das Infarktareal vergrößern [271 a, 379 a].

2. Pharmakologische Aspekte

Messungen elektrophysiologischer Parameter (Ruhepotential, maximale Anstiegsgeschwindigkeit des Aktionspotentials, Aktionspotentialdauer und Refraktärzeit) können zur Charakterisierung der Membraneigenschaften wesentlich beitragen. Insbesondere erscheint es möglich, den Einfluß verschiedener Wirkstoffe auf die Zellmembran in Hinblick auf die Entstehung oder die Verhinderung von ektopischen Rhythmen zu charakterisieren. Von Bedeutung ist in diesem Zusammenhang auch die Bestimmung der intra- und extrazellulären Kalium- und Natriumkonzentrationen und ihre Beziehungen zum Ruhemembranpotential. Am Patienten sind diese für tierexperimentelle Untersuchungen geeigneten Methoden nur unvollkommen oder gar nicht anwendbar. Zur Beurteilung des pharmakologischen Einflusses (z. B. Antiarrhythmika, herzwirksame Hormone) können hingegen am Menschen elektrokardiographische Methoden eingesetzt werden: z. B. die Messung der Sinusknotenerholungszeit, der sog. sinuatrialen Leitungszeit, die Refraktärzeitbestimmung mittels Doppelreizen, die Bestimmung der Schwellenreizstromstärke und der präautomatischen Pause bei Patienten mit totalem AV-Block (Einzelheiten s. Spezieller Teil).

2.1 Antiarrhythmika

Die pharmakologische Beeinflussung von Herzrhythmusstörungen hat mehrere pathophysiologische Ansatzpunkte. Zum einen ist die Therapie auf die arrhythmieauslösenden Kausalfaktoren bzw. Grunderkrankungen auszurichten, z. B. Elektrolytstörungen, Schilddrüsenfunktionsstörungen; ein zweiter Behandlungsweg zielt auf die Veränderung arrhythmogener Einflüsse des vegetativen Nervensystems und dessen Transmitterstoffen, z. B. durch Betarezeptorenblocker, Vagomimetika und Vagolytika. Symptomatisch wirken schließlich die Antiarrhythmika im engeren Sinne, die auf die Beeinflussung der arrhythmogenen elektrophysiologischen Veränderungen des Reizbildungs- und Erregungsleitungssystems ausgerichtet sind.
Die Antiarrhythmika (Antifibrillantien) lassen sich in 5 Gruppen einteilen. Eine Übersicht gibt die Tabelle 2.1 [326]. Eine detaillierte elektrophysiologische Darstellung des Wirkungsspektrums der einzelnen Substanzen findet sich im allgemeinen Teil (s. S. 87).
Die Gruppe I umfaßt antiarrhythmische Substanzen, die eine spezifische Hemmwirkung auf den raschen Natriumeinstrom und repolarisierenden Kaliumausstrom besitzen; hierzu gehören Chinidin, Procainamid, Ajmalin

und Spartein. Die durch diese Substanzen bedingte Verminderung der maximalen Anstiegsgeschwindigkeit des Aktionspotentials als Parameter der Erregungsleitungsgeschwindigkeit, der diastolischen Depolarisation und der Verlängerung der Refraktärzeit (Abb. 2.1) lassen eine Frequenzabnahme und eine Suppression ektopischer Foci erwarten, da die heterotopen Erregungen vermehrt auf refraktäres Gewebe treffen. Auch die Beeinflussung von re-entry-bedingten Tachykardien ist möglich, wenn man davon ausgeht, daß diese Antiarrhythmika die Refraktärperiode in größerem Ausmaß beeinflussen als die Erregungsleitungsgeschwindigkeit. Umgekehrt können insbesondere bei höherer Dosierung durch überwiegende Herabsetzung der Erregungsleitung auch re-entry-Phänomene begünstigt werden.
Der Gruppe II (Tab. 2.1) werden die kardiodepressiv wirkenden Antiarrhythmika mit spezifischen Hemmwirkungen auf den langsamen Natrium-Calciumeinstrom zugerechnet. Hierher gehört der sog. Calciumantagonist Verapamil. Die vorzugsweise bei supraventrikulären Tachykardien ausgeprägte Wirkung von Verapamil wird auf die Terminierung kreisender Erregung mit langsamer Impulsfortleitung sowie auf die Supprimierung früh einfallender Erregungen aufgrund von Nachpotentialen bezogen.
Die Gruppe III umfaßt antiarrhythmische Substanzen, die eine Beschleunigung der Repolarisation, insbesondere im spezifischen Erregungsleitungssystem der Ventrikel bewirken. Hier sind Diphenylhydantoin, Lidocain und Aprindin einzuordnen. Ein Charakteristikum dieser Gruppe ist die Verstärkung des Kalium-Auswärtsstroms mit konsekutiver Verkürzung der Repo-

Tabelle 2.1. Elektrophysiologisches Wirkungsspektrum der verschiedenen Antiarrhythmikagruppen [nach 326]

Elektrophysiologische Eigenschaften (Purkinje-Fasern)	Gruppe I + II (Chinidin, Procainamid)	Gruppe III (Phenytoin)	Gruppe IV (β-Sympathikomimetika)	Gruppe V (Propranolol)
Automatie (Phase 4)	↓	↓	↑	↓
Anstiegssteilheit der Phase 0 bzw. Leitungsgeschwindigkeit	↓	ϕ bzw. ↓ bei K^+ ↑	↑	↓
Effektive Refraktärperiode (ERP)	↑	↓	ϕ ↓	↓
Aktionspotentialdauer (APD)	↑	↓	ϕ ↓	↓
ΔERP relativ zu APD (Verzögerung der Reaktivierung des Na^+-Einstromsystems)	↑	↑		↑
Erregbarkeit	↓	↓	↑	↓

↑ Zunahme; ↓ Abnahme; ϕ keine Änderung

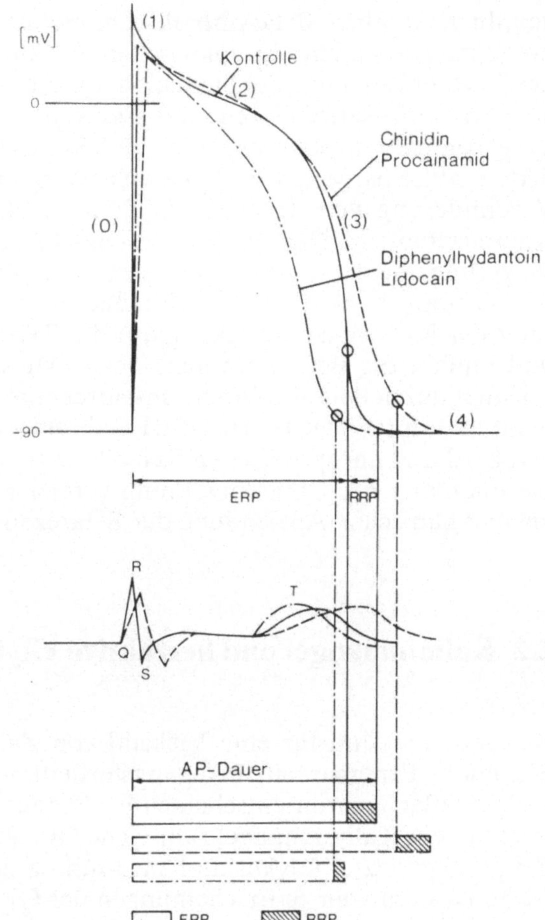

Abb. 2.1. Schematische Darstellung der Wirkung von Chinidin und Procainamid bzw. Diphenylhydantoin und Lidocain auf den Verlauf eines ventrikulären Aktionspotentials, auf das unipolare Elektrogramm, sowie auf die Refraktärzeiten einer Ventrikelfaser. ERP: Effektive Refraktärperiode, RRP: Relative Refraktärperiode. Die Kreise zeigen den Repolarisationsgrad an, bei dem die Faser wieder mit einem fortgeleiteten Aktionspotential antwortet. Unter Chinidin und Diphenylhydantoin wird dieser Repolarisationsgrad zu negativeren Potentialwerten verschoben, so daß die effektive Refraktärzeit relativ zur Aktionspotentialdauer verlängert wird. Aktionspotentialdauer und QT-Intervall werden durch Chinidin verlängert und durch Diphenylhydantoin verkürzt. Chinidin führt zu einer Verbreiterung von QRS [nach 223, vgl. 326]

larisation und damit der Aktionspotentialdauer, wobei der letztgenannte Parameter stärker beeinflußt wird als die effektive Refraktärperiode (vgl. Abb. 2.1). Aus dieser Wirkung ist die Unterdrückung gekoppelter Extrasystolen und heterotoper Reizbildungen während der gesamten Potentialdauer abzuleiten.

Der Gruppe IV werden die Aktivatoren des langsamen Natrium- und Calciumkanals und des aktiven Kationentransportes durch die Membran zu-

geordnet, nämlich Betasympathikomimetika wie Isoproterenol und Orciprenalin. Die elektrophysiologischen Wirkungen dieser Substanzen bestehen in einer Zunahme der Steilheit der diastolischen Depolarisation am sinuatrialen, atrioventrikulären und Purkinje-System sowie in einer Verkürzung von Aktionspotentialdauer und Refraktärperiode. Die aus diesen Effekten ableitbaren antitachykarden Wirkungen beziehen sich auf eine Verminderung von atrioventrikulären Blockierungen, eine Zunahme der Kammerfrequenz (bei totalem AV-Block) und eine allgemeine Frequenzsteigerung, die der Ausbreitung ektopischer Erregungen entgegenwirkt.
Die Gruppe V bezieht sich schließlich auf Antiarrhythmika mit Blockierung der Katecholaminwirkung auf die Reizbildung und Erregungsleitung und umfaßt die Betarezeptorenblocker. Diese Substanzgruppe ist gekennzeichnet durch eine spezifische antiadrenerge Wirkung am Myokardzellverband und durch eine (unspezifische) direkte Membranwirkung am Arbeitsmyokard und am spezifischen Reizbildungs- bzw. Erregungsleitungssystem, die qualitativ der Chinidinwirkung vergleichbar ist. (Zur Elektrophysiologie und klinischen Anwendung der Betarezeptorenblocker s. S. 74.)

2.2 Kaliummangel und herzaktive Glykoside

Kaliumionen sind für eine Vielzahl von Zellfunktionen wie Kontraktion, Sekretion, Erregbarkeit, Erregungsfortleitung und Ionenaustausch an den Zellgrenzflächen von entscheidender Bedeutung. Dementsprechend beeinträchtigt ein Kaliummangel zahlreiche Organfunktionen.
Bei herabgesetzter Glykosidtoleranz führen bereits normale, d. h. therapeutische Dosierungen zu Erscheinungen der Glykosidintoxikation, nämlich zu Reizbildungs- und Erregungsleitungsstörungen, zu gastrointestinalen Symptomen und zu neurologischen Zeichen. Die größte Bedeutung haben naturgemäß die glykosidbedingten Herzrhythmusstörungen, weil sie zu einer unmittelbaren Gefährdung des Patienten führen können. Die Abhängigkeit digitalogener Arrhythmien von der extrazellulären Kaliumkonzentration konnte experimentell im Rahmen einer Hämodialyse gezeigt werden. Eine durch Kaliumentzug bei Glykosidbehandlung erzeugte paroxysmale atriale Tachykardie mit Block war durch Kaliumgabe wieder zu beseitigen [vgl. 382].
Elektrophysiologische Untersuchungen an Einzelfasern verschiedener Strukturen des Herzens haben das Verständnis für die durch einen Kaliummangel hervorgerufenen Alterationen des Erregungsablaufes wesentlich gefördert. Bei den im folgenden dargestellten Untersuchungsergebnissen wurden die elektrophysiologischen Größen der Erregbarkeit gemessen.

Am Papillarmuskel normaler und kaliumverarmter Meerschweinchen wurden durch Rechteckreize von 2 msec Dauer in einer Frequenz von 1/sec Aktionspotentiale ausgelöst. Nach Zugabe von Ouabain (g-Strophanthin) in einer Endkonzentration von 5×10^{-7} M erfolgte an denselben Muskeln in gleicher Zeitspanne die Registrierung von Ruhe- und Aktionspotentialen. Der chronische Kaliummangel des untersuchten Kollektivs war durch 10 Tage währende Verfütterung einer kaliumarmen Diät erzeugt worden. Die Plasma-Kalium-Konzentration der kaliumverarmten Tiere lag bei 2,6 mval/l im Vergleich zu 4,3 mval/l der Norm. Ein akuter Kaliummangel wurde in vitro dadurch erreicht, daß die Krebs-Ringer-Lösung gegen ein Inkubationsmedium ausgetauscht wurde, das anstelle von 4,7 mval/l nur 2,0 mval/l Kalium enthielt. An einem weiteren Kollektiv von Papillarmuskeln, die unter gleichen Bedingungen inkubiert, gereizt und dem Einfluß von Ouabain ausgesetzt worden waren, wurden die zellulären Natrium- und Kaliumkonzentrationen flammenphotometrisch bestimmt. Der Extrazellulärraum wurde als Inulinraum berücksichtigt [s. 382].

2.2.1 Chronischer Kaliummangel

Die an Papillarmuskeleinzelfasern chronisch kaliumverarmter Versuchstiere gemessenen elektrophysiologischen Grundgrößen sind in der Tabelle 2.2 dargestellt: das Ruhemembranpotential ist erhöht, die Aktionspotentialdauer ist unter den Bedingungen eines Kaliummangels signifikant verlängert. Die maximale Anstiegsgeschwindigkeit des Aktionspotentials wurde deutlich erhöht gemessen (s. Abb. 2.2). Entsprechend der Beziehung zwischen Ruhemembranpotential und maximaler Anstiegsgeschwindigkeit kann die erhöhte Anstiegssteilheit beim chronischen Kaliummangel sekundär als Folge der Hyperpolarisation erklärt werden [vgl. 677].
Die myokardiale intrazelluläre Kaliumkonzentration ist unter den Bedingungen des chronischen Kaliummangels statistisch nicht signifikant unter-

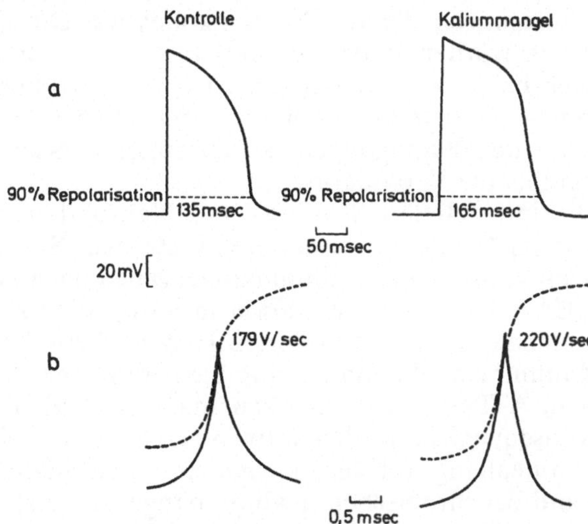

Abb. 2.2. (**a**) An Papillarmuskeln chronisch kaliumverarmter Meerschweinchen gemessene Aktionspotentiale im Vergleich zur Kontrolle. Unter den Bedingungen des Kaliummangels wird eine Zunahme des Ruhepotentials (Hyperpolarisation) sichtbar; weiterhin zeigt sich eine Zunahme der Aktionspotentialdauer (gemessen bei 90% der Repolarisation). (**b**) Anstieg der in (**a**) dargestellten Aktionspotentiale in hundertfach schnellerer Zeitschreibung. Die Spitze des jeweils auf dem unteren Strahl synchron registrierten 1. Differentialquotienten gibt die maximale Anstiegsgeschwindigkeit des Aktionspotentials an. Der maximale Anstieg ist beim Kaliummangel deutlich erhöht

Tabelle 2.2 [nach 382]

	Normal		Chronischer Kaliummangel	
	Kontrolle	Ouabain 5×10^{-7} M	Kontrolle	Ouabain 5×10^{-7} M
Ruhemembranpotential (mV)	−78,8 ± 5,5 n=115	−75,9 ± 5,0 n=31	−83,9 ± 4,6 n=40	−76,0 ± 4,4 n=61
	$p < 0{,}01$		$p < 0{,}001$	
Maximale Anstiegsgeschwindigkeit (V/sec)	179,9 ±40,0 n=89	142,0 ±40,8 n=30	211,6 ±48,2 n=40	154,7 ±40,3 n=60
	$p < 0{,}001$		$p < 0{,}001$	
Aktionspotentialdauer 90% Repolarisation (msec)	128,5 ±21,2 n=115	121,5 ±27,5 n=31	161,0 ±24,0 n=40	161,0 ±23,0 n=56
Kalium im Gewebe (mval/kg Zellwasser)	115,8 ±10,1 n=18	106,0 ± 7,9 n=19	113,1 ± 6,8 n=11	103,6 ± 6,1 n=10
	$p < 0{,}001$		$p < 0{,}001$	

schieden von der des Normalkollektivs. Die in Tabelle 2.2 angegebenen Werte wurden unter Berücksichtigung des Inulinraumes gewonnen, welcher beim Normalkollektiv 31%, beim Kaliummangelkollektiv 34% Gesamt-H_2O beträgt. Auch die intrazelluläre Natriumkonzentration erfährt unter den Bedingungen des chronischen Kaliummangels keine statistisch signifikante Veränderung.

Die intrazelluläre Kalium- und Natriumkonzentration des Myokards ist also im Gegensatz zu anderen Geweben (Skeletmuskulatur, Erythrozyten) beim chronischen Kaliummangel (auch nach Normalisierung der extrazellulären Kaliumkonzentration in vitro) nicht signifikant verändert. Neuere Untersuchungen an isolierten Herzmuskelzellmembranen mit chronischem Kaliummangel konnten eine Steigerung der $Na^+ + K^+$-aktivierbaren Membran-ATPase wahrscheinlich machen [169]. Die sich daraus ergebenden Konsequenzen für den aktiven Natrium- und Kaliumtransport sind im Zusammenhang mit dem normalen myokardialen Kalium- und Natriumbestand bei chronischem Kaliummangel zu verstehen. Der Anstieg der Membran-ATPase-Aktivität unter dem Einfluß eines chronischen Kaliummangels kann als Anpassungsvorgang angesehen werden, der bei chronischer Hypokaliämie das Myokard vor stärkeren Kaliumverlusten schützt.

Beschreibt man das Ruhemembranpotential als Resultante aus den gemessenen intra-/extrazellulären Ionenkonzentrationsgradienten und den Permeabilitätskonstanten für die einzelnen Ionen nach der Gleichung von Hodgkin und Horowicz [280], so entspricht beim Normalkollektiv ein errechneter Wert von −78,6 mV einem gemessenen von −78,8 mV. Ermittelt man

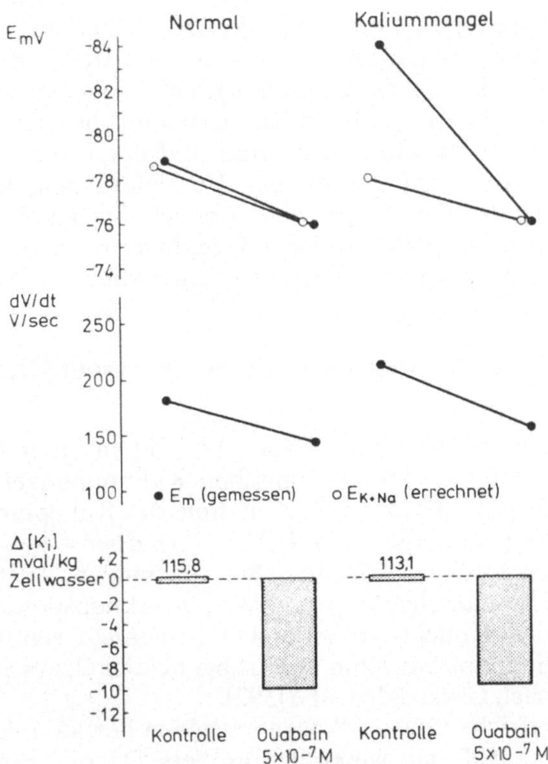

Abb. 2.3. Einfluß von Ouabain (5×10^{-7} M) auf Ruhepotential, maximale Anstiegsgeschwindigkeit des Aktionspotentials und zelluläre Kaliumkonzentration des Papillarmuskels normaler und kaliumverarmter Meerschweinchen bei physiologischer extrazellulärer Kaliumkonzentration. Während unter Normalbedingungen die gemessenen und errechneten Potentiale miteinander übereinstimmen, besteht unter den Bedingungen eines chronischen Kaliummangels eine deutliche Diskrepanz zwischen dem unter Berücksichtigung der intra-/extrazellulären Elektrolytkonzentrationen errechneten Wert und den tatsächlich gemessenen Potentialen

entsprechend rechnerisch das Membranpotential bei den chronisch kaliumverarmten Tieren, so ergibt sich ein Wert von −78,0 mV; dieser errechnete Wert ist absolut um 5,9 mV niedriger als der gemessene Wert von −83,9 mV (s. Abb. 2.3). Das heißt also, die Erhöhung des Ruhepotentials (Hyperpolarisation) am Papillarmuskel kaliumverarmter Meerschweinchen ist nicht zu deuten durch Änderungen der intra-/extrazellulären Kaliumkonzentrationsgradienten bei gleichzeitig unveränderten Permeabilitätskonstanten. Die Diskrepanz zwischen dem gemessenen und dem errechneten Ruhepotential, das die stationären Elektrolytkonzentrationen berücksichtigt, weist vielmehr auf veränderte Membraneigenschaften unter den Bedingungen des chronischen Kaliummangels hin. Zur Erklärung des Befundes könnte eine Änderung der Permeabilitätskonstanten im Gefolge eines allgemeinen Kaliummangels vermutet werden. Würde man hingegen die Permeabilitätskonstanten für die an der Entstehung des Ruhepotentials beteiligten Ionen als unverändert annehmen, dann wäre eine Steigerung des aktiven Natriumtransportes mit einer Zunahme des Membranpotentials im Sinne eines elektrogenen Effektes in Betracht zu ziehen [389].

Am ganzen Herzen wird der Erregungsablauf durch das Oberflächenelektrokardiogramm klinisch faßbar repräsentiert, das eine Resultante aus Vorhoferregung, atrioventrikulärer Überleitung, Erregungsausbreitung und Kammererregungsrückbildung darstellt. Bei Elektrolytstörungen finden sich im EKG charakteristische diagnostisch verwertbare Abweichungen von der Norm. Beim Kaliummangel besteht allerdings keine strenge Korrelation zwischen dem Grad und der Dauer der Elektrolytstörung und den elektrokardiographischen Veränderungen. Das EKG zeigt typischerweise bei Kaliummangel eine Abflachung der T-Welle, eine Senkung der ST-Strecke, präterminale T-Negativierungen, eine Vergrößerung der U-Welle und die sog. TU-Verschmelzungswelle.

2.2.2 Chronischer Kaliummangel und Glykoside

Unter dem Einfluß von Ouabain in einer Konzentration von 5×10^{-7} M kommt es beim chronischen Kaliummangel zu einer signifikant größeren Depolarisation, d. h. Abnahme des Ruhepotentials als beim Normalkollektiv (s. Tabelle 2.2, vgl. Abb. 2.3). Ebenso zeigt sich beim Kaliummangel eine größere Abnahme der maximalen Anstiegsgeschwindigkeit als beim Normalkollektiv [vgl. 388]. Die Aktionspotentialdauer ändert sich bei beiden Kollektiven unter Ouabain nicht signifikant. Die intrazelluläre Kaliumkonzentration erfährt bei beiden Gruppen eine gleichsinnige Abnahme nach Glykosidzugabe [392].

Gleiche Glykosidkonzentrationen bewirken also beim chronischen Kaliummangel eine wesentlich größere Depolarisation und sekundäre Abnahme der maximalen Anstiegsgeschwindigkeit als beim Normalkollektiv (Abb. 2.3). Die gleiche Glykosidkonzentration hat damit beim chronischen Kaliummangel am Myokard einen größeren Effekt als bei dem Normalkollektiv. Es ist somit denkbar, daß beim Kaliummangel zur Erzielung gleicher Wirkungen geringere Glykosiddosierungen notwendig sind als unter Normalbedingungen – und dies trotz Normalisierung der extrazellulären Kaliumkonzentration. Diese Überlegung spricht ebenfalls dafür, daß es im Verlauf des chronischen Kaliummangels zu einer pathologischen Veränderung der Membranfunktion gekommen ist, die durch eine Normalisierung der Serum-Kalium-Konzentration nicht unmittelbar beseitigt wird. Aus den Befunden ist ferner zu ersehen, daß beim chronischen Kaliummangel eine Normalisierung der extrazellulären Kaliumkonzentration nicht zu einer sofortigen Rückbildung der pathologischen Membraneigenschaften und damit auch einer erhöhten Glykosidempfindlichkeit führt.

2.2.3 Akuter Kaliummangel

Beim akuten Kaliummangel zeigen sich qualitativ gleichsinnige Veränderungen hinsichtlich der elektrophysiologischen Meßgrößen, die jedoch quantitativ ein größeres Ausmaß annehmen können. Eine akute Erniedrigung der extrazellulären Kaliumkonzentration führt zu einer Erhöhung des

Ruhemembranpotentials und zu einer Hyperpolarisation, wobei die maximale Anstiegsgeschwindigkeit des Aktionspotentials ansteigt als Ausdruck einer gesteigerten Aktivierung des Natriumsystems. Ferner wird die Aktionspotentialdauer verlängert. Diese Änderungen begünstigen die Erregungsleitung in der Weise, daß extrasystolische Erregungen durch eine verbesserte Fortleitung für den gesamten Herzmuskel eher wirksam werden können. Hinzu kommt, daß durch eine Hypokaliämie die Entstehung fokaler Extrasystolen an der Einzelfaser begünstigt werden kann [vgl. 65]. Durch extreme Senkung der extrazellulären Kaliumkonzentration kann, wie Untersuchungen von Antoni zeigen, das nicht-automatische Arbeitsmyokard des Herzens zur automatischen Erregungsbildung befähigt werden (Funktionswandel des Arbeitsmyokards) [22].
Im Einklang mit den Untersuchungsbefunden einer verbesserten Erregungsleitung steht auf der anderen Seite die klinische Erfahrung, daß gelegentlich bei intermittierendem totalen AV-Block durch eine Erniedrigung der Kaliumkonzentration bei Diuretika-Behandlung die Inzidenz atrioventrikulärer Blockierungen herabgesetzt oder gar beseitigt werden kann [vgl. 65]. Hinsichtlich der myokardialen Elektrolytkonzentrationen finden sich bei akutem Kaliummangel (K_e = 2 mval/l) im Vergleich zum Kontrollkollektiv (K_e = 4,7 mval/l) eine um 14,2 mval/kg Zellwasser erniedrigte intrazelluläre Kalium- und eine um 16,4 mval/kg Zellwasser erhöhte intrazelluläre Natriumkonzentration [621].

2.2.4 Akuter Kaliummangel und Glykoside

Der klinischen Beobachtung entsprechend beinhalten rasch auftretende Kaliummangelzustände eine besonders hohe Glykosidempfindlichkeit mit der Gefahr konsekutiver Rhythmusstörungen. In vitro führt die bei chronischem Kaliummangel tolerierte Glykosiddosis von 5×10^{-7} M Ouabain zum Auftreten von Spontanaktivitäten, die erst nach Kaliumgabe sistieren.
In jüngster Zeit haben tierexperimentelle Untersuchungen über die Eigenschaften des Glykosidrezeptors an der myokardialen Zellmembran das Verständnis der Glykosidwirkung am Herzen erweitern können. Wie Erdmann und Mitarb. gezeigt haben, wird bei Erniedrigung der extrazellulären Kaliumkonzentration die Bindung des Strophanthins an seinen Rezeptor über die Erhöhung der Affinität verstärkt. Der therapeutische Effekt der Kaliumapplikation bei hypokaliämischen Patienten mit Glykosidintoxikation korreliert mit einer Abnahme der Glykosidbindung an den Rezeptor, d. h. die bei Hypokaliämie erhöhte Glykosidaffinität an den Rezeptor wird durch Kaliumgabe verhindert [170].
Besonderes Interesse verdient das Verhalten der myokardialen Zellelektrolyte bei akutem Kaliummangel unter der Einwirkung herzaktiver Glykoside. Die zusammenfassende graphische Darstellung (Abb. 2.4) zeigt das Elektrolytverhalten bei akutem und chronischem Kaliummangel im Vergleich zur Kontrolle: die Zugabe von 5×10^{-7} M Ouabain führt unter Kon-

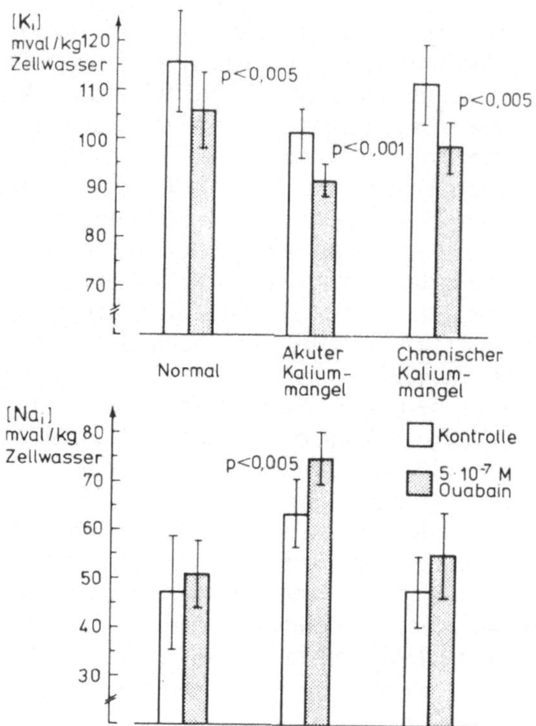

Abb. 2.4. Die Zugabe von Ouabain führt unter Kontrollbedingungen, bei akutem und beim chronischen Kaliummangel zu einer Abnahme der intrazellulären myokardialen Kaliumkonzentration. Bei akutem Kaliummangel resultiert eine Zunahme der intrazellulären Natriumkonzentration. Unter Glykosideinfluß bleibt bei chronischem Kaliummangel im Vergleich zum akuten Kaliummangel eine höhere myokardiale Kalium- und eine niedrigere Natriumkonzentration bestehen [nach 621]

trollbedingungen (K_e = 4,7 mval/l) bei akutem Kaliummangel (K_e = 2 mval/l) und bei chronischem Kaliummangel und erniedrigter extrazellulärer Kaliumkonzentration (K_e = 2 mval/l) zu einer Abnahme der intrazellulären myokardialen Kaliumkonzentration. Beim akuten Kaliummangel resultiert eine Zunahme der intrazellulären Natriumkonzentration. Unter Glykosideinfluß bleibt bei chronischem Kaliummangel im Vergleich zum akuten Kaliummangel eine höhere myokardiale Kalium- und eine niedrigere Natrium-Konzentration bestehen.

Es kommt also nach Glykosidapplikation im akuten Kaliummangel zu einer signifikant niedrigeren intrazellulären Kaliumkonzentration als im chronischen Kaliummangel. Diese Befunde können im Zusammenhang mit der klinischen Beobachtung gesehen werden, daß bei akuter Hypokaliämie mit einer höheren Glykosidempfindlichkeit als bei chronischen Kaliummangelzuständen gerechnet werden muß.

Zusammenfassend läßt sich feststellen: Bei akutem wie chronischem Kaliummangel kommt es zu einer Erhöhung des Ruhemembranpotentials und zu einer Zunahme der maximalen Anstiegsgeschwindigkeit des Aktionspotentials. Ferner ist die Aktionspotentialdauer verlängert. Diese Änderungen beeinflussen die Erregungsleitung dahingehend, daß extrasystolische Erregungen durch eine verbesserte Fortleitung für den gesamten Herzmuskel eher wirksam werden können. Eine Hypokaliämie begünstigt zudem die Entstehung fokaler Extrasystolen. Herzglykoside bewirken eine signifikante Abnahme des Ruhepotentials und Verminderung der Anstiegsgeschwindigkeit des Aktionspotentials. Eine bei chronischem Kaliummangel tolerierte Glykosiddosis führte bei akutem Kaliummangel in der Mehrzahl der Fälle zu Spontanaktivität. Messungen der myokardialen Kationenkonzentrationen zeigen, daß bei akut erniedrigter extrazellulärer Kaliumkonzentration ein verminderter zellulärer Kaliumgehalt und ein erhöhter Natriumgehalt vorliegen, während im chronischen Kaliummangel die zelluläre Kalium- und Natriumkonzentration des Myokards aufgrund veränderter Membraneigenschaften unverändert aufrechterhalten wird. Dieser Befund kann als Anpassungsvorgang verstanden werden, der bei chronischer Hypokaliämie das Myokard vor stärkeren Kaliumverlusten bewahrt. Glykoside bewirken unter Normalbedingungen ebenso wie bei akutem und chronischem Kaliummangel eine Abnahme des zellulären Kaliumgehalts. Es resultiert jedoch im akuten Kaliummangel eine signifikant niedrigere Kaliumkonzentration als im chronischen Kaliummangel. Dieser glykosidbedingte zelluläre Kaliumverlust bei akuter Hypokaliämie kann in kausalem Zusammenhang mit der im Vergleich zum chronischen Kaliummangel verminderten Glykosidtoleranz gesehen werden. Es ergibt sich die klinische Konsequenz, daß bei akuter Hypokaliämie mit einer höheren Glykosidempfindlichkeit als bei chronischen Kaliummangelzuständen gerechnet werden muß.

2.3 Herzwirksame Hormone

Der besondere Zusammenhang zwischen kardialen Symptomen und endokrinologischen Erkrankungen ist seit langem bekannt. Dies gilt insbesondere für die durch Hormone beeinflußbare Reizbildung und Erregungsleitung des Herzens. Neben den Schilddrüsenhormonen und den Katecholaminen (Adrenalin, Noradrenalin, Dopamin) werden zahlreiche weitere Verbindungen wie Cortisol, Glukagon, Insulin, Aldosteron, Sekretin und Prostaglandine den herzwirksamen Hormonen zugerechnet. In neuerer Zeit richtete sich auch aus therapeutischen Erwägungen das Interesse auf die kardialen Hormonwirkungen. Tierexperimentelle und klinische Beobachtungen wiesen auf therapeutische Alternativen bei der akuten und chronischen myogenen Herzinsuffizienz und bei Auftreten bestimmter Herzrhythmusstörungen hin [232, 370]. Von einem besseren Verständnis des elektrophysiologisch definierten Wirkungsmechanismus am spezifischen Erregungsleitungssystem und Arbeitsmyokard sind klarere Indikationen für oder gegen den Einsatz der klinisch schon seit längerem zur Verfügung stehenden Substanzen zu erwarten.

2.3.1 Schilddrüsenhormone (Thyroxin, Trijodthyronin)

Als Leitsymptom einer Schilddrüsenüberfunktion gilt die Sinustachykardie. Klinisch relevant ist bei thyreotoxischen Erkrankungen das Vorhofflimmern. Die Überleitung für Flimmerimpulse nimmt mit dem Ausmaß der Hyperthyreose zu. Es wurden Todesfälle von Basedow-Kranken mit einer Kammerfrequenz von 300/min beschrieben, ohne daß sich die atrioventrikuläre Überleitung hätte therapeutisch beeinflussen lassen.
Am Vorhofmyokard konnte experimentell unter dem Einfluß von Schilddrüsenhormonen eine Verkürzung der Refraktärperiode und eine Zunahme der Erregungsausbreitungsgeschwindigkeit wahrscheinlich gemacht werden [199, 274].
Untersuchungen über die Wirkung der Schilddrüsenhormone auf das Ventrikelmyokard lassen gleichsinnige Befunde erkennen. Eine Hypo- bzw. Athyreose weist demgegenüber qualitativ gegensinnige Veränderungen auf [vgl. 199, 666].

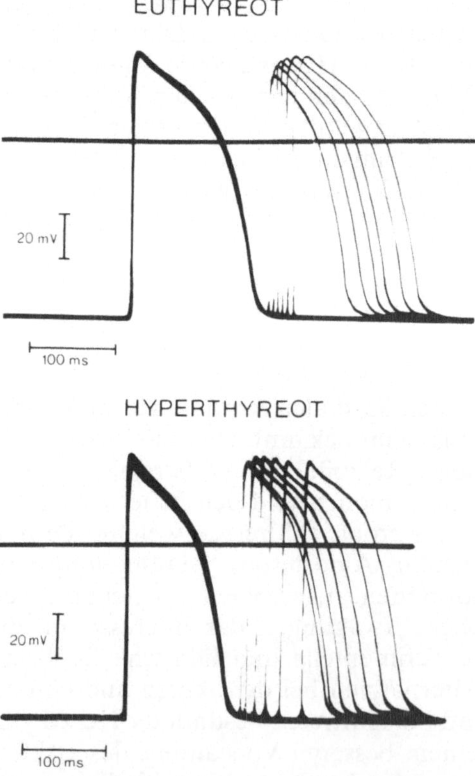

Abb. 2.5. Aktionspotentialdauer und Refraktärzeit gemessen an myokardialen Einzelfasern. Obere Bildhälfte: Kontrolle; untere Bildhälfte: hyperthyreotes Kollektiv; nach Thyroxinvorbehandlung resultiert eine deutliche Verkürzung des Aktionspotentials (entsprechend einer Verkürzung der Refraktärzeit) [nach 369]

Unter dem Einfluß von Thyroxin und Trijodthyronin zeigt sich am Papillarmuskel des Meerschweinchenherzens sowohl im akuten Versuch als auch im chronischen Experiment eine Zunahme der maximalen Anstiegsgeschwindigkeit des Aktionspotentials, die für eine Zunahme der Erregungsleitungsgeschwindigkeit spricht. Ebenfalls erhöht ist das Ruhemembranpotential. Nach Thyroxinvorbehandlung wurde am isolierten Papillarmuskel bei konstanter Reizfrequenz (60/min) eine signifikante Verkürzung der funktionellen Refraktärzeit gemessen und entsprechend eine Abnahme der Aktionspotentialdauer (bei 33% und 90% der Repolarisation) registriert (Abb. 2.5) [390].
Insgesamt sprechen die unter Einfluß von Schilddrüsenhormonen erhobenen elektrophysiologischen Befunde dafür, daß Thyroxin und Trijodthyronin am Ventrikelmyokard die Entstehung von Arrhythmien begünstigen können. Im Vordergrund der Rhythmusstörungen bei Hyperthyreose stehen klinisch die Sinustachykardie und das Vorhofflimmern.
Ventrikuläre Rhythmusstörungen sind hingegen vergleichsweise selten. Es ist denkbar, daß infolge der Tachykardie fokale Reizbildungen des Ventrikelmyokards bei Hyperthyreose weitgehend unterdrückt werden, obwohl hier gleichsinnige Veränderungen der elektrophysiologischen Membranparameter bestehen wie am Vorhofmyokard.

2.3.2 Hyperthyreose und Glykosidempfindlichkeit

Die Beurteilung der Glykosidwirkung am hyperthyreoten Herzen ist unterschiedlich. Während auf der einen Seite eine erhöhte Digitalisempfindlichkeit angenommen wird, weisen andere Autoren darauf hin, daß bei Hyperthyreose die Glykosidtoleranz erhöht ist und daß zur Erreichung therapeutischer Wirkungen oft eine zwei- bis vierfach höhere Glykosiddosis als im Regelfall notwendig ist [221, vgl. 369].
In Untersuchungen mit Tritium-markiertem Digoxin konnte gezeigt werden, daß bei Hyperthyreose im Vergleich zur Euthyreose ein erniedrigter Serum-Digoxin-Spiegel vorliegt [145]. Dieser Befund wurde auf einen beschleunigten Glykosidabstrom aus dem Plasma zurückgeführt und in kausalem Zusammenhang mit der veränderten Glykosidempfindlichkeit bei der Hyperthyreose interpretiert.
Es ist bekannt, daß mit den üblichen therapeutischen Glykosiddosen die Rhythmusstörungen bei der Hyperthyreose – und dies gilt besonders für die Sinustachykardie – häufig nicht zu beeinflussen sind. In klinischen Untersuchungen konnte bei primär kardial Kranken nach Trijodthyroningabe die Kammerfrequenz mit 3 – 4fach gesteigerten Digitalisdosen konstant gehalten werden. Glykosidintoxikationszeichen traten dabei nicht auf [205].
Neuere elektrophysiologische Untersuchungen konnten einen weiteren Beitrag zur quantitativen Wirkungscharakteristik kardioaktiver Glykoside bei der Hyperthyreose liefern [379]:

An männlichen Meerschweinchen wurde eine experimentelle Hyperthyreose erzeugt durch tägliche intraperitoneale Applikation von Schilddrüsenhormonen ($T_4 : T_3 = 9 : 1$). Das (euthyreote) Kollektiv I erhielt als Kontrolle 2 ml isotonische NaCl-Lösung pro Tag und kg. Das Kollektiv II (vgl. Abb. 2.6) erhielt zusätzlich 45 µg L-T_4 und 5 µg L-T_3 pro Tag und kg und das Kollektiv III 450 µg L-T_4 und 50 µg L-T_3 pro Tag und kg jeweils über 40 (± 5) Tage. An den isolierten Papillarmuskeln vom rechten Ventrikel wurden unter Inkubation in physiologischer Krebs-Ringer-Lösung bei ausreichender Sauerstoffversorgung mit Mikroglaselektroden die elektrophysiologischen Parameter der Erregbarkeit gemessen. Nach Zugabe von Ouabain in einer Konzentration von 5×10^{-7} M wurden an denselben Muskeln die gleichen Meßgrößen erfaßt.

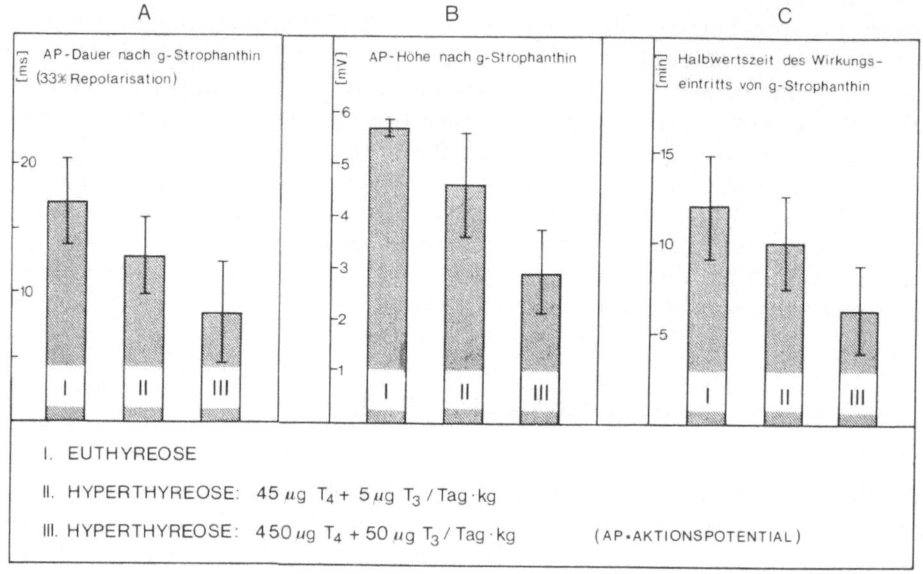

Abb. 2.6 A – C. Glykosidwirkung auf das Aktionspotential (AP) myokardialer Einzelfasern bei experimenteller Hyperthyreose. Nach Applikation identischer Dosen von Ouabain (5×10^{-7} M) ist die AP-Dauer (33% Repolarisation) (**A**) und AP-Höhe (**B**) in Abhängigkeit vom Ausmaß der Thyreotoxikose vermindert. Das Zeitintervall bis zum Wirkungseintritt (bezogen auf die Aktionspotentialverkürzung) ist bei ausgeprägter experimenteller Hyperthyreose am stärksten verkürzt (verglichen mit Kontrolle und Thyreotoxikose geringeren Ausmaßes) [nach 379]

Unter dem Einfluß von Ouabain zeigt sich eine signifikante Verkürzung der Aktionspotentialdauer als Ausdruck einer Refraktärzeitverkürzung (gemessen mit Mikroglaselektroden an der myokardialen Einzelfaser bei 33% der Repolarisation) (Abb. 2.6 A). Die Ausprägung der Verminderung der Aktionspotentialdauer ist abhängig vom Ausmaß der experimentellen Hyperthyreose. Aus der Abbildung 2.6 wird deutlich, daß bei Applikation gleicher Glykosiddosen die Aktionspotentialverkürzung bei zunehmend hyperthyreoter Stoffwechsellage im Vergleich zum Kontrollkollektiv abnimmt, d. h. bei Euthyreose ist der Glykosideffekt am ausgeprägtesten, beim Kollektiv II ist er geringer und beim (Hyperthyreose-)Kollektiv III, das mit 10fach höheren T_4- und T_3-Konzentrationen behandelt worden war, zeigt sich der

geringste Glykosideffekt (Abb. 2.6 A). Eine gleichsinnige Abhängigkeit stellt die Verminderung der Aktionspotentialhöhe unter dem Einfluß identischer Konzentrationen kardioaktiver Glykoside dar (Abb. 2.6 B).
Obwohl die Glykosidwirkung bei experimenteller Hyperthyreose – gemessen an der Dauer des Aktionspotentials – geringer ist, läßt sie sich frühzeitiger nachweisen (vgl. Abb. 2.6 C): nach Gabe identischer Strophanthindosen ist das Zeitintervall bis zum Wirkungseintritt beim Kollektiv III signifikant kürzer als beim Kollektiv II (experimentelle Hyperthyreose geringeren Ausmaßes) und dem (Kontroll-)Kollektiv I (Euthyreose) [379].
Diese Befunde stellen somit ein Argument für die Hypothese dar, daß die Glykosidwirkung bei der Hyperthyreose geringer ist, der Wirkungseintritt jedoch rascher erfolgt.

2.3.3 Aldosteron

Die kardialen Effekte von Aldosteron sind gering. Am Arbeitsmyokard wie am Schrittmachergewebe des Kaninchenherzens führt Aldosteron (0,3 µg/ml) zu einer Depolarisation. An der Vorhofmuskulatur resultiert eine verminderte Erregbarkeit. Die Depolarisation tritt erst nach längerer Inkubationszeit (50 – 60 min) ein und fehlt bei Temperaturen von 15° oder 10° C. Hieraus wird geschlossen, daß energieverbrauchende Prozesse in dem Mechanismus der Depolarisation eine Rolle spielen [416].

2.3.4 Insulin

Die kardialen Wirkungen von Insulin gewannen besonders durch die Untersuchungen von Sodi-Pallares und Mitarb. therapeutische Bedeutung [605]. Es wurde davon ausgegangen, daß beim Myokardinfarkt eine Verminderung des intrazellulären Kaliumbestandes in dem betroffenen Gewebe besteht und durch Verminderung des intra-/extrazellulären Kaliumkonzentrationsgradienten das Ruhemembranpotential der Herzmuskelfasern vermindert wird und somit die Flimmerbereitschaft des Herzens zunimmt. Zur Repolarisation der depolarisierten Myokardfasern ist die Normalisierung des Verhältnisses von K_i zu K_e notwendig. Hierzu erschien die kombinierte Gabe von Kalium, Glukose und Insulin unter der Vorstellung geeignet, daß durch die Glukosezufuhr die Kaliumaufnahme in die Zelle zunimmt, da durch Insulin die Permeabilität für Glukose gesteigert wird. Infarktpatienten wurden 40 mval KCl und 20 E Altinsulin in 1000 ccm 5prozentiger oder 10prozentiger Glukoselösung als Infusion verabreicht bei einer Tropfgeschwindigkeit von 40 – 60 Tropfen/min. Nach Applikation dieser „polarisierenden“ Lösung wurde ein beschleunigter Rückgang der pathologischen EKG-Veränderungen nach Myokardinfarkt und eine Verminderung der Herzrhythmusstörungen bei Abnahme der Mortalität nach Myokardinfarkt beobachtet [605].

Das an Einzelfasern des Meeerschweinchenpapillarmuskels gemessene Ruhemembranpotential ist unter dem Einfluß von Insulin (0,1 IE/ml Inkubationsmedium) um etwa 10% erhöht [64]. Für die Genese dieser Hyperpolarisation kommen in Frage: eine Abnahme des Verhältnisses der Natriumpermeabilität zur Kaliumpermeabilität, eine Nettoverschiebung von Kaliumionen in die Zelle, eine Zunahme des aktiven Ionentransportes („elektrogene Pumpe"), eine Zunahme positiver Festladungen in der Zellmembran oder eine Kombination der genannten Möglichkeiten. – Das Aktionspotential erfährt unter Insulineinfluß (0,1 IE/ml) eine Verlängerung der Repolarisationsphase, die eine gleichzeitige Verlängerung der Refraktärperiode wahrscheinlich macht. Die gemessenen Änderungen sind richtungsmäßig auch dann nachweisbar, wenn die Inkubationslösung keine Glukose enthält. Auch bei geringeren Konzentrationen als der von 0,1 IE/ml, nämlich bei 0,01 IE/ml und 0,001 IE/ml wurden qualitativ die gleichen Veränderungen beobachtet [64].

Nach diesen Ergebnissen erscheint es möglich, daß unter Einfluß von Insulin die Ausbreitung von Extrasystolen im Ventrikelmyokard gehemmt werden könnte, bis hin zum völligen Unterbleiben einer Erregungsausbreitung ausgehend von einem Fokus.

2.3.5 Katecholamine (Adrenalin, Noradrenalin, Dopamin)

Den Katecholaminen werden Adrenalin, Noradrenalin und als sog. drittes Katecholamin das Dopamin zugerechnet. Die elektrophysiologischen Eigenschaften der beiden erstgenannten sind weitgehend bekannt.

Unter Adrenalineinfluß (0,125 μg/ml Inkubationsmedium) findet sich am isolierten Papillarmuskel des Meerschweinchenherzens die Aktionspotentialdauer bei 33% der Repolarisation um 20% verkürzt. Bei 90% der Repolarisation zeigt sich unter Adrenalineinwirkung eine Aktionspotentialverkürzung um 14%. Eine damit verbundene Abnahme der Refraktärperiode würde die Ausbreitung von Extrasystolen im Ventrikelmyokard begünstigen können. Das Ruhemembranpotential ist unter der Einwirkung von Adrenalin gegenüber dem Kontrollwert nicht signifikant verändert. Die maximale Anstiegsgeschwindigkeit des Aktionspotentials läßt unter Adrenalineinfluß keine signifikanten Veränderungen gegenüber einem Kontrollkollektiv erkennen [381].

Eine Aktionspotentialverkürzung unter Einfluß von Adrenalin wurde nicht nur am Meerschweinchenpapillarmuskel, sondern auch am rechten Ventrikel des Hundes gefunden. Demgegenüber wurde am Froschventrikel, am Vorhof von Ratte, Meerschweinchen und Kaninchen eine Verlängerung des Aktionspotentials gemessen [vgl. 656]. Eine durch Adrenalin im Vergleich zur Norm unveränderte Beziehung zwischen maximaler Anstiegsgeschwindigkeit des Aktionspotentials und Ruhemembranpotential ist von Trautwein und Schmidt an Purkinje-Fasern und Vorhofstreifen des Hundes nachgewiesen worden [658]. Über Noradrenalin-bedingte Repolarisations-

änderungen (Zeit-Spannungs-Verlauf) wurde von Tsien und Mitarb. berichtet [661].
Das natürliche, endogene Katecholamin Dopamin wird in zunehmendem Maße in der Behandlung der akuten Herzinsuffizienz und des kardiogenen Schocks eingesetzt. Dopamin besitzt eine positiv inotrope Wirkung und kann in relativ hoher Dosierung zur Auslösung von Tachyarrhythmien führen [232]. Die elektrophysiologischen Eigenschaften der Substanz sind noch nicht in allen Einzelheiten bekannt. An Purkinje-Fasern des Schafsherzens

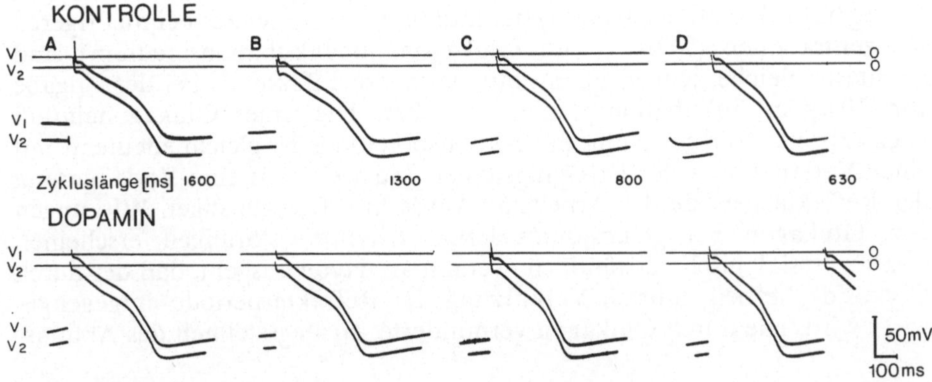

Abb. 2.7. Wirkung von Dopamin auf die Aktionspotentialdauer von 2 verschiedenen Purkinje-Fasern des Schafsherzens. 5 min nach Substanzeinwirkung ($1{,}05 \times 10^{-6}$ M) bei unterschiedlicher Zykluslänge zeigt sich eine deutliche Aktionspotentialverkürzung, die bei langer Zyklusdauer am ausgeprägtesten ist [nach 28]

führt Dopamin zu einer deutlichen Frequenzzunahme und zu einer Beschleunigung der diastolischen Depolarisation. Da diese elektrophysiologischen Veränderungen durch Propranolol und Practolol weitgehend inhibierbar sind, dürften die Dopamin-Effekte zumindest teilweise über betaadrenerge Rezeptoren ablaufen. Die Aktionspotentialdauer zeigt unter Dopamineinfluß zunächst eine signifikante Verkürzung (Abb. 2.7); nach längerer Substanzeinwirkung kommt es zu einer Zunahme der Aktionspotentialdauer. Diese Dopaminwirkungen sind offenbar nicht von einer endogenen Katecholaminfreisetzung abhängig. Abgesehen von der ungewöhnlichen biphasischen Wirkung auf die Aktionspotentialdauer entsprechen die elektrophysiologischen Dopamineffekte damit weitgehend denen der anderen Katecholamine [28].

2.3.6 Glukagon

Auf kardiale Wirkungen von Glukagon haben erstmals Farah und Tuttle aufmerksam gemacht durch den tierexperimentellen Nachweis einer positiven Inotropie am Herzmuskel [177]. Im Gegensatz zu Adrenalin ist die inotrope Glukagonwirkung am Herzen nicht mit einer ventrikulären Ektopieneigung verbunden [365].

In vitro wird unter dem Einfluß von Glukagon (10 μg/ml Inkubationsmedium) an Papillarmuskeleinzelfasern (Meerschweinchen) die Dauer des Aktionspotentials – gemessen bei 33% und 90% der Repolarisation – signifikant verlängert. Das Ruhemembranpotential bleibt unter Glukagoneinwirkung unverändert. Die maximale Anstiegsgeschwindigkeit des Aktionspotentials wird durch Glukagon deutlich vermindert. Diese elektrophysiologischen Veränderungen nehmen bei höheren Glukagonkonzentrationen (bis 100 μg/ml Inkubationsmedium) quantitativ nicht weiter zu; bei niedrigeren Konzentrationen (2 bzw. 5 μg Glukagon/ml Inkubationsmedium) sind qualitativ gleiche, jedoch quantitativ geringere Effekte als bei der Zugabe von 10 μg/ml Inkubationsmedium sichtbar. Die unter Glukagoneinfluß nachweisbare Verbreiterung des Aktionspotentials ist gleichbedeutend mit einer Verlängerung der Erregungsdauer und weist auf eine Verlängerung der Refraktärperiode des Arbeitsmyokards hin. Die günstigen Wirkungen von Glukagon bei glykosidinduzierten Rhythmusstörungen erscheinen elektrophysiologisch verständlich, wenn man davon ausgeht, daß der durch Glykoside herbeigeführten Verkürzung der Refraktärperiode entgegengewirkt wird. Die durch Glukagon verminderte Anstiegssteilheit des Aktions-

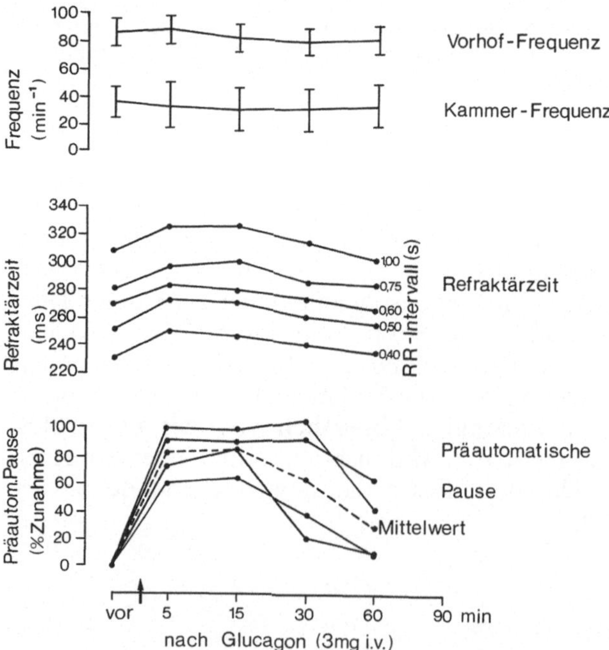

Abb. 2.8. Änderung von Vorhof- und Kammerfrequenz (Mittelwert und Streuung), Refraktärzeit (Mittelwerte bei definiertem RR-Intervall) und präautomatischer Pause (Mittelwert und 4 Einzelbeobachtungen) nach Injektion von 3 mg Glukagon i. v. [nach 33]

potentials läßt auf eine verlangsamte Fortleitung der Erregung im Myokard schließen. Qualitativ zeigt Glukagon einen gleichsinnigen Effekt wie Antiarrhythmika vom Typ des Chinidin und Procainamid, die ebenfalls eine Abnahme der maximalen Anstiegssteilheit bewirken (s. o.). Die Ergebnisse sprechen mithin dafür, daß Glukagon am Ventrikelmyokard antiarrhythmische Wirkungen entfalten und einer Ektopieneigung entgegen wirken kann [381].
Die tierexperimentell nachgewiesenen antiarrhythmischen Eigenschaften von Glukagon sind in klinischen Untersuchungen auch am Herzen des Menschen zu objektivieren (s. Abb. 2.8). Unter dem Einfluß von Glukagon tritt eine signifikante Verlängerung der Refraktärzeit auf. Diese Wirkung ist bereits nach 5 min maximal ausgeprägt, sie hält etwa 15 min an und klingt nach 30 – 60 min wieder ab. Der Verlängerung der Aktionspotentialdauer, gemessen an der myokardialen Einzelfaser entspricht somit am ganzen Herzen eine Verlängerung der funktionellen oder effektiven Refraktärzeit. Die präautomatische Pause ist bei Patienten mit totalem AV-Block und tertiärem Ersatzrhythmus nach Glukagon um durchschnittlich 80% verlängert; 30 min und 60 min post injectionem tritt wieder eine allmähliche Verkürzung ein. Die präautomatische Pause ist beim totalen AV-Block ein Maß für die Spontanautomatie tertiärer (also ventrikulärer) Zentren. Glukagon setzt demnach die ventrikuläre Spontanautomatie herab und besitzt somit – gemessen an diesem Parameter – Eigenschaften einer antiarrhythmischen Substanz [33].

2.3.7 Sekretin

Das von den Zellen der Duodenalmucosa gebildete Intestinalhormon Sekretin weist eine große Strukturähnlichkeit mit dem zirkulatorisch wirksamen Glukagon auf. Nach intravenöser Sekretinapplikation (1 – 10 E/kg) zeigt sich am Hundeherzen eine deutliche Frequenz- und Kontraktilitätszunahme. Glykosid-induzierte ventrikuläre Arrhythmien bei der Katze und am Rhesusaffen werden durch Sekretin (10 – 50 E i. v.) beseitigt. Damit zeigt Sekretin hinsichtlich seiner antiarrhythmischen Eigenschaften eine qualitative Parallelität zu Glukagon. Die Sekretinwirkung wird durch Betarezeptorenblocker nicht inhibiert [567].

2.3.8 Prostaglandine

Die körpereigenen ubiquitären Prostaglandine haben ausgeprägte biologische Wirkungen und beeinflussen zahlreiche Funktionen des menschlichen Organismus. Die Regulationsmechanismen der Prostaglandine sind noch weitgehend unbekannt. Insbesondere fehlen noch konkrete Angriffspunkte für den indikationsbezogenen klinisch-therapeutischen Einsatz. Die kardiovaskulären Effekte der Prostaglandine (PG) sind uneinheitlich. PG E_1 wirkt

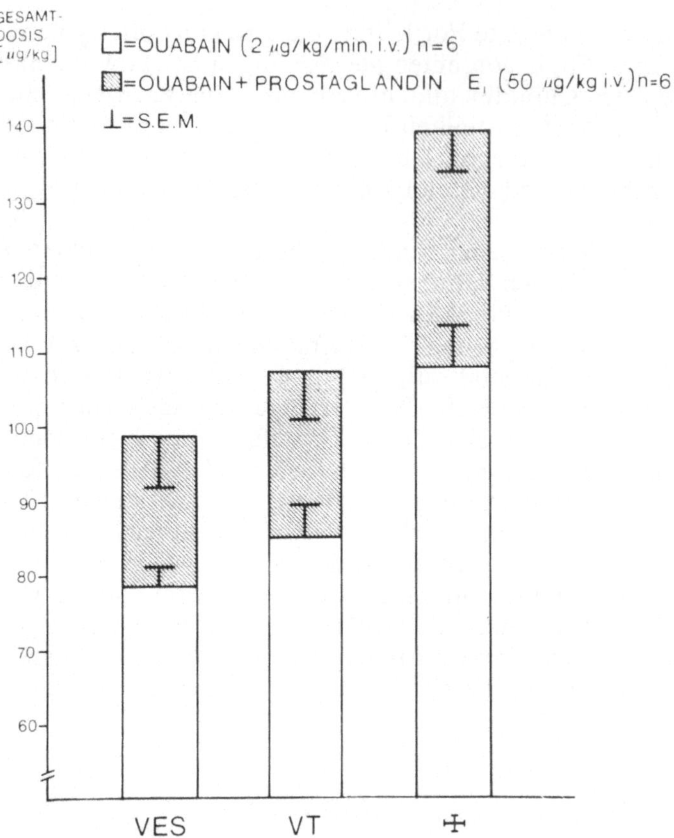

Abb. 2.9. Einfluß von Prostaglandin E_1 auf glykosidinduzierte Kammerarrhythmien. Ordinate: Toxische bzw. letale Dosis von Ouabain; VES = ventrikuläre Extrasystolie, VT = ventrikuläre Tachykardie. Die toxische (VES- und VT-auslösende) sowie die letale Ouabain-Dosis ist signifikant höher bei dem Versuchskollektiv, das zusätzlich Prostaglandin E_1 erhalten hatte ($p < 0,05$) [nach 311]

am Ratten- und Froschherzen in hoher Dosierung positiv inotrop. Am Kaninchen- und Katzenherzen finden sich hingegen keine signifikanten Inotropiesteigerungen [53]. Die elektrophysiologischen Parameter der Erregbarkeit bleiben am Papillarmuskel des Meeerschweinchens weitgehend unbeeinflußt durch PG E_1. Am Patienten führt PG E_2 zu einer Frequenzsteigerung und zu einem Blutdruckabfall. Demgegenüber bewirkt PG $F_{2\alpha}$ keine Zunahme der Herzfrequenz [308].

Von Kelliher und Glenn wurde der Einfluß von PG E_1 auf Ouabain-induzierte Arrhythmien an der Katze untersucht. PG E_1 erhöhte in einer Dosierung von 50 μg/kg signifikant die toxische (ventrikuläre extrasystolie- und tachykardieauslösende) und letale Glykosiddosis (Abb. 2.9) [311]. Die Grundfrequenz und der Blutdruck werden durch PG E_1 nicht beeinflußt, ebenso wenig die Frequenz der Ouabain-induzierten Kammertachykardie.

Neben den dargestellten Wirkungen von Schilddrüsenhormonen, Aldosteron, Insulin, Katecholaminen, Glukagon, Sekretin und Prostaglandinen bestehen zahlreiche weitere Einflüsse herzwirksamer Hormone. Es ist zu erwarten, daß in zunehmendem Maße bisher unbekannte kardiale Eigenschaften der genannten und anderer Hormone (z. B. Prolactin) [452] gefunden werden. Es ist jedoch zu betonen, daß die kardialen Effekte mit pharmakologischen Dosen oder unphysiologisch hohen Wirkstoffkonzentrationen hervorgerufen werden, was Rückschlüsse auf die physiologischen Hormonwirkungen nicht zuläßt. Die dargestellten Befunde zeigen aber bereits, daß die Hormone vielfältige Wirkungen im Sinne eines Wirkungsmusters besitzen ohne strenge Spezifität. In der Kardiologie im allgemeinen und bei Herzrhythmusstörungen im besonderen haben sich daraus zahlreiche neue diagnostische und therapeutische Möglichkeiten herleiten lassen.

2.4 Freie Fettsäuren

Unter den möglichen kausalen Faktoren von Herzrhythmusstörungen bei akutem Myokardinfarkt haben in neuerer Zeit die freien Fettsäuren an Interesse gewonnen. Mehrfach ist über die Korrelation zwischen erhöhter Serumkonzentration freier Fettsäuren und ventrikulären Arrhythmien sowie atrio-ventrikulären Leitungsstörungen bei frischem Myokardinfarkt be-

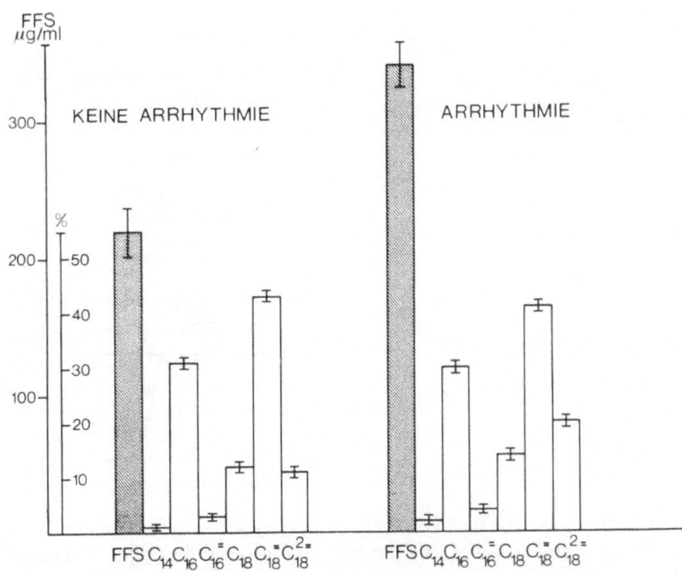

Abb. 2.10. Mittelwert der Konzentration der unveresterten Fettsäuren (FFS) im Plasma nach Myokardinfarkt und relativer prozentualer Anteil einzelner Fettsäuren an der Gesamtkonzentration [nach 512]

richtet worden [77, 485]. Von einigen Autoren wird dem Serumspiegel der freien Fettsäuren zudem eine prognostische Bedeutung auf den Infarktverlauf beigemessen [253, 485, 518]. Tierexperimentell konnte nach akutem Koronararterienverschluß durch Erhöhung der nicht veresterten Fettsäuren – unabhängig vom Katecholaminspiegel – das Auftreten ventrikulärer Extrasystolen und Tachykardien provoziert werden [337, 338]. Klinische Beobachtungen entsprechen den tierexperimentellen Ergebnissen [77, 485, 513]. Eine auffallende Häufung ventrikulärer Rhythmusstörungen ergab sich insbesondere bei Patienten mit hohen Linolsäurekonzentrationen [513]. Die Abbildung 2.10 zeigt das Fettsäureprofil bzw. die relative Konzentration der unveresterten Fettsäuren, aufgeteilt nach Patienten mit und ohne ventrikulären Rhythmusstörungen nach Myokardinfarkt. Bei dem Patientenkollektiv mit Arrhythmien zeigen sich durchschnittlich höhere Spiegel der freien Fettsäuren (FFS), ohne daß sich jedoch wegen der großen Streuungen eindeutige Beziehungen zu der Häufigkeit objektivieren lassen. Die Messung des relativen Anteils der einzelnen Fettsäuren an der Gesamtkonzentration der freien Fettsäuren ergab jedoch einen Abfall der Ölsäure

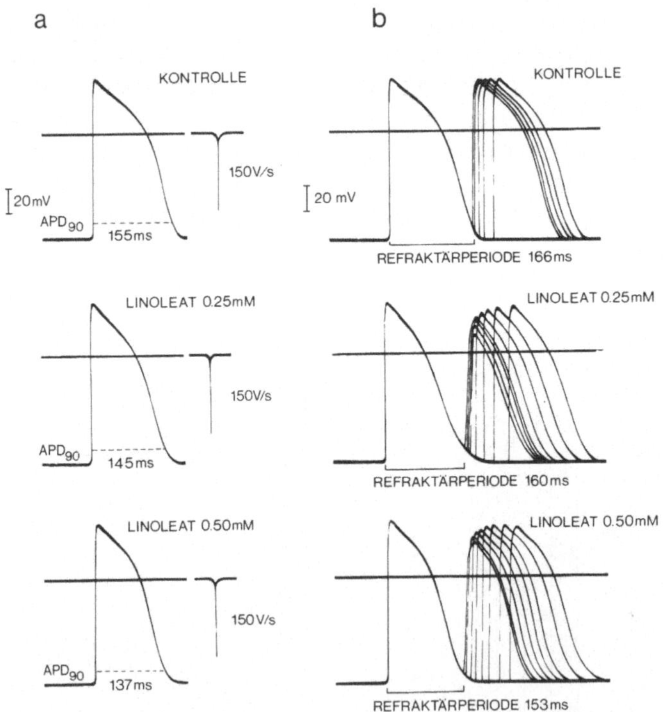

Abb. 2.11 a u. b. Einfluß von Linoleat auf elektrophysiologische Parameter des Ventrikelmyokards. (**a**) Linoleat führt zu einer konzentrationsabhängigen Verkürzung der Aktionspotentialdauer; maximale Anstiegsgeschwindigkeit und Ruhemembranpotential bleiben unverändert. (**b**) Verhalten der Refraktärperiode einer einzelnen ventrikulären Muskelfaser unter identischen Bedingungen: Entsprechend der Verkürzung der Aktionspotentialdauer findet sich eine Abnahme der Refraktärperiode unter dem Einfluß von Linoleat [nach 399]

($C_{18}^{=}$) und einen signifikanten Anstieg der Linolsäure ($C_{18}^{2=}$) im Vergleich zu den Patienten mit Myokardinfarkt ohne wesentliche Rhythmusstörungen [512]. Der Wirkungsmechanismus einer Arrhythmieentstehung durch freie Fettsäuren ist noch weitgehend unbekannt. Während einige Untersucher die Erhöhung der freien Fettsäuren nur als biochemisches Symptom bei ventrikulären Rhythmusstörungen verstehen [253], wird von anderen Autoren ein direkter Membraneffekt diskutiert [339].
An myokardialen Einzelfasern des isolierten Papillarmuskels des Meerschweinchenherzens ist untersucht worden, ob elektrophysiologische Veränderungen unter dem Einfluß freier Fettsäuren zur Erklärung der beobachteten Arrhythmien beitragen können [391]. (S. Tabelle 2.3.)

Unter dem Einfluß von Linoleat in den Konzentrationsbereichen von 0,25 und 0,5 mval/l ist das Ruhemembranpotential gegenüber der Kontrolle nicht signifikant verändert. Die maximale Anstiegsgeschwindigkeit zeigt ebenfalls keine statistisch signifikante Änderung. Die Aktionspotentialdauer, gemessen bei 33% und 90% der Repolarisation, ist unter dem Einfluß von Linoleat dosisabhängig vermindert. Entsprechend ist die funktionelle Refraktärzeit verkürzt (Abb. 2.11, Tabelle 2.3).
Palmitat bewirkt in den gleichen Konzentrationsbereichen keine signifikanten Veränderungen gegenüber der Kontrolle. Erst bei einer Konzentration von über 0,8 mval/l werden Änderungen deutlich, die quantitativ der Linoleatwirkung von 0,5 mval/l entsprechen. Eine dosisabhängig zunehmende

Tabelle 2.3

	Ruhe-membran-potential (mV)	Maximale Anstiegsge-schwindigkeit (V/sec)	Aktionspotentialdauer 33% Repolari-sation (msec)	Aktionspotentialdauer 90% Repolari-sation	Refraktär-periode (msec)
Kontrolle	−81,4 ± 2,5 n = 139	152,7 ±28,8 n = 139	103,5 ±7,2 n = 139	153,5 ± 8,2 n = 139	163,8 ±6,2 n = 67
Linoleat 0,25 mM	−81,2 ± 2,0 n = 58	156,8 ±25,5 n = 58	89,1* ±5,4 n = 58	143,1* ± 6,4 n = 58	161,4 ±4,6 n = 45
Linoleat 0,5 mM	−80,7 ± 1,6 n = 47	151,0 ±17,2 n = 47	83,8* ±7,1 n = 47	138,1* ± 8,1 n = 47	153,8* ±9,8 n = 31
Palmitat 0,84 mM	−81,4 ± 1,6 n = 43	148,1 ±26,9 n = 43	87,3* ±8,4 n = 43	136,3* ±10,4 n = 43	150,2* ±9,8 n = 37
Palmitat 1,3 mM	−80,8 ± 2,6 n = 32	157,1 ±31,0 n = 32	77,4* ±6,8 n = 32	126,7* ± 8,7 n = 32	138,7* ±9,3 n = 26

* $p < 0{,}001$ im Vergleich zur Kontrolle

Aktionspotentialverkürzung oder Refraktärzeitverminderung wurde unter dem Einfluß von Palmitat in einer Konzentration von 1,3 mval/l beobachtet. Versuche mit einem Inkubationsmedium, das nur den für die Bindung der freien Fettsäuren notwendigen Albuminanteil enthielt, ergaben keine von den Kontrollwerten abweichenden Ergebnisse.
Die Befunde zeigen also, daß freie Fettsäuren (Linolsäure, Palmitinsäure) am isolierten Papillarmuskel des Meerschweinchenherzens bei konstanter Reizfrequenz (60/min) eine Abnahme der Aktionspotentialdauer und entsprechend eine Verkürzung der effektiven Refraktärzeit bewirken. Die Linolsäure scheint hinsichtlich der elektrophysiologischen Veränderungen wirksamer als die Palmitinsäure zu sein. Die gewählten Linoleatkonzentrationen (0,25 und 0,5 mval/l) liegen innerhalb des physiologischen Bereiches der Gesamtfettsäurekonzentration, sind aber hinsichtlich des Linolsäureanteils, der physiologischerweise beim Menschen etwa 13% beträgt, erhöht [570].
Eine Verkürzung der Refraktärperiode, entsprechend einer Verkürzung der Erregungsdauer, wie sie unter dem Einfluß der freien Fettsäuren resultiert, begünstigt das Auftreten von Extrasystolen bei Vorhandensein eines Fokus. Die Herzmuskelfaser ist bereits zu einem früheren Zeitpunkt als unter Normalbedingungen wieder erregbar, sowohl für orthotopische, ektopische wie auch für rücklaufende Kammererregungen [vgl. 657]. In Übereinstimmung mit den klinischen Beobachtungen sprechen diese Befunde dafür, daß der Linolsäure im Rahmen der Erhöhung der freien Fettsäuren bei Myokardinfarkt bzw. Hypoxie besondere Bedeutung in der Arrhythmiegenese zukommen kann [vgl. 391, 399].

2.5 Lithium

In der letzten Zeit ist verschiedentlich über kardiale Nebenwirkungen der Lithium-Therapie bei psychiatrischen Erkrankungen berichtet worden. Neben einzelnen Fällen von Myokardiopathien [315, 639, 644] wurden insbesondere symptomatische Rhythmusstörungen beobachtet [412, 423, 509, 644, 687, 715]. Fernerhin fanden sich EKG-Veränderungen in Form einer T-Wellen-Abflachung [122, 569]. Ursächlich werden direkte Wirkungen von Lithium auf die Kationenfluxe kardialer Zellmembranen diskutiert. Carmeliet konnte zeigen, daß bei Ersatz von Natrium – durch Lithium-Ionen im Extrazellulärmedium, ein signifikanter myokardialer Kaliumefflux resultiert [86].
Im Hinblick auf die zunehmende Anwendung von Lithium zur Langzeitbehandlung bei manisch-depressiven Psychosen und die potentiellen Nebenwirkungen der Substanz sind Untersuchungen von Interesse, die darauf hinweisen, daß Lithium die elektrophysiologischen Parameter des Ventrikelmyokards sowie die des Erregungsleitungssystems beeinflussen kann. Mit der Mikroglaselektrodentechnik wurden elektrische Potentiale von Ein-

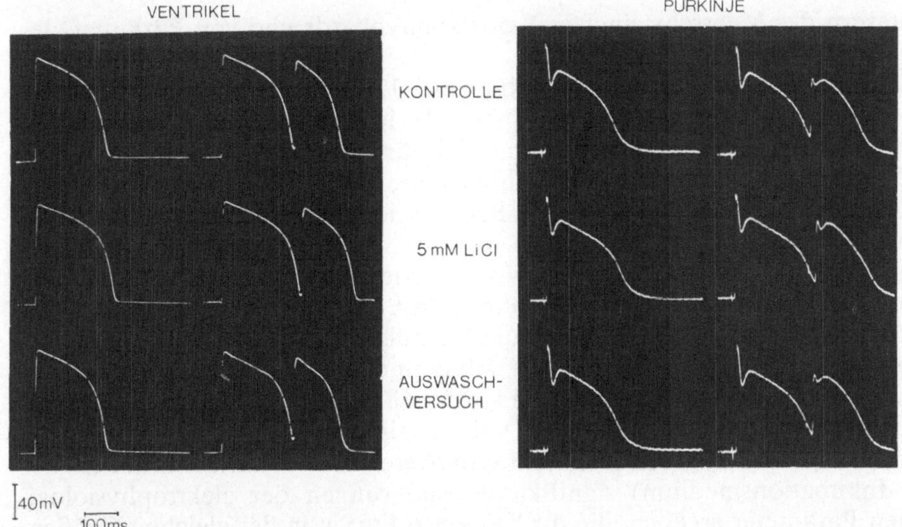

Abb. 2.12. Potentialverlauf und Refraktärzeitbestimmung (rechts) einer myokardialen Einzelfaser und eines Purkinjefadens unter dem Einfluß von Lithiumchlorid (5 mM). Es zeigt sich an beiden Strukturen eine deutliche Zunahme der Aktionspotentialdauer und der Refraktärperiode, die im Auswaschversuch vollständig reversibel ist [nach 457]

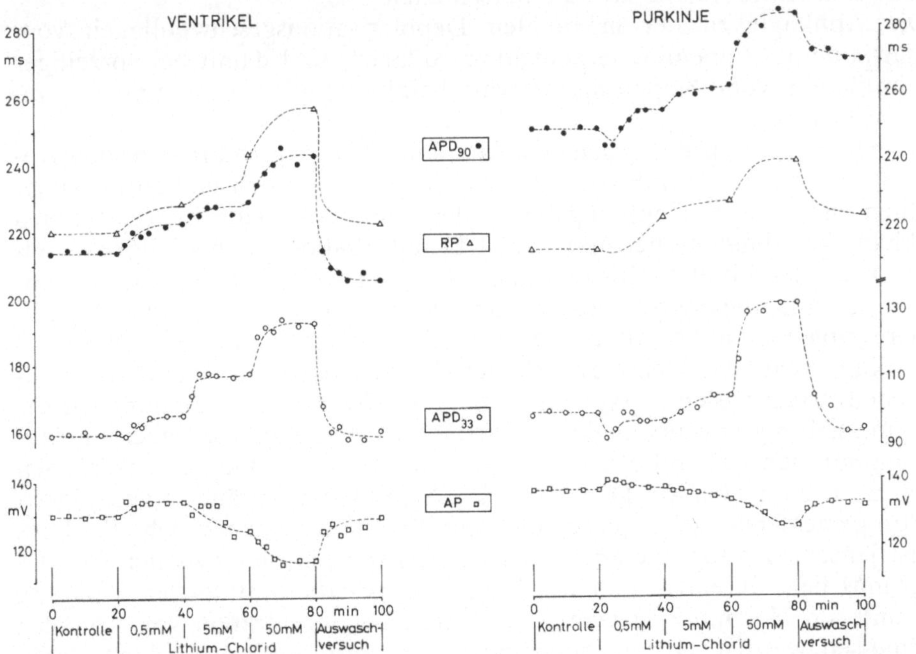

Abb. 2.13. Konzentrationsabhängige Zunahme der Refraktärperiode (RP) und Aktionspotentialdauer, gemessen bei 33% und 90% der Repolarisation (APD_{33}, APD_{90}) unter Einfluß von Lithiumchlorid an jeweils derselben Myokard- und Purkinjefaser. Die Aktionspotentialhöhe (AP) läßt an beiden Strukturen einen initialen Anstieg und eine konsekutive Abnahme erkennen [nach 457]

zelfasern des Meerschweinchen-Ventrikelmyokards und von Purkinjefäden des Kaninchenherzens abgeleitet.

Die Ergebnisse sind in den Abbildungen 2.12 und 2.13 anhand repräsentativer Einzelverläufe synoptisch dargestellt. Insgesamt wurden 12 derartige Potentialverläufe gemessen. Es ergab sich für Ventrikelfasern und Purkinjefäden unter dem Einfluß von Lithium eine konzentrationsabhängige Zunahme der Aktionspotentialdauer. Bei 33% der Repolarisation lag die maximale Verlängerung bei 31±7 msec bzw. 49±8 msec; bei 90% der Repolarisation bei 29±3 msec bzw. 39± 4msec. Die entsprechende Verlängerung der funktionellen Refraktärzeit betrug 34±5 msec bzw. 24±4 msec. Das Aktionspotential des Ventrikelmyokards nahm um 8±4 mV, das der Purkinjefäden um 17±4 mV ab; die Abnahme der maximalen Depolarisationsgeschwindigkeit betrug 40±14 bzw. 68±22 V/sec. Im Auswaschversuch waren diese Veränderungen vollständig reversibel. Die Befunde zeigen, daß sich in höheren Konzentrationsbereichen (50 mM Lithiumchlorid im Inkubationsmedium) signifikante Änderungen der elektrophysiologischen Parameter ergeben, die für beide Strukturen in der gleichen Größenordnung liegen und besonders in einer Abnahme der maximalen Depolarisationsgeschwindigkeit sowie in einer Zunahme der Refraktärzeit deutlich werden. Bei niedrigeren Wirkstoffkonzentrationen werden richtungsmäßig die gleichen Veränderungen beobachtet, ohne sich jedoch statistisch signifikant vom Kontrollkollektiv zu unterscheiden.

Die Abhängigkeit der maximalen Depolarisationsgeschwindigkeit vom Startpotential („membrane activation voltage“) und damit bei vorzeitiger Stimulation vom Kopplungsintervall beinhaltet die sog. membrane responsiveness.

Die Untersuchungen ergaben eine Abnahme dieser „membrane responsiveness“ unter dem Einfluß von Lithium an Ventrikelfasern und an Purkinjefäden. Bei langen Kopplungsintervallen findet sich eine konzentrationsabhängige Abnahme der maximalen Depolarisationsgeschwindigkeit, welche bei einer Lithium-Konzentration von 50 mM am ausgeprägtesten ist. Die potentialabhängige Reaktivierung des Natrium-Systems scheint dagegen weitgehend unbeeinflußt. Diese Ergebnisse zeigen, daß Lithium direkte Wirkungen auf das Membranverhalten des Arbeitsmyokards und des spezifischen Erregungsleitungssystems besitzt, die sich in einer Abnahme der Erregungsleitungsgeschwindigkeit manifestieren. Die Befunde stehen im Einklang mit den von anderen Autoren beschriebenen Leitungsverzögerungen unter Lithium-Therapie [423, 687, 715]. Signifikante Veränderungen der in vitro gemessenen elektrophysiologischen Parameter ergeben sich allerdings erst jenseits des sog. therapeutischen Serumspiegels, der zwischen 0,6 und 1,2 mM liegt. In einem Fall von Lithiumintoxikation mit letalem Ausgang konnte im Herzmuskelgewebe eine Lithium-Konzentration von 1,5 mg/g gemessen werden, entsprechend einer Konzentration von 214 mM [660, vgl. 457].

2.6 Antikaliuretische Diuretika

Mehrfach ist über extrarenale, insbesondere kardiale Wirkungen antikaliuretischer Diuretika berichtet worden [395, 572, 592, 593]. Experimentelle Untersuchungen weisen darauf hin, daß Aldosteronantagonisten, Triamteren und Amilorid, nicht nur durch Antikaliurese, sondern auch durch eine mögliche direkte Beeinflussung des Myokards der Entstehung von Herzrhythmusstörungen entgegenwirken und die Glykosidempfindlichkeit des Herzens vermindern können [241, 458, 593, 675, 722]. Den saluretischen Diuretika Furosemid und Thiabutazid kommen offenbar keine meßbaren elektrophysiologischen Membranwirkungen am Herzen zu [384].
Der Mechanismus der kardialen Wirkungen von Antikaliuretika ist im einzelnen nicht bekannt. Hinsichtlich der verbreiteten Anwendung dieser Substanzen, vor allem bei der Therapie der hydropischen Herzinsuffizienz, wurde der Frage nachgegangen, inwieweit antikaliuretische Substanzen die elektrophysiologischen myokardialen Membraneigenschaften direkt beeinflussen können.

2.6.1 Aldosteronantagonisten (Canrenoat-Kalium)

Die Aldosteronantagonisten wirken durch Antikaliurese der Entstehung von Herzrhythmusstörungen entgegen und vermindern die Glykosidempfindlichkeit des Herzens. Darüber hinaus konnten Schröder und Mitarb. am Menschen eine positiv inotrope Herzwirkung nachweisen [572]. Brouant u. Mitarb. bezogen die antiarrhythmischen Eigenschaften von Spironolaktone bei bedrohlichen ventrikulären Ektopien auf eine direkte myokardiale Wirkung [75]. Die klinischen Erfahrungen stehen im Einklang mit tierexperimentellen Beobachtungen. Am perfundierten Rattenherzen sowie am isolierten Vorhof des Meerschweinchenherzens konnten mit Canrenoat-Natrium ektopische Rhythmen beseitigt werden [103]. Am isolierten Papillarmuskel des Meerschweinchenherzens bewirkt Canrenoat-Kalium (30 μg/ml Inkubationsmedium) eine Zunahme der Aktionspotentialdauer und entsprechend eine Verlängerung der funktionellen Refraktärzeit von 8% (Abb. 2.14). Die Erhöhung der Reizschwelle während einer verlängerten Refraktärphase wirkt der Entstehung von Extrasystolen entgegen (s. o.). Es erscheint somit möglich, daß durch Spirolaktone die Ausbreitung von Extrasystolen bei Vorhandensein eines Fokus gehemmt werden kann [401].

Am menschlichen Herzen konnte mit elektrokardiographischen Methoden eine Verlängerung der funktionellen Refraktärzeit unter dem Einfluß von Spirolaktonen bisher nicht eindeutig nachgewiesen werden [294]. Dabei ist jedoch zu berücksichtigen, daß die durch Doppelreize am Patienten gemessene Refraktärzeit die Eigenschaften zahlreicher spezifischer Gewebe (Vorhofmyokard, AV-Knoten, His'sches Bündel, Purkinje-Fasern, Ventrikelmyokard) beinhaltet, ohne daß eine Differenzierung der Funktion der einzelnen Gewebe möglich ist. Die am ganzen Herzen bestimmte Refraktärzeit kann somit nicht unmittelbar in Korrelation zu der am isolierten Papillarmuskel gemessenen funktionellen Refraktärzeit gesetzt werden.

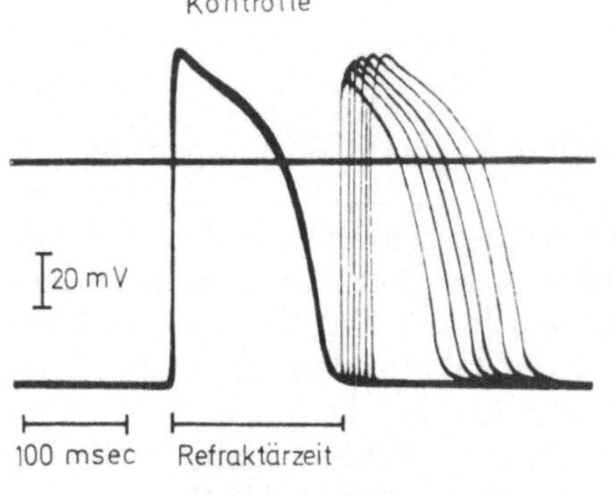

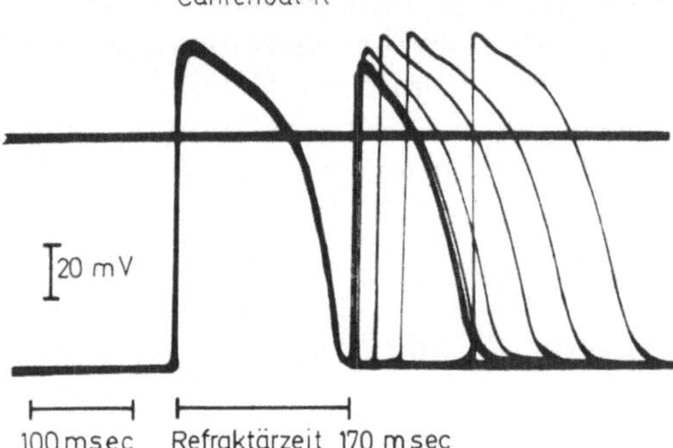

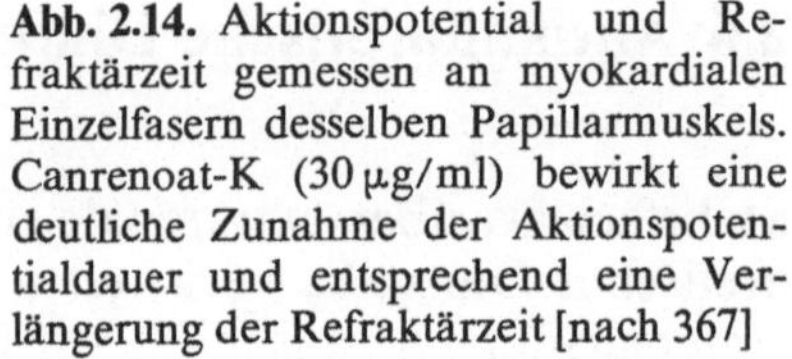
Abb. 2.14. Aktionspotential und Refraktärzeit gemessen an myokardialen Einzelfasern desselben Papillarmuskels. Canrenoat-K (30 μg/ml) bewirkt eine deutliche Zunahme der Aktionspotentialdauer und entsprechend eine Verlängerung der Refraktärzeit [nach 367]

2.6.2 Amilorid

Amilorid, ein antikaliuretisches Diuretikum, das qualitativ ähnlich wie die Spirolaktone wirkt, jedoch nicht zu den Aldosteronantagonisten gehört, führt in vitro in einer Konzentration von 20 – 200 μg/ml Inkubationsmedium zu keiner Veränderung des Ruhemembranpotentials und der maximalen Anstiegsgeschwindigkeit des Aktionspotentials. Es findet sich jedoch eine signifikante konzentrationsabhängige Zunahme der Refraktärperiode. Die Aktionspotentialdauer (gemessen bei 90% der Depolarisation) weist bei einer Amiloridkonzentration von 40 μg/ml und höheren Konzentrationen eine deutliche Verlängerung auf. – Der myokardiale Wassergehalt sowie die intrazelluläre Kalium- und Natriumkonzentration erfahren unter dem Einfluß von Amilorid keine signifikanten Veränderungen. Die von den intra-/extrazellulären Kalium- und Natriumkonzentrationsgradienten unabhängigen elektrophysiologischen Veränderungen weisen darauf hin, daß Amilorid eine direkte myokardiale Membranwirkung besitzt. Die Befunde sprechen dafür, daß am Ventrikelmyokard unter der Einwirkung von Amilorid die Dauer der Refraktärperiode zunimmt [395].

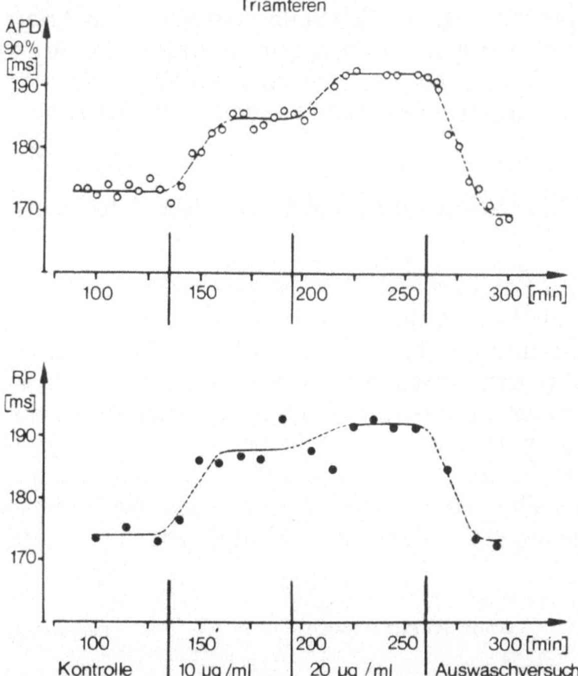

Abb. 2.15. Aktionspotentialdauer (gemessen bei 90% der Repolarisation) (ADP 90%) und der Refraktärperiode (RP) derselben myokardialen Einzelfaser in zeitlichem Verlauf mit Auswaschversuch. Es sind die gleichsinnigen konzentrationsabhängigen Veränderungen beider elektrophysiologischer Parameter erkennbar. Im Auswaschversuch erreichen Aktionspotential und Refraktärzeit wieder das Kontrollniveau [nach 395]

2.6.3 Triamteren

Unter dem Einfluß von Triamteren in wäßriger Lösung zeigt sich am isolierten Papillarmuskel eine signifikante Zunahme der Aktionspotentialdauer und eine (entsprechende) Verlängerung der funktionellen Refraktärzeit. Das Ruhemembranpotential und die maximale Anstiegsgeschwindigkeit des Aktionspotentials weisen keine gerichteten Veränderungen auf. In dem Konzentrationsbereich von 5 µg/ml ergaben sich hinsichtlich der Aktionspotentialdauer (gemessen bei 90% der Repolarisation) und der Refraktärzeit keine von der Kontrolle abweichenden Befunde. Triamteren führt hingegen in einer Konzentration von 10 µg/ml zu deutlich meßbaren Veränderungen dieses Parameters, die bei der Konzentration von 20 µg/ml weiter zunehmen (Abb. 2.15). Wirkstoffkonzentrationen von 50 µg/ml führen zu keiner weiteren Zunahme von Aktionspotentialdauer und Refraktärzeit. Bei 100 µg Triamteren/ml Inkubationsmedium wird wieder eine deutliche Zunahme der Aktionspotentialdauer und Refraktärzeit bei gleichzeitiger Abnahme der maximalen Anstiegsgeschwindigkeit des Aktionspotentials beobachtet, die als unspezifische, möglicherweise toxische Wirkung anzusprechen ist. Die Schwellenwirkdosis von Triamteren liegt somit zwischen 5 und 10 µg/ml Inkubationsmedium. In Auswaschversuchen konnte der Rückgang von Aktionspotential und Refraktärzeitverlängerung auf das Kontrollniveau gezeigt werden (Abb. 2.15).

2.6.4 Triamteren und Glykoside (Ouabain)

Am Papillarmuskel des Meerschweinchenherzens konnte ein Rückgang der Oubain-induzierten Verkürzung der Refraktärzeit unter dem Einfluß von Triamteren (4×10^{-5} M) beobachtet werden, wobei eine Verlängerung noch über den Ausgangswert (vor Ouabain-Applikation) hinaus resultierte [395]. Dieser auf das Refraktärzeitverhalten bezogene Antagonismus kann als antiarrhythmischer Effekt bei einer Glykosidintoxikation interpretiert werden. Qualitativ gleichsinnige Effekte wurden am spezifischen Erregungsleitungsgewebe gemessen [458] (Abb. 2.16). An isolierten Purkinje-Fasern des Hundeherzens sinken unter Einfluß von Strophanthin die funktionelle Refrak-

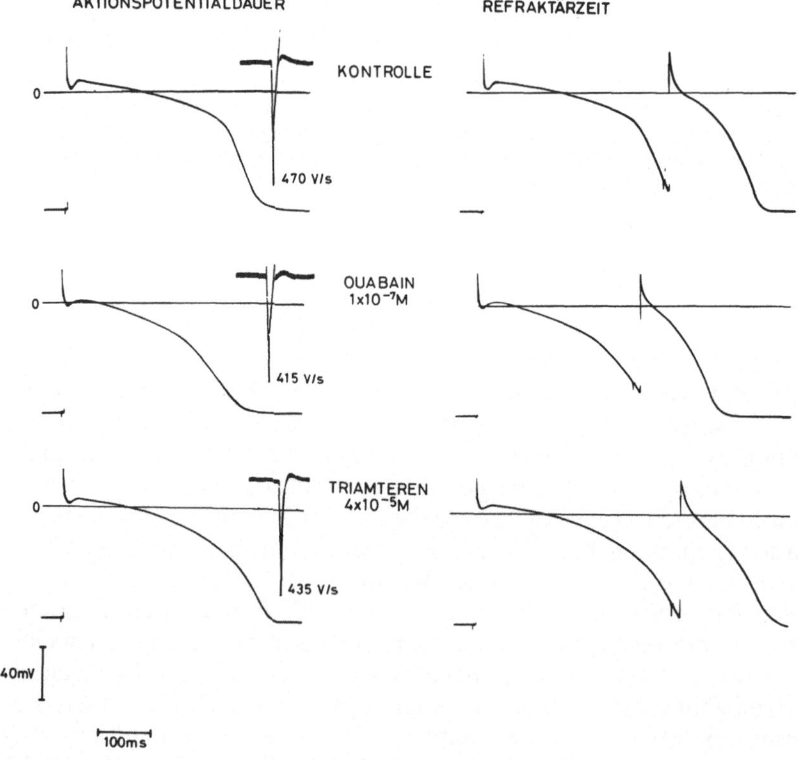

Abb. 2.16. Aktionspotentialdauer und Refraktärzeit einer Purkinje-Faser. Unter Einfluß von Ouabain kommt es zu einer Verkürzung beider Meßgrößen, die nach Triamteren-Zugabe gegensinnig beeinflußt werden [nach 458]

tärzeit sowie die Aktionspotentialdauer unter das Ausgangsniveau ab und nehmen nach additiver Triamterenzugabe über das Kontrollniveau hinaus zu. Die Depolarisation der Zellmembran durch Ouabain (1×10^{-7} M) um 5,6 mV ist nach Triamterenzugabe (10^{-5} M) ebenfalls rückläufig, so daß das Ruhepotential wieder einen Normalwert erreicht. Die Abnahme der maximalen Depolarisationsgeschwindigkeit der Faser bleibt nach Triamterenzugabe unterhalb der Kontrolle, liegt jedoch deutlich über dem Strophanthin-induzierten Wert [458]. Aufgrund der Befunde ist es denkbar, daß Triamteren bei glykosidinduzierten Arrhythmien auf dem Boden einer gestörten Erregungsleitung therapeutisch wirksam sein kann.
Hinsichtlich der $Na^{+} + K^{+}$-ATPase, als deren Bestandteil der Glykosidrezeptor des Herzens angesehen wird, konnte ein direkter Antagonismus zwischen Triamteren und Ouabain nicht gefunden werden [169].
Abschließend ist hierzu folgendes festzuhalten: Am Kaninchenherzen ließ sich ein antiarrhythmischer Effekt von Aldosteronantagonisten bei Ouabain-induzierten Arrhythmien nicht nachweisen [480]. Am Skeletmuskel konnte kürzlich gezeigt werden, daß eine saluretikabedingte intrazelluläre Kaliumabnahme und Natriumzunahme durch gleichzeitige Gabe von Amilorid verhindert wird [50]. – Untersuchungen von Seller u. Mitarb. sprechen dafür, daß durch Triamteren und Amilorid über eine Verminderung des glykosidbedingten myokardialen Kaliumverlustes die toxisch wirkende Dosis von Herzglykosiden erhöht wird und somit die Glykosidtoleranz zunimmt [593].

Allgemeiner Teil

3. Herzrhythmusstörungen

3.1 Einleitung, Ursachen

Herzrhythmusstörungen gehören zu den gefürchteten Komplikationen zahlreicher Erkrankungen und sind häufig Ursache eines letalen Krankheitsverlaufes. Sowohl bradykarde wie tachykarde Arrhythmien können zu lebensbedrohlichen Situationen führen. Hierbei sind die Arrhythmien naturgemäß nicht per se bedrohlich und mithin therapiepflichtig, sondern ihre hämodynamischen Auswirkungen, d. h. die kritische Verminderung der Herzauswurfleistung. Unter den bradykarden Rhythmusstörungen ist vor allem die pathologische Sinusbradykardie zu nennen: eine langsame Herzschlagfolge, die unter Belastung keinen adäquaten Frequenzanstieg zeigt und – anders als beim trainierten Sportler – mit einer Leistungsminderung verbunden ist. Bedrohlichen Charakter können auch die Bradyarrhythmia absoluta, die verschiedenen Formen der sinuatrialen und atrioventrikulären Blockierungen sowie das Carotis-Sinus-Syndrom vom vagal-kardialen Typ annehmen. In diesem Zusammenhang ist ferner das Sinusknoten-Syndrom zu erwähnen als Sammelbegriff für nicht ventrikuläre Arrhythmien von Krankheitswert, deren Ursache vornehmlich in einer gestörten Sinusknotenfunktion gesehen wird (s. S. 99, 142).
Als gravierende tachykarde Rhythmusstörungen sind anzusehen: die atriale Tachykardie – speziell in der paroxysmalen Form der AV-Blockierung bei Digitalisintoxikation –, AV-Knotentachykardien, Vorhofflattern (mit der Gefahr der 1 : 1-Überleitung) sowie Vorhofflimmern mit hoher Kammerfrequenz. Ventrikuläre Extrasystolen, insbesondere bei salvenartigem Auftreten und bei frühzeitigem Einfall, können Vorläufer einer ventrikulären Tachykardie sein; Kammerflattern und Kammerflimmern stellen als Ausdruck eines hämodynamischen Kreislaufstillstandes eine vital bedrohliche Situation dar.
Vielfältige Ursachen können kardialen Arrhythmien zugrunde liegen (Tabelle 3.1): häufig sind sie entzündlich (z. B. Myokarditis) oder mechanisch

Tabelle 3.1. Ursachen von Herzrhythmusstörungen

Ischämie (koronare Herzkrankheit)
Infekt (Myokarditiden)
Intoxikation (Glykoside, Alkohol, Nikotin)
Elektrolytstörungen (Hyper-, Hypokaliämie)
Endokrine Erkrankungen (Hyper-, Hypothyreose)
Mechanische Faktoren (Herzfehler, Trauma)
Schrittmacherfunktionsstörungen

bedingt (z. B. Mitralstenose); sie können ischämische (z. B. Myokardinfarkt) oder metabolische Ursachen (z. B. Schilddrüsendysfunktion) haben oder auch toxisch induziert sein (z. B. Glykosidintoxikation); ferner kommen elektrische Ursachen in Frage (z. B. Schrittmacherfehlfunktion); besonders sei auf Elektrolytstörungen (z. B. Hypo- und Hyperkaliämie) hingewiesen.

3.2 Differentialdiagnose

In der Diagnostik der Herzrhythmusstörungen kommt – abgesehen von der klinischen Untersuchung – der Elektrokardiographie die entscheidende Bedeutung zu.

Nachdem Einthoven 1903 die apparativen Voraussetzungen zur Registrierung des Erregungsablaufs am Herzen geschaffen hatte, sind zahlreiche Verbesserungen hinsichtlich der EKG-Registriertechnik und -auswertung beschrieben worden [161]. Die bipolaren Extremitätenableitungen (sog. Standardableitungen) sind ergänzt worden durch die Brustwandableitungen nach Wilson [698] und die unipolaren Goldberger-Ableitungen [233]. Das Oesophagus-EKG, das bereits 1906 erstmals am Patienten abgeleitet wurde [113], läßt sich zur Analyse von Vorhofbelastung, ektopischen Reizbildungen und Leitungsaberrationen einsetzen.
Unter Beibehaltung konventioneller Ableitungssysteme sind in den letzten Jahren zahlreiche sinnvolle technische Weiterungen einer breiten Anwendung zugeführt worden:
Bereits Einthoven hatte eine telephonische EKG-Übermittlung vorgenommen. Heute ist es möglich, die elektrokardiographischen Potentiale auf ein Telephonsystem zu übertragen und über das normale Fernsprechnetz weiterzuleiten. Das Verfahren erlaubt es dem Arzt oder auch dem Patienten, ein EKG dorthin zu übermitteln, wo eine sachkundige EKG-Beurteilung bei Arrhythmien möglich ist. Das telephonisch weitergeleitete EKG kann auf einem Monitor oder auf einem EKG-Registriergerät gespeichert werden [492]. Die EKG-Telemetrie erlaubt eine zeitlich und örtlich unabhängige drahtlose Aufnahme von Elektrokardiogrammen und hat besonders für die umweltorientierte EKG-Diagnostik (am Arbeitsplatz, während körperlicher Belastung etc.) Bedeutung erlangt. Rhythmusstörungen sind telemetrisch in aller Regel ausreichend erfaßbar. Die EKG-Telemetrie ist heute für die Erkennung von Arrhythmien in der Präventiv- und Rehabilitationsmedizin wie für die rechtzeitige Identifikation bedrohlicher Rhythmusstörungen in der Intensivmedizin unentbehrlich [vgl. 36].

Es ist zu betonen, daß es eine eigenständige EKG-Diagnostik dennoch in der Kardiologie nicht gibt. Die Beurteilung des Elektrokardiogramms muß immer in Zusammenhang mit dem klinischen Gesamtbefund gesehen werden. Nur unter dieser Voraussetzung erhält die Elektrokardiographie ihren hohen Wert als diagnostische Hilfe. Vor Beginn der eigentlichen EKG-Auswertung ist auf folgende Punkte zu achten: 1. Ausschluß von Artefakten und Verpolung, 2. korrekte Zeitmarkierung und Eichung, 3. Berücksichtigung einer Vorbehandlung mit herzwirksamen Medikamenten (z. B. Herzglykoside, Antiarrhythmika), vorbestehende Elektrolytstörungen (z. B. Hyper- und Hypokaliämie, Hyper- und Hypokalzämie), klinischer Befund und Diagnose. – Sind Fehlermöglichkeiten bei der EKG-Registrierung ausgeschlossen und liegen ausreichende Kenntnisse über den klinischen Befund vor, so gibt das EKG in der Regel die Möglichkeit, die verschiedenen Rhythmusstörungen zu diagnostizieren.

Automatische EKG-Auswertung

In letzter Zeit sind zahlreiche Versuche unternommen worden, die EKG-Auswertung Computern zu übertragen und die Auswertekriterien des Elektrokardiogramms zu standardisieren. – Die Formanalyse erweist sich für den Computer derzeit als problemloser denn die Identifikation von Herzrhythmusstörungen. Ausgangspunkt für die systematische Vermessung der einzelnen Kurvenabschnitte ist ein errechnetes Mittelwert-EKG bzw. ein repräsentativer Herzzyklus. Die Summe der Störeinflüsse liegt beim EKG in bezug auf die Variation zwischen gesunden Personen in einer Größenordnung, die eine Bewertung eines einzelnen EKG-Wertes außerordentlich schwierig erscheinen läßt. Erhebliche Probleme bedeuten für den Computer P- und T-Wellen, die flach zur Isoelektrischen an- und absteigen. Häufig wird damit bereits die Erkennung eines Sinusrhythmus unmöglich.

Ventrikuläre Extrasystolen lassen sich wegen ihrer großen morphologischen Abweichungen von den normalen QRS-Komplexen relativ leicht computermäßig erkennen. Komplette Schenkelblockbilder sind ebenfalls problemlos zu charakterisieren. Erheblich schwieriger gestaltet sich hingegen die Erkennung eines links-anterioren Hemiblocks oder eines inkompletten Rechtsschenkelblocks [422].

Schrittmacherimpulse sind durch den Rechner wegen der kurzen, steilen Anstiege des Signals ohne Schwierigkeiten zu diagnostizieren; eine darüber hinausgehende Analyse des Schrittmacher-EKGs überfordert jedoch die bekannten Auswerteprogramme. Auch die Erkennung komplizierter Rhythmusstörungen, wie wandernder Schrittmacher, AV-Blockierungen II. und III. Grades und AV-Dissoziationen gehen über die Kapazität der heutigen Computer hinaus.

Der derzeitig erreichte Entwicklungsstand der Computeranalyse hat bereits ein hohes technisches und wissenschaftliches Niveau erreicht und läßt die Anwendbarkeit der automatischen EKG-Auswertung für zahlreiche Forschungs- und Routinevorhaben, z. B. Reihenuntersuchungen überwiegend gesunder Personengruppen, sinnvoll erscheinen. Es dominieren jedoch noch die Probleme gegenüber den objektiven Möglichkeiten in bezug auf den Einsatz der Computeranalyse in der internistischen Praxis.

Die Fehlerhäufigkeit der automatischen EKG-Auswertung nimmt mit der Zahl der pathologischen EKGs zu. Nach wie vor müssen, insbesondere bei der Analyse von Herzrhythmusstörungen, die Computerergebnisse durch einen EKG-erfahrenen Arzt überprüft werden. Bei komplizierten Arrhythmien und Schrittmacherelektrokardiogrammen beschränkt sich häufig ein Rechner auf den Ausdruck „unklare Rhythmusstörungen" und „Schrittmacherimpulse", so daß ohnehin die Detailauswertung dem Arzt überlassen bleibt [vgl. 368].

Die wichtigsten Störungen der Herzschlagfolge sind in den Abbildungen 3.1–3.4 dargestellt [vgl. 464]. Die Herzrhythmusstörungen können in abnormer Reizbildung und in Überleitungsstörungen begründet sein. Es ist daher sinnvoll, zwischen Reizbildungs- und Erregungsleitungsstörungen zu differenzieren. Zu den nomotopen Reizbildungsstörungen sind die Sinusbradykardie (Frequenz <60/min), die Sinustachykardie (Frequenz >100/min)

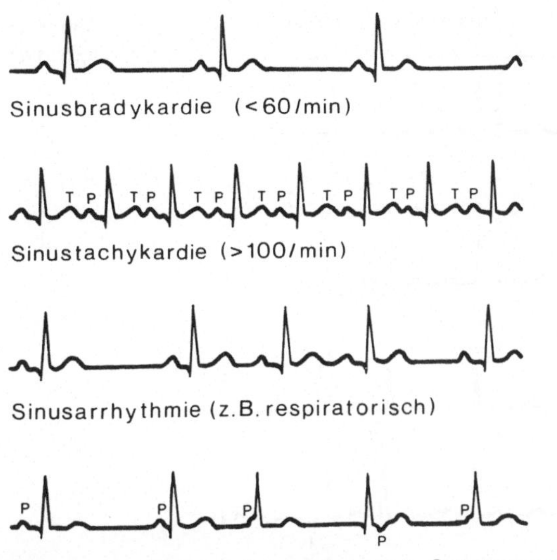

Abb. 3.1. Nomotope Reizbildungsstörungen und wandernder Schrittmacher

und die Sinusarrhythmie zu rechnen (vgl. Abb. 3.1). Die sog. passiven heterotopen Reizbildungsstörungen treten bei Verlangsamung oder Ausfall der Reizbildung im Sinusknoten oder bei Blockierungen der AV-Überleitung auf. Hierher gehören die Knotenextrasystolen und die Ersatzrhythmen; ferner die Kammerersatzsystolen und -ersatzrhythmen; weiterhin der sog. wandernde Schrittmacher (Abb. 3.1).

Abzugrenzen sind davon die sog. aktiven heterotopen Reizbildungsstörungen, zu denen die Extrasystolen unterschiedlichen Reizursprungs zu rechnen sind (Abb. 3.2), die paroxysmalen Tachykardien, das Kammerflattern und Kammerflimmern (Abb. 3.3a). – Die supraventrikulären Extrasystolen sind erkennbar an schmalen Kammerkomplexen mit je nach Reizursprung (im AV-Knotenareal) unterschiedlichen P-Wellen. Demgegenüber weisen in aller Regel schenkelblockartig deformierte Kammerkomplexe auf ventrikuläre Extrasystolen hin, wobei häufig, je nach Blockbild, eine Differenzierung zwischen rechts- und linksventrikulären Heterotopien möglich ist (Abb. 3.2). Multiplen, vorzeitigen sowie polytopen ventrikulären Extrasystolen kommt naturgemäß ein höherer Krankheitswert zu, als vereinzelt auftretenden monotopen Kammerextrasystolen. Meist sind die ventrikulären Extrasystolen von einer kompensatorischen Pause gefolgt, wohingegen supraventrikuläre Extrasystolen infolge ihrer Rückleitung zum Sinusknoten zu einer Änderung des Grundrhythmus führen. Paroxysmale supraventrikuläre Tachykardien (Abb. 3.3a, oben) geben sich typischerweise durch schmale Kammerkomplexe zu erkennen.

Besonders gefürchtet ist die paroxysmale atriale Tachykardie mit Block, die ein seltenes, aber charakteristisches Zeichen einer digitalogenen Rhythmusstörung darstellt (Abb. 3.3a, 2. Registrierung). Diese Störung, die häufig mit

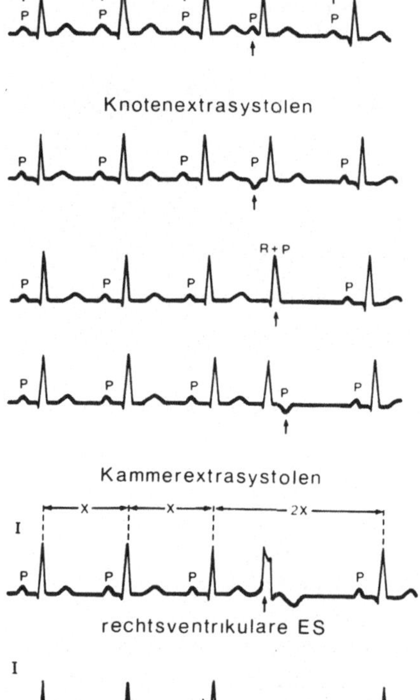

Abb. 3.2. Supraventrikuläre und ventrikuläre Extrasystolie

wechselnden AV-Blockierungen einhergeht, einschließlich der Wenckebachschen Periode, entsteht in mehr als 70% der Fälle als Nebenwirkung einer Glykosidtherapie. Die paroxysmale supraventrikuläre Tachykardie gilt als ein prognostisch ungünstiges Zeichen, vor allem bei fortgeschrittenen Herzleiden und bei chronischem Cor pulmonale. Die unmittelbare Mortalität beträgt über 50%, wenn die Tachykardie als digitalogene Überdosierungsfolge verkannt wird, und Glykoside weitergegeben werden [31]. Von der supraventrikulären Tachykardie zu unterscheiden sind die Kammertachykardien mit den erkennbar deformierten Kammerkomplexen. Das Vorhofflimmern (Abb. 3.3 a) kann mit langsamer oder schneller Überleitung bzw. tachy- oder bradysystolischer Kammerfrequenz (z. B. bei Mitralstenose) in Erscheinung treten. Das Vorhofflattern ist durch das typische Sägezahnmuster der Vorhofdepolarisationen charakterisiert. Die beiden unteren Registrierungen (Abb. 3.3 a) zeigen das vital bedrohliche Kammerflattern, das häufig in letales Kammerflimmern übergeht.

Abb. 3.3 a. Heterotope Reizbildungsstörungen des Herzens

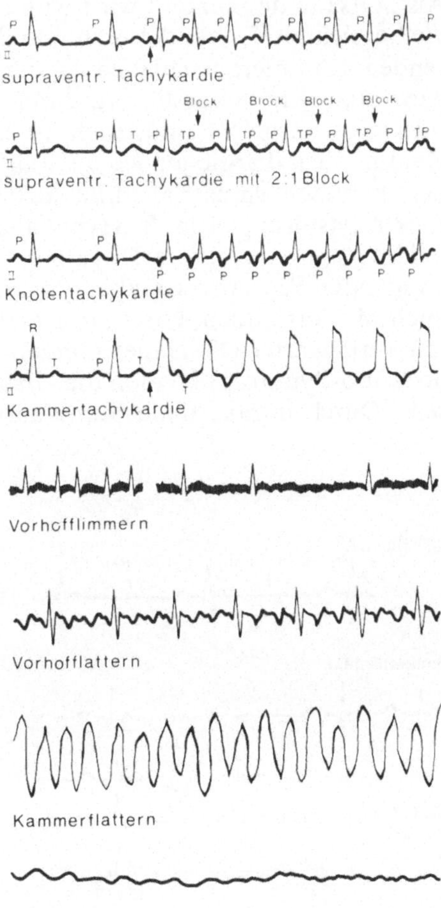

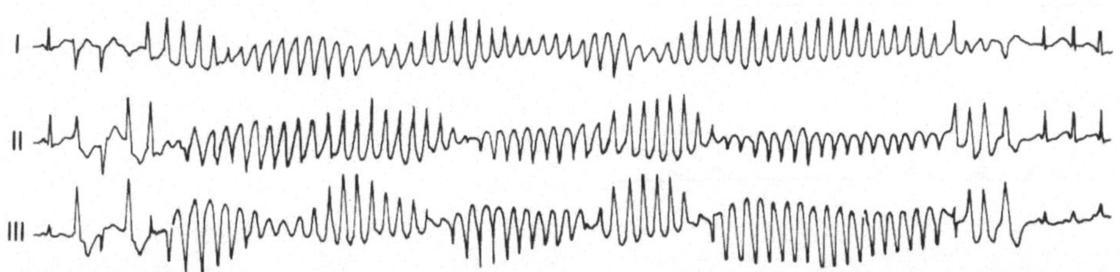

Abb. 3.3 b. Torsade de pointes. Zu Anfang und Ende der EKG-Registrierung (Standardableitungen I–III) besteht Sinusrhythmus. Die ersten 4 Herzaktionen der Arrhythmie zeigen eine Tachykardie gefolgt von tachykarden Salven mit weitem QRS-Komplex und undulierender Rotation der QRS-Achse [329 a]

Als „torsade de pointes“ wird eine besondere Form der Kammertachykardie bezeichnet. Es handelt sich um eine Re-entry-Tachykardie mit undulierenden Kammerausschlägen in der QRS-Achse (Abb. 3.3 b). Gemeinhin wird diese Rhythmusstörung durch eine spät einfallende ventrikuläre Extrasystole ausgelöst und auch ebenso terminiert. Andererseits kann die Kammertachykardie jedoch auch in Kammerflimmern übergehen. Ursächlich kommen sinuatriale und atrioventrikuläre Blockierungen in Frage, Elektrolytstörungen (z. B. Hypokaliämie) sowie Pharmaka, die die ventrikuläre Repolarisation verlängern (z. B. Antiarrhythmika: Chinidin, Procainamid oder Psychopharmaka: Phenothiazine, trizyklische Antidepressiva); auch Myokarditiden, koronare Herzkrankheit sowie angeborene Syndrome mit verlängerter QT-Dauer (Jervell- und Lange-Nielsen-Syndrom, Romano-Ward-Syndrom) können die Ursache einer solchen Kammertachykardie sein. Durch intrakardiale Stimulation ist es bei entsprechenden Patienten

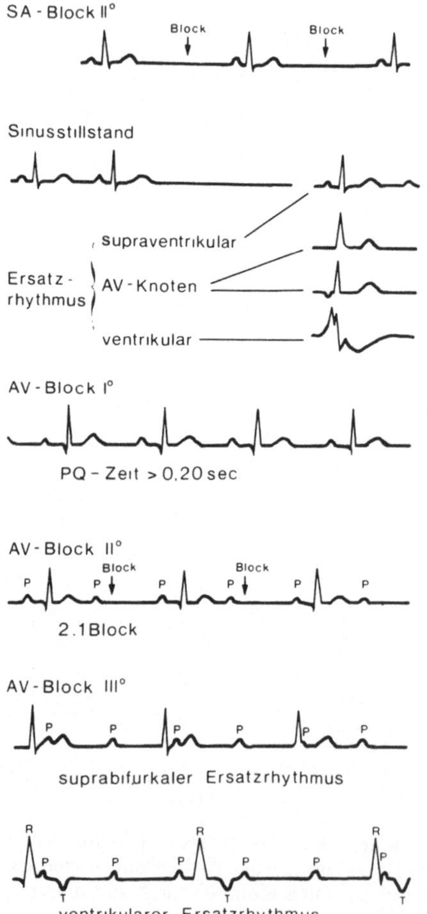

Abb. 3.4. Die wichtigsten Erregungsleitungsstörungen

häufig möglich, „torsade de pointes-Tachykardien" zu provozieren. Therapeutisch kommen Defibrillation, intrakardiale Stimulation sowie Medikamente in Frage, die eine Verkürzung der Repolarisation bewirken [329 a].

Die Differentialdiagnose von Bradyarrhythmien ist in den meisten Fällen durch das Oberflächenelektrokardiogramm möglich. Das klinische Bild wird in der Regel zur Erstellung eines Ruhe-EKGs führen, das in typischen Fällen die Diagnose zuläßt. Wegen der oft nur intermittierend auftretenden Rhythmusstörungen führt häufig erst die Langzeit-Elektrokardiographie (Bandspeicher-EKG) weiter. Ein Belastungselektrokardiogramm eignet sich zur Objektivierung einer pathologischen Bradykardie, d. h. einer langsamen Herzschlagfolge ohne ausreichende Frequenzzunahme unter Belastung (s. o.). Eine solche Form der Bradykardie liegt bei den meisten Patienten mit Sinusknoten-Syndrom vor [403]. Eine unzureichende Frequenzzunahme läßt sich ferner mit dem Atropin-Test feststellen (s. S. 102, 158).

Zu den nicht-invasiven diagnostischen Maßnahmen gehört der Carotis-Druckversuch (Carotis-Sinus-Massage). Eine überdurchschnittliche Frequenzsenkung bzw. Asystolie sprechen für einen hyperaktiven Carotis-Sinus-Reflex (vgl. S. 110).

Erregungsleitungsstörungen (Abb. 3.4) betreffen die sinuatrialen, intraatrialen, atrioventrikulären und intraventrikulären Verzögerungen bzw. die Unterbrechung der normalen Erregungsausbreitung und können je nach dem Sitz der Störung unterschieden werden (Abb. 3.5). – Die Abb. 3.4 zeigt im oberen Abschnitt einen Sinusstillstand mit möglichem supraventrikulären, junktionalen (AV-Knoten-) oder ventrikulären Ersatzrhythmus, der die sonst lebensbedrohliche Rhythmusstörung überbrückt. Der sinuatriale Block II. Grades ist nur erkennbar bzw. von einer Bradykardie differenzier-

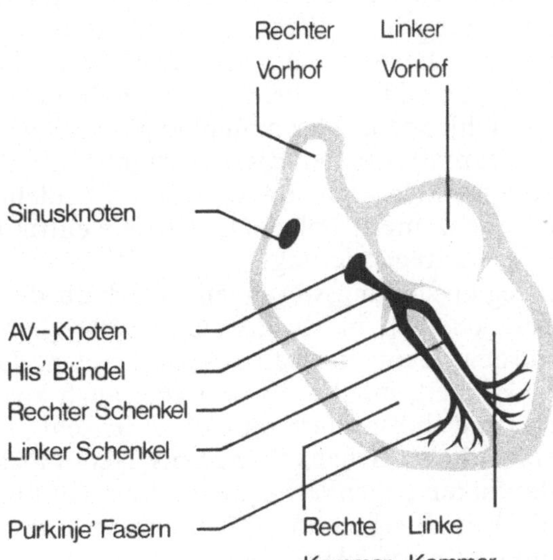

Abb. 3.5. Schematische Darstellung des Reizbildungs- und Erregungsleitungssystems des Herzens

bar, wenn intermittierend eine normale Herzschlagfolge beobachtet werden kann. Der SA-Block I. Grades ist nur durch intrakardiale Stimulation und Potentialableitung zu erkennen [s. 618, 619]. Die Sinusknotenfunktionsstörungen bzw. die sinuatrialen Blockierungen haben besonders im Zusammenhang mit dem Sinusknoten-Syndrom klinische Bedeutung erlangt [s. 371] (vgl. S. 99, 142).

Die atrioventrikulären Blockbilder umfassen die verschiedenen Formen einer gestörten Erregungsleitung zwischen Vorhöfen und Ventrikeln [vgl. 357]. Eine Blockierung kann im AV-Knoten, im Hisschen Bündel und innerhalb der intraventrikulären Faszikel des Erregungsleitungssystems lokalisiert sein. Die effektive Herzfrequenz wird bei höhergradigen Leitungsstörungen durch die Automatie eines Ersatzzentrums distal der Blockierung bestimmt. Je peripherer das Ersatz-Automatiezentrum, desto niedriger wird die Kammerfrequenz in der Regel sein. Hinsichtlich der prognostischen und therapeutischen Bedeutung der einzelnen Blockbilder ist die konventionelle Einteilung in AV-Blockierung I., II. und III. Grades (analog zur Einteilung der SA-Blockierungen) oft nicht ausreichend. Wichtiger ist häufig die exakte Lokalisation der durch das Oberflächen-EKG nicht objektivierbaren Leitungsstörungen durch die His-Bündel-Elektrographie (s. S. 172).

Die AV-Blockierungen I. Grades sind meist oberhalb des Hisschen Bündels lokalisiert. Atrioventrikuläre Blockierungen II. Grades scheinen in der Mehrzahl der Fälle proximal des Hisschen Bündels gelegen zu sein, sofern es sich um Blockierungen vom Wenckebach-Typ handelt. Beim sog. Mobitz II-Typ (AV-Block II. Grades ohne Wenckebach-Periode) liegt die Blokkierung meist distal des Hisschen Bündels. Die Blockierung beim AV-Block III. Grades kann sowohl proximal wie distal des Hisschen Bündels lokalisiert sein [vgl. 467].

Die atrioventrikuläre Blockierung I. Grades (PQ-Zeit über 0,2 sec) ist häufig Zeichen einer Glykosidüberdosierung. Atrioventrikuläre Blockierungen II. und III. Grades können infolge einer hämodynamisch wirksamen Verminderung der effektiven Kammerfrequenz zu Adams-Stokes-Anfällen führen. Die Abb. 3.4 zeigt einen AV-Block II. Grades in Form eines 2 : 1-Blockes und in den beiden unteren Registrierungen einen totalen AV-Block mit fehlendem Zusammenhang zwischen Vorhof und Kammeraktionen. Ein suprabifurkaler Ersatzrhythmus mit Reizursprung oberhalb der Trennung des Hisschen Bündels in die beiden Tawara-Schenkel liegt in seiner Frequenz meist höher als ein idioventrikulärer Ersatzrhythmus (Abb. 3.4, unterste Registrierung).

Erregungsleitungsstörungen unterhalb des Hisschen Bündels waren lange Zeit lediglich in Rechts- und Linksschenkelblockierungen unterschieden worden. Heute muß als gesichert gelten, daß der linke Schenkel, zumindest funktionell, möglicherweise aber auch anatomisch aus einem linksanterioren und linksposterioren Anteil besteht [451]. Die isolierte Unterbrechung eines dieser Schenkel wird als Hemiblock bezeichnet. Leitungsstörungen des linken Schenkels können also nicht nur als (kompletter) Linksschenkelblock in Erscheinung treten, sondern auch als linksanteriorer (LAH) und linksposteriorer Hemiblock (LPH) (Abb. 3.6). Je nach Ausbreitung einer in-

traventrikulären Erregungsleitungsstörung können unifaszikuläre, bifaszikuläre und trifaszikuläre Blockierungen unterschieden werden. Die unifaszikulären Blockbilder manifestieren sich als Rechtsschenkelblock (RSB), LAH oder LPH. Der linksanteriore Hemiblock ist charakterisiert durch:
1. einen nach links gerichteten Hauptvektor von QRS (ÂQRS) meist zwischen –30 Grad und –70 Grad,
2. durch einen Q I, S III-Typ, und
3. durch eine normale oder geringfügig verlängerte QRS-Dauer.

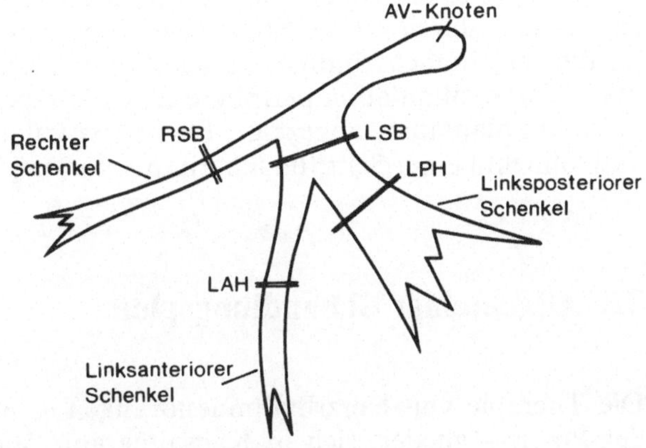

Abb. 3.6. Schematische Darstellung von Hemiblock und faszikulären Blockbildern

Die Kriterien des sehr selten isoliert vorkommenden linksposterioren Hemiblocks sind:
1. ein nach rechts gerichteter Hauptvektor von QRS in der Frontalebene (ÂQRS über +110 Grad),
2. eine S I, Q III-Konstellation und
3. keine wesentliche Verspätung der Ventrikelerregung (QRS < 0,12 sec).

Zu den bifaszikulären Blockierungen sind zu rechnen: die Kombination von LAH und LPH = vollständiger Linksschenkelblock, die (relativ häufige) Kombination von LAH und RSB sowie die (seltene) Kombination von LPH und RSB; die beiden letztgenannten sind häufig Vorläufer eines totalen AV-Blocks. Der trifaszikuläre Block stellt die periphere Form eines totalen atrioventrikulären Blocks dar.

Ätiologisch ist für die Entstehung faszikulärer Blockbilder bei älteren Patienten eine koronare Herzkrankheit oder eine Fibrosierung des Erregungsleitungssystems anzunehmen. Ursächlich kommen ferner eine isolierte Fibrosierung des Erregungsleitungssystems in Frage (Lenègresche Erkrankung) bzw. Fibrosierung und Verkalkung im Bereich von Mitralanulus und muskulärem Septum (Levsche Krankheit) [350, 351]. Bei jungen Patienten können diese Leitungsstörungen in Zusammenhang mit Herzfehlern (z. B. Ostium-Primum-Defekt) oder Myokarditiden, Myokardiopathien, Amyloidose oder Transfusionssiderose beobachtet werden. – Die klinische Bedeutung der faszikulären Blockierungen ist in der möglichen Progredienz zu höhergradigen Blockierungen bzw. als prognostisches Kriterium (insbesondere nach Herzinfarkt) zu sehen. Bei bifaszikulären Blockformen und unifaszikulären Blockierungen mit AV-Block I. Grades kann die His-Bündel-Elektrographie einschließlich Prüfung des Funktionszustandes des 3. Bündelstammes durch atriale Stimulation eine wesentliche Entscheidungshilfe für die Schrittmacherindikation sein. Finden sich bei verlängerter H-V-Zeit unter Vorhofstimulation periphere Blockierungen, so erscheint eine Schrittmacherimplantation angezeigt. Ein trifaszikulärer Block bedarf therapeutisch ohnehin einer Schrittmacherimplantation [378].

3.3 Allgemeiner Behandlungsplan

Die Therapie von Herzrhythmusstörungen – in der Klinik ebenso wie in der Praxis – gliedert sich in Kausaltherapie, allgemeine Maßnahmen wie Bettruhe, Sedierung, ggf. Vagusreiz usw., in medikamentöse Therapie und in elektrische Maßnahmen. Die kausale Behandlung muß dabei naturgemäß auf die Krankheitsursache ausgerichtet sein, d. h. z. B. Therapie einer koronaren Herzkrankheit, Behandlung einer Myokarditis, Beseitigung einer Glykosidintoxikation oder Elektrolytstörung, Normalisierung einer Hyperthyreose oder die Revision eines defekten Schrittmachers. Gerade bei bedrohlichen Arrhythmien kommt es jedoch häufig darauf an, akut und das heißt symptomatisch, die Rhythmusstörung zu beseitigen, wozu in erster Linie medikamentöse und ggf. elektrische Maßnahmen in Frage kommen (Tabelle 3.2).

Die Sinustachykardie läßt sich häufig durch Sedierung beeinflussen, evtl. durch Herzglykoside oder Betarezeptorenblocker. Die Sinusbradykardie ist oft durch Parasympathikolytika oder Sympathikomimetika (Atropin, Orciprenalin) kurzfristig zu beeinflussen. Auf die Dauer ist meist ein elektrischer Schrittmacher notwendig. Die supraventrikuläre Extrasystolie läßt sich, sofern sie überhaupt behandlungsbedürftig ist, mit Ajmalin, Betablockern, Verapamil, Chinidin oder auch Disopyramid beeinflussen. Bei der supraventrikulären Tachykardie kommen vor allem physikalische Maßnahmen in Frage: Sedierung, Vagusreiz (Carotisdruck, Bulbusdruck, Preßatmung). Als vorteilhaft hat sich Verapamil erwiesen, ggf. kommen auch Betarezeptorenblocker, Herzglykoside, Chinidin, Aprindin oder Disopyramid in Betracht. Vorhofflattern und Vorhofflimmern bedürfen häufig der Glykosidtherapie, vor allem wegen der überleitungshemmenden Digitalis-Eigenschaften bei tachysystolischen Formen. Bei Vorhofflattern kommt

Tabelle 3.2. Differentialtherapie von Herzrhythmusstörungen

Sinustachykardie	Sedierung, Glykoside, Beta-Blocker
Sinusbradykardie	Atropin, Alupent, Schrittmacher
Supraventr. Extrasystolie	Ajmalin, Beta-Blocker, Verapamil, Chinidin, Disopyramid
Supraventr. Tachykardie	Sedierung, Vagusreiz, Verapamil, Beta-Blocker, Glykoside, Chinidin, Ajmalin, Aprindin, Disopyramid, Elektrotherapie
Vorhofflattern/-flimmern	Glykoside, Chinidin, Verapamil, Beta-Blocker, Elektrotherapie
SA-, AV-Block, Bradyarrh. absol.	Elektr. Schrittmacher
Ventr. Extrasystolie	Lidocain, Ajmalin, Chinidin, Beta-Blocker, Diphenylhydantoin, Aprindin, Disopyramid, Propafenon, Mexiletin
Kammertachykardie	Lidocain, Ajmalin, Aprindin, Propafenon, Mexiletin, Elektrotherapie
Kammerflimmern	Defibrillation (200–400 Ws)

auch die Elektrotherapie in Frage. Die verschiedenen bradykarden Rhythmusstörungen auf der Basis sinuatrialer oder atrioventrikulärer Blockierungen können dauerhaft meist nur mit einem elektrischen Schrittmacher behandelt werden. Dies gilt auch für die Bradyarrhythmia absoluta und das Carotis-Sinus-Syndrom. Die ventrikuläre Extrasystolie sollte mit Lidocain, Ajmalin, ggf. Chinidin oder Betarezeptorenblockern behandelt werden. Gerade bei der Digitalisüberdosierung kommt Diphenylhydantoin in Betracht. Genannt seien ferner die neuen Substanzen Propafenon und Mexiletin. Letzteres kommt hierzulande erst später in den Handel.

Es sei betont, daß nicht grundsätzlich jede supraventrikuläre oder ventrikuläre Extrasystole behandlungspflichtig ist. Eine Therapie ist nur bei bestimmten Kriterien geboten: bei frühzeitigem Einfall der Extrasystole: „R-auf T-Phänomen“ oder einem Vorzeitigkeitsindex unter 0,85, bei salvenartigem Auftreten, d. h. mehr als 2 Extrasystolen konsekutiv; bei unterschiedlicher Konfiguration im EKG (polymorphe Extrasystolie) und bei gehäuftem Auftreten, d. h. mehr als 5 Extrasystolen/min.

Die Kammertachykardie sollte mit Lidocain i. v., ggf. mit Ajmalin und evtl. mit dem (neuen) Mexiletin behandelt werden. Auch bieten sich hier in Spezialfällen elektrotherapeutische Möglichkeiten mit differenzierten Stimulationstechniken an bzw. die Elektroschockbehandlung, welche bei Kammerflimmern obligat ist (Einzelheiten s. S. 319 ff.).

3.4 Medikamentöse Therapie

3.4.1 Bradykarde Rhythmusstörungen

Grundsätzlich lassen sich bradykarde Dysrhythmien medikamentös behandeln; vielfach gelingt es jedoch nicht, die Herzfrequenz ausreichend und dauerhaft zu beschleunigen. In derartigen Fällen mit Bradykardien von Krankheitswert ist die Implantation eines elektrischen Schrittmachers langfristig nicht zu umgehen. An pharmakologischen Möglichkeiten kommen – insbesondere in der Akuttherapie – Sympathikomimetika und Vagolytika in Frage. Klinische Bedeutung besitzen Isopropylnoradrenalin (Isoprenalin) = Aludrin, Orciprenalin = Alupent, und Atropin.

3.4.1.1 Orciprenalin, Isoprenalin

Die Sympathikomimetika Alupent und Aludrin steigern die Herzfrequenz über eine Stimulation der Betarezeptoren. Die Impulsbildung des Sinusknotens wird beschleunigt, die Erregungsleitung im Vorhof, AV-Knoten und His-Purkinje-System nimmt zu und die Erregbarkeit heterotoper Automatiezentren wird gesteigert. Fernerhin wirken die Substanzen positiv inotrop und erhöhen den myokardialen Sauerstoffverbrauch, was insbesondere bei stenosierender Koronarsklerose zu berücksichtigen ist. Für die Behandlung von Bradykardien ist in der Regel der Einfluß auf die Reizbildung, insbesondere die der sekundären und tertiären Reizbildungszentren von größerer Bedeutung als die Wirkung auf die Erregungsleitung. Bei vorbestehender, z. B. digitalogen gesteigerter myokardialer Erregbarkeit beinhaltet die Anwendung von Betasympathikomimetika die Gefahr von Extrasystolen und Tachyarrhythmien bis hin zum Kammerflimmern. Auch Sauerstoff und/oder Kaliummangel begünstigen die antibradykarde Wirkung der Sympathikomimetika, wohingegen eine Azidose diesem Einfluß entgegenwirkt. Bei Oxyfedrin (Ildamen) ist eine schwächere Sympathikusstimulation als beim Orciprenalin anzunehmen.
Die Hauptindikation für Isoprenalin und Orciprenalin sind vornehmlich akute und weniger die chronischen Erregungsleitungs- und Reizbildungsstörungen, partielle oder totale AV-Blockierungen, wobei sowohl intranodale Blockierungen wie faszikuläre Blockbilder günstig beeinflußt werden. Es wird eine Abnahme des Blockierungsgrades wie eine Akzeleration primärer, sekundärer und tertiärer Ersatzzentren (bei totalem AV-Block) erreicht. Häufig gelingt es so, das Intervall bis zur elektrischen Schrittmachertherapie zu überbrücken.

Applikationsform und Dosierung: Sympathikomimetika sind vorzugsweise parenteral anzuwenden. Orciprenalin hat eine größere Stabilität und längere Wirkdauer als Isoprenalin. Bei intravenöser Gabe tritt die Wirkung innerhalb weniger Sekunden ein. Eine exakte Dosierungsangabe läßt sich

nicht geben, da die Dosierung nach dem erreichten Frequenzergebnis einzurichten ist. Bei der anzustrebenden Frequenz ist das Alter und das klinische Bild des Patienten zu berücksichtigen. Als Anhaltspunkt für die Dosierung sei genannt: für die Akuttherapie Alupent 0,5 – 1,0 mg i. v. (evtl. intrakardial), für die nachfolgende Dauerinfusion, welche bei weniger bedrohlichen Fällen auch primär eingesetzt werden kann: 5 – 50 μg/min (je nach effektiver Kammerfrequenz). Für die orale Dauerbehandlung werden 6 × ½ bis 1 Tablette/die empfohlen, wobei zu berücksichtigen ist, daß die Alupentwirkung nach 3 – 4 Stunden weitgehend abgeklungen ist. Es ist zu betonen, daß die pharmakologische Langzeittherapie von bradykarden Rhythmusstörungen nach wie vor problematisch ist. Auch die weiterentwikkelten antibradykarden Medikamente wie das Depot-Orciprenalin (Th 152/10) [649 a] und der Atropinester Sch 1000 (Ipratropiumbromid) [49] scheinen nach den bisherigen Erfahrungen keine grundsätzliche Alternative zum elektrischen Schrittmacher bei klinisch relevanten Bradykardien darzustellen.
An Nebenwirkungen werden unter Alupent Unruhe, Schlaflosigkeit, Mundtrockenheit, Übelkeit, Parästhesien, Tremor und Extrasystolie beobachtet. Letztere kann bei relativer oder absoluter Orciprenalin-Überdosierung zu bedrohlichen Arrhythmien und Tachykardien (evtl. Kammerflimmern) führen. Als Antidot sind Betasympathikolytika einzusetzen.

3.4.1.2 Atropin

Als Vagolytikum hat in der antibradykarden Therapie nur das Atropin Bedeutung. Durch Parasympathikolyse kommt es zu einem Überwiegen des Sympathikotonus mit konsekutiver Zunahme der Sinusfrequenz und Verbesserung der atrioventrikulären Überleitung. Da das His-Purkinje-System und die Ventrikelmuskulatur parasympathisch praktisch nicht innerviert sind, werden die distalen Anteile des Erregungsleitungssystems durch Vagolytika auch nicht beeinflußt. Im Gegensatz zu den Betasympathikomimetika führt also Atropin nur sehr selten zu einer Steigerung der Irritabilität des Ventrikelmyokards, was insbesondere bei der Therapie digitalogener Bradykardien von Vorteil ist.

Indikation: Atropin ist vor allem bei vagal bedingten Sinusbradykardien indiziert, ferner bei sinuatrialen Blockierungen und intermittierendem Sinusstillstand. Durch Erhöhung der Sinusfrequenz lassen sich zudem heterotope Reizbildungszentren supprimieren. Auch bei AV-Blockierung, z. B. bei Hinterwandinfarkt, kann Atropin wegen seiner leitungsverbessernden Wirkung im Intranodalbereich erfolgreich angewandt werden. Distale Leitungsblockierungen lassen sich jedoch nicht mit Atropin angehen (s. o.); durch Erhöhung der Sinusfrequenz kann es sogar zu einer Zunahme des Blockierungsgrades kommen.

Applikationsform und Dosierung: Atropin ist bevorzugt parenteral zu applizieren. Mittlere Dosierung: 0,5 – 1,0 (2,0) mg Atropinsulfat i. v. Die Wirk-

Tabelle 3.3. Pharmakokinetische Parameter der Antiarrhythmika [nach 325]

	therapeut. Plasma-konz. µg/ml	Ereichung d. max. Blut-spiegels nach oraler Appl.	Plasma-Protein-Bindung %	Resorp-tion %	mittlere Halbwerts-zeit im Blut h	unver-ändert im Harn %	Metabolismus
Chinidin	2,5 – 6	1 – 2 h	80	80 – 100	6 – 7	10 – 50	Abbau in der Leber durch Ringhydroxylierung
Procainamid	3 – 10	1 – 2 h	15	80 – 100	4	60	Acetylierung zu N-Acetylprocainamid in der Leber; geringer hydrolyt. Abbau im Plasma
Ajmalin				gering		4	Abbau vorwiegend in der Leber
Spartein	1,2	45 min	50	70	2	30 – 40	wird auch mit der Galle ausgeschieden
Verapamil		1,5 – 2 h	sehr gering	80 – 90	3 (i.v.: 70 min)		weitgehender Abbau durch N- bzw. 0-Demethylierung; Ausscheidung als konjug. Metabolite durch Galle und Harn
Phenytoin	10 – 18	4 – 12 h	80 – 90	100	38	2 – 5	in der Leber (Mikrosomen)Hydroxylierung und Konjugierung, 50 – 70% als Konjugate renal eliminiert
Lidocain	2 – 5	–	65 (Blut)	35	0,5 – 1	3 – 11	Abbau in der mikrosomalen Fraktion der Leber durch oxydat. Deäthylierung und Amidspaltung zu Xylidin und N-Äthylglyzin
Aprindin	1 – 2	3 – 5 h	85 – 95	60 – 70	27	5	Abbau in der Leber, N-Deäthylierung, Ringhydroxylierung mit anschließ. Glucoronidierung
Propranolol	0,05 – 0,1	1 – 4 h	95	gut	2 – 3	Spuren	zu 95% Abbau in der Leber durch Hydroxylierung am Naphtolring bzw. Abspaltung der Seitenkette zu Naphtolen

dauer liegt bei 60 min. Zur oralen Dauertherapie (3 – 6stündlich 0,25 bis 0,5 mg) ist Atropin wegen seiner kurzen Wirkungsdauer und der nicht unerheblichen Nebenwirkungen nicht geeignet. Diese Feststellung muß wohl auch für den neuen Atropinester (s. o.) mit einer angegebenen Wirkungsdauer von 2 – 4 Stunden gelten.
In Einzelfällen kann es als Nebenwirkung zu supraventrikulären und ventrikulären Tachykardien (evtl. auch Kammerflimmern) nach Atropingabe kommen. Die extrakardialen Nebenwirkungen des Atropins bestehen in Mundtrockenheit, Obstipation, Völlegefühl, Inappetenz, Sehstörungen, Miktionsstörungen, Hitzegefühl und evtl. Auslösung eines Glaukomanfalls. Beim Glaukom ist Atropin daher naturgemäß kontraindiziert. Auch Halluzinationen sind beobachtet worden. Als Antidot stehen Parasympathikomimetika und Betasympathikolytika zur Verfügung.

3.4.2 Tachykarde Rhythmusstörungen

Wenn auch die medikamentöse Therapie der Tachykardien grundsätzlich ohne genaue Kenntnis des Wirkungsmechanismus der applizierten Antiarrhythmika möglich ist, so sind doch für die Differentialindikation wie für die Abschätzung von Therapieerfolg und Nebenwirkungen zumindest Grundkenntnisse über die zur Verfügung stehenden Substanzen notwendig (Tabelle 3.3 u. 3.4).

Tabelle 3.4. Wirkung von Antiarrhythmika auf die Reizbildung im Sinusknoten und die einzelnen Abschnitte des Erregungsleitungssystems [nach 230]

Präparat	Sinus-Knoten	Vorhof	AV-Knoten	His-Bündel	Ventrikel
Chinidin	↓	↓	∅↑	**↓**	**↓**
Procainamid Novocamid	↓	∅↓	↓	**↓**	↓
Ajmalinbitartrat Neo-Gilurytmal	↓	↓	↓	**↓**	↓
Aprindin Amidonal	∅↓	↓	↓	**↓**	↓
Propafenon	↓	↓	**↓**	**↓**	↓
Diphenylhydantoin Phenhydan	∅↓	∅	∅↑	∅↓	∅↑
Spartein Depasan	↓	∅↓	∅	∅	∅
Verapamil Isoptin	↓	↓	**↓**	∅	∅
Propranolol Dociton	↓	↓	**↓**	∅	∅
Orciprenalin Alupent	↑				↑

3.4.2.1 Betarezeptorenblocker

Neben den klassischen Antiarrhythmika (s. u.) haben bei der Therapie tachykarder Rhythmusstörungen die Betarezeptorenblocker in neuerer Zeit zunehmend an Bedeutung gewonnen. Systematik der Betarezeptorenblokker siehe bei Lydtin u. Lohmöller [403 a]. Derzeit sind bei uns mehr als 15 verschiedene Betablockerpräparate – mit teilweise gleicher Wirksubstanz – im Handel, nicht mitgerechnet die Kombinationspräparate, die Betasympathikolytika enthalten (Tabelle 3.5). – Bei der Therapie der Angina pectoris, der essentiellen Hypertonie und des hyperkinetischen Herzsyndroms sind vor allem die spezifischen betasympathikolytischen Eigenschaften wesentlich. Die antiarrhythmische Wirkung der Betablocker dürfte dagegen nicht nur auf der Betasympathikolyse beruhen, die einem gesteigerten sympathischen Antrieb entgegenwirkt, sondern auch wohl auf den unspezifischen Membranwirkungen. – Trotz gewisser substanzspezifischer Unterschiede kommen in antiarrhythmischer Hinsicht den einzelnen Betarezeptorenblokkern keine differentialtherapeutisch gravierenden Unterschiede zu. Daraus ergibt sich für die Arrhythmiebehandlung der Vorteil, bei Unverträglichkeit bzw. Nebenwirkungen des einen Betablockers auf einen anderen übergehen zu können, ohne dem Patienten therapeutische Chancen vorzuenthalten. Die mittlere Dosierung liegt z. B. für Propranolol bei 80 – 120 mg täglich p. o. Bei antianginöser und antihypertensiver Indikation sind gelegentlich wesentlich höhere Dosierungen notwendig. Für eine intravenöse Applikation von Betablockern besteht im allgemeinen keine Notwendigkeit. Außerhalb der Klinik wäre die intravenöse Gabe ohnehin wegen der zu befürchtenden Nebenwirkungen kontraindiziert.

Tabelle 3.5.

Handelspräparat	Generic Name	„Membranwirkung"	tgl. Dosis p. o. (mg)	Hersteller
Aptin	Alprenolol	+	200	Astra
Beloc	Metoprolol	–	100 – 200	Astra
Betadrenol	Bupranolol	+	80	Pharma Schwarz
Disorat	Methypranol	–	10 – 20	Boehringer Mannheim
Doberol	Toliprolol	+	20	Boehringer Ingelheim
Dociton	Propranolol	+	60 – 120	ICI
Lopresor	Metoprolol	–	200	Geigy
Prent	Acebutolol	+	400	Bayer
Sinorytmal	Toliprolol	+	35 – 70	Giulini
Solgol	Nadolol	–	120	v. Heyden
Sotalex	Sotalol	–	160	Lappe
Stresson	Bunitrolol	–	20	Boehringer Ingelheim
Temserin	Timolol	–	15	Sharp und Dohme
Tenormin	Atenolol	–	50 – 100	ICI
Trasicor	Oxprenolol	+	40 – 120	Ciba
Visken	Pindolol	+	15	Sandoz

Wirkungsspektrum der Betarezeptorenblocker

Nach den derzeit gültigen Vorstellungen können 2 Gruppen adrenerger Rezeptoren, die auf Sympathikomimetika reagieren, unterschieden werden: die sog. Alpha- und Betarezeptoren. Der üblichen Einteilung von Ahlquist entsprechend gilt Noradrenalin als Prototyp der alpha-adrenergen Wirkung und Isoproterenol als der der beta-adrenergen Wirkung [3]. Die Betastimulation geht am Herzen mit einer gesteigerten sympathischen Aktivität einher und äußert sich in einer Kontraktilitätserhöhung mit erheblicher Zunahme von Sauerstoff- und Substratverbrauch sowie in einer Frequenzzunahme und Beschleunigung der Erregungsleitung. Die beta-adrenergen Effekte werden spezifisch, kompetitiv und reversibel durch Betasympathikolytika gehemmt. – Als erste kompetitive beta-blockierende Substanz wurde das Dichlor-Isoprenalin (DCI) beschrieben, das dem Isoproterenol chemisch eng verwandt ist. Nach dem DCI

Tabelle 3.6. Wirkungscharakteristika einiger Betarezeptorenblocker

mit ISA	*ohne ISA*
I. Kardioselektiv (β_1)	
Acebutolol (Prent)	Atenolol (Tenormin)
	Metoprolol (Beloc, Lopresor)
II. Nicht kardioselektiv ($\beta_1 + \beta_2$)	
Oxprenolol (Trasicor)	Propranolol (Dociton)
Alprenolol (Aptin)	Sotalol (Sotalex)
Pindolol (Visken)	Timolol (Temserin)
	Bupranolol (Betadrenol)

ISA = Intrinsische Sympathische Aktivität

wurden zahlreiche weitere Betasympathikolytika entwickelt, die ebenfalls eine bemerkenswerte Strukturähnlichkeit zum Isoproterenol aufweisen. Dies macht verständlich, daß Betablocker neben ihrer betasympathikolytischen Hauptwirkung zusätzlich eine gewisse – je nach chemischer Konfiguration unterschiedliche – beta-adrenerge Stimulationswirkung besitzen können („intrinsic activity") (Tab. 3.6). Abgesehen von dieser sympathikomimetischen Eigenwirkung unterscheiden sich die Betarezeptorenblocker hinsichtlich ihrer negativen Inotropie, ihrer Kardioselektivität und ihrer für die antiarrhythmische Therapie möglicherweise relevanten „chinidinartigen" Membranwirkung (vgl. Tabelle 3.5). Die lokalanästhetischen, kardiodepressiven, antiarrhythmischen und zentralen Effekte der Betablocker gelten als unspezifische Wirkungen. – Die klinisch relevanten kardiodepressiven Eigenschaften, die alle Betablocker besitzen, sind sowohl auf die Betasympathikolyse wie auf unspezifische Membranwirkungen zu beziehen. Die (unspezifische) kardiodepressive Eigenwirkung wird auf einen Calciumantagonismus zurückgeführt. Therapeutisch wichtig ist die Kardioselektivität einer betablockierenden Substanz, d. h. die Eigenschaft, ganz überwiegend die Betarezeptoren des Herzens zu beeinflussen bei nur unbeträchtlicher Wirkung auf die anderer Organe.

Propranolol gilt als der am stärksten negativ inotrop wirksame Betablocker. Pindolol und Oxprenolol besitzen nur eine geringe kardiodepressive Wirkung. Alprenolol und Acebutolol kommt die stärkste sympathikomimetische Eigenwirkung zu [vgl. 373].

Elektrophysiologie der Betarezeptorenblocker

Betarezeptorenblocker verhindern Veränderungen des Membranpotentials durch Katecholamine und wirken damit der Entstehung katecholaminbedingter Arrhythmien entgegen. Einige Betablocker (Propranolol, Alprenolol) besitzen zusätzlich direkte Membranwirkungen, die unabhängig von der Betarezeptorenblockade antiarrhythmisch wirksam sein können.

Tierexperimentelle Untersuchungen haben gezeigt, daß nur Betasympathikolytika mit direkten Membranwirkungen glykosidinduzierte Arrhythmien beseitigen können. Die rechtsdrehenden Isomere von Betablockern, die direkte Membranwirkungen besitzen, denen aber sympathikolytische Effekte fehlen, waren hierbei ebenso wirksam, wie das Razemat [606]. Die Wirkung auf die Erregungsleitung hängt von der Anwesenheit von Katecholaminen, vom jeweiligen Herzgewebe und von dem Ausmaß direkter Membranwirkungen des einzelnen Betasympathikolytikums ab. Propranolol und Alprenolol führen in hohen Konzentrationen, die über den antiarrhythmischen Dosen beim Menschen liegen, zu einer Verminderung der maximalen Anstiegsgeschwindigkeit und der Amplitude des Aktionspotentials von Vorhof, Ventrikelmyokard und Purkinje-System. Das Ruhemembranpotential zeigt keine Änderung. Diese Wirkungen können als Ausdruck einer verminderten Natriumleitfähigkeit angesehen werden [708]. Geht man davon aus, daß die Abnahme der Erregungsleitung antiarrhythmisch wirkt, so darf man annehmen, daß diese Substanzen eine kreisende Erregung in gleicher Weise beeinflussen wie Chinidin oder Procainamid. Betablocker ohne direkte Membranwirkung wie Sotalol führen experimentell erst in hohen Konzentrationen, die in vivo nicht erreicht werden, zu einer Abnahme von Anstiegsgeschwindigkeit, Amplitude und Erregungsleitung.

Betablocker verhindern die katecholaminbedingte Zunahme der diastolischen Depolarisation. Diese Wirkung stellt möglicherweise die wichtigste antiarrhythmische Eigenschaft dar [708]. Betasympathikolytika mit Membraneigenwirkung wie Propranolol und Alprenolol vermindern die spontane diastolische Depolarisation von Purkinje-Fasern auch ohne Anwesenheit von Katecholaminen.

Unter klinischen Bedingungen sind die spezifischen Wirkungen der Betablocker naturgemäß vom Ausmaß der sympathischen Aktivität abhängig, die bei bestimmten Krankheitszuständen (z. B. Myokardinfarkt) in unterschiedlichem Maße erhöht ist.

Die *Sinusfrequenz* des Herzens wird durch Propranolol um etwa 10 – 20% herabgesetzt; gelegentlich kommt es unter therapeutischer Dosierung auch zu schweren Bradykardien [225]. Durch vergleichende Untersuchungen von d-Propranolol (das nur membranwirksam ist, ohne betarezeptorenblockierend zu wirken) und dl-Propranolol konnte gezeigt werden, daß die Wirkung auf den Sinusknoten ein betablockierender Effekt ist, der von der Membranwirkung unabhängig ist. Inwieweit diese Ergebnisse auf den erkrankten Sinusknoten zu übertragen sind, ist noch ungeklärt. Bei Patienten mit Sinusknoten-Syndrom kommt es jedenfalls in unterschiedlichem (nicht voraussehbarem) Maße nach Propranololgabe zur Bradykardie.

Die (geschätzte) einfache sinuatriale Leitungszeit zeigt bei Patienten mit Sinusknoten-Syndrom nach Propranololbehandlung eine signifikante Zunahme von im Mittel etwa 20% [633]. Ferner ist die Sinusknotenerholungszeit als Parameter der Sinusknotengeneratorfunktion unter Propranolol deutlich verlängert.

Die effektive Refraktärzeit des Vorhofs nimmt nach Propranololgabe zu.

Im *AV-Knotenareal* schwächen Betablocker die Effekte einer sympathischen Stimulation ab. Bei konstanter Herzfrequenz (atriale Stimulation) führen betarezeptorenblockierende Dosen von Propranolol zu einer PQ-Verlängerung, die einer AH-Zunahme im His-Bündel-Elektrogramm entspricht. Auch bei therapeutischer Dosierung von Propranolol kann es zum Auftreten atrioventrikulärer Leitungsblockierungen kommen. Die AV-Leitungsverzögerung dürfte dabei auf den die Betarezeptoren blockierenden Eigenschaften und nicht auf direkten Membraneffekten beruhen [708]. Propranolol verlängert sowohl die funktionelle wie die effektive Refraktärzeit des AV-Knotens. Diese Wirkung ist klinisch insofern wichtig, als durch Propranolol damit nicht nur die ventrikuläre Antwort auf schnelle Vorhofrhythmen vermindert wird, sondern auch eine kreisende Erregung im AV-Knoten als Ursache einer paroxysmalen supraventrikulären Tachykardie terminiert werden kann. Beim Wolff-Parkinson-White-Syndrom (WPW-Syndrom s. S. 105) führen Betarezeptorenblocker im Bereich der akzessorischen Leitungsbahn zu keiner Leitungsverzögerung und Refraktärzeitverlängerung. Bei simultaner Erregung der Ventrikel über das normale AV-Überleitungsgewebe und den Bypass vergrößert Propranolol das Ausmaß der Präexzitation [533]. – Auf das spezifische *ventrikuläre Leitungsgewebe* haben Betarezeptorenblocker in therapeutischer Dosierung keine signifikanten Wirkungen hinsichtlich Leitungsgeschwindigkeit und Refraktärperiode [708].

Am *Ventrikelmyokard* zeigen Betablocker ebenso wie an den übrigen kardialen Strukturen antiadrenerge Wirkungen. Tierexperimentell wird unter Propranolol und unter Oxprenolol eine Abnahme der maximalen Anstiegsgeschwindigkeit des Aktionspotentials deutlich, die auf eine verminderte Erregungsleitungsgeschwindigkeit hinweist (Abb. 3.7). – Oxprenolol ist allerdings erst in sehr hohen Konzentrationsbereichen wirksam. Die Aktionspotentialdauer findet sich selbst bei pharmakologischen Wirkstoffkonzentrationen nur geringfügig verlängert. Die mit Doppelreizen gemessene Refraktärperiode erfährt nach Oxprenololeinwirkung nur eine mäßiggradige Zunahme.

Die elektrophysiologisch am isolierten Papillarmuskel wirksame Schwellendosis von Pindolol liegt zwischen 1 μg und 5 μg/ml Inkubationsmedium. Bei einer Konzentration von 5 μg Pindolol/ml kommt es zu einer signifikanten Abnahme der maximalen Anstiegsgeschwindigkeit des Aktionspotentials. Eine Konzentration von 10 μg/ml Inkubationsmedium führt zu einer erheblichen (auch gegenüber dem nach 5 μg Pindolol/ml gemessenen Wert) Abnahme der maximalen Anstiegssteilheit. Im gleichen Konzentrationsbereich (10 μg/ml) bewirkt die Substanz eine Abnahme der Aktionspotentialdauer, die phänomenologisch als Plateauverlust des Aktionspotentials imponiert und als Schädigungszeichen der Papillarmuskelmembranfunktion angesehen wird. – Propranolol führt in einer Konzentration von 1 μg/ml hinsichtlich der maximalen Anstiegsgeschwindigkeit zu qualitativ vergleichbaren Veränderungen wie Pindolol (5 μg/ml). Quantitativ ist jedoch

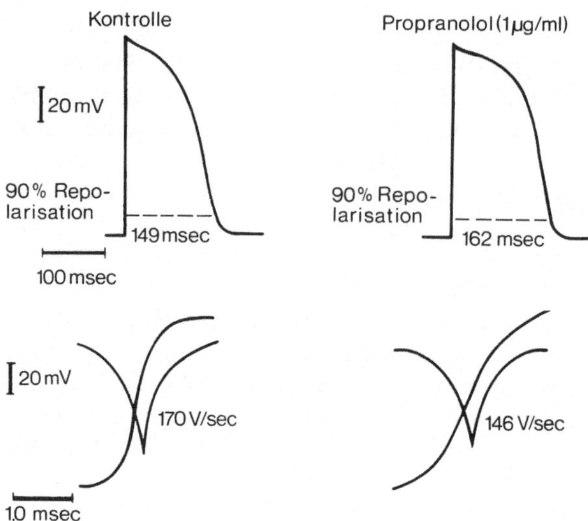

Abb. 3.7. Am isolierten Papillarmuskel von Meerschweinchenherzen mit Mikroglaselektroden gemessene Aktionspotentiale. Oben: unter Einwirkung von Propranolol (1 µg/ml Inkubationsmedium) wird eine Zunahme der Aktionspotentialdauer (gemessen bei 90% der Repolarisation) erkennbar. Unten: Anstieg der oben dargestellten Aktionspotentiale in 100fach schnellerer Zeitschreibung. Die Spitze des jeweils auf dem V-förmigen Strahl synchron registrierten 1. Differentialquotienten gibt die maximale Anstiegsgeschwindigkeit des Aktionspotentials an. Der maximale Anstieg ist – als Ausdruck der Erregungsleitungsgeschwindigkeit – unter Propranolol deutlich vermindert [nach 371]

der Effekt von Propranolol ausgeprägter. Im Gegensatz zu Pindolol bewirkt Propranolol eine signifikante Zunahme der Aktionspotentialdauer. Hinsichtlich des Wirkungseintritts sind zwischen Propranolol und Pindolol keine wesentlichen Unterschiede festzustellen. Pindolol bewirkt dem konzentrationsabhängigen Verlauf entsprechend erst in relativ hohem Konzentrationsbereich Veränderungen der untersuchten elektrophysiologischen Parameter. – Eine sog. chinidinartige Wirkung von Pindolol würde sich mithin also nur auf eine Abnahme der maximalen Anstiegsgeschwindigkeit des Aktionspotentials in hohen Konzentrationsbereichen beziehen können. Eine wie unter Propranolol und anderen Betarezeptorenblockern registrierbare (zusätzliche) Zunahme der Aktionspotentialdauer und entsprechende Verlängerung der funktionellen Refraktärperiode, wie sie nach Gabe von Chinidin festzustellen sind, konnte unter Einwirkung von Pindolol nicht beobachtet werden [373].

Indikation der Betablocker bei Herzrhythmusstörungen

Die Indikation der Betarezeptorenblocker konzentriert sich auf Arrhythmien im Rahmen einer Sympathikotonie: Sinustachykardie, Vorhofextrasystolie, Vorhofflimmern und Vorhofflattern, paroxysmale supraventrikuläre Tachykardie sowie ventrikuläre Extrasystolie (Tabelle 3.7). Somit erweisen sich die Betasympathikolytika als wichtiges Adjuvans für die klassische antiarrhythmische Therapie. Naturgemäß ist die Anwendung von Betarezeptorenblockern in jedem Einzelfall indikationsbezogen zu prüfen. Dies gilt besonders für die Sinustachykardie, die mannigfache Ursachen haben kann. Ist ein hyperkinetisches Herzsyndrom als wesentlicher Kausalfaktor anzunehmen, so erweist sich meist ein Betasympathikolytikum als wirksam.

Tabelle 3.7. Arrhythmiebehandlung mit Beta-Rezeptoren-Blockern

Indikationen:

1. Adrenerge Stimulation
Sinustachykardie
Supraventrikuläre u. ventrikuläre Extrasystolie

2. Koronare Herzkrankheit
Belastungsextrasystolie

3. Hyperthyreose (Sympathikotonie?)
Sinustachykardie
Vorhofflimmern
Extrasystolie

Als Alternativ-Antiarrhythmikum:
Vorhofflimmern/-flattern
Paroxysmale supraventrikuläre Tachykardie
Digitalogene Rhythmusstörungen

Im Rahmen radiotelemetrischer Untersuchungen wurden bei Skispringern die therapeutische Beeinflussung von belastungs- und hyperexzitationsinduzierten Tachykardien geprüft. Die körperliche Anstrengung des Besteigens der Sprungschanze führte zu einer Belastungstachykardie. Durch emotionellen Streß bedingt kommt es während des Wartens auf der Plattform vor dem Absprung zu einer Hyperexzitationstachykardie. Die höchste Herzfrequenz, die auf eine Freisetzung von Katecholaminen bezogen wurde, fand sich 15 sec nach der Landung des Springers. Durch den spezifischen Betarezeptorenblocker Oxprenolol konnte die Belastungstachykardie um 15% und die Hyperexzitationstachykardie um 34,2% vermindert werden. Aus diesem Befund ist abzuleiten, daß die emotionell bedingte Tachykardie ganz überwiegend auf beta-adrenerger Stimulation beruht [291].

Vorhofextrasystolen sind nur bei klinischer Relevanz behandlungsbedürftig. Eine Indikation für Betarezeptorenblocker ist bei supraventrikulärer Extrasystolie im Rahmen einer koronaren Herzkrankheit gegeben. Betablocker können sich auch als vorteilhaft erweisen, wenn der Extrasystolie eine Digitalisintoxikation zugrunde liegt.
Bei Vorhofflimmern und Vorhofflattern sind vor allem die tachysystolischen Formen therapiepflichtig, wobei nach Digitalisierung die zusätzliche Gabe von Betablockern effektiv sein kann. Eine Konversion in Sinusrhythmus gelingt nur in wenigen Fällen. Bei Hyperthyreose sind mit Betablokkern therapeutische Erfolge bei Vorhofflimmern und Vorhofflattern mit schneller Überleitung zu erzielen.
Die symptomatische Therapie der paroxysmalen supraventrikulären Tachykardie sollte mit physikalischen Maßnahmen begonnen werden, wie Se-

dierung und Vagusreiz (Carotisdruck, Bulbusdruck, Preßatmung). Außer Verapamil und Herzglykosiden können Betarezeptorenblocker hilfreich sein. Besonders in der Anfallsprophylaxe zeigen sie eine gute protektive Wirkung bei hypersympathikoton bedingten funktionellen Störungen.
Kammerextrasystolen sind häufig Ausdruck einer organischen Herzerkrankung. Betablocker sind besonders bei belastungsinduzierten Heterotopien auf dem Boden einer koronaren Herzkrankheit angezeigt. Bei bedrohlichen ventrikulären Extrasystolen im Gefolge eines Myokardinfarktes ist im allgemeinen zunächst Lidocain zu verabreichen. Extrasystolen als Ausdruck einer Herzinsuffizienz sind naturgemäß mit kardioaktiven Glykosiden anzugehen. Bei digitalogenen Kammerextrasystolen haben sich neben Kalium und Diphenylhydantoin auch die Betasympathikolytika bewährt.
Obwohl der eindeutige Beweis dafür aussteht, daß durch eine antiarrhythmische Therapie ventrikulärer Extrasystolen eine wirksame Prophylaxe des akuten Herztodes erreicht wird [74 a], kann an der Notwendigkeit einer konsequenten Behandlung ventrikulärer Rhythmusstörungen beim akuten Myokardinfarkt kein Zweifel bestehen. Einen positiven Effekt auf die Überlebensrate von Infarktpatienten durch Betarezeptorenblocker haben mehrere Studien gezeigt [437 a, 696 a]. Bislang kann jedoch nicht entschieden werden, ob der Rückgang des plötzlichen Herztodes durch Betablocker tatsächlich auf eine Suppression letaler Arrhythmien zurückzuführen ist [378 a].

Spezielle Probleme

Hyperthyreose. Die Erregbarkeit des Herzens ist bei der Hyperthyreose gesteigert. Zu den Leitsymptomen einer Schilddrüsenüberfunktion gehört die Sinustachykardie. Am häufigsten liegt die Ruhefrequenz zwischen Werten von 80 und 130 Schlägen/min; nur in 5% der Fälle findet sich eine niedrigere Frequenz. Eine besonders wichtige kardiale Komplikation bei thyreotoxischen Erkrankungen ist das Vorhofflimmern. Die Kammerfrequenz läßt eine Abhängigkeit vom Grad der Toxikose erkennen. Je ausgeprägter die Hyperthyreose, um so besser ist die Überleitung für Flimmerimpulse. Als Vorläufer für ein Vorhofflimmern ist das Auftreten von Vorhofextrasystolen zu werten. Nicht selten werden auch ventrikuläre Extrasystolen beobachtet [608]. Pathogenetisch sind die Rhythmusstörungen bei Hyperthyreose auf eine erhöhte Ansprechbarkeit des Herzens auf Katecholamine bezogen worden [vgl. 199]. Andererseits ist bemerkenswert, daß antiadrenerge Substanzen wie Propranolol zwar einen Rückgang der erhöhten Sinusfrequenz bewirken, jedoch nicht eine Frequenznormalisierung herbeiführen können [699].
Tierexperimentell kann durch den Betrarezeptorenblocker Propranolol nur ein partieller Rückgang der erhöhten maximalen Anstiegsgeschwindigkeit des Aktionspotentials nach Trijodthyronin-Vorbehandlung (10 μg/ml Inkubationsmedium) erreicht werden, und zwar in einer Konzentration, die beim normalen Papillarmuskel zu einer Reduzierung der Anstiegssteilheit unterhalb des Normwertes führt (1 μg/ml Inkubationsmedium) [390].

Trotz der nur erreichbaren Partialwirkung hat sich klinisch die Gabe von Propranolol bei tachykarden Rhythmusstörungen im Rahmen einer Hyperthyreose neben der Therapie des Grundleidens als sinnvoll erwiesen.

Glukagon und Betarezeptorenblocker. Glukagon und Betarezeptorenblokker zeigen in vielfacher Hinsicht gegensinnige Wirkungen. Glukagon erhöht die atrioventrikuläre Leitungsgeschwindigkeit im Bereich der unteren Vorhofabschnitte, des Atrioventrikularknotens und des His-Bündels. Partielle atrioventrikuläre Blockierungen während hochfrequenter Vorhofstimulation werden durch Glukagon am Hund (50 µg/kg) etwa 30 min lang in eine 1 : 1-Überleitung übergeführt [626]. Eine durch dl- oder d-Propranolol (5 µg/kg Hund) besonders im höheren Frequenzbereich ausgelöste Verlängerung der atrioventrikulären Überleitungszeit sowie Senkung der maximalen Durchgangsfrequenz des Überleitungsgewebes werden durch Glukagon (2 µg/kg i. v.) wieder normalisiert [693]. Umgekehrt bleibt der Glukagoneffekt auf die atrioventrikuläre Überleitung durch eine nachfolgende Verabreichung von Propranolol unbeeinflußt [365]. Diese Untersuchungsergebnisse und der günstige Umstand, daß Glukagon beim Menschen keine Steigerung der ektopischen Reizbildung bewirkt, rechtfertigen die therapeutische Anwendung des Hormons bei Fällen von atrioventrikulären Leitungsstörungen, besonders bei den unter Propranolol und Herzglykosiden entstandenen.
Im Rahmen diagnostischer Herzkatheteruntersuchungen wurden bei 8 Patienten die Wirkungen von Propranolol (5 mg i. v.) und einer konsekutiven Applikation von Glukagon (3 mg i. v.) in rhythmologischer und hämodynamischer Hinsicht untersucht [34]. Die Vorbehandlung mit Propranolol führte in allen Fällen des Kollektivs zu einer signifikanten Abnahme der Herzfrequenz von 82 ± 15/min auf 68 ± 13/min ($p < 0{,}001$) sowie zu einer Abnahme der maximalen Druckanstiegsgeschwindigkeit und des Herzminutenvolumens wie auch zu einem geringfügigen Anstieg des linksventrikulären enddiastolischen Druckverhaltens (Abb. 3.8). Diese Änderungen waren 10 min nach der Injektion voll ausgeprägt und währten ohne zusätzliche pharmakologische Beeinflussung mehr als 30 min. Während maximaler Propranololwirkung führt Glukagon bereits nach 2 min zu einem Anstieg der Herzfrequenz von 60 ± 13/min auf 78 ± 17/min, d. h. um 14% ($p < 0{,}005$), der maximalen Druckanstiegsgeschwindigkeit im linken Ventrikel, und nach 5 min zu einem Anstieg des Herzminutenvolumens von $6{,}08 \pm 1{,}43$ l/min auf $6{,}72 \pm 1{,}4$ l/min, d. h. um 10% ($p < 0{,}005$). Der enddiastolische Ventrikeldruck bleibt annähernd konstant. Die Zunahme der Herzfrequenz tritt auch hier innerhalb von 1 – 2 min post injectionem zusammen mit einem frequenzbedingten Anstieg von dp/dt_{max} auf. Die maximale Druckanstiegsgeschwindigkeit bleibt jedoch auch nach Normalisierung der Herzfrequenz gegenüber dem Ausgangswert unter Propranolol erhöht. Die Zunahme des Herzminutenvolumens ist 5 – 15 min nach Glukagongabe am deutlichsten. In der gewählten Dosierung der beiden Substanzen werden die Ausgangswerte, besonders des Herzminutenvolumens jedoch nicht wieder vollständig erreicht (Abb. 3.8). Nach den vorliegenden

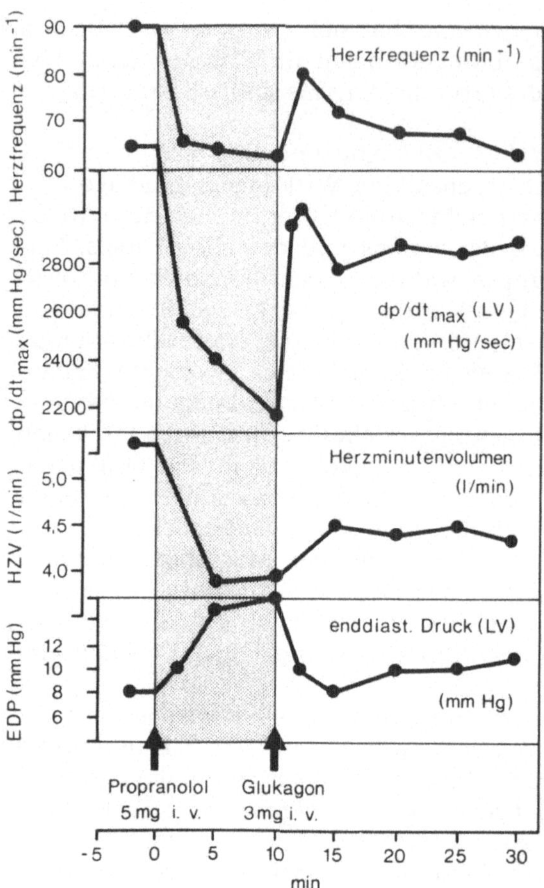

Abb. 3.8. Herzfrequenz, dp/dt$_{max}$, Herzzeitvolumen (HZV) und enddiastolischer Druck im linken Ventrikel nach Injektion von 5 mg Propranolol i. v. und anschließender Gabe von 3 mg Glukagon i. v. Glukagon hebt die Wirkungen von Propranolol auf [nach 35]

Untersuchungsbefunden sowie nach klinischen Erfahrungen kann bei Zuständen mit akuter Herzinsuffizienz nach einer Überdosierung mit betarezeptorenblockierenden Substanzen Glukagon in Hinsicht auf Herzfrequenz und Hämodynamik als Mittel der Wahl gelten.

Nebenwirkungen und Kontraindikationen der Betarezeptorenblocker. Die unerwünschten Nebenwirkungen, welche nur teilweise auf der spezifischen Betasympathikolyse beruhen, sind von der Wirkungscharakteristik des jeweiligen Betablockers und der Vorschädigung bestimmter Organe abhängig. Unspezifische Nebenwirkungen sind Schwindel, Müdigkeit, Nausea, Diarrhoe, Mundtrockenheit, Pollakisurie, Exanthem, Konjunktivitis, Parästhesien, Raynaud-Syndrom und gelegentlich Sehstörungen.
Kontraindikationen: Bei Asthma bronchiale und anderen obstruktiven Lungenerkrankungen sollten keine Betablocker gegeben werden. Auch mit

den sog. kardioselektiven Betarezeptorenblockern (Tabelle 3.6) ist hier Vorsicht geboten, da dosisabhängig eine Verstärkung des obstruktiven Bildes möglich ist.
Bei manifester Herzinsuffizienz gelten Betablocker wegen der negativ inotropen Wirkung allgemein als kontraindiziert. Unter kontrollierten Bedingungen können jedoch Betablocker bei gleichzeitiger Digitalisierung verabreicht werden.
Wegen der bekannten elektrophysiologischen Eigenschaften sollte auf Betablocker bei allen Formen von atrioventrikulären Leitungsstörungen wie auch beim Sinusknoten-Syndrom verzichtet werden. – Als relative Kontraindikation gelten Spontanhypoglykämie und der insulinpflichtige Diabetes mellitus.

3.4.2.2 Herzaktive Glykoside

Digitalisglykoside und Strophanthin besitzen direkte myokardiale sowie adrenerge und cholinerge Wirkungen und beeinflussen die Reizbildung und Erregungsleitung des Herzens. In diesem Zusammenhang können Herzglykoside auch antiarrhythmische Eigenschaften entfalten. Darüber hinaus kann die kontraktionssteigernde Wirkung der Glykoside Arrhythmien entgegenwirken. Durch eine Verbesserung der Pumpfunktion und der myokardialen Sauerstoffversorgung sowie durch eine Abnahme des enddiastolischen Ventrikeldrucks und der Herzgröße kann die Aktivität heterotoper Reizbildungszentren herabgesetzt werden. Der vagomimetische Effekt der Digitalisglykoside hat eine Frequenzsenkung zur Folge. Die glykosidinduzierte Refraktärzeitverlängerung des Vorhofs wirkt protektiv gegen Vorhofflattern und Vorhofflimmern und trägt zum Erhalt von Sinusrhythmus bei [167 a] (zur Elektrophysiologie von Digoxin s. Tabelle 3.10).
Die Indikation für Glykoside ist bei solchen Rhythmusstörungen gegeben, die ihre Ursache in einer Myokardinsuffizienz haben, insbesondere Sinustachykardie, supraventrikuläre und ventrikuläre Extrasystolie, Vorhofflimmern und Tachyarrhythmia absoluta. Bei Flimmerarrhythmien mit schneller Überleitung und konsekutiver Tachysystolie sind Glykoside auch unabhängig von einer gleichzeitig vorliegenden Herzinsuffizienz indiziert, da hier speziell der hemmende Glykosideinfluß auf die atrioventrikuläre Überleitung erwünscht ist.
Da grundsätzlich jede Rhythmusstörung auch glykosidbedingt sein kann, ist vor der Digitalisgabe eine Glykosidintoxikation bzw. Überdosierung auszuschließen. – Nach der Häufigkeit genannt, finden sich bei Glykosidintoxikation ventrikuläre Extrasystolie, Bigeminus, AV-Blockierungen, supraventrikuläre Extrasystolen und Sinusbradykardie. Besonders gefürchtet ist die paroxysmale atriale Tachykardie mit Block, die einen charakteristischen Typ digitalogener Rhythmusstörungen darstellt (s. o.).
Für die Dosierung und Applikationsform gelten die allgemeinen Regeln der Glykosidtherapie. Ist ein dringliches Eingreifen erforderlich, so sollte eine rasche Sättigung durch i. v.-Gabe angestrebt werden, z. B. durch ini-

tiale Gabe von 0,5 mg Digoxin i. v. oder 0,4 mg Betamethyldigoxin i. v. Nach 30 min kann dann die Wiederholung der Einzeldosen (0,25 mg Digoxin bzw. 0,2 mg Betamethyldigoxin) erfolgen bis eine Frequenzverlangsamung erreicht wird. – Für die orale Behandlung ist Herzglykosiden mit hoher enteraler Resorptionsquote (70 – 100%) z. B. Digoxin, Alpha-, Beta-Acetyldigoxin, Betamethyldigoxin, und mit rascher Abklingquote der Vorzug zu geben. In der Regel werden zu Behandlungsbeginn 2 Einzeldosen verabreicht (z. B. 2×0,25 mg Digoxin in den ersten 4 Stunden). Eine weitere Einzeldosis wird nach 12 Stunden gegeben. Am folgenden Tag ist dieses Vorgehen zu wiederholen. Die Erhaltungsdosis der folgenden Tage beträgt etwa die Hälfte der vorangegangenen Tagesdosis. Kriterien der wirksamen Glykosiddosis sind Abnahme der Herzgröße und Beseitigung eines zuvor bestandenen Pulsdefizits.
Kontraindiziert sind Herzglykoside bei Glykosidintoxikation, bei obstruktiver Kardiomyopathie und Hypercalcämie. Relative Kontraindikationen bestehen bei bradykarden Rhythmusstörungen und Carotis-Sinus-Syndrom. Anlaß zu einer Dosisreduktion sind alle Zustände mit verminderter Glykosidtoleranz: Hypokaliämie, koronare Herzkrankheit, Hypoxämie, eingeschränkte Nierenfunktion, Reserpinbehandlung und nach elektrischer Regularisierung von Vorhofflimmern. Eine Dosisverminderung ist ebenfalls angezeigt bei Hypothyreose, AV-Block und Cor pulmonale.

3.4.2.3 Antiarrhythmika im engeren Sinne

Zahlreiche antiarrhythmische Substanzen dienen dem Ziel, durch differentialtherapeutischen Einsatz die verschiedenen tachykarden Rhythmusstörungen zu beeinflussen. Das ideale Antiarrhythmikum, das selektiv und nebenwirkungsfrei die Arrhythmien unterdrückt ohne das übrige Reizbildungs- und -erregungsleitungssystem zu beeinflussen, gibt es bislang nicht. Auch die Tatsache, daß durch die pharmazeutische Industrie ständig neue Antiarrhythmika entwickelt und ausgeboten werden, weist bereits darauf hin, daß es noch für keineswegs alle Arrhythmien adäquate pharmakologische Lösungen gibt. Die wichtigsten Antiarrhythmika mit Dosierungsangaben und extrakardialen Nebenwirkungen sind in der Tabelle 3.8 genannt; zur Wirkungsdauer s. Tabelle 3.9. – Nicht näher eingegangen werden kann auf die hierzulande nicht handelsüblichen Substanzen Bretylium-Tosylat, ein adrenerger Neuronenblocker, welcher aufgrund seiner Nebenwirkungen bei sonst therapieresistenten bedrohlichen Arrhythmien eingesetzt werden kann [646], auf Amiodarone, welches ebenfalls nebenwirkungsbelastet ist [666]; ferner auf das bei Arrhythmien nur beschränkt einsetzbare Lidoflazin [178, 524]. Keine allgemeine Anwendung unter antiarrhythmischer Indikation finden Glukagon und Aldosteronantagonisten, welche bei digitalogenen Rhythmusstörungen antiarrhythmisch wirksam sein können [101, 104] (s. a. S. 41, 51). – Therapeutische Alternativen bei bislang therapieresistenten Tachyarrhythmien scheinen die neuen Antiarrhythmika Disopyramid, Aprindin, Propafenon und Mexiletin (s. u.) zu bieten.

Tabelle 3.8. Medikamentöse Therapie tachykarder Rhythmusstörungen [nach 464]

Medikamente	Indikation	Dosierung		Extrakardiale Nebenwirkungen
		Akut-Therapie	Prophylaxe	
Ajmalin (Gilurytmal)	Ventr. Extrasystolie (E.S.), Ventr. Tachykardie	25 – 50 mg i.v.	< 300 mg/ 12 h i.v.	Übelkeit, Kopfschmerzen, Appetitlosigkeit
Prajmalium-bitartrat (Neo-Gilurytmal)	Supraventr.-, ventr. E.S., Rezidivprophylaxe, ventr. Tachykardie	–	60 mg/d p.o.	Cholestase, Leberschädigung
Propranolol (Dociton)	Supraventr. Tachykardie, ventr. E.S., tachysystolisches Vorhofflimmern	–	80 – 120 mg tgl. p.o.	Schwindel, Nausea, Diarrhoe
Chinidin-Bisulfat (Chinidin-Duriles, Optochinidin Ret.)	Supraventr.-, ventr. E.S., Supraventr. Tachykardie, Rezidivprophylaxe nach elektr. Regularisierung	–	1 g tgl. p.o.	Gastrointestinale Beschwerden, Ohrensausen, Synkopen
Disopyramid (Rythmodul, Norpace)	Supraventr.-, ventr. E.S., supraventr. Tachykardie, Arrhythmieprophylaxe n. Elektrokonversion	–	4 – 8 × 100 mg tgl. p.o.	Mundtrockenheit, Gastrointest. Beschwerden, Sedierung, Cholestase, Harnretention
Verapamil (Isoptin)	Supraventr. E.S., supraventr. Tachykardie	5 mg i.v.	3 × 40 – 80 mg tgl. p.o.	Hypotonie
Lidocain (Xylocain)	Venr. E.S., Kammertachykardie	50 – 100 mg i.v.	2 – 4 mg/min i.v.	Benommenheit, Schwindel, zentralnervöse Symptome
Diphenylhydantoin (Epanutin, Phenhydan, Zentropil)	Ventr. E.S., Kammertachykardie (bei Digitalisintoxikation)	125 mg i.v.	3 × 100 mg tgl. p.o.	Gingivahyperplasie, Nystagmus, Ataxie, Lymphadenopathie
Aprindin (Amidonal)	Supraventr.-, ventr. E.S., ventr. Tachykardie	20 mg i.v. < 300 mg/ 24 h	1 – 2 × 50 mg tgl. p.o.	Tremor, Doppelsehen, Psychosen, Leberschädigung, Agranulozytose
Propafenon (Rytmonorm)	Supraventr.-, ventr. E.S., Tachykardie, Präexzitationssyndrome.	0,5 – 1 mg/kg Körpergewicht	2 × 300 mg tgl. p.o.	Mundtrockenheit, Schwindel, Sehstörungen, gastrointest. Beschwerden

Tabelle 3.9. Wirkdauer von Antiarrhythmika für die orale Langzeittherapie [nach 230]

Präparat Einzeldosis (g)	Dosierung	Wirkungsdauer in Stunden
Chinidin Bisulfat 0,25 (Chinidin-Duriles)	– – –	10 – 12
Alprenolol 0,2 (Aptin-Duriles)	– –	10 – 12
Aprindin 0,05 (Amidonal)	– (–)	20 – 40
Ajmalinbitartrat 0,02 (Neo-Gilurytmal)	– – –	5 – 6
Propafenon 0,3 (Rytmonorm)	– (–) –	8 – 10
Diphenylhydantoin 0,1 (Phenhydan)	– –	20 – 120

Trotz Kenntnis der Pharmakokinetik und der Elektrophysiologie der Antiarrhythmika (s. Tabelle 3.10) ist das Therapieergebnis im Einzelfall oft nicht kalkulierbar, und es bedarf häufig (besonders, wenn die Pathogenese der Arrhythmie unklar bleibt) einer empirisch begründeten medikamentösen Einstellung des Patienten.

Chinidin. Dieser Wirkstoff gilt als Prototyp und Referenzsubstanz der Antiarrhythmika der sog. Klasse I (direkter Membraneffekt und Membranabdichtung); er bewirkt elektrophysiologisch an der Einzelfaser eine Refraktärzeitverlängerung und Abnahme der maximalen Anstiegsgeschwindigkeit des Aktionspotentials als Ausdruck einer Leitungsverzögerung [666]. Weitere antiarrhythmische Substanzen der Klasse I sind Procainamid, Lidocain, Spartein und Aprindin. – Chinidin hat zudem einen atropinähnlichen (vagolytischen) Einfluß auf Sinusknoten und AV-Überleitung. – Unter klinischen Bedingungen vermindert Chinidin aufgrund seines negativ bathmotropen Effektes die Aktivität heterotoper Reizbildungszentren in Vorhof- und His-Purkinje-System. Andererseits kann die herabgesetzte Erregungsleitung im His-Purkinje-System das Auftreten von Re-entry-Mechanismen begünstigen, die klinisch als Extrasystolen bzw. Kammertachykardien (evtl. auch Kammerflimmern) in Erscheinung treten. QT-Verlängerung, QRS-Verbreiterung und QT-U-Anomalien im EKG sind als praemonitorische Zeichen aufzufassen. Eine längerwährende Chinidin-Medikation sollte daher unter EKG-Kontrolle vorgenommen werden. Als toxische Wirkungen werden weiterhin Sinusbradykardien als Folge verminderter Spontanautomatie und intraatriale Leitungsverzögerungen beobachtet. Chinidin wirkt negativ inotrop und senkt den arteriellen Blutdruck. Dieser Effekt ist bei

Tabelle 3.10. Einfluß antiarrhythmischer Substanzen auf die verschiedenen Intervalle des His-Bündel-Elektrogramms sowie auf die Refraktärperiode von Vorhof, AV-Knoten und His-Purkinje-System. ϕ = keine Veränderung des Mittelwertes, – = Verkürzung, + = Verlängerung des jeweiligen Intervalls; () = statistisch nicht signifikant [nach 478]

Substanzen ohne wesentliche Beeinflussung der AV-Überleitung

Substanz	Dosierung	PA	AH	HR	QRS	ERP A	RP AVN	RP HPS
Diphenyl-hydantoin	bis 5 mg/kg	ϕ	–(?)	ϕ	ϕ	?	ϕ	–
Lidocain	1–2 mg/kg	?	ϕ	ϕ	ϕ	ϕ	ϕ	–

Substanzen mit vorzugsweiser Beeinflussung des AH-Intervalls

Substanz	Dosierung	PA	AH	HR	QRS	ERP A	RP AVN	RP HPS
Atropin	0,5 mg ED	ϕ	–	ϕ	ϕ	ϕ	–	ϕ
Isoproterenol	0,2 mg in 200 ml Lsg.	ϕ	–	ϕ	ϕ	ϕ	–	ϕ
Oxyfedrin	8 mg ED	ϕ	–	ϕ	ϕ	?	?	?
Propranolol	0,1 mg/kg	?	+	ϕ	ϕ	?	?	?
Pindolol	0,5 mg ED	ϕ	+	ϕ	ϕ	?	?	?
Oxprenolol	4 mg ED	ϕ	+	ϕ	ϕ	ϕ	+	ϕ
Verapamil	10 mg ED	ϕ	+	ϕ	ϕ	?	?	?
D 600	2 mg ED	ϕ	+	ϕ	ϕ	ϕ	+	ϕ
Digoxin	0,75 mg ED	?	+	ϕ	ϕ	?	+	ϕ

Substanzen mit vorzugsweiser Beeinträchtigung der intraventrikulären Erregungsleitung

Substanz	Dosierung	PA	AH	HR	QRS	ERP A	RP AVN	RP HPS
Ajmalin	100 mg ED	+	+	+	+	ϕ	+	–
Aprindin	2 mg/kg	+	+	+	+	ϕ	+	ϕ
Chinidin	600–800 mg i.m.	?	–	+	+	+	–	+
Disopyramid	2 mg/kg	ϕ	+	+	+	+	+	ϕ
Procainamid	500 mg ED	?	(+)	+	ϕ	+	–	+
Propafenon	2 mg/kg	+	+	+	+	+	+	?

ERP A = Effektive Refraktärperiode, Atrium
RP AVN = Refraktärperiode, AV-Knoten
RP HPS = Refraktärperiode, His-Purkinje-System
PA, AH, HR = Intervalle im His-Bündel-Elektrogramm

oraler Applikation (und vornehmlich diese ist angebracht) gering ausgeprägt (Nebenwirkungen und Pharmakokinetik s. Tabelle 3.3 und 3.8).
Die bevorzugten Indikationen für Chinidin sind Vorhofflattern und Vorhofflimmern sowohl hinsichtlich der Regularisierung wie der Rezidivprophylaxe nach Elektrokonversion. Fernerhin wird Chinidin erfolgreich bei extrasystolischen Heterotopien und Tachykardien eingesetzt.
Kontraindiziert ist Chinidin bei Bradykardie, AV-Blockierungen II. und III. Grades, bei Chinidin-Überempfindlichkeit (welche durch eine Probedosis zu prüfen ist) mit gastrointestinalen und kardiotoxischen Wirkungen, Niereninsuffizienz und Hyperkaliämie. Bei manifester Herzinsuffizienz sollte Chinidin nicht ohne gleichzeitige Digitalistherapie verwendet werden. Bei der oralen Applikation wird Chinidin meist als Chinidinbisulfat verabreicht. Die mittlere Tagesdosis liegt zwischen 1 – 1,5 g Chinidin-Duriles (Chinidin-Bisulfat). Der therapeutisch wirksame (relativ einfach bestimmbare) Serumspiegel von Chinidin liegt bei 2 – 4 mg/l.

Procainamid. Die Wirkungscharakteristika des Procainamids entsprechen weitgehend denen des Chinidins. Es dominiert die lokalanästhetische (membranabdichtende) Wirkung. Wie bei Chinidin, so besteht auch bei Procainamid (Novocamid) eine ausgeprägte negativ inotrope Wirkung. Bei intravenöser Applikation kann es zu einer erheblichen Blutdrucksenkung kommen.
Die Indikationen für Procainamid sind ventrikuläre Extrasystolen, Kammertachykardien und Kammerflattern. Fernerhin kann die Substanz auch bei paroxysmalen Tachykardien und bei Vorhofflimmern eingesetzt werden.
Unter den extrakardialen Nebenwirkungen sei außer auf Appetitlosigkeit, Übelkeit und Durchfälle besonders auf Agranulozytose und Lupus erythematodes bei Langzeittherapie hingewiesen. Die Kontraindikationen bestehen (wie bei Chinidin) in AV-Blockierungen höheren Grades, sinuatrialen Leitungsstörungen, manifester Herzinsuffizienz und Hypotonie. Wegen der kurzen Halbwertszeit von im Mittel 4 Stunden muß Procainamid in geringen Zeitintervallen (ca. 5stündlich) verabreicht werden (oral oder i. m.). Die Tagesdosis liegt zwischen 2 und 4 g. In der Notfalltherapie sollten bei intravenöser Applikation 100 mg/min bis zu einer Gesamtdosis von maximal 500 mg unter EKG-Kontrolle nicht überschritten werden.

Verapamil. Verapamil (Isoptin) gilt als Calciumantagonist. Die Substanz blockiert den transmembranösen Calciumeinstrom an der Myokardfaser und hemmt die Spontanentladung von Schrittmacherzellen. Während die Leitungseigenschaften am His-Purkinje-System nur geringfügig beeinflußt werden, kommt es im AV-Knotenbereich zu einer Leitungsverzögerung. Die depressorische Wirkung auf sinuatriale Strukturen ist geringer ausgeprägt.
Die Hauptindikation für Verapamil sind paroxysmale supraventrikuläre Tachykardien (mit und ohne Wolff-Parkinson-White-Syndrom), ferner Vorhofflimmern und Vorhofflattern mit dem Ziel einer Verminderung der Ventrikelfrequenz. Auch eine regularisierende Wirkung von Verapamil wird gelegentlich beobachtet. Als Applikationsform ist die intravenöse

Gabe von Verapamil zu bevorzugen, die insbesondere dann deutlich überlegen ist, wenn eine rasche Wirkung angestrebt wird: 1 Ampulle = 5 mg (evtl. 2 Ampullen) Isoptin i. v. Die orale Gabe (z. B. 3 × 80 mg Isoptin) ist wesentlich weniger wirksam. Zur Prophylaxe supraventrikulärer Tachykardien ist auch die Retard-Form geeignet: 2 – 3 × 120 mg Isoptin retard/die p. o. Die Wirkungsdauer wird mit ca. 12 Stunden angegeben.
Verapamil wirkt (wie andere Antiarrhythmika) negativ inotrop; es führt zu einer peripheren Vasodilatation, die gelegentlich eine bedrohliche Blutdrucksenkung nach sich ziehen kann. Isoptin i. v. kann auch bei der akuten Hochdruckkrise erfolgreich eingesetzt werden.
Die toxischen kardialen Wirkungen bestehen in z. T. hochgradigen AV-Blockierungen, die die Gabe von Sympathikomimetika notwendig machen können. Als Kontraindikation für Verapamil gilt die manifeste Herzinsuffizienz (hier ist eine gleichzeitige Digitalisierung notwendig), Schockzustände unterschiedlicher Genese und höhergradige AV-Blockierungen.
Ajmalin. Ajmalin (Gilurytmal; Neo-Gilurytmal = Prajmaliumbitartrat) ist ein Rauwolfia-Alkaloid mit einer chinidinartigen membranstabilisierenden Wirkung. An der myokardialen Einzelfaser führt die Substanz zu einer Verlängerung des Aktionspotentials bzw. der Refraktärperiode und einer Abnahme der maximalen Anstiegsgeschwindigkeit des Aktionspotentials als Ausdruck einer Verminderung der Leitungsgeschwindigkeit. Die heterotope Reizbildung wird stärker gehemmt als die Erregungsleitung. Am Patienten wird mit intrakardialen Ableitungen die vorzugsweise Beeinflussung der intraventrikulären Erregungsleitung beobachtet (s. Tabelle 3.10). Die maximale Sinusknotenerholungszeit und sinuatriale Leitungszeit können durch Ajmalin sowohl verkürzt wie verlängert werden. Durch intravenöse Applikation von Ajmalin kann es zu einer Zunahme der Sinusfrequenz kommen. Vieles spricht dafür, daß die Ajmalinwirkung auf die Sinusknotenfunktion nicht nur durch einen negativ chronotropen und dromotropen Effekt bedingt ist, sondern auch durch Interaktionen des autonomen Nervensystems [624 a].
Das bevorzugte Indikationsgebiet sind extrasystolische (supraventrikuläre, ventrikuläre) Arrhythmien sowie auch paroxysmale supraventrikuläre Tachykardien, besonders bei Umkehrtachykardien im Zusammenhang mit Präexzitationssyndromen. Beim WPW-Syndrom wird durch Ajmalin der akzessorische Bypass blockiert, und es kommt zu einem diagnostisch verwertbaren Verschwinden der Δ-Welle im Elektrokardiogramm. Ajmalin ist fernerhin bei ventrikulären Tachykardien einzusetzen.
Die intravenöse Applikation sollte nur bei dringlicher Indikation und unter EKG-Kontrolle erfolgen. Die Dosis liegt bei 5 mg/min bis zu einer Gesamtdosis von 50 mg. Die intravenöse Tageshöchstdosis liegt bei 300 mg/12 Stunden. Die Injektion ist bei Verbreiterung des QRS-Komplexes und naturgemäß bei Verschwinden der Tachykardie zu terminieren. Nach Sistieren von supraventrikulären Tachykardien kann es zu länger währenden präautomatischen Pausen kommen. – In der oralen, ausreichend resorbierbaren Form (Neo-Gilurytmal) wird Ajmalin zur Prophylaxe ventrikulärer Extrasystolen und Tachykardien verordnet.

Die toxischen kardialen Erscheinungen unter Einfluß von Ajmalin bestehen vor allem in einer Zunahme der intraatrialen, atrioventrikulären und ventrikulären Erregungsleitung. Es sind sowohl Asystolien wie Zustände mit Kammerflimmern beobachtet worden. Extrakardiale Nebenwirkungen sind Übelkeit, Kopfschmerzen, Appetitlosigkeit, Cholestase und Leberschädigung sowie Lichtempfindlichkeit, Augenflimmern und Doppelbilder. Ajmalin ist kontraindiziert bei höhergradigen atrioventrikulären Erregungsleitungsstörungen.

Diphenylhydantoin (Phenytoin). Zu der Gruppe der Antikonvulsiva gehört Diphenylhydantoin (DPH), das als Epanutin, Phenhydan und Zentropil im Handel ist. DPH wird den antiarrhythmischen Substanzen der Klasse IV (mit zentraldämpfender Wirkung) zugerechnet [666], obwohl der Wirkungsmechanismus der Substanz noch weitgehend unklar ist. Es muß jedoch davon ausgegangen werden, daß DPH elektrophysiologisch wie hinsichtlich des intra-/extrazellulären Kaliumfluxes eine den Herzglykosiden entgegengesetzte Wirkung entfalten kann. Die DPH-Effekte sind darüber hinaus dosisabhängig und werden durch die extrazelluläre (Serum-)Kaliumkonzentration – ebenso wie die Wirkung von Lidocain, Aprindin und Disopyramid – wesentlich beeinflußt. Unter therapeutischen Bedingungen ist eine herabgesetzte DPH-Wirkung bei Hypokaliämie anzunehmen. Prinzipiell bewirkt DPH eine Verbesserung der atrioventrikulären Erregungsleitung und führt zu einer Verminderung der myokardialen Erregbarkeit und der Automatie heterotoper Reizbildungszentren.
Der Indikationsbereich richtet sich heute bevorzugt nurmehr auf die digitalisbedingten ventrikulären Extrasystolen und Tachykardien wie auch auf digitalogene atrioventrikuläre Leitungsstörungen. Die orale Dosierung liegt bei 3×100 mg täglich p. o. bzw. bei 125–250 mg i. v. Wegen der langen Halbwertszeit (s. Tabelle 3.3 und 3.9) muß DPH als schlecht steuerbar angesehen werden.
An Nebenwirkungen sind – insbesondere bei intravenöser DPH-Gabe – der ausgeprägte negativ inotrope Effekt zu berücksichtigen sowie eine periphere Vasodilatation, die zu einem Blutdruckabfall führen kann. Die extrakardialen Nebenwirkungen bestehen in Übelkeit, Nystagmus, Schwindel, Ataxie, Gingivahyperplasie, Lymphadenopathie, Hautallergie und cholestatischer Hepatopathie.
DPH ist kontraindiziert bei schwerer Herzinsuffizienz, Leberinsuffizienz und AV-Blockierungen II. und III. Grades.

Lidocain. Der bevorzugte Wirkort von Lidocain, das als Lokalanästhetikum der Klasse I der Antiarrhythmika zugerechnet wird, ist der Ventrikelbereich. Die Wirkung besteht vorwiegend in einer Suppression heterotoper Reizbildungszentren im His-Purkinje-Bereich. Die physiologische Sinusknotentätigkeit wird praktisch nicht beeinflußt. Zu einer Sinusknotendepression kann es jedoch beim Sinusknoten-Syndrom kommen. Eine differentialtherapeutisch wichtige Eigenschaft ist die im Gegensatz zu den vorgenannten Antiarrhythmika nur unwesentliche Beeinflussung der atrioven-

trikulären Erregungsleitung. – Die elektrophysiologischen Wirkungen von Lidocain zeigen eine deutliche Abhängigkeit von der extrazellulären Kaliumkonzentration. Unter klinischen Bedingungen läßt sich damit die Ineffizienz therapeutischer Konzentrationen bei Hypokaliämie erklären [667].
Die bevorzugte Indikation für Lidocain stellen ventrikuläre Extrasystolen und Tachykardien bzw. deren Prophylaxe dar, wobei sich die prophylaktische Wirkung auch auf Kammerflattern und Kammerflimmern bezieht. Dies gilt insbesondere, wenn die Arrhythmien im Gefolge eines akuten Myokardinfarktes auftreten. Kammerflattern und Kammerflimmern kann mit Lidocain ggf. auch dann behandelt werden, wenn eine Defibrillation nicht möglich ist. Bei supraventrikulären Tachyarrhythmien ist Lidocain deutlich weniger wirksam.
Als generelle prähospitale antiarrhythmische Prophylaxe beim frischen Myokardinfarkt wird die Gabe von 300 mg Lidocain i. m. auch bei regelmäßiger Ausgangsfrequenz (Herzschlagfolge 60 – 100/min) vorgeschlagen. Eine derartige Empfehlung ist 1973 für die Stadt Erfurt (250 000 Einwohner) und später für das gesamte Gebiet der DDR gegeben worden, ohne daß bislang über nachteilige Beobachtungen berichtet wurde [184]. – Einer australischen Doppelblindstudie zufolge führt die frühe prophylaktische intramuskuläre Lidocaingabe zu einer Senkung der Mortalität in der Prähospitalphase des akuten Myokardinfarktes [662]. Die allgemeine Anwendung dieser Erkenntnis ist gleichwohl wegen der zu gewärtigenden Nebenwirkungen noch umstritten: Bradykardie, Asystolie (Einzelbeobachtungen beim Sinusknoten-Syndrom) und negative Inotropie. Die nicht selten beobachteten extrakardialen Nebenwirkungen betreffen vor allem das Zentralnervensystem und äußern sich in Benommenheit, Schwindel, Desorientiertheit, Seh- und Sprachstörungen. In schweren Fällen können komatöse Zustände auftreten.
Relative Kontraindikationen für die Lidocainanwendung sind das Sinusknoten-Syndrom sowie AV-Blockierungen II. und III. Grades; bradykarden Komplikationen sollte durch eine elektrische Reizsonde vorgebeugt werden.
Die Applikation von Lidocain erfolgt parenteral. Auch die Verabreichung großer Mengen per os hat zu keiner zuverlässigen Resorption geführt. Die intravenöse Therapie beginnt in der Regel mit einer Bolusinjektion von 50 – 100 mg, die gefolgt wird von einer kontrollierten Dauerinfusion von 2 – 4 mg/min. Zur (prophylaktischen) intramuskulären Anwendung sollten 300 mg gegeben werden. Es ist davon auszugehen, daß mit dieser Dosis für 45 – 60 min ein wirksamer Plasmaspiegel (> 1,4 ng/ml) erreicht wird.

Spartein. Ein nur schwach wirksames Antiarrhythmikum ist Spartein, ein Alkaloid des Besenginsters, welches bei Sinustachykardien, Vorhoftachykardien und Vorhofextrasystolen sowie zur Prophylaxe von Vorhofflimmern nach Elektroreduktion eingesetzt werden kann. Die mittlere Dosierung liegt bei 600 mg täglich p. o. (6 × 1 Tablette Depasan) bzw. 200 mg (= 2 × 1 Ampulle) Depasan i. v. Eine Kontraindikation stellt die Schwangerschaft im letzten Trimenon wegen der Gefahr der Wehenauslösung dar.

Aprindin. Klinische Beobachtungen sprechen dafür, das Aprindin bei Herzrhythmusstörungen, die sich gegenüber den bisher verwendeten Pharmaka refraktär verhalten, wirksam sein kann. Diese substanzspezifischen Eigenschaften beziehen sich sowohl auf die Therapie supraventrikulärer wie ventrikulärer Arrhythmien, insbesondere auch im Rahmen von Präexzitationssyndromen [313].

An myokardialen Einzelzellen und Purkinje-Fasern bestehen die Wirkungen von Aprindin in einer Abnahme der maximalen Depolarisationsgeschwindigkeit sowie in einer Zunahme des Verhältnisses von effektiver Refraktärperiode zur Aktionspotentialdauer. Die spontane diastolische Depolarisation von Purkinje-Fasern bei erniedrigter extrazellulärer Kaliumkonzentration nimmt unter dem Einfluß von Aprindin ab [87]. Ursächlich werden diese antiarrhythmischen Effekte auf lokalanästhetische Eigenschaften der Substanz bezogen. Dementsprechend konnte durch Aprindin eine Ab-

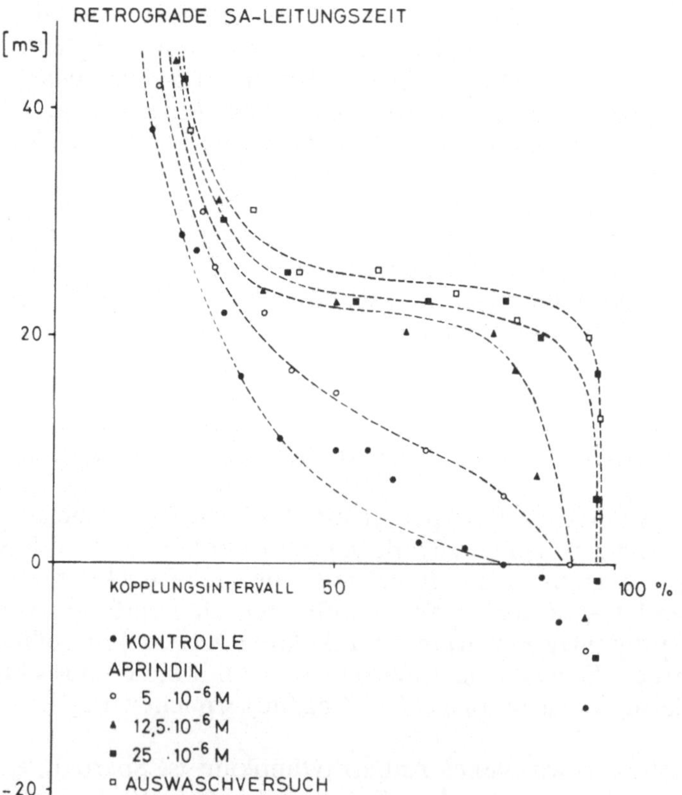

Abb. 3.9. Messung der sinuatrialen Leitungszeit am spontan schlagenden Vorhofpräparat des Kaninchenherzens. Die sinuatriale Leitungszeit ist definiert als die Differenz zwischen maximaler Anstiegsgeschwindigkeit provozierter Zusatzerregungen im Atrium und Schrittmacherareal. Unter Einfluß von Aprindin zeigt sich eine konzentrationsabhängige Verlängerung der sinuatrialen Leitungszeit als Ausdruck eines negativ dromotropen Effektes im sinuatrialen Überleitungsgewebe [nach 459]

nahme der Erregungsleitungsgeschwindigkeit als Ausdruck einer herabgesetzten Natriumleitfähigkeit nachgewiesen werden [87]. Andererseits spricht die chemische Struktur des Stoffes (N-(3-Diäthylamino-Propyl)-N-Phenyl-2-Indananin) gegen eine lokalanästhetische Wirkung.

Die bisher vorliegenden Untersuchungen lassen eine umfassende Beurteilung der Wirkungscharakteristik von Aprindin noch nicht zu. In jüngster Zeit wurde am spontan schlagenden Vorhofpräparat untersucht, inwieweit Aprindin die elektrophysiologischen Parameter der Reizbildung und Erregungsleitung beeinflußt: Aktionspotential, maximale Depolarisationsgeschwindigkeit, Spontanfrequenz, effektive Refraktärperiode und sinuatriale Leitungszeit [459]. Die (retrograde) sinuatriale Leitungszeit wurde dabei gemessen als Differenz zwischen den Punkten maximaler Depolarisationsgeschwindigkeit im Atrium (Crista terminalis) und Schrittmacherareal. Diese Meßgröße zeigt bei kurzen Kopplungsintervallen eine besonders steile Charakteristik (Abb. 3.9). Unter Aprindineinfluß in einem Konzentrationsbereich zwischen 5 und 25×10^{-6} M findet sich eine konzentrationsabhängige Verlängerung der retrograden SA-Leitungszeit. Dieser Befund läßt auf einen negativ dromotropen Effekt von Aprindin im sinuatrialen Überleitungsgewebe schließen [459].
Die maximale Anstiegsgeschwindigkeit als Ausdruck der Erregungsleitungsgeschwindigkeit wird bei atrialer Zusatzerregung mit gleichem Kopplungsintervall durch Aprindin dosisabhängig vermindert.
Aprindin zeigt insgesamt eine negativ chronotrope Wirkung am Pacemaker-Areal und einen negativ dromotropen Effekt auf die sinuatriale Überleitung. Aktionspotentialdauer und Refraktärzeit der perinodalen Fasern werden durch Aprindin konzentrationsabhängig verlängert, während an atrialen Fasern eine Aktionspotentialverkürzung und relative Zunahme der Refraktärzeit deutlich werden.

Trotz zahlreicher Behandlungserfolge mit Aprindin wird wegen der mehrfach berichteten schweren, z. T. tödlich verlaufenen Nebenwirkungen von der Arzneimittelkommission der deutschen Ärzteschaft nurmehr eine eingeschränkte Anwendung von Aprindin (Amidonal) empfohlen. Neben weniger gewichtigen unerwünschten Nebenwirkungen wie Tremor, Doppelsehen und Leberschädigung war es verschiedentlich zu Blutbildschädigungen vom Typ der Agranulozytose gekommen. Den Empfehlungen zufolge sollte Amidonal nur noch bei bestimmten Fällen von Herzrhythmusstörungen (ventrikuläre Extrasystolien und Tachykardien sowie solche supraventrikuläre Extrasystolien, die mit Tachykardien einhergehen) bei Beachtung strenger Sicherheitsauflagen vom Arzt verordnet werden. Vor und während der Behandlung mit Amidonal sind regelmäßig Blutbildkontrollen durchzuführen. Die Behandlung verbietet sich bei Patienten mit bereits bekannten Schäden des weißen Blutbildes. Schließlich sollte der Patient selbst auf Frühzeichen von Schäden des weißen Blutbildes achten (Fieber, Zahnfleisch- oder Mundschleimhautentzündungen, Halsschmerzen oder Mandelentzündungen, grippeartige Symptome) und ggf. den behandelnden Arzt informieren [29].
Aufgrund dieser einschränkenden Empfehlungen sollte Aprindin also nur noch in den Fällen von Tachyarrhythmien eingesetzt werden, die sich gegenüber den üblichen antiarrhythmischen Maßnahmen therapieresistent verhalten (vgl. Tabelle 3.8).

Disopyramid. Dieses Präparat ist seit mehreren Jahren in Frankreich, Belgien, den Niederlanden und in Großbritannien eingeführt und wurde 1977 auch in der Bundesrepublik Deutschland als Norpace und Rythmodul in den Handel gebracht. Das Monopharmakon ist mit keiner der bisher bekannten Antiarrhythmika chemisch verwandt (4-Diisopropyl-Amino-2-Phenyl-2-(2-Pyridyl)-Butyramid-Monophosphat). Die Substanz wird zu 80% über die Nieren und zu 15% über den Darm ausgeschieden. Etwa 90% der oral verabreichten Dosis werden resorbiert. Die maximale Serumkonzentration wird in 30 – 180 min nach oraler Applikation erreicht und bleibt

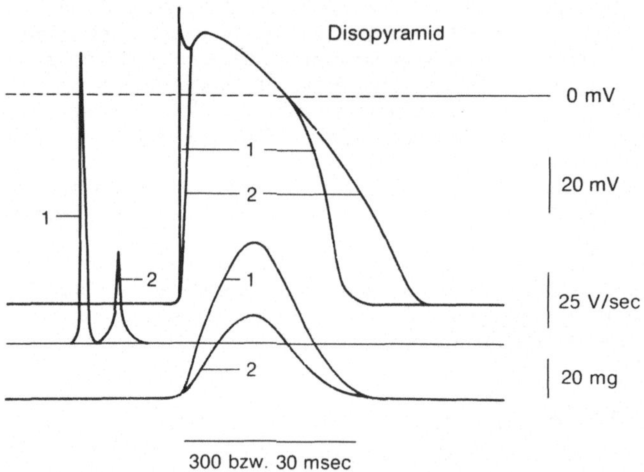

Abb. 3.10 a. Übereinander projizierte Originalregistrierungen von Aktionspotentialen (oberer Strahl), maximaler Anstiegsgeschwindigkeit des Aktionspotentials (dV/dt_{max}) (mittlerer Strahl) und Kontraktionskraft (unterer Strahl) bei einem isolierten Katzenpapillarmuskel vor (1 = Kontrolle) und in Anwesenheit von 10^{-4} M Disopyramid (2; nach 21 min). Zeiteichung: 300 msec für oberen und unteren Strahl, 30 msec für den mittleren Strahl [nach 451]

ca. 5 Stunden konstant. Der Wirkungsmechanismus ist bislang nicht in allen Einzelheiten geklärt.

Die elektrophysiologischen Wirkungen von Disopyramid bestehen an der myokardialen Einzelfaser in einer signifikanten Zunahme der Aktionspotentialdauer als Hinweis auf eine Refraktärzeitverlängerung und Abnahme der maximalen Anstiegsgeschwindigkeit des Aktionspotentials als Ausdruck einer verminderten Erregungsleitungsgeschwindigkeit. Die Amplitude des Aktionspotentials und das Ruhemembranpotential bleiben unverändert. Die diastolische Depolarisation (Phase 4) wird verzögert (Abb. 3.10 a). Tierexperimentelle Untersuchungen von Nayler sprechen für einen calciumantagonistischen Effekt, der im Zusammenhang mit einer kardiodepressiven Wirkung gesehen wird [462].

Bei Patienten mit normaler Sinusknotenfunktion bewirkt Disopyramid keine wesentliche Änderung von Herzfrequenz, sinuatrialer Leitungszeit und Sinusknotenerholungszeit. Bei Vorliegen eines Sinusknoten-Syndroms wird jedoch eine Verlängerung der Sinusknotenerholungszeit beobachtet. Von

Seipel u. Mitarb. wurden unter Disopyramid eine signifikante Verlängerung der Leitung im His-Purkinje-System, sowie eine Zunahme der effektiven und funktionellen Refraktärzeit im AV-Knoten beobachtet [586]. Fernerhin wurde über eine Verlängerung der effektiven Refraktärperiode im Vorhof und in akzessorischen Leitungsbahnen berichtet. In klinischen Untersuchungen wurde eine Beseitigung oder deutliche Verminderung von Vorhofflimmern bei 10 von 23 Patienten (44%) beobachtet. Ein mäßiger oder fehlender Erfolg zeigte sich bei 13 Patienten (56%). Die Beseitigung oder deutliche Besserung bei ventrikulären Extrasystolen wird in 6 von 16 Fällen angegeben (38%) [72].
Als reversible dosisabhängige (Tagesdosis 400 – 800 mg p. o.) Nebenwirkungen werden Mundtrockenheit, verschwommenes Sehen, Miktionsstörungen, Nausea und Kopfschmerzen genannt. Diese Nebenwirkungen sind auf die anticholinergische Wirkung des Präparates zurückzuführen. Ferner ist auf eine Kumulation bei Niereninsuffizienz zu achten. Disopyramid kommt in der medikamentösen Differentialtherapie als Alternative zu Chinidin in Frage, insbesondere dann, wenn letzteres wegen Nebenwirkungen kontraindiziert ist (Tabelle 3.8).

Mexiletin (Kö 1173). Mexiletin ist ein in England und in anderen europäischen Ländern im Handel befindliches und klinisch angewendetes Antiarrhythmikum. Die Substanz (1-Methyl-2-(2,6 Xylyloxy)-Äthylamin-Hydrochlorid) weist eine gewisse strukturelle Ähnlichkeit zum Lidocain auf. Beide Pharmaka besitzen annähernd die gleiche lokalanästhetische Wirkung.
Tierexperimentell führt Mexiletin zu einer Abnahme der maximalen Anstiegsgeschwindigkeit des Aktionspotentials als Ausdruck einer verminderten Erregungsleitungsgeschwindigkeit, ohne das Ruhemembranpotential und die Aktionspotentialdauer zu beeinflussen.
Am Patienten bewirkt die Substanz auch bei vorbestehender Leitungsstörung keine Änderung der Leitungszeit proximal des Hisschen Bündels, während es distal der Hisschen Brücke unter Einfluß von Mexiletin, insbesondere bei vorgeschädigtem Leitungssystem, zu Leitungsverzögerungen und faszikulären Blockbildern kommen kann (z. B. Rechtsschenkelblock und linksanteriorer Hemiblock). Die Sinusknotenerholungszeit wird in einzelnen Fällen (auch beim Sinusknoten-Syndrom) durch Mexiletin verlängert. Gleichwohl scheint die Substanz keine eindeutig gerichteten Wirkungen auf Sinusfrequenz und Vorhofrefraktärzeit zu haben. Trotz der speziellen Beeinflussung verschiedener Strukturen des Reizbildungs- und Erregungsleitungsgewebes dürfte Mexiletin ganz vorwiegend auf den Bereich distal des Hisschen Bündels wirken.
Die klinischen Erfahrungen sprechen dafür, daß Mexiletin sowohl in intravenöser wie oraler Applikationsform besonders bei ventrikulären Tachykardien wirksam ist [640]. Dies gilt auch für Fälle, die sich gegenüber Lidocain therapieresistent verhalten [83].
Die therapeutischen Plasmaspiegel der Substanz liegen zwischen 0,5 und 2 μg/ml. Toxische Wirkungen gehen mit Plasmakonzentrationen über

3,0 μg/ml einher. Die Serumhalbwertszeiten sind mit 10 Stunden beim Gesunden und mit ca. 19 Stunden bei Herzkranken anzusetzen [640].
Als Dosisempfehlung für die orale Medikation wird eine Mexiletingabe von 2 – 3 × 200 mg täglich vorgeschlagen. Für die intravenöse Applikation werden vom Hersteller (Boehringer, Ingelheim) Initialdosierungen von 100 – 200 mg als Bolus (mittlere Dosis 100 mg) ggf. mit konsekutiver Tropfinfusion (1 – 3 mg/min) genannt.

Tabelle 3.11.

Mexiletin (Mexitil)	
Indikation:	Ventr. ES und ventr. Tachykardie (KHK-, Digitalis-induziert)
Kontraindikation:	(relat.) Schenkelblock, Hypotension, Nieren-, Leberinsuffizienz, Parkinsonismus
Dosierung:	akut: 100 – 250 mg i.v. prophylakt.: 2 – 3 × 200 mg tgl. p.o.
Nebenwirkungen:	Gastrointestinale Beschwerden, zentralnervöse Störungen, Hypotension, Sehstörungen

Gravierende negativ inotrope Wirkungen bestehen in diesem Dosisbereich offenbar nicht.
Als Nebenwirkungen können Bradykardie, Hypotension, Übelkeit, Schwindel, Benommenheit und Sehstörungen auftreten [83]. Insgesamt handelt es sich bei Mexiletin um ein neues Antiarrhythmikum, das in vielfacher Hinsicht eine therapeutische Alternative zu Lidocain darstellt, diesem gegenüber jedoch den Vorteil der oralen Applikationsform besitzt (Tabelle 3.11) [377].

Propafenon (Rytmonorm). Propafenon ist ein neues, klinisch ausführlich geprüftes Antiarrhythmikum, das 1978 als Rytmonorm in den Handel kam. Chemisch zeigt die Substanz (2′-(Hydroxy-3-Propylamino-Propoxy)-3-Phenylpropiophenon-Hydrochlorid) keine Verwandtschaft zu anderen Antiarrhythmika.
In tierexperimentellen Untersuchungen an Purkinje-Fäden und am Ventrikelmyokard des Kaninchenherzens wurde eine konzentrationsabhängige Reduktion der maximalen Anstiegsgeschwindigkeit des Aktionspotentials gefunden. Auch das „Overshoot-Potential“ zeigt eine konzentrationsabhängige Abnahme unter Propafenoneinfluß. Die Effekte treten am Purkinje-System wesentlich ausgeprägter als am Ventrikelmyokard in Erscheinung. Diese Ergebnisse lassen eine antiarrhythmische Wirkung in Fällen erwarten, in denen eine Verlangsamung der Erregungsleitung angestrebt wird [66]. Die Substanz scheint gleichsinnig auf Vorhöfe, Kammern und Erregungsleitungssystem im Sinne einer Frequenzerniedrigung ektoper und nomotoper Schrittmacherzentren zu wirken. In diesem Sinne ist auch eine

Propafenon-induzierte Sinusknotendepression zu sehen. Die atrioventrikuläre sowie die intraventrikuläre Erregungsleitung werden verzögert.
Die bisherigen klinischen Untersuchungen lassen erkennen, daß besonders ventrikuläre Extrasystolen erfolgreich mit Propafenon behandelt werden können. Positive Therapieresultate wurden auch an einem Patientenkollektiv erzielt, das zuvor mit konventionellen Antiarrhythmika erfolglos behandelt worden war [11]. Weiterhin läßt sich Propafenon bei paroxysmalen Tachykardien wirksam einsetzen.
Bei oraler Applikation liegt der Wirkungseintritt der Substanz zwischen 1 und 2 Stunden; die Wirkungsdauer wird mit 4 – 24 Stunden angegeben. Als wirksame und verträgliche Initialdosis werden 2 – 3 × 300 mg Propafenon täglich p. o. empfohlen. Als Erhaltungsdosis werden 2 × 300 mg täglich p. o. verabreicht. Diese Dosierung bezieht sich auf ein Körpergewicht von 60 kg. Bei geringerem Gewicht sind die Tagesdosen zu vermindern.
Für die intravenöse Gabe von Propafenon hat sich die Einzeldosis von 0,5 – 1 mg/kg Körpergewicht als wirksam erwiesen. Die Injektion sollte innerhalb von 3 – 5 min verabfolgt werden. Die Wirkung tritt während bzw. kurz nach Ende der Injektion ein und hält etwa 4 Stunden an. –
Bei Überdosierung mit Propafenon kann es zu Kammerflimmern und Asystolie kommen. Bei normaler Dosierung sind Nebenwirkungen relativ selten. Als wichtiger Parameter toxischer Wirkungen muß eine QRS-Verbreiterung angesehen werden. An extrakardialen Nebenwirkungen kommt es gelegentlich zu Mundtrockenheit, Parästhesien, Kopfschmerzen, Schwindelzuständen und Übelkeit.
Insgesamt darf Propafenon aufgrund der bisherigen Erfahrungen als eine Bereicherung der antiarrhythmischen Langzeittherapie angesehen werden.

Lorcainid. Lorcainid befindet sich ebenso wie Tocainid (s. u.) noch in der klinischen Prüfung. Beide Substanzen sollen Alternativen in der Therapie ventrikulärer Rhythmusstörungen darstellen. Mit der klinischen Einführung ist in absehbarer Zeit zu rechnen.
Mit intrakardialen Ableitungen wird am Patienten unter Lorcainideinfluß eine Zunahme der spontanen Sinusfrequenz bei weitgehender Konstanz von Sinusknotenerholungszeit und sinuatrialer Leitungszeit beobachtet. Beim Sinusknoten-Syndrom führt Lorcainid allerdings zu einer Verlängerung der maximalen Sinusknotenerholungszeit (Abb. 3.10 b). Funktionelle und effektive Refraktärzeit des rechten Vorhofs zeigen keine Änderungen unter Lorcainid. Die HQ-, QRS- und QT-Dauer – gemessen bei identischen Stimulationsfrequenzen – nehmen unter Lorcainideinfluß signifikant zu. Damit wird deutlich, daß Lorcainid überwiegend eine Leitungsverzögerung am spezifischen ventrikulären Erregungsleitungssystem bewirkt. Beim Sinusknoten-Syndrom kann es zu einer ausgeprägten Depression der Sinusknotengeneratorfunktion kommen (s. o.) [415 b, 409 a].
Beim Präexzitations-Syndrom führt Lorcainid zu einer Leitungsverzögerung der akzessorischen Bahn und kann bei Re-entry-Tachykardien therapeutisch wirksam sein. Die Wirkung ist jedoch im Vergleich zu Ajmalin geringer ausgeprägt.

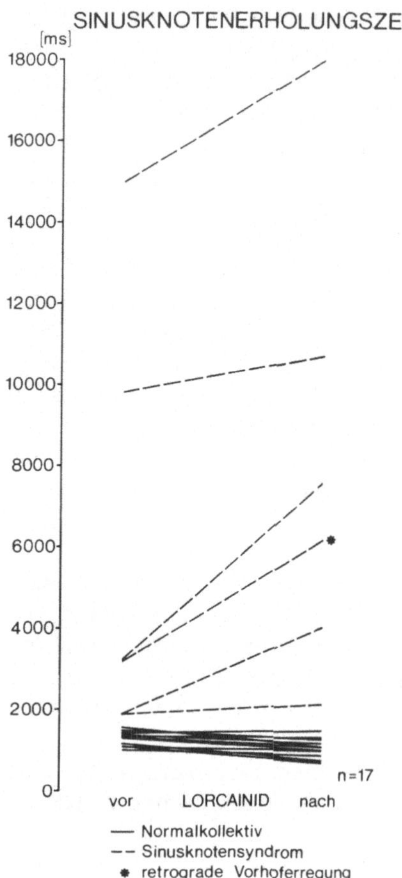

Abb. 3.10 b. Wirkung von Lorcainid (2 mg/kg Körpergewicht) auf die maximale Sinusknotenerholungszeit. Während beim Normalkollektiv keine signifikante Veränderung beobachtet wird, führt Lorcainid beim Sinusknoten-Syndrom zu einer deutlichen Verlängerung der max. Sinusknotenerholungszeit [409 a]

Tocainid. Tocainid ist ein neues oral und parenteral anwendbares Lidocain-ähnliches Antiarrhythmikum. Klinische Untersuchungen sprechen für eine therapeutische Wirkung bei ventrikulären Ektopien. Die Nebenwirkungen scheinen gering zu sein. Die Steuerbarkeit ist bei einer Wirkungsdauer von 8 – 12 Stunden vergleichsweise günstig [713 a].
Tierexperimentell ließ sich zeigen, daß Tocainid eine Abnahme der Spontanfrequenz am Sinusknotenareal bewirkt. Die ektope Reizbildung nach Teildepolarisation myokardialer Einzelfasern wird durch Tocainid supprimiert. – Nach den bisher vorliegenden Untersuchungen dürfte Tocainid vorwiegend der Entstehung und Ausbreitung ektoper Reizbildung distal des Hisschen Bündels entgegenwirken [714 a, 456 a].

3.4.3 Spezielle Syndrome

3.4.3.1 Sinusknoten-Syndrom

Begriffe und Definitionen

Das Syndrom des kranken Sinusknotens umfaßt eine Gruppe komplizierter, nicht-ventrikulärer Arrhythmien, als deren Ursache eine Störung der Sinusknotenfunktion angesehen wird. Andere Bezeichnungen sind: Sick-Sinus-Syndrom, Lazy-Sinus-Syndrom, Sluggish-Sinus-Syndrom und Bradykardie-Tachykardie-Syndrom. Diese Begriffe werden häufig synonym verwendet.

Die Bezeichnung Sick-Sinus-Syndrom ist 1967 von Lown geprägt worden [360]. Es wurden damit Rhythmusstörungen bezeichnet, die nach Elektrokonversion von tachykarden Vorhofarrhythmien auftraten. Die Arrhythmien bezogen sich dabei auf eine gestörte Impulsbildung des Sinusknotens und gestörte Erregungsleitung vom Sinusknoten zum Vorhof; fernerhin auf eine chaotische Vorhofaktivität, wechselnde P-Wellen und auf Bradykardien mit multiplen ektopischen Salven oder Episoden von Vorhof- und Knoten-Tachykardien.

Ferrer faßte 1968 unter dem Begriff Sick-Sinus-Syndrom das isolierte oder gemeinsame Vorkommen folgender Symptome zusammen: persistierende Sinusbradykardie, Sinusstillstand, mit oder ohne Vorhof- bzw. Knotenersatzsystolen, Sinusstillstand mit passagerer Asystolie, chronisches Vorhofflimmern mit nicht medikamentös bedingter langsamer Kammerfrequenz die Unfähigkeit des Herzens nach Elektrokonversion und Vorhofflimmern wieder mit einem Sinusrhythmus zu reagieren und schließlich sinuatriale Blockierungen, die nicht medikamentös bedingt sind [179].

Dieser Katalog umfaßt also auch Arrhythmien, deren Ursache nicht nur in einer gestörten Sinusknotenfunktion besteht.

Der Terminus Sick-Sinus-Syndrom bzw. Syndrom des kranken Sinusknotens erweist sich damit als relativ eng. Kaplan u. Mitarb. schlugen im Jahre 1973 den deskriptiven Begriff Tachykardie-Bradykardie-Syndrom vor, als dessen Ursache vornehmlich, aber nicht ausschließlich, eine gestörte Sinusknotenfunktion in Frage kommt [307].

Die Abbildung 3.11 zeigt die möglichen Beziehungen zwischen dem reizbildenden und erregungsleitenden System beim Sinusknoten-Syndrom: Störungen des Sinusknotens können zu Sinusbradykardie, SA-Blockierungen und Sinusstillstand führen. Die Folge ist eine Bradykardie. Als Konsequenz ist aber auch das Auftreten von Vorhofextra- bzw. -ersatzsystolen und -ersatzrhythmen möglich. Vorhofstörungen können ihrerseits ebenfalls zu Vorhofextrasystolen und -ersatzrhythmen führen oder aber zu Vorhoftachykardien, Vorhofflattern und Vorhofflimmern mit resultierender Tachykardie.

Zusätzlich sind atrio-ventrikuläre Leitungsstörungen zu berücksichtigen, die Ursache eines Tachykardie-Bradykardie-Syndroms sein können. Gedankliche Beziehungen bestehen zum medikamentös induzierten (z. B. di-

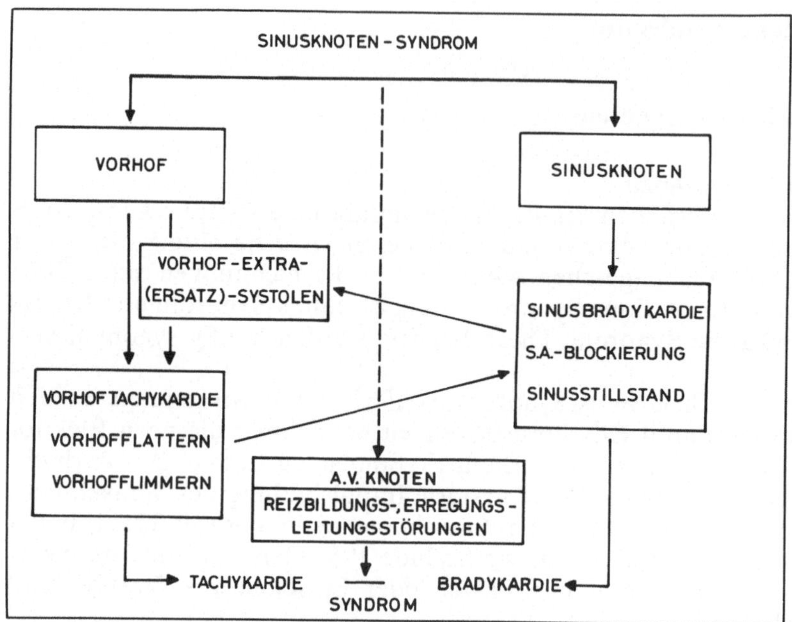

Abb. 3.11. Schematische Darstellung der Pathogenese tachykarder und bradykarder Rhythmusstörungen beim Sinusknoten-Syndrom [nach 307]

gitalogenen) Tachykardie-Bradykardie-Syndrom und zum Carotis-Sinus-Syndrom (s. S. 110, 287), ohne daß diese Symptomenkomplexe jedoch dem Syndrom des kranken Sinusknotens im engeren Sinn zugeordnet werden. Bradykardien bzw. der Wechsel von Tachykardien und Bradykardien mit Krankheitswert sind also das verbindende klinische Symptom, auf das sich Diagnostik und Therapie beim Sinusknoten-Syndrom zu beziehen haben.

Ätiologie und Pathogenese

Das Syndrom des kranken Sinusknotens stellt in der Regel eine chronische Erkrankung mit Progredienz dar. Die genaue Ursache ist meist nicht exakt eruierbar oder unbekannt.

Gleichwohl wird in der Mehrzahl der Fälle kausalgenetisch eine koronare Herzkrankheit angenommen. Autoptisch wurden entzündliche, sklerotische, ischämische oder rheumatische Veränderungen in der sinuatrialen Region gefunden. Bei einer freizügigen Definition der ischämischen (koronaren) Herzkrankheit (Zustand nach Myokardinfarkt, Angina pectoris, allgemeine Zeichen einer Arteriosklerose) ohne koronarangiographische Objektivierung konnten Gurtner und Mitarb. 66% ihrer Fälle mit Sinusknoten-Syndrom auf eine koronare Herzkrankheit beziehen [259].

Entsprechende Rhythmusstörungen im Rahmen eines akuten Myokardinfarktes werden per definitionem nicht dem Syndrom des kranken Sinusknotens zugerechnet.

Unter den ätiologischen Faktoren kommt neben der koronaren Herzkrankheit der arteriellen Hypertonie die größte Bedeutung zu. Anamnestisch fand sich in 40% der von uns untersuchten Patienten mit Sinusknoten-Syndrom eine Blutdruckerhöhung. Eine überzufällige Häufung des Sinusknoten-Syndroms findet man bei Patienten, die anamnestisch eine Diphtherie angeben. Als mögliche Ursache wird sie in 10–30% der Fälle genannt. In unserem Krankengut wiesen 25% der Sinusknoten-Kranken eine Diphtherie in der Vorgeschichte auf. Als seltenere Kausalfaktoren sind Myokarditis, Hyperthyreose, Hämochromatose, metastasierende Tumoren und andere infiltrative Prozesse zu erwähnen. In den häufigsten Fällen bleibt die Ätiopathogenese allerdings unklar.

Klinische Symptomatik

Das klinische Bild des Sinusknoten-Syndroms wird vornehmlich durch die Rhythmusstörungen bestimmt. Hierbei kommt der (pathologischen) Sinusbradykardie die größte Relevanz zu.

Tabelle 3.12. Klinik des Sinusknoten-Syndroms

Adams-Stokes-Anfälle
Embolien
Herzinsuffizienz
Angina pectoris
Schwindel
Palpitationen

Bradykardien, die vagal oder medikamentös bedingt sind oder bei Sportlern auftreten, sind auszuschließen. Das Beschwerdebild ist aus der Tabelle 3.12 ersichtlich. Die Klinik des Sinusknoten-Syndroms ist insgesamt sehr variabel und reicht im Einzelfall von Müdigkeit und Schwindelgefühl bei Sinusbradykardie bis zum Adams-Stokes-Anfall bei Asystolie. Daneben sind Kopfschmerzen, allgemeine Leistungsschwäche, Palpitationen, Herzinsuffizienz und Angina pectoris zu beobachten. Gelegentlich kann es zu Embolien im Rahmen der Rhythmusstörungen kommen.
Dominierend und mithin therapiepflichtig sind in der Klinik des Sinusknoten-Syndroms die cerebralen Symptome, die sowohl bradykardie- wie tachykardiebedingt sein können.

Diagnostik

EKG: Ruhe-, Langzeit-EKG, Belastungs-EKG. Die komplizierten Arrhythmien beim Syndrom des kranken Sinusknotens bedingen häufig erhebliche diagnostische Schwierigkeiten. Aufgrund des klinischen Bildes (Tabelle 3.12) sollte zunächst bei entsprechendem Verdacht ein Ruhe-EKG abgeleitet werden, das in ausgeprägten Fällen bereits die Diagnose zuläßt (Tabelle 3.13).
Wegen der oft nur intermittierend auftretenden Rhythmusstörungen führt in vielen Fällen erst die Langzeit-Elektrokardiographie (Bandspeicher-EKG) weiter. Ein Belastungselektrokardiogramm eignet sich zur Objektivierung einer pathologischen Bradykardie, d. h. einer langsamen Herz-

Tabelle 3.13. Störungen der Reizbildung (A) und Erregungsleitung (B) bei 70 Patienten mit Sinusknoten-Syndrom (LAH = linksanteriorer Hemiblock, RSB = Rechtsschenkelblock, LSB = Linksschenkelblock) [nach 378]

A. Reizbildungsstörungen	Pat. (n = 70)	%
Sinusbradykardie	42	60
SA Block, Sinusknotenstillstand	24	34
AV-Ersatzsystolen, -Ersatzrhythmen	3	4
Vorhofflattern/-flimmern	10	14
Supraventr. Tachykardie	13	18
B. Erregungsleitungsstörungen	**Pat. (n = 70)**	**%**
AV Block I°	10	14
AV Block II°	5	7
AV Block III°	7	10
LAH	2	3
RSB	5	7
RSB + LAH	2	3
LSB	3	4

schlagfolge, die unter Belastung keine adäquate Frequenzzunahme zeigt. Bei den meisten Patienten mit Sinusknoten-Syndrom liegt eine solche Form der Bradykardie vor (Tabelle 3.13).

Atropin-Test. Eine unzureichende Frequenzzunahme läßt sich auch mit dem Atropin-Test feststellen. Normalerweise führt Atropin (0,5 – 2,0 mg i. v.) zu einem Frequenzanstieg von über 50% des Ausgangswertes. Ein Frequenzanstieg, der unter 25% liegt, und vor allem das Unterschreiten einer absoluten Herzfrequenz von 90/min nach Atropinapplikation kann als diagnostischer Hinweis für das Vorliegen einer gestörten Sinusknoten-Generatorfunktion angesehen werden [vgl. 61] (Einzelheiten s. S. 158).

Carotisdruckversuch. Zu den fakultativen, nicht invasiven diagnostischen Maßnahmen gehört der Carotis-Druckversuch (Carotis-Sinus-Massage). Eine überdurchschnittliche Frequenzsenkung (um mehr als 5 – 10 Schläge/ min) oder gar eine Asystolie von mehr als 2 sec spricht für einen hypersensitiven Carotis-Sinus. Dieser Befund kann zwar nicht als pathognomonisch gelten, wird aber häufig auch beim Sinusknotensyndrom angetroffen (Carotis-Sinus-Syndrom s. S. 110).

Intrakardiale Ableitungen. Eine Störung der Sinusknotenfunktion läßt sich meist, aber nicht notwendigerweise im Oberflächen-EKG erkennen. Da sich die elektrischen Potentiale des natürlichen Herzschrittmachers im EKG nicht darstellen, kann aus der Vorhoferregung nur (indirekt) auf eine summarische Sinusknotenfunktion geschlossen werden, die sich aus der Impulsbildung und der Leitung dieses Impulses zusammensetzt. Zur Diagnostizierung von verborgenen, d. h. im Oberflächen-EKG nicht erkennbaren Störungen der Reizbildung bzw. der Impulsleitung eignet sich die Vorhofstimulation. Die schnelle atriale Stimulation („overdrive suppression“) wird

angewandt zur Messung der maximalen Sinusknotenerholungszeit, die als indirektes Maß für die Generatorfunktion des Sinusknotens angesehen werden kann.
Die Messung der postextrasystolischen Vorhofintervalle nach Erzeugung einzelner, elektrisch induzierter atrialer Zusatzerregungen kann nach Strauss u. Mitarb. zur indirekten Beurteilung der sinuatrialen Überleitung herangezogen werden [631].
Eigene Befunde zeigen, daß die Verlängerung der max. Sinusknotenerholungszeit mit dem klinischen Schweregrad des Sinusknotensyndroms gut übereinstimmt und als Entscheidungshilfe für die Schrittmacherimplantation brauchbar ist. Während die max. Sinusknotenerholungszeit eine Differenzierung von niedrig- und höhergradigen Fällen mit Sinusknoten-Syndrom erlaubt, läßt die Bestimmung der sinuatrialen Leitungszeit lediglich die Trennung von Normalkollektiv und Sinusknotenkranken ohne Unterdifferenzierung zu, kann jedoch für die Diagnose Sinusknoten-Syndrom grundsätzlich nützlich sein [vgl. 403] (s. S. 170).
Die Objektivierung der beim Sinusknoten-Syndrom häufig zusätzlichen atrioventrikulären Leitungsstörungen ist durch die His-Bündel-Elektrographie möglich. Eine genaue Abklärung der intrakardialen Leitungsverhältnisse ist vor allem in therapeutischer Hinsicht wichtig (Indikation zum elektrischen Schrittmacher, Nebenwirkungen von Antiarrhythmika und Digitalis). Ein permanenter atrialer Schrittmacher kann nur dann beim Sinusknoten-Syndrom verwendet werden, wenn zuvor eine normale atrioventrikuläre Überleitung nachgewiesen wurde.
Zur Diagnostik der Sinusknotenfunktion mit intrakardialen Ableitungen s. S. 142 ff.

Verlauf und Prognose

Das Syndrom des kranken Sinusknotens stellt einen chronisch progredienten Prozeß mit Krankheitswert dar. Zu Anfang zeigt sich meist eine Bradykardie, die nach unterschiedlichen Zeitintervallen zu klinischen Symptomen führt. Häufig tritt ein Knotenersatzrhythmus oder Vorhofflimmern mit unregelmäßiger Überleitung auf.
Wenn auch die Erkrankung über lange Jahre hindurch günstig verlaufen kann, so darf nicht übersehen werden, daß es im Rahmen von Adams-Stokes-Anfällen und Embolien zu plötzlichen Todesfällen kommen kann. Naturgemäß ist der Zeitpunkt, zu dem ein Sinusstillstand oder Ersatzrhythmus auftritt, nicht vorauszusehen. Unter Berücksichtigung der genannten Risiken erscheinen beim Sinusknoten-Syndrom auch aufwendige diagnostische und therapeutische Bemühungen gerechtfertigt (vgl. S. 144).
Eine genaue Beurteilung des Spontanverlaufs des Sinusknoten-Syndroms ist bisher nicht möglich, zumal die meisten Patienten mit einem Schrittmacher versorgt werden, der seinerseits die Lebenserwartung und die Lebensqualität wesentlich verbessert.

Therapie

Parasympathikolytika, Sympathikomimetika. Grundsätzlich lassen sich die bradykarden Formen des Sinusknoten-Syndroms medikamentös behan-

Tabelle 3.14. Therapie des Sinusknotensyndroms

A. Medikamentöse Maßnahmen:
- Atropin
- Sympathikomimetika
- Antiarrhythmika
- (Chinidin, Verapamil, Betarezeptorenblocker)
- Digitalis (?)

B. Schrittmacher-Stimulation
- Pacemakerimplantation
  - atriale Stimulation
  - ventrikuläre Stimulation
  - bifokale Stimulation
- Atriale Hochfrequenzstimulation
- Programmierte Einzel-/Mehrfachstimulation

deln. In Frage kommen Belladonna-Präparate sowie Sympathikomimetika (Tabelle 3.14). In der Regel gelingt es mit diesen Maßnahmen jedoch nicht, die Herzfrequenz ausreichend und konstant zu beschleunigen. Wegen der häufig notwendigen Dosierung ist zudem mit dem vermehrten Auftreten von Nebenwirkungen zu rechnen.

Antiarrhythmika. Antiarrhythmika (Chinidin, Verapamil, Betarezeptorenblocker) können nur in sehr wenigen Fällen angewandt werden, da sie eine Sinusknotendepression begünstigen, die ihrerseits zu bradykarden Rhythmusstörungen Anlaß geben kann. Besondere Schwierigkeiten bereitet die medikamentöse Therapie des Tachykardie-Bradykardie-Syndroms, da frequenzsteigernde Pharmaka eine Tachykardie induzieren können und andererseits frequenzsenkende Medikamente die Tachykardie beseitigen, zugleich aber den Grundrhythmus kritisch verlangsamen können.
Die Wirkung von Digitalis beim Sinusknoten-Syndrom wird unterschiedlich beurteilt. Während einige Autoren keinen wesentlichen frequenzsenkenden Glykosideinfluß beobachteten, weisen eigene Untersuchungen darauf hin, daß Digitalis potentiell gefährliche Nebenwirkungen im Sinne einer Depression der Sinusknotenautomatie auch in therapeutischer Dosierung bei einzelnen Patienten mit Sinusknoten-Syndrom haben kann (s. S. 166).
Bei wechselnden Rhythmen (intermittierendes Vorhofflimmern) kommt zur Embolieprophylaxe eine Antikoagulantientherapie in Frage.

Elektrischer Schrittmacher. Die Implantation eines elektrischen Schrittmachers stellt in den meisten Fällen mit klinisch relevantem Sinusknoten-Syndrom das Mittel der Wahl dar. Dies um so mehr, als häufig erst nach Pacemaker-Implantation eine wirksame medikamentöse Therapie möglich wird (Digitalis, Antiarrhythmika).
Die Indikation zur Schrittmachertherapie ist im Rahmen des Sinusknoten-Syndroms gegeben bei bradykardiebedingten Synkopen mit Angina pectoris und allgemeiner Leistungsminderung, bei bradykarder Herzinsuffizienz, beim Tachykardie-Bradykardie-Syndrom und bei Verlängerung der Sinus-

knotenerholungszeit auf mehrere Sekunden. In einigen Fällen mit Tachykardie-Bradykardie-Syndrom erweist sich auch die passagere kombinierte antitachykarde und antibradykarde Schrittmacherstimulation als erfolgreich. Insbesondere die Notfalltherapie muß sich sowohl auf die Suppression der Tachykardien beziehen wie auf die Prävention bradykarder Rhythmusstörungen, die wiederum die Auslösung neuer Tachykardien begünstigen können. Dies gelingt z. B. mit Hilfe des sog. orthorhythmischen Schrittmachers (s. S. 345).

3.4.3.2 Wolff-Parkinson-White-(WPW-)Syndrom

Das von Wolff, Parkinson und White 1930 beschriebene Syndrom (WPW-Syndrom) ist charakterisiert durch eine Doppelerregung der Herzkammern [712]. Zunächst kommt es zur Erregung vorhofnaher Kammeranteile durch eine vorzeitige Erregungswelle über akzessorische Leitungsbahnen (Präexzitation), hernach erfolgt eine Kammerdepolarisation durch die über die normale AV-Leitungsbahn laufende Erregungswelle (Abb. 3.12). – Elektrokardiographisch ist das WPW-Syndrom gekennzeichnet durch ein abnorm kurzes atrioventrikuläres Intervall (< 120 msec), durch eine Verbreiterung des QRS-Komplexes infolge verlängerter Dauer der Kammeranfangsschwankung mit trägem Initialteil (Delta-Welle) und durch einen unterschiedlich stark deformierten ST-T-Abschnitt.
Je nach Ausrichtung der Delta-Welle wird herkömmlich zwischen einem sternal positiven (A) und einem sternal negativen Typ (B) des WPW-Syndroms unterschieden. – Zumindest in dem weit überwiegenden Teil der

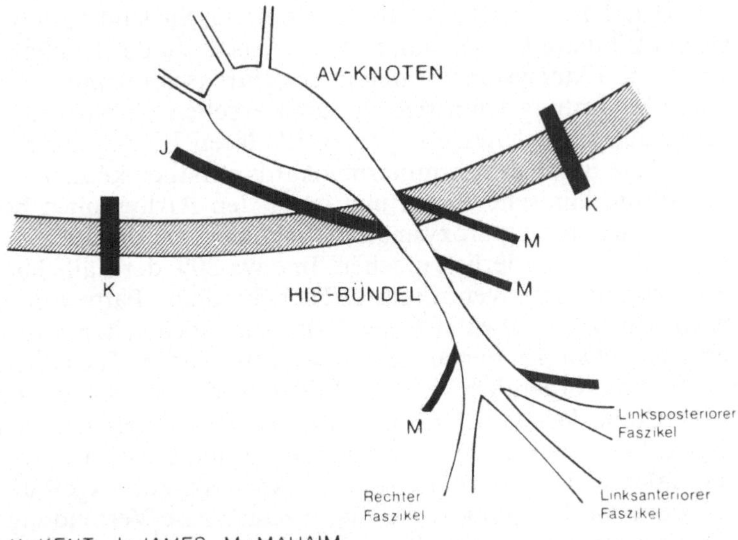

Abb. 3.12. Möglichkeiten akzessorischer Leitungsbahnen beim Wolff-Parkinson-White-Syndrom. K = Kentsches Bündel, J = Jamessches Bündel, M = Mahaim-Fasern

Fälle von WPW-Syndrom dürfte es sich um eine angeborene Anomalie handeln. Das Syndrom ist selten und durch eine große morphologische wie elektrophysiologische Individualität gekennzeichnet (s. S. 228 ff.).
Das WPW-Syndrom per se ist hämodynamisch und klinisch von untergeordneter Bedeutung. Eine therapiepflichtige Relevanz erwächst erst aus den im Zusammenhang mit diesem Symptomenkomplex auftretenden Rhythmusstörungen.
Zur Diagnostik durch intrakardiale Ableitungen s. S. 224.

WPW-Syndrom und Rhythmusstörungen
Die beim WPW-Syndrom zu beobachtenden Rhythmusstörungen sind in der Tabelle 3.15 wiedergegeben. Eine Extrasystolie findet sich bei ca. 25%

Tabelle 3.15. Rhythmusstörungen bei WPW-Syndrom

Extrasystolie
- a) supraventrikulär
- b) ventrikulär

Supraventrikuläre Tachykardie
- a) mit schmalem QRS-Komplex
- b) mit breitem QRS-Komplex

Vorhofflattern
Vorhofflimmern
- a) mit Tachyarrhythmie
- b) mit langsamer Kammertätigkeit

Ventrikuläre Tachykardie
Kammerflimmern

aller Patienten, die ein WPW-Syndrom aufweisen. Die supraventrikulären Extrasystolen dominieren dabei bei weitem. Sie sind etwa doppelt so häufig wie ventrikuläre Extrasystolen im Gegensatz zu der Häufigkeitsrelation dieser beiden Extrasystolieformen in der Durchschnittspopulation. Eine potentielle Gefährdung kann sich dadurch ergeben, daß die über akzessorische Verbindungen geleiteten supraventrikulären Extrasystolen eher in die sog. vulnerable Phase des Kammermyokards einfallen können.
Die größte klinische Bedeutung unter den Arrhythmien beim WPW-Syndrom besitzen die paroxysmalen Tachykardien, die auch in der Regel eine Behandlung erforderlich machen. In etwa 80% der Fälle handelt es sich um paroxysmale supraventrikuläre Tachykardien. Paroxysmales Vorhofflimmern tritt nur in etwa 10% der Fälle auf; noch seltener ist das Vorhofflattern, das etwa 4% der anfallsweise auftretenden Tachykardien ausmacht; nur in außerordentlich wenigen Fällen sind echte Kammertachykardien zu beobachten. Ursächlich können die paroxysmalen supraventrikulären Tachykardien auf kreisende Erregungen unter Einschluß der normalen und anomalen atrioventrikulären Leitungsbahnen zurückgeführt werden. Hierbei kann die Erregungswelle die akzessorische Verbindung retrograd und die normale atrioventrikuläre Leitungsbahn antegrad durchlaufen, so daß das WPW-Syndrom während der Tachykardie verschwindet. Einzelheiten s. S. 237 ff.

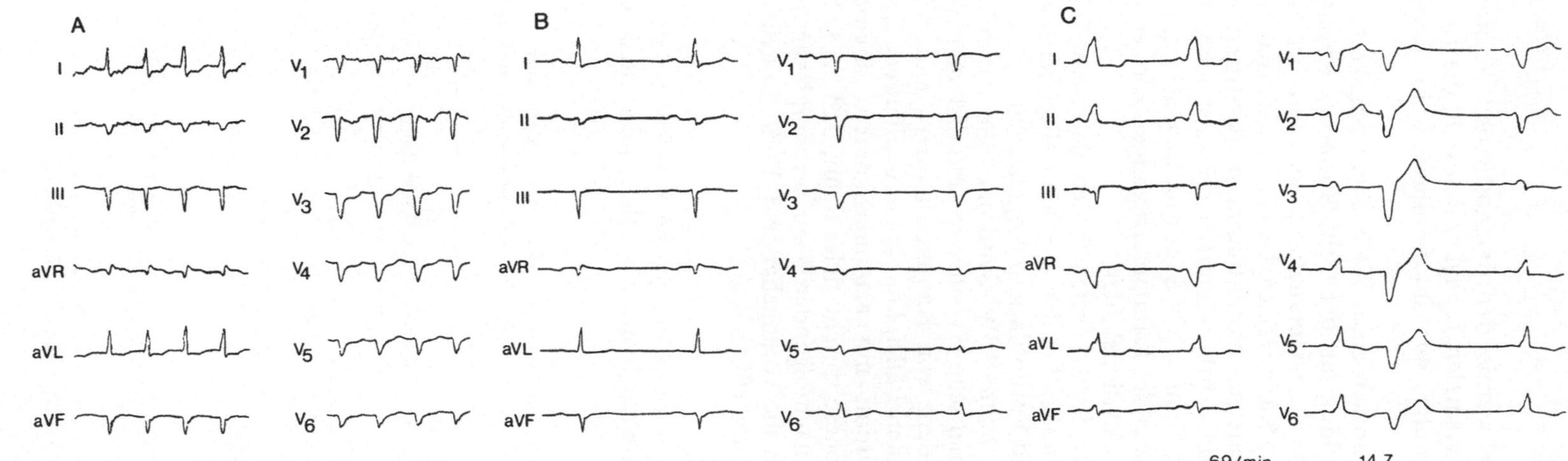

Abb. 3.13. 19jährige Pat. mit WPW-Syndrom und supraventrikulärer Tachykardie ante partum. Registrierung der Einthoven-, Goldberger- und Wilson-Ableitungen. A: paroxysmale supraventrikuläre Tachykardie, B: Frequenznormalisierung bei Sinusrhythmus und normaler atrioventrikulärer Überleitung. C: Registrierung eines WPW-Syndroms (Typ B). Zusätzlich finden sich im EKG die bei diesem Syndrom eher seltenen ventrikulären Extrasystolen, die in diesem Fall auch auf eine abgelaufene Myokarditis bezogen werden konnten [385]

Eine beträchtliche Erschwernis der diagnostischen Zuordnung solcher supraventrikulären paroxysmalen Tachykardien stellt die Tatsache dar, daß das WPW-Syndrom häufig nur intermittierend in Erscheinung tritt (Abb. 3.13).
Bei Vorhofflattern im Rahmen eines WPW-Syndroms kommt es im allgemeinen zu einer Verbindung mit der Grundform des Kammerelektrokardiogramms. Besteht eine 1 : 1-Überleitung, so kann bei entsprechender Schenkelblockierung eine Kammertachykardie vorgetäuscht werden.
Bei einer Tachyarrhythmie mit Vorhofflimmern persistiert gemeinhin die ventrikuläre Präexzitation. Vorhofflimmern mit langsamer Kammertätigkeit wird nur sehr selten beim WPW-Syndrom beobachtet. Eine Verknüpfung mit dem Grundmuster der Kammererregungen können ebenso vorliegen wie variierende Präexzitationsbilder.
Paroxysmale ventrikuläre Tachykardien finden sich beim WPW-Syndrom außerordentlich selten und sind in den meisten Fällen bei zugrunde liegendem Vorhofflimmern und Vorhofflattern vorgetäuscht.
Kammerflimmern stellt beim WPW-Syndrom eine besondere Seltenheit dar. Zahlreiche pathogenetische Hypothesen sind diskutiert worden in den Fällen, die eine Koinzidenz von Kammerflimmern und WPW-Syndrom aufwiesen. Nur in einzelnen Fällen konnte ein eindeutiger Zusammenhang des Präexzitations-Syndroms mit Kammerflimmern dokumentiert werden. Hinsichtlich der Genese spricht vieles dafür, daß bei hoher supraventrikulärer Frequenz mit nachfolgenden Kammerkomplexen die Gefahr des Einfalls von Impulsen in die vorangehende T-Welle besteht mit konsekutiver Auslösung vom Kammerflimmern.

Therapie

Die Behandlung der Rhythmusstörungen beim WPW-Syndrom als dem eigentlichen therapiepflichtigen Symptom sollte individuell, unter Berück-

Tabelle 3.16. Pharmakologische Beeinflussung der Refraktärperiode (RP) von akzessorischer Leitungsbahn und AV-Knoten bei Patienten mit WPW-Syndrom [nach 681]

Medikament	RP des AV-Knotens	RP der akzess.Bahn
Digitalis	+	–
Chinidin	– ← → +	0 ← → +
Procainamid	0	+
Ajmalin	0	+
Lidocain	0	0 ← → +
Propranolol	+	0
Verapamil	+	– ← → 0
Atropin	–	0
Disopyramid	0 ← → +	0 ← → +
Amiodaron	+	+
Diphenylhydantoin	– ← → +	0 ← → +

0 = keine Veränderung, + = Verlängerung, – = Verkürzung

sichtigung etwaiger angeborener oder erworbener Herzerkrankungen erfolgen, ggf. nach vorangegangener detaillierter Exploration der Leitungsverhältnisse mit intrakardialen Ableitungen und Refraktärzeitbestimmung (s. S. 224 ff.). Hauptsächlich kommt es darauf an, bei Sinusrhythmus ektope Reizbildungen als Auslöser von Tachykardien zu unterdrücken. Bei einer Tachykardie gilt es, die Leitungsgeschwindigkeit und Refraktärzeit der Überleitung via AV-Knoten und/oder akzessorischer Leitungsbahnen zu beeinflussen, um die Blockierung des vorhandenen Re-entry-Kreises zu erreichen. In diesem Sinne können Antiarrhythmika wie Ajmalin, Procainamid und Chinidin sowie die neueren Substanzen Propafenon, Aprindin und Disopyramid, evtl. auch Betarezeptorenblocker und Verapamil, wirksam sein (Tabelle 3.16). Die Gabe von herzaktiven Glykosiden ist bei bestimmten tachykarden Rhythmusstörungen im Rahmen des WPW-Syndroms potentiell gefährlich (Vorhofflattern, Vorhofflimmern), wenn man davon ausgeht, daß durch Digitalis die Refraktärzeit der akzessorischen Verbindung verkürzt werden kann. Nur in sehr seltenen Fällen von WPW-Syndrom mit schweren medikamentös therapieresistenten Rhythmusstörungen ist die Indikation bzw. die Möglichkeit zu einer chirurgischen Behandlung gegeben. Voraussetzung für einen erfolgreichen chirurgischen Eingriff ist die präoperative elektrophysiologische bzw. morphologische Lokalisation der akzessorischen Leitungsbahn durch Elektrodenkathetertechnik und/oder Kartographie der kardialen Erregung („epicardial mapping").
Zur Elektro- bzw. Schrittmachertherapie beim WPW-Syndrom s. S. 333 u. S. 345.

3.4.3.3 Lown-Ganong-Levine (LGL)-Syndrom

Als eine Sonderform der Präexzitation wird das sog. LGL-Syndrom (Syndrom der kurzen PQ-Zeit mit schmalem QRS-Komplex) angesehen [361]. Bei diesem Symptomenkomplex besteht ebenso wie beim WPW-Syndrom eine besondere Neigung zu Tachykardien. Das seltene Syndrom findet sich bevorzugt beim weiblichen Geschlecht. Die elektrokardiographische Diagnose besteht in einer auf weniger als 0,12 sec verkürzten PQ-Zeit bei positiven P-Wellen in I und II, ferner in schlanken QRS-Komplexen ohne Delta-Welle und in typischerweise rezidivierenden supraventrikulären Tachykardien. Als Erklärung für die kurze PQ-Zeit kommen verschiedene Mechanismen in Frage wie ein anatomisch kleiner AV-Knoten, eine komplette oder partielle Umgehung des AV-Knotens durch ein akzessorisches Bündel und eine Längsdissoziation der Erregungsleitung innerhalb des AV-Knotens in eine schnelle und eine langsam leitende Bahn. Bei Vorhofstimulation werden hinsichtlich der AH-Zeit unterschiedliche Verhaltensmuster beobachtet (s. S. 243).
Beim LGL-Syndrom handelt es sich um eine prognostisch meist günstig zu beurteilende Erkrankung. Die wesentliche diagnostische Schwierigkeit liegt in der Abgrenzung des LGL-Syndroms als ursächlichem Faktor der supraventrikulären (Re-entry-) Tachykardien von anderen tachykardie-auslösen-

den Ursachen, z. B. Myokarditis. – Die paroxysmale Tachykardie als einziges behandlungsbedürftiges Symptom ist, wenn nötig mit Antiarrhythmika, z. B. Betarezeptorenblockern, Chinidin und Ajmalinbitartrat zu behandeln [vgl. 581].

3.4.3.4 Carotis-Sinus-Syndrom

Klinisch relevante bradykarde Rhythmusstörungen – evtl. verbunden mit Adams-Stokes-Anfällen – können Ausdruck eines Carotis-Sinus-Syndroms sein. – Dieser Symptomenkomplex bezeichnet eine Hyperreflexie der Pressorrezeptoren des Carotis-Sinus und tritt elektrokardiographisch als Asystolie bei passagerem Sinusstillstand bzw. sinuatrialer Blockierung III. Grades oder auch vorübergehender AV-Blockierung in Erscheinung (Abb. 3.14). Klinisch kommt es zu einer cerebralen Minderdurchblutung, deren Auswirkungen von leichten Schwindelerscheinungen bis zu schweren synkopalen Anfällen reichen können. Bei entsprechenden anamnestischen Hinweisen auf ein Carotis-Sinus-Syndrom sollte eine diagnostische Sicherung durch elektrokardiographische Objektivierung unter kontrollierten Bedingungen erfolgen. Glykoside und Betarezeptorenblocker begünstigen die Reflexbereitschaft.

Bei nur manuell (Carotis-Sinus-Massage) provozierbaren Bradykardien wird von einem hypersensitiven Carotis-Sinus gesprochen [178]. Die behandlungsbedürftige spontane Symptomatik bei zufälligem Druck auf die Carotisgabel (z. B. plötzliche Kopfdrehung, Druck der Kleidung) wird nur bei etwa 5% der Patienten mit hypersensitivem Carotis-Sinus beobachtet.

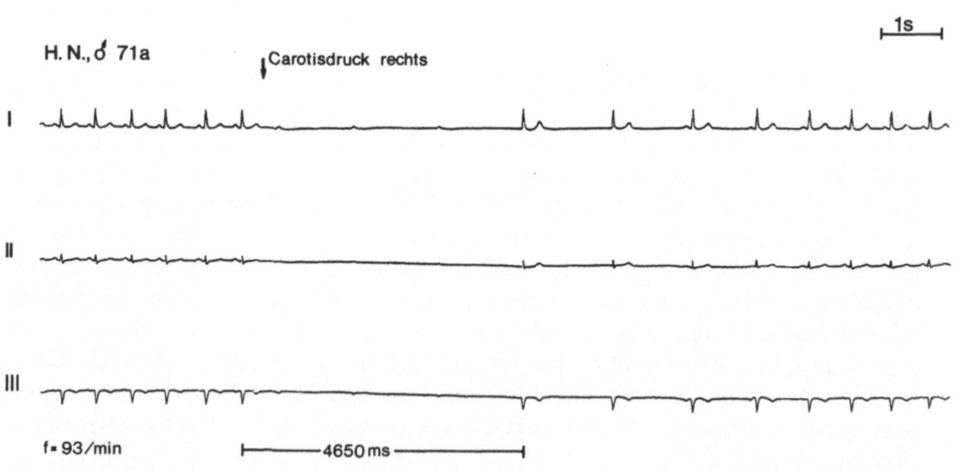

Abb. 3.14. Hyperaktiver Carotis-Sinus-Reflex bei einem 71jährigen Patienten mit Carotis-Sinus-Syndrom. Ein rechtsseitiger Carotisdruck führt zu einer deutlichen Sinusknotendepression und passageren totalen AV-Blockierung (Asystolie: 4,65 sec). Nach zwei supraventrikulären Ersatzschlägen stellt sich erst allmählich wieder der vorbestehende Sinusrhythmus (Frequenz: 93/min) ein

In einer konsekutiven Studie an 100 über 50 Jahre alten Patienten fand sich in ¼ bis ⅓ der Fälle ein hypersensitiver Carotis-Sinus-Reflex [494].
Bei dem komplexen Reflexgeschehen des hyperaktiven Carotis-Sinus wird neben dem mit Bradykardien einhergehenden kardioinhibitorischen Typ zwischen einem vasodepressiven (mit Blutdruckabfall) und einem (umstrittenen) primär cerebralen Typ unterschieden. Für das Vorliegen des vagalkardialen (kardioinhibitorischen) Typs eines hyperaktiven Carotis-Sinus-Reflexes spricht eine Asystolie über 2 sec nach artifizieller Provokation (Abb. 3.14). – Der afferente Teil des Reflexbogens führt über den Carotis-Sinus-Ast des IX. Hirnnerven vom Sinus caroticus an der Bifurkation der A. carotis communis in A. carotis interna und externa zur Rautengrube im Bereich der Medulla oblongata. Von dort ist eine zentrifugale (efferente) Reizleitung in mehrere Richtungen möglich. Beim „herzhemmenden" Typ führt der efferente Reflexbogenanteil vom Kerngebiet des Vagusnerven zum Reizbildungs- und Erregungsleitungssystem des Herzens (vagalhemmende Herzfasern). Das Carotis-Sinus-Syndrom diesen Typs ist von jedem Ort des Reflexbogens auslösbar. Durch hohe Atropindosen kann der Reflexkreis unterdrückt werden, wohingegen Atropin beim vasodepressorischen Typ wirkungslos ist.
Unter den Kausalfaktoren des Carotis-Sinus-Syndroms werden in erster Linie arteriosklerotische Veränderungen der Gefäßwand des Carotis-Sinus genannt, die zu einer Sensibilitätszunahme der in der Adventitia gelegenen Barorezeptoren führen sollen. Entzündliche und neoplastische Ursachen sind selten ebenso wie Tumoren und lokale Aneurysmen.
Eine Behandlungsnotwendigkeit ist bei Patienten mit typischer Anamnese und spontan auftretenden bzw. durch Carotisdruck auslösbaren Symptomen gegeben. Die Therapie ist auf die Prophylaxe synkopaler Anfälle ausgerichtet und besteht ggf. in der Implantation eines elektrischen Bedarfsschrittmachers. Von medikamentösen Maßnahmen ist keine ausreichende Wirkung zu erwarten.

Spezieller Teil

4. Grundlagen der Elektrostimulation

4.1 Aktionspotential als physiologischer Reiz

Der physiologische Reiz für die Kontraktion der myokardialen Einzelfaser ist die Depolarisation der Zellmembran durch einen transmembranären regenerativen Influx positiver Ladungsträger nach akuter Leitfähigkeitszunahme der Zellmembran (s. S. 4 ff.). Eine effiziente Herzkontraktion mit ausreichender Druckentwicklung der Ventrikel setzt eine zeitlich und räumlich koordinierte Aktion aller kontraktilen Elemente des Herzens voraus. Diese ist gewährleistet durch die besonderen erregungsleitenden Eigenschaften des syncytialen Zellverbandes: Niedrige Leitfähigkeit der Zellmembran, hohe Leitfähigkeit des Myoplasmas, niedriger Widerstand der Glanzstreifen. Das Signal – das Aktionspotential – wird gleichsam von Zelle zu Zelle weitergegeben und erfährt damit – abgesehen von strukturspezifischen Unterschieden – keine Veränderungen oder Verluste (Leitung ohne Dekrement). Im elektrophysiologischen Sinne stellt das Aktionspotential zugleich Reiz und Reizantwort dar.

Durch Depolarisation einer myokardialen Einzelfaser entsteht gegenüber den unerregten benachbarten Zellen eine Potentialdifferenz von $+30\,\text{mV} - (-90)\,\text{mV} = +120\,\text{mV}$, aufgrund der elektrisch leitenden Verbindung der Zellen (gap junction) [413] fließt ein elektrischer Strom in Richtung der unerregten Zellen und vermindert das intrazelluläre Potential bis auf den Schwellenwert, so daß ein Aktionspotential resultiert. Damit sind diese Zellen ihrerseits zum Ausgangspunkt des Stromflusses geworden, wodurch die Erregungsleitung fortschreitet. Der Stromkreis zwischen benachbarten Zellregionen unterschiedlicher Polarität ist geschlossen durch einen extrazellulären entgegengesetzt gerichteten positiven Ladungsfluß. Die Potentialdifferenz, die Ursache dieses Stromes, wird als Elektrokardiogramm mit extrazellulären (Oberflächen-) Elektroden gemessen.

Die zeitliche und räumliche Ausbreitung der Erregungswelle im Myokard wird mitbestimmt durch den funktionellen Membranzustand – erregbar oder refraktär – und die passiven Membraneigenschaften Widerstand und Kapazität, charakterisiert durch die Membrankonstanten λ und τ. Die Längenkonstante λ gibt die Weglänge an, nach der das elektrotonische Potential im Myokard auf den e^{-1}-fachen Wert abgesunken ist und stellt somit ein Maß für die elektrische Interaktion benachbarter myokardialer Zellen dar. Die Zeitkonstante τ ist gleich der Zeit, während der die Ladung und die Spannung im Entladungskreis – also zwischen erregtem und nicht erregtem Myokard – auf den e^{-1}-fachen Wert abgesunken sind und stellt ein Maß für die Geschwindigkeit der Impulsweitergabe von einer Zelle zur nächsten dar [677].

Die Geschwindigkeit der Erregungsfortleitung hängt weiterhin von den aktiven Leistungen der Zellmembran ab: der Aufrechterhaltung der intra-/extrazellulären Ionenkonzentrationsgradienten. Diese Gradienten, insbesondere das Verhältnis von intra- zu extrazellulärer Kaliumkonzentration, determinieren die Höhe des Membranpotentials. Das Membranpotential wiederum bestimmt – nach Erregungsauslösung – das Ausmaß der Aktivierung der depolarisierenden transmembranären Fluxe von Natrium- und Kalziumionen und somit den Typ der Erregungsfortleitung: die schnelle Erregungsfortleitung vom „fast response"-Typ bei hohem

Membranpotential, die vorwiegend von Natriumionen –, und die langsame Erregungsleitung vom „slow response"-Typ bei niedrigen Ruhemembranpotentialen, die vorwiegend von Kalziumionen getragen wird [109]. Die Geschwindigkeit der Membrandepolarisation determiniert dabei die Entladungszeit der Membrankapazität des angrenzenden Areals. Auch die Amplitude des Aktionspotentials und die Höhe des Schwellenpotentials sind von Einfluß auf die Erregungsausbreitung: je größer die Amplituden an der Front der Erregungswelle, desto größer der in die unerregte Region fließende depolarisierende Strom, und je niedriger das Schwellenpotential, desto rascher der Übergang der lokalen – elektrotonischen – in die fortgeleitete Erregung (Einzelheiten s. Elektrophysiologische Grundlagen S. 2 ff.).

4.2 Passagere elektrische Stimulation

Bei intrazellulärer Stimulation depolarisiert ein überschwelliger anodischer Stromfluß zwischen einer intra- und einer extrazellulären Elektrode die Zellmembran bis auf das Schwellenpotential und setzt den Erregungsprozeß in Gang.
Die extrazelluläre elektrische Stimulation des Herzens ist mit unipolarer (anodal oder kathodal) oder mit bipolarer Elektrode möglich. Auch bei der unipolaren Stimulation enthält der Stimulationskreis natürlicherweise zwei Elektroden, die Anode und die Kathode, jedoch erfolgt die Erregung des Myokards unter der Elektrode mit der kleineren Oberfläche (F), da hier die größere Stromdichte (i/F) auftritt. Darüber hinaus wird bei der unipolaren Stimulation die indifferente Elektrode entfernt vom Reizort plaziert.
Die erregende Wirkung eines Reizstromes hängt nicht nur von seiner Flußrichtung, der Flußdauer (t) und der Stromstärke (i), sondern auch von seiner Anstiegsgeschwindigkeit (di/dt) ab.
Bei Stimulation mit Rechteckimpulsen verschiedener Dauer bedarf die Erregung einer umso kürzeren Stromflußdauer (Nutzzeit, t), je stärker der Strom (i) ist (Abb. 4.1). Quantitativen Aufschluß über die galvanische Erregbarkeit des Muskels gibt die Reizzeit-Stromstärkekurve oder Reizzeit-Spannungskurve. Die minimale Reizstromstärke, die bei maximaler Impulsdauer noch zu einer Erregung führt, wird als Rheobase bezeichnet; die Nutzzeit der doppelten Rheobase als Chronaxie. Da die Reizzeit-Stromstärkekurve annähernd eine Hyperbel darstellt, die der Gleichung

$$(i - Rh) \cdot t = \text{const.}$$

folgt, läßt sich die Kurve bei Kenntnis der Rheobase bestimmen, dabei bedeuten i die Reizstromstärke, t die Dauer des Reizstromes und Rh die Rheobase.
Eine unterschwellige Depolarisation der Zellmembran verringert den Abstand zwischen Ruhemembranpotential und Schwellenpotential. Daher ist die Erregbarkeit bei extrazellulärer Stimulation unter der Kathode bei unterschwelligen Stromimpulsen erhöht, unter der Anode dagegen vermindert, da im zweiten Falle die Hyperpolarisation das Membranpotential vom Schwellenpotential weiter entfernt. Der Zustand der veränderten Erregbarkeit wird als Elektrotonus (Kat- bzw. Anelektrotonus) bezeichnet.

Bei extrazellulärer Stimulation vermindert ein kathodaler Stromfluß die positive Ladung an der extrazellulären Seite der Zellmembran, woraus ein intrazellulärer Abfluß negativer Ladung resultiert und bei ausreichendem Produkt von Stromstärke und Zeit (i · t) das Schwellenpotential erreicht wird. Das Aktionspotential kann sowohl an der negativen Flanke des Impulses (Kathodenschließungserregung) wie an seiner positiven Flanke (Kathodenöffnungserregung) ausgelöst werden (Abb. 4.2). Die Reizschwelle an der negativen Flanke ist dabei niedriger als die an der positiven Flanke. Für die Stimulation während der Diastole ist dieser Sachverhalt von nur geringer Bedeutung, die Erregung wird stets an der vorange-

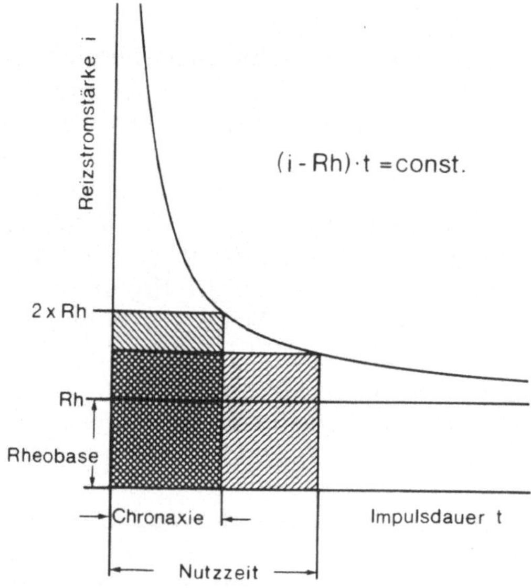

Abb. 4.1. Reizzeit-Stromstärkekurve bei Reizung des Myokards mit Rechteckimpulsen verschiedener Dauer.
i: Reizstromstärke, t: Dauer des Rechteckreizes, Rh: Rheobase. Die Kurve hat annähernd die Form einer Hyperbel, deren Verlauf durch die Gleichung $(i - Rh) \cdot t = const.$ bestimmt wird. Die Rheobase ist – unabhängig von der Reizdauer – die minimale Reizstromstärke, bei der eine Erregung auftritt. Die Elektrizitätsmenge, die zur Erregung des Myokards aufgebracht werden muß, ergibt sich jeweils aus dem Produkt $i \cdot t$ (gleich der rechteckigen Flächen unter der Kurve) und besitzt ein Minimum für $d\,[(i - Rh) \cdot t]/dt = 0$

henden negativen Flanke erscheinen; wird jedoch kathodal mit überschwelligen Reizen während der relativen Refraktärphase stimuliert, so wird die Erregung bei Verkürzung der Vorzeitigkeit nicht mehr an der negativen, sondern an der positiven Flanke des Impulses auftreten, da die absolute Refraktärperiode für die positive Flanke eines kathodalen Stimulus kürzer ist als für seine negative Flanke. Entsprechend gilt für extrazelluläre anodale Stimulation: die Schwellenreizstärke für die Anodenschließungserregung liegt über der der Anodenöffnungserregung.

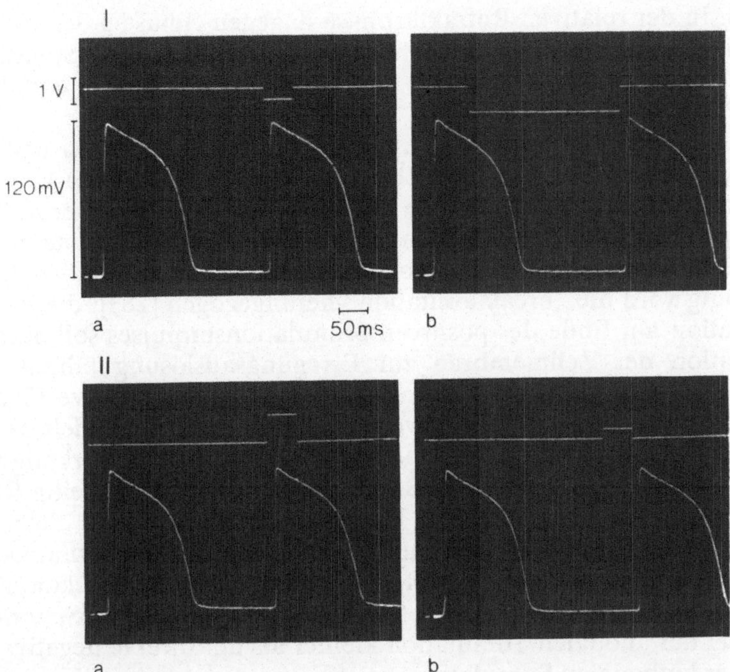

Abb. 4.2. Monophasische Aktionspotentiale des isolierten Ventrikelmyokards. Kathodale (I) und anodale (II) extrazelluläre Stimulation. Das Präparat wird mit negativen Rechteckimpulsen von 2 msec Dauer und 110% der Schwellenamplitude mit einer Basisfrequenz von 1/sec stimuliert (jeweils das vorangehende Aktionspotential). Im oberen Oszillographenstrahl ist die Reizspannung dargestellt. Während der Diastole werden mit der negativen Flanke eines kathodalen Stimulus (I a), mit der positiven Flanke eines kathodalen Stimulus (I b), mit der positiven Flanke eines positiven Stimulus (II a) und mit der negativen Flanke eines positiven Stimulus (II b) Zusatzerregungen mit der Schwellenamplitude eines Rechteckimpulses von 50 msec Dauer ausgelöst. Bei I b beträgt die Impulsdauer 250 msec. Um eine Erregung an der positiven Flanke überhaupt zu ermöglichen, muß die vorangehende negative Flanke – da sie anderenfalls selbst zur Erregungsauslösung führen würde – in die absolute Refraktärperiode der vorangehenden Erregung positioniert werden. – Auslösung von Erregung ist jeweils an beiden Flanken eines anodalen und kathodalen Impulses möglich. Dabei liegt während der Diastole die Schwelle für die negative Flanke des negativen oder positiven Impulses stets unter der der positiven Flanke. Bei der anodalen Stimulation erscheint das Aktionspotential zunächst an der negativen Flanke (II b), bei Zunahme der Amplitude jedoch schließlich an der positiven Flanke. Es handelt sich bei II a nicht um eine „break excitation“ (Öffnungserregung), wie sie zur Erklärung der anodalen Erregungsauslösung herangezogen wurde

Daraus ergibt sich:

1. Für die Auslösung der Erregung ist die Richtung der zeitlichen Stromänderung des Stimulationsimpulses (di/dt) von größerer Bedeutung als seine Polarität.
2. Während der Diastole (Phase 4 des Aktionspotentials) liegt die Reizschwelle für die negative Flanke eines Stimulationsimpulses (– di/dt) unter der für eine positive (+ di/dt), unabhängig davon, ob die Stimulation anodal oder kathodal erfolgt.

3. In der relativen Refraktärphase dagegen (Phase 3 des Aktionspotentials) liegt die Reizschwelle für die positive Flanke des Stimulationsimpulses (+di/dt) unter der für die negative Flanke (– di/dt), unabhängig von der Polarität des Stimulus.

Die Erregungsauslösung mit positiven Stromimpulsen erscheint zunächst schwer verständlich: eine Erhöhung des extrazellulären Potentials von Null in positive Richtung müßte einer Hyperpolarisation der Zellmembran entsprechen, die das Membranpotential vom Schwellenpotential entfernt. Zur Erklärung der auch bei positiven Impulsen erfolgenden Erregungsauslösung wird die „break excitation" herangezogen [283]: die relative Depolarisation am Ende des positiven Stimulationsimpulses soll nach Hyperpolarisation der Zellmembran zur Erregungsauslösung führen. Abbildung 4.2 zeigt, daß ein Aktionspotential auch durch die positive Flanke eines positiven Impulses ausgelöst werden kann. Hierbei handelt es sich nicht um eine „break excitation", sondern um die erregende Wirkung eines unmittelbar nach Einschalten des Stimulationsimpulses kurzzeitig fließenden Stromes in entgegengesetzter Richtung. Ursache dieses Stromes dürfte die Gegenspannung an den im Gewebe verteilten Membrankapazitäten sein, die sich bei Aufladung durch den elektrischen Stimulationsimpuls bildet. Dieser sekundäre negative Stromfluß ist bei gleicher Spannungsamplitude bei der anodalen Stimulation kleiner als der direkte negative Stromfluß bei der kathodalen Stimulation.

4.3 Permanente elektrische Stimulation

Die Langzeitstimulation des Herzens mit implantierten Schrittmachern erfordert eine möglichst ökonomische Nutzung der Energiereserve der Batterie. Mehr als die Hälfte der Energie wird für den Stimulationsvorgang benötigt, so daß die Funktionsdauer des Schrittmachers wesentlich von der Energieabgabe pro Stimulationsimpuls abhängt, die wiederum von der Höhe der Reizschwelle des Myokards vorgegeben ist.

Dabei ist zu beachten, daß sich die Reizschwelle aufgrund der initialen Gewebsreaktion mit der Implantationsdauer der Elektrode zunächst stark, später weniger ausgeprägt ändert, daß die Reizschwelle von der Dauer und Polarität des Stimulationsimpulses abhängt sowie von der Oberflächengröße, der Form und dem Material der Elektrode, aber auch von körpereigenen Bedingungen, wie Elektrolytkonzentrationen, Sauerstoffpartialdruck, hormonellen und medikamentösen Einflüssen. Für die störungsfreie Langzeitstimulation müssen darüber hinaus neben den ökonomischen besonders elektrophysiologische Gesichtspunkte, wie Komplikationsmöglichkeiten bei Interferenz der ektopen künstlichen Reizbildung mit der intrinsischen Herzaktion, berücksichtigt werden.

Die initial ausgeprägte Zunahme der Reizschwelle ist auf Gewebsreaktionen am Implantationsort zurückzuführen. Schon wenige Stunden nach der Implantation lassen sich fibrinoide Ablagerungen am Elektrodenkopf nachweisen, die in den ersten Tagen zu einer netzigen Fibrinumhüllung anwachsen. Bis in die Mitte der 2. Woche kommt es zunehmend zu Begleitreaktionen mit interstitiellem Ödem. Histologisch finden sich vermehrt Lymphozyten, Plasmazellen, Histiozyten, segmentkernige Leukozyten, daneben Zellkernpyknosen und Zellnekrosen in unterschiedlicher Ausdehnung. Schon nach ca. 1½ Wochen beginnt die Organisation der Fibrinhülle mit Ersatz durch mesenchymale Strukturen und Einsprießen von Kapillaren. Zu diesem Zeitpunkt erreicht die Dicke der Elektrodenumhüllung ihr Maxi-

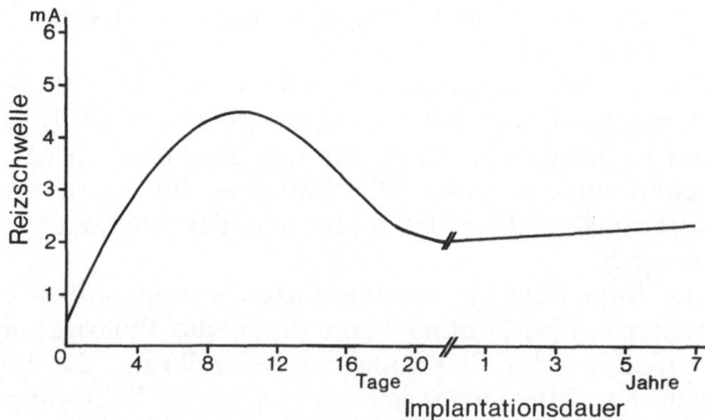

Abb. 4.3. Verlauf der Reizschwelle nach Elektrodenimplantation. Die akute Reizschwelle zeigt ihr Minimum bei Implantation, ist nach 1½ Wochen bis auf einen Maximalwert angestiegen und erreicht nach etwa 3 Wochen die chronische Reizschwelle, die fast unverändert fortbesteht

mum. In der dritten Woche nimmt die Bildung von Bindegewebsfasern rasch zu, bis nach etwa 2–3 Monaten ein festes Narbengewebe den Elektrodenkopf schließlich fest an die Herzinnenwand fixiert [78]. Parallel zu der Gewebsreaktion am Implantationsort ändert sich die Reizschwelle (Abb. 4.3). Sie zeigt ein Minimum bei der Implantation (akute Reizschwelle), steigt bis zur maximalen Gewebsumhüllung der Elektrode auf einen Spitzenwert an und stabilisiert sich am Ende der dritten Woche auf den zwei- bis vierfachen Wert (chronische Reizschwelle) des Ausgangswertes. Die chronische Reizschwelle zeichnet sich bis auf eine geringfügige Zunahme von 2,4% pro Jahr [366] durch große Stabilität aus. Nur vereinzelt liegen Berichte über ungewöhnliche, später progrediente Reizschwellenanstiege vor [245, 246].

Die akute und die chronische Reizschwelle hängen von der Größe und Form der Elektrodenoberfläche ab. So sinkt die akute Reizstromschwelle bei Reduktion der Elektrodenoberfläche von 50 auf 10 mm^2 auf ungefähr ⅕ und die chronische auf ungefähr ¼ des Ausgangswertes [645]. Wie neuere Untersuchungen der chronischen Reizspannungsschwelle zeigen, können jedoch großflächige Elektroden eine niedrigere Schwelle als kleinflächige aufweisen [148]. Das ist damit zu erklären, daß bei abnehmender Elektrodenoberfläche die Widerstandszunahme durch den Strom nicht mehr kompensiert werden kann und somit die Spannung ansteigt. In diesem Bereich limitieren darüber hinaus Polarisationsvorgänge und elektrolytische Veränderungen die weitere Reduktion der Elektrodenoberfläche.

Die Stimulationsschwelle wird nicht allein von der größeren Stromdichte an Elektroden mit kleinerer Oberfläche bestimmt, sondern von der Stromdichte bzw. der elektrischen Feldstärke im intakten umgebenden myokardialen Gewebe, das durch eine Bindegewebsschicht von ca. 1 mm Dicke von der Elektrodenoberfläche getrennt ist. Die effektive Elektrodenoberfläche ist also größer als der metallische Elektrodenkopf.

Theoretische Überlegungen und klinische Erfahrungen haben in den letzten Jahren zu einer Verminderung der Elektrodenoberfläche von 50 auf 8 – 4 mm^2 geführt.

Die optimale Impulsdauer in bezug auf den Energiegehalt eines Impulses ($E = i \cdot U \cdot t$) liegt zwischen 0,25 und 1 msec [212]. Bei kürzeren oder längeren Impulsdauern steigt der Energieverbrauch an. Bei der heute üblichen spannungskonstanten Stimulation ist die Einsparung von Energie somit am wirksamsten über die Reduktion der Impulsdauer oder der Stromstärke möglich.

Die Impedanz im Stimulationskreis steigt mit der Impulsdauer an. Diese Widerstandserhöhung kann durch die Polarisation [240], d. h. durch die Aufladung der Elektrode mit Behinderung des Stromflusses, erklärt werden. Der Effekt zeigt sich als verzögerter Spannungsanstieg bei konstantem Reizstrom und nimmt weiter mit der Stromdichte bis auf ein für jedes Metall charakteristisches Maximum zu.

Die Bezeichnung unipolare und bipolare Stimulation bezieht sich auf die Elektrodenlage in bezug auf den Stimulationsort. Bei der bipolaren Stimulation liegt einer der Pole, und zwar bei derzeit verwendeten Schrittmachern ausschließlich die Kathode im Herzen, während die Anode herzfern plaziert wird und gewöhnlich vom Metallgehäuse des Schrittmachers gebildet wird. Das Größenverhältnis Kathode zu Anode beträgt bei unipolarer Stimulation ca. 1 : 1000, was an der Anode nur geringe Feldstärken und weitgehende Vermeidung von Skeletmuskelkontraktionen gewährleistet.

Die Reizstromschwelle ist während der Diastole für unipolar kathodale und bipolare Stimulation gleich groß [603]. Die Reizspannungsschwelle jedoch ist bei bipolarer Stimulation aufgrund eines höheren Widerstandes im Stimulationskreis geringfügig höher als die bei unipolarer (kathodaler) Stimulation. Dies ist u. a. auf die vergleichsweise kleinere Oberfläche der Anode, die damit zunehmende Elektrodenpolarisation und die zusätzliche Kabelleitung zur Anode zurückzuführen. Die Detektionsempfindlichkeit für das endokardiale Signal ist über die unipolare Elektrode größer als über die bipolare; damit ist die Empfindlichkeit gegenüber Störsignalen (elektromagnetische Wechselfelder, Muskelpotentiale) bei unipolaren Systemen erhöht.

Während der Repolarisationsphase des Myokards liegt die absolute Refraktärperiode für anodale und bipolare überschwellige elektrische Impulse unter der für unipolar kathodale Stimuli [283]. Ursächlich wird die Be-

schleunigung der Repolarisation in der Umgebung der positiven Stimulationselektrode durch den hyperpolarisierenden Reiz diskutiert, wodurch für die anschließende negative Impulsflanke des positiven Impulses die vorzeitige Erregungsauslösung möglich wird [269].
Die starke Verkürzung der Aktionspotentiale, bzw. die vorzeitige örtlich begrenzte Rückführung des Membranpotentials auf das Ruhemembranpotential durch den hyperpolarisierenden anodischen Stromfluß wird auch als Ursache für die bei anodischer und bipolarer Stimulation beobachteten hochfrequenten Rhythmusstörungen diskutiert. Bei Einfall eines starken positiven Impulses in die Erregungsrückbildungsphase kann der Repolarisationsvorgang in einem elektrodennahen Bereich vorzeitig beendet werden, während in benachbarten Fasern – aufgrund der raschen örtlichen Abnahme des elektrotonischen Potentials vom Ort der Stimulation – die Aktionspotentialdauer unverändert bleibt [109]. Es bestehen somit benachbarte Areale unterschiedlicher Polarisation, die ihre Potentialdifferenz auszugleichen suchen. Der zwischen dem noch erregten und dem durch den Stimulus vorzeitig repolarisierten Areal fließende Ausgleichsstrom führt zur Wiedererregung des vorzeitig repolarisierten Areals. Dieses wird dann gegenüber dem umgebenden, inzwischen repolarisierten Myokard zum Ausgangsort erneuter Erregung. Es kommt also zu einer andauernden Phasenverschiebung von Depolarisation und Repolarisation in benachbarten Myokardbezirken, die durch den zwischen den Arealen unterschiedlichen Potentials fließenden Ausgleichsstrom aufrecht erhalten wird; es kann zu Kammertachykardie oder Kammerflattern kommen, das bei weiterer Fragmentierung der Erregungsausbreitung in Kammerflimmern übergehen kann.
Allessie konnte in tierexperimentellen Untersuchungen am isolierten Vorhofmyokard nachweisen, daß hochfrequente Ektopien durch vorzeitig einfallende elektrische Stimuli auslösbar sind unabhängig davon, ob es sich um anodale, kathodale oder bipolare Stimulation handelt [14].
Bei ventrikulärer Stimulation werden jedoch bei Interferenz kathodaler Impulse mit elektrischen Eigenaktionen Kammerektopien sehr viel seltener beobachtet als bei anodaler Stimulation [500, 588]. Eine mögliche Erklärung mag in dem unterschiedlichen Verhältnis von Refraktärzeit und Erregungsausbreitungsgeschwindigkeit in verschiedenen kardialen Strukturen liegen: kurze Refraktärzeit und niedrige Erregungsausbreitungsgeschwindigkeit wie z. B. im Vorhofmyokard sind günstige Voraussetzungen für das Wiedereintreten der Erregungswelle in zuvor erregtes Gewebe [425], lange Refraktärzeit und hohe Erregungsausbreitungsgeschwindigkeit, wie sie sich im Ventrikelmyokard und besonders im Purkinje-System finden, sind dagegen ungünstige Voraussetzungen. Erst anodale Stromflüsse, die zu einer extremen Verkürzung des Aktionspotentials und der Refraktärzeit führen, können dieses Verhältnis derart verschieben, daß ein Wiedereintritt der Erregungswelle möglich wird.

4.4 Entwicklungsstand künstlicher Herzschrittmacher

Die zunehmende Kenntnis der Pathophysiologie und Pathogenese von Herzrhythmusstörungen durch Untersuchungen mit elektrischen Stimulationstechniken und intrakavitären Potentialableitungen sowie die Fortschritte auf dem Gebiet der allgemeinen Werkstoffkunde und Elektronik haben eine außerordentlich rasche Entwicklung der Schrittmachertechnologie begünstigt.

Die Abwendung von der diskreten Schalttechnik mit konventionellen Grundbausteinen, wie Widerstände, Kondensatoren, Spulen und herkömmliche Halbleiterelemente, führte über die Hybridschaltkreise – einer Kombination von diskreter und integrierter Schalttechnik – zu modernen monolithischen Funktionsblöcken der Planartechnologie (vgl. Abb. 4.4, 4.5, 4.6). Ausgangsmaterial ist das Siliziumchip, auf dem aktive und passive Bauelemente und die dazugehörigen Verbindungen in Epitaxie- und Diffusionsverfahren erzeugt werden. Dabei können bis zu 100 Bauelemente auf einer Fläche von weniger als 2,5 mm² in einer einzigen integrierten Schaltung enthalten sein. Praktische Vorteile dieser neuen Technik sind die erhebliche Reduktion des Stromverbrauchs der Schaltung um mehr als das

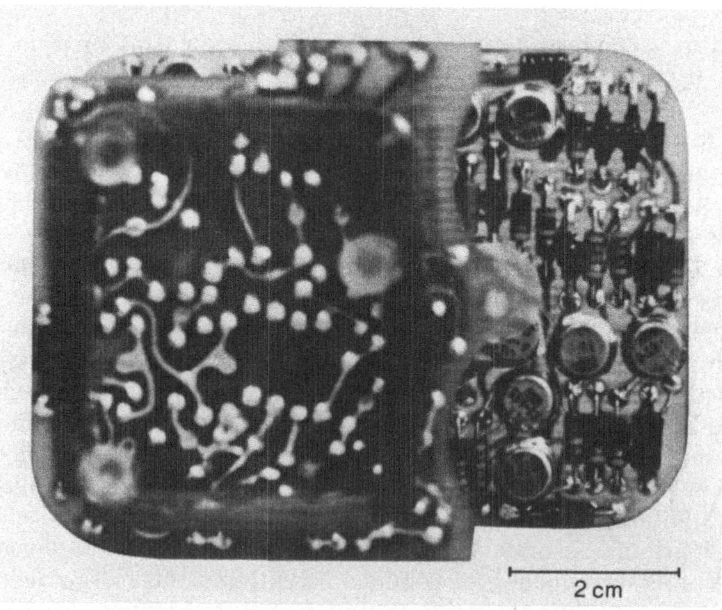

Abb. 4.4. Schrittmacher in diskreter Schalttechnik. Deutlich sichtbar sind die einzelnen Bauelemente in miniaturisierter Ausführung: Widerstände, Kondensatoren, Dioden, Transistoren sowie die Verbindungen in Form einer gedruckten Schaltung. In den Aussparungen rechts oben und unten liegt je eine Lithiumbatterie (SAFT-Zelle). Die eckig gewickelte Spule im Vordergrund dient der induktiven Übermittlung von Daten für die telefonische Schrittmacherüberwachung

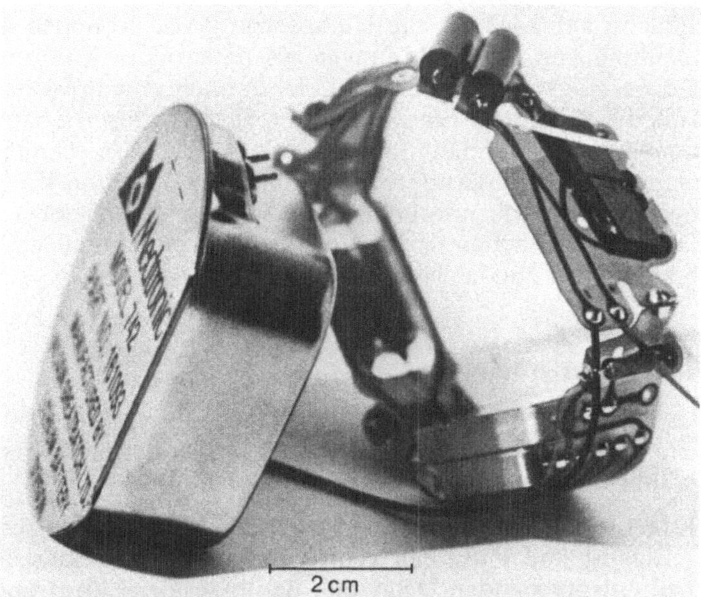

Abb. 4.5. Schrittmacher in Hybrid-Schalttechnik. Links die Lithium-Jod-Batterie (WG 742). Rechts: Auf einer flexiblen Leiterbahn sind Verstärker- und Oszillatorschaltung sowie diskrete Komponenten angeordnet. Oben rechts sind die zwei Ausgangskondensatoren zu sehen, unten das Gehäuse, in dem die integrierten Schaltkreise sowie weitere diskrete Bauteile untergebracht sind

Abb. 4.6. Weitere Miniaturisierung des Schrittmachers durch Verwendung kleiner Batterien hoher Energiedichte und besondere räumliche Aufteilung. Durchmesser des Schrittmachers 40 mm, Höhe 17 mm, Gewicht 47 g

10fache auf 2 – 3 μA, die Herabsetzung von Volumen und Gewicht, Vermeidung von Lötverbindungen als potentielle Fehlerquellen und geringe Störanfälligkeit durch externe elektromagnetische Felder. Darüber hinaus läßt die räumliche Einsparung den zusätzlichen Einbau komplexer Funktionen, wie redundante Schaltungen und extern schaltbare Programmiereinheiten zur Änderung von Amplitude, Dauer und Frequenz des Stimulationsimpulses zu, und erlaubt die Integration spezieller Stimulations- und Detektionseinheiten nach Maßgabe einer individuellen Differentialtherapie bradykarder und tachykarder Rhythmusstörungen.

4.4.1 Schrittmachertypen

Die Vielzahl der heute angebotenen implantierbaren Impulsgeber läßt sich in fünf Gruppen einteilen (vgl. Abb. 4.7):

1. Der vorhofgesteuerte Schrittmacher wird durch das atriale Elektrogramm getriggert und leitet den ventrikulären Aktionszyklus mit einem der PQ-Zeit entsprechenden Delay ein. Bei ungestörter atrioventrikulärer Überleitung kommen Vorhofschrittmacher zur Anwendung, die als festfrequente oder als Bedarfsschrittmacher ausgelegt sind.
2. Der sequentielle Schrittmacher stimuliert Vorhof und Ventrikel nacheinander mit definiertem Intervall. Diese Stimulationsart beinhaltet – abgesehen von der vorzeitigen rechtsventrikulären Erregung – die physiologische Kontraktionssequenz von Vorhöfen und Kammern. Der vorhofgesteuerte Schrittmacher ermöglicht darüber hinaus bei regelrechter Generatorfunktion des Sinusknotens die Erhaltung der autonomen Frequenzregulation. Der neu entwickelte „optimierte sequentielle Herzschrittmacher" [206 a] verhindert supraventrikuläre und ventrikuläre Parasystolien, indem er auf Vorhof- und auf Kammerebene als Bedarfsschrittmacher arbeitet.
3. Die Impulsabgabe des signalinhibierten Bedarfsschrittmachers (Demand-Schrittmacher) erfolgt nur, wenn in dem Intervall zwischen 400 (Refraktärzeit des Schrittmachers) und 850 msec (Stimulationsgrundintervall des Schrittmachers) nach der vorangegangenen Aktion keine elektrische Aktivität registriert wird. Bei einem Bedarfsschrittmacher mit positiver Hysterese ist die Dauer des ersten Stimulationsintervalls auf 1000 msec verlängert. Die Suppression der Impulsabgabe ist beim signalinhibierten Bedarfsschrittmacher durch externe elektrische Impulse (bei einigen Modellen auch durch magnetische Wechselfelder) möglich, so daß klinisch relevante Daten, wie die poststimulatorische Pause, die genuine Herzfrequenz, das artefaktfreie Elektrogramm und die Refraktärzeit des Schrittmachers, registriert werden können. Eine passagere Schrittmacherunterdrückung kann somit – vorausgesetzt das Vorliegen einer ausreichenden intrinsischen Herzfrequenz – bei Stimulations- und Detektionsdefekten, bei „Schrittmacherrasen" mit erhaltener Sensingfunktion, beim „runaway pacemaker" (Schrittmacher, der bei Batterieerschöpfung unkontrollierte Frequenzzunahme zeigt) und bei schrittmacherinduzierten Skeletmuskel- und Zwerch-

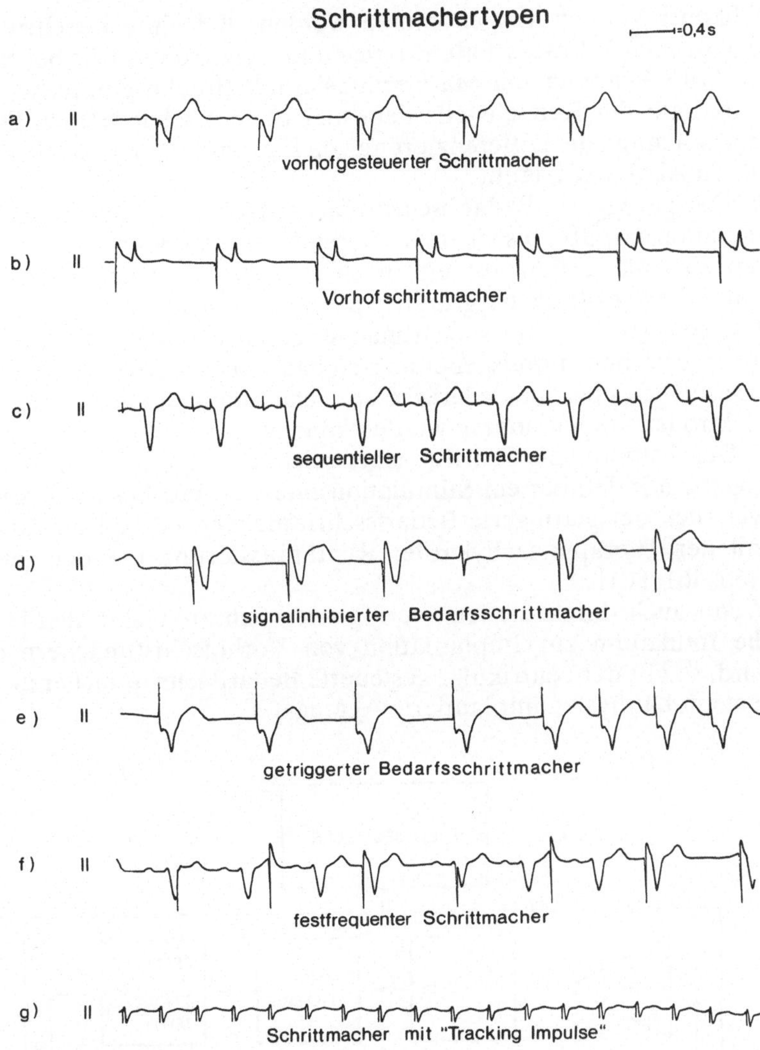

Abb. 4.7. Elektrokardiogramme nach Schrittmacherimplantation. Der vorhofgesteuerte Schrittmacher (a) detektiert die P-Welle und leitet die Ventrikeldepolarisation mit physiologischem Intervall ein; er sollte hinsichtlich des Vorhofes u. des Ventrikels als Bedarfsschrittmacher ausgelegt sein. Der Vorhofschrittmacher (b) kann als Demand- oder als getriggerter (oder als festfrequenter) Schrittmacher konzipiert sein und gewährleistet bei intakter AV-Überleitung weitgehend den physiologischen Kontraktionsablauf, bzw. – bei erhaltener Generatorfunktion des Sinusknotens – eine physiologische Frequenzregulation. Beim sequentiellen Schrittmacher (c) folgt die Ventrikelstimulation der Vorhofstimulation nach einem der PQ-Zeit entsprechenden Intervall, Detektionseinheiten für Vorhof- und Ventrikelaktionen müssen gegeben sein. – Während der signalinhibierte Bedarfsschrittmacher (d) einzelne Eigenaktionen detektiert, worauf ein „reset“ des Zeitgebers erfolgt, bedingt der festfrequente Schrittmacher bei Eigenaktionen eine Parasystolie (f). Der getriggerte Bedarfsschrittmacher (e) stimuliert in seiner Grundfrequenz und gibt zusätzlich Impulse bei Detektion einer Eigenaktion oder auch eines extrakardialen Signals (wie in diesem Beispiel, Brustwandstimulation) ab. Schrittmacher mit Markierungsimpulsen (g) positionieren in den QRS-Komplex der Eigenaktion einen kurzen unterschwelligen Impuls, der bei telefonischer Überwachung zur Erkennung von Eigenaktionen dient

fellkontraktionen vorgenommen werden. Bei einigen Schrittmachertypen der Firmen Edwards Laboratories und Telectronics tritt bei Eigenaktionen im QRS-Komplex ein Markierungsimpuls (tracking impulse) auf, der weit unterhalb der Reizschwelle liegt und bei der telefonischen Schrittmacherüberwachung die Differenzierung von Eigenaktionen und schrittmacherinitiierten Aktionen erlaubt.

4. Der getriggerte Bedarfsschrittmacher (Stand-by-Schrittmacher) gibt Stimulationsimpulse bis zu einer oberen Grenzfrequenz in den QRS-Komplex der Ventrikelaktion ab; erst nach Absinken der genuinen Herzfrequenz unter die Schrittmachergrundfrequenz resultiert eine effektive Stimulation. Der getriggerte Bedarfsschrittmacher gestattet die positive Steuerung durch einen externen Impulsgenerator, so daß auf nichtinvasive Weise Frequenzbelastungen oder im Bedarfsfall spezielle Stimulationsarten über Brustwandelektroden vorgenommen werden können.

5. Der festfrequente Schrittmacher zeichnet sich durch permanente Impulsabgabe mit definiertem Stimulationsintervall aus. Dieser Schrittmachertyp, wie auch der getriggerte Bedarfsschrittmacher, erlangt im Zusammenhang mit der Therapie tachykarder Rhythmusstörungen erneut an Bedeutung [460, 461, 501].

Wenn auch durch die jetzt verfügbaren Schraubelektroden [317, 436, 652] die Indikation zur Implantation von Vorhofschrittmachern öfter gestellt wird, so gilt der ventrikulär gesteuerte Bedarfsschrittmacher als das bei weitem am häufigsten implantierte Aggregat.

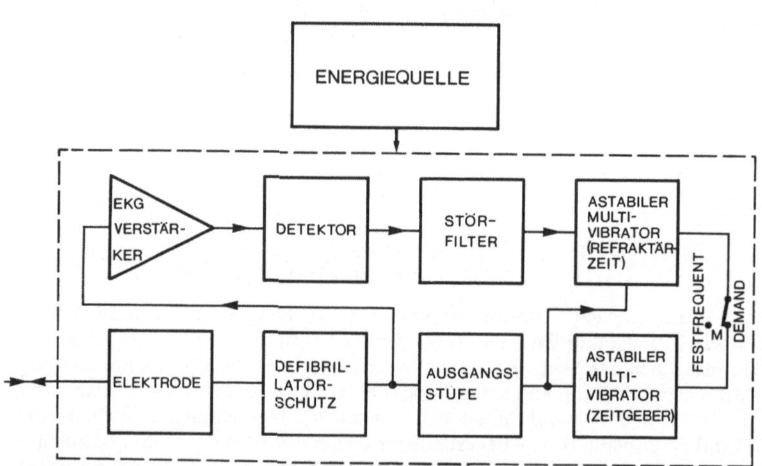

Abb. 4.8. Blockschaltbild eines signalinhibierten Bedarfsschrittmachers. Das intrakardiale Elektrogramm wird über die Stimulationselektrode, einen EKG-Verstärker und eine Detektionseinheit dem Zeitgeber zugeführt und stellt diesen jeweils an den Anfang des Stimulationszyklus zurück: „reset" (Demand-Funktion). Die Refraktärzeiteinheit verhindert die Rückstellung des Zeitgebers innerhalb der ersten 400 msec nach Stimulation und Detektion. Der Störfilter identifiziert elektrische und magnetische Wechselfelder und schaltet den Zeitgeber auf festfrequente Arbeitsweise um, bevor es zu Interferenzen mit der Detektionseinheit und Impulsunterdrückung kommen kann. Durch Betätigung des Reed-Schalters M mit Hilfe eines Magneten wird der Detektor umgangen, es resultiert eine festfrequente Stimulation

4.4.1.1 Bedarfsschrittmacher

Abb. 4.8 gibt das Blockschaltbild eines signalinhibierten Bedarfsschrittmachers wieder. Wesentliche Bausteine sind der Zeitgeber – ein astabiler Multivibrator, der die Ausgangsstufe triggert und damit den Stimulationsimpuls abruft – sowie die Detektionseinheit, die bei Registrierung einer R-Welle die astabile Kippstufe zurückstellt, so daß der Aktionszyklus (850 msec) von neuem eingeleitet wird. Die Differenzierung von R- und T-Welle erfolgt nach dem unterschiedlichen Frequenzgehalt der Signale (und ihrer Ableitung nach der Zeit) durch entsprechende Filter im Eingangskreis. Signale, die einen ähnlichen Frequenzinhalt aufweisen, wie die R-Welle, z. B. Skeletmuskelpotentiale [702] oder externe elektrische Impulse, können vom Detektor nicht unterschieden werden, so daß eine Impulsunterdrückung resultiert. Neben der T-Welle können auch Polarisationspotentiale [240], die vorübergehend bei jeder Impulsabgabe an der Stimulationselektrode auftreten, zur Störung der Schrittmachersteuerung führen. Ein zweiter Multivibrator sorgt dafür, daß die Grundfrequenzkippstufe während einer Dauer von 400 msec – der Refraktärzeit des Schrittmachers – nach vorausgegangener Stimulation oder Detektion nicht zurückgestellt werden kann. Tritt eine Störung häufiger als 300 bis 400mal/min auf, so revertieren signalinhibierte Bedarfsschrittmacher mit speziellen Störfiltern auf festfrequente Arbeitsweise. Die Anwendung eines Defibrillators könnte bei Schrittmacherträgern zur Zerstörung der Elektronik des Schrittmachers führen. Eine Schaltung mit Zenerdiode soll als Defibrillationsschutz dienen und vermindert den schädlichen Gleichstrom. Die Mehrzahl der Bedarfsschrittmacher besitzt einen Magnetschalter (reed-relay), der eine intermittierende Umschaltung auf festfrequente Stimulation mit der Schrittmachertestfrequenz gestattet. Tabelle 4.1 gibt eine Zusammenstellung gebräuchlicher Demand-Schrittmacher mit Lithiumbatterien wieder [455].

4.4.1.2 Systeme zur erweiterten Elektrotherapie

Verschiedene Modelle der Firmen Cordis, Edwards Laboratories, Intermedics und Medtronic erlauben die externe Frequenzprogrammierung post implantationem, was eine wesentliche Bereicherung der therapeutischen Möglichkeiten bei bradykarden Rhythmusstörungen, insbesondere auch bei gleichzeitig bestehenden Herzklappenfehlern oder bei Sinusknoten-Syndrom oder Carotis-Sinus-Syndrom darstellen kann.

Eine physiologische Frequenzregulation mit Anpassung der Herzauswurfleistung an die Erfordernisse in der Peripherie ist bei ventrikelgesteuerten Schrittmachern nicht gegeben. Experimentelle Befunde sowie erste klinische Anwendungen zeigen die Möglichkeit der belastungsabhängigen Regulation der Ventrikelfrequenz über physiologische Parameter, wie beispielsweise den pH-Wert [82] oder die Atemfrequenz [208], so daß auch bei gestörter Generatorfunktion des Sinusknotens eine Frequenzanpassung möglich wird. Eine Frequenzregulation über die Temperaturzunahme im rechten Ventrikel bei körperlicher Belastung wäre denkbar.

Tabelle 4.1. Technische Daten einer Auswahl von unipolaren Bedarfsschrittmachern mit Lithiumbatter

Hersteller	Typ	Energiequelle	Gewicht (g)	Gehäuse-material	Abmes-sungen (mm)	Frequenz (1/min)	Impuls-amplitude	Impulsdauer (msec)
American Pacemaker Corporation	1600	Catalyst Research 802-23 Li/J_2 (Lithiumjodid)	85	Edelstahl	63×47×16	72	8,2 mA	1±0,1
Arco	Li 2D	Arco Li 2 $Li/SOCl_2$ (Lithiumthio-nylchlorid)	95	Titanium	60×56×19	72±4	6 V	0,9
Biotronik	IDP 44L	SAFT Li 210 a Li/Ag_2CrO_4 (Lithiumsilber-chromat)	95	Kobalt-legierung	51×43×21	70+2,5/−3,5	4,5−5,1 V	0,9±0,1
Cardiac Pacemakers Inc.	Minilith 502 UD	W. Greatbatch WG 752 Li/J_2 (Lithiumjodid)	88	Edelstahl	52×49×18	72±3	5,2±0,3 V	0,55±0,05
Coratomic Inc.	L 500	Mallory LSA-900-6 Li/Pb	69	Titanium	64×51×19	72	5,7 V	0,5
Cordis Medizini-sche Appa-rate GmbH	Omni Stanicor Lambda 190 A	DuPont Li/CuS (Lithiumkupfer-sulfid)	92	Titanium	68×56×19	programmier-bar 60−100	6,0−6,6 V	2,0−1,2 frequenz-abhängig
Edwards Laboratories	Prolith 21 S	SAFT Li 210 a Li/Ag_2CrO_4 (Lithiumsilber-chromat)	91	Haynes Alloy No 25	57×55×18	programmier-bar 60−102	5,6±0,6 V	0,75±5%
L'électro-nique appliquée	Stilith 120	W. Greatbatch WG 762 Li/J_2 (Lithiumjodid)	81	Titanium	61×49×17	72±2	5,5 V	0,5±0,05
ESB Medcor Inc.	Lithicron 3−70 C	SAFT Li 210 Li/Ag_2CrO_4 (Lithiumsilber-chromat)	73	Titanium	75×49×14	70+4/−1	4,8+0,4/ −0,3 V	0,5+0,1/−0
Inter-medics, Inc.	RP 251	Catalyst Research 802-23 Li/J_2 (Lithiumjodid)	85	Edelstahl	59×46×15	programmier-bar 60−120	4,8 V	0,6
Medtronic Inc.	Xyrel 5973	W. Greatbatch WG 742 Li/J_2 (Lithiumjodid)	95	Titanium	56Φ×18	72±2	5,2 ± 0,2 V	0,525±0,05
Pacesetter Systems Inc.	L 201	Li/J_2 (Lithiumjodid)	58	Titanium	56×46×11	71±2	5,0 V	0,7
Siemens-Elema	217/70	Catalyst Research 802-23 Li/J_2 (Lithiumjodid)	100	Titanium	65×59×17	70	5,2 V	0,5
Teletronics Pty. Ltd.	140 B	SAFT Li 210 a Li/Ag_2CrO_4 (Lithiumsilber-chromat)	56	Titanium	55×44×16	74±2	5,8±0,2 V	0,49−0,52
Vitatron Medical B. V.	C 2120	Catalyst Research 802-23 Li/J_2 (Lithiumjodid)	82	Titanium	67×47×15	70±2%	5 V	0,5±3%

Tabelle 4.1. Fortsetzung (Zusammenstellung nach Herstellerangaben 1978)

Detektions-schwelle (mV)	Refraktärzeit (msec)	Batterie-kapazität (Ah)	Garantiezeit (Jahre)	Kalkulierte Betriebszeit (Jahre)	Austauschkriterien	Varia
1,8 ± 20%	210 nach Stimulation 120 nach Detektion	2,4	6	über 10	Zunahme der Differenz zwischen Test- [1]) und Grundfrequenz von 12 auf 15 bis 18/min	bei Magnetumschaltung Testfrequenz 84/min; anschließend mehrere Intervalle in asynchroner Arbeitsweise in der Grundfrequenz
2,5 ± 1,5	275	3,6	6	10 – 12	Absinken der Testfrequenz auf die Grundfrequenz	Testfrequenz 10% über Grundfrequenz
– 1,7 ± 0,2 + 2,5 ± 0,3	220 ± 20	1,7	6	9,5	Frequenzabfall um 10 bis 15%	Bei Batterieerschöpfung Frequenzabfall mit Plateaubildung
1 – 2	300 ± 50	1,3	4	7	Frequenzabfall um 6/min	Testfrequenz 15 ± 2 über Grundfrequenz
2,5 ± 1,5	300	0,9	10	10	Frequenzabfall um 10%	Testfrequenz 88/min
1 – 2	⅞ des programmierten Stimulationsintervalls	1,8	4	10	Frequenzanstieg um 2/min Frequenzabfall um 10% unter die programmierte Frequenz	Frequenz und Ausgangsstromstärke mit speziellem Programmiergerät einstellbar. Nach 9/10 Batterielebensdauer Frequenzabfall mit Plateaubildung
1,5 ± 0,5	310 ± 40	1,4	4	7 – 12 frequenzabhängig	Frequenzabfall um 11% unter die programmierte Frequenz	Frequenz durch Magnetumschaltung mit Reed-Relais in Stufen à 6/min programmierbar. Tracking-Impulse bei inhibierten Aktionen
2	300 ± 50 nach Detektion 320 ± 50 nach Stimulation	2,7	5	10	Frequenzabfall um 4 bis 6/min	Testfrequenz 72 ± 2/min
1,2 ± 0,25	ca. 250 nach Detektion 325 + 50/– 25 nach Stimulation	1,2	5	10	Frequenzabfall um 10%	Testfrequenz 72 ± 2/min
2 – 3,7	325 ± 45	1,1	6	7 – 10	Frequenzabfall um 10 bis 15%	Zunahme der Impulsdauer bei Batterieerschöpfung auf 0,95 bis 1,45 msec
2,5 ± 1	315	1,6	6	über 6	Frequenzabfall um 10%	Festfrequente Arbeitsweise durch Magnetumschaltung. Zunahme der Impulsdauer bei Batterieerschöpfung auf 0,95 msec
2	330	2,3	6	12	Absinken der Grundfrequenz auf 60/min Absinken der Testfrequenz auf 85/min	Bei Absinken der Testfrequenz auf 85/min Gangreserve für ½ Jahr Betriebszeit. Testfrequenz 100/min. Frequenzbegrenzung auf 120/min
1,5 – 2,5	150 – 250	1,2	3⅓	6,2	Frequenzzunahme um 5/min Frequenzabfall um 7 bis 9/min	Festfrequente Arbeitsweise durch Magnetumschaltung. Bei Frequenzabfall auf ca. 65/min 15 – 20% Gangreserve der Batterie. Zunahme der Impulsdauer bei Batterieerschöpfung bis 0,62 msec
1,7	340	2,3	6	15	Absinken der Grundfrequenz um 4/min Absinken der Testfrequenz um 6/min	Testfrequenz 95 ± 3. Zunahme der Impulsdauer bei Batterieerschöpfung bis zu 15%
– 1,6 + 2,4	315 – 380	2,3	6	15	Absinken der Grundfrequenz um 7%	Festfrequente Arbeitsweise durch Magnetumschaltung. Frequenz in 7 Stufen mit Programmiergerät einstellbar

[1]) Testfrequenz: Frequenz bei asynchroner Arbeitsweise nach Umschaltung durch einen Testmagneten

4.4.1.3 Universal-Herzstimulatoren

Stimulatoren mit besonderen Detektionseigenschaften, wählbarer Impulsankoppelung und programmierbaren Stimulationsfolgen dienen der Messung elektrophysiologischer Parameter der Reizbildung und der Erregungsleitung im Herzen sowie der Differentialdiagnostik und Therapie bradykarder und tachykarder Rhythmusstörungen. Es handelt sich dabei um batteriebetriebene, externe, programmierbare Stimulatoren, die über einen akut eingeführten Elektrodenkatheter das Herz vom Vorhof, vom Sinus coronarius oder vom Ventrikel aus stimulieren und über dieselbe Elektrode vom Stimulationsort ein endokardiales Elektrogramm ableiten, das der Steuerung des Schrittmachers dient und über einen separaten Schrittmacherausgang aufgezeichnet werden kann.
Drei verschiedene Universal-Stimulatoren sollen im folgenden näher beschrieben werden (Tabelle 4.2): Das Leitungssystem-Analysegerät Medtronic 5325, der Universal-Herzstimulator Biotronik USM-30 und der Cardio-Stimulateur Orthorythmique Savita [724]. Diese Schrittmacher sind als signalinhibierte Bedarfsschrittmacher (Savita und USM-30), als festfrequente Schrittmacher oder als Hochfrequenzstimulatoren mit Frequenzen bis zu 800 bzw. 1200 (Savita) pro Minute anwendbar. Weiterhin ist die Ankoppelung von Einzelimpulsen an einen stimulierten oder spontanen Basisrhythmus möglich. Die Ankoppelung der Impulse erfolgt beim USM-30 und beim Medtronic 5325 mit wählbarem Intervall, beim Savita-System kann das Kopplungsintervall darüber hinaus frequenzbezogen, in Prozent des vorangehenden RR-Intervalls („Orthorhythmisches Prinzip“), eingestellt werden. Bei den Schrittmachern können die Folgeimpulse entweder nach jeder einzelnen oder automatisch über einen Zähler nach jeder 8. oder manuell nach jeder beliebigen Herzaktion ausgelöst werden. Beim Savita-System ist die Auslösung auch nach jeder 2., 4. oder 8. Aktion gegeben. Zusätzlich bietet der Savita-

Tabelle 4.2. Technische Daten von Universal-Herzstimulatoren

	Cardio-Stimulateur Orthorythmique Savita	Conduction System Analyzer Medtronic 5325	Universal Herzstimulator Biotronic USM-30
Festfrequente Stimulation Frequenz	25 – 400/min	30 – 180/min	20 – 600/min
Hochfrequenzstimulation Frequenz	bis 1200/min	bis 800/min	bis 800/min
Signalinhibierte Stimulation (Demand) Detektionsempfindlichkeit	regelbar min. 0,8 mV R- oder P-Wellen inhibiert	regelbar min. 0,5 mV	regelbar min. 0,5 mV R- oder P-Wellen inhibiert

Tabelle 4.2. (Fortsetzung)

	Cardio-Stimulateur Orthorythmique Savita	Conduction System Analyzer Medtronic 5325	Universal Herzstimulator Biotronic USM-30
Refraktärzeit für Detektion nach Stimulation oder Detektion	200 – 1200 msec	250 msec	200 msec
Digitale Anzeige des detektierten Intervalls	–	–	+
Gekoppelte Stimulation			
Kopplungsintervall	25 – 800 msec und in Prozent des vorangehenden RR-Intervalls regelbar	3 – 999 msec regelbar in Stufen von 1 msec	0 – 999 msec regelbar in Stufen von 1 msec
Stimulation mit Folgestimuli			
Verzögerung 1. Folgeimpuls	25 – 800 msec	3 – 999 msec	0 – 999 msec
Verzögerung 2. Folgeimpuls	20 – 700 msec	3 – 999 msec	0 – 999 msec
Impulskettenstimulation	2 bis 10 Impulse im Abstand von 20 – 700 msec	–	–
Einzelimpulsauslösung			
nach Beobachtungszeit von	–	max. 9 sec	max. 9 sec
Manuell	+	+	+
Automatik für Reduktion der Verzögerungszeit	–	–	in Stufen zu 10 msec
Zähler mit gekoppelter Impulsauslösung			
Auslösung nach	2, 4 oder 8 Aktionen	8 Aktionen	8 Aktionen
Ausgang für endokardiales Elektrogramm vom Stim.Ort	+	+	+
Stimulus			
Amplitude	0,3 – 14 mA	0,1 – 20 mA	0 – 10 mA wahlweise 0 – 10 V
Dauer	1 msec	1,8 msec	1 msec
Energieversorgung	2 Trockenbatterien à 9 V	6 Trockenbatterien à 1,5 V	1 Lithiumbatterie à 8 Ah

Schrittmacher die Möglichkeit, Folgeimpulse an – nach Anzahl und Vorzeitigkeit diskriminierbare – Extraaktionen (z. B. spontane ventrikuläre Extrasystolen) zu koppeln. Bei den Geräten Medtronic 5325 und Biotronik USM-30 können maximal zwei Folgeimpulse mit voneinander unabhängigem Intervall ausgelöst werden. Das erste Kopplungsintervall kann bis zu 999 msec betragen, der Abstand zwischen dem ersten und zweiten Folgestimulus ist gleichfalls bis 999 msec wählbar. Die Programmiereinheit des Savita-Schrittmachers sieht bis zu 10 Folgestimuli vor. Dabei ist das erste Kopplungsintervall variabel zwischen 50 und 800 msec, das zweite und die folgenden Kopplungsintervalle sind untereinander gleich und zwischen 20 und 700 msec wählbar. Auch bei diesem Stimulationsmodus können die Folgestimuli mit vorgegebenem oder frequenzbezogenem Kopplungsintervall an die Grundfrequenz oder an Extrasystolen, die vorher festzulegende Vorzeitigkeitskriterien erfüllen, angekoppelt werden.
Neben den eingangs erwähnten Stimulationsarten ist der Savita-Schrittmacher zusätzlich für Impulskettenstimulation vorgesehen. Es können 2, 3, 4, 5 oder 10 Impulse mit einem Intervall von minimal 20 msec aneinander gekoppelt werden, wodurch kurzzeitig Stimulationsfrequenzen bis zu 3000/min erreicht werden. Die Ankoppelung der Impulskette kann mit einem Intervall von 50 bis 800 msec an einen Grundrhythmus erfolgen, das Kopplungsintervall kann frequenzabhängig gewählt werden oder ereignisgesteuert nach 2 bis 8 vom Grundrhythmus abweichenden Zusatzerregungen. Beispielsweise kann eine Impulskette von 10 Impulsen, die untereinander einen Abstand von 50 msec besitzen, mit einem Kopplungsintervall von 400 msec an eine spontane Extrasystole angekoppelt werden, falls diese in einem vorher festzulegenden Intervall nach einer regelrechten Aktion auftritt. Dieses Intervall, die „kontrollierte Zone“ (zone controllée) bestimmt somit, ob bereits bei spät einfallenden oder erst bei früh einfallenden Extrasystolen der programmierte Stimulationsmodus ausgelöst werden soll; der Extrasystolenzähler bestimmt darüber hinaus, ob die Auslösung schon nach einer oder erst nach 2, 4 oder 8 Extrasystolen vorgenommen wird.
Als Zusatzfunktion erfolgt beim USM-30 in der Betriebsart „Automatik“ eine stufenförmige automatische Reduzierung der eingestellten Verzögerungszeit des 1. Folgestimulus um jeweils 10 msec. Die sich dadurch ändernde Verzögerungszeit wird digital angezeigt. Außerdem ist dieser Stimulator mit einer Digital-Anzeige des RR- oder PP-Intervalls in msec ausgestattet.
Zu bemerken bleibt, daß der Medtronic 5325 sowie der USM-30 Zusatzimpulse mit einem maximalen Intervall von 999 msec ankoppelt, bei einer Bradykardie z. B. mit einem PP-Abstand von 1200 msec kann das PP-Intervall somit nicht vollständig durchmessen werden wie es für die Aufnahme von Meßreihen zur Bestimmung der sinuatrialen Leitungszeit notwendig ist. Der Savita-Schrittmacher kann über die frequenzbezogene Funktion auch bei Bradykardie mit bis zu 100% des vorangehenden PP-Intervalls Extraaktionen mit ausreichend langer Vorzeitigkeit initiieren.

4.4.2 Batteriesysteme

Die zur Erregung der Muskelfaser notwendige Depolarisation der Zellmembran bzw. die dazu erforderliche Beschleunigung extrazellulärer Ladungsträger in der Umgebung der Stimulationselektrode erfordert elektrische Energie, die in Herzschrittmacher-Batterien in Form chemischer Energie gespeichert ist. Die rechtzeitige Bereitstellung dieser Energie in ausreichender Menge am Ausgangskondensator des Schrittmachers ist mit zusätzlichem Energieverbrauch verbunden, als dritter Faktor belastet die chemischen Batterien eigene Selbstentladung den Energievorrat.
Der Grundvorgang der „Elektrizitätserzeugung" besteht in der Trennung von positiver und negativer Ladung. Diese stellt sich bei der Berührung zweier verschiedener Stoffe aufgrund unterschiedlicher „Affinität" zu den „Elektrizitätsatomen", den Elektronen, ein, so daß sich der eine Stoff positiv, der andere negativ auflädt. Diese Aufladung wird schließlich begrenzt durch das Gegenfeld der sich ausbildenden elektrischen Doppelschicht.
In einem galvanischen Element tauchen zwei Platten (Elektroden) von zwei verschiedenen Metallen (z. B. Zink, Kupfer) oder metallisch leitenden Stoffen (Kohle, Bleioxyd, Bleidioxyd) in Wasser oder in die wäßrige Lösung eines Salzes oder einer Säure oder eine Base (Elektrolyt) ein; zwischen den Platten kann dann eine elektrische Spannung (Klemmenspannung) gemessen werden.
Eine erste technisch nutzbare Realisation erfuhren diese Prinzipien der chemischen Energieumwandlung erstmals im Daniell-Element, dessen Aufbau zum Verständnis der heute gebräuchlichen Batterien kurz erläutert werden soll:
Das Daniell-Element besteht aus einem Zinkstab in Zinksulfatlösung und einer Kupferplatte in Kupfersulfatlösung. Zwischen beiden Lösungen befindet sich eine Isolationsschicht (Separator). An den Grenzschichten Metall/Elektrolyt bilden sich elektrische Doppelschichten aus, Zink als „unedles" Metall geht in Lösung und lädt sich dabei negativ auf ($Zn \rightarrow Zn^{2+} + 2\,e^-$); umgekehrt werden sich auf dem „edlen" Kupfer Kationen aus der Lösung niederschlagen und ihm eine positive Ladung erteilen ($Cu^{2+}\ 2\,e^- \rightarrow Cu$). Beim offenen Element erreichen beide Vorgänge einen Gleichgewichtszustand, ehe merkbare Mengen in Lösung gehen bzw. sich abscheiden können oder chemische Umsätze eintreten (BOL = begin of life, Kapazität des Primärelementes nach Erstellung). Wird aber das Element geschlossen, so wird ein elektrischer Strom von der positiven Kupferplatte zum negativen Zinkstab fließen: die auf den Elektroden befindlichen Ladungen suchen sich auszugleichen. Nunmehr können sich die Vorgänge an der Anode und Kathode des Elementes in stetiger Folge abspielen: Zink wird in Lösung gehen und Kupfer wird in äquivalenten Mengen aus der Lösung abgeschieden, bis der elektrolytische Lösungsdruck des Metalls dem osmotischen Druck der Metallionen in der Lösung entspricht (EOL = end of life).
Die Gesamtladung der Zelle wird als Kapazität des Elementes bezeichnet und in Ampèrestunden (Ah) angegeben. Das Produkt aus Kapazität und

mittlerer Klemmenspannung ist gleich der Energiereserve der Zelle (VAh), das Verhältnis Energie zu Batteriemasse oder -volumen wird Energiedichte genannt (VAh/g oder VAh/cm ³). Die nutzbare Kapazität eines Primärelementes liegt merklich unter der theoretisch berechneten, die sich aus der Differenz der Potentiale der beiden Elektroden gegen die Lösung, in die sie eintauchen, ermitteln läßt.
Verschiedene Fakten müssen bei der Abschätzung der nutzbaren Batteriekapazität berücksichtigt werden: so, daß die Klemmenspannung bei Belastung des Elementes absinkt, und zwar umso mehr, als sein innerer Widerstand mit der Zeit zunimmt, oder daß im Laufe der Zeit die Menge an chemisch reagierendem Elektrodenmaterial abnimmt oder Selbstentladung der Zelle durch intrazellulären Stromfluß zwischen den Elektroden auftritt. Begünstigt wird dieser intrazelluläre Stromfluß bei Ausdehnung der Zinkelektrode durch „dendritisches Wachstum“, das bis zum Kurzschluß zwischen den beiden Elektroden mit nachfolgendem Batterieausfall fortschreiten kann. Weitere Einbußen erfährt der nutzbare Energievorrat durch Diffusion von Elektrodenmaterial zum Gegenpol. Berücksichtigt werden müssen auch Energieverluste, die ggf. durch Spannungsdoppler bei Batterieparallelschaltung oder durch allzu vorzeitigen Aggregatwechsel vor EOL der Batterie verursacht werden.

4.4.2.1 Quecksilber-Batterien

Die Mehrzahl der gegenwärtig implantierten künstlichen Herzschrittmacher wird mit Quecksilberoxyd-Zink-Elementen betrieben. Die größte Bedeutung kommt z. Z. noch dem Mallory-Primärelement (RM 1) zu, das seit Beginn der Schrittmachertherapie in zahlreichen Weiterentwicklungen des Prototyps Verwendung findet. Es zeigt während seiner Betriebszeit fast konstante Spannung. Die Selbstentladung liegt dabei um 8% pro Jahr. Mit Zink als Anode, Kaliumhydroxyd als Elektrolyt und Quecksilberoxyd als Kathode geht während des Entladungsvorganges an der Anode Zink in Lösung, während an der Kathode Quecksilberoxyd zu metallischem Quecksilber reduziert wird:

Kathode: $2\,e^- + HgO + H_2O \rightarrow Hg + 2\,(OH)^-$
Anode: $Zn + 2\,(OH)^- \rightarrow ZnO + H_2O + 2\,e^-$

In alkalischer Lösung mit 40% KOH und 6% ZnO.

Ein Problem besteht in der Ausbreitung des an der Kathode entstehenden metallischen Quecksilbers, das zu einem Selbstentladungsstrom in der Batterie und zu vorzeitiger Batterieerschöpfung führt. Kunststoff-Folien (Visking und Synpor PVC) zwischen Anode und Kathode – sog. Separatoren – setzen den Durchtritt von Quecksilbermolekülen herab. Daneben wird den Quecksilberoxyd-Kathoden Manganoxyd beigegeben, in dessen Gitterstruktur die Fixierung des metallischen Quecksilbers gelingt. Die modernen Mallory-Batterien besitzen Absorptions- und Hybrid-Separatoren, die nicht nur trennende, sondern auch absorbierende Wirkung auf das metallische Quecksilber ausüben. Als Kathodenzusatz hat sich Silberpulver besonders bewährt; es geht mit metallischem Quecksilber eine stabile Amalganverbindung ein und wirkt so schädlichen Leckströmen entgegen. Der Weiterentwicklung des Absorptions- und Separatorsystems der Quecksilberoxydzelle zur Herabsetzung ihrer Selbstentladung galt stets die größte Aufmerksamkeit (1964 Zertifikatszelle RMCC 1: Quecksilberoxyd-Kathode mit Beimischung von 16% Mangandioxyd. 1969 Zertifikatszelle 317653: Quecksilberoxyd-Kathode mit Silberbeimischung, Verbesserung der Einkapselung durch verschweißte Doppelwandung. 1969 Zertifikatszelle RMCC 2: Kapazität 1,8 Ah, Verbesserung des Separators durch Einführung von Synpor- und Visking-Trennschichten. 1973 Zertifikatszelle 317828: Separatormaterial Acropor und Pudo-Permion. Zertifikatszelle 321875 mit Hybridseparator Synpor und Pudo-Permion).

Die thermodynamische Instabilität von Zinkionen in alkalischer Lösung bedingt seine Zersetzung, was bei abnehmender Anodengröße einem Kapazitätsverlust gleichkommt. Der Vorgang läuft ab unter Bildung von Wasserstoffgas nach der Reaktionsgleichung:

$$Zn + 2\,KOH + 2\,H_2O = K_2\,Zn\,(OH)_4 + H_2\,.$$

Dies erfordert die hermetische Einkapselung in das Batteriegehäuse und die damit verbundene Notwendigkeit spezieller Gatter, die das Wasserstoffgas absorbieren.

Eine Druckerhöhung innerhalb der Batterie bei unkontrollierter Wasserstoffzunahme kann zum Aufbrechen des Gehäuses und zum Auslaufen des Elektrolyten mit Beschädigung der Elektronik des Aggregates und – aufgrund der ausgeprägten Aggressivität von Kalium-Lauge – zu Entzündungen im Bereich der Schrittmachertasche führen. Verbesserungen der mechanischen Eigenschaften des Batteriegehäuses und der Gehäusedichtungen sollen diese Fehlerquelle, wie auch das Eindringen von Wasser in die Batterie, ausschalten.

Neben den beschriebenen Mallory-Batterien finden auch die Quecksilberoxyd-Zink-Zelle der Fa. Leclanché (RM 81), sowie die Quecksilberoxyd-Zink-Zelle der Fa. General Electric Verwendung; letztere zeigt vor Batterieerschöpfung einen Spannungsabfall, verbunden mit dem Frequenzsprung des Impulsgenerators auf ein niedrigeres Niveau, so daß die Indikation zum Auswechseln des Schrittmacheraggregates frühzeitig gestellt werden kann.

Herkömmliche Aggregate enthalten 2 bis 6 Quecksilberoxyd-Zink-Batterien. Die Zellen können in Serie, parallel oder kombiniert in Serie und parallel geschaltet werden. Die Parallelschaltung wird auch als „redundante Schaltung“ bezeichnet, da bei plötzlichem Ausfall einer Zelle die Spannung zunächst konstant bleibt. Als Nachteil der Parallelschaltung muß jedoch die Notwendigkeit eines Spannungsdopplers – zur Erzeugung einer ausreichenden Gesamtspannung – angeführt werden; diese entfällt bei der Serienschaltung.

4.4.2.2 Lithiumbatterien

Lithium-Jod-Zelle. Die Einführung von Lithium-Primärelementen durch Greatbatch brachte in den letzten Jahren eine entscheidende Verbesserung der Batterietechnik mit sich [649]. Bei diesen Festkörperelementen besteht der Elektrolyt aus kristallinem Lithiumjodid, die Anode aus metallischem Lithium und die Kathode aus molekularem Jod, das in eine Matrix aus Polyvinylpyridin eingelagert ist. Der Vorgang der Elektrizitätserzeugung beruht auf der Wanderung von Lithiumionen durch Leerstellen des mit Kalziumionen dotierten Lithiumjodid-Kristallgitters. Gleichzeitig werden an der Kathode durch Aufnahme von Elektronen Jodmoleküle reduziert. Die positiven Lithiumionen wandern durch den Elektrolyten und verbinden sich mit Jodidionen zu Lithiumjodid. Die Elektrodenreaktionen werden durch folgende Gleichungen beschrieben:

Kathode: $p2VP_nJ_2 + 2\,e^- \rightarrow p2VP_{(n-1)}J_2 + 2\,J^-$
Anode: $Li \rightarrow Li^+ + e^-$

Als Nebenprodukt entsteht bei der Zellentladung zusätzlich zwischen Anoden- und Kathodenraum eine mit der Betriebsdauer zunehmende Lithiumjodidschicht, deren Struktur und elektrischer Widerstand auch von der Stromstärke bestimmt werden. Die innere Zellimpedanz nimmt dabei linear mit der Entladung der Lithiumbatterie zu. Diese spezielle Charakteristik resultiert in einer langsamen, kontinuierlichen Abnahme der Klemmenspannung der Lithiumbatterie, die im Gegensatz zu dem rascheren Spannungsabfall am Ende der Lebensdauer einer Quecksilberzelle steht.
Der Energieverlust durch Selbstentladung beträgt in 10 Jahren etwa 10%. Die Selbstentladung beruht auf der Abnahme des Jodvorrates, das aus dem Kathodenraum durch die Lithiumjodidschicht in den Anodenraum diffundiert und sich mit Lithium zu Lithiumjodid verbindet, ohne daß elektrische Ladung an den äußeren Stromkreis abgegeben würde. Da die Diffusion der Jodmoleküle schichtdickenabhängig erfolgt, ist die Batterieselbstentladung bei BOL hoch und nimmt mit der Betriebszeit ab.
Auch bei dieser Zelle sind an die Einkapselung besonders hohe Anforderungen zu stellen, da Jod aufgrund seiner hohen Aggressivität bei ungeeignetem Werkstoff zu Korrosion und in der Folge zur Freisetzung des Elektrodenmaterials sowie des Elektrolyten führen kann. Vorteile gegenüber der Quecksilberbatterie sind die längere Lebensdauer, die äußerst geringe Selbstentladung der Lithiumbatterie, die fehlende Gasentwicklung und die größere Korrosionsbeständigkeit aufgrund des festen Elektrolyten.
Bei Vergleich der Leistungsdaten der Batterien ergibt sich für die Mallory-Batterie RM 1 versus Lithiumbatterie WG 702 E:

	RM 1	WG 702 E
Spannung	1,35	2,8 V
Kapazität	1,0	3,6 Ah
Energiedichte	0,57	0,37 Wh/cm³
theoret. Funktionszeit	6,1	17,2 Jahre

Tabelle 4.3. Leistungskenndaten von Lithiumbatterien (Zusammenstellung nach Herstellerangaben)

Hersteller Modell	Typ	Spannung (V)	Kapazität (Ah)	Energie (VAh)	Gewicht (g)	Energiedichte (VAh/g)
Arco						
Li-2	Li/$SOCl_2$	3,7	3,6	13,3	32	0,41
Li-3	Li/$SOCl_2$	3,7	1,8	6,7	16	0,42
Catalyst Research						
801-35	Li/J_2	2,8	3,1	8,7	54	0,16
802-23	Li/J_2	2,8	1,5	4,2	34	0,12
802-35	Li/J_2	2,8	3,8	10,6	54	0,19
804-23	Li/J_2	2,8	1,2	3,4	21	0,16
Du Pont	Li/CuS	6,4	1,8	11,5	24	0,48
Greatbatch						
WG 702 E	Li/J_2	2,8	3,6	10,1	80	0,12
WG 742	Li/J_2	5,6	1,1	6,2	43	0,14
WG 752	Li/J_2	2,8	1,5	4,2	27	0,15
WG 762	Li/J_2	2,8	2,7	7,6	30	0,25
WG 766	Li/Br	3,5	3,5	12,3	27	0,45
Mallory						
LSA-900-6	Li/Pb	5,7	0,9	5,1	39	0,13
SAFT						
Li 210a	Li/Ag_2CrO_4	3,4	0,6	2,0	8	0,25

Für die Berechnung der theoretischen Funktionszeit eines Schrittmachers wurde Hybridschaltkreistechnik, eine Impulsbreite von 1 msec und ein Elektrodenmyokardwiderstand von 1000 Ohm zugrunde gelegt [700].
Weitere Lithiumbatterien werden von den Firmen Arco, Catalyst Research, DuPont, W. Greatbatch, Mallory und SAFT (Societé des Accumulateurs Fixes et de Traction) hergestellt. Eine Zusammenstellung der wichtigsten Batteriedaten zeigt die Tabelle 4.3. Allen Lithiumbatterien gemeinsam ist die Lithiumanode, während Elektrolyt- und Kathodenmaterialien differieren.

Lithium-Silberchromat-Zelle. Bei der Lithium-Silberchromat-Zelle besteht die Anode aus reinem Lithium und die Kathode aus gepreßtem Silberchromatpulver und Graphit. Die zwei Elektroden sind durch einen Polypropylenseparator getrennt. Als Elektrolyt dient eine organische Flüssigkeit mit gelösten Lithiumsalzen (Lithiumperchlorat in Propylencarbonat). An der Kathode laufen nacheinander zwei verschiedene elektrochemische Reaktionen ab, die beide für die Energieversorgung des Schrittmachers nutzbar sind, jedoch zu zwei unterschiedlichen Klemmenspannungen führen.

Bei der initialen Reaktion werden Lithium und Silberchromat zu Silber und Lithiumchromat umgewandelt. Nach Ablauf dieser Reaktion ist die Klemmenspannung um ca. 0,4 V abgesunken, die Kapazität beträgt noch ⅓ des Ausgangswertes. Bei der sekundären elektrochemischen Reaktion reagiert Lithium, das noch im Überschuß vorhanden ist, mit Lithiumchromat zu Lithiumdioxyd und Dichromtrioxyd. Da die Reaktionsprodukte einen größeren Raum einnehmen als die Ausgangsstoffe, tritt während der Betriebszeit eine Schwellung des Batteriegehäuses ein. In Herzschrittmachern werden Lithium-Silberchromat-Zellen in Parallelschaltung mit Spannungsdoppler verwendet. Der Energieverlust durch Selbstentladung beträgt bei diesen Batterien nur noch um 1% in 10 Jahren, verursacht durch die unmittelbare Reaktion von Silber- und Chromationen im Anodenbereich.
Die Reaktionsgleichungen lauten:

Anode: $Li \rightarrow Li^+ + e^-$

Kathode: primäre Reaktion

$$2\,Li^+ + Ag_2\,CrO_4 \rightarrow 2\,Ag + Li_2\,CrO_4 - 2\,e^-$$

sekundäre Reaktion

$$6\,Li^+ + 2\,Li_2\,CrO_4 \rightarrow 5\,Li_2\,O + Cr_2\,O_3 - 6\,e^-$$

Nach vollständiger Reaktion des Silberchromats zu Lithiumchromat und Silber, wird das gebildete Lithiumchromat weiter elektrochemisch zum instabileren Lithiumoxyd reduziert, was mit einem weiteren Gewinn elektrischer Energie verbunden ist.
Bei der Lithium-Silberchromat-Zelle soll sich der Batterieausfall frühzeitig bei ausreichender Gangreserve der Batterie ankündigen. Nach der Entladungskennlinie dieser Batterie tritt vor dem terminalen Abfall eine Stabilisierung der Spannung auf einem niedrigeren Niveau ein (Plateaubildung). Der Zeitpunkt zum Schrittmacheraustausch ist am Ende des zweiten Plateaus erreicht.

Lithium-Thionylchlorid-Zelle. Auch bei diesem Primärelement besteht die Anode aus reinem metallischen Lithium. Als Elektrolyt dient eine Lösung von Lithiumtetrachloraluminat in Thionylchlorid, die Kathode ist aus porösem Graphit gefertigt und nimmt die Thionylchloridlösung auf. Der Separator zwischen den Elektroden besteht aus einer Papierschicht. Der Vorteil der Lithium-Thionylchlorid-Zelle liegt in ihrer hohen Klemmenspannung (3,6 Volt) und hohen Energiedichte, die fast das 4fache der Lithium-Jodid-Zelle WG 702 E beträgt. Bisher ungeklärt ist der exakte elektrochemische Mechanismus der Energieumwandlung, insbesondere konnten die bei der Reaktion auftretenden gasförmigen Reaktionsprodukte nicht quantifiziert werden, so daß genaue Angaben über Druckentwicklung in dem Element noch nicht möglich sind. Darüber hinaus soll die Entwicklung von Schwefeldioxyd in den Lithium-Thionylchlorid-Zellen temperaturabhängig sein, mit der Höhe der Stromentnahme ansteigen und stark von der Reinheit des porösen Graphitkörpers abhängen. Nicht nur hinsichtlich der Einheit des Kohlekörpers werden hohe Anforderungen an die Fertigungstechnik gestellt, auch Anzahl und Größe der Poren im Graphit determinieren die Eigenschaften dieser Batterie. Das als Hauptreaktionsprodukt entstehende Lithiumchlorid ist im anorganischen Elektrolyten nicht löslich und muß in diese Poren abgeschieden werden. Die Zelle stellt ihre Funktion ein, wenn die Poren mit Lithiumchlorid angefüllt sind; somit ist die Kapazität der Energiequelle abhängig von der Porengröße und dem gleichförmigen Aufbau des Kohlekörpers.

Aufgrund des niedrigen Innenwiderstandes der Batterie zeigt diese eine ausgesprochen flache Entladungscharakteristik mit rasch absinkender Klemmenspannung bei EOL, so daß eine allmähliche Abnahme der Stimulationsfrequenz in Abhängigkeit von der Abnahme der Energiereserve nicht als Austauschkriterien bei der Schrittmacherbehandlung herangezogen werden kann. Schrittmacher, die mit Lithium-Thionylchlorid-Zellen bestückt sind, wie z. B. Arco Li2D, besitzen zusätzliche Austauschkriterien für die bevorstehende Batterieerschöpfung, wie das Absinken der Testfrequenz auf die Basisfrequenz. Die Selbstentladung dieses Primärelementes soll bei unter 1% pro Jahr liegen. Die möglichen Reaktionsgleichungen der Zelle lauten:

Anode: $Li \rightarrow Li^+ + e^-$

Kathode: $8\,Li^+ + 4\,SOCl_2 \rightarrow Li_2S_2O_4 + 6\,LiCl + S_2Cl_2 - 8\,e^-$

$8\,Li^+ + 3\,SOCl_2 \rightarrow Li_2SO_3 + 6\,LiCl + 2\,S - 8\,e^-$

$4\,Li^+ + 3\,SOCl_2 \rightarrow S + 4\,LiCl + SO_2 - 4\,e^-$

$6\,Li^+ + 2\,SOCl_2 \rightarrow 4\,LiCl + Li_2SO_3 + 2\,S - 6\,e^-$

Lithium-Bleijodid-Zelle. Wie die Lithium-Jod-Zelle besitzt auch dieses Primärelement einen Festkörper-Elektrolyten. Die Anode besteht aus metallischem Lithium, der Elektrolyt aus Lithiumjodid; er ist zur Erhöhung der Leitfähigkeit mit Aluminiumoxyd dotiert. Die Kathode besteht aus Bleijodid. Dieses System bildet weder aggressive noch gasförmige Reaktionsprodukte und zeigt eine nicht meßbare Selbstentladung. Auch bei diesem Element wird Lithiumjodid während des Entladungsvorganges gebildet, so daß der innere Widerstand mit der Betriebszeit der Batterie zunimmt und die Klemmenspannung allmählich absinkt. Zur Bereitstellung einer ausreichenden Spannung bilden bei der Batterie Mallory LSA 900-6 21 Elemente in einer kombinierten Serien-Parallel-Schaltung (7 Parallelschaltungen von jeweils drei Elementen in Serie) eine Batterie mit einer Klemmenspannung von 5,7 Volt und einer Kapazität von 0,9 Ah. Selbst der Ausfall von 2 Zellen führt aufgrund der erhöhten Redundanz der Schaltung nicht zum Ausfall der Batterie, sondern nur zu einer Abnahme der Gesamtkapazität um $2/7$ des Anfangswertes, was die Lebensdauer eines Schrittmachers, z. B. Coratomic L 500 um ca. 3 Jahre verkürzen würde.

Die Reaktionsgleichungen lauten:

Anode: $Li \rightarrow Li^+ + e^-$

Kathode: $2\,Li^+ + PbJ_2 \rightarrow 2\,LiJ + Pb - 2\,e^-$

Klinische Erfahrungen mit Lithium-Schrittmachern. Die ersten mit Lithiumbatterien ausgestatteten Schrittmacher wurden 1972 implantiert. Zahlreiche positive Erfahrungen liegen aus experimentellen [499, 500, 645] und klinischen [80, 201, 204, 415, 489, 499] Untersuchungen vor. Mehr als 20 000 Lithium-Schrittmacher wurden in den vergangenen 5 Jahren implaniert, nur in Einzelfällen wurde über Frequenzabfälle berichtet, die möglicherweise auf eine vorzeitige Batterieerschöpfung zurückzuführen sind [279 a, 415, 432 a, 489].

4.4.2.3 Andere Energiequellen

Als praktisch weniger bedeutende Energiequellen für künstliche Herzschrittmacher sind die aufladbare Nickel-Cadmium-Batterie, die Radioisotopen-Batterie (Plutonium 238, Promethium 147), die biogalvanischen Zellen und die piezoelektrischen Generatoren zu nennen [489].
Schrittmacher mit aufladbaren Nickel-Cadmium-Batterien sind seit 1958 in Gebrauch. Während des wöchentlichen Aufladevorganges (90 Minuten Dauer) wird der implantierten Batterie transkutan induktiv die Energie eines elektromagnetischen Wechselfeldes zugeführt. Zu diesem Zwecke befindet sich am Ladegerät eine Induktionsspule, die dieses Feld (f = 20 kHz) erzeugt. Seine Energie wird über eine zweite im Schrittmacher inkorporierte Empfängerspule und einen Gleichrichter auf die Batteriezelle (Kapazität 0,1 m Ah, Batteriespannung 1,6 V, Energieabnahme 15%/Woche, maximale Betriebszeit nach Aufladung 6 Wochen) übertragen. Am Ausgangstransformator steht zur Stimulation des Herzens ein Impuls mit einer Amplitude von 5,3 V und einer Dauer von 1 msec zur Verfügung. Obwohl für diese Schrittmacher (Pacesetter Systems, Inc.) eine Betriebsdauer von 20 Jahren angegeben wird und die anfangs bestehenden technischen Mängel im Zuge der Batterie-Weiterentwicklung weitgehend überwunden sind (z. B. mit der Zeit abnehmende Ladekapazität, hohe Selbstentladung, Gasbildung bei Aufladung, Kristallbildung in den verwendeten chemischen Bausteinen, Selbstzerstörung der Multielementbatterie bei Ausfall eines Einzelelementes), haben diese nun zuverlässigen Schrittmacher keine große Verbreitung gefunden [185].
Als Nachteile gegenüber Schrittmachern mit Primärzellen oder Radionuklid-Batterien ist vor allem die Notwendigkeit der wöchentlichen Aufladung durch den Patienten mit den daraus resultierenden Komplikationsmöglichkeiten zu diskutieren.
Für den Betrieb von Isotopen-Schrittmachern sind zwei Verfahren zur Energieumwandlung bekannt: Das thermoelektrische und das betavoltaische Konversionsprinzip. Beim erstgenannten wird die Strahlungsenergie der beim Zerfall von Plutonium 238 (Halbwertzeit 86 Jahre) emittierten Alphateilchen (Heliumkerne) zunächst in Wärmeenergie (kinetische Energie der Alphateilchen) und diese dann in elektrische Energie umgewandelt. Die Temperatur in der Brennstoffkapsel beträgt dabei zwischen 100 und 200° C. Durch Zusammenschaltung von bis zu 1000 Thermoelementen wird mit Hilfe eines Gleichspannungswandlers die erforderliche Klemmenspannung erzeugt.

Das betavoltaische Konversionsprinzip beruht auf der Nutzung der kinetischen Energie von Betateilchen (Elektronen), die beim Zerfall von Promethium 147 (Halbwertzeit 2,6 Jahre) frei werden und über Fotoelemente elektrische Energie liefern.
Die Betriebsdauer von Schrittmacherbatterien mit dem Kernbrennstoff Plutonium 238 soll über 20 Jahre betragen [604]. Aufgrund der kurzen Halbwertszeit und der limitierten Menge von Brennstoffvorrat pro Batterie liegt die kalkulierte Betriebsdauer für Promethium-Batterien nur bei 10 Jahren, obwohl diese Isotopen-Batterie wegen der direkten Energieumwandlung einen günstigeren Wirkungsgrad erreicht. Nachteil der z. Z. verfügbaren Isotopen-Schrittmacher sind die weit über die kosmische Hintergrundstrahlung hinausgehende Belastung (bis 1 mrem/Stunde über der Haut in 2 cm Abstand) trotz aufwendiger Abschirmung, das vergleichsweise große Volumen und Gewicht des Schrittmachers, die Erfüllung administrativer Auflagen und die Risiken der Kontamination bei Beschädigung der Schrittmacherkapsel durch hohe Drücke, mechanische Erschütterungen oder extrem hohe Temperaturen. Isotopen-Schrittmacher werden u. a. von den Firmen Arco, Biotronik, Coratomic und Medtronic angeboten.

5. Diagnostische Elektrostimulation

5.1 Sinuatriale Funktionsstörungen

5.1.1 Einleitung

Störungen der Sinusknotenfunktion erlangen zunehmende klinische Bedeutung. Die dabei auftretenden Herzrhythmusstörungen sind in Tabelle 5.1 aufgeführt [179, 360] (s. S. 99).
Neben den bradykarden Herzrhythmusstörungen finden sich bei einem Teil der betroffenen Patienten tachykarde Arrhythmien in Form von paroxysmalen supraventrikulären Tachykardien, Vorhofflattern und Vorhofflimmern. Bei letzterem wird auch von einem Bradykardie-Tachykardie-Syndrom gesprochen, während sich als Oberbegriff aller genannten Rhythmusstörungen die Bezeichnung Sinusknoten-Syndrom im deutschen Schrifttum durchgesetzt hat [61, 701] (s. S. 100).

Tabelle 5.1. Rhythmusstörungen beim Sinusknoten-Syndrom

1. Sinusbradykardie (zeitweiser oder konstanter Frequenzabfall unter 50/min),
2. SA-Blockierungen,
3. Sinusknoten-Stillstand,
4. Supraventrikuläre Tachyarrhythmien in Form von Vorhoftachykardie, Vorhofflattern und Vorhofflimmern.

Da sich die Sinusknoten-Tätigkeit im EKG nicht direkt darstellen läßt, ist die Aufklärung der Pathogenese der genannten Arrhythmien häufig schwierig. So erlaubt die Analyse der Vorhoferregung im Oberflächen-EKG nur eine indirekte Beurteilung der Sinusknoten-Tätigkeit am Patienten, die nicht zwischen Generatorfunktion und sinuatrialer Überleitung des vom Sinusknoten gebildeten Impulses zu differenzieren vermag. Die sinuatriale Leitungszeit stellt die Latenz zwischen der Impulsentladung im Schrittmacherzentrum des Sinusknotens und dem Auftreten der im EKG darstellbaren Vorhoferregung dar. Diese Latenz kann als Leitungszeit entlang einem funktionell und anatomisch nicht einheitlichen Überleitungsgewebe verstanden werden.
Das diagnostische Vorgehen bei Verdacht auf das Vorliegen eines Sinusknoten-Syndroms ist in Tabelle 5.2 wiedergegeben.

Tabelle 5.2. Nicht-invasive Diagnostik beim Sinusknoten-Syndrom

1. Ruhe-EKG
2. Belastungs-EKG
3. Langzeit-EKG
4. Carotisdruckversuch
5. Atropin-Test

Häufig reichen die genannten Maßnahmen aus, um die Diagnose eines Sinusknoten-Syndroms zu stellen. Andererseits stellen diejenigen Patienten ein diagnostisches Problem dar, bei denen anamnestisch typische Angaben für ein Sinusknoten-Syndrom vorliegen, Arrhythmien jedoch nur sporadisch auftreten. Hier erfordert die nichtinvasive Abklärung mittels Langzeit-EKG einen besonders hohen Arbeitsaufwand.

Als Such- und Provokationsmethode zur Demaskierung nur intermittierend auftretender oder latent vorhandener Störungen der Sinusknotenfunktion ist in neuerer Zeit das invasive Verfahren der diagnostischen Vorhofstimulation eingeführt worden (siehe Tabelle 5.3).

Wird die spontane Schrittmachertätigkeit des Sinusknotens unterdrückt mittels elektrisch induzierter schneller Vorhoferregung, so tritt nach Beendigung der Stimulation physiologischerweise eine temporäre Depression, d. h. Verlangsamung der Sinusknotenautomatie auf; nach einigen Schlägen kehrt die Schrittmachertätigkeit über eine allmähliche Akzeleration zur ursprünglichen Entladungsfrequenz zurück [344, 364]. Bei pathologischer Sinusknotenfunktion kann diese Depression in erheblich verstärktem Maße auftreten. Diese Reaktion wird erfaßt mit der Messung der sog. Sinusknotenerholungszeit nach schneller Vorhofstimulation [408, 451, 530], d. h. des Zeitintervalls zwischen der letzten elektrisch induzierten atrialen Erregung und der ersten spontanen, vom Sinusknoten übergeleiteten Vorhofaktion.

Tabelle 5.3. Invasive Diagnostik beim Sinusknoten-Syndrom

1. Vorhofstimulation
   A. Sinusknotenerholungszeit
   B. Sinuatriale Leitungszeit
2. His-Bündel-Elektrographie

Zur indirekten Beurteilung der sinuatrialen Leitungszeit wird nach einem Vorschlag von Strauss u. Mitarb. [631] die vorzeitige atriale Einzelstimulation zur Messung der Länge postextrasystolischer Vorhofintervalle in Abhängigkeit von der Vorzeitigkeit der Stimulation herangezogen [584, 622].

Da beim Sinusknoten-Syndrom mit dem gehäuften Auftreten zusätzlicher AV-Überleitungsstörungen zu rechnen ist [530, 587], sollte die Vorhofstimulation zusammen mit einer His-Bündel-Elektrographie durchgeführt werden.

Im folgenden werden Ergebnisse bei Anwendung beider atrialer Stimulationsverfahren geschildert, ermittelt an Kontroll-Personen sowie Patienten mit elektrokardiographisch dokumentiertem Sinusknoten-Syndrom. In zwei gesonderten Kapiteln ist die pharmakologische Beeinflussung der Sinusknotenfunktion durch Atropin und herzaktive Glykoside dargestellt. Anhand der Resultate wird eingegangen auf den Wert und die Einschränkungen dieser Methoden für die Diskriminierung zwischen physiologischer und pathologischer Sinusknotenfunktion, sowie auf ihre Relevanz für die Indikationsstellung zur Implantation eines permanenten Schrittmachers.

5.1.2 Methodik

Bei einer Kontrollgruppe von 13 Patienten wurde die Vorhofstimulation im Rahmen diagnostisch indizierter Herzkatheterisierungen vorgenommen. Eine zweite Gruppe von 27 Patienten wies klinisch sowie elektrokardiographisch ein Sinusknoten-Syndrom mit zeitweiliger oder konstanter Sinusfrequenz unter 50/min auf. Zum Zeitpunkt der Untersuchung bestand bei allen Patienten Sinusrhythmus. Ein bipolarer Elektrodenkatheter mit zwei

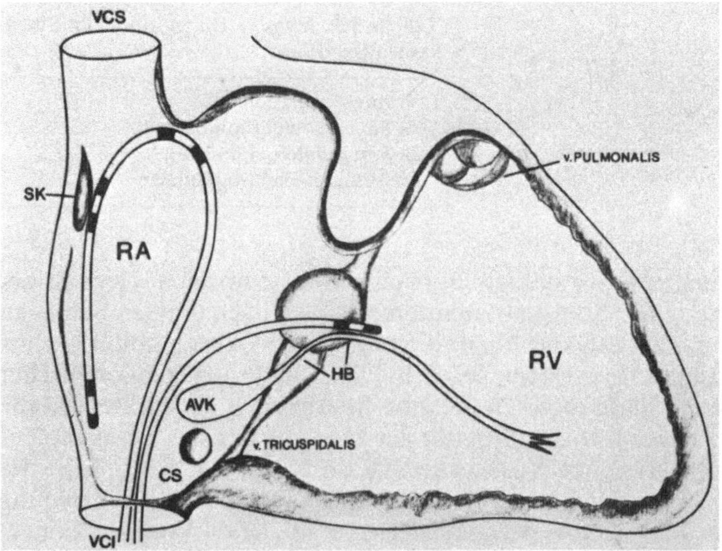

Abb. 5.1. Skizze zur Positionierung der zwei Elektrodenkatheter im Herzen zur Durchführung der diagnostischen Vorhofstimulation. Beide Katheter werden von der V. femoralis aus eingeführt. Der hexipolare Elektrodenkatheter bildet eine Schleife im rechten Vorhof, so daß ein Elektrodenpaar ein kraniales Vorhofpotential – möglichst sinusknotennahe – ableitet. Ein weiteres davon kaudal gelegenes Elektrodenpaar dient zur Stimulation. Die Spitze des zweiten Elektrodenkatheters liegt dem Kammerseptum an zur Registrierung des His-Bündel-Potentials. VCS = Vena cava superior; SK = Sinusknoten; VCI = Vena cava inferior; CS = Koronarsinus; AVK = Atrioventrikularknoten; v. Tricuspidalis = Tricuspidalklappe; HB = Hissches Bündel; RV = Rechter Ventrikel; v. Pulmonalis = Pulmonalklappe

1–2 mm breiten Ringelektroden an der Spitze (Abstand zwischen den Elektroden 10 mm) wird mittels Seldinger-Technik über die rechte V. femoralis eingeführt. Das Elektrodenpaar wird unter Röntgenkontrolle am Kammerseptum unterhalb des septalen Segels der Trikuspidalklappe lokalisiert zur Registrierung eines His-Bündel-Potentials entsprechend der von Scherlag u. Mitarb. [555] angegebenen Methode (s. Abb. 5.1).
Ein zweiter quadri- oder hexipolarer Elektrodenkatheter (6 F) wird ebenfalls über die V. femoralis rechts oder über die V. basilica in den rechten Vorhof eingeführt. Ein Elektrodenpaar liegt der lateralen Wand des rechten Vorhofs an; zur Vorhofstimulation von dieser Stelle aus wird dieses Elektrodenpaar an einen externen, programmierbaren Schrittmacher angeschlossen. Über ein weiteres, möglichst sinusknotennahe am Übergang von der oberen Hohlvene in den rechten Vorhof gelegenes Elektrodenpaar wird ein bipolares kraniales Vorhofpotential abgeleitet. Vorhofpotential und His-Bündel-Elektrogramm (untere Frequenzbegrenzung 20 Hz) werden zusammen mit den Extremitätenableitungen I, II und III sowie der Brustwandableitung V_1 auf einem 6- oder 8-Kanal Photo-, UV- oder Düsen-Direktschreiber bei einem Papiervorschub von 100 mm/sec registriert.

5.1.2.1 Schnelle atriale Stimulation

Es wird mit Stimulationsfrequenzen, die geringfügig oberhalb des Eigenrhythmus des Patienten liegen, begonnen. Die Dauer des einzelnen Stimulationsimpulses beträgt 2 msec und die Reizstärke das Doppelte der diastolischen Schwellenreizstromstärke. Nach einer Stimulationsperiode von 1 min wird der externe Schrittmacher abgeschaltet. Die Sinusknotenerholungszeit (SKEZ) ist definiert als das Zeitintervall zwischen der letzten stimulationsbedingten Vorhoferregung und der ersten, durch spontane Sinusknotenaktivität ausgelösten Vorhofaktion. Die der Unterbrechung der Stimulation folgenden 10 spontanen Herzaktionen werden zusätzlich analysiert. Nach einer 1 bis 2minütigen Pause wird eine erneute Stimulationsperiode angeschlossen, wobei eine Frequenzsteigerung um 10 Schläge/min vorgenommen wird. In dieser Weise wird fortgefahren bis zum Erreichen einer maximalen Stimulationsfrequenz von 160–180/min. Die maximale Sinusknotenerholungszeit (MSKEZ) stellt das längste Zeitintervall dar, das nach Anwendung verschiedener Stimulationsfrequenzen beobachtet wurde.
Sofern die Periode der Vorhofstimulation nicht 30 sec unterschreitet, ist die Dauer der atrialen Stimulation zur Unterdrückung der Sinusknotenaktivität klinisch ohne bedeutsamen Einfluß. Da insbesondere bei gestörter Sinusknotenfunktion das Ausmaß der Schrittmacherdepression stark abhängig sein kann von der gewählten Stimulationsfrequenz, setzt die Messung der MSKEZ voraus, daß tatsächlich sämtliche Stimulationsfrequenzen, beginnend von knapp oberhalb des Spontanrhythmus bis zu 160–180/min, in Frequenzschritten von 10/min ausgetestet werden.
Da die Sinusknotenerholungszeit auch von der Spontanfrequenz beeinflußt wird, ist eine Frequenzkorrektur der gemessenen Erholungszeit vorgeschlagen worden [451]. Diese korrigierte Sinusknotenerholungszeit (KSKEZ) ist

gleich der maximalen Erholungszeit abzüglich des Spontanzyklus vor Stimulation.

5.1.2.2 Vorzeitige atriale Einzelstimulation

Nach jeder achten spontanen Vorhofaktion wird eine atriale Zusatzerregung elektrisch induziert mit um 10 msec zunehmender Vorzeitigkeit der Stimulation bei konsekutiven Einzelstimulationen. Zur Programmierung des externen Schrittmachers dient das Vorhofelektrogramm als Triggersignal. Folgende Meßgrößen werden aus dem atrialen Elektrogramm bestimmt (s. Abb. 5.2 A):

1. Zeitintervall zwischen den zwei spontanen Vorhoferregungen vor Erzeugung der Zusatzerregung: $a_1 - a_1$,
2. präextrasystolisches Intervall (Abstand zwischen der letzten spontanen Vorhofaktion und der durch den Stimulationsimpuls hervorgerufenen atrialen Zusatzerregung): $a_1 - a_2$,
3. das postextrasystolische Intervall (Abstand zwischen der atrialen Zusatzerregung und der nächsten spontanen vom Sinusknoten übergeleiteten Vorhofaktion): $a_2 - a_3$,
4. der dem postextrasystolischen Intervall $a_2 - a_3$ folgende Zyklus $a_3 - a_4$.

Die Länge des postextrasystolischen Intervalles $a_2 - a_3$ wird als Funktion des präextrasystolischen Intervalles $a_1 - a_2$ graphisch dargestellt. Fällt die Zusatzerregung spät in die atriale Diastole ein, so ist $a_2 - a_3$ kompensatorisch, d. h. die Summe aus $a_1 - a_2$ und $a_2 - a_3$ beträgt das Zweifache des Vorhofgrundzyklus $a_1 - a_1$.
Fällt die atriale Zusatzerregung früher ein, so resultiert eine nicht kompensatorische Pause, d. h. die Summe aus $a_1 - a_2$ und $a_3 - a_4$ beträgt weniger als das Zweifache von $a_1 - a_1$.
Als Ursache der kompensatorischen Pause ist anzunehmen, daß die atriale Zusatzerregung zu spät einfällt, um den Sinusknoten retrograd zu erreichen: die retrograde Erregungswelle kollidiert in der sinuatrialen Grenzregion mit der zwischenzeitlich vom Schrittmacherzentrum des Sinusknotens gebildeten und antegrad fortgeleiteten Erregung, d. h. die Schrittmacherentladungsfrequenz bleibt unbeeinflußt. Dagegen ist eine nicht kompensatorische Pause dadurch gekennzeichnet, daß die ektope Erregung den

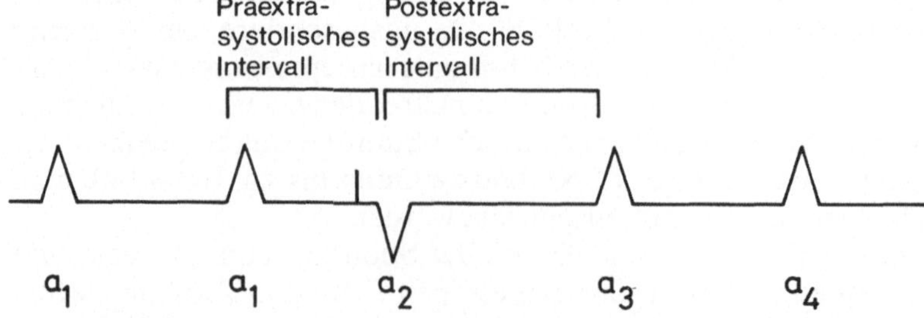

Abb. 5.2 A. Schema zur Erläuterung der aus dem atrialen Elektrogramm bestimmten Intervalle

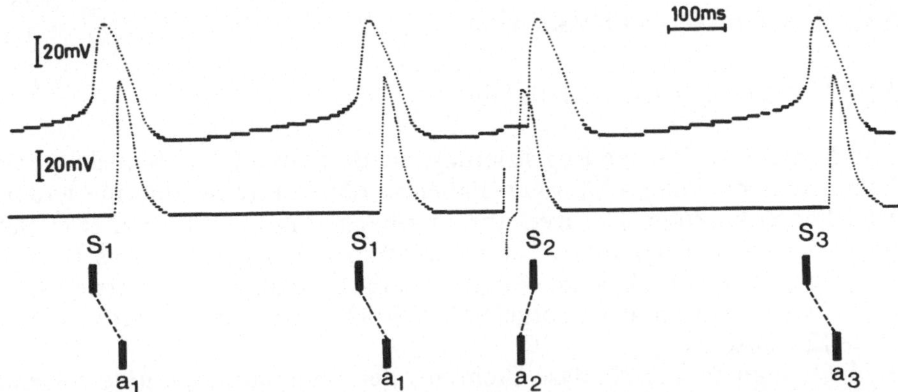

Abb. 5.2 B. Originalregistrierung des mit Hilfe von Mikroglaselektroden abgeleiteten intrazellulären Potentials einer Schrittmacherzelle des Sinusknotens (oben) und des Vorhofs (unten) am spontan schlagenden Vorhof des Kaninchens in vitro zur Erläuterung der Messung der sinuatrialen Leitungszeit. Nach zwei Spontanschlägen (S_1 bzw. a_1) wird eine Vorhofextrasystole a_2 elektrisch induziert, die retrograd zum Sinusknoten fortgeleitet wird (s_2). Nimmt man an, daß das Intervall $S_2 - S_3$ ebenso lang ist wie $S_1 - S_1$ bzw. $a_1 - a_1$, so entfällt die Differenz von $a_2 - a_3$ und $a_1 - a_1$ auf die Summe von retrograder und antegrader sinuatrialer Leitungszeit

Sinusknoten retrograd erreicht und zur vorzeitigen Depolarisation des Schrittmacherzentrums führt [69]. Demnach zeigt der Übergang von einem kompensatorischen zu einem nicht kompensatorischen Intervall $a_2 - a_3$ die Beeinflussung des Schrittmacherzentrums durch die ektope Vorhoferregung an [622]. An diesem Übergang setzt sich das postextrasystolische Intervall $a_2 - a_3$ zusammen aus dem postextrasystolischen Sinuszyklus $S_2 - S_3$ sowie aus der Summe von retrograder ($a_2 - S_2$) und antegrader sinuatrialer Leitungszeit ($S_3 - a_3$) (s. dazu Abb. 5.2 B). Unter der Voraussetzung, daß die Sinusknotenautonomie unverändert ist, d. h. $S_2 - S_3$ gleich $a_1 - a_1$ ist, entfällt die Differenz von $a_2 - a_3$ und $a_1 - a_1$ auf die Summe von retrograder und antegrader sinuatrialer Leitungszeit. Nimmt man weiterhin gleiche Leitungsgeschwindigkeiten in beide Richtungen an, so ergibt die Halbierung dieser Differenz die sog. „einfache sinuatriale Leitungszeit".

Zur indirekten Berechnung der „einfachen sinuatrialen Leitungszeit" gehen wir also von der $a_2 - a_3$-Länge am Übergang von der kompensatorischen zur nicht kompensatorischen Pause aus (Diskussion der Messung der sinuatrialen Leitungszeit siehe S. 154). In einzelnen Fällen beobachteten wir einen Lokalisationswechsel des Schrittmacherzentrums (Pacemaker-Shift), und zwar dann, wenn die Zusatzerregung früh genug einfiel, um den Sinusknoten zu erreichen. Diese zusätzliche Beobachtung erlaubt eine bessere Beurteilung der sinuatrialen Leitungszeit als die alleinige Messung der Zeitintervalle. Sie ermöglicht damit eine Überprüfung der elektrophysiologischen Vorgänge, die als Ursache der kompensatorischen und nicht kompensatorischen Pause zur Kalkulation der sinuatrialen Leitungszeit gemacht werden müssen (s. u.).

Zur statistischen Auswertung wurde hier der Wilcoxon-Test für unverbundene Kollektive bzw. für Paardifferenzen herangezogen.

5.1.3 Ergebnisse und Diskussion

5.1.3.1 Schnelle atriale Stimulation

Abbildung 5.3 zeigt eine Registrierung zur Bestimmung der Sinusknotenerholungszeit bei einer 49jährigen Patientin ohne Hinweis auf eine gestörte Sinusknotenfunktion. Die Registrierung beginnt mit den letzten zwei elektrisch erzeugten Erregungen einer 1-minütigen Reizperiode. Das Intervall von der letzten stimulationsbedingten Vorhoferregung bis zur ersten spontanen, vom Sinusknoten übergeleiteten Vorhoferregung beträgt in diesem Falle 1295 msec.

Schließt man in die Analyse mehrere, der Stimulationsperiode folgende Schläge ein, so ergibt sich im Normalfall folgendes Bild (Abb. 5.4): das Intervall bis zur ersten spontanen Vorhofaktion ist stets das längste zu beobachtende a – a-Intervall (= Sinusknotendepression). Anschließend verkürzt sich die Zykluslänge allmählich zu Intervallen hin wie vor der Stimulation, gelegentlich mit einer zwischengeschalteten Phase verkürzter a – a-Intervalle (nach Stimulationsfrequenz 90 und 110/min).

Eine Übersicht über in der Literatur mitgeteilte Normalwerte gibt die Tabelle 5.4. Wir bestimmten bei 13 Kontrollpersonen eine maximale Sinusknotenerholungszeit von 1172 msec ± 200 (± SD). Für die korrigierte Sinusknotenerholungszeit KSKEZ wird ein Normalwert von 260 ± 98 msec angegeben [451]. In unserem Kontrollkollektiv betrug die KSKEZ 300 msec ± 100 (± SD).

Sieht man eine Sinusknotenerholungszeit als verlängert an, wenn sie den Mittelwert + 2 SD (= 2 Standardabweichungen) übertrifft, so liegt in unserem Kollektiv dieser obere Grenzwert für die MSKEZ bei 1570 msec, und für die KSKEZ bei 500 msec. Diese Angaben stehen in Übereinstimmung mit der Literatur: Rosen u. Mitarb. [530] sehen Werte für die MSKEZ bis 1400 msec, Kulbertus u. Mitarb. [335] bis 1500 msec als normal an; für die KSKEZ wird ein oberer Grenzwert von 375 msec (Gupta u. Mitarb. [256]) bzw. 525 msec angegeben [451].

Die Sinusknotenerholungszeit scheint vom Lebensalter der untersuchten Patienten nicht wesentlich beeinflußt zu sein, da sowohl Kinder im Alter

Tabelle 5.4. Sinusknotenerholungszeit (SKEZ) bei Patienten mit und ohne Sinusknoten-Syndrom

Autoren	Kontrolle	Sinusknotensyndrom
Breithardt u. Mitarb. [74]	1044 msec ± 216 (n = 20)	2110 msec ± 1269 (n = 41)
Delius u. Mitarb. [121]		2925 msec ± 331 (n = 21)
Kulbertus u. Mitarb. [335]	1100 msec ± 190 (n = 30)	
Mandel u. Mitarb. [408, 409]	1041 msec ± 56 (n = 43)	3087 msec ± 464 (n = 31)
Rostock u. v. Knorre [542]	1153 msec ± 122 (n = 15)	
Eigene Befunde	1172 msec ± 200 (n = 13)	1859 msec ± 1068 (n = 27)

Angegeben sind die Mittelwerte ± Standardabweichung in msec.

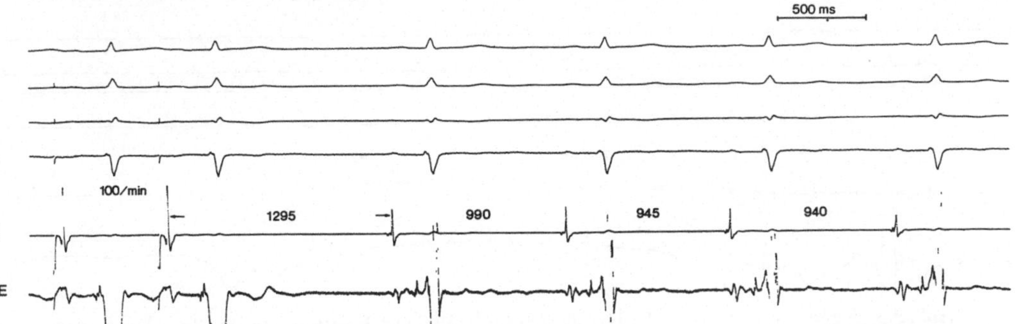

Abb. 5.3. Registrierung der Einthovenschen Extremitätenableitungen I, II, III; V_1 sowie das intraatriale Elektrogramm AE und das His-Bündel-Elektrogramm HBE bei einer 49jährigen „sinusknotengesunden" Patientin während und nach Beendigung einer konstanten Vorhofstimulation mit 100/min. Dauer der Reizperiode: 1 min. Die Registrierung beginnt mit den letzten zwei stimulationsbedingten Vorhoferregungen: die Sinusknotenerholungszeit fällt mit 1295 msec normal aus

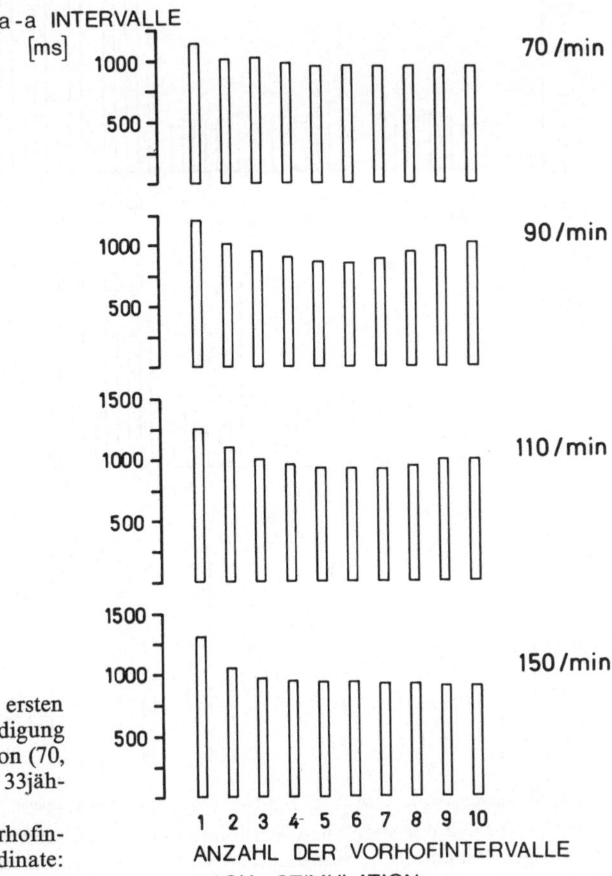

Abb. 5.4. Messung der zehn ersten Vorhofintervalle nach Beendigung einer schnellen Vorhofstimulation (70, 90, 110 und 150/min) bei einer 33jährigen Kontrollpatientin.
Abszisse: Numerierung der Vorhofintervalle nach Stimulation. Ordinate: a – a-Intervall in msec

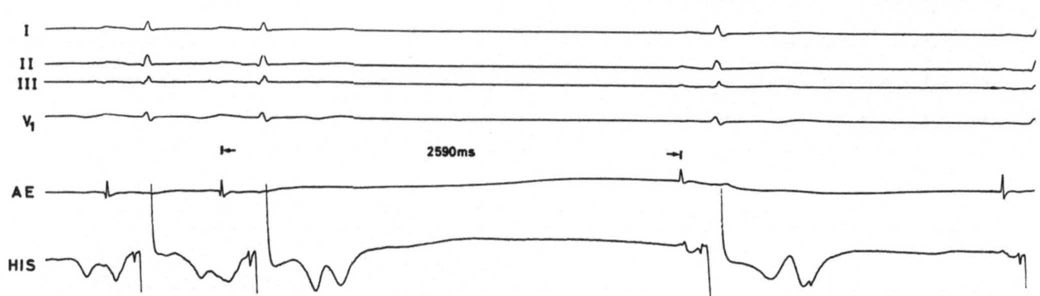

Abb. 5.5. Registrierung von I, II, III, V_1, AE und HBE zur Bestimmung der Sinusknotenerholungszeit bei einer 66jährigen Patientin mit Sinusknoten-Syndrom.
Vorhofstimulationsfrequenz: 90/min. Die Registrierung beginnt mit den letzten zwei stimulationsbedingten Vorhoferregungen

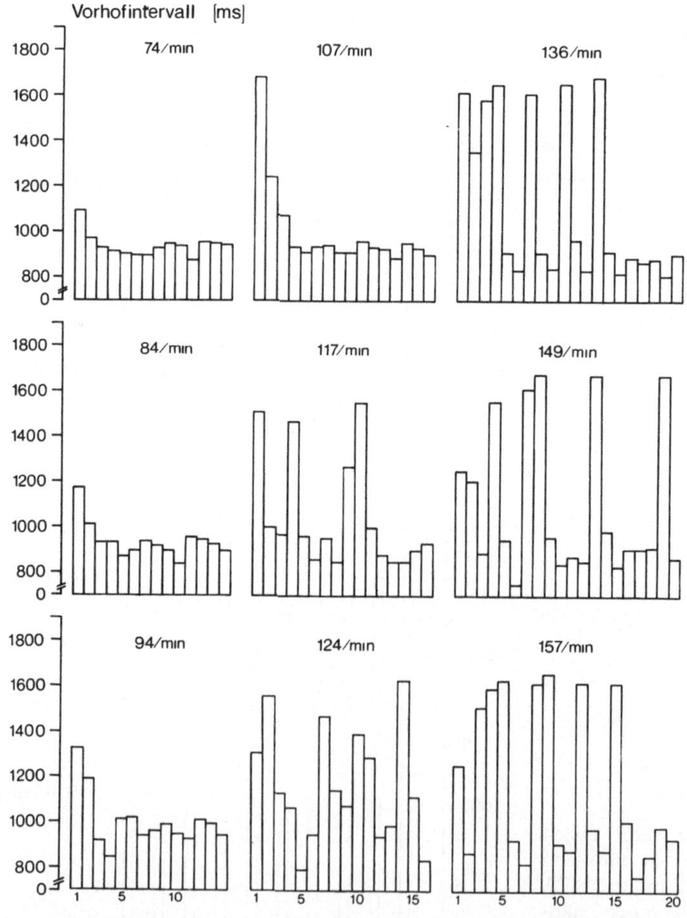

Abb. 5.6. Länge der spontanen Vorhofintervalle nach schneller atrialer Stimulation bei einer 60jährigen Patientin mit Sinusknoten-Syndrom. Koordinaten wie in Abb. 5.4. Auftreten einzelner, abnorm langer Vorhofintervalle

von 2 – 18 Jahren (Yabek u. Mitarb. [721]) als auch ältere Patienten im Alter von 50 – 72 Jahren [335] Erholungszeiten aufweisen, die den in Tabelle 5.4 mitgeteilten Normalwerten entsprechen.

Abbildung 5.5 zeigt das Resultat der schnellen atrialen Stimulation bei einer 66jährigen Patientin mit Sinusknoten-Syndrom. Die Registrierung beginnt mit den letzten zwei stimulationsbedingten Vorhoferregungen. Die Sinusknotenerholungszeit ist auf 2590 msec verlängert als elektrophysiologisches Korrelat der pathologischen Sinusknotenfunktion.

Das Verhalten der ersten 15 – 20 spontanen a – a-Intervalle nach Beendigung der Stimulation bei einer anderen Patientin mit Sinusknoten-Syndrom ist in Abb. 5.6 dargestellt. Auf die Vorhofstimulationsfrequenzen 74, 84 und 94/min fällt die Sinusknotenreaktion praktisch normal aus. Die SKEZ ist verlängert nach Stimulation mit 107 und 136/min. Bei höheren Stimulationsfrequenzen ist nicht mehr die Regelmäßigkeit gegeben, mit der sich die ursprüngliche Sinusknotenfrequenz wieder einstellt. Es kommt zu abrupten Änderungen spontaner Periodenlängen von Schlag zu Schlag, wobei die abnorm verlängerten Intervalle in diesem Falle etwa das Zweifache vorangehender oder folgender Vorhofabstände betragen. Diese sog. „sekundären Pausen" treten auch auf nach Stimulationsfrequenzen mit nicht verlängerter SKEZ (117, 124, 149, 157/min).

Der diesen abnorm langen Intervallen zugrundeliegende elektrophysiologische Pathomechanismus ist nicht eindeutig geklärt. Aufgrund der zeitlichen Beziehung (Verdopplung des Basiszyklus) ist es naheliegend, diese Beobachtung als Ausdruck eines intermittierenden Sinusknotenaustrittsblockes zu deuten. Andererseits ist nach schneller Vorhof- [364] und nach vagaler Stimulation [692; s. auch 619] eine Störung der Sinusknotenautomatie in Form unterschwelliger Potentialverläufe der Schrittmacherzellen beschrieben worden. Da die Frequenz der unterschwelligen Potential-„Schwingungen" der der vorangegangenen oder folgenden überschwelligen Depolarisationen in etwa zu entsprechen vermag, könnte das Auftreten einer derartigen Störung der Sinusknotenautomatie beim Patienten nicht von einer sinuatrialen Blockierung unterschieden werden. Eine weitere Erklärungsmöglichkeit liegt darin, daß diese Effekte hervorgerufen werden könnten durch die Transmittersubstanz Azetylcholin, das durch die Vorhofstimulation freigesetzt wird [20]. Schließlich sind derartige Frequenzänderungen des Sinusrhythmus als Reaktion auf frequenzbedingte Blutdruckschwankungen diskutiert worden [121, 335].

Tabelle 5.4 gibt eine Auswahl der mitgeteilten Werte für die Sinusknotenerholungszeit beim Sinusknoten-Syndrom wieder. Übereinstimmend wird im Mittel eine deutlich verlängerte SKEZ gemessen; Unterschiede zwischen den einzelnen Untersuchergruppen dürften in erster Linie auf unterschiedlichen Schweregraden des Sinusknoten-Syndroms der zur Untersuchung gelangten Patienten beruhen.

Wir bestimmten bei 27 Patienten mit Sinusknoten-Syndrom verschiedenen klinischen und elektrokardiographischen Schweregrades eine MSKEZ von 1859 msec ± 1068 (± SD), und eine KSKEZ von 1013 msec ± 846 (± SD).

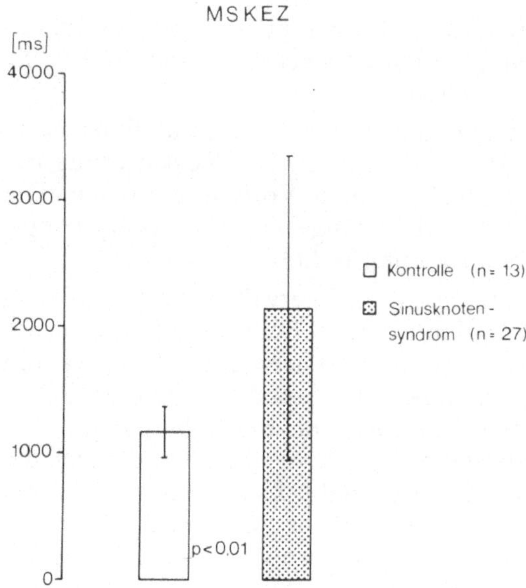

Abb. 5.7. Mittelwert und Standardabweichung der maximalen Sinusknotenerholungszeit MSKEZ bei einem Kontrollkollektiv von 13 Patienten (weiße Säule), verglichen mit 27 Patienten mit Sinusknoten-Syndrom (punktierte Säule); bei letzterem ist die Erholungszeit signifikant verlängert ($p < 0{,}01$)

Wie Abbildung 5.7 zeigt, ist die MSKEZ gegenüber der Kontrolle statistisch signifikant verlängert ($p < 0{,}01$). Nehmen wir als oberen Grenzwert der Norm eine MSKEZ von 1500 msec an (Mittelwert ± 2 SD), so weisen 15/27 der gesamten Patientengruppe mit gestörter Sinusknotenfunktion eine Verlängerung der Erholungszeit auf (= 55%). Von diesen 15 Patienten erhielten 11 einen permanenten Schrittmacher wegen des vorliegenden Sinusknoten-Syndroms, 4 dagegen nicht.
In der Literatur schwanken die Angaben über die Häufigkeit abnorm verlängerter Erholungszeiten beim Sinusknoten-Syndrom stark. So werden einerseits von Mandel u. Mitarb. [409] in 93%, von Delius u. Mitarb. [121] in 90% und von Strauss u. Mitarb. [632] in 68% der Fälle pathologisch verlängerte Werte gemessen. Eine geringere Anzahl pathologischer Werte der Sinusknotenerholungszeit wird von Rosen u. Mitarb. mit 40% [530] und von Gupta u. Mitarb. [256] mit 35% angegeben. Auch diese differierenden Angaben dürften vornehmlich durch unterschiedliche Ausprägungen des Sinusknoten-Syndroms des Patientenmaterials bedingt sein.

5.1.3.2 Vorzeitige atriale Einzelstimulation

Abbildung 5.8 stellt das Resultat der vorzeitigen atrialen Einzelstimulation bei einer 33jährigen Probandin dar:
Wird das präextrasystolische Intervall $a_1 - a_2$ vom Basiszyklus $a_1 - a_1$ ausgehend verkürzt, so ist das $a_2 - a_3$-Intervall zunächst kompensatorisch (Meß-

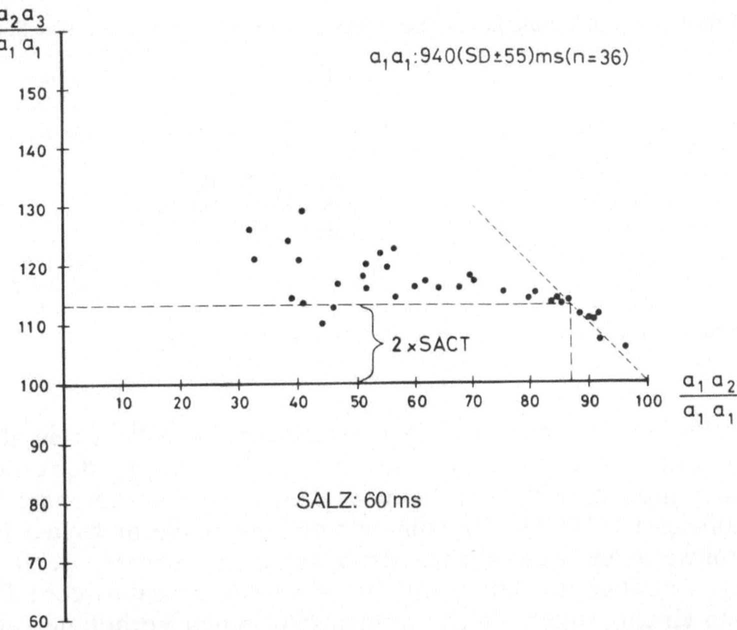

Abb. 5.8. Resultate der vorzeitigen atrialen Einzelstimulation bei einer 33jährigen Kontrollpatientin.
Abszisse: Präextrasystolisches Intervall $a_1 - a_2$, angegeben in Prozent des Vorhofgrundzyklus $a_1 - a_1$.
Ordinate: Postextrasystolisches Intervall $a_2 - a_3$, angegeben in Prozent des Vorhofgrundzyklus $a_1 - a_1$.
Vorhofgrundzyklus: 940 msec ± 55 (± SD); n = 36.
Die theoretische (gestrichelte) Gerade mit der Steigung –1 gibt die Länge der $a_2 - a_3$-Intervalle im Falle einer kompensatorischen Pause an. Bei spät in die atriale Diastole einfallender Extrasystole ist $a_2 - a_3$ kompensatorisch, bei früher einfallender Einzelstimulation nicht kompensatorisch. Die Länge des $a_2 - a_3$-Intervalls am Übergang zur nicht kompensatorischen Pause, subtrahiert um den Grundzyklus $a_1 - a_1$, ergibt die Summe von retrograder und antegrader sinuatrialer Leitungszeit. Halbierung dieser Summe und Übergang auf Absolutwerte ergibt eine kalkulierte „einfache sinuatriale Leitungszeit" SALZ von 60 msec

punkt *entlang* der gestrichelten Geraden mit der Steigung –1). Bei stärkerer Verkürzung von $a_1 - a_2$ wird $a_2 - a_3$ nicht kompensatorisch (Meßpunkte *unterhalb* der Geraden mit der Steigung –1).

Zur indirekten Bestimmung der sinuatrialen Leitungszeit wird das $a_2 - a_3$-Intervall am Übergang von der kompensatorischen zur nicht-kompensatorischen Pause bestimmt (s. Diagramm der Abb. 5.8): $a_2 - a_3 = 112{,}5\%$. Subtraktion des Basiszyklus $a_1 - a_1$ (= 100%) vom $a_2 - a_3$-Intervall, Division dieser Differenz durch 2 (6,25%) und Übergang auf absolute Zeiten liefert die „einfache sinuatriale Leitungszeit" von 60 msec (6,25% von 940 msec = 60 msec).

Die mit dieser Methode ermittelte „einfache sinuatriale Leitungszeit" SALZ betrug bei 13 Kontrollpatienten 66 msec ± 17 (± SD).

Die Tabelle 5.5 gibt einige der in der Literatur mitgeteilten Normalwerte für die SALZ wieder. Beim Vergleich dieser Werte muß zunächst er-

Tabelle 5.5. Sinuatriale Leitungszeit (SALZ) bei Patienten mit und ohne Sinusknotensyndrom

Autoren	Kontrolle	Sinusknotensyndrom
Breithardt u. Mitarb. [74]	82 msec ± 19 (n = 20)	126 msec ± 47 (n = 41)
Crook u. Mitarb. [114]	112 msec ± 30 (n = 11)	128 msec ± 27 (n = 14)
Dhingra u. Mitarb. [135]	92 msec ± 30 (n = 36)	
Masini u. Mitarb. [410 a]	70 msec ± 15 (n = 18)	127 msec ± 24 (n = 7)
Rostock u. v. Knorre [542]	98 msec ± 11 (n = 15)	
Strauss u. Mitarb. [632]		103 msec ± 55 (n = 16)
Eigene Befunde	66 msec ± 17 (n = 13)	110 msec ± 31 (n = 27)

Angegeben sind die Mittelwerte ± Standardabweichung in msec.

wähnt werden, daß in einigen Untersuchungen Patienten als sinusknotengesund eingestuft wurden, obwohl sie eine Störung der atrioventrikulären oder intraventrikulären Leitung [135] oder eine koronare Herzkrankheit aufwiesen [114]. Darüber hinaus sind längere Normalzeiten als unsere Kontrollwerte im wesentlichen dann gemessen worden, wenn nicht von der $a_2 - a_3$-Länge am Übergang zur nicht-kompensatorischen Pause, sondern von einem mittleren nicht-kompensatorischen Vorhofintervall ausgegangen wurde [74, 135, 542, 584].

Diese divergierenden Leitungszeiten sind größtenteils dadurch erklärbar, daß das mittlere nicht-kompensatorische postextrasystolische Vorhofintervall länger ist als das am Übergang gemessene. Bei zahlreichen Patienten besteht darüber hinaus im Bereich der nicht-kompensatorischen Pause keine eigentliche Konstanz der $a_2 - a_3$-Intervalle, sondern $a_2 - a_3$ nimmt mit zunehmender Vorzeitigkeit der Stimulation zu (s. Beispiel in Abb. 5.8).

Aufgrund tierexperimenteller Befunde kommen als Ursache dieser $a_2 - a_3$-Zunahme in Betracht:

a) Verlängerung der retrograden sinuatrialen Leitungszeit bei früh in die atriale Diastole einfallendem Extrareiz [69, 623].

b) Depression des Schrittmachers durch den Extrareiz, d. h. $S_2 - S_3$-Verlängerung infolge eines Pacemaker-Shifts zu Schrittmacherzellen mit einer niedrigeren Spontanfrequenz [69].

Ist aber im Bereich der nicht-kompensatorischen Pause der Sinuszyklus $S_2 - S_3$ länger als $S_1 - S_1$ oder $a_1 - a_1$, so errechnet sich nach dieser Methode eine fälschlich zu lange sinuatriale Leitungszeit.

Andererseits konnte gezeigt werden, daß der Übergang zu einem nicht-kompensatorischen Vorhofintervall nicht, wie theoretisch angenommen (s. Methodik), exakt anzeigt, daß das Schrittmacherzentrum bei dieser Vorzeitigkeit der Stimulation von der retrograden Vorhoferregung erreicht wird [424]. Statt dessen kennzeichnet der Übergang die vorzeitige Depolarisation latenter Schrittmacherzellen [623]. Die kürzer als kompensatorisch werdende Pause wird erklärt mit einer elektrotonischen Interaktion, die stattfindet zwischen latenten Schrittmacherzellen, die vorzeitig depolarisiert wurden, und dem benachbarten Schrittmacherzentrum, das von der Vorhoferregung nicht erreicht wurde [424, 624 b]. Daraus resultiert – geht man zur Berech-

nung der Leitungszeit von der $a_2 - a_3$-Länge am Übergang aus – eine Unterschätzung der tatsächlichen sinuatrialen Leitungszeit.
Weitere Erklärungen für differente Meßergebnisse der „sinuatrialen Leitungszeit" sind in der unterschiedlichen Positionierung des Vorhofkatheters zu suchen: eine Ableitung von vorwiegend basalen Vorhofabschnitten läßt beispielsweise eine Zunahme der als sinuatrial gedeuteten intraatrialen Leitung erwarten [648]. Bei Stimulation in der Nähe des Sinusknotens muß sowohl mit einer direkten Beeinflussung des Schrittmachers als auch mit einer Freisetzung der Transmittersubstanzen Azetylcholin und Noradrenalin gerechnet werden [20]. Wir bevorzugen daher eine Ableitung von kranialen Vorhofabschnitten und einen davon kaudal gelegenen Stimulationsort.
Ist auch die sinuatriale Leitungszeit nur annäherungsweise beim Menschen zu bestimmen und sind die Normalwerte je nach Auswerteverfahren auch unterschiedlich, so erlaubt die Methode der vorzeitigen atrialen Einzelstimulation doch erstmals die Diagnostizierung einer sinuatrialen Blockierung ersten Grades.
Ein Beispiel dafür ist in Abbildung 5.9 dargestellt. Der Übergang von kompensatorischer zu nicht-kompensatorischer Pause ($a_1 - a_2$ 65%; $a_2 - a_3$ 135%), ist, verglichen mit einer Normalreaktion in Abb. 5.8, deutlich nach links zu einem längeren $a_2 - a_3$-Intervall verschoben; die kalkulierte „einfache sinuatriale Leitungszeit" beträgt 120 msec. Analog zum AV-Block ersten Grades ist die klinische Bedeutung dieses Befundes in der möglichen Progredienz zu einer höhergradigen Blockierung zu sehen. Eine derartig nachgewiesene Leitungsstörung kann im Sinusknotenareal selbst, in der sinuatrialen Grenzregion [630] und im angrenzenden Vorhofmyokard [547] lokalisiert sein.

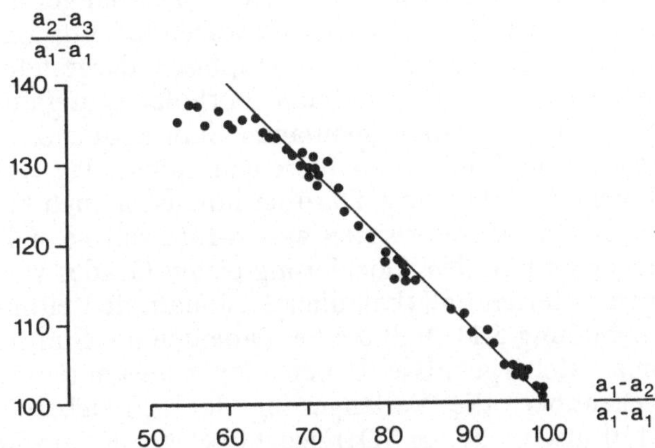

Abb. 5.9. Sinuatriale Blockierung ersten Grades bei einem 72jährigen Patienten mit Carotis-Sinus-Syndrom, ermittelt mit der vorzeitigen atrialen Einzelstimulation. Koordinaten wie in Abb. 5.8. Bis zu einer Verkürzung des präextrasystolischen Intervalls $a_1 - a_2$ auf 65% des Vorhofgrundzyklus $a_1 - a_1$ wird ein kompensatorisches Vorhofintervall $a_2 - a_3$ beobachtet. Die kalkulierte sinuatriale Leitungszeit beträgt 120 msec. Vorhofgrundzyklus $a_1 - a_1$: 684 msec ± 6 (M ± SD); n = 51

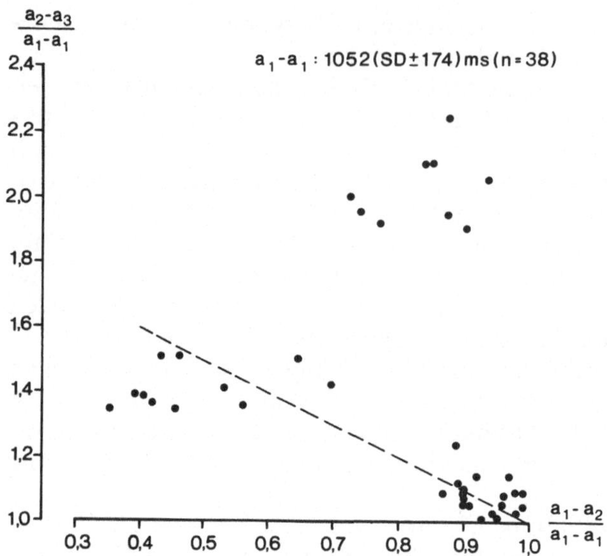

Abb. 5.10. Resultat der vorzeitigen atrialen Einzelstimulation bei einem 53jährigen Patienten mit einem Bradykardie-Tachykardie-Syndrom. Die „einfache sinuatriale Leitungszeit" ist auf 190 msec extrem verlängert. Darüber hinaus treten einzelne abnorm verlängerte $a_2 - a_3$-Intervalle auf. Ordinate: Postextrasystolisches Intervall $a_2 - a_3$, dividiert durch $a_1 - a_1$; Abszisse: Präextrasystolisches Intervall $a_1 - a_2$, dividiert durch $a_1 - a_1$.

Abbildung 5.10 illustriert ein weiteres Zeichen einer pathologischen Sinusknotenfunktion: nach einzelnen Vorhofextrasystolen treten intermittierend abnorm lange postextrasystolische Pausen auf. Diese $a_2 - a_3$-Intervalle sind im Mittel um einen ganzen Herzzyklus länger als die übrigen postextrasystolischen Pausen. Die darauf folgenden Vorhofzyklen weisen wieder eine normale Länge auf (nicht graphisch dargestellt). Diese Beobachtung ist Ausdruck einer durch ektope Vorhoferregung ausgelösten Austrittsblockierung der folgenden spontanen Sinusknotenaktion oder einer Automatiestörung in Form einer für einen Herzschlag währenden unterschwelligen Potentialschwingung. Darüber hinaus ist auch hier der Übergang zu einem nicht kompensatorischen $a_2 - a_3$-Intervall nach links verschoben im Sinne einer sinuatrialen Blockierung ersten Grades wie in dem in Abbildung 5.9 geschilderten Fall (kalkulierte „sinuatriale Leitungszeit" 190 msec).
Abbildung 5.11 stellt die bei Patienten mit Sinusknoten-Syndrom gewonnenen Meßergebnisse denen der sinusknotengesunden Vergleichsgruppe gegenüber: die Verlängerung der „einfachen sinuatrialen Leitungszeit" (110 msec ± 31 (± SD)) gegenüber der Kontrolle ist statistisch signifikant ($p < 0{,}01$). Bei insgesamt 7 von 27 Patienten mit Sinusknoten-Syndrom (=26%) war infolge ausgeprägter Sinusarrhythmie und dadurch bedingter Streuung der Meßpunkte eine Differenzierung zwischen kompensatorischer und nicht-kompensatorischer Pause nicht möglich, und damit eine Kalkulation der sinuatrialen Leitungszeit unmöglich.

Sieht man die „sinuatriale Leitungszeit" als verlängert an, wenn sie den Mittelwert der Kontrollgruppe plus zwei Standardabweichungen übertrifft (=100 msec), so war die SALZ verlängert bei 12 Patienten (=44%), und normal bei 8 von 27 Patienten mit Sinusknoten-Syndrom (=30%).
Die Tabelle 5.5 führt die für die „sinuatriale Leitungszeit" ermittelten Werte anderer Autoren beim Sinusknoten-Syndrom auf. Strauss u. Mitarb. sehen die SALZ als verlängert an, wenn sie 107,5 msec übertrifft (in 38% ihrer Fälle [632]). Von Breithardt u. Mitarb. [74] wird dieser obere Grenzwert mit 120 msec, von Dhingra u. Mitarb. [135] mit 152 msec angegeben.
Als Alternativverfahren haben Narula u. Mitarb. [451 a] kürzlich vorgeschlagen, den spontanen Sinusrhythmus mit einer um 10 Schläge/min höheren Vorhoffrequenz für 8 Schläge zu „überfahren" und die Pause zur ersten spontanen Vorhoferregung abzüglich der Spontanperiode als Maß zu nehmen für die Summe aus retrograder und antegrader sinuatrialer Leitungszeit. Diese Methode ist weniger arbeits- und zeitaufwendig und auch bei Patienten mit Sinusarrhythmie durchführbar. Erste Anwendungen dieser Methode ergaben, daß die Ergebnisse gut reproduzierbar sind und sich im Vergleich zur Methode der vorzeitigen atrialen Einzelstimulation (abgesehen von den genannten Vorteilen) im Mittel etwas niedrigere Werte für die kalkulierte sinuatriale Leitungszeit ermitteln lassen [74 b, 451 a]. Als potentielle Fehlerquellen dieser Methode sind jedoch frequenzbedingte Ände-

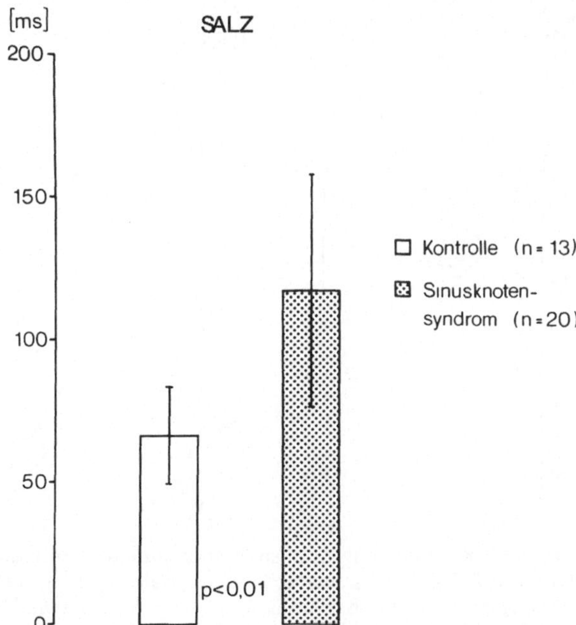

Abb. 5.11. Mittelwert und Standardabweichung der kalkulierten „einfachen sinuatrialen Leitungszeit" bei einem Kontrollkollektiv von 13 Patienten (weiße Säule), verglichen mit 20 Patienten mit Sinusknoten-Syndrom (punktierte Säule); bei letzterem Kollektiv ist SALZ signifikant verlängert ($p < 0{,}01$)

rungen der retrograden Leitung zum Sinusknoten während atrialer Stimulation und eine mögliche Sinusknotendepression tierexperimentell nachgewiesen worden [72 a, 624 c].

5.1.3.3 Atropintest

Bei fraglich pathologischer Sinusknotenfunktion bietet sich als weitere Diskriminierungsmöglichkeit der „Atropintest" an, der von uns routinemäßig durchgeführt wird. Dabei werden 1 mg Atropinsulfat intravenös injiziert und unter dieser Vagusblockade das Ausmaß des spontanen Sinusknotenfrequenzanstieges sowie Sinusknotenerholungszeit und sinuatriale Leitungszeit gemessen.

Abbildung 5.12 gibt diesen Atropineffekt auf Spontanfrequenz, Sinusknotenerholungszeit und sinuatriale Leitungszeit bei einem Kontrollkollektiv von 6 Patienten wieder. Die Spontanfrequenz nimmt zu; nur ein Wert fällt mit 86/min knapp unter 90/min. MSKEZ und SALZ verkürzen sich.

Abbildung 5.13 B zeigt den Atropineffekt auf das Ergebnis der Einzelstimulation bei einem Patienten mit Sinusknoten-Syndrom. Die Frequenz nimmt

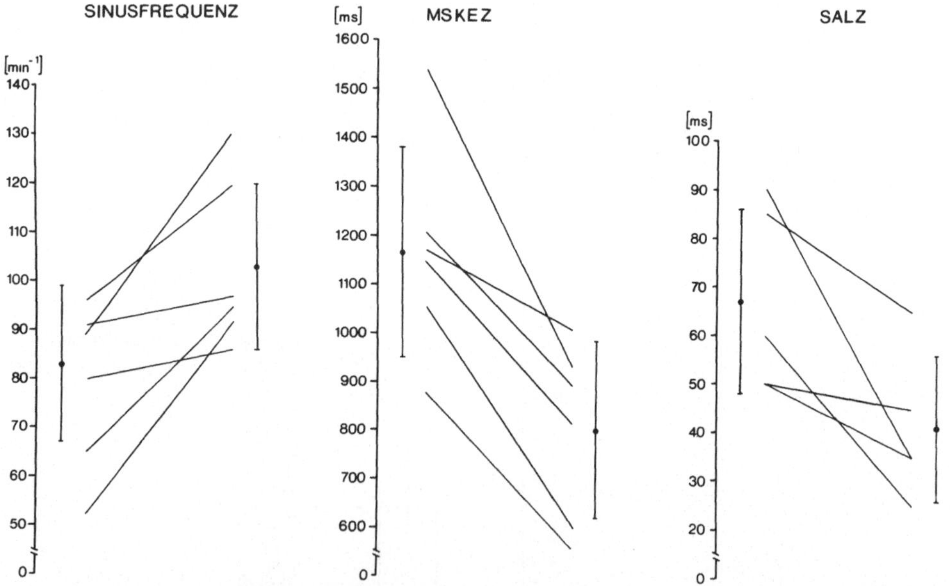

Abb. 5.12 Beeinflussung von spontaner Sinusknotenfrequenz, maximaler Sinusknotenerholungszeit MSKEZ und „einfacher sinuatrialer Leitungszeit" SALZ durch Atropinsulfat, 1 mg intravenös, bei einem Kontrollkollektiv von 6 Patienten. Die linke Seite gibt jeweils die Werte vor, die rechte Seite nach Vagusblockade an. Darüber hinaus sind Mittelwert und Standardabweichung dieser Parameter vor und nach Atropingabe wiedergegeben.
Atropin scheint zu einer Zunahme der Sinusknotenfrequenz und zu einer Abnahme der MSKEZ und der SALZ zu führen; wegen der geringen Fallzahl ist diese Beobachtung jedoch noch nicht als statistisch gesichert anzusehen

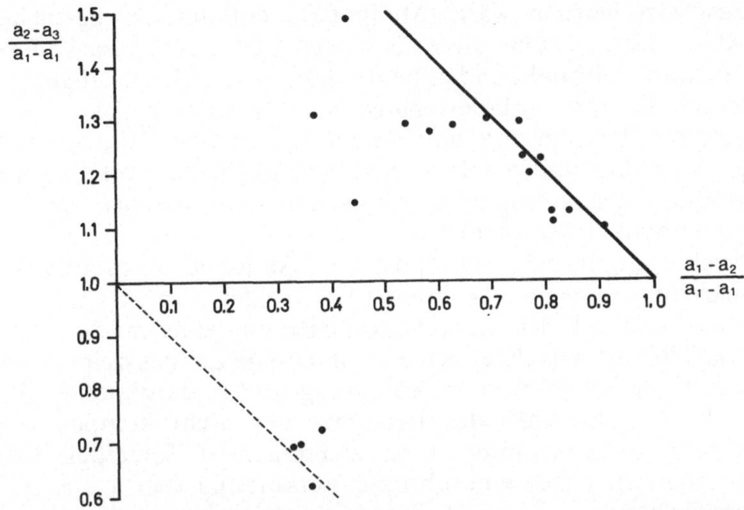

Abb. 5.13 A. Resultat der vorzeitigen atrialen Einzelstimulation bei einem 57jährigen Patienten mit Sinusknoten-Syndrom, Koordinaten wie in Abb. 5.10. Die kalkulierte sinuatriale Leitungszeit beträgt 145 msec. Vorhofgrundzyklus a_1–a_1: 963 msec ± 54 (± SD); n = 19. Sehr frühzeitig einfallende Vorhofextrasystolen werden von einem abrupt verkürzten $a_2 - a_3$-Intervall gefolgt

von 62 auf 83/min zu, ein Anstieg, der, verglichen mit der Kontrolle (s. Abb. 5.12), gering ausfällt. Der Übergang zu einem nicht kompensatorischen $a_2 - a_3$-Intervall tritt bei einem $a_1 - a_2$ von 70% des Grundzyklus a_1–a_1 auf; die sinuatriale Leitungszeit beträgt 145 msec (Abb. 5.13 A). Sehr frühzeitig einfallende Extraschläge werden von einem abrupt verkürzten postextrasystolischen Intervall gefolgt: a_3 fällt zu dem Zeitpunkt ein, zu dem dieser Schlag erwartet worden wäre, wenn *nicht* eine Zusatzerregung

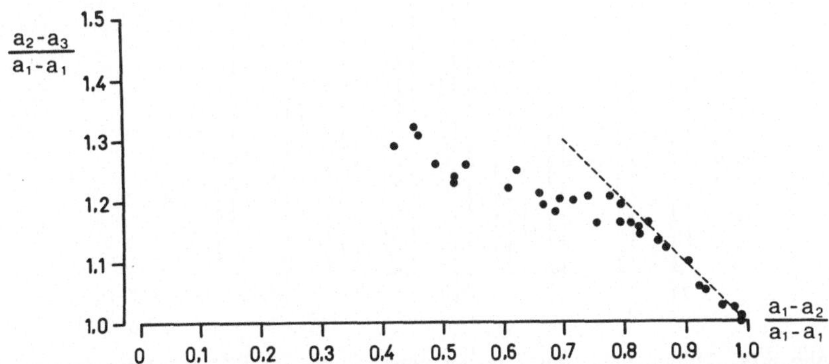

Abb. 5.13 B. Wiederholung der vorzeitigen atrialen Einzelstimulation nach Gabe von Atropin 1 mg intravenös; gleicher Patient wie in Abb. 5.13 A.
Vorhofgrundzyklus $a_1 - a_1$: 726 msec ± 14 (± SD); n = 32.
Atropin verkürzt die kalkulierte „einfache sinuatriale Leitungszeit" auf 55 msec. Abnorme Verkürzungen der $a_2 - a_3$-Intervalle werden nicht mehr beobachtet

ausgelöst worden wäre (Meßpunkte entlang der gestrichelten Linie in Abb. 5.13 A). Da bei diesen Schlägen kein Anstieg der Latenz zwischen Stimulationszeitpunkt und a_2 beobachtet wurde, die Konfiguration der postextrasystolischen Vorhoferregung im Extremitätenprogramm und im intraatrialen Elektrogramm unverändert war und auch die $a_3 - a_4$-Intervalle dem $a_1 - a_1$-Zyklus entsprachen [234], spricht dieses Reaktionsmuster für einen vollständigen retrograden Sinusknoteneintrittsblock der Zusatzerregung („komplette Interpolation").

Nach Atropin wird das postextrasystolische Vorhofintervall bei Unterschreitung eines $a_1 - a_2$-Intervalls von 85% von $a_1 - a_1$ nicht-kompensatorisch (Abb. 5.13 B); unter Zugrundelegung eines mittleren $a_1 - a_1$-Intervalls von 726 msec errechnet sich eine sinuatriale Leitungszeit von 55 msec, die sich somit gegenüber dem in Abbildung 5.13 A dargestellten Befund deutlich verkürzt. Innerhalb des Bereiches der nicht kompensatorischen Pause nimmt das $a_2 - a_3$-Intervall mit zunehmender Vorzeitigkeit der Stimulation kontinuierlich zu; eine abrupte Verkürzung von $a_2 - a_3$ wird nicht mehr beobachtet.

Abbildung 5.14 gibt das physiologische Verhalten der Sinusknotenerholungszeit unter dem Einfluß von Atropin wieder. Vor und nach Atropin tritt die maximale Pause nach einer Vorhofstimulationsfrequenz von 130/min auf, die mit 1205 bzw. 895 msec im Normbereich liegt. Bei allen untersuchten Stimulationsfrequenzen wird durch Vagusblockade die Sinusknotenerholungszeit deutlich verkürzt (vgl. schwarze mit weißen Säulen in Abb. 5.14).

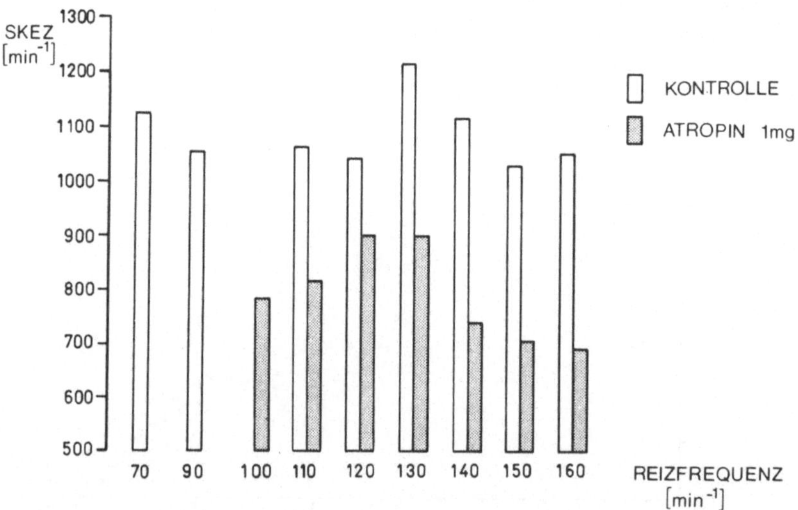

Abb. 5.14. Abhängigkeit der Sinusknotenerholungszeit SKEZ (Ordinate) von der Reizfrequenz (Abszisse) bei einem 51jährigen Probanden während Kontrolle (weiße Säule) und nach Gabe von Atropinsulfat (1 mg intravenös) (punktierte Säulen). Die maximale Erholungszeit tritt vor und nach Vagusblockade nach einer Vorhofstimulationsfrequenz von 130/min auf. Bei allen untersuchten Stimulationsfrequenzen führt Atropin zu einer Verkürzung der Erholungszeit

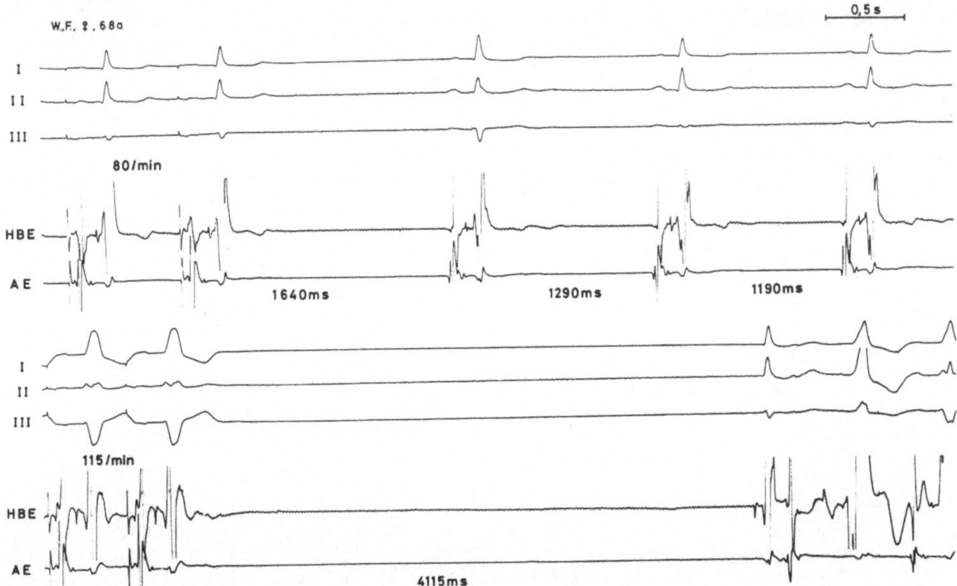

Abb. 5.15. Paradoxer Atropineffekt auf die Sinusknotenerholungszeit bei einer 68jährigen Patientin mit Sinusknoten-Syndrom. Oben: Registrierung von I, II, III, HBE und AE während und nach einer Vorhofstimulationsfrequenz von 80/min unter Kontrolle. Die Registrierung beginnt mit den letzten zwei stimulationsbedingten Vorhoferregungen. Die Sinusknotenerholungszeit ist mit 1640 msec mäßiggradig verlängert.
Unten: Registrierung von I, II, III, HBE und AE während und nach Beendigung einer Vorhofstimulationsfrequenz von 115/min nach Applikation von Atropin 1 mg i. v. Die Erholungszeit ist extrem verlängert auf 4115 msec; die Pause wird beendet von einem suprabifurkalen Ersatzschlag.
Die zwei stimulationsbedingten Kammerkomplexe in der unteren Registrierung zeigen eine linksschenkelblockartige Deformierung als Hinweis auf eine Schädigung des linken Tawaraschenkels

In einer Minderheit von Fällen kann es jedoch auch zu einer paradoxen Verlängerung der Sinusknotenerholungszeit kommen [44, 517, 617]; dies ist in Abbildung 5.15 gezeigt.
Vor Atropinapplikation wird eine mäßiggradige Verlängerung der maximalen Sinusknotenerholungszeit von 1640 msec nach einer Stimulationsfrequenz von 80/min registriert (Abb. 5.15, oben). Nach Gabe von Atropin ist im Anschluß an eine Stimulationsfrequenz von 115/min die präautomatische Pause extrem verlängert auf 4115 msec, die nicht einmal das volle Ausmaß der Sinusknotendepression angibt, da diese Asystoliephase nicht von einem Sinusschlag, sondern von einem suprabifurkalen Ersatzschlag beendet wird (Abb. 5.15, unten).
Atropin in einer Dosierung von 1 mg intravenös wirkt positiv chronotrop auf die Schrittmacheraktivität des Sinusknotens (s. Abb. 5.12) und positiv dromotrop auf die sinuatriale Überleitung (s. Abb. 5.12 und Einzelbeispiel in Abb. 5.13 B). Der erstgenannte Effekt ließe eine Verkürzung der Sinusknotenerholungszeit erwarten. Im Gegensatz dazu könnte der positiv dromo-

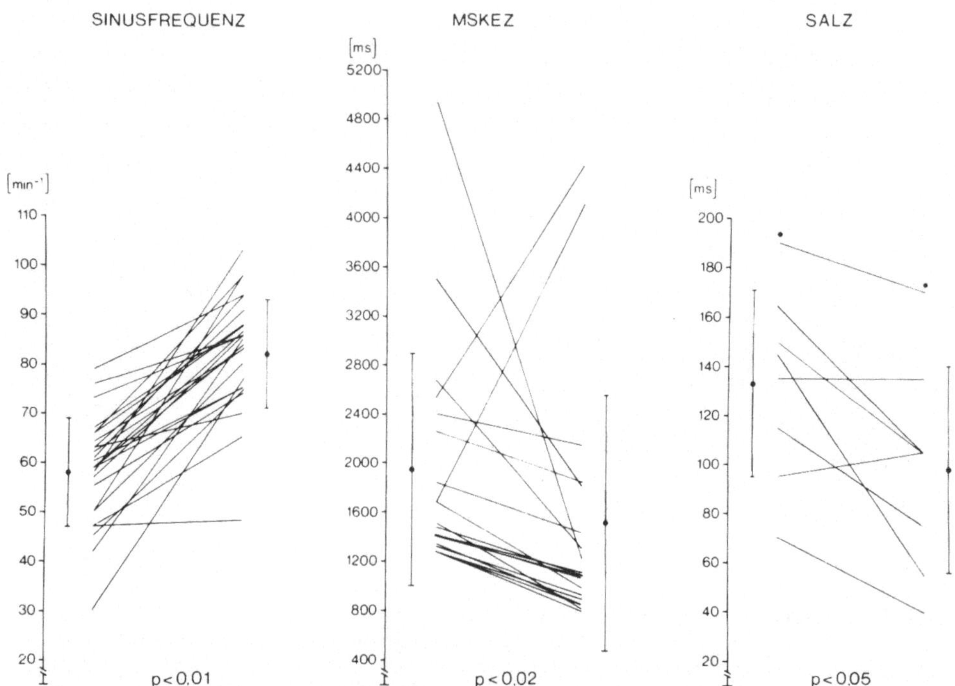

Abb. 5.16. Beeinflussung der spontanen Sinusknotenfrequenz, der maximalen Sinusknotenerholungszeit MSKEZ und der „einfachen sinuatrialen Leitungszeit" SALZ bei einem Patientenkollektiv mit Sinusknoten-Syndrom durch Atropin. Bezeichnungen und Symbole wie in Abbildung 5.12. Die linke Seite gibt jeweils die Werte vor, die rechte Seite nach Vagusblockade an.
Unter Atropin steigt die Sinusknotenfrequenz an ($p < 0{,}01$), MSKEZ nimmt ab ($p < 0{,}02$) trotz zweier paradoxer Reaktionen, und die SALZ verkürzt sich ebenfalls ($p < 0{,}05$).
● ● In der rechten Graphik (SALZ): spontaner SA-Block zweiten Grades

trope Effekt dadurch, daß ein partieller oder kompletter retrograder Sinusknoteneintrittsblock während Vorhofstimulation durch Atropin aufgehoben wird, auch zu einer Verlängerung der Sinusknotenerholungszeit führen: ein zuvor „geschützter" Sinusknoten wird nach Atropingabe von mehr ektopen Vorhoferregungen pro Zeiteinheit depolarisiert. Überwiegt nun der positiv dromotrope Effekt den positiv chronotropen auf die Sinusknotenerholungszeit, so würde dies die paradoxe und abnorme Zunahme der Sinusknotenerholungszeit als Decouvrierung einer latenten pathologischen Sinusknotenfunktion durch Atropin erklären [619].
Da die Sinusknotenerholungszeit der Länge der asystolischen Phase nach spontanem Sistieren von supraventrikulären Tachykardien, Vorhofflattern und Vorhofflimmern entsprechen dürfte, kommt diesem paradoxen Atropineffekt in Einzelfällen praktische Bedeutung zu.
Abbildung 5.16 faßt die Ergebnisse des Atropintestes bei Patienten mit Sinusknoten-Syndrom zusammen. Auch bei gestörter Sinusknotenfunktion wirkt Atropin positiv chronotrop (Anstieg um im Mittel 41%), die erreichte

Frequenz liegt jedoch signifikant unter der von Kontrollpersonen erreichten ($p < 0{,}01$); lediglich bei 6 von 25 Patienten mit Sinusknoten-Syndrom steigt die Frequenz über 90/min. Rosen u. Mitarb. [530] zeigten, daß bei 11 Patienten mit Sinusknoten-Syndrom die Frequenz um 25 bis 125% nach Gabe von 1 mg Atropin intravenös anstieg, bei keinem jedoch auf mehr als 90 Schläge pro Minute. Mandel u. Mitarb. [409] berichten von einem durchschnittlichen Anstieg um 12 Schläge pro Minute, Dhingra u. Mitarb. [136] von einem mittleren Anstieg um 45% mit einer Maximalfrequenz über 90/min bei zwei von 21 Patienten mit gestörter Sinusknotenfunktion. Die maximale Sinusknotenerholungszeit MSKEZ nimmt im Mittel ab ($p < 0{,}02$; siehe Abb. 5.16, Mitte), in zwei Einzelfällen trat jedoch eine ausgeprägte Verlängerung auf. Entsprechende Befunde konnten von anderen Autoren erhoben werden [136, 137, 408, 451].

Eine paradoxe Atropinreaktion auf die „sinuatriale Leitungszeit" wurde von uns nur einmal beobachtet; insgesamt kommt es bei Herzgesunden und bei Patienten mit Sinusknoten-Syndrom zu einer Abnahme dieses Parameters ($p < 0{,}05$, siehe Abb. 5.16, rechts). Die Mehrzahl anderer Untersucher kam zu gleichen Resultaten [73, 516, 517], während Dhingra u. Mitarb. diese Abnahme nur bei Normalpersonen [137], nicht jedoch bei Patienten mit gestörter Sinusknotenfunktion beobachten konnten [136]. – Zur praktisch-klinischen Bedeutung des Atropintestes ist zu sagen, daß eine physiologische Sinusknoten*reaktion* eine pathologische Sinusknoten*funktion* nicht sicher ausschließt. Der diagnostische Wert dieses pharmakologischen Testes liegt darin, daß ein pathologischer Atropintest den Verdacht auf das Vorliegen einer Sinusknotenerkrankung erhärtet oder ggf. gar erst erste Hinweise auf das Vorliegen einer solchen Erkrankung liefert.

5.1.3.4 Pacemaker-Shift

Bei einzelnen Patienten kann bei sorgfältiger Analyse der Oberflächen- und intrakardialen Potentialableitungen ein Wechsel des Schrittmacherzentrums („Pacemaker-Shift") als Reaktion des Sinusknotens auf vorzeitige atriale Einzelstimulation erkannt werden (s. o.). Neben ihrem elektrophysiologischen Interesse erlauben diese Beobachtungen alternativ zur Messung der a_2–a_3-Intervalle eine zweite Beurteilungsmöglichkeit der sinuatrialen Leitungszeit: nimmt man an, daß ein Pacemaker-Shift die vorzeitige Depolarisation des Sinusknotens durch eine Vorhofextrasystole anzeigt, so kann mit Hilfe dieses Phänomens beurteilt werden, welche Vorzeitigkeit des Extraschlages notwendig ist, damit dieser retrograd zum Sinusknoten fortgeleitet wird.

Abbildung 5.17 zeigt ein Beispiel: In A wird eine Vorhofextrasystole spät in der atrialen Diastole hervorgerufen, die gefolgt ist von einer kompensatorischen Pause. Der folgende Zyklus $a_3 - a_4$ ist identisch mit $a_1 - a_1$. Die Konfiguration der Vorhoferregung a_3 und a_4 ist im Extremitätenprogramm sowie im intraatrialen Elektrogramm ebenfalls unverändert.

In B wird der vorzeitige Extrareiz früher in der atrialen Diastole ausgelöst.

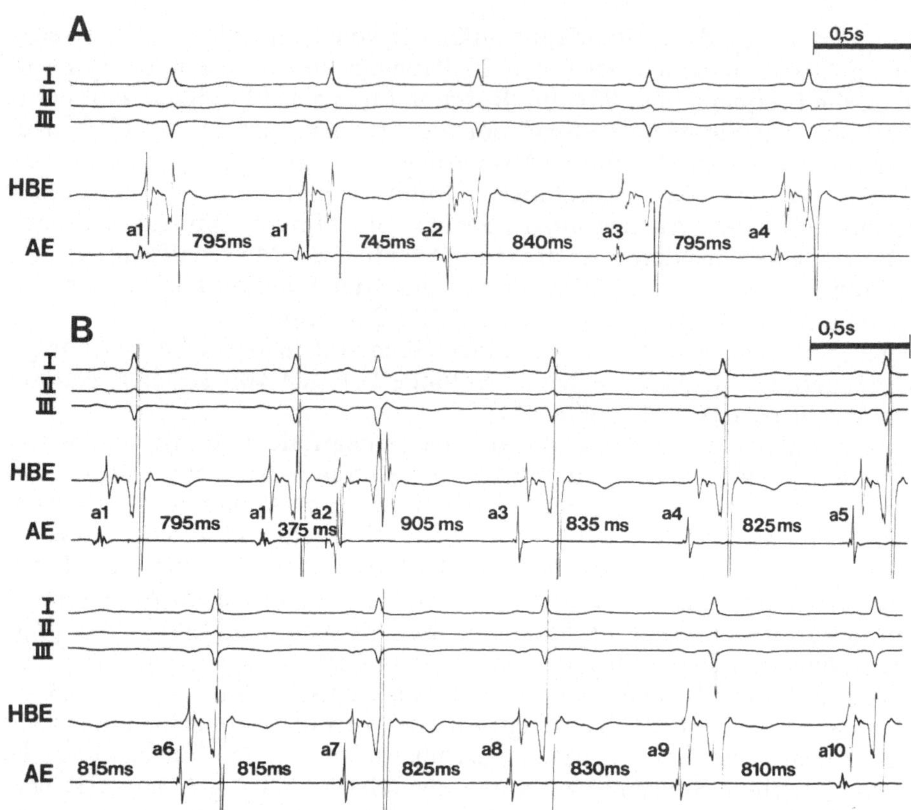

Abb. 5.17. Ableitung I, II, III, His-Bündel-Elektrogramm (HBE) und atriales Elektrogramm (AE) während vorzeitiger atrialer Einzelstimulation nach Atropin (1 mg intravenös) bei einem 69jährigen Patienten mit Sinusknoten-Syndrom.
A: Nach der zweiten spontanen Vorhoferregung wird eine Vorhofextrasystole spät in der atrialen Diastole ausgelöst; das folgende $a_2 - a_3$-Intervall ist kompensatorisch (745 msec + 840 msec $\cong$ 2 × 795 msec). Fünf spontane Vorhofzyklen vor Auslösung der Vorhofextrasystole a_2 betrugen zwischen 785 und 795 msec.
B: Zwei fortlaufende Registrierungen. Das präextrasystolische Vorhofintervall von 375 msec ist gefolgt von einer nicht kompensatorischen Pause (375 msec + 905 msec < 2 × 795 msec). Drei Vorhofzyklen vor a_2 mit einer Konfiguration der Vorhofkomplexe wie bei a_1 betrugen zwischen 795 und 800 msec. Die Veränderung der Vorhofkonfiguration der postextrasystolischen Vorhoferregung wird deutlich im atrialen Elektrogramm ebenso wie in den Oberflächenableitungen (die der Vorhoferregung a_3 und a_4 zugehörigen P-Wellen werden negativ in III und isoelektrisch in II), während diese Veränderungen im His-Bündel-Elektrogramm nicht zur Darstellung kommen. Die Vorhoferregungen von $a_5 - a_8$ stellen ein intermediäres Erregungsmuster dar mit Rückkehr schwach positiver P-Wellen in II, jedoch weiter negativ bleibendem P in III. Mit dem Wiederauftreten eines initial negativen Ausschlages der Vorhoferregung a_9 im atrialen Elektrogramm, und noch deutlicher der a_{10} Erregung, kommt es zu einer gleichzeitigen Normalisierung der P-Wellen (positiv in II, biphasisch in III). Die Vorhofzykluslänge nach der Vorhofextrasystole ist bis zum Intervall $a_8 - a_9$, verglichen mit $a_1 - a_1$, verlängert

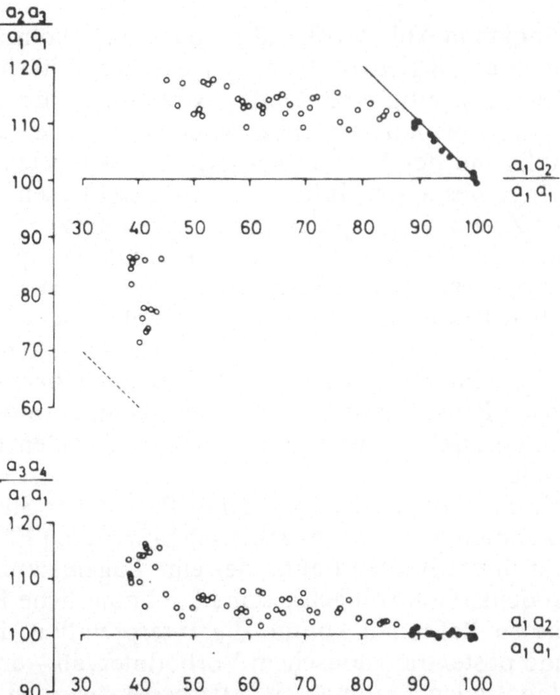

Abb. 5.18. Resultat der vorzeitigen atrialen Einzelstimulation. Gleicher Patient wie in Abbildung 5.17. Koordinaten im oberen Teil der Abb. wie in Abbildung 5.9.
Unterer Teil, Abszisse: Präextrasystolisches Intervall $a_1 - a_2$, angegeben in Prozent des Vorhofgrundzyklus $a_1 - a_1$. Ordinate: Post-postextrasystolisches Vorhofintervall $a_3 - a_4$, angegeben in Prozent des Vorhofgrundzyklus $a_1 - a_1$.
Vorhofgrundzyklus $a_1 - a_1$: 795 msec ± 13 (± SD); n = 62. Punkte stellen $a_2 - a_3$-Intervalle dar, die mit einem unveränderten Vorhofkomplex einhergingen (Beispiel in Abb. 5.17 A). Kreise stellen $a_2 - a_3$- und $a_3 - a_4$-Intervalle dar, die mit einer Veränderung der a_3-Konfiguration einhergingen (Beispiel in Abb. 5.17 B).
Es wird angenommen, daß die vorzeitige Depolarisation des Sinusknotens auftritt beim Übergang des $a_2 - a_3$-Intervalls zu einer nicht kompensatorischen Pause (bei einem $a_1 - a_2$-Intervall von etwa 87,5% des $a_1 - a_1$-Intervalls); die kalkulierte „einfache sinuatriale Leitungszeit" SALZ beträgt 50 msec. Innerhalb der nicht kompensatorischen Pause kommt es zu einer stetigen Verlängerung sowohl der $a_2 - a_3$- als auch der $a_3 - a_4$-Intervalle

Die folgende Pause ist nicht kompensatorisch. Die Kontur von a_3, welches diese Pause beendet, sowie der korrespondierenden P-Wellen in II und III haben sich geändert: a_3 beginnt im Gegensatz zu a_1 mit einem hohen positiven Ausschlag, die P-Welle wird negativ in III und isoelektrisch in II. Das $a_3 - a_4$-Intervall ist verlängert.
In Abbildung 5.18 ist die Beziehung zwischen der Länge des $a_1 - a_2$ und $a_2 - a_3$-Intervalls beim gleichen Patienten gezeigt.
$a_1 - a_2$-Intervalle, die eine kompensatorische Pause hervorrufen, können klar getrennt werden von kürzeren $a_1 - a_2$-Zyklen, die von einer nicht kompensatorischen Pause gefolgt sind. Ein kompensatorisches $a_2 - a_3$-Intervall geht uniform mit einem unveränderten Vorhoferregungsmuster einher

(Punkte in Abb. 5.18), während bei nicht kompensatorisch werdendem Vorhofintervall gleichzeitig ein Pacemaker-Shift sichtbar wird.
Sehr frühzeitig einfallende Extraschläge führen zu einer Verkürzung von $a_2 - a_3$, ebenfalls begleitet von einem Pacemaker-Shift.
Aufgrund der Korrelation zwischen Auftreten eines Pacemaker-Shifts und Länge des $a_2 - a_3$-Intervalls muß geschlossen werden, daß in diesem Falle die Zusatzerregung den Sinusknoten exakt in dem Moment erreicht hat, in dem die Länge von $a_2 - a_3$ von einem kompensatorischen zu einem nicht kompensatorischen Intervall übergeht. Innerhalb der nicht kompensatorischen Pause nimmt $a_2 - a_3$ mit zunehmender Verkürzung von $a_1 - a_2$ kontinuierlich an Länge zu. Dies stellt ein Argument für die Auffassung dar, daß in diesem Falle die $a_2 - a_3$-Länge am Übergang zur nicht kompensatorischen Pause – und nicht die nicht-kompensatorische Pause selbst – als Ausgangspunkt zur Berechnung der sinuatrialen Leitungszeit gewählt werden sollte.
Ähnliche Beobachtungen eines Pacemaker-Shifts wurden von uns bei fünf Patienten gemacht; in zahlreichen weiteren Fällen trat der Pacemaker-Shift nur intermittierend auf, oder eine Lageinstabilität des intrakardialen Elektrodenkatheters machte seine kontinuierliche Registrierung unmöglich. Mit diesen Befunden konnte die Interpretation der Beziehung zwischen prä- und postextrasystolischem Vorhofintervall – und damit die Bestimmung der sinuatrialen Leitungszeit – verbessert werden. Diese Ergebnisse sind u. E. übertragbar auch auf Patienten mit ähnlicher Beziehung zwischen $a_1 - a_2$ und $a_2 - a_3$ Länge ohne elektrophysiologisch nachweisbaren Pacemaker-Shift [620]. Ob darüber hinaus die Beobachtung eines Pacemaker-Shifts klinische Bedeutung hat und eine pathologische Fraktionierung des Sinusknotens in verschiedene konkurrierende Schrittmacherzentren anzeigt, ist derzeit nicht sicher zu beurteilen.

5.1.3.5 Digitalis und Sinusknotenfunktion

Die Digitalisierung von Patienten mit Sinusknoten-Syndrom ist umstritten. Mit Hilfe der diagnostischen Vorhofstimulation ist der Effekt von Digitalis auf die Sinusknotenfunktion von mehreren Autoren untersucht worden [67, 68, 133, 168, 235, 515]. Dabei wurden Spontanfrequenz, Sinusknotenerholungszeit und sinuatriale Leitungszeit bestimmt vor und 30 min nach intravenöser Injektion von g-Strophanthin 0,01 mg/kg Körpergewicht [67, 68, 133, 168], 30 min nach intravenöser Gabe von 0,75 mg Digoxin [515] und 45 – 60 min nach Applikation von 1,25 mg Digoxin intravenös [235].
Eine Beeinflussung der Sinusknotenfunktion am Patienten durch herzaktive Glykoside ist durch folgende Mechanismen möglich:
1. direkter chronotroper Effekt [625],
2. Veränderungen der autonomen Innervation als Folge der positiv inotropen Glykosidwirkung [428],
3. indirekt vagomimetische Wirkung [96, 214, 279, 332],
4. sowohl Verstärkung als auch Abschwächung der adrenergen Innervation [227, 418, 442].

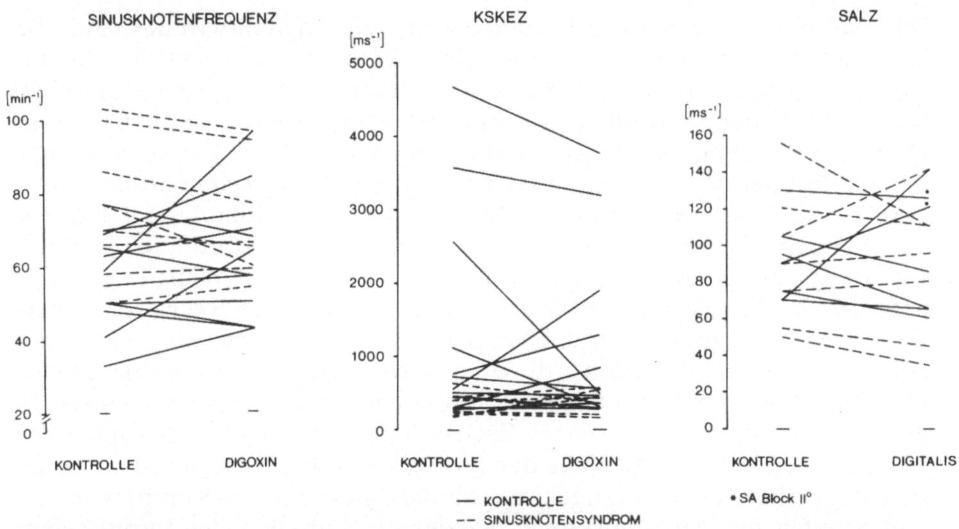

Abb. 5.19. Beeinflussung der spontanen Sinusknotenfrequenz, der korrigierten Sinusknotenerholungszeit KSKEZ und der „einfachen sinuatrialen Leitungszeit" SALZ durch eine therapeutische Digoxinplasmakonzentration. Aufgrund von Veränderungen in entgegengesetzte Richtungen konnten Veränderungen dieser Parameter durch herzaktive Glykoside nicht statistisch gesichert werden trotz zum Teil ausgeprägter Veränderungen in Einzelfällen

Die Zeit zur Äquilibrierung zwischen Serum und Gewebe ist abhängig von der Art des Glykosids und ist sicher sowohl für g-Strophanthin als auch Digoxin innerhalb von 30 min nicht vollständig [144]. Aus diesem Grunde können die bereits vorliegenden Untersuchungen zur Glykosidwirkung nur bedingt verwertet werden.

Um genauere Auskunft über die klinisch entscheidende Langzeitwirkung herzaktiver Glykoside auf die Sinusknotenfunktion zu bekommen, wurden 8 Kontrollpatienten sowie 12 Patienten mit Sinusknoten-Syndrom vor sowie mehrere Tage nach vollständiger Digitalisierung untersucht [624]. Zum Zeitpunkt der Nachuntersuchung bestand bei allen Patienten eine therapeutische Serum-Digoxin-Konzentration (M = 1,2 ng/ml ± 0,6 (± SD)). Abbildung 5.19 gibt die Beeinflussung der Sinusknotenfrequenz, der korrigierten Sinusknotenerholungszeit und der sinuatrialen Leitungszeit wieder. Vergleicht man die Spontanfrequenz vor und nach Gabe des Glykosids, so stieg sie in 6 von 20 Fällen an, blieb konstant in 6 von 20, und nahm bei 8 von 20 Patienten ab. Aufgrund dieser Veränderungen in entgegengesetzte Richtungen konnte eine Beeinflussung der Sinusknotenfrequenz am gesamten Patientenkollektiv nicht gesichert werden.

Der Parameter der korrigierten Sinusknotenerholungszeit veränderte sich bei der Mehrheit der Patienten nur wenig. Sieht man eine Veränderung des Ausgangswertes um mehr als 500 msec als signifikant an, so wurde eine Zunahme bei 3 und eine Abnahme bei ebenfalls 3 Patienten beobachtet. Diese deutlichen Veränderungen wurden ausschließlich bei Kranken mit Sinusknoten-Syndrom beobachtet.

Das Beispiel einer schweren depressorischen Digitaliswirkung auf die Sinusknotenfunktion bei einer 56jährigen Patientin mit elektrokardiographisch dokumentiertem Sinusknoten-Syndrom ist in der Abbildung 5.20 dargestellt. Unter Kontrolle ist die maximale Sinusknotenerholungszeit mit 1430 msec nach einer Vorhofstimulationsfrequenz von 72/min noch normal (oberer Teil der Abb.). 3 Tage später, unter dem Einfluß einer Serum-Digoxin-Konzentration von 1,5 ng/ml, beträgt nach einer Stimulationsfrequenz von 156/min die Sinusknotenerholungszeit 1780 msec (fortlaufende Registrierungen im unteren Teil der Abb.). Eine veränderte P-Wellenkonfiguration in II und III (vgl. mit P-Wellenkontur im untersten Registrierstreifen, wie sie unter Digitalis während Sinusrhythmus vorherrschend war) weist auf einen „Pacemaker-Shift" dieses ersten spontanen Sinusschlages hin. Das darauffolgende Vorhofintervall ist extrem verlängert auf 5240 msec. In diese Pause fallen 2 junktionale Ersatzschläge ein (His-Bündel-Spikes im HBE, die bei fehlender P-Welle den zwei ersten QRS-Komplexen im untersten Registrierstreifen vorangehen). Ab dem vierten QRS-Komplex in diesem Streifen hat der Sinusknoten wieder die Funktion des Impulsgebers übernommen. Die maximale korrigierte Sinusknotenerholungszeit betrug unter Digitalis 1900 msec nach einer Stimulationsfrequenz von 146/min (nicht in Abb. 5.20 gezeigt). Bei erheblichen Veränderungen in Einzelfällen sowohl im Sinne einer Verlängerung als auch Verkürzung der Sinusknotenerholungszeit konnte für das Gesamtpatientengut eine signifikante Beeinflussung dieses Parameters statistisch nicht gesichert werden.

Eine Verlängerung der sinuatrialen Leitungszeit von 30 msec oder mehr wurde bei 3 Patienten beobachtet, eine Abnahme in zwei Fällen. Bei 2 Patienten mit Sinusknoten-Syndrom waren einzelne Vorhofextrasystolen gefolgt von einer ausgeprägten $a_2 - a_3$-Verlängerung, deren Länge vereinbar war mit der Annahme eines Sinusknotenaustrittsblockes. In 6 von 20 Fällen schloß eine ausgeprägte Sinusarrhythmie die indirekte Bestimmung der sinuatrialen Leitungszeit aus. Wie für Spontanfrequenz und Erholungszeit, so ergab sich auch für die Leitungszeit keine statistisch signifikante Beeinflussung durch Digitalis.

Die pathophysiologisch interessante Frage, ob der durch Digitalis hervorgerufene spontane SA-Block zweiten Grades – eine im übrigen schon früh mitgeteilte klinische Beobachtung [40, 278, 353, 404, 578, 670] – über eine vollständige Leitungsunterbrechung zwischen Sinusknoten und Vorhof, oder aber über eine Störung der Sinusknotenautomatie zustande kommt, ist nicht schlüssig zu beantworten. Die Beobachtungen, daß eine Digitalisierung nicht generell mit einer Verlängerung der kalkulierten sinuatrialen Leitungszeit verknüpft ist, scheint dagegen zu sprechen, daß eine Leitungsblockierung generell Ursache des unter therapeutischen Digitalisdosen auftretenden sog. SA-„Blockes" zweiten Grades ist. Daraus kann geschlossen werden, daß alternative Erklärungsmöglichkeiten, wie z. B. eine Depression der Schrittmacherautomatie mit dem Resultat unterschwellig bleibender Potentialverläufe für einzelne oder mehrere Schläge [182, 183, 625], stärkere Berücksichtigung finden sollten.

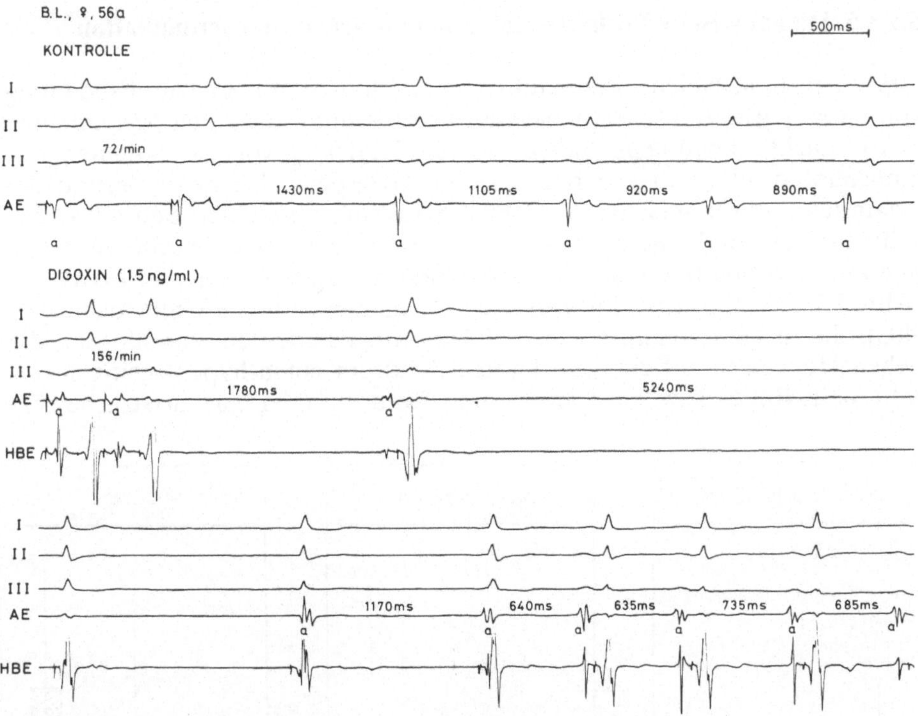

Abb. 5.20. Bedrohliche Glykosidwirkung auf die Sinusknotenfunktion bei einer 56jährigen Patientin mit Sinusknoten-Syndrom. Oben: Registrierung von Ableitung I, II und III sowie des atrialen Elektrogrammes während und nach einer Vorhofstimulationsfrequenz von 72/min unter Kontrolle. Die Sinusknotenerholungszeit beträgt 1430 msec.
Unten: Registrierung von I, II, III, AE und HBE während und nach einer Stimulationsfrequenz von 156/min nach Erreichen einer therapeutischen Digoxinplasmakonzentration von 1,5 ng/ml. Die Sinusknotenerholungszeit beträgt 1780 msec. Das darauffolgende Vorhofintervall ist extrem verlängert auf 5240 msec (s. auch Text)

Einzelne Patienten mit Sinusknoten-Syndrom reagierten unter Digitalisierung in therapeutischer Dosierung mit einer exzessiven Verlängerung der Sinusknotenerholungszeit. Diese Beobachtungen zeigen, daß die von anderen Autoren 30 min nach Digitalisinjektion gemessene Verkürzung der Sinusknotenerholungszeit [133, 168] nicht der klinisch entscheidenden Langzeitwirkung entsprechen muß. Im Gegensatz zu diesen pharmakologischen Kurzzeituntersuchungen stehen unsere Befunde im Einklang mit dem Fallbericht eines Patienten, bei dem die Digitaliswirkung ebenfalls über mehrere Tage verfolgt wurde [410]. Wir folgern aus unseren Beobachtungen, daß durch Digitalis bei einzelnen Patienten mit Sinusknoten-Syndrom mit einer unvorhersehbaren und schweren Schädigung der Sinusknotenfunktion zu rechnen ist. Eine Langzeitanwendung herzaktiver Glykoside bei pathologischer Sinusknotenfunktion erscheint nur gerechtfertigt, wenn im Langzeit-EKG bzw. bei diagnostischer Vorhofstimulation die beschriebenen unerwünschten Wirkungen ausgeschlossen werden konnten.

5.1.3.6 Diagnostische Vorhofstimulation und Schrittmacherindikation

Um zu prüfen, welche Bedeutung der Vorhofstimulation zur Erkennung von Patienten mit Sinusknoten-Syndrom zukommt, die einen permanenten Schrittmacher benötigen, haben wir ein Kollektiv von 27 Patienten mit Sinusknoten-Syndrom unterteilt in eine Gruppe A, bei der aufgrund der Anamnese, des klinischen und elektrokardiographischen Befundes eine Schrittmacherimplantation als nicht notwendig erachtet wurde (n = 11). und eine Gruppe B, bei der die Implantation vorgenommen wurde (n = 16) (Abb. 5.21) (s. a. S. 104). Im Vergleich zu eigenen früheren Untersuchungen [403], die in einem gemischten Kollektiv auch Patienten einschlossen, die neben Hinweisen auf ein Sinusknoten-Syndrom einen hypersensitiven Carotis-Sinus-Reflex bzw. ein Carotis-Sinus-Syndrom oder eine zusätzliche AV-

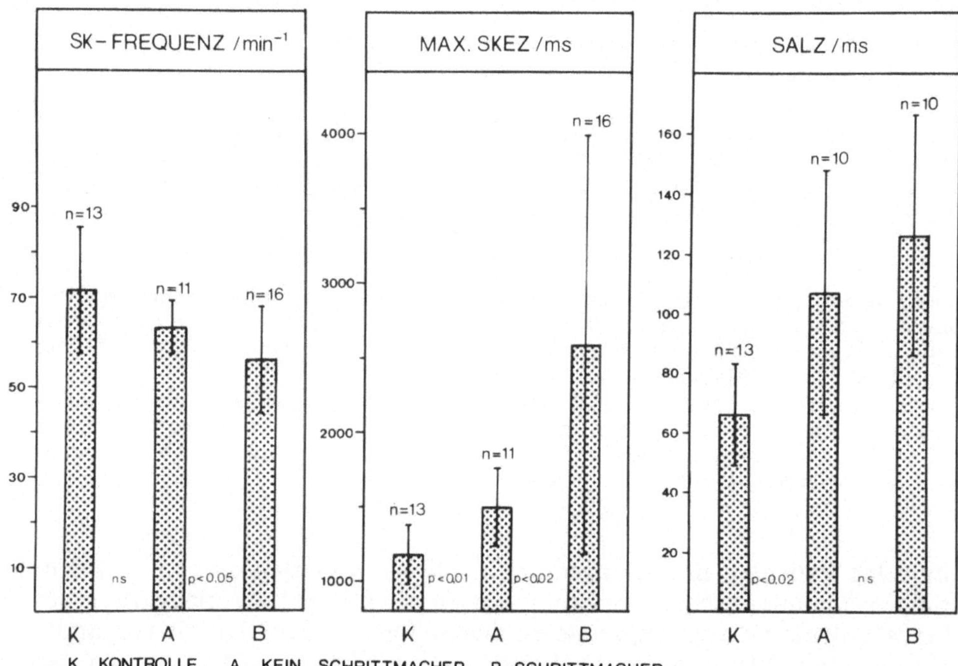

Abb. 5.21. Spontane Sinusknotenfrequenz, maximale Sinusknotenerholungszeit und „einfache sinuatriale Leitungszeit" bei einem Kontrollkollektiv von 13 Patienten (K), 11 Patienten mit Sinusknoten-Syndrom, bei denen aufgrund der klinischen und elektrokardiographischen Befunde eine Schrittmacherimplantation als nicht notwendig erachtet wurde (A), sowie 16 Patienten mit Sinusknoten-Syndrom, bei denen eine Schrittmacherimplantation vorgenommen wurde (B).
Die Spontanfrequenz nimmt mit zunehmendem Ausmaß der Sinusknotenschädigung ab; umgekehrt nimmt die maximale Sinusknotenerholungszeit zu. Während die Bestimmung der „einfachen sinuatrialen Leitungszeit" ebenfalls eine Diskriminierung zwischen normaler und pathologischer Sinusknotenfunktion erlaubt, korreliert sie nicht mit dem Schweregrad der Sinusknotenerkrankung. s. auch Text.
Die statistischen Angaben beziehen sich auf Vergleich der Kollektive rechts und links von den jeweils angegebenen Irrtumswahrscheinlichkeiten

Leitungsstörung aufwiesen, wurde bei diesen 27 Patienten die Indikation zur Schrittmacherimplantation ausschließlich vom Schweregrad des Sinusknoten-Syndroms abhängig gemacht.
Die Spontanfrequenz zeigt mit zunehmender Sinusknotenfunktionsstörung fallende Tendenz; sie ist in der Schrittmachergruppe B gegenüber der Kontrolle erniedrigt ($p < 0{,}01$).
Umgekehrt verhält sich die Sinusknotenerholungszeit: sie nimmt mit zunehmender Sinusknotenschädigung zu. Auch innerhalb des gesamten Patientenkollektivs mit Sinusknoten-Syndrom war dieser Parameter im schrittmacherbehandelten Kollektiv B gegenüber der nicht schrittmacherpflichtigen Gruppe A verlängert ($p < 0{,}02$).
Demgegenüber war die sinuatriale Leitungszeit in der Gruppe A gegenüber der Kontrolle verlängert ($p < 0{,}02$); andererseits korreliert dieser Parameter nicht mit dem Schweregrad der Erkrankung (Gruppe A und B nicht unterschiedlich).
Die indirekt ermittelte sinuatriale Leitungszeit stellt die unidirektionale Leitungszeit zwischen dem aktuellen Ort der Impulsbildung im Sinusknoten und dem Vorhof dar. Ist bei vorliegendem Sinusknoten-Syndrom ein großer Teil des Schrittmacherareals irreversibel geschädigt, so ist zu erwarten, daß die Impulsgeberfunktion für die Vorhöfe und Kammern von Schrittmacherarealen an der sinuatrialen Grenzregion übernommen wird. Solch ein „Pacemaker-Shift" in Richtung auf den Vorhof könnte erklären, warum die Länge der kalkulierten sinuatrialen Leitungszeit nicht mit dem Ausmaß der Sinusknotenerkrankung korrelieren muß.
Was die Entscheidung zur Schrittmacherimplantation bei gesichertem Sinusknoten-Syndrom anbetrifft, so wird aus Abbildung 5.21 ersichtlich, daß eine persistierende pathologische Sinusbradykardie und eine ausgeprägte Verlängerung der Sinusknotenerholungszeit eine höhergradige und damit schrittmacherpflichtige Erkrankung des Sinusknotens anzeigt, während hierfür die sinuatriale Leitungszeit keine relevante Entscheidungshilfe darstellt (s. S. 103).
Aufgrund einer Untersuchung an 32 Patienten mit Sinusknoten-Syndrom verschiedener Schweregrade mittels diagnostischer Vorhofstimulation kommen Evans u. Mitarb. [176] zur gleichen Auffassung. Andererseits ist die „sinuatriale Leitungszeit" neben Spontanfrequenz und Sinusknotenerholungszeit hilfreich für die Differenzierung leichterer Formen pathologischer von normaler Sinusknotenfunktion. Eine Verlängerung der SA-Leitungszeit ohne klinische Symptomatik stellt keine Indikation zur Schrittmacherimplantation dar [140, 403]. Schließlich ist zu betonen, daß ein enger Zusammenhang zwischen isolierter Störung der Sinusknotenautomatie und/oder der sinuatrialen Leitung einerseits und den auf diese Rhythmusstörungen zurückführbaren klinischen Symptomen des Patienten nicht bestehen muß. Beim Ausfall des Sinusknotens bestimmt das Verhalten tiefergelegener Ersatzrhythmen die asystoliebedingte Gefährdung [543], die, falls sie rechtzeitig einspringen, das Sinusknoten-Syndrom zu einer symptomarmen Erkrankung machen können. Falls die Ersatzrhythmen ausbleiben oder sehr verzögert einfallen (Sinusknoten-Syndrom als Teil einer generalisierten Er-

krankung des Reizbildungs- und -leitungssystems des Herzens nach Kaplan u. Mitarb. [307]), entspricht die Gefährdung der Patienten durch Adams-Stokes-Anfälle der des totalen AV-Blockes, und es besteht eine absolute Indikation zu permanenter Schrittmacherstimulation.

5.2 Atrioventrikuläre und intraventrikuläre Leitungsstörungen

L. SEIPEL

5.2.1 Methodik

Bei der Durchführung einer His-Bündel-Elektrographie zur weitergehenden Abklärung atrioventrikulärer oder intraventrikulärer Leitungsstörungen müssen einmal bestimmte instrumentelle und apparative Voraussetzungen gegeben sein; zudem muß der Untersucher die Herzkathetertechnik beherrschen [277, 506, 580]. Darüber hinaus kann der diagnostische Wert der Methode nur dann voll ausgeschöpft werden, wenn der Untersucher in Kenntnis der elektrophysiologischen Bedingungen, die ihn bei dem Krankheitsbild erwarten, vor Beginn der Katheterisierung einen Untersuchungsplan aufstellt, der eine größtmögliche Information verspricht. Von großer Wichtigkeit ist außerdem, daß alle Medikamente, die elektrophysiologische Effekte haben, rechtzeitig abgesetzt werden. Hierzu gehört beispielsweise auch Digitalis.

5.2.1.1 Technische Voraussetzungen

Für die Durchführung einer His-Bündel-Elektrographie ist neben einem mehrkanaligen EKG-Gerät mit entsprechend hoher oberer Frequenzwiedergabe insbesondere eine spezielle Verteilerschaltung erforderlich, mit der es möglich ist, beliebige Elektrodenableitungen bipolar auf wählbare Registrierkanäle zu schalten. Dieses Schaltsystem enthält normalerweise gleichzeitig auch einen Frequenzfilter mit einer unteren Begrenzung von 30 – 50 Hz, wie sie für die Registrierung von His-Bündel-Potentialen erforderlich ist. Gleichzeitig sollte ein solches System eine photoelektrische Koppelung oder eine Strombegrenzung erhalten, um Stromunfälle zu vermeiden. Außerdem muß für den gesamten Katheterplatz ein Potentialausgleich installiert werden. (Technische Voraussetzungen für hochfrequente, gekoppelte und gepaarte Stimulation s. S. 130). Abbildung 5.22 zeigt schematisch die Schaltanordnung der verschiedenen bei einer His-Bündel-Elektrographie benutzten Geräte. Es ist darüber hinaus selbstverständlich, daß bei jeder Untersuchung ein Defibrillator griffbereit ist.
Das Einführen der Elektrodenkatheter für die His-Bündel-Elektrographie geschieht am günstigsten über die rechte Vena femoralis. Für die atriale Sti-

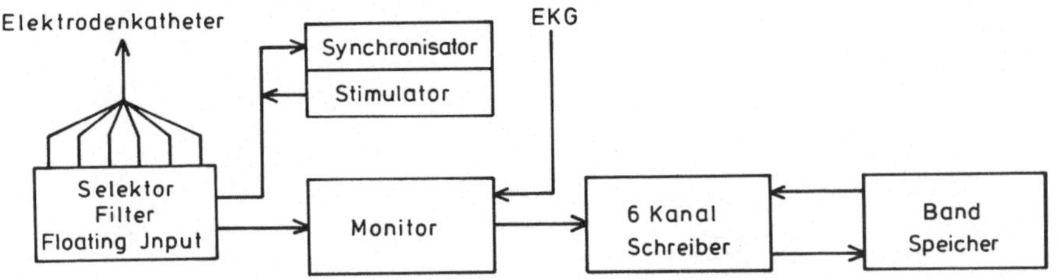

Abb. 5.22. Schematische Darstellung einer Registrier- und Stimulationseinheit für die His-Bündel-Elektrographie

mulation und gleichzeitige Ableitung von Vorhofpotentialen wird ein vierpoliger 6 F Katheter benötigt, der in den hohen rechten Vorhof vorgeschoben wird. Für die Ableitung und Stimulation im Bereich des Hisschen Bündels und der rechten Ventrikelspitze haben sich dünne (4 F), flexible bipolare Katheter bewährt, die zum einmaligen Gebrauch bestimmt sind. Im Gegensatz zu den relativ steifen mehrpoligen Elektrodenkathetern kann hiermit das Erregungsleitungssystem praktisch kaum verletzt werden, so daß sie auch bei entsprechender Schädigung, z. B. Linksschenkelblock, bedenkenlos eingesetzt werden können. Der Elektrodenabstand beträgt 0,5 cm. Bei Verwendung dieser Elektrodenkombination können alle Katheder über dieselbe Femoralvene eingeführt werden. Der Patient empfindet die zusätzlichen perkutanen Venenpunktionen an der einmal großzügig anästhesierten Stelle nicht mehr. Dieses Vorgehen ist nicht nur angenehmer für den Patienten als die zusätzliche Punktion einer Armvene, es erlaubt auch eine optimale Positionierung des Vorhof- und His-Katheters. Der His-Katheter wird durch die Trikuspidalklappe an das Ventrikelseptum vorgeschoben und so lange gering in seiner Lage verändert, bis das typische His-Bündel-Potential erscheint (vgl. Abb. 5.1). Zusätzliche Ableitungen vom linken Schenkel [91, 309, 532, 647] bei retrogradem Vorgehen haben für die klinische Diagnostik praktisch keine Bedeutung.

5.2.1.2 Normalbefunde bei Sinusrhythmus

Die Kenntnis des normalen Verhaltens der Erregungsleitung bei Spontanrhythmus und unter Stimulation ist die entscheidende Voraussetzung für die richtige Interpretation der Befunde im His-Bündel-Elektrogramm und damit auch für die richtige Entscheidung über eine Schrittmacherindikation. Abbildung 5.23 zeigt schematisch die simultane Registrierung von Oberflächen-EKG, His-Bündel-Elektrogramm (HBE), hohem rechtsatrialen Elektrogramm (HRA) und rechtsventrikulärem apikalen Elektrogramm (RVA) in Beziehung zum Erregungsleitungssystem [91, 129, 264, 309, 368, 555, 562, 583]. Simultan oder kurz nach Beginn der P-Welle im EKG wird das hohe Vorhofpotential (HRA) registriert. Wenn die Erregung den Vorhof durchlaufen hat, erscheint im HBE eine A-Welle als Zeichen der basalen Vorhoferregung. Ein sicheres Potential vom AV-Knoten konnte bisher mit dieser

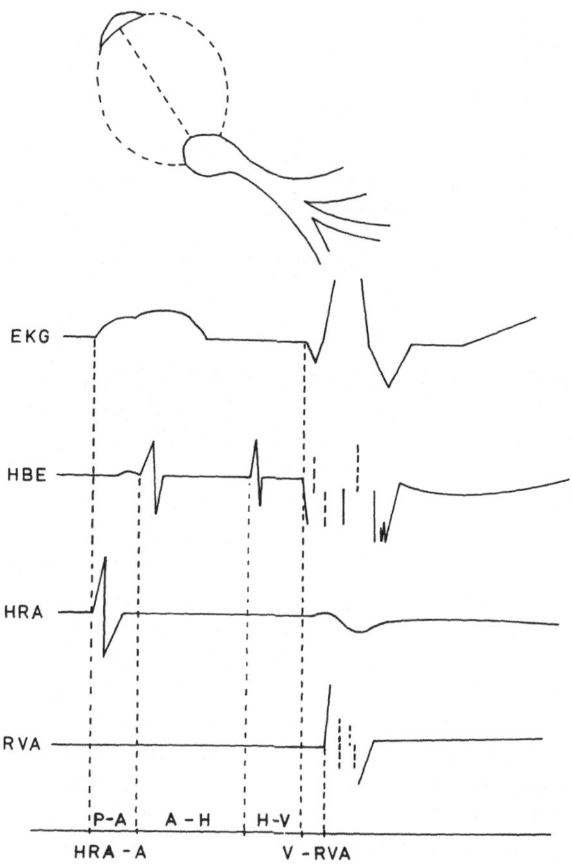

Abb. 5.23. Schematische Darstellung des His-Bündel-Elektrogramms (HBE), des rechten hohen Vorhofelektrogramms (HRA) sowie des Elektrogramms von der rechten Ventrikelspitze (RVA) in Beziehung zum Oberflächen-Elektrokardiogramm (EKG). Darüber schematisch die Abschnitte des Herzens, die zum entsprechenden Zeitpunkt erregt werden

Methode nicht abgeleitet werden. Das nächste erkennbare Potential ist das H-Potential als Zeichen der Erregung des Hisschen Bündels [10, 285, 440, 548, 664]. Wird der His-Katheter weiter in den Ventrikel hineingeschoben, kann noch ein zusätzliches Potential vom rechten Schenkel abgeleitet werden (Abb. 5.57). Darauf folgt im HBE der Beginn der Ventrikeldepolarisation (V), der normalerweise simultan mit dem Beginn der Q-Welle im EKG registriert wird. Daran schließt sich das Signal der Erregung der rechten Ventrikelspitze (RVA) an. Entsprechend läßt sich ein P-A-Intervall ausmessen, das die rechtsatriale kraniokaudale Leitungszeit wiedergibt. Da der Beginn der P-Welle im EKG häufig schwer genau zu ermitteln ist, kann statt dessen das Intervall HRA-A sehr viel genauer ausgemessen werden. Das A-H-Intervall entspricht der Erregungsleitung vom basalen Vorhof auf das Hissche Bündel. Die A-H-Zeit ist fast ausschließlich durch die Leitungszeit im AV-Knoten bedingt. Das H-V-Intervall repräsentiert die Lei-

Tabelle 5.6. Normalwerte der Intervalle im His-Bündel-Elektrogramm sowie der rechtsventrikulären Leitungszeit bis zur Herzspitze (RVA) nach Literaturangaben und eigenen Untersuchungen

Autor	Pat.	P – A	A – H	H – V	V – RVA
Narula u. Mitarb. [449]	13	43 ± 11	88 ± 21	41 ± 4	–
Bekheit u. Mitarb. [47]	20	37 ± 11	78 ± 18	37 ± 5	–
Dhingra u. Mitarb. [130]	61	27 ± 9	92 ± 19	43 ± 6	–
Castellanos u. Mitarb. [91]	6	–	–	–	15 – 30
Kastor u. Mitarb. [308]	28	–	–	–	18 ± 9
Eigene Befunde	51	27 ± 8	89 ± 17	43 ± 7	17 ± 7*
*(n = 18)					

tungszeit im Hisschen Bündel bis zur Depolarisation des Ventrikelseptums, das V-RVA-Intervall die Erregungsleitung vom Ventrikelseptum zur rechten Ventrikelspitze. Tabelle 5.6 gibt die Normalwerte der einzelnen Intervalle von verschiedenen Arbeitsgruppen wieder. Die Unterschiede sind z. T. durch unterschiedliche Meßmethoden bedingt. Nach einer inzwischen weitgehend anerkannten Empfehlung [556] sollen die Intervalle jeweils von Beginn zu Beginn der einzelnen Potentiale ausgemessen werden, wobei der Beginn dann angesetzt wird, wenn die Abweichung von der Nullinie 45° erreicht.

5.2.1.3 Befunde bei hochfrequenter atrialer Stimulation

Die hochfrequente atriale Stimulation mit konstanter Grundfrequenz sollte stufenweise durchgeführt werden, beginnend knapp oberhalb der Spontanfrequenz. Die Frequenz wird hierbei jeweils um 10 – 20 Schläge pro Minute erhöht, bis eine Blockierung auftritt. Auf jeder Frequenzstufe sollte mindestens 30 sec stimuliert werden, da es mit Beginn der Stimulation zunächst zu einer zunehmenden Verlängerung der A-H-Zeit kommt, die dann meist ein konstantes Plateau erreicht [545]. Allerdings gibt es durchaus auch ein anderes Verhalten unter hochfrequenter Stimulation, was z. T. davon abhängt, in welcher Phase des Spontanzyklus der erste Stimulus einfällt.
Bei der Beurteilung der Ergebnisse muß berücksichtigt werden, daß bei der hochfrequenten Stimulation eine grundsätzlich andere Situation vorliegt als bei einem Frequenzanstieg unter körperlicher oder psychischer Belastung. Die natürliche Frequenzsteigerung erfolgt durch eine Erhöhung der sympathischen Aktivität, was mit einer Verkürzung der AV-Überleitungszeit einhergeht. Bei atrialer Stimulation verlängert sich dagegen die A-H-Zeit, weil diese sympathische Tonuserhöhung fehlt. Entsprechend können Patienten, die unter hochfrequenter Vorhofstimulation schon bei relativ niedrigen Frequenzen im AV-Knoten blockieren, unter körperlicher Belastung durchaus bei sehr viel höheren Frequenzen überleiten. Durch die zunehmende Verlängerung der Leitungszeit unter steigender Stimulationsfre-

quenz unterscheidet sich der AV-Knoten von allen anderen Abschnitten des Herzens. Dem entsprechen elektrophysiologische Unterschiede („slow response") [99, 109].

Für die Beurteilung des Normalverhaltens der AV-Überleitung unter hochfrequenter atrialer Stimulation gibt es bisher keine verbindlichen Kriterien. Das Auftreten von Blockierungen im AV-Knoten unterhalb einer im einzelnen unterschiedlich angegebenen Frequenz von 120 – 140/min wird von einigen Autoren als pathologisch angesehen. Nach eigenen Erfahrungen zeigen 16% der Patienten, die nach allen klinischen Befunden als Normalpersonen anzusprechen sind, eine Wenckebach-Periodik im AV-Knoten innerhalb dieses Frequenzbereiches [585]. Darüber hinaus weisen die Leitungsverhältnisse im AV-Knoten bei wiederholter Kontrollstimulation in Abhängigkeit vom jeweiligen vegetativen Tonus erhebliche Schwankungen auf [558]. Im Einzelfall können anscheinend erhebliche vagale Reaktionen durch die unphysiologische Frequenzerhöhung ausgelöst werden. Darüber hinaus muß berücksichtigt werden, daß auch bei Stimulation im hohen Vorhof der Erregungsablauf gegenüber dem spontanen Sinusrhythmus verändert ist [45, 323]. Dies alleine kann aber schon zu einer Veränderung der Leitungsverhältnisse im AV-Knoten führen [17, 45, 328]. Daher müssen die Befunde mit großer Vorsicht interpretiert werden, insbesondere wenn therapeutische Konsequenzen (Schrittmacher) zur Diskussion stehen. In jedem Falle sollte die Stimulation nach Atropin wiederholt werden. Eine Normalisierung der Leitungsverhältnisse unter dieser Medikation spricht für vagale Einflüsse bei der frühzeitigen Blockierung.

Auch für die Testung des His-Purkinje-Systems stellt die atriale hochfrequente Stimulation keine ideale Methode dar. In den meisten Fällen kann überhaupt keine Aussage über die intraventrikuläre Leitung gemacht werden, da die Blockierung primär im AV-Knoten auftritt und damit eine Testung des distalen Leitungsabschnittes unmöglich wird. Die Ursache hierfür liegt in dem gegensätzlichen Verhalten der effektiven Refraktärzeiten beider Strukturen unter hochfrequenter Stimulation (s. Refraktärzeiten). Falls sehr frühzeitig im AV-Knoten blockiert wird, kann u. U. versucht werden, die Leitung durch Atropin zu verbessern, das auf das His-Purkinje-System praktisch keinen Effekt hat [7, 59]. Treten unter hochfrequenter Stimulation Blockierungen distal des H-Potentials bei Frequenzen bis 150/min auf, so ist dieser Befund zumindestens sehr auffällig, wenn nicht pathologisch. In unserem Kollektiv wurde dies einmal bei einer „Normalperson" registriert. Bei höheren Stimulationsfrequenzen können durchaus solche Blockierungen beobachtet werden, vorausgesetzt, daß der AV-Knoten noch 1 : 1 überleitet, etwa bei Jugendlichen oder beim sog. LGL-Syndrom (s. S. 109, 243). Hierbei kann es bei höheren Stimulationsfrequenzen zu einem Wenckebach-Block im AV-Knoten und gleichzeitig zur intermittierenden Blockierung im His-Purkinje-System (Block distal H) kommen (Abb. 5.24). Ein weiteres Problem ist, daß eine 1 : 1-Überleitung auch bei hohen Frequenzen keineswegs eine Leitungsstörung im His-Purkinje-System ausschließt. Wegen des schon erwähnten Verhaltens der Refraktärität [81, 123, 236, 514, 573, 716] kann ein Patient trotz Überleitung bei hohen

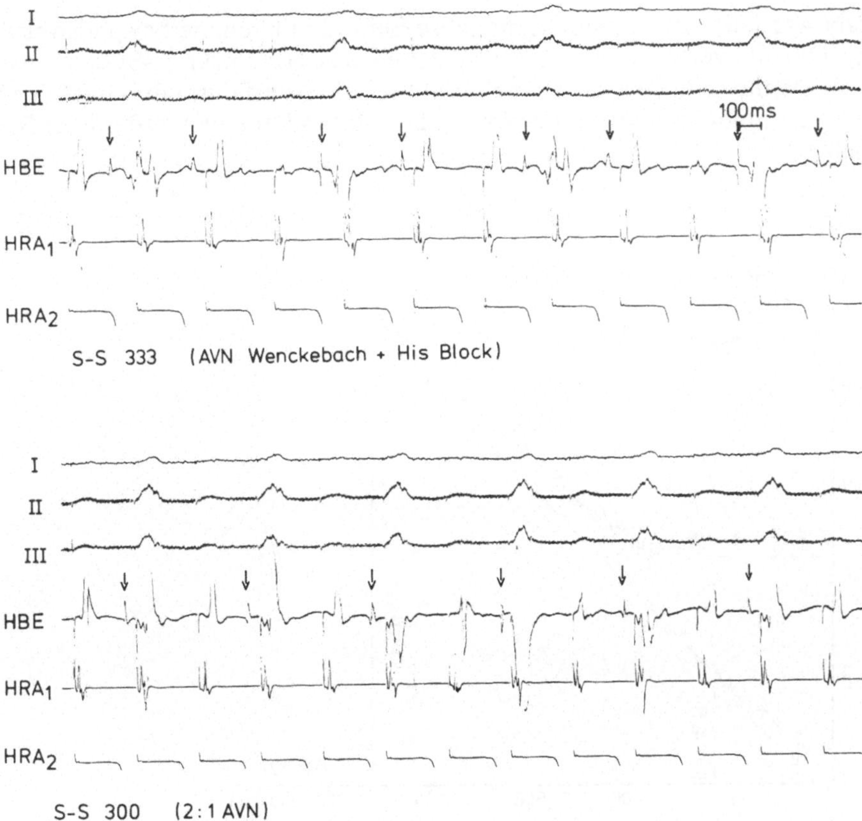

Abb. 5.24. Verhalten der atrioventrikulären Überleitung unter hochfrequenter Stimulation bei einem Patienten mit Linksschenkelblock. Im oberen Abschnitt ist bei einer Frequenz von 180/min (333 msec Periodendauer) sowohl ein Block im His-Purkinje-System als auch eine typische Wenckebach-Periodik im AV-Knoten zu erkennen. Der erste Schlag wird übergeleitet, der zweite atriale Impuls hat eine verlängerte A-H-Zeit, die Erregung wird aber nach dem H-Potential (Pfeil) blockiert. Der dritte Schlag wird nach der A-Welle blockiert, d. h., die Erregung erreicht nicht mehr das Hissche Bündel sondern endet im AV-Knoten. Bei einer Frequenz von 200/min wird ein 2 : 1 Block ausschließlich im AV-Knoten registriert (unteres Bild)

Stimulationsfrequenzen spontan Blockierungen im Hisschen Bündel bei niedrigen Frequenzen aufweisen (s. intraventrikuläre Blockbilder, S. 200).

5.2.1.4 Befunde bei programmierter atrialer Stimulation

Auch durch die programmierte Stimulationstechnik werden die oben erwähnten methodischen Probleme prinzipiell nicht gelöst. Zur Prüfung des AV-Knotens bietet das Verfahren aus klinischer Sicht keine wesentlichen Vorteile gegenüber der hochfrequenten Stimulation. Leider gelingt es in den meisten Fällen ebenfalls nicht, eine Aussage über das His-Purkinje-System zu machen. Falls dies möglich ist, kann im Augenblick noch nicht gesagt werden, welche Bedeutung diese Befunde haben, da beispielsweise keine Normalwerte für die Refraktärzeiten des His-Purkinje-Systems existieren. Dennoch sollten immer beide Stimulationsverfahren durchgeführt werden, da manchmal nur eine von beiden Methoden einen auffälligen Befund liefert.

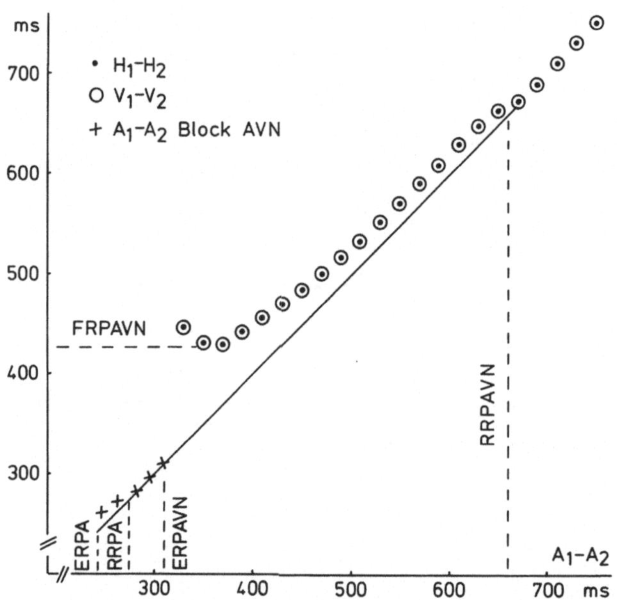

Abb. 5.25. Schematische Darstellung des Verhaltens der AV-Überleitung unter programmierter atrialer Stimulation bei einer Grundfrequenz von 80/min ($A_1 - A_1$ 750 msec). Aufgetragen ist die Länge der $H_1 - H_2$ sowie $V_1 - V_2$ Intervalle in Relation zum Kopplungsintervall ($A_1 - A_2$) des Zusatzstimulus. AVN = AV-Knoten. A = Atrium. RRP = relative Refraktärperiode, FRP = funktionelle Refraktärperiode. ERP = effektive Refraktärperiode. + = atriale Zusatzimpulse, die nicht mehr übergeleitet werden

Bei der Prüfung der AV-Überleitung mit dieser Technik ergeben sich folgende Normalbefunde [8, 123, 236, 514, 705, 706, 718]: Wenn man bei konstanter Grundfrequenz ($S_1 - S_1$) das Kopplungsintervall des Zusatzstimulus (S_2), beginnend spät in der Diastole, zunehmend verkürzt, ergibt sich ein typisches Verhaltensmuster der atrioventrikulären Überleitung (Abb. 5.25). Bei einem Kopplungsintervall, das nur geringfügig kürzer als die Periodendauer der Grundfrequenz ist, sind die Leitungsverhältnisse des Extrastimulus gegenüber der Grundstimulation praktisch unverändert. Dies bedeutet, daß der Abstand $H_1 - H_2$ und $V_1 - V_2$ identisch mit dem atrialen Kopplungsintervall ($A_1 - A_2$) ist. Bei weiterer Verkürzung des Kopplungsintervalls (zunehmender Vorzeitigkeit) kommt es zu einer Verlängerung der Leitungszeit des Zusatzimpulses im AV-Knoten. Entsprechend wird bei verlängerter $A_2 - H_2$-Zeit das $H_1 - H_2$ und $V_1 - V_2$-Intervall gegenüber $A_1 - A_2$ verlängert (Abb. 5.26). Dieses Kopplungsintervall kennzeichnet die relative Refraktärphase des AV-Knotens (RRP AVN). Trägt man fortlaufend die H_1-H_2 und V_1-V_2-Intervalle in Abhängigkeit vom atrialen Kopplungsintervall (A_1-A_2) auf (Abb. 5.25), so ergibt sich an diesem Punkt eine Abweichung von der 45°-Linie. Bei weiterer Verkürzung des Kopplungsintervalls tritt normalerweise eine Blockierung distal von A_2 auf, ohne daß es vorher zu einer Leitungsverzögerung oder Blockierung im His-Purkinje-System ge-

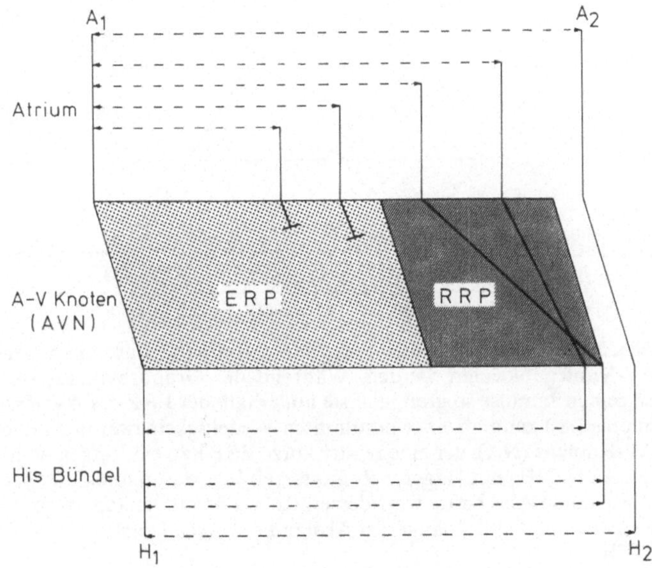

Abb. 5.26. Verhalten des AV-Knotens unter programmierter Vorhofstimulation. Zusatzimpulse (A_2), die außerhalb der Refraktärzeit eintreffen, werden ohne Verzögerung weitergeleitet. Erregungen, die den AV-Knoten im Bereich der RRP erreichen, können mit einer entsprechenden Verzögerung passieren. Atriale Impulse im Bereich der ERP werden blockiert, können aber mehr oder weniger tief in den AV-Knoten eindringen („verborgene" Erregungsleitung) (nach Childers [98])

kommen ist, d. h. die effektive Refraktärperiode des AV-Knotens (ERP AVN) ist erreicht. Das kürzeste H_1-H_2-Intervall, das unabhängig vom Kopplungsintervall des Extrastimulus erreicht werden kann, bezeichnet man als funktionelle Refraktärperiode des AV-Knotens (FRP AVN) (Abb. 5.25). Obwohl die atriale Erregungswelle, die den AV-Knoten in der effektiven Refraktärperiode antrifft, diesen nicht passieren kann, dringt sie doch mehr oder weniger tief in diesen ein (Abb. 5.26). Dies ist direkt nicht zu erkennen, da auch mit intrakardialen Ableitungen kein Potential vom AV-Knoten zu registrieren ist. Daher wird dieser Vorgang auch als „verborgene" Leitung (concealed conduction) bezeichnet [98, 100, 116, 432, 663, 673, 719]. Diese verborgene Leitung kann nur dadurch nachgewiesen werden, daß die eindringende Erregung zu einer zusätzlichen Verlängerung der effektiven Refraktärzeit des AV-Knotens führt, die sich zu der normalen ERP AVN noch hinzuaddiert (Abb. 5.27). Praktisch bedeutet dies, daß ein

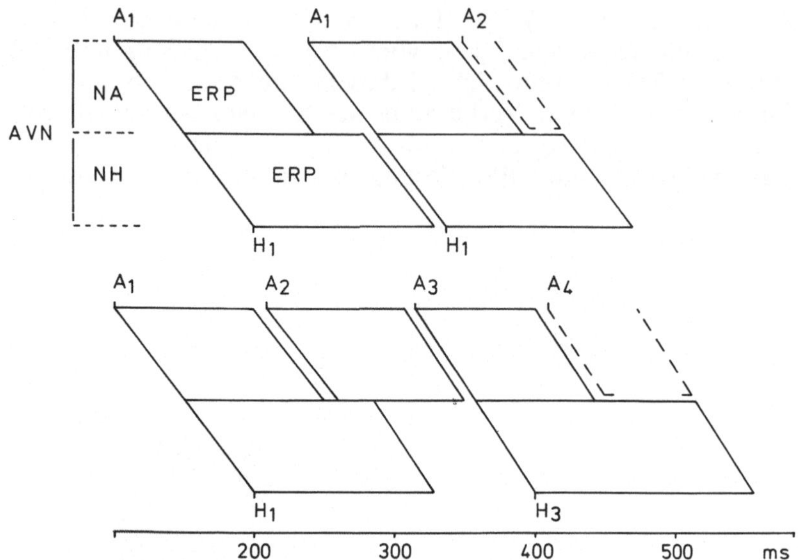

Abb. 5.27. Entstehung einer sekundären Refraktärzone durch vorzeitige Erregungen, die im AV-Knoten blockiert werden. Während des Grundrhythmus ($A_1 - A_1$) ist der Abstand der einzelnen Impulse so groß, daß sie außerhalb der ERP des AV-Knotens passieren. Ein Zusatzimpuls (A_2) kann ab einer bestimmten Vorzeitigkeit zwar noch in den vorhofnahen Anteil des AV-Knotens (NA), der eine relativ kurze ERP hat, eindringen, wird aber im distalen Abschnitt des AVN (NH) mit längerer Refraktärzeit blockiert. Durch die Depolarisation des proximalen AV-Knoten-Abschnitts wird dessen Refraktärzeit verlängert, so daß ein zweiter Zusatzimpuls (A_3) erst mit deutlich längerem Abstand passieren kann (unteres Bild) (nach Moe u. Abildskov [427])

zweiter atrialer Zusatzimpuls (A_3), der nach dem blockierten ersten Extraschlag (A_2) abgegeben wird, den AV-Knoten erst dann wieder passieren kann, wenn er einen deutlich längeren Abstand vom letzten atrialen Grundimpuls (A_1) hat, als es der ERP AVN entspricht (Abb. 5.28). Dieser Abstand wird auch als sekundäre Refraktäritätszone der verborgenen Leitung (secondary concealment zone, SCZ) bezeichnet. Bei sehr kurzen Kopplungsintervallen des Extrastimulus (S_2) wird dieser nicht mehr von einer elektrokardiographisch nachweisbaren atrialen Depolarisation beantwortet, d. h. die effektive Refraktärzeit des Atriums (ERP A) ist erreicht. Vorher kann es noch zu einer Verlängerung des Abstandes zwischen dem Stimulus und dem hierdurch ausgelösten atrialen Potential (A_2) kommen. Dieser Punkt wird auch als relative Refraktärphase des Atriums (RRP A) bezeichnet (Abb. 5.25). Er ist insofern von Bedeutung, als in diesem Bereich häufig atriale Arrhythmien ausgelöst werden (Abb. 5.31). Tabelle 5.7 zeigt Normalwerte für die Refraktäritätsparameter von Vorhof und AV-Knoten. Es muß aber hierbei darauf hingewiesen werden, daß die Refraktäritätsparameter des AV-Knotens sowohl erhebliche interindividuelle Schwankungen aufweisen als auch große Unterschiede bei mehrfacher Untersuchung der gleichen Person in Abhängigkeit vom vegetativen Tonus [514, 558]. Zudem besteht eine deutliche Frequenzabhängigkeit dieser Parameter [58, 81, 123,

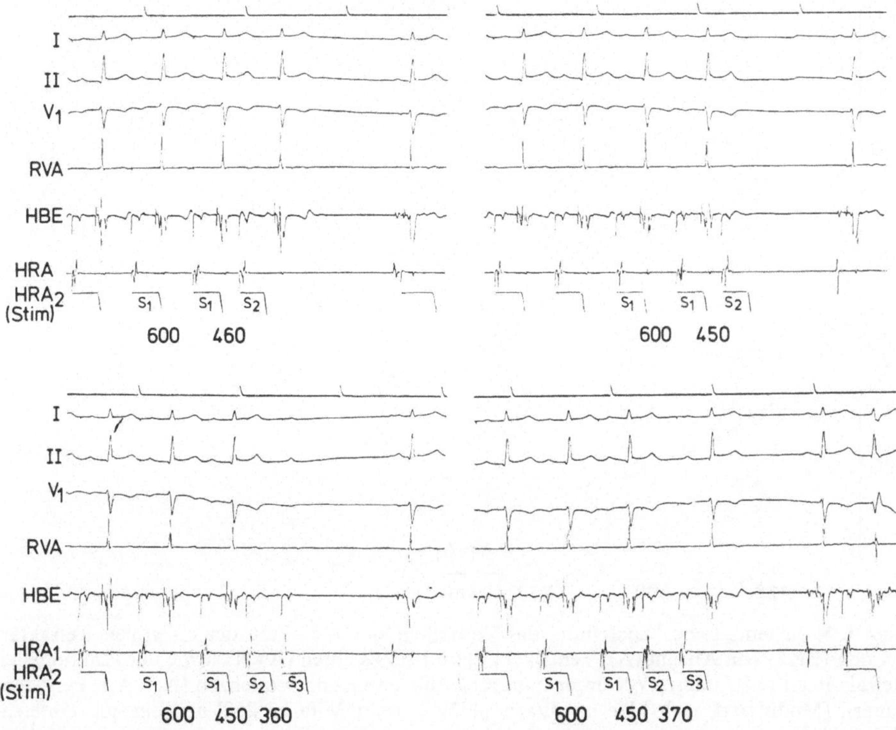

Abb. 5.28. Verlängerung der ERP AVN durch einen atrialen Zusatzimpuls (S_2), der im AV-Knoten blockiert wird. Bei einem Kopplungsintervall von 450 msec wird die atriale Erregung nach der A-Welle blockiert (ERP AVN, rechts oben). Ein zweiter Zusatzimpuls (S_3) kann erst 370 msec nach S_2 den AV-Knoten passieren (rechts unten), so daß der Gesamtabstand zum letzten übergeleiteten Impuls (S_1) 820 msec beträgt (sekundäre Refraktärzone der verborgenen Leitung)

Tabelle 5.7. Normalwerte für die Refraktärzeiten von Vorhof (A), AV-Knoten (AVN) und Ventrikel (V) bei einer Grundfrequenz von 100/min nach Literaturangaben und eigenen Untersuchungen. RRP = relative Refraktärperiode. FRP = funktionelle Refraktärperiode. ERP = effektive Refraktärperiode

	Wu u. Mitarb. [718] n = 18	Eigene Untersuchungen n = 16
RRP A	–	241,9 ± 32,3
FRP A	267 (195 – 365)	–
ERP A	225 (160 – 335)	205,1 ± 22,3
RRP AVN	–	509,0 ± 38,7
FRP AVN	419 (330 – 520)	412,0 ± 37,4
ERP AVN	303 (250 – 365)	301,3 ± 71,2
ERP V	–	215,9 ± 24,5

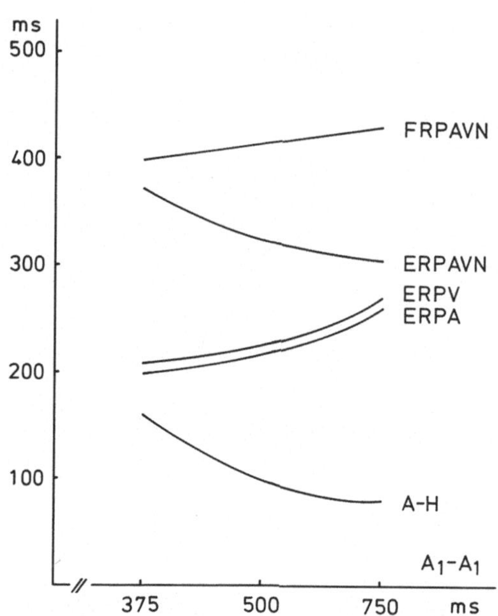

Abb. 5.29. Schematische Darstellung des Verhaltens der A-H-Zeit, der effektiven Refraktärperiode (ERP) von Atrium (A), Ventrikel (V) und AV-Knoten (AVN) sowie der funktionellen Refraktärzeit (FRP) der AVN unter unterschiedlichen Grundfrequenzen ($A_1 - A_1$ = Periodendauer). (Modifiziert nach Moe u. Mitarb. [432], Guss u. Mitarb. [260] und eigenen Untersuchungen)

236, 260, 514] (Abb. 5.29). Während sich bei steigender Grundfrequenz die ERP des Vorhofs ebenso wie die des Hisschen Bündels und Ventrikels verkürzt, kommt es zu einer Verlängerung der ERP AVN. Über das Verhalten der FRP AVN liegen unterschiedliche Befunde vor, meistens wird eine Verkürzung mit steigender Frequenz beschrieben. Von praktischer Bedeutung ist, daß eine relativ enge Beziehung zwischen dem Verhalten der A-H-Zeit unter hochfrequenter Stimulation sowie der maximalen Frequenz mit 1 : 1 Überleitung auf der einen Seite und der ERP AVN bei programmierter Stimulation auf der anderen Seite besteht [58, 123, 181].

Während sich normalerweise die Überleitungszeit im AV-Knoten (A-H) mit zunehmender Vorzeitigkeit des Zusatzstimulus relativ kontinuierlich bis zur Blockierung verlängert (Abb. 5.25), werden bei manchen Patienten abweichende Verhaltensmuster gefunden. Eine der bekanntesten Varianten ist die sog. doppelte AV-Knoten-Leitungsbahn [99, 538]. Hierbei kommt es bei einer bestimmten Vorzeitigkeit des Extrastimulus zu einer sprunghaften Verlängerung des $A_2 - H_2$-Intervalls mit oder ohne nachfolgender AV-Knoten re-entry Tachykardie (Abb. 5.30, 5.31). Die elektrophysiologische Erklärung und die klinische Bedeutung dieses Befundes ist umstritten. Es kann sich hierbei einmal um funktionell unterschiedliche Leitungsbahnen mit verschiedener Leitungs- und Refraktärzeit im AV-Knoten handeln. Zudem muß diskutiert werden, inwieweit hierbei nicht eine Umgehung des AV-

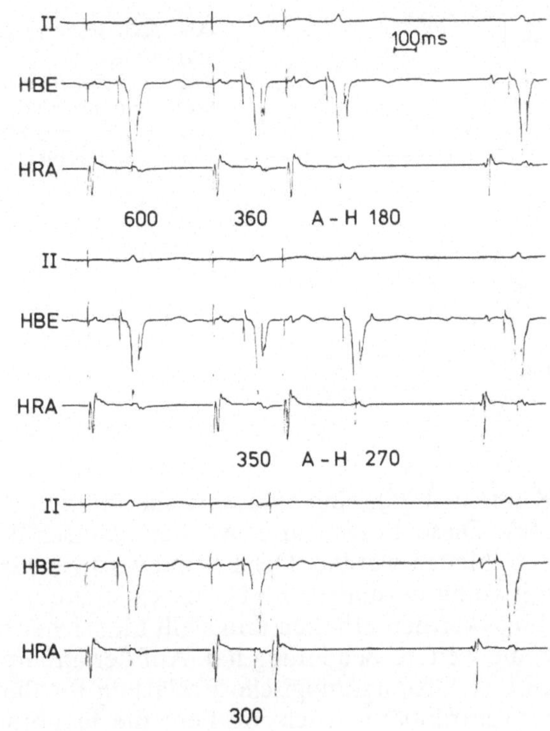

Abb. 5.30. Sprunghafte Verlängerung der A-H-Zeit von 180 msec auf 270 msec bei Verkürzung des atrialen Kopplungsintervalls um 10 msec. Die ERP AVN wird bei 300 msec erreicht

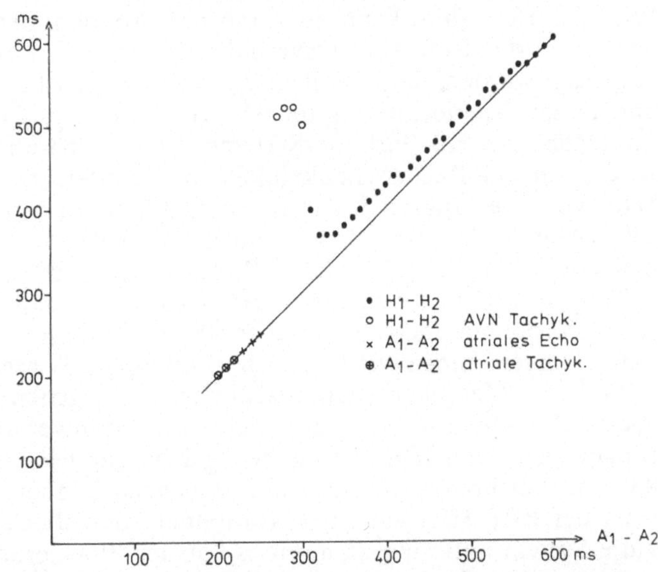

Abb. 5.31. Schematische Darstellung der AV-Leitung unter programmierter atrialer Stimulation bei „doppelter AV-Knoten-Bahn". Bei einer Vorzeitigkeit des Zusatzimpulses ($A_1 - A_2$) von 300 msec kommt es zu einer sprunghaften Verlängerung der $A_2 - H_2$-Zeit und damit des $H_1 - H_2$-Intervalls. Gleichzeitig werden typische AV-Knoten re-entry-Tachykardien ausgelöst. Bei sehr kurzen Kopplungsintervallen, die nach A_2 (im AVN) blockiert sind, werden kurz vor Erreichen der ERP AVN atriale Tachykardien ausgelöst

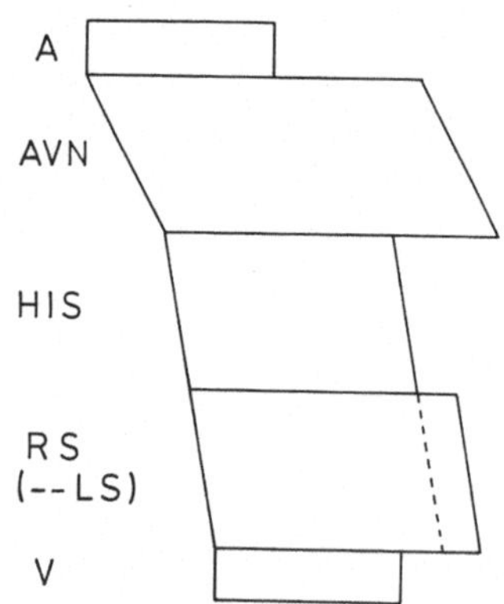

Abb. 5.32. Relative Länge der Refraktärzeiten von Vorhof (A), AV-Knoten (AVN), Hisschem Bündel (HIS), rechtem (RS) und linkem Schenkel (LS) sowie Ventrikel (V). Die Refraktäritätsverhältnisse des peripheren Purkinje-Systems am Übergang zur Muskulatur wurden nicht berücksichtigt (nach Childers [98], Bailey u. Mitarb. [38])

Knotens durch eine akzessorische Bahn vorliegt (s. Präexzitations-Syndrome). Diese Frage kann mit den klinisch-diagnostischen Methoden nicht entschieden werden. Der Befund wird gar nicht so selten auch bei Patienten mit völlig normalem EKG, insbesondere normaler PQ-Zeit ohne spontane Tachykardien erhoben und stellt hier sicher nur eine Normvariante dar, die keine weitere Bedeutung hat. Auf der anderen Seite bietet dieses Verhalten eine elektrophysiologische Erklärung für die Entstehung paroxysmaler supraventrikulärer Tachykardien, die ja normalerweise auf einem re-entry Mechanismus im AV-Knoten beruhen.

Wie schon erwähnt, kann auch mit der programmierten atrialen Stimulation über die Refraktäritätsverhältnisse des His-Purkinje-Systems nichts ausgesagt werden, da seine Refraktärzeit kürzer ist als die des AV-Knotens und daher die Blockierung im AV-Knoten erfolgt, bevor die effektive Refraktärzeit des His-Purkinje-Systems (ERP HPS) erreicht ist. Am ehesten wird noch ein Rechtsschenkelblock beobachtet, da die ERP des rechten Schenkels die längste des intraventrikulären Leitungssystems ist [38, 99, 430] (Abb. 5.32, 5.34). Blockierungen distal des H-Potentials werden normalerweise nur bei sehr kurzen Refraktärzeiten im AV-Knoten, besonders bei Jugendlichen beobachtet. Treten solche Blockierungen allerdings bei einem Kopplungsintervall von über 500 msec auf, so muß ein pathologischer Befund angenommen werden, auch wenn exakte Werte für die normale ERP HPS beim Menschen nicht existieren. Im eigenen Krankengut wurden Werte über 400 msec nur bei Patienten mit intraventrikulären Leitungsstörungen gemessen. Diese Angaben gelten nur bei Grundfrequenzen über 80/min. Bei bradykarden Grundfrequenzen können wegen der Verlängerung der ERP HPS auch bei Normalpersonen Blockierungen im His-Purkinje-System auftreten. Kommt es vor der Blockierung zu einer Verlängerung des H_2-V_2-Intervalls und damit von V_1-V_2 gegenüber H_1-H_2, so kennzeichnet dies den Beginn der relativen Refraktärperiode (RRP HPS). In dieser Situation kann auch manchmal ein doppeltes H-Potential (H–H', „split His") als Zeichen der beginnenden Leitungsstörung im Hisschen Bündel registriert werden (Abb. 5.33) [55, 187, 248, 257, 445, 504, 531, 544,

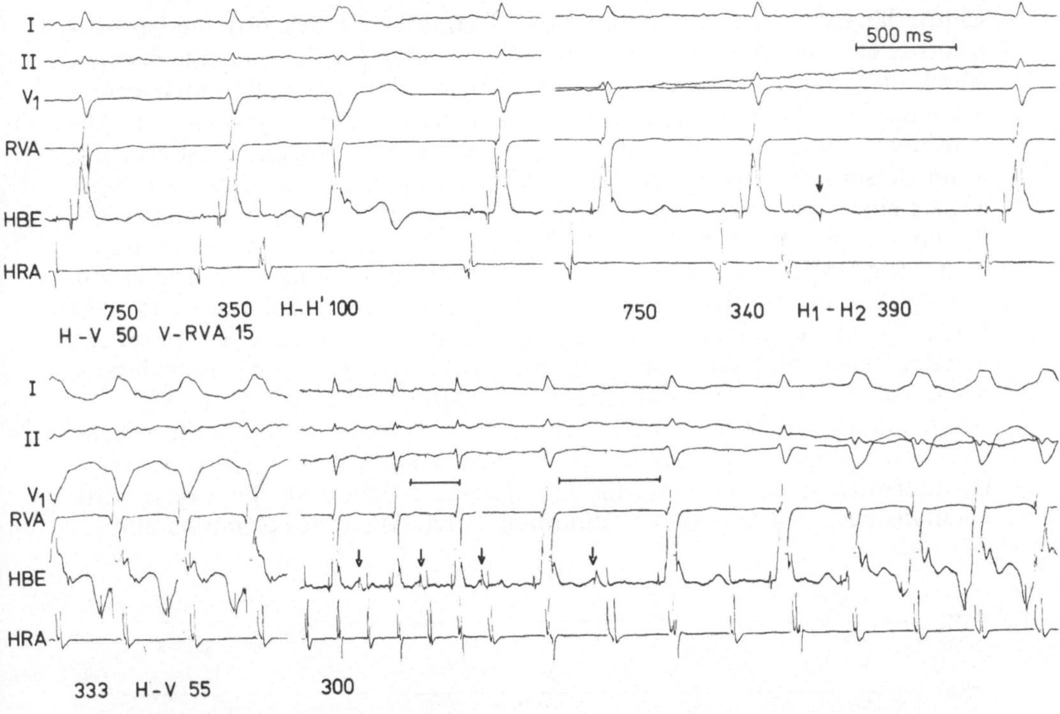

Abb. 5.33. Verhalten der AV-Leitung bei einem Patienten mit frequenzabhängigem Linksschenkelblock (LSB) unter programmierter und hochfrequenter atrialer Stimulation. Bei programmierter Stimulation (Grundfrequenz 80/min) tritt bei einem Kopplungsintervall von 350 msec ein doppeltes His-Potential (H – H') sowie ein LSB auf. Bei 340 msec Vorzeitigkeit des atrialen Zusatzimpulses und einem $H_1 - H_2$-Intervall von 390 msec wird distal H_2 (Pfeil) blockiert (ERP HPS) (obere Reihe). Unter hochfrequenter Stimulation (untere Reihe) tritt ab 180/min ein LSB bei 1 : 1 Leitung auf. Bei 200/min wird zunächst 2 : 1 distal des H-Potentials blockiert, dann erfolgt eine Blockierung nach der A-Welle mit anschließender 1 : 1 Überleitung. Die Periodendauer, bei der unter hochfrequenter Stimulation ein LSB auftritt, ist deutlich kürzer als das $V_1 - V_2$-Intervall mit LSB bei programmierter Stimulation

574]. Eine ähnliche Bedeutung hat eine Verbreiterung des H-Potentials auf über 20 msec (Abb. 5.42 a).

Tritt eine Blockierung distal des H-Potentials unter programmierter atrialer Stimulation auf, so läßt sich häufig auch ein sog. Lückenphänomen („gap") [2, 5, 215, 447, 468, 497, 705, 717] nachweisen (Abb. 5.34). Dabei handelt es sich um den scheinbar paradoxen Befund, daß mit zunehmender Vorzeitigkeit des Extrastimulus zunächst eine Blockierung in irgend einem Abschnitt des Erregungsleitungssystems auftritt, bei weiterer Verkürzung des Kopplungsintervalls aber wieder übergeleitet wird. Solche Beobachtungen wurden fälschlicherweise auch als sog. supernormale Leitung interpretiert. Das Lückenphänomen ist per se kein pathologischer Befund. Alle Abschnitte des Leitungssystems können ein solches Verhalten zeigen. Die Voraussetzungen hierfür sind gegeben, wenn die Zone der maximalen effektiven Refraktärzeit („gate") des Leitungssystems in einem distalen Abschnitt länger ist als die funktionelle Refraktärzeit des proximalen Abschnitts. Hierdurch kommt es zunächst zu einer Blockierung im distalen Abschnitt („gap") bei zunehmend vorzeitiger Stimulation. Bei noch kürzeren Kopplungsintervallen muß sich die Impulsleitung im proximalen Abschnitt so verzögern, daß die Erregung den distalen Abschnitt erst erreicht, wenn dessen effektive Refraktärzeit überschritten ist. Auf diese Weise ist wieder eine Überleitung möglich. Je nach Lokalisation der maximalen Refraktärzone werden verschiedene Typen unterschieden. Am bekanntesten ist der sog. Typ I mit Lokalisation im Hisschen Bündel und der Typ II mit Lokalisation im distalen His-Purkinje-System [2, 718]. Abbildung 5.35 zeigt beide Typen bei einem Patienten. Beim Typ I gap kommt es mit zunehmender Verkürzung des Kopplungsintervalls zunächst zu einer Blockierung distal von H_2, wenn ein kritisches $H_1 - H_2$-Intervall erreicht ist. Wird der atriale Zusatzimpuls noch kürzer angekoppelt, kommt es durch die zunehmende Leitungsverzögerung im AV-Knoten zu einer Verlängerung der $H_1 - H_2$-Intervalle, so daß wieder eine Überleitung möglich ist. Bei Typ II wird ebenfalls zunächst bei einer bestimmten Vorzeitigkeit des Stimulus und ei-

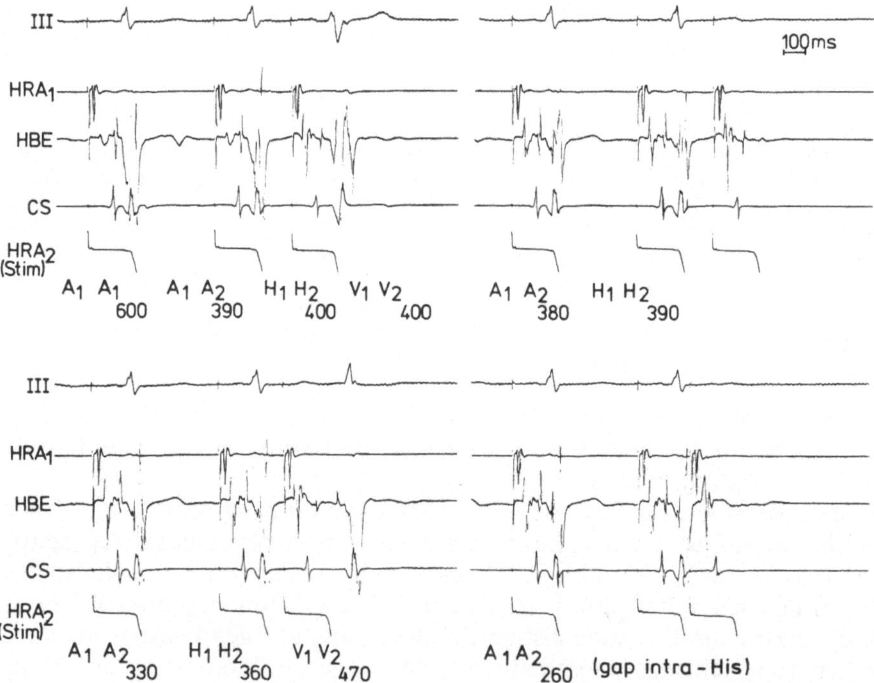

Abb. 5.34. Lückenphänomen im Bereich des Hisschen Bündels (sog. Typ III gap). Zunächst tritt bei einem $H_1 - H_2$-Intervall von 400 msec ein RSB auf, dann wird bei einem $H_1 - H_2$-Intervall von 390 msec distal H_2 blockiert (rechts oben). Bei weiterer Verkürzung des Kopplungsintervalls und auch des $H_1 - H_2$-Intervalls erfolgt wieder eine Überleitung mit Auftreten eines $H_2 - H_2'$-Potentials und deutlich verlängertem $V_1 - V_2$-Intervall als Zeichen der Leitungsverzögerung im Hisschen Bündel (links unten). Schließlich wird nach der A-Welle (im AVN) blockiert

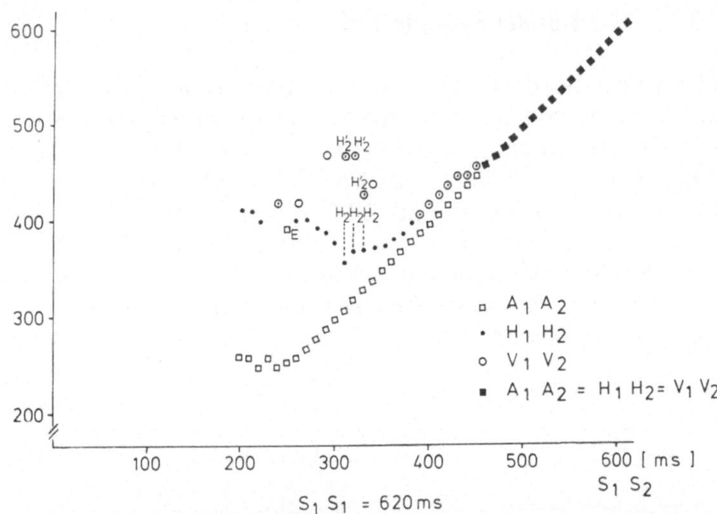

Abb. 5.35. Mehrfaches Lückenphänomen bei programmierter atrialer Stimulation. Bei Verkürzung des Kopplungsintervalls ($S_1 - S_2$) wird zunächst distal H_2 blockiert. Bei weiterer Verkürzung der Ankopplung und Verkürzung (!) der $H_1 - H_2$-Intervalle kommt es wieder zu einer Überleitung mit deutlich verlängertem $H_2 - V_2$ und damit $V_1 - V_2$-Intervall (gap II). Hierbei ist phasenweise ein $H_2 - H_2'$-Potential nachweisbar (gap III). Bei weiterer Verkürzung wiederum Blockierung distal H_2. Dann kommt es mit zunehmender Leitungsverzögerung im AVN zu einer Verlängerung (!) der $A_2 - H_2$-Intervalle und damit von $H_1 - H_2$, so daß wieder vereinzelt Impulse übergeleitet werden (gap I). Schließlich wird nach der A-Welle (im AVN) blockiert

nem entsprechenden kritischen $H_1 - H_2$-Intervall distal H_2 blockiert. Bei weiterer Verkürzung des Kopplungsintervalls kommt es bei nur mäßiger Leitungsverzögerung im AV-Knoten zu einer weiteren Verkürzung (!) der $H_1 - H_2$-Intervalle. Jetzt kommt erneut eine Überleitung zustande, wobei die $H_2 - V_2$-Zeit ausnahmslos verlängert und der Kammerkomplex meist deformiert ist. In diesem Falle erreicht durch eine zunehmende Leitungsverzögerung im Hisschen Bündelstamm die Erregung das periphere His-Purkinje-System, das zunächst für den Block verantwortlich war, so spät, daß wieder eine Überleitung möglich ist. Als Zeichen der Leitungsverzögerung im Hisschen Bündel kann bei dem vorzeitigen Schlag ein doppeltes His-Potential ($H_2 - H_2'$) nachweisbar sein, was auch als Typ III gap bezeichnet wird (Abb. 5.34). Aus dem unterschiedlichen Verhalten der Refraktärzeiten der einzelnen Abschnitte wird verständlich, daß das Auftreten von Lückenphänomenen von der Grundfrequenz und vom vegetativen Tonus beeinflußt wird [5, 718].

5.2.1.5 His-Bündel-Stimulation

Theoretisch stellt die His-Bündel-Stimulation eine ideale Methode dar, um das intraventrikuläre Leitungssystem zu prüfen, da der leitungsverzögernde AV-Knoten umgangen wird [449, 544, 697]. Hierbei wird über den His-Katheter bei unveränderter Position mit möglichst geringer Energie stimuliert. Verwendet werden hierzu Elektrodenkatheter mit einem Abstand von 1 – 2 mm. Bei einer korrekten Stimulation des Hisschen Bündels müssen die QRS-Komplexe denen bei Spontanrhythmus entsprechen und die Zeit zwischen dem Stimulus-Artefakt und dem Beginn des V-Komplexes identisch mit der vorher gemessenen H-V-Zeit sein. Praktisch wird die Bedeu-

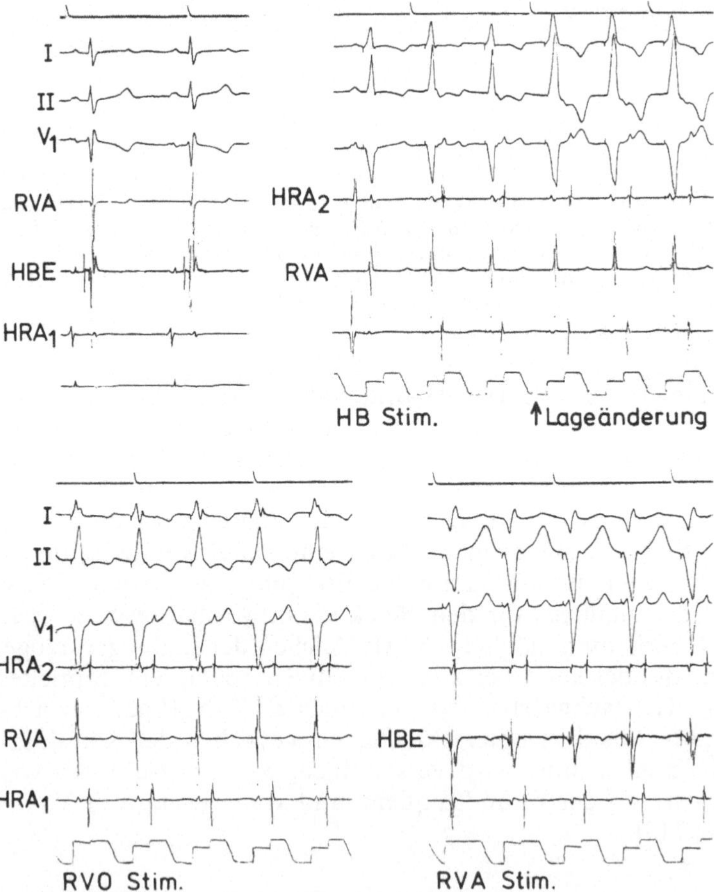

Abb. 5.36. Versuch einer His-Bündel-Stimulation bei Ableitung eines His-Potentials mit großer Amplitude und normaler H-V-Zeit (45 msec). Die bei Stimulation über den His-Katheter entstehenden Kammerkomplexe sind zwar relativ schmal, aber gegenüber denen bei Sinusrhythmus deformiert. Schon bei minimaler Lageänderung des Katheters werden die QRS-Komplexe breiter (rechts oben). Zum Vergleich die Kammerkomplexe bei Stimulation der rechten Ventrikelspitze (RVA) und der rechtsventrikulären Ausflußbahn (RVO)

tung der Methode dadurch eingeschränkt, daß bei dem Mißverhältnis zwischen Elektrodengröße und -abstand und dem Querschnitt des Hisschen Bündels eine gleichzeitige Aktivierung umgebender Strukturen wie Septummyokard und rechter Schenkel nicht zu vermeiden ist. Darüber hinaus ist die Lage der Katheterspitze nicht völlig stabil, sondern wird herz- und atemsynchron verschoben. Hierdurch können bei der His-Bündel-Stimulation phasenweise Übergänge von Vorhof-His-Bündel und Ventrikelerregung registriert werden. Eine korrekte His-Bündel-Stimulation über mehrere Schläge gelingt in den seltensten Fällen. Daher hat dieses Verfahren keine praktische Bedeutung für die Prüfung der intraventrikulären Leitung. Darüber hinaus schließt das Auftreten deformierter Kammerkomplexe bei der His-Bündel-Stimulation keineswegs aus, daß vorher in gleicher Position des Katheters ein korrektes His-Potential abgeleitet wurde. Abbildung 5.36 zeigt ein typisches Beispiel für den Versuch einer His-Bündel-Stimulation. Trotz Ableitung eines stabilen His-Potentials mit großer Amplitude traten bei Stimulation über die Ableitungselektroden zwar relativ schmale aber deformierte Kammerkomplexe auf. Die Veränderungen waren allerdings weniger ausgeprägt als bei Stimulation der rechten Ventrikelspitze (RVA) oder der rechtsventrikulären Ausflußbahn (RVO). Schon bei geringem Verschieben des Katheters wurden stark verbreiterte QRS-Komplexes registriert.

Zur Prüfung der retrograden V-A-Leitung mittels Ventrikelstimulation [8, 194] (s. S. 247 ff.).

5.2.2 Systematik der atrioventrikulären Leitungsstörungen

Untersuchungen verschiedener Autoren bei einer insgesamt sehr großen Zahl von Patienten mit atrioventrikulären Blockierungen haben ergeben, daß bestimmte Blockformen eine jeweils typische Lokalisation im Leitungssystem aufweisen [4, 48, 117, 159, 343, 445, 504, 535, 558, 641] (Tab. 5.8). Auf Grund dieser Untersuchungen kann aus dem elektrokardiographischen Befund bei den meisten Formen des AV-Blocks der Sitz der Läsion im Bereich des Leitungssystems mit großer Wahrscheinlichkeit vorausgesagt werden. Im Zweifelsfall können weitere nicht-invasive Tests wie Belastung oder Atropin die Lokalisation weiter klären, wenn sie auch nicht immer absolut zuverlässig sind. Hinzu kommt, daß die klinische Symptomatik (Synkopen) für die Frage des therapeutischen Vorgehens von entscheidender Bedeutung ist. Daher ist bei den meisten Fällen von AV-Block eine His-Bündel-Elektrographie aus klinischer Sicht nicht mehr indiziert. Eine Ausnahme hiervon stellen Patienten mit diskrepanten klinischen und elektrokardiographischen Befunden dar, beispielsweise Synkopen bei isoliertem AV-Block I. Grades. Auch ein 2 : 1 Block, der sich per se nicht lokalisieren läßt, kann bei beschwerdefreien Patienten einmal eine Indikation darstellen.

Bei der Beurteilung der einzelnen Blockformen nach ihrer Lokalisation geht man davon aus, daß diese Lokalisation eine prognostische Bedeutung

Tabelle 5.8. Lokalisation höhergradiger AV-Blockierungen im His-Bündel-Elektrogramm nach Literaturangaben

AV-Block	n	Lokalisation			n	Lokalisation		
		A–H	H	H–V		A–H	H	H–V
II° Typ I	19	14 (74%)	1 (5%)	4 (21%)	49	34 (60,5%)	5 (10%)	10 (20.5%)
II° Typ II	23	0	8 (35%)	15 (65%)	11	0	3 (27%)	8 (73%)
2 : 1, 3 : 1	20	7 (35%)	3 (15%)	10 (50%)	60	19 (32%)	14 (23%)	27 (45%)
III°	81	13 (16%)	13 (16%)	55 (68%)	188	43 (23%)	37 (20%)	108 (57%)
Gesamt	143	Narula [446]			308	Puech [504]		

hat und sich hieraus entsprechende therapeutische Konsequenzen ergeben. Blockierungen im AV-Knoten werden hierbei als prognostisch relativ günstig angesehen, da selbst bei einem Übergang in einen totalen Block das Hissche Bündel noch als ausreichendes Schrittmacherzentrum zur Verfügung steht und der Patient auch in dieser Situation daher nicht vital gefährdet ist. Bei einer kompletten Blockierung im Hisschen Bündel oder in den gesamten Faszikeln des intraventrikulären Leitungssystems (trifaszikulär) stehen dagegen wenn überhaupt nur noch tiefgelegene ventrikuläre Schrittmacherzentren mit entsprechend unzureichender Frequenz zur Verfügung, so daß die Gefahr zumindesten einer Synkope, wenn nicht des plötzlichen Herztodes, besteht. Daher wird bei dieser Lokalisation der Blockierung auch bei asymptomatischen Patienten aus Sicherheitsgründen eine prophylaktische Schrittmacherimplantation empfohlen [117, 132, 257, 346, 536, 585]. Es muß allerdings erwähnt werden, daß diese Einstellung nicht von allen Untersuchern geteilt wird [18, 191, 343, 445].

5.2.2.1 AV-Block I. Grades

Der isolierte AV-Block I. Grades, d. h. eine Verlängerung der PQ-Zeit bei normalem QRS-Komplex, ist mit sehr hoher Wahrscheinlichkeit im AV-Knoten lokalisiert [4, 48, 117, 343, 445, 504, 536]. Entsprechend findet sich im HBE eine isolierte Verlängerung der A-H-Zeit. Unter Vorhofstimulation kommt es meist schon bei niedrigen Frequenzen zum Auftreten von Blockierungen distal des A-Potentials, meist in Form einer Wenckebach Periodik (Abb. 5.37). Unter Atropin verkürzt sich meist die verlängerte A-H-Zeit und die maximale Überleitungsfrequenz wird erhöht [7, 59]. Zusätzlich kann eine Störung der atrialen Leitung mit Verlängerung des HRA-A-Intervalls vorliegen (Abb. 5.38). Leitungsstörungen im H-V-Bereich bei Patienten mit AV-Block I. Grades ohne Schenkelblock oder Hemiblock

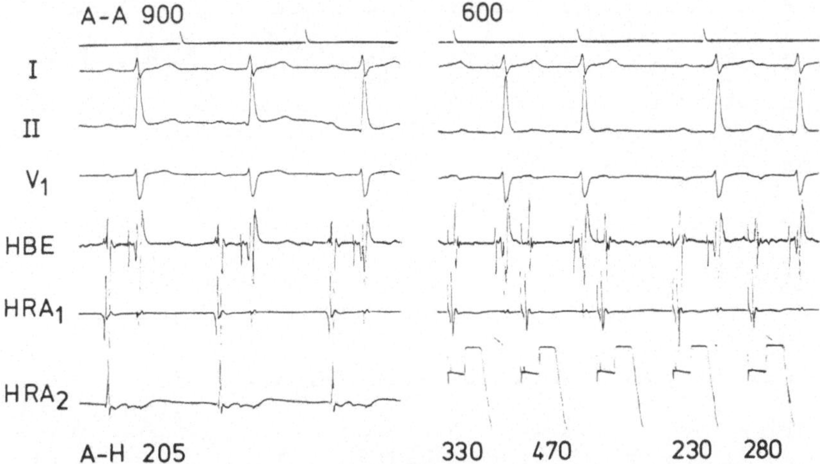

Abb. 5.37. His-Bündel-Elektrographie bei AV-Block I. Grades und normalen QRS-Komplexen. Im HBE isolierte Verlängerung der A-H-Zeit. Schon bei geringen Stimulationsfrequenzen Auftreten einer typischen Wenckebach-Periodik im AVN mit Verlängerung der A-H-Zeit vor der Blockierung bei konstanter H-V-Zeit. Das A-H-Intervall nach dem blockierten Schlag ist deutlich kürzer als beim letzten übergeleiteten Impuls (unten)

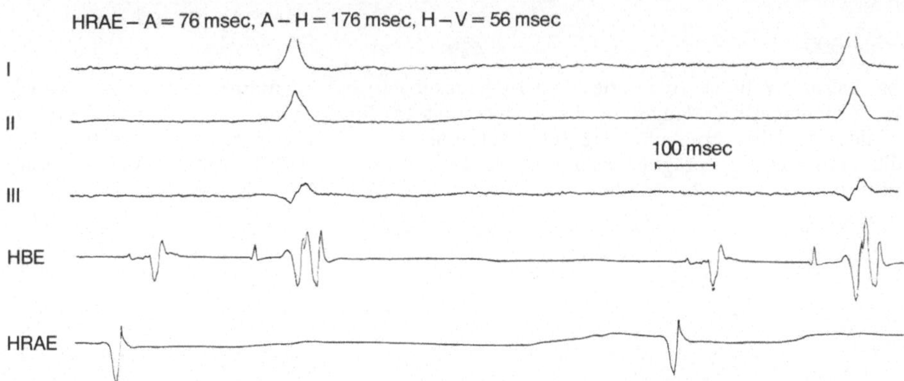

Abb. 5.38. His-Bündel-Elektrographie bei AV-Block I. Grades. Die verlängerte PQ-Zeit beruht sowohl auf einer Leitungsstörung vom hohen zum basalen Vorhof (HRA-A) als auch einer nodalen Leitungsverzögerung (A-H). His-Ventrikel-Leitungszeit (H-V) bei Rechtsschenkelblock an der oberen Normgrenze

sind nach eigenen Untersuchungen eine extreme Rarität. In der Literatur werden infranodale Leitungsstörungen bei solchen Patienten z. T. in einem relativ hohen Prozentsatz beschrieben [159, 248, 343, 445]. Eine mögliche Erklärung für diese Diskrepanz liegt darin, daß von den meisten Autoren keine Angaben darüber gemacht werden, ob diese Patienten zusätzlich Veränderungen des QRS-Komplexes aufweisen. Bei Patienten mit AV-Block I. Grades und zusätzlichen rechts- oder linksventrikulären Leitungsstörungen im EKG liegen völlig andere Verhältnisse vor (s. intraventrikuläre Blockbilder, S. 200).

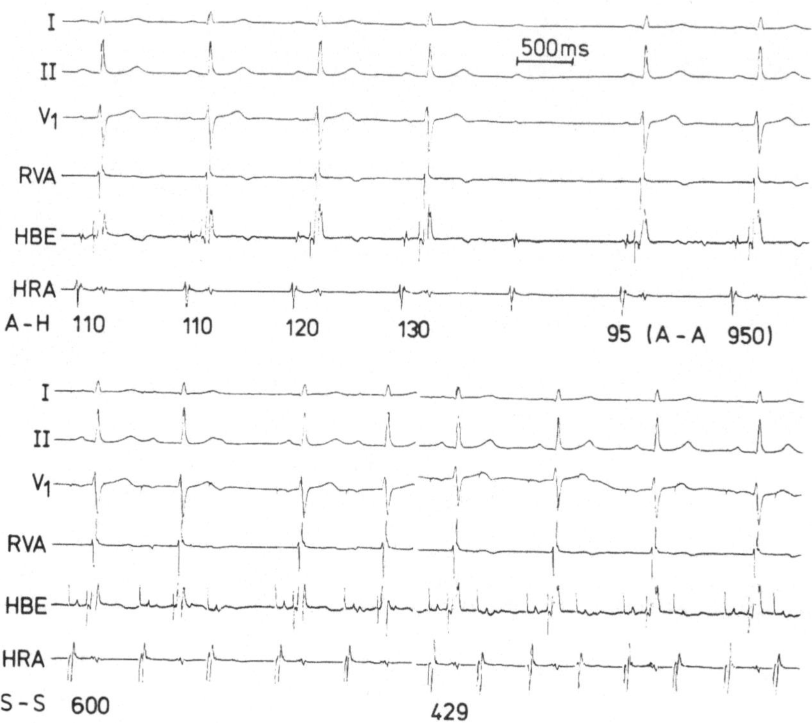

Abb. 5.39 a. AV-Block II. Grades Typ I (Wenckebach) bei Spontanrhythmus von etwa 63/min. Zunehmende Verlängerung der A-H-Zeit bis zur Blockierung distal der A-Welle (obere Abbildung). Schon bei Anhebung der Grundfrequenz auf 100/min ist die Wenckebach-Periodik deutlicher ausgeprägt (links unten). Bei 140/min wird ein 2 : 1 Block im AVN registriert (rechts unten)

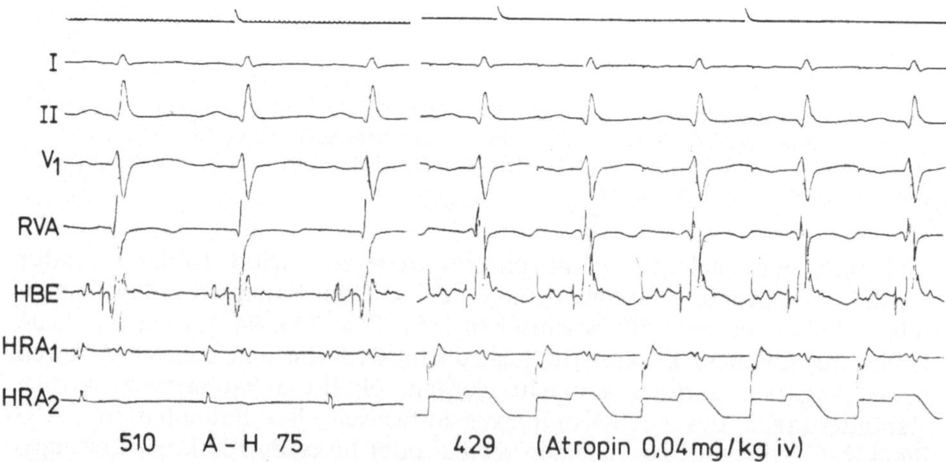

Abb. 5.39 b. Nach Atropin Verkürzung der A-H-Zeit mit 1 : 1 Überleitung auch bei höheren Stimulationsfrequenzen (gleicher Patient wie 5.39 a)

5.2.2.2 AV-Block II. Grades, Typ I

Nach experimentellen Untersuchungen kann dieser Blockierungstyp sowohl im AV-Knoten als auch im His-Purkinje-System auftreten [164, 165]. In der Klinik ist dagegen das Auftreten einer Wenckebach-Periodik, d. h. einer meßbaren PQ-Verlängerung vor der Blockierung charakteristisch für eine Leitungsstörung im AV-Knoten [159, 343, 445, 504, 529, 536]. Im HBE kommt es zu einer zunehmenden Verlängerung der A-H-Zeit bis zur Blokkierung nach der A-Welle. Die A-H-Zeit des ersten übergeleiteten Schlages nach der Blockierung ist kürzer als die der letzten übergeleiteten Erregung vor dem Block. Unter atrialer Stimulation treten höhergradige Blokkierungen distal der A-Welle auf (Abb. 5.39 a). Durch Atropin läßt sich meist eine 1 : 1 Überleitung wieder herstellen (Abb. 5.39 b). Eine Wenckebach-Periodik im His-Purkinje-System ist fast nur bei Patienten mit abnormen Kammerkomplexen beschrieben worden [128, 239, 445, 504, 510]. Im eigenen Krankengut konnte ein solcher Befund bei Spontanrhythmus bisher nur einmal beobachtet werden. Auch hier gaben die Kammerkomplexe schon den Hinweis auf das Vorliegen einer intraventrikulären Leitungsstö-

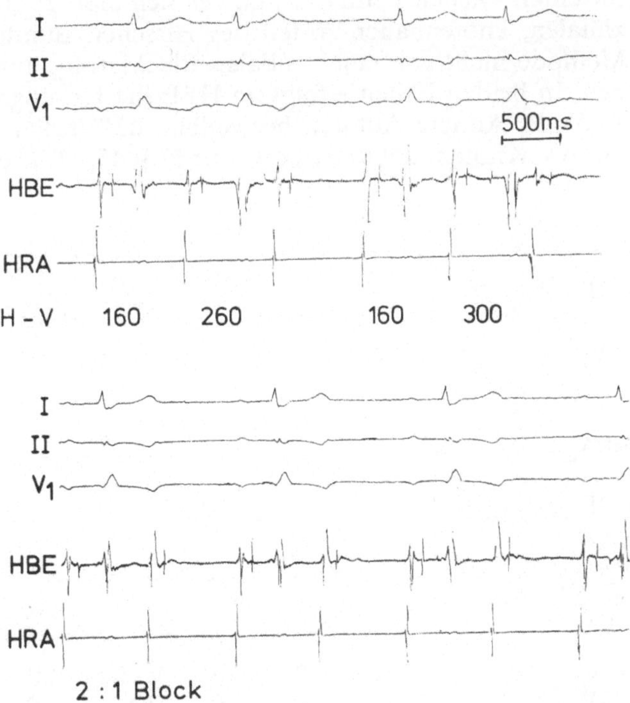

Abb. 5.40. Wenckebach-Periodik im Hisschen Bündel bei einem Patienten mit Rechtsschenkelblock und ausgeprägtem Linkstyp. Im HBE kontinuierliche Verlängerung der H-V-Zeit bis zur Blockierung distal des H-Potentials (obere Abbildung). Phasenweise wird hierbei ein doppeltes His-Potential (H-H') als Zeichen der Überleitungsstörung im Hisschen Bündel registriert (5. Potential rechts oben). Kurze Zeit später 2 : 1 Block nach dem H-Potential (unten)

rung (Abb. 5.40). Im Vorhof wurden solche höhergradigen Überleitungsblockierungen spontan noch nicht beobachtet, wohl aber unter atrialer Stimulation [90, 450, 498].

5.2.2.3 AV-Block II. Grades, Typ II

Auch dieses Verhaltensmuster läßt sich experimentell in allen Abschnitten des Leitungssystems nachweisen, so daß die Unterscheidung in Typ I und II von elektrophysiologischer Seite sogar angegriffen wird [164, 165]. Klinische Untersuchungen mittels His-Bündel-Elektrographie [132, 159, 343, 445, 504, 536] haben dagegen ergeben, daß dieser Blockierungstyp praktisch ausschließlich infranodal lokalisiert ist (Tabelle 5.8). Abbildung 5.41 zeigt ein entsprechendes Beispiel bei Spontanrhythmus, Abbildung 5.49 unter hochfrequenter atrialer Stimulation bei einem Patienten mit 1 : 1 Überleitung bei Sinusrhythmus. Beide Patienten zeigen Veränderungen der Kammerkomplexe im Sinne eines Schenkelblocks bzw. bifaszikulären Blocks. Vereinzelt wurden auch AV-Blockierungen II. Grades Typ II im AV-Knoten beschrieben [343, 346, 536]. Eine der möglichen Erklärungen für einen solchen Befund ist, daß es sich hierbei um Blockierungen im proximalen, knotennahen Anteil des Hisschen Bündels handelt, die mit der Methode nicht von einer nodalen Blockierung unterschieden werden können. In beiden Fällen erfolgt im HBE die Leitungsunterbrechung nach der A-Welle. Andere Autoren bezweifeln, daß bisher eine solche Blockierung im AV-Knoten dokumentiert wurde [445]. Entscheidend ist hierbei die

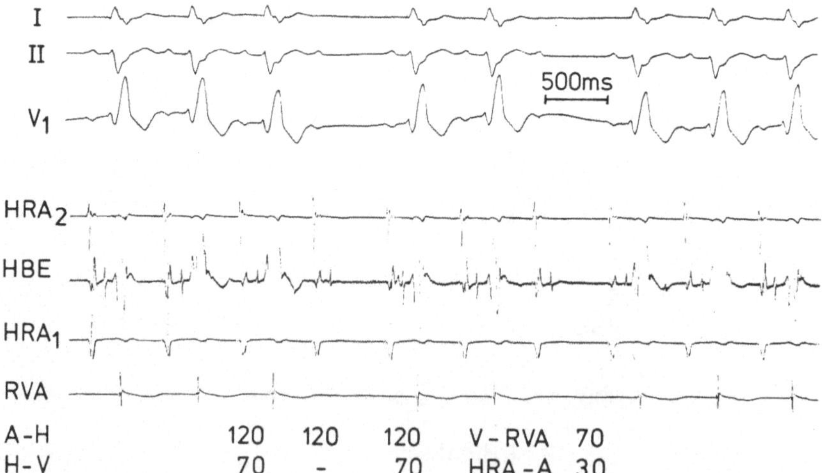

Abb. 5.41. AV-Block II. Grades Typ II (Mobitz) bei einem Patienten mit bifaszikulärem Block (RSB + LAH). Im His-Bündel-Elektrogramm erfolgt intermittierend eine Blockierung distal des H-Potentials ohne daß sich die Leitungszeiten vor oder nach der Blockierung meßbar ändern. Entsprechend dem Rechtsschenkelblock ist die Leitungszeit zur rechten Ventrikelspitze (V-RVA) ausgeprägt verlängert

exakte Definition des Typ II Blocks. Hierzu gehört eine konstante wenn auch u. U. verlängerte PQ-Zeit sowohl vor als auch nach der Blockierung. Verkürzt sich das PQ-Intervall nach der Pause, spricht dies gegen einen echten Typ II Block und für eine atypische Wenckebach-Periodik, da frequenzabhängige Leitungszeiten typisch für den AV-Knoten sind. Eine weitere klinische Unterscheidungsmöglichkeit ist der Atropintest, wobei eine Verbesserung der Leitungsverhältnisse nach Applikation für eine Störung im AV-Knoten spricht. Allerdings liegen Hinweise dafür vor, daß Atropin doch einen gewissen Einfluß auf die Leitung im oberen, knotennahen Anteil des Hisschen Bündels haben kann [257], so daß „falsch positive" Befunde nicht auszuschließen sind. Zur Problematik des Atropintests siehe auch Abbildung 5.43.
Trotz der erwähnten Einschränkungen lassen sich bei sorgfältiger Unterscheidung von Typ I und Typ II Block die Lokalisationen mit großer Wahrscheinlichkeit voraussagen. Bei unklaren Fällen können das Langzeit-EKG (Aufdeckung atypischer Wenckebach-Phasen), die Belastung oder der Atropintest weitere Auskunft geben, so daß eine invasive Diagnostik wenn überhaupt nur sehr selten erforderlich ist. Dies gilt nur für den stabilen AV-Block, nicht jedoch für wechselnde Blockierungen etwa im akuten Stadium eines Myokardinfarktes, wo beide Blockierungsformen sowohl im AV-Knoten als auch im Hisschen Bündel auftreten können [26, 167, 359, 528, 654]. Hier kann die Indikation zunächst zur temporären Stimulation klinisch entschieden werden. Komplexe Bilder können in seltenen Fällen auch durch die Kombination von Leitungsstörungen im AV-Knoten (Wenckebach) und Blockierung im His-Purkinje-System auftreten [16, 130, 346, 407, 536].

5.2.2.4 AV-Block II. Grades mit 2 : 1, 3 : 1 Blockierung

Eine konstante 2 : 1 oder 3 : 1 Blockierung kann sowohl im AV-Knoten als auch im His-Purkinje-System auftreten (Tabelle 5.8) [118, 445, 504, 536]. Abbildung 5.42 und 5.53 a zeigen eine solche 2 : 1-Blockierung distal des H-Potentials. Dieser Blockierungstyp ist sehr gefährlich, da er leicht in einen totalen intraventrikulären Block übergeht und dann nur noch tief gelegene Zentren mit entsprechend langsamer Frequenz einspringen können, wie Abbildung 5.42 b bei gleichem Patienten demonstriert. Nicht ganz so häufig ist eine solche Blockierungsform im AV-Knoten lokalisiert. Sie stellt dann sozusagen die Extremform einer Wenckebach-Periodik dar. Im HBE erfolgt die Blockierung distal der A-Welle (Abb. 5.43). Selbst wenn diese Blockierung gut auf Atropin anspricht, wird sich meist eine Schrittmacherimplantation nicht umgehen lassen, da die Kammerfrequenzen bei konstanter 2 : 1 oder 3 : 1 Blockierung zu niedrig sind und eine medikamentöse Therapie auf die Dauer unbefriedigend ist. Hieran ändert auch die Tatsache nichts, daß selbst beim Übergang in den totalen Block das Hissche Bündel noch als Schrittmacherzentrum fungieren kann. Daher ist die Lokalisierung beider Blockformen klinisch im Hinblick auf eine therapeutische Entscheidung meist nicht notwendig.

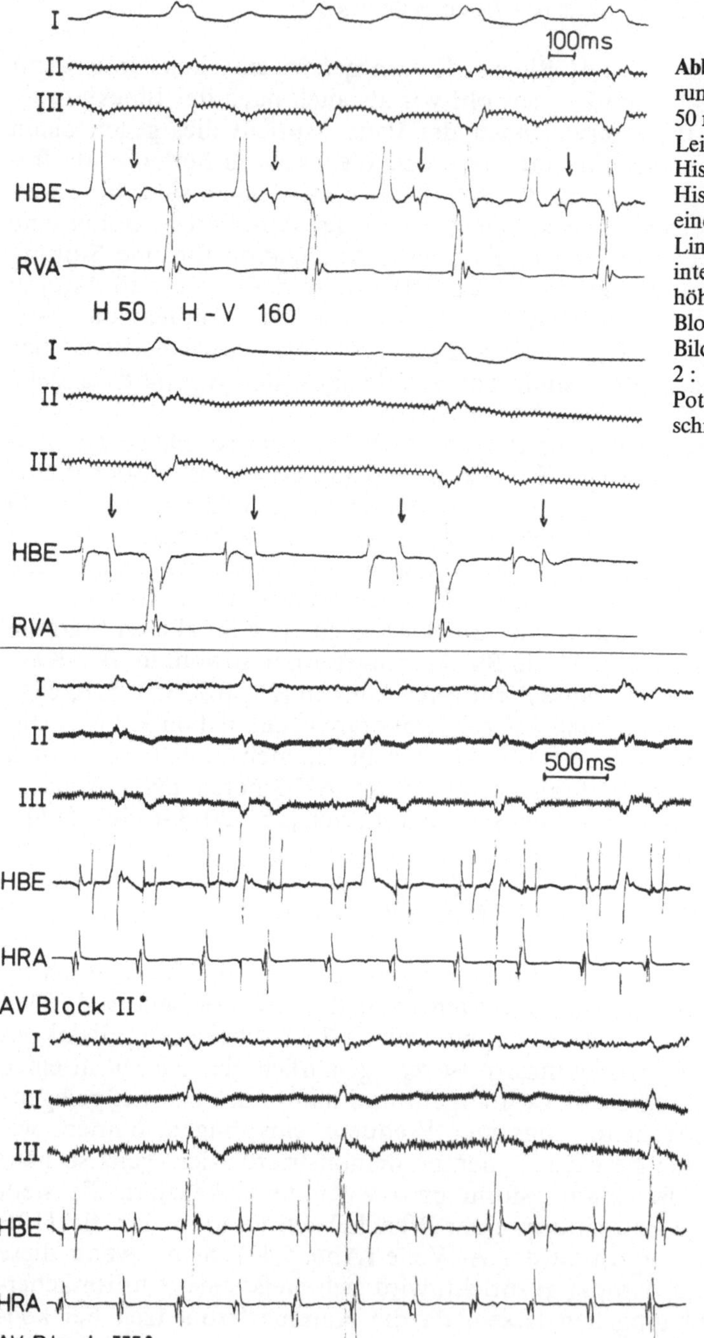

Abb. 542 a. Verbreiterung des H-Potentials auf 50 msec als Ausdruck der Leitungsstörung im Hisschen Bündel (intra-His-Block I. Grades) bei einem Patienten mit Linksschenkelblock und intermittierenden höhergradigen AV-Blockierungen (oberes Bild). Kurze Zeit später 2 : 1 Block distal des H-Potentials, das jetzt schmal ist (unten)

Abb. 5.42 b. Übergang von einem 2 : 1 Block in einen totalen AV-Block bei gleichem Patienten. Die Blockierung liegt distal der Ableitungsstelle des H-Potentials. Die QRS-Komplexe des bradykarden Ersatzrhythmus sind anders konfiguriert als bei Überleitung (Schrittmacherzentrum im links-anterioren Faszikel?). Den Kammerkomplexen geht kein H-Potential voraus, beim ersten Kammerkomplex ist ein Potential kurz vor der V-Welle zu erkennen, das einem retrograd auf das Hissche Bündel geleiteten Impuls entsprechen kann (unteres Bild)

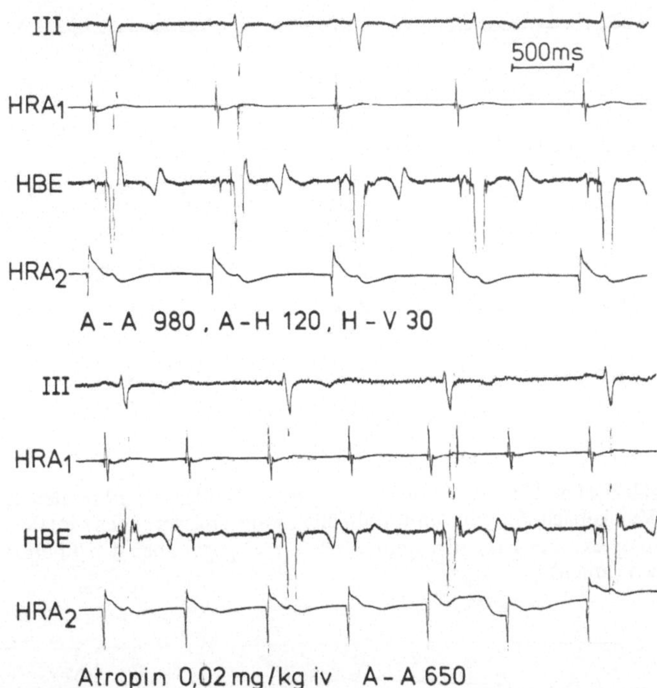

Abb. 5.43. Auftreten eines 2 : 1 Blocks distal der A-Welle nach Gabe von Atropin. Auffällig ist die kurze H-V-Zeit, die bei mehrfacher Änderung der Katheterposition bestehen blieb. Formal handelt es sich um eine Blockierung im AV-Knoten. Es ist aber nicht sicher auszuschließen, daß die Blockierung im oberen, knotennahen Anteil des Hisschen Bündels liegt und daß das H-Potential vom distalen Hisschen Bündelstamm stammt

5.2.2.5 AV-Block III. Grades

Der totale AV-Block kann in allen Abschnitten des Leitungssystems auftreten, wobei die angeborenen Formen fast ausschließlich im AV-Knoten, die erworbenen meist im His-Purkinje-System lokalisiert sind [48, 117, 159, 191, 312, 343, 445, 504, 536, 535, 627]. Neben der Anamnese ist die Form der Kammerkomplexe eine diagnostische Hilfe. Allerdings ist die exakte Lokalisation der Blockierung klinisch meist von untergeordneter Bedeutung, da ein erworbener totaler AV-Block praktisch immer eine Schrittmacherindikation darstellt und bei den angeborenen Formen das Frequenzverhalten entscheidend die Therapie bestimmt.

Liegt die Blockierung im AV-Knoten, folgt im HBE den A-Wellen kein His-Potential. Vor den unabhängig von den A-Wellen auftretenden Kammerkomplexen wird jeweils ein H-Potential registriert. Die QRS-Komplexe sind normalerweise schmal, falls kein zusätzlicher Schenkelblock vorliegt. Abbildung 5.44 (a, b) zeigt dies am Beispiel eines erworbenen AV-Blocks. Diese Blockierungsform kann im HBE differentialdiagnostisch prinzipiell nicht von einer Blockierung im proximalen, knotennahen Anteil des Hisschen Bündels unterschieden werden.

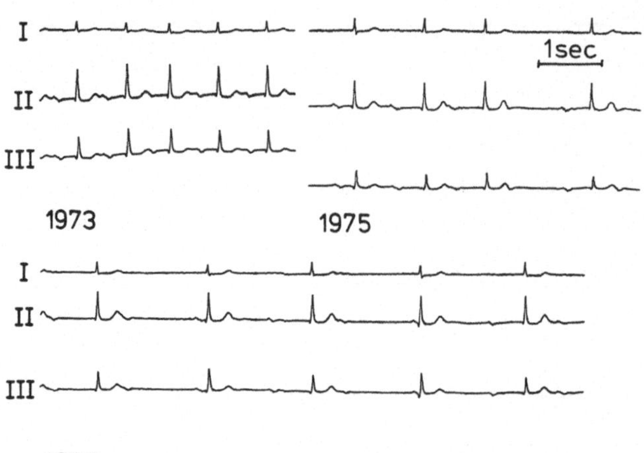

Abb. 5.44 a. Übergang eines AV-Block I. Grades bei normalen Kammerkomplexen in eine Wenckebach-Periodik und schließlich einen (erworbenen) totalen AV-Block. Die Kammerkomplexe des Ersatzrhythmus sind formal gegenüber den übergeleiteten Schlägen unverändert (unten)

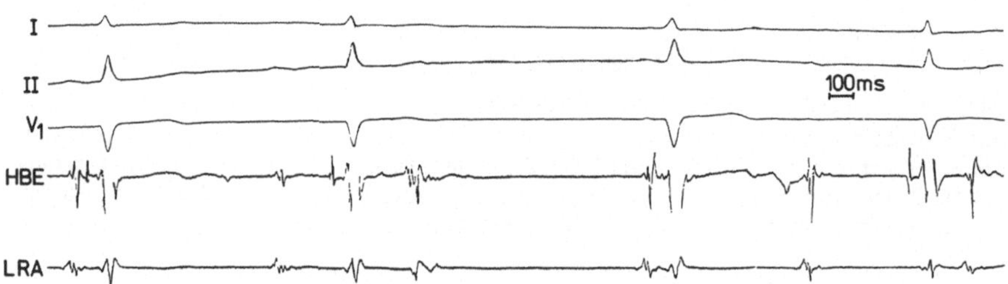

Abb. 5.44 b. Das HBE zeigt bei gleichem Patienten erwartungsgemäß eine Blockierung distal der A-Welle. Den QRS-Komplexen geht jeweils ein H-Potential mit normaler H-V-Zeit voraus. Auf Grund der Analyse der Periodendauer der QRS-Komplexe besteht der Verdacht, daß der zweite, etwas vorzeitige Kammerkomplex eine übergeleitete Erregung darstellt

Betrifft die Blockierung das intraventrikuläre Leitungssystem, kann sie im Hisschen Bündel oder weiter distal lokalisiert sein. Beim sog. intra-His-Block wird nach jeder A-Welle ein H-Potential registriert als Zeichen dafür, daß die Sinuserregung den oberen Teil des Hisschen Bündels erreicht. Den unabhängig hiervon auftretenden Kammerkomplexen, die normalerweise schmal sind, geht ebenfalls ein H-Potential voraus, da das sekundäre Schrittmacherzentrum im distalen Teil des Hisschen Bündels vor der Bifurkation liegt (Abb. 5.45). Es kann sehr schwierig sein, das Potential vom proximalen und vom distalen Anteil des Hisschen Bündels zu registrieren. Hierbei muß der Katheter unter fortlaufender Aufzeichnung sorgfältig vor und zurück geschoben werden. Manchmal können beide Potentiale nur bei verschiedener Katheterposition erfaßt werden [187, 574, 585]. Differentialdiagnostisch ist ein Potential vom rechten Schenkel vor dem Kammerkomplex praktisch kaum auszuschließen. Schmale Kammerkomplexe sprechen

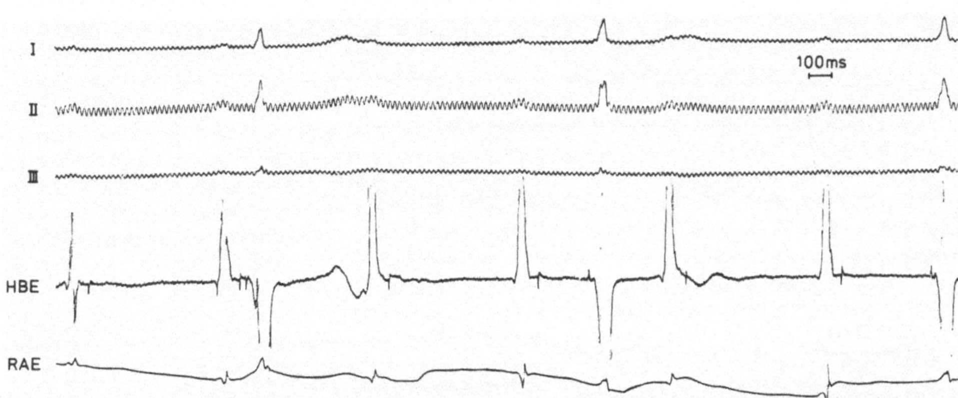

Abb. 5.45. Totaler AV-Block mit schmalen QRS-Komplexen. Im HBE erfolgt die Blockierung distal des H-Potentials, den V-Komplexen geht ebenfalls ein H-Potential voraus (intra-His-Block)

allerdings für ein prädivisionales Schrittmacherzentrum. Liegt die Leitungsunterbrechung im distalen Anteil des Hisschen Bündels, in den Schenkeln (bilateral bzw. trifaszikulär) oder noch weiter peripher im Purkinje-System, so erfolgt die Blockierung im HBE nach dem H-Potential (Abb. 5.42 b). Den deformierten Kammerkomplexen geht kein H-Potential voraus, da das Schrittmacherzentrum unterhalb des Hisschen Bündels liegt. U. U. kann ein registriertes Potential vom rechten Schenkel zu Schwierigkeiten bei der exakten Lokalisation der Blockierung führen. Diese Unterschiede haben aber keine praktische Bedeutung. Darüber hinaus zeigen morphologische Untersuchungen bei solchen Patienten meist diffuse Veränderungen des Leitungssystems, so daß die Annahme einer umschriebenen, isolierten Leitungsstörung auf Grund der Befunde im HBE der tatsächlichen Situation nicht gerecht wird [55, 535, 635].
Auf das scheinbare paradoxe Phänomen, daß auch bei Patienten mit totalem AV-Block insbesondere im Hisschen Bündel bei Ventrikelstimulation eine intakte retrograde ventrikulo-atriale (V-A) Leitung nachgewiesen werden kann [252, 346, 643, 655], soll nicht näher eingegangen werden. Das Vorliegen einer intakten V-A-Leitung kann bei der Verwendung vorhofgesteuerter Schrittmacher praktische Bedeutung erlangen.

5.2.2.6 AV-Dissoziation

Eine AV-Dissoziation kann normalerweise schon im Oberflächen-EKG mit ausreichender Sicherheit diagnostiziert werden. Im Zweifelsfall kann mittels His-Bündel-Elektrographie und atrialer Stimulation die funktionelle Natur dieser Erscheinung nachgewiesen werden. Abbildung 5.46 zeigt ein typisches Beispiel einer einfachen AV-Dissoziation, wobei das Zentrum im Hisschen Bündel bei niedriger Kammerfrequenz die Führung übernimmt. Wird mittels atrialer Stimulation die Vorhoffrequenz angehoben, erfolgt wieder eine normale Überleitung der Impulse.

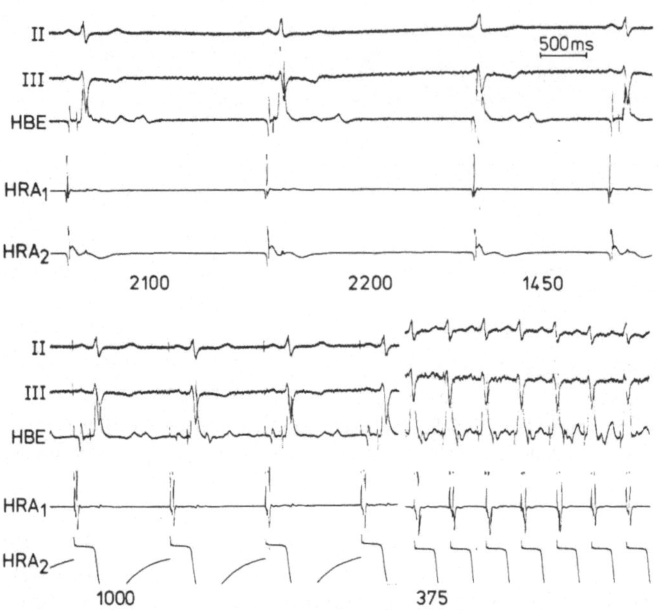

Abb. 5.46. Einfache AV-Dissoziation. Bei bradykardem Sinusrhythmus übernimmt phasenweise das Hissche Bündel Schrittmacherfunktion, so daß die Vorhofaktionen (HRA) in den QRS-Komplex „hineinwandern“ (oberes Bild). Bei Erhöhung der Vorhoffrequenz durch Stimulation normale 1 : 1 Überleitung bis 180/min (unten)

5.2.3 Intraventrikuläre Blockbilder

Das klinische Interesse an den intraventrikulären Blockbildern (Schenkelblock, „Hemiblock“) [541] ist in den letzten zehn Jahren durch zahlreiche Publikationen geweckt worden, die nachweisen konnten, daß solche elektrokardiographischen Veränderungen Vorläufer höhergradiger AV-Blokkierungen sein können. Besonders bei dem bifaszikulären Block vom Typ des Rechtsschenkelblocks (RSB) mit sog. links-anteriorem Hemiblock (LAH) wurden in bis zu einem Drittel der Fälle AV-Blockierungen beobachtet [95, 580]. Die Kombination eines Rechtsschenkelblocks mit einem sog. links-posterioren Hemiblock (LPH) wird von manchen Autoren als noch gefährlicher angesehen. Nach eigenen Untersuchungen muß auch der Linksschenkelblock prinzipiell in diese Gruppe gerechnet werden (s. u.). Ein Rechtsschenkelblock scheint insbesondere wenn er durch eine Herzoperation bedingt ist, prognostisch nicht bedeutungslos zu sein. Leider handelt es sich bei fast allen Untersuchungen nicht um prospektive Studien. Diese sind zum jetzigen Zeitpunkt noch nicht abgeschlossen. Soweit Teilergebnisse bekannt sind, scheint die Inzidenz eines höhergradigen AV-Blocks beispielsweise bei Patienten mit bifaszikulärem Blockbild nicht mehr als 5% pro Jahr zu betragen, möglicherweise sogar noch weniger [334].

Tabelle 5.9. Häufigkeit normaler und verlängerter H–V-Zeiten bei Patienten mit intraventrikulären Blockbildern mit und ohne zusätzlichem AV-Block I. Grades nach Literaturangaben und eigenen Untersuchungen. LSB = Linksschenkelblock; RSB = Rechtsschenkelblock; LAH = Links-anteriorer Hemiblock; LPH = Links-posteriorer Hemiblock

	H – V Intervall			H – V Intervall			H – V Intervall		
	gesamt	normal	verlängert	gesamt	normal	verlängert	gesamt	normal	verlängert
	Eigene Befunde			Lang u. Mitarb. [343]			Puech [504]		
LSB	73	28	45	5	2	3	24	7	17
LSB+AV-Block I°	21	2	19	7	0	7	–	–	–
RSB	26	19	7	–	–	–	16	13	3
RSB+AV-Block I°	23	9	14	–	–	–	–	–	–
LAH	25	20	5	2	2	0	8	4	4
LAH+AV-Block I°	6	5	1	–	–	–	–	–	–
LPH	–	–	–	2	2	0	–	–	–
RSB+LAH	11	6	5	14	13	1	29	17	12
RSB+LAH+AV-Block I°	19	8	11	21	11	10	–	–	–
RSB+LPH	–	–	–	1	1	0	18	4	14
RSB+LPH+AV-Block I°	–	–	–	3	2	1	–	–	–
LSB/RSB	3	2	1	–	–	–	–	–	–
Gesamt	207	99	108	55	33	22	96	45	51

Die genannten Untersuchungen werfen das Problem der Indikation zur Schrittmachertherapie bei Patienten mit intraventrikulären Blockbildern auf. Einerseits besteht kein Zweifel daran, daß diese Patienten potentiell gefährdet sind, andererseits ist es bei der relativ niedrigen Inzidenz des Übergangs in höhergradige AV-Blockierungen nicht gerechtfertigt, allen Patienten mit diesen elektrokardiographischen Befunden einen Schrittmacher zu implantieren. Synkopen sind zwar ein wichtiges Symptom, das unbedingt einer weiteren Abklärung bedarf, reichen aber allein zu einer Schrittmacherindikation nicht aus [131, 552, 591]. In einem Teil der Fälle sind nämlich die Beschwerden nicht durch bradykarde Rhythmusstörungen bedingt, wie sich insbesondere bei elektrokardiographischen Langzeitregistrierungen nachweisen läßt. Diesen Patienten ist natürlich durch die Implantation eines Schrittmachers nicht geholfen. Klinische Methoden wie Belastungs- und Langzeit-EKG, Atropin-Test usw. sind nur im positiven Fall von Wert, der fehlende Nachweis höhergradiger AV-Blockierungen während dieser Untersuchungen schließt eine gefährliche Schädigung des Leitungssystems nicht aus.

Mit der His-Bündel-Elektrographie und der atrialen Stimulation ist es möglich geworden, zusätzliche Information über die intraventrikulären Leitungsverhältnisse bei diesen Patienten zu erhalten. Zunächst einmal können die Patienten mit intraventrikulären Blockbildern an Hand der H-V-Zeit weiter differenziert werden. Tabelle 5.9 zeigt, daß mit verlängerten H-V-Zeiten besonders dann zu rechnen ist, wenn zusätzlich zum intraventrikulären Blockbild noch ein AV-Block I. Grades besteht, – sein Fehlen aber ein abnormes H-V-Intervall nicht ausschließt. Allerdings darf ein AV-Block I. Grades bei Vorliegen eines Schenkelblocks oder Hemiblocks keineswegs automatisch auf das His-Purkinje-System bezogen werden, da auch eine nodale Leitungsverzögerung für die verlängerte PQ-Zeit verantwortlich sein kann [139, 447, 531, 591]. In fortgeschrittenen Stadien der intraventrikulären Leitungsstörung kann neben einer Verlängerung der H-V-Zeit ein doppeltes His-Potential (H – H') nachweisbar sein (Abb. 5.40). Auch eine Verbreiterung der H-Potentiale über 20 msec signalisiert eine ausgeprägte Leitungsstörung im Hisschen Bündel (Abb. 5.42 a).

Leider ist die Bedeutung der H-V-Zeit für die Prognose im Hinblick auf die Entwicklung höhergradiger AV-Blockierungen und damit für die Schrittmacherindikation bis heute noch nicht ausreichend geklärt [51, 127, 265]. Zwar konnten histologische Untersuchungen bei einigen verstorbenen Patienten mit verlängerter H-V-Zeit starke Veränderungen im Bereich des His-Purkinje-Systems nachweisen [55, 535, 537], dies erlaubt aber noch keine sicheren prognostischen Schlüsse. Außerdem wurden zahlreiche Einzelbeobachtungen mitgeteilt über die Entwicklung eines AV-Blocks bei Patienten mit langer H-V-Zeit [51, 254, 448, 552, 591], doch fehlen ausreichende prospektive Studien. Es muß betont werden, daß auch bei normaler H-V-Zeit solche Übergänge gesehen wurden, so daß eine normale H-V-Zeit die Entwicklung eines totalen AV-Blocks im weiteren Verlauf nicht ausschließt [131, 255, 266, 302, 510]. Eine der wenigen veröffentlichten Langzeitstudien [447] von Patienten mit bifaszikulärem Block (RSB + LAH), die mittels His-Bündel-Elektrographie untersucht wurden, ergab folgendes Bild

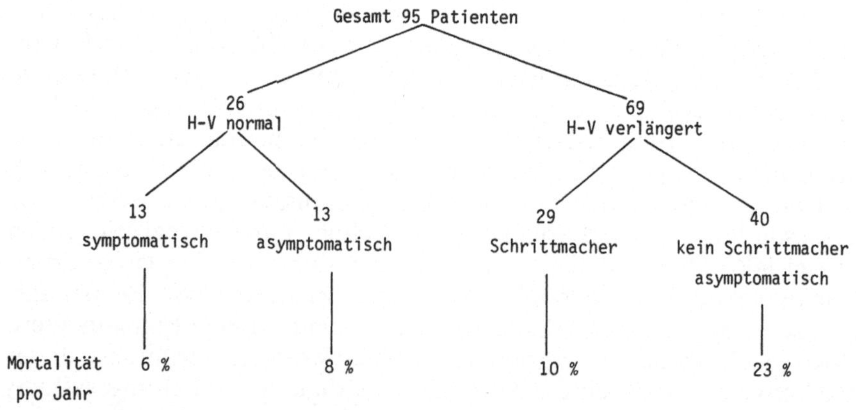

Abb. 5.47. Mortalität von 95 Patienten mit bifaszikulärem Block (RSB + LAH) und einem mittleren Lebensalter von 72 Jahren in Abhängigkeit von der jeweiligen H-V-Zeit mit und ohne Schrittmacher (nach Narula [447])

(Abb. 5.47): Patienten mit normaler H-V-Zeit hatten in den folgenden drei Beobachtungsjahren eine wesentlich bessere Prognose als solche mit verlängertem H-V-Intervall (>50 msec). Die Patienten mit verlängerter H-V-Zeit, die keinen Schrittmacher erhielten, hatten eine doppelt so hohe Mortalität als diejenigen derselben Gruppe mit Schrittmacher. Wenn auch nur in sehr wenigen Fällen ein kompletter AV-Block als Todesursache dokumentiert werden konnte, so legt diese Studie doch nahe, daß eine Schrittmacherimplantation bei Patienten mit bifaszikulärem Block und verlängerter H-V-Zeit die Prognose verbessern kann. Auch andere Untersucher bestätigen die schlechte Prognose einer verlängerten H-V-Zeit, sie glauben aber auf Grund ihrer Erfahrungen nicht, daß diese durch eine Schrittmacherimplantation verbessert wird, da die Patienten meist an der myokardialen Erkrankung oder auch an tachykarden Rhythmusstörungen versterben [124, 138]. Im eigenen Krankengut konnten 172 Patienten mit intraventrikulären Leitungsstörungen, bei denen eine His-Bündel-Elektrographie durchgeführt worden war, prospektiv im Mittel etwas über 2 Jahre nachverfolgt werden [591 a]. Die Mortalität war zwar in der Gruppe mit einer H-V-Zeit von ≧70 msec signifikant höher als bei den Patienten mit normaler oder mäßig verlängerter H-V-Zeit, doch verstarben die meisten Patienten an einer Herzinsuffizienz. Von den 5 plötzlichen Todesfällen sind 2 mit sehr großer Wahrscheinlichkeit auf tachykarde Rhythmusstörungen zurückzuführen. Einer der 3 verbleibenden Patienten trug einen funktionstüchtigen Schrittmacher, so daß in mindestens 3 von 5 Fällen der plötzliche Herztod durch einen Schrittmacher nicht zu verhindern war. Zwei Patienten mit einer H-V-Zeit >70 msec entwickelten 31 und 42 Monate nach der His-Bündel-Elektrographie einen totalen AV-Block (Abb. 5.48, Tabelle 5.10). Obwohl bei diesen Patienten zum Zeitpunkt der Untersuchung keine intermittierenden AV-Blockierungen nachgewiesen werden konnten, hatten sie wegen Synkopen bei deutlich verlängerter H-V-Zeit einen Schritt-

Tabelle 5.10. Ergebnis einer prospektiven Langzeitstudie bei 172 Patienten mit intraventrikulären Blockbildern in Abhängigkeit von der gemessenen H-V Zeit [591 a]

H-V Zeit	<60 msec	60 – 69 msec	≧70 msec
Pat. gesamt	70	55	47
Zeitraum (Mon.)	29,4 ± 15,5	24,6 ± 15,5	25,4 ± 16,2
Verstorben ges.	5	7	11
nicht kardial	2	1	1
Herzinsuff.	0	4	6
plötzlich	1	2	2
ungeklärt	2	0	2
AV Block II°	1/69 ¹)	0	0
AV Block III°	0	0	2/37 ²)

¹) 1 Pat. intermitt. AV Block bei Studienbeginn
²) 10 Pat. intermitt. AV Block bei Studienbeginn

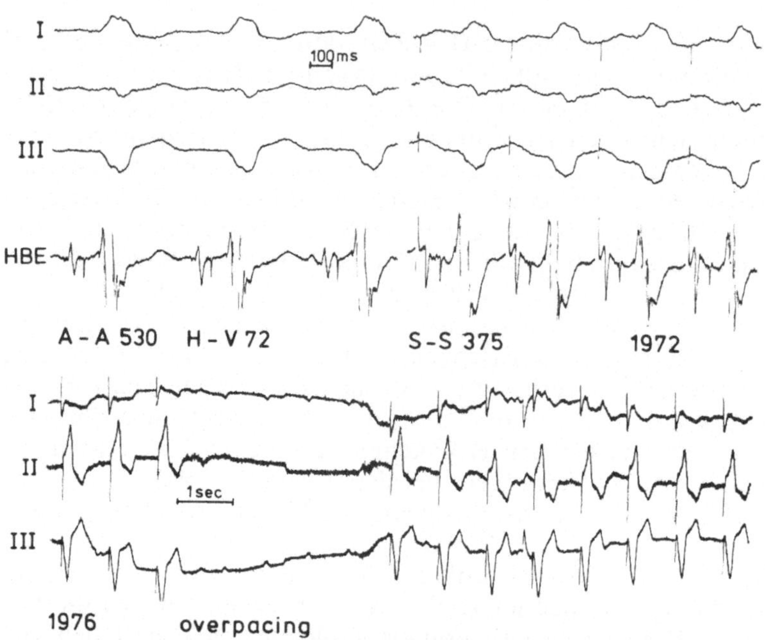

Abb. 5.48. Übergang eines Linksschenkelblocks mit deutlich verlängerter H-V-Zeit in einen totalen AV-Block vier Jahre nach der Erstuntersuchung. Bei früheren Schrittmacherkontrollen war nach Ausschalten des Schrittmachers durch externes „overpacing" immer noch eine 1 : 1 Überleitung nachweisbar gewesen. Linksschenkelblock seit 1967 bekannt

macher erhalten. Insgesamt muß daher bei dem seltenen Übergang in höhergradige AV-Blockierungen offen bleiben, inwieweit die schlechte Prognose der Patienten mit deutlich verlängerter H-V-Zeit durch eine Schrittmacherimplantation gebessert werden kann. Im Augenblick sehen wir eine solche Schrittmacherindikation gegeben, wenn bei Patienten mit intraventrikulären Leitungsstörungen und Synkopen eine H-V-Zeit von ≧70 msec gemessen wird. Bei beschwerdefreien Patienten kann aus Sicherheitsgründen bei H-V-Zeiten von 90 – 100 msec ein Schrittmacher empfohlen werden, auch wenn dieser Grenzwert willkürlich ist. Die Schrittmacherindikation wird zusätzlich durch den Ausfall des atrialen Stimulationstests (ERP HPS >400 msec) mitbestimmt. Unabhängig von dem Ergebnis der elektrophysiologischen Studien ist eine Schrittmacherindikation dann gegeben, wenn es gelingt, intermittierende AV-Blockierungen bei solchen Patienten nachzuweisen.

Wie bereits erwähnt, hat die atriale Stimulation bei der Testung des His-Purkinje-Systems nur einen sehr begrenzten Wert. Selbst bei Patienten mit intraventrikulären Blockbildern wird die Refraktärität des Leitungssystems in den meisten Fällen vom AV-Knoten bestimmt. Dies gilt besonders für die hochfrequente Stimulation, da sich mit steigenden Frequenzen die effektive Refraktärzeit des AV-Knotens verlängert, die des His-Purkinje-Systems verkürzt. Auch bei Patienten mit verlängerter H-V-

Zeit ist häufig die Reaktion des intraventrikulären Leitungssystems auf atriale Stimulation normal, da sich Leitungsgeschwindigkeit und Refraktärzeit unterschiedlich verhalten können. Um so auffälliger ist allerdings ein hiervon abweichendes Verhalten mit Blockierungen nach dem H-Potential bei Periodendauern über 400 msec (150/min). Auf der anderen Seite schließt eine 1 : 1 Überleitung auch bei hohen Frequenzen nicht aus, daß kurze Zeit später ein AV-Block auftritt [447]. Auch mit der programmierten atrialen Stimulation können die genannten Probleme nicht gelöst werden, da es auch hiermit nur selten gelingt, eine Information über das His-Purkinje-System zu erhalten. Selbst wenn unter programmierter Stimulation Blockierungen distal des H-Potentials auftreten, gibt es weder genaue Vorstellungen über Normalwerte, noch über die prognostische Bedeutung einer verlängerten ERP HPS. Nach den eigenen Befunden bei Patienten mit intraventrikulären Blockbildern und intermittierendem AV-Block sollten immer beide Stimulationsverfahren durchgeführt werden. Über die prognostische Bedeutung und damit die klinische Relevanz der von verschiedenen Untersuchern durchgeführten pharmakologischen Tests liegen bisher keine prospektiven Studien vor.
Ein relativ gutes diagnostisches Hilfsmittel scheinen His-Bündel-Elektrographie und atriale Stimulation für die Erkennung derjenigen Patienten mit intraventrikulären Blockierungen zu sein, die zum Zeitpunkt der Untersuchung intermittierende AV-Blockierungen aufweisen [254, 503, 591]. Tabelle 5.11 zeigt die elektrophysiologischen Befunde von 10 Patienten mit Rechts- oder Linksschenkelblock, bei denen während des stationären Auf-

Tabelle 5.11. Elektrophysiologische Befunde bei 10 Patienten mit Rechtsschenkelblock (RSB) oder Linksschenkelblock (LSB) und dokumentiertem intermittierendem höhergradigen AV-Block. Alle Angaben in msec. Angegeben sind die Leitungszeiten im AV-Knoten (A–H) und Hisschen Bündel (H–V), die effektive Refraktärzeit (ERP) des AV-Knotens (AVN) und His-Purkinje-Systems (HPS) bei einer Grundfrequenz von 80/min (S_1–S_1 750 msec) sowie die Periodendauer, bei der unter hochfrequenter Stimulation Blockierungen in einem Abschnitt des Leitungssystems auftraten. A = Atrium

Patienten		Sinusrhythmus		programmierte Stimulation (S_1S_1 750)		hochfrequente Stimulation	
		A – H	H – V	ERP AVN	ERP HPS	S – S	Block
1	LSB	220	44	>750	–	750	AVN
2	LSB	130	190	300	540	600	HPS
3	LSB	88	94	1 : 1 ERP A 200		429	HPS
4	LSB	88	80	325	410	429	RSB
					RSB	333	AVN
5	LSB	64	72	210	440	600	HPS
6	LSB	152	80	–	–	–	
7	LSB	130	80	1 : 1 ERP A 260		300	AVN
8	RSB	110	70	–	–	750	HPS
9	RSB	500	52	>750	–	750	AVN
10	RSB	145	85	560	–	600	HPS

enthaltes entweder im Belastungs-EKG oder bei elektrokardiographischen Langzeitregistrierungen, z. T. über mehrere Tage, intermittierend höhergradige AV-Blockierungen dokumentiert werden konnten (s. Abb. 5.52 b). Abgesehen von zwei Patienten (Tab.5.11; 1, 9), die hochpathologische Leitungsverhältnisse im AV-Knoten aufwiesen mit extrem verlängerten A-H-Zeiten und Blockierungen nach der A-Welle schon bei sehr niedrigen Stimulationsfrequenzen, zeigten alle Fälle abnorme Leitungsverhältnisse im His-Purkinje-System. Alle 8 Patienten hatten deutlich verlängerte H-V-Zeiten zwischen 70 und 190 msec. Bei 7 dieser Patienten wurde eine hochfrequente Stimulation durchgeführt, die in 5 Fällen eine Blockierung distal des H-Potentials bei relativ niedrigen Stimulationsfrequenzen ergab (Abb. 5.49). In 5 Fällen wurde eine programmierte atriale Stimulation zusätzlich zur hochfrequenten eingesetzt. In zwei Fällen konnte eine Blokkierung distal des H-Potentials registriert werden, wobei sich eine ERP HPS von 540 und 440 msec ermitteln ließ (Tab. 5.11; 2,5). Falls man den in der Literatur angegebenen Grenzwert für die ERP HPS von 500 msec akzeptiert [447], hätte die programmierte Stimulation nur bei einem dieser Patienten einen pathologischen Befund ergeben. – Besonders hingewiesen sei auf den Fall Nr. 3, der bei programmierter Stimulation eine 1 : 1 Überleitung bis zum Erreichen der effektiven Vorhofrefraktärzeit zeigte, dagegen unter hochfrequenter Vorhofstimulation schon bei einer Frequenz von 140/min Blockierungen distal des H-Potentials aufwies. Die Tabelle 5.11 demonstriert gleichzeitig, daß ein unauffälliges Verhalten unter programmierter und hochfrequenter atrialer Stimulation spontane intermittierende AV-Blockierungen nicht ausschließt. Bei einem Patienten (Nr. 7) war als einziger pathologischer Befund eine Verlängerung der H-V-Zeit nachweisbar.

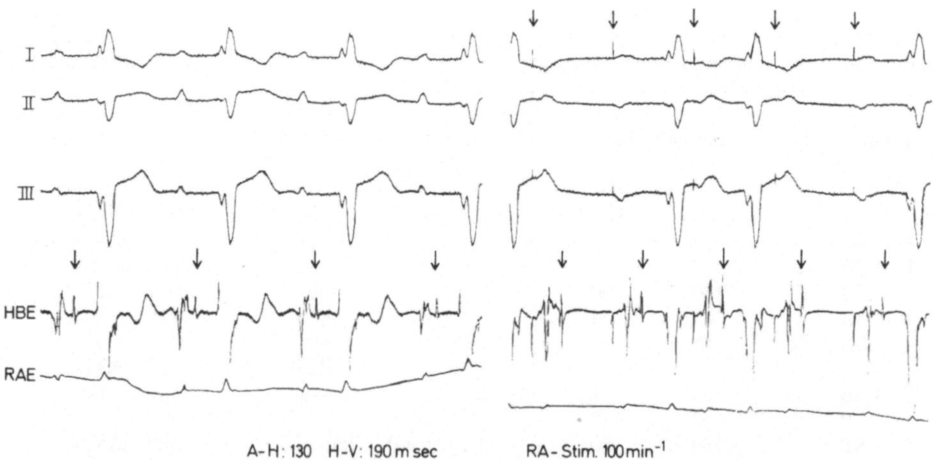

Abb. 5.49. Auftreten höhergradiger AV-Blockierungen distal des H-Potentials unter Vorhofstimulation mit relativ niedriger Frequenz bei einem Patienten mit Linksschenkelblock und AV-Block I. Grades sowie intermittierend höhergradigen AV-Blockierungen. Bei Sinusrhythmus fällt die extrem verlängerte H-V-Zeit auf

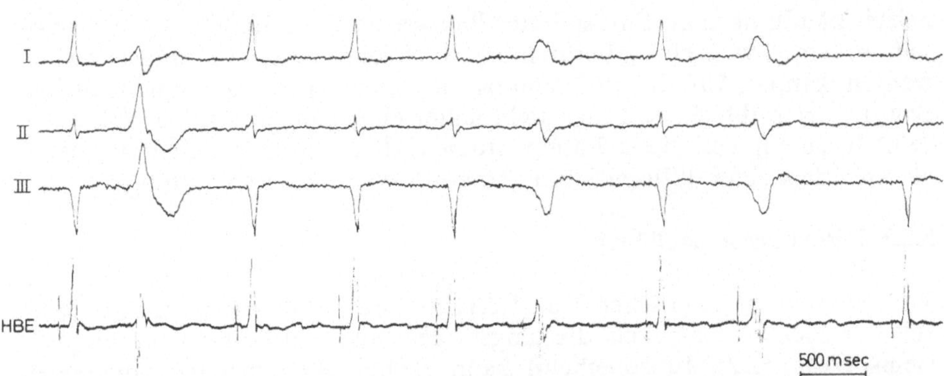

Abb. 5.50. Differentialdiagnose Extrasystolie versus aberrierende Leitung mittels His-Bündel-Elektrographie bei einem Patienten mit Vorhofflimmern. Dem ersten verbreiterten QRS-Komplex geht kein H-Potential voraus, es handelt sich um eine ventrikuläre Extrasystole; vor den folgenden, linksschenkelblockartig deformierten Kammerkomplexen wird ein H-Potential mit gleicher H-V-Zeit wie bei den übergeleiteten schmalen QRS-Komplexen registriert. Dies spricht für eine Überleitung bei frequenzabhängigem LSB, der bei einem H-H-Abstand von unter 720 msec auftritt

In manchen Fällen mit intermittierendem intraventrikulärem Block kann die His-Bündel-Elektrographie auch aus rein diagnostischen Gründen indiziert sein. Die Abbildung 5.50 zeigt das Beispiel eines intermittierenden Linksschenkelblocks bei einem Patienten mit Vorhofflimmern. Aus dem Oberflächen-EKG ist nicht zu entscheiden, welche der abnorm konfigurierten QRS-Komplexe einer ventrikulären Extrasystole und welche einer aberrierenden intraventrikulären Leitung entsprechen. Das HBE zeigt eindeutig, daß den linksschenkelblockartig konfigurierten Kammerkomplexen ein H-Potential vorausgeht, d. h. es handelt sich um übergeleitete Schläge mit frequenzabhängigem Linksschenkelblock, während die anders konfigurierten Kammerkomplexe kein vorangehendes H-Potential aufweisen und somit ventrikuläre Extrasystolen sind. In seltenen Fällen kann eine solche Untersuchung auch notwendig sein, wenn differentialdiagnostisch ein WPW-Syndrom zur Diskussion steht (s. Präexzitationssyndrome S. 220 ff.).

Links-anteriorer und links-posteriorer Hemiblock

Patienten mit sog. links-anteriorem Hemiblock (LAH) sind bisher nur in begrenztem Umfang untersucht worden, da das Auftreten eines „überdrehten" Linkstyps bei einem sonst beschwerdefreien Patienten keine Indikation zu einer invasiven Untersuchung darstellt. Tabelle 5.9 zeigt, daß hierbei meist normale Leitungsverhältnisse im Bereich des Hisschen Bündels und des AV-Knotens zu erwarten sind. Entsprechend ist auch das Verhalten unter atrialer Stimulation unauffällig. Die normale H-V-Zeit entspricht den theoretischen Vorstellungen, daß eine isolierte Störung im links-anterioren Faszikel keine Verspätung des Beginns der Ventrikelerregung bewirkt. Auch wenn ein zusätzlicher AV-Block I. Grades vorliegt, ist die His-Ventrikelzeit häufig normal. Ein isolierter links-posteriorer Hemiblock (LPH) ist sehr selten, soweit ein „überdrehter" Rechtstyp als solcher angesprochen werden kann. (Auf die Problematik des auch sprachlich unglücklichen Begriffs „Hemiblock" soll hier nicht näher eingegangen werden, vgl. S. 66, 283.) In einem Teil dieser Fälle wurden verlängerte H-V-Zeiten gemessen als Ausdruck einer diffusen Störung der intraventrikulären Leitung.

5.2.3.2 Rechtsschenkelblock

Wie schon im methodischen Teil (5.2.1) erwähnt, ist die effektive Refraktärzeit des rechten Schenkels die längste des intraventrikulären Leitungssystems (Abb. 5.32). Entsprechend kann es bei übergeleiteten vorzeitigen atrialen Impulsen leicht zu einem Rechtsschenkelblock (RSB) kommen, ohne daß dies per se ein pathologischer Befund ist. Durch eine Blockierung im rechten Schenkel wird der Beginn der Aktivierung des Ventrikelseptums nicht beeinflußt, solange die suprabifurkale Erregungsleitung im Hisschen Bündelstamm intakt ist. Entsprechend ist die H-V-Zeit normal, was Abbildung 5.51 am Beispiel eines intermittierenden RSB dokumentiert. Hierdurch unterscheidet sich der Rechtsschenkelblock ganz wesentlich vom Linksschenkelblock, dessen mittlere H-V-Zeiten signifikant länger sind (Tabelle 5.12). Der Unterschied wäre sicher noch größer, wenn man unselektiert alle Patienten mit Rechtsschenkelblock untersuchen würde. Bei Patienten, die zusätzlich noch einen AV-Block I. Grades aufweisen, kann dieser Ausdruck einer zusätzlichen Leitungsstörung im AV-Knoten sein oder einer diffusen Erkrankung des intraventrikulären Leitungssystems. Die Abbildung 5.52 zeigt die Befunde bei einem solchen Patienten, bei dem unter Atropin ein typischer AV-Block II. Grades Typ II auftrat (Abb. 5.52 a) und der auch unter Ergometerbelastung höhergradige AV-Blockierungen entwickelte (Abb. 5.52 b). Das HBE zeigte erwartungsgemäß eine auf

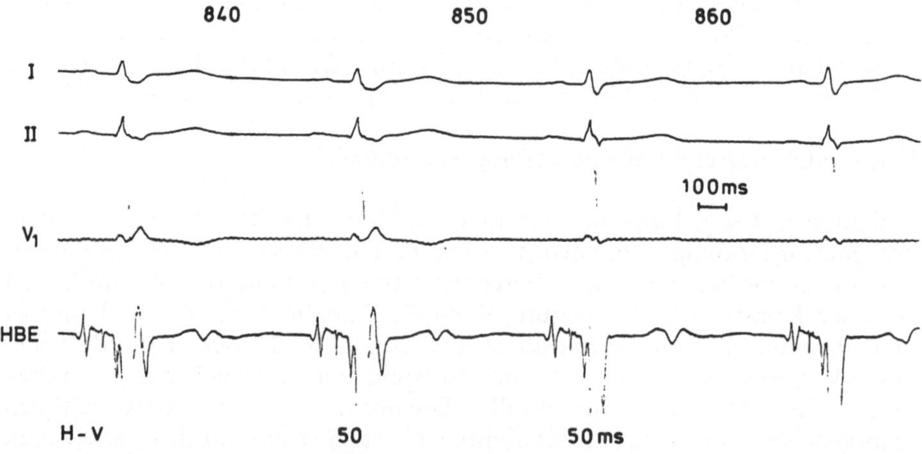

Abb. 5.51. Normales H-V-Intervall bei intermittierendem Rechtsschenkelblock unabhängig von der rechtsventrikulären Leitungsstörung

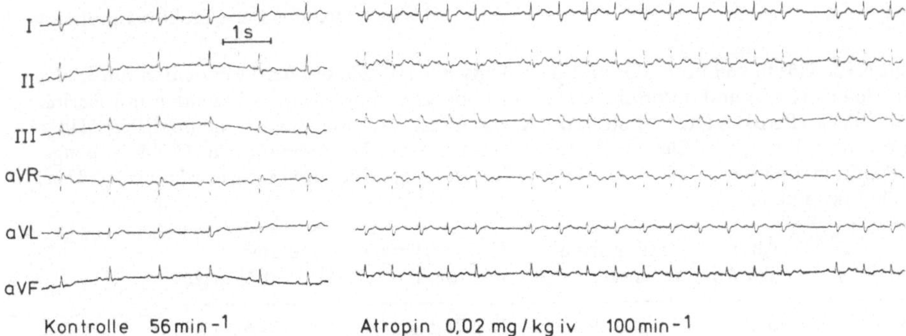

Abb. 5.52 a. Auftreten eines AV-Block II. Grades Typ II nach Gabe von Atropin bei einem Patienten mit Rechtsschenkelblock bei Normtyp und AV-Block I. Grades. Bei Absinken der Frequenz unter 100/min wieder 1 : 1 Überleitung

Abb. 5.52 b. Nachweis höhergradiger AV-Blockierungen unter Belastung bei gleichem Patienten

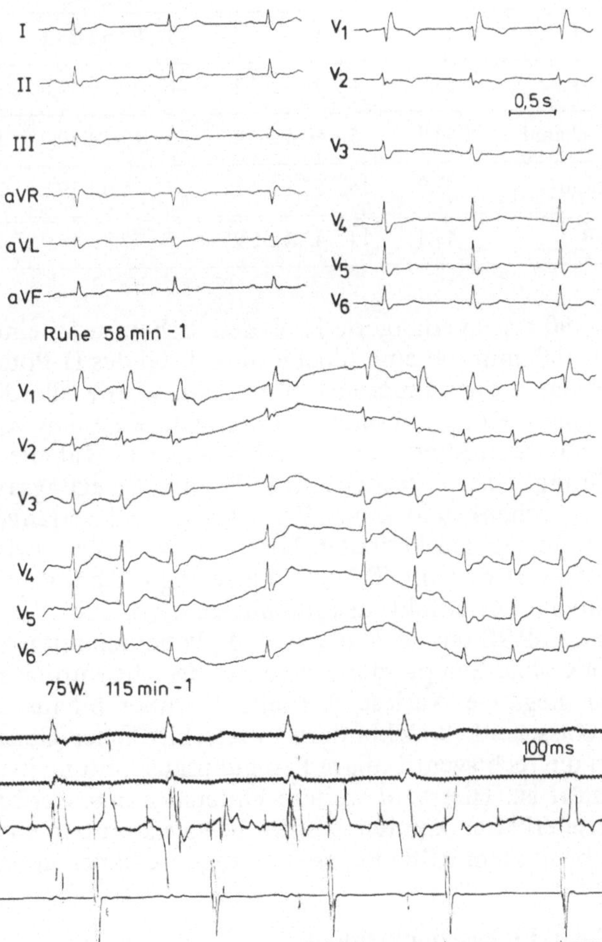

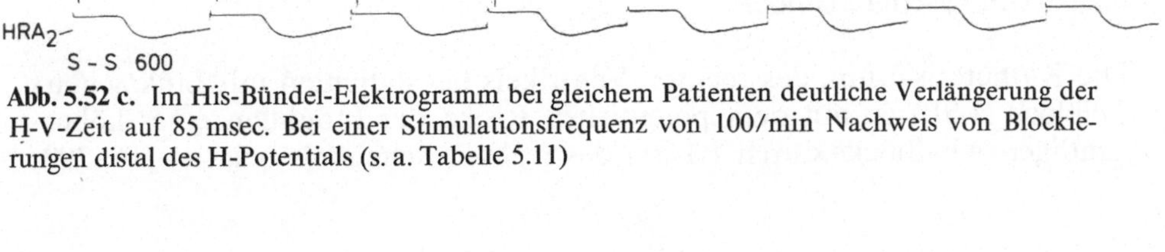

Abb. 5.52 c. Im His-Bündel-Elektrogramm bei gleichem Patienten deutliche Verlängerung der H-V-Zeit auf 85 msec. Bei einer Stimulationsfrequenz von 100/min Nachweis von Blockierungen distal des H-Potentials (s. a. Tabelle 5.11)

Tabelle 5.12. Häufigkeit normaler und pathologischer H-V-Zeiten bei 73 Patienten mit Linksschenkelblock (LSB) und unterschiedlicher Grunderkrankung sowie 19 Patienten mit Rechtsschenkelblock (RSB). KHK = koronare Herzkrankheit. Rheum. Vit. = rheumatischer Herzklappenfehler. Postop. = Läsion des Leitungssystems bei Herzoperationen. CCM = kongestive Kardiomyopathie. LCN = sog. latente Kardiomyopathie. unbekannt = keine erfaßbare kardiale Erkrankung.

LSB Ätiologie	Alter (Jahre)	H-V normal n	H-V normal msec	H-V verlängert n	H-V verlängert msec	gesamt n	gesamt H-V msec	
KHK	63,1	2	50,0 ± 8,5	12	78,5 ± 13,4	14	74,4 ± 16,3	p < 0,05 (KHK vs. rheum. Vit.)
rheum. Vit.	52,7	2	51,0 ± 1,4	4	67,8 ± 12,3	6	62,2 ± 12,9	
postop.	52,7	2	51,0 ± 7,1	1	62,0	3	54,7 ± 8,1	p<((KHK vs. CCM)
CCM	44,0	1	56,0	21	79,6 ± 28,1	22	78,8 ± 27,8	
LCM	47,7	4	49,0 ± 4,2	6	70,3 ± 12,0	10	61,8 ± 14,4	p<((CCM vs. LCM/unbekannt)
unbekannt	44,9	5	50,4 ± 4,8	13	69,2 ± 10,0	18	63,9 ± 12,3	
gesamt	48,9	16	50,5 ± 4,5	57	75,0 ± 19,7	73	69,6 ± 20,2	p < 0,05 (gesamt vs. RSB)
RSB	45,4	14	43,8 ± 5,9	5	77,8 ± 16,0	19	52,7 ± 17,9	

85 – 90 msec verlängerte H-V-Zeit. Schon unter einer Stimulationsfrequenz von 100/min trat eine Blockierung distal des H-Potentials auf (Abb. 5.52 b). Bei der programmierten Stimulation wurde allerdings die ERP AVN bei 560 msec Kopplungsintervall erreicht, ohne daß vorher Leitungsstörungen im Hisschen Bündel nachweisbar waren (s. Tabelle 5.11). Als Ausdruck der Störung der rechtsventrikulären Erregungsausbreitung ist beim Rechtsschenkelblock das V-RVA-Intervall verlängert [91] (Abb. 5.41). Bei 10 untersuchten Patienten lag die V-RVA-Zeit zwischen 20 – 70 msec. Der Mittelwert war mit 48,2 ± 18,5 msec signifikant gegenüber dem Normalwert (Tabelle 5.6) erhöht. Es muß allerdings offenbleiben, inwieweit diese Werte für den RSB repräsentativ sind, da Patienten mit isoliertem Rechtsschenkelblock ohne Symptomatik nicht untersucht wurden und somit das Kollektiv eine negative Auslese darstellt. Darüber hinaus ist es möglich, daß bei Rechtsschenkelblockbildern unterschiedlicher Genese (operativ, degenerativ) die rechtsventrikuläre Erregungsausbreitung in unterschiedlicher Weise gestört ist. Hier sind weitere Untersuchungen erforderlich, die möglicherweise erklären können, warum beispielsweise manche Patienten mit operativ bedingtem RSB eine ernste Prognose haben können [488, 636].

5.2.3.3 Linksschenkelblock

Die Katheterisierung des rechten Ventrikels bei Patienten mit Linksschenkelblock (LSB) ist mit dem potentiellen Risiko der Induktion eines höhergradigen AV-Blocks durch Läsion des rechten Schenkels belastet [16, 293,

314, 355]. Dieses Risiko ist besonders groß, wenn steife Katheter verwendet werden. Abbildung 5.53 a zeigt die Registrierung des HBE bei einem Patienten mit LSB, bei dem durch das Einführen eines steifen Biotoms zur endomyokardialen Katheterbiopsie eine 2 : 1 Blockierung hervorgerufen wurde. Die Blockierung lag distal des H-Potentials. Entsprechend der niedrigen Frequenz waren die Kammerkomplexe schmal. Kurze Zeit später war wieder eine 1 : 1 Überleitung nachweisbar. Bei der nun höheren Kammerfrequenz bestand ein LSB (Abb. 5.53 b). Bei Verwendung dünner, flexibler, bipolarer Elektrodenkatheter lassen sich solche Komplikationen praktisch immer vermeiden, wie die eigene Erfahrung an einer relativ großen Zahl von Patienten mit LSB zeigt.

Hinsichtlich der H-V-Zeit wurden bei Patienten mit LSB sowohl völlig normale als auch extrem verlängerte Werte gemessen. Patienten mit zusätzlichem AV-Block I. Grades hatten häufiger eine verlängerte H-V-Zeit (Tabelle 5.9). Der Mittelwert der H-V-Zeit dieser Patienten war mit 79,8 ± 26,2 msec signifikant länger als derjenige von Patienten mit normaler PQ-Zeit (62,7 ± 10,9 msec). Bei einer QRS-Breite von über 140 msec war die

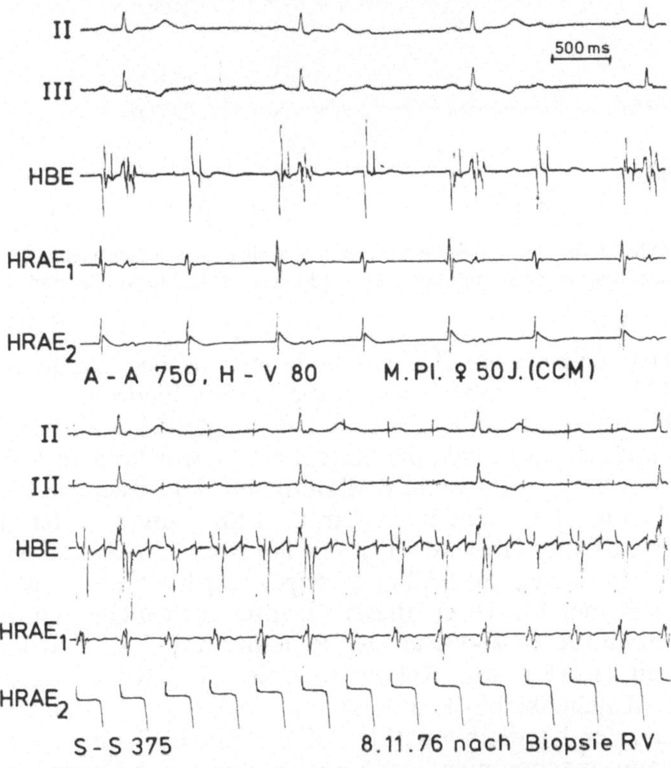

Abb. 5.53 a. Auftreten eines 2 : 1 Blocks distal des H-Potentials bei einem Patienten mit Linksschenkelblock nach Manipulation mit einem relativ steifen Biotom-Katheter im rechten Ventrikel. Zunahme der Blockierung unter hochfrequenter Vorhofstimulation. Bei der langsamen Kammerfrequenz schmale QRS-Komplexe. CCM = kongestive Kardiomyopathie

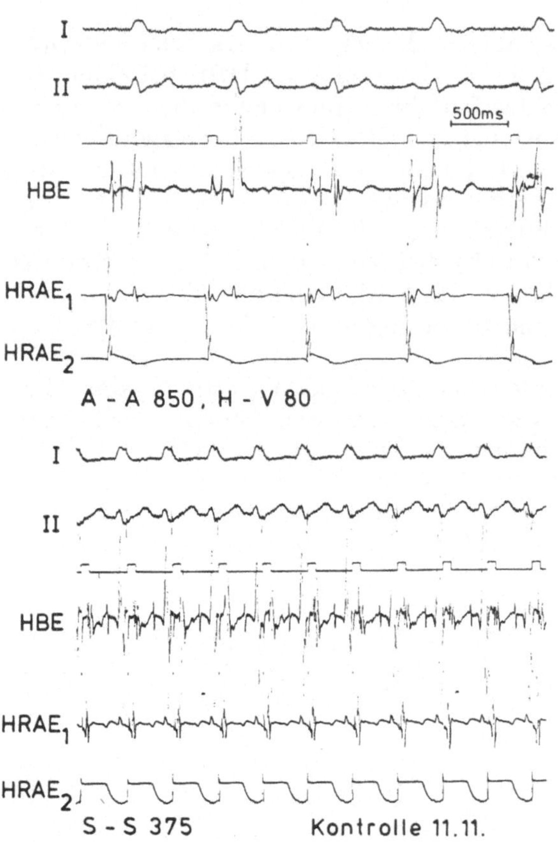

Abb. 5.53 b. Bei Kontrolle der Befunde einige Tage später wieder 1 : 1 Überleitung auch unter hochfrequenter Stimulation jetzt mit Linksschenkelblock. Unverändert verlängerte H-V-Zeit

H-V-Zeit im Mittel ebenfalls länger als bei Kammerkomplexen zwischen 120 - 140 msec, doch waren die Unterschiede nicht signifikant. Der QRS-Hauptvektor in der Frontalebene zeigte keine Korrelation zur H-V-Breite. Patienten mit Synkopen hatten eine etwas längere H-V-Zeit als solche mit unauffälliger Anamnese. Signifikante Unterschiede zeigte dagegen die H-V-Zeit bei Patienten mit LSB und unterschiedlicher Grunderkrankung (Tabelle 5.12). Die längsten H-V-Zeiten wurden in der Gruppe der Patienten mit LSB und kongestiver Kardiomyopathie (CCM) gefunden, wenn der Mittelwert dieser Gruppe auch nicht signifikant unterschiedlich zur mittleren H-V-Zeit der Patienten mit LSB und koronarer Herzkrankheit (KHK) war. Relativ niedrige H-V-Werte lagen bei Patienten mit Linksschenkelblock unbekannter Ätiologie vor und bei solchen mit sog. latenter Kardiomyopathie (LCM). Ein LSB unbekannter Ätiologie wurde dann angenommen, wenn auch die invasive Diagnostik einschließlich Koronarographie, Ventrikulographie und Druckmessung unter Belastung unauffällige Befunde ergeben hatte. Eine LCM wurde bei den Patienten mit normalen koronarographischen und ventrikulographischen Befunden, je-

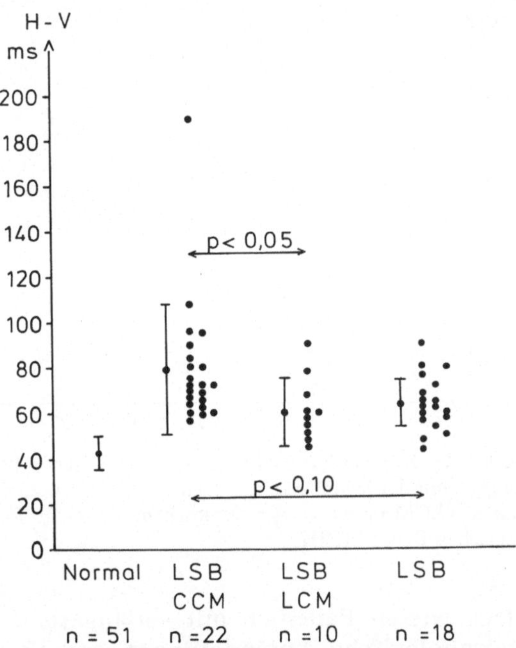

Abb. 5.54. H-V-Zeiten bei Patienten mit Linksschenkelblock (LSB) und kongestiver Kardiomyopathie (CCM), sog. latenter Kardiomyopathie (LCM) sowie ohne sonstige pathologischen Befunde im Vergleich zum Normalwert

doch mit abnormem Druckverhalten unter Belastung postuliert. Der Unterschied in der H-V-Zeit bei Patienten mit LSB und CCM oder KHK auf der einen Seite sowie LCM und unbekannter Grundkrankheit auf der anderen Seite war signifikant. Dennoch wurden auch bei den Patienten mit völlig normalen klinischen und hämodynamischen Befunden deutlich verlängerte H-V-Zeiten gemessen (Abb. 5.54).

Die klinische Bedeutung einer verlängerten H-V-Zeit wird unterstrichen durch morphologische Befunde, die bei Patienten mit Linksschenkelblock ohne koronare oder rheumatische Erkrankung erhoben wurden. Das Material wurde mittels endomyokardialer rechtsventrikulärer Katheterbiopsie gewonnen. Abbildung 5.55 zeigt die morphologischen Veränderungen in Beziehung zur jeweils gemessenen H-V-Zeit. Zur Quantifizierung der elektronenmikroskopischen Befunde wurde ein morphologisches Punktesystem (score) verwendet, wobei die verschiedenen degenerativen Veränderungen an Mitochondrien, Interstitium und Muskulatur je nach Schweregrad mit 1–3 Punkten bewertet wurden (Untersuchungen in Zusammenarbeit mit H. Kuhn und G. Breithardt). Auffällig war hierbei zunächst, daß bei praktisch allen Patienten mit Linksschenkelblock die rechtsventrikuläre Kammermuskulatur abnorme morphologische Veränderungen zeigte, was die Vorstellung einer diffusen myokardialen Erkrankung bei Patienten mit Linksschenkelblock unterstützt. Erwartungsgemäß bestand keine strenge Korrelation zwischen morphologischen Veränderungen und H-V-Zeit,

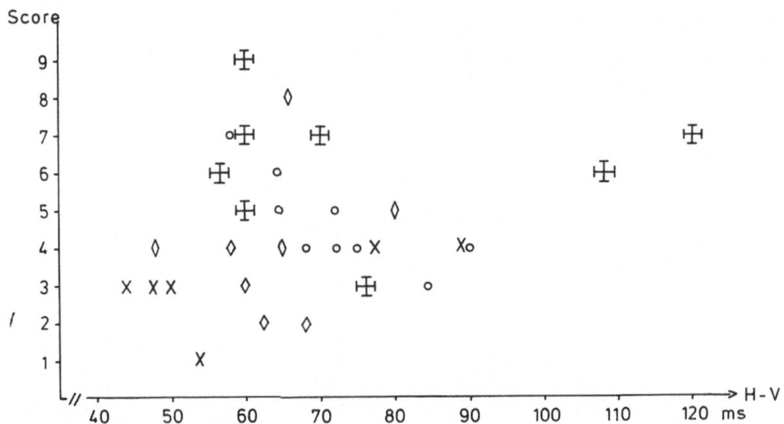

Abb. 5.55. Korrelation elektronenmikroskopischer Befunde der endomyokardialen Katheterbiopsie mit der jeweiligen H-V-Zeit bei 31 Patienten mit Linksschenkelblock. o = CCM Patienten, x = LCM Patienen. ✠ = verstorbene Patienten mit CCM. ◇ = LSB ohne sonstigen pathologischen Befund [591])

doch wiesen Patienten mit verlängertem H-V-Intervall meistens stärkere morphologische Veränderungen auf als solche mit normaler H-V-Zeit. Daher müssen stärkere morphologische Veränderungen angenommen werden, wenn bei einem Patienten eine deutlich verlängerte H-V-Zeit (über 60 msec) gemessen wird. Dies entspricht auch morphologischen Befunden bei verstorbenen Patienten, deren Leitungssystem histologisch untersucht wurde, wenn hierüber auch nur sehr wenige Veröffentlichungen vorliegen [537]. Wie Abbildung 5.55 weiter zeigt, hatten alle Patienten, die inzwischen verstorben sind, eine wenn auch z. T. nur gering verlängerte H-V-Zeit. Es handelt sich allerdings in allen Fällen um Patienten mit kongestiver Kardiomyopathie, die an einer Herzinsuffizienz verstarben.

Die Interpretation einer verlängerten H-V-Zeit beim Linksschenkelblock ist umstritten. Einige Autoren nehmen an, daß beim Auftreten eines LSB die Aktivierung des Ventrikelseptums verspätet erfolgt und daher Verlängerungen des H-V-Intervalls bis 20 msec „physiologisch“ bei Vorliegen dieses Blockbildes sind [89, 267]. Tierexperimentelle und klinisch-elektrophysiologische Untersuchungen haben allerdings ergeben, daß die Aktivierung des Ventrikelseptums beim LSB wenn überhaupt nur wenige Millisekunden verspätet erfolgt [19, 414, 553]. Daß das Auftreten eines Linksschenkelblocks nicht zwangsläufig mit einer Verlängerung der H-V-Zeit verbunden ist, zeigen auch die Befunde bei intermittierendem LSB, wo häufig bei normalen und verbreiterten Kammerkomplexen dieselbe H-V-Zeit gemessen wird (Abb. 5.56). Daher wird von den meisten Untersuchern eine verlängerte H-V-Zeit bei LSB als Ausdruck einer zusätzlichen Leitungsstörung im Hisschen Bündelstamm oder im rechten Schenkel im Sinne einer bilateralen Erkrankung gewertet [51, 84, 447, 534, 591].

Die Vorstellung einer diffusen bzw. bilateralen Leitungsstörung bei Patienten mit Linksschenkelblock und deutlich verlängerter H-V-Zeit wird un-

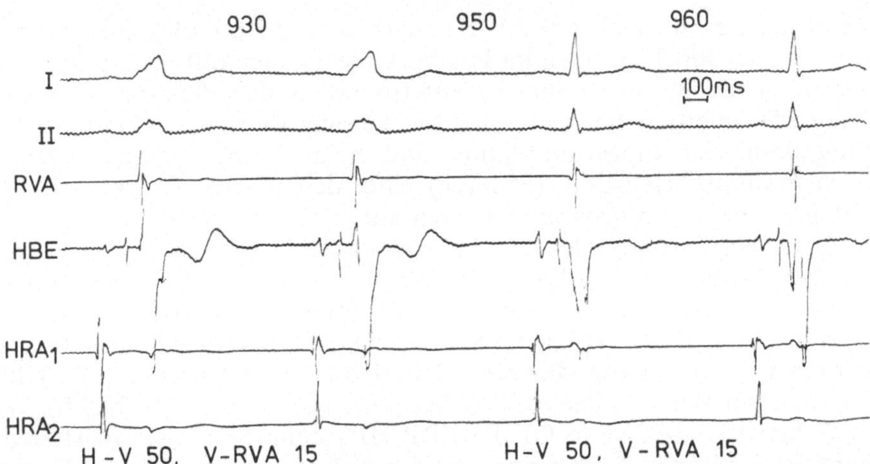

Abb. 5.56. Konstantes H-V und V-RVA-Intervall bei einem Patienten mit intermittierendem LSB in den Phasen mit schmalen und verbreiterten QRS-Komplexen. Beim LSB ist die H-V-Zeit scheinbar länger, was dadurch vorgetäuscht wird, daß beim Auftreten des Schenkelblocks der Beginn der V-Welle im HBE später als der Beginn des Kammerkomplexes im EKG erfolgt, während bei normaler Erregungsleitung keine zeitlichen Differenzen nachweisbar sind

terstützt durch die Befunde bei der Messung der rechtsventrikulären Leitungszeiten. Patienten mit deutlich verlängertem H-V-Intervall (>60 msec) hatten meist auch eine verlängerte V-RVA-Zeit (Abb. 5.57). Bei 17 Patienten mit LSB und einer H-V-Zeit bis 60 msec war das V-RVA-Intervall mit 16,5 ± 6,4 msec signifikant kürzer als bei 11 Fällen mit einer H-V-Zeit über 60 msec (30,5 ± 11,0 msec). Diese Verzögerung der Erregungsausbreitung im rechten Ventrikel kann durch die Blockierung des linken Schenkels allein nicht erklärt werden.

Wie bei anderen intraventrikulären Leitungsstörungen hat auch beim Linksschenkelblock die atriale Stimulation für die Analyse der Leitungseigenschaften im His-Purkinje-System nur einen begrenzten Wert. Selbst

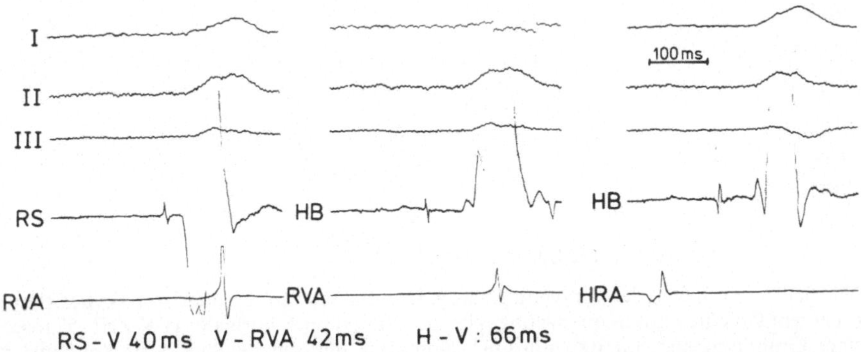

Abb. 5.57. Verlängerung der rechtsventrikulären Leitungszeit (V-RVA) bei einem Patienten mit Linksschenkelblock und pathologischem H-V-Intervall. RS = Potentialableitung vom rechten Schenkel. Die normale RS-V-Zeit liegt unter 35 msec

wenn die Refraktärzeit des AV-Knotens so kurz ist, daß Leitungsverzögerungen oder Blockierungen im His-Purkinje-System auftreten, gibt es keine verbindlichen Kriterien für die Interpretation der Befunde. Die Abbildung 5.58 zeigt ein Beispiel einer Blockierung distal des H-Potentials bei programmierter Einzelstimulation und beim hochfrequenten Test. Die noch normale H-V-Zeit (55 msec) und das normale V-RVA-Intervall (20 msec) bei Grundrhythmus weisen auf relativ normale Leitungsverhältnisse im Hisschen Bündel und im rechten Schenkel hin. Unter programmierter Stimulation (Abb. 5.58 a) tritt bei einem Kopplungsintervall (A_1-A_2) von 345 msec und einem H_1-H_2-Intervall von 370 msec eine Blokkierung distal H_2 auf (ERP HPS). Unter hochfrequenter Stimulation wird bei einer Frequenz von 200/min (Periodendauer 300 msec) ein 2 : 1 Block im Hisschen Bündel oder rechten Schenkel registriert (Abb. 5.58 b). Wenn auch keine Normalwerte für die ERP HPS beim Menschen existieren, so kann nach eigenen Erfahrungen ein Wert unter 400 msec noch als zumindest nicht eindeutig pathologisch gelten. Diese Auffassung wird in dem demonstrierten Falle unterstützt durch die Prüfung der Leitungsverhältnisse unter hochfrequenter Stimulation, wobei sich die ERP HPS mit steigender Stimulationsfrequenz bis auf 300 msec verkürzt. Anders ist dagegen das Verhalten der meisten Fälle mit Linksschenkelblock und nachgewiesener intermittierender AV-Blockierung (Tabelle 5.11). Soweit sich mit der programmierten Stimulation bei niedriger Grundfrequenz Refraktärzeiten des intraventrikulären Leitungssystems ermitteln ließen, lag die ERP HPS über 400 msec. Auffällig war, daß im Gegensatz zum Normalverhalten sich die Refraktärzeit des Hisschen Bündels mit steigender Grundfrequenz nicht veränderte oder sogar noch verlängerte, so daß Blockierungen distal des H-

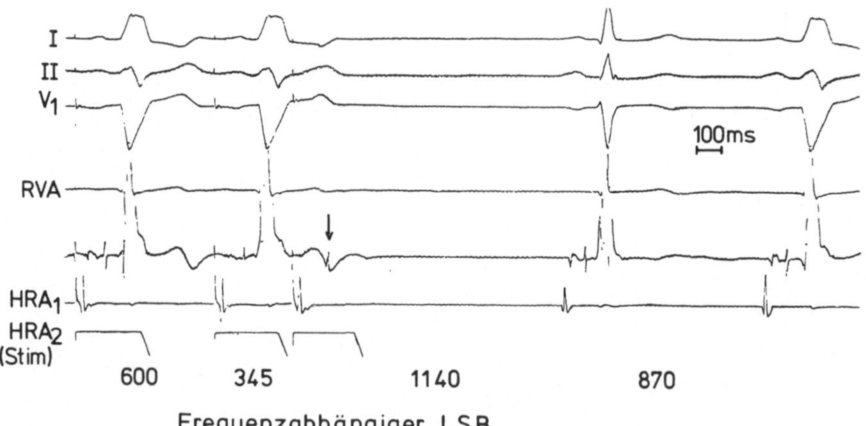

Abb. 5.58 a. Verhalten der intraventrikulären Leitung unter programmierter Vorhofstimulation bei einem Patienten mit frequenzabhängigem LSB und noch normaler H-V-Zeit (55 msec). Bei einer Grundfrequenz von 100/min QRS-Komplexe linksschenkelblockartig konfiguriert. Bei einem atrialen Kopplungsintervall von 345 msec und einem H_1-H_2-Intervall von 370 msec kommt es zur Blockierung distal H_2 (Pfeil). Der nach einer postextrasystolischen Pause auftretende Kammerkomplex ist schmal, bei Verkürzung der Periodendauer tritt wieder ein LSB auf

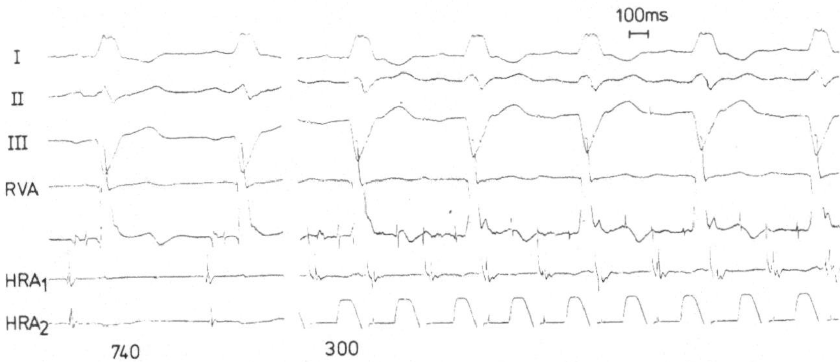

Abb. 5.58 b. Unter hochfrequenter Vorhofstimulation tritt bei gleichem Patienten erst bei 200/min ein 2 : 1 Block distal des H-Potentials auf (rechte Seite), d. h. die ERP HPS hat sich mit steigender Grundfrequenz verkürzt

Potentials bei relativ niedrigen Stimulationsfrequenzen zu verzeichnen waren (Abb. 5.49). Blockierungen distal des H-Potentials bei einer Stimulationsfrequenz bis 150/min (Periodendauer 400 msec) müssen hierbei wohl als pathologisch angesehen werden. Tabelle 5.11 zeigt, daß durch die Kombination beider Stimulationsverfahren sich die Fälle mit intermittierendem AV-Block relativ gut charakterisieren lassen.

Beim intermittierenden Linksschenkelblock kann mittels atrialer Stimulation die Periodendauer bzw. das Kopplungsintervall bestimmt werden, bei dem eine LSB auftritt. Dies ist mit oder ohne sprunghafte Verlängerung des H-V-Intervalls möglich [85, 125, 473, 716]. Meist tritt der Linksschenkelblock bei steigender Frequenz (kürzere Periodendauer) oder Verkürzung des Kopplungsintervalls auf, was auch als sog. Phase-3-Block bezeichnet wird (Abb. 5.33, 5.58). Auch bei Patienten mit „konstantem" LSB bei allen registrierten Spontanfrequenzen läßt sich häufig bei unphysiologisch niedrigen R-R-Abständen, etwa beim Auftreten höhergradiger AV-Blockierungen (Abb. 5.53 a), oder bei längeren Pausen nach Stimulation (Abb. 5.58 a) ein schmaler QRS-Komplex nachweisen. Wenige Fälle zeigen ein umgekehrtes Verhalten, d. h. gerade nach langen Pausen wird ein LSB registriert, was auch „Phase-4-Block" genannt wird (Abb. 5.59). Die elektrophysiologische Erklärung für dieses Phänomen ist umstritten [85, 164, 328, 473, 573]. Es tritt meist zusammen mit einem sog. Phase-3-Block auf, so daß nur in einem mehr oder weniger weitem mittleren Frequenzbereich mit schmalen QRS-Komplexen übergeleitet wird („Frequenzfenster"). Manche Fälle zeigen auch einen Wechsel zwischen normalen und verbreiterten Kammerkomplexen, ohne daß eine sichere Frequenzabhängigkeit zu erkennen ist.

Bei den frequenzabhängigen Schenkelblockbildern ist die Grenzfrequenz, bei der die aberrierende Leitung auftritt bzw. verschwindet, kein konstanter Parameter. Die Befunde sind vielmehr ganz erheblich von der Stimulationstechnik abhängig. So ist es von Bedeutung, ob man die Frequenz sprunghaft oder kontinuierlich ändert, ob man bei niedrigen Stimulationsfrequenzen beginnend zu höheren Frequenzen steigert oder umgekehrt [85,

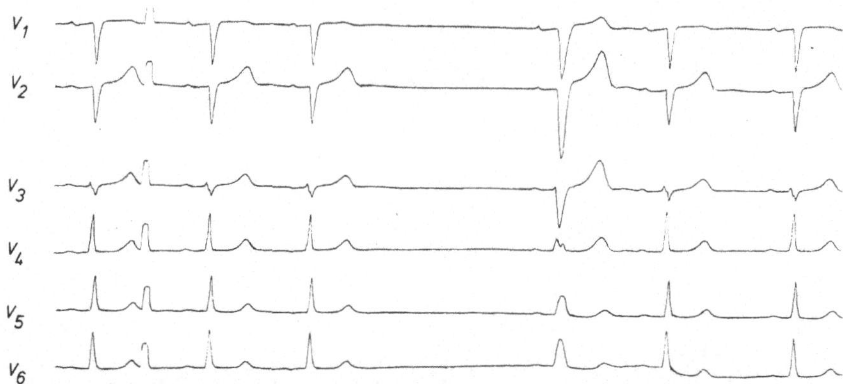

Abb. 5.59. Sog. Phase-4 Block bei einem Patienten mit intermittierendem LSB. Der Stimulus-induzierte vorzeitige atriale Impuls (570 msec) wird mit schmalem QRS-Komplex übergeleitet. Nach der längeren postextrasystolischen Pause tritt dagegen ein Linksschenkelblock auf

125, 473, 573]. Nach Beendigung einer hochfrequenten Stimulation kann zudem ein Ermüdungsphänomen im linken Schenkel auftreten mit Persistenz des LSB über mehrere Schläge trotz einer Periodendauer, bei der sonst mit schmalen QRS-Komplexen geleitet wird [473].

Bei programmierter Stimulation ist das Kopplungsintervall, bei dem ein Linksschenkelblock auftritt, keineswegs immer identisch mit der Periodendauer bei hochfrequenter Stimulation, die eine aberrierende Leitung zeigt.

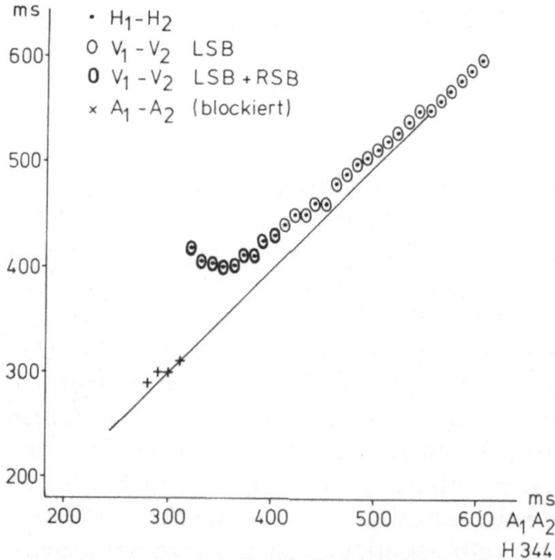

Abb. 5.60. Verhalten der atrioventrikulären Überleitung unter programmierter atrialer Stimulation bei einem Patienten mit Linksschenkelblock. Bei einem Kopplungsintervall ($A_1 - A_2$) von 410 msec kommt es zum Auftreten einer Rechtsverspätung in V_1 mit zusätzlicher Verbreiterung des Kammerkomplexes bei erhaltener 1 : 1 Überleitung auf den Ventrikel. Die Blockierung erfolgt dann bei einem Kopplungsintervall von 325 msec nach der A-Welle d. h. im AV-Knoten

Entscheidend hierfür ist, ob sich die ERP HPS mit steigender Stimulationsfrequenz verkürzt oder nicht. Eine fehlende Verkürzung der Refraktärzeit bzw. eine Verlängerung unter hochfrequenter Stimulation gegenüber der Einzelstimulation bei niedriger Grundfrequenz muß als pathologischer Befund gewertet werden [473, 610, 716]. Das Auftreten eines Linksschenkelblocks bei einem bestimmten Kopplungsintervall kann durch eine Blockierung oder durch eine Leitungsverzögerung im linken Schenkel zustande kommen [591, 716]. Entsprechend kann nicht entschieden werden, ob bei diesem Kopplungsintervall die ERP oder RRP des linksventrikulären Leitungssystems erreicht ist. Abbildung 5.60 zeigt das Ergebnis einer programmierten Vorhofstimulation bei einem Patienten mit Linksschenkelblock. Ab einem bestimmten Kopplungsintervall tritt zusätzlich ein Rechtsschenkelblock auf mit Zunahme der QRS-Verbreiterung und entsprechenden Veränderungen in V_1, ohne daß es zu einer AV-Blockierung kommt. Dies kann nur durch die Annahme einer Leitungsverzögerung ohne Blockierung erklärt werden.

5.2.3.4 Bifaszikuläre Blockbilder (Typ RSB mit LAH oder LPH)

Für die bifaszikulären Blockformen vom Typ des Rechtsschenkelblock mit sog. links-anteriorem oder links-posteriorem Hemiblock gilt prinzipiell dieselbe Problematik hinsichtlich der Beurteilung der Prognose und damit der Schrittmacherindikation wie für die bisher besprochenen intraventrikulären Blockierungen [124, 134, 190, 265, 336, 342, 358, 447, 448, 668]. Zahlenmäßig spielt nur der Rechtsschenkelblock mit links-anteriorem Hemiblock eine Rolle. Wie Tabelle 5.9 zeigt, war im eigenen Krankengut meist nur dann eine abnorme H-V-Zeit nachweisbar, wenn zusätzlich ein AV-Block I. Grades bestand. Heute wird die Untersuchung normalerweise nur noch bei symptomatischen Patienten mit diesem Blockbild durchgeführt, besonders da eine nur mäßig verlängerte H-V-Zeit keine praktischen Konsequenzen nach sich zieht. Andere Untersucher fanden allerdings auch ohne zusätzlichen AV-Block in einem relativ hohen Prozentsatz verlängerte H-V-Zeiten [343, 447, 504] (Tabelle 5.9). Im Zweifelsfalle ist es daher besser, großzügig die Indikation zur His-Bündel-Elektrographie zu stellen und „unnötig" zu untersuchen, statt unnötig einen Schrittmacher zu implantieren. Auch hier sollten in jedem Falle alle nicht-invasiven diagnostischen Möglichkeiten wie Belastungs- und Langzeit-EKG sowie Atropintest ausgeschöpft werden. Abbildung 5.40 zeigt exemplarisch den Übergang einer bifaszikulären Blockierung (RSB + LAH) in einen intermittierenden höhergradigen AV-Block distal des H-Potentials (trifaszikulär?).

Auch beim Rechtsschenkelblock mit „überdrehtem" Rechtstyp, der sehr selten ist, werden normale und abnorme Leitungsverhältnisse im verbleibenden Anteil des His-Purkinje-System gefunden. Daher stellt auch dieses Blockbild per se keine Indikation für eine Schrittmacherimplantation dar.

Wechselnde bilaterale Blockierungen (RSB/LSB) sind Zeichen einer erheblich gestörten intraventrikulären Leitung, so daß meist eine Schrittmachertherapie erforderlich ist [713, 720].

5.2.4 Schlußbetrachtung

Obwohl seit Beginn der siebziger Jahre die His-Bündel-Elektrographie in vielen Zentren routinemäßig durchgeführt wird, ist die klinische Bedeutung dieser Untersuchungsmethode immer noch Gegenstand der Diskussion. Dies gilt sowohl für die Indikation als auch für die Bedeutung des Ergebnisses im Hinblick auf therapeutische Konsequenzen.
Atrioventrikuläre Blockierungen stellen heute kaum noch die Indikation zur His-Bündel-Elektrographie dar, da das Ergebnis mit großer Sicherheit vorausgesagt werden kann und im Zusammenhang mit dem klinischen Bild meist eine Stellungnahme zur Schrittmachertherapie ohne weitere Diagnostik möglich ist. Bei den intraventrikulären Blockbildern ist die Indikation zur Untersuchung nicht einheitlich. Bei zurückhaltender Indikationsstellung kommen solche Patienten in Frage, bei denen die Symptomatik nicht geklärt ist. Dies erscheint zumindestens sinnvoller, als allen diesen „Problemfällen" ohne weitere Untersuchung einen Schrittmacher zu implantieren. Selbstverständlich sollten vorher alle nicht-invasiven Verfahren wie Langzeit- und Belastungs-EKG sowie Atropintest angewendet werden. Treten hierbei höhergradige AV-Blockierungen auf, so ist die Schrittmacherindikation ohnehin gegeben. Nach eigener Erfahrung zeigen besonders solche Patienten eindeutig pathologische Befunde, die intermittierende AV-Blockierungen haben, auch wenn ein normales Verhalten unter Stimulation diese nicht ausschließt. Leider ist die entscheidende Frage nach der prognostischen Bedeutung einer verlängerten H-V-Zeit heute noch nicht sicher zu beantworten. Zur Zeit werden an verschiedenen Zentren prospektive Studien hierzu durchgeführt, deren endgültiges Ergebnis erst in den nächsten Jahren zu erwarten ist.

5.3 Präexzitations-Syndrome

M. Schlepper

5.3.1. Einleitung und Begriffsbestimmung

In Anlehnung an die 1970 von Durrer u. Mitarb. [156] gegebene Definition liegt ein Präexzitations-Syndrom dann vor, wenn in bezug auf die atriale Erregung Teile oder das gesamte Ventrikelmyokard durch eben diese atriale Erregung frühzeitiger erregt werden, als dies bei ausschließlicher Erregungsleitung über das normale Erregungsleitungssystem (ELS) der Fall wäre. Unter Berücksichtigung der seit 1970 bekannt gewordenen Befunde bedarf diese gültige Grunddefinition einer Erweiterung. Sie beinhaltet bereits eine Vorzeitigkeit der Erregung überhaupt, und diese Vorzeitigkeit kann sich bei normaler infrabifurkaler Erregungsausbreitung auf das ge-

samte Ventrikelmyokard erstrecken, das nomotop oder besser normodrom (rechtläufig) erregt wird; der QRS-Komplex bleibt unverändert. Die vorzeitige Erregung kann heterotop oder heterodrom erfolgen und Teile – oder das gesamte Ventrikelmyokard betreffen. Die Definition geht von der Voraussetzung aus, daß bei anterograder Impulspropagation jeweils Teile oder das gesamte ELS umgangen werden.
Da somit 3 Faktoren:
1. die Vorzeitigkeit,
2. die anomale anterograde Erregungsausbreitung, und davon abhängig
3. eine heterodrome Ventrikelerregung in ihrer funktionellen Beziehung zueinander und zur noch vorhandenen normalen Erregung die Charakteristik und das Ausmaß der Präexzitation bestimmen,

können die Merkmale der Präexzitation nur zeitweise vorhanden sein (intermittierende Präexzitation).
Die Grunddefinition umfaßt jedoch nicht die Formen der Präexzitation, die entweder nur unter ganz bestimmten Bedingungen (Stimulation an der atrialen Einmündung der akzessorischen Bahn [226]) anterograd in Erscheinung treten, oder bei denen eine anomale anterograde Erregungsausbreitung nicht nachzuweisen oder verloren gegangen ist [224], während die anomale Leitung in retrograder Richtung voll erhalten blieb. Gewöhnlich werden diese speziellen Charakteristika mit dem Ausdruck „verborgenes Präexzitations-Syndrom" belegt. Da aber bei nur retrograder anomaler Erregungsleitung nach wie vor die Bedingungen zur Entstehung von Tachykardien gegeben sind, müssen diese „verborgenen Präexzitations-Syndrome" in einer erweiterten Definition mit erfaßt werden.
Die nicht über das ELS erfolgende Erregungsleitung kann in anterograder und retrograder Richtung unterschiedlich funktionsfähig sein [476, 683]. Von den bereits von Öhnell [483] aufgezählten zahlreichen Theorien zur Erklärung der Präexzitation hat nur die von Holzmann u. Scherf [286] allgemeine Gültigkeit gefunden. Sie geht davon aus, daß die anomale Erregungsleitung an akzessorische AV-Verbindungen, d. h. anatomische Strukturen, gebunden ist.
Solche akzessorischen AV-Verbindungen mit unterschiedlicher anterograder und retrograder Leitungseigenschaft sind in relativ wenigen Fällen anatomisch bewiesen [21, 142, 143, 352]. Weitaus häufiger belegt wird die Existenz akzessorischer AV-Leitungsbahnen durch die Darstellung der epikardialen Erregungsausbreitung am freigelegten Herzen, die erstmals von Durrer u. Mitarb. aufgezeichnet wurde [153].
Bei ventrikulärem Erregungsursprung oder während einer supraventrikulären Tachykardie kann bei retrograder Leitung über die akzessorische Bahn auch bei „verborgener Präexzitation" durch epikardiales Mapping eine veränderte atriale Erregungsausbreitung nachgewiesen werden [62, 154, 226, 637]. Überzeugender noch wird die Existenz akzessorischer Leitungsbahnen durch die jetzt bereits häufiger durchgeführten chirurgischen Durchtrennungen solcher Bahnen (erstmals 1967 von Burchell u. Mitarb. [79]), durch die entweder temporär oder permanent die Präexzitation und die Tachykardien beseitigt werden.

Unter Berücksichtigung dieser Befunde kann die eingangs gegebene Grunddefinition erweitert werden:
Eine Präexzitation liegt vor, wenn durch teilweise oder durch ausschließliche Erregungsleitung über akzessorische AV-Leitungsbahnen entweder Teile oder das gesamte Ventrikel- oder Vorhofmyokard in jedem Falle vorzeitiger – dabei entweder heterodrom oder normodrom – erregt werden, als es bei ausschließlicher Erregungsleitung über das ELS geschehen würde. Die Merkmale der Präexzitation können sowohl bei anterograder als auch bei retrograder Impulspropagation in Erscheinung treten oder nur in einer Richtung.
Das jeweilige Ausmaß der Präexzitation hängt vom Verhältnis der Erregungsleitung über den akzessorischen und den normalen Erregungsweg und damit vom Verhältnis der funktionellen Eigenschaften zweier konkurrierender Leitungswege ab. Werden beide zur Impulspropagation benutzt, entspricht die Kammererregung – oder bei retrograder Erregung die Vorhoferregung – einer Kombinationssystole.

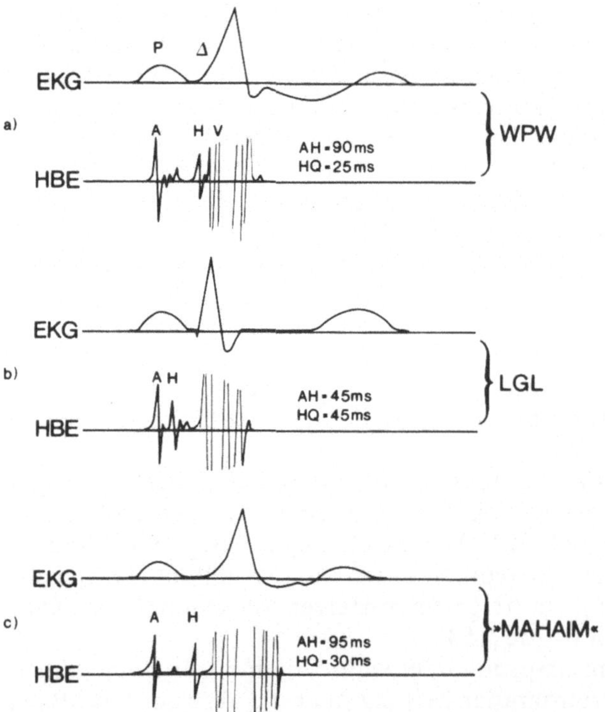

Abb. 5.61 a – c. Schematische Darstellung der 3 Präexzitations-Typen im EKG und His-Bündel-Elektrogramm.
Das AH-Intervall in HBE gibt jeweils den einfallenden Erregungsdurchgang an, so daß an der Lage der H-Potentiale zu Beginn von QRS jeweils die Vorzeitigkeit abgeschätzt werden kann. Beim WPW-Syndrom **(a)** liegt das H-Potential nach Beginn der Δ-Welle, das HQ-Intervall ist verkürzt. Beim LGL-Syndrom ist das AH-Intervall verkürzt, das HQ-Intervall normal. Beim Leitungstyp nach „Mahaim“ ist das AH-Intervall normal und fällt vor die Δ-Welle, das HQ-Intervall ist jedoch verkürzt

Die Präexzitations-Syndrome werden herkömmlich nach elektrokardiographischen Merkmalen eingeteilt.
1. Beim klassischen WPW-Syndrom besteht eine verkürzte PQ-Zeit, eine Δ-Welle, deren Vektor und zeitliches Ausmaß den Anteil der heterodromen Ventrikelerregung wiederspiegelt und ein in Abhängigkeit von der Δ-Welle deformierter und verbreiteter QRS-Komplex mit entsprechender typenabhängiger Veränderung der Erregungsrückbildung [483, 712]. Bei ausgeprägter Präexzitation zeigt der QRS-Komplex eine schenkelblockartige Deformierung, die bei vorzeitiger heterodromer rechtsventrikulärer Erregung (Typ B nach Rosenbaum u. Mitarb. [539]) einem Linksschenkelblock, umgekehrt bei vorzeitiger heterodromer linksventrikulärer Erregung (Typ A) einem Rechtsschenkelblock ähneln kann. Diese Typen-Einteilung richtet sich nach der vektoriellen Ausrichtung der Δ-Welle. Ist sie in den präkordialen Brustwand-Ableitungen (V_1 bis V_3) negativ, handelt es sich um einen Typ B, ist sie dagegen positiv ausgebildet, liegt ein Typ A vor. Im normalen EKG lassen sich bei geringer Präexzitation die Δ-Wellen nicht immer sicher bestimmen. Stimulationsmethoden, mit denen die Erregungsleitung über das normale ELS behindert wird, lassen die Merkmale deutlicher hervortreten (Abb. 5.61a u. Abb. 5.64).
2. Beim Lown-Ganong-Levine (LGL)-Syndrom [361] ist die PQ-Zeit verkürzt, der QRS-Komplex jedoch nicht deformiert, und es fehlt eine typenabhängige Veränderung der Erregungsrückbildung. Die Schwierigkeit liegt in der Bestimmung der verkürzten PQ-Zeit, die sich bei großer interindividueller Schwankung der PQ-Zeit nur schwer an momentan gegebenen Zeitwerten ausrichten kann (Abb. 5.61 b).
3. Sind Präexzitations-Syndrome bekannt, bei denen eine normale PQ-Zeit vorliegt, bei denen aber der QRS-Komplex – und typenabhängig auch die Erregungsrückbildung – ähnlich wie beim WPW-Syndrom durch eine Δ-Welle deformiert und verbreitert sind (Abb. 5.61 c). Bei diesen Formen bleibt die QRS-Verformung auch bei nodalem Ersatzrhythmus bestehen, und nur eine Veränderung der Erregungsleitung unterhalb der Bifurkation des ELS wird das Ausmaß der Präexzitation verändern (Präexzitation vom Mahaim-Typ [465, 564].

5.3.2 Anatomisch morphologisches Substrat

Die für die Präexzitation verantwortliche anomale Erregungsleitung ist an die Existenz morphologischer Strukturen gebunden. Ihre Topographie bedingen den Typ, ihre Leitungseigenschaften das Ausmaß der Präexzitation. Nach dem Vorschlag der Europäischen Studiengruppe für Präexzitations-Syndrome [21] können akzessorische Bahnen wie folgt eingeteilt werden:
a) *Direkte atrioventrikuläre Verbindungen* unter Umgehung des gesamten ELS. Sie sind im Bereich des lateralen AV-Ringes rechts und links nachgewiesen und können nahe oder im Septum interventriculare verlaufen. Sie durchdringen den Anulus fibrosus, der sich postembryonal an diesen Stel-

len nicht vollständig geschlossen hat. Bei hypertropher Kardiomyopathie können abnorme Myokardverbindungen den Anulus durchsetzen [329]. Diese direkten AV-Verbindungen geben Anlaß zur heterodromen Erregungsausbreitung im Ventrikel und/oder Vorhof. Sie umgehen die Zone der nodalen Erregungsleitungsverzögerung und bedingen so die Vorzeitigkeit der Erregung. Nach Art eines Kentschen Bündels stellen sie die anatomischen Voraussetzungen für das klassische WPW-Syndrom dar.

b) *Atriofaszikuläre Bahnen* umgehen isoliert den Bereich der nodalen Erregungsverzögerung, gewinnen aber vor der Bifurkation des Hisschen Bündels Anschluß an das ELS [71]. Diese Bahnen können dem *posterioren Internodaltrakt* nach James u. Sherf entsprechen [298], oder die Präexzitation könnte durch besondere anatomische Strukturen innerhalb des AV-Knotens selbst bedingt sein (*internodaler Bypasstrakt* [297]). Diese Strukturen können zu Präexzitationen vom Typ des LGL-Syndromes führen. Die Vorzeitigkeit der gesamten Ventrikelerregung beruht auf der Vermeidung der nodalen Erregungsleitungs-Verzögerung; der normale QRS-Komplex hat zur Voraussetzung, daß die akzessorische Leitungsbahn vor der Bifurkation des ELS in dieses einmündet.

c) Bei *nodoventrikulären* und *faszikuloventrikulären* Verbindungen verlassen bei ersteren die akzessorischen Bahnen den kompakten AV-Knoten oder die AV-Übergangsregion nach der Zone der Erregungsverzögerung und münden im septalen Myokard, während die letzteren entweder das Hissche Bündel oder den Anfangsteil der Schenkel des ELS mit dem freien septalen Myokard verbinden [295, 659]. Sie entsprechen den von Mahaim beschriebenen Fasern [405]. Liegt der Abgang distal des Bereiches der Erregungsverzögerung, so wird eine normale PQ-Zeit resultieren. Die akzessorischen Verbindungen vom ELS zum freien Ventrikelmyokard bedingen jedoch trotzdem eine Vorzeitigkeit und eine heterodrome Erregungsausbreitung in diesen Teilen des Ventrikelmyokards.

Da insbesondere faszikuloventrikuläre Verbindungen häufig nachgewiesen werden, ohne daß jemals ein Präexzitations-Syndrom bestanden hatte, ist die Frage nach ihren funktionellen Eigenschaften nicht geklärt.

Auch die hier wiedergegebene Einteilung befindet sich noch in der Diskussion. Ihr heuristischer Wert liegt in der Möglichkeit, die Befunde klinisch experimenteller Untersuchungen an ihr zu orientieren. Es fehlt eine ausführliche Korrelation klinisch-elektrophysiologischer Befunde mit dem anatomischen Substrat.

5.3.3 Diagnostische Verfahren

Die Diagnose sollte sich bei Präexzitations-Syndromen nicht darin erschöpfen, das Syndrom nachzuweisen. Sie sollte je nach klinischem Bild vielmehr die Lokalisation der akzessorischen Bahn, ihre Leitungskapazität und ihre Refraktärität bei anterograder und retrograder Impulspropagation und die Wertigkeit dieser Parameter im Verhältnis zu denen des normalen ELS mit einschließen.

Bei Patienten, die unter häufigen Tachykardien leiden, sollte außerdem der Auslöse- und Beendigungsmechanismus der Rhythmusstörung und die Erregungsfolge während der Tachykardie mit untersucht werden.
Bereits aus dem Oberflächen-EKG lassen sich einige diagnostische Werte in bezug auf die Lokalisation akzessorischer Bahnen gewinnen. Beim Typ A des WPW-Syndroms ist generell eine AV-Verbindung zwischen linkem Vorhof und linkem Ventrikel vorhanden; bei Typ B besteht sie zwischen rechtem Vorhof und rechtem Ventrikel. Bei anterograder Erregungsleitung über den akzessorischen Bypasstrakt sind aus der vektoriellen Analyse des EKG weitere Hinweise auf die Lokalisation einer Bahn zu gewinnen. Dies setzt aber voraus, daß keine zusätzlichen intraventrikulären Erregungsausbreitungsstörungen bestehen [63, 92]. Während einer Tachykardie kann bei meistens normalisierten QRS-Komplexen die Konfiguration der P-Wellen zur Lokalisations-Diagnostik der akzessorischen Bahnen herangezogen werden. Dies gilt auch dann, wenn außerhalb der Tachykardie im EKG die Zeichen einer Präexzitation fehlen. Erfolgt die Rückwärtsleitung über eine linksseitige atrioventrikuläre Verbindung, finden sich negative P-Wellen in Ableitung I. Wenn bei einem Typ B WPW-Syndrom sich der QRS-Komplex während der Tachykardie normalisiert und trotzdem negative P-Wellen in Ableitung I nachweisbar sind, spricht dies dafür, daß während der Tachykardie die Rückwärtsleitung zu den Vorhöfen über einen bis dahin nicht in Erscheinung getretenen linksseitigen Bypass erfolgt [507]. Häufig sind aber die P-Wellen während einer Tachykardie nicht vom QRS-Komplex zu differenzieren.
Intrakardiale Ableitungen aus verschiedenen Teilen des Herzens und aus der Nähe des ELS (His-Bündel-Elektrographie, HBE) haben zusammen mit Stimulationsverfahren wesentlich zum besseren Verständnis und zur Klassifizierung der WPW-Syndrome beigetragen. Mit der HBE, die seit der Mitteilung von Scherlag u. Mitarb. [600] zu einer invasiven Routinemethodik geworden ist (s. S. 172), kann der Erregungsdurchgang durch Teile des ELS aufgezeichnet und genauer zeitlich differenziert werden in die intraatriale und intranodale Erregungsausbreitung sowie in den Erregungsdurchgang durch das Hissche Bündel und evtl. die Schenkel sowie die Erregungsausbreitungszeit durch das His-Purkinje-System (HPS) [562]. Spezifische Potentiale von akzessorischen AV-Verbindungen werden nicht registriert. Nur aus dem Vergleich der typischen Identifikationsmerkmale der HBE mit gleichzeitig registriertem konventionellen Oberflächen-EKG können die Merkmale der Präexzitation erkannt werden (siehe Abb. 5.61). Bei linksseitig lokalisierten AV-Verbindungen kann die Vorzeitigkeit der ventrikulären Erregung unter Umständen im Koronarvenensinus (CS) registriert werden.
Die mit diffiziler Kathetertechnik und mehreren Elektrodenkathetern zu registrierende Sequenz der retrograden Vorhoferregung bei ventrikulärem Reizursprung (stimuliert oder spontan) und/oder die Art der retrograden Vorhoferregung während einer Tachykardie geben weitere genauere Hinweise auf das Teilhaben akzessorischer Bahnen an einer Re-entry-Tachykardie und ihre Lokalisation. Dieses Verfahren wird im Gegensatz zum epi-

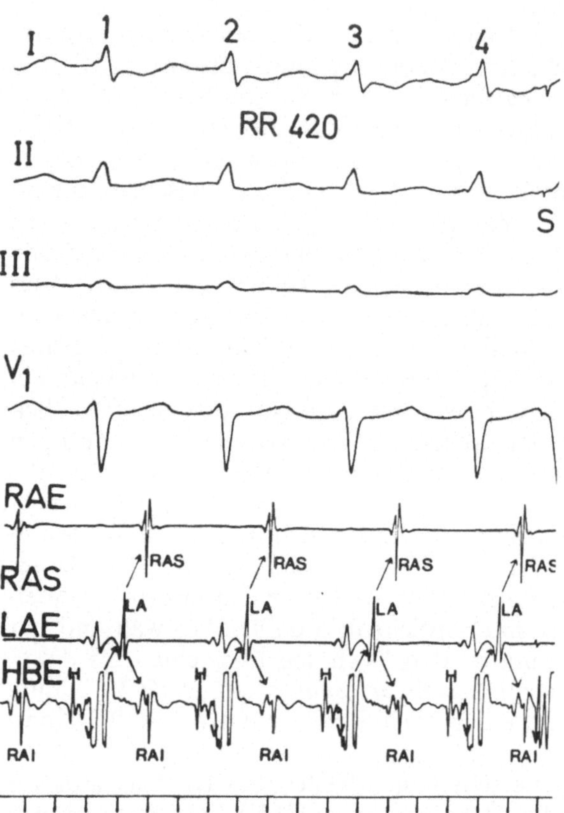

Abb. 5.62. Veränderte atriale Erregungsfolge bei retrograder Leitung über eine linksseitige akzessorische Bahn.
Während einer supraventrikulären Tachykardie wird der linke Vorhof (LA in LAE) vor dem superioren rechten Vorhofareal (RAS in RAE) und dem inferioren knotennahen rechten Vorhofteilen (RAI in HBE) erregt. Die Depolarisation erfolgt etwa gleichzeitig in beiden rechten Vorhofmyokardarealen

kardialen (Oberflächen) Mapping als endokardiales Mapping bezeichnet [220]. Beide sind verläßliche Methoden zur Aufdeckung „verborgener Präexzitations-Syndrome“ [226, 637] (Abb. 5.62).
Die Leitungskapazität der normalen und akzessorischen Erregungswege wird in anterograder und retrograder Richtung durch Stimulation mit steigenden Frequenzen geprüft. Im AV-Knoten kommt es dabei mit steigender Frequenz zu einer allmählich zunehmenden Verzögerung der nodalen Erregungsleitung, kenntlich an einer Verlängerung des AH-Intervalles im HBE und bei retrograder Impulspropagation an einer Verlängerung des ventrikulären Stimulus-H oder A′-Intervalles, bis bei einer bestimmten Frequenz ein AV- oder VA-Block Typ I, d. h. mit Wenckebach-Periodik, eintritt. Akzessorische Leitungswege zeigen keine Wenckebach-Periodik, sondern die Blockierungen treten nach Art eines Blocks vom Typ II ohne vorherige Verzögerung der Erregungsleitung auf.

Zur Bestimmung der Refraktäritätsparameter wird die programmierte Stimulation (Extrastimulus-Methode) angewendet. In einen Grundrhythmus mit spontanen oder verschiedenen stimulierten Frequenzen werden nach jeder 8. bis 10. Grunderregung entweder atriale oder ventrikuläre Zusatzerregungen gesetzt, die mit sich verkürzendem Kupplungsintervall zur Vorhof- oder Ventrikeldepolarisation stetig vorzeitiger in den Grundrhythmus einfallen [Lit. s. 580, 678]. Die Bestimmung der effektiven Refraktärzeit akzessorischer Bahnen kann jedoch elektrophysiologisch aus zwei Gründen nicht exakt erfolgen:

1. Eine nur partielle Refraktärität mit Leitungsverzögerung in der akzessorischen Bahn würde ermöglichen, daß die Erregungsleitung über das normale ELS überhand gewinnt und die ventrikuläre Insertion der akzessorischen Bahn von einer so propagierten Erregung früher erreicht wird als durch die verzögerte Erregung über die akzessorische Bahn. Die Präexzitation würde verschwinden, und formal wären die Kriterien einer effektiven Refraktärität erfüllt. Ist jedoch die effektive Refraktärität des normalen Leitungsweges länger als die der akzessorischen Bahn, könnte bei noch kürzeren Kupplungsintervallen das Vollbild der Präexzitation wieder auftreten (supranormale Phase der Erregungsleitung über eine akzessorische Bahn). Jedoch können nicht alle Erscheinungsformen der supranormalen Erregungsleitung einer akzessorischen Bahn damit erklärt werden. Durrer u. Mitarb. [156] nehmen zur Erklärung einzelner Formen die Existenz zweier nodaler Erregungsbahnen (intranodaler Bypasstrakt) an, die unterschiedliche Refraktärzeit und Leitungsgeschwindigkeit haben, und deren eine über Mahaim-Fasern direkt mit dem septalen Ventrikelmyokard kommuniziert [Beispiel bei 564].
2. Die Bestimmung der effektiven Refraktärität von Leitungsbahnen erfolgt nach den Empfehlungen von Drury [149]. Sie beinhaltet einen Leitungsfaktor, der die Ursache dafür ist, daß bei unterschiedlichem Stimulationsort zeitlich verschiedene Refraktärparameter gefunden werden. Werden bei akzessorischen Leitungsbahnen zur Bestimmung der Refraktärität vorzeitige atriale oder ventrikuläre Stimuli benutzt, ist der Leitungsfaktor im Wert der effektiven Refraktärität proportional der Entfernung zwischen Stimulationsort und atrialer oder ventrikulärer Insertion der akzessorischen Bahn [564]. Die bestimmte am Kupplungsintervall gemessene Refraktärität kann daher gleich der wahren effektiven Refraktärität einer atrio-ventrikulären Verbindung sein, sie kann länger oder kürzer bestimmt werden (s. Abb. 5.63 a – d).

Die Refraktäritätsparameter ändern sich mit der Frequenz. Mit steigender Frequenz verlängert sich die Refraktärzeit im AV-Knoten, während sich die von akzessorischen Bahnen verkürzt [653]. Dabei besteht nach eigenen Untersuchungen [479] eine signifikante strenge Linearität zwischen der effektiven Refraktärzeit einer direkten atrio-ventrikulären Verbindung und der Zyklusdauer der Grundfrequenz. Die effektive Refraktärität determiniert die Echozone, in der durch atriale und ventrikuläre Extrasystolen Re-entry-Phänomene auftreten und Re-entry-Tachykardien ausgelöst werden können. Daher müssen bei vollständiger elektrophysiologischer Untersu-

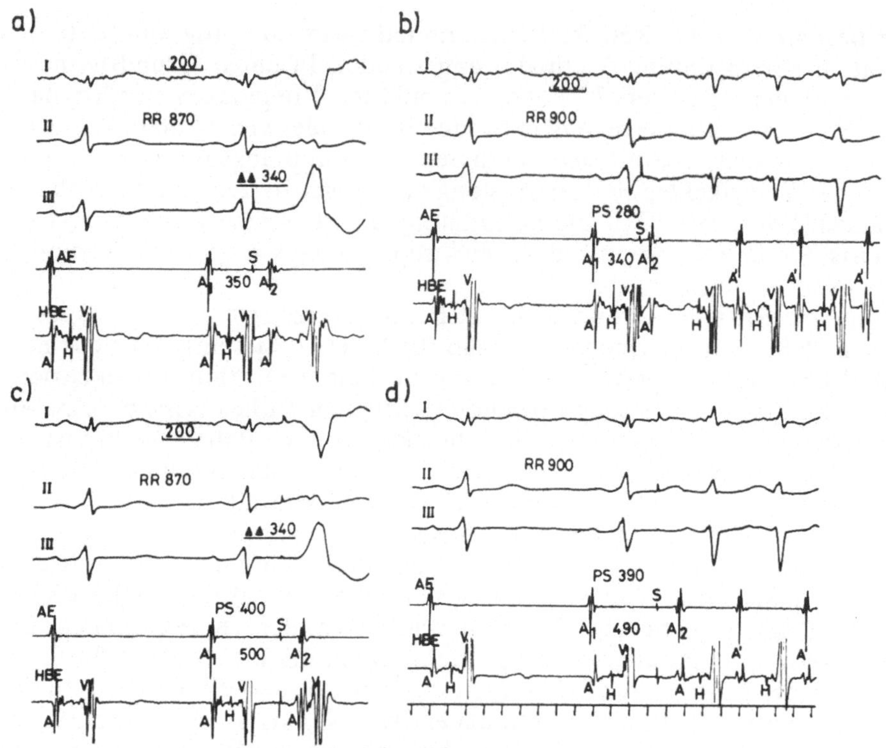

Abb. 5.63 a – d. Einfluß des Stimulationsortes auf die Refraktärzeit der akzessorischen Bahn und die Echozone bei einem Patienten mit WPW-Syndrom, Typ A.
a) Ein rechtsatrialer Extrastimulus mit Kupplungsintervall von 290 msec wird mit einem $\Delta - \Delta$-Intervall von 340 msec und einem A_1A_2-Intervall von 350 msec voll über die akzessorische Bahn geleitet.
b) Wird das Kupplungsintervall von 10 msec auf 280 msec verkürzt, ist die akzessorische Bahn refraktär. Die Erregung wird mit verlängertem AH-Intervall anterograd über das ELS geleitet und läuft retrograd über die akzessorische Bahn. Die Tachykardie wird ausgelöst.
Bei entsprechender linksatrialer Stimulation (**c** und **d**) beträgt das $\Delta - \Delta$-Intervall bereits bei einem Kupplungsintervall des atrialen Extrastimulus von 400 msec 340 msec. Bei dieser Stimulationslokalisation nahe der atrialen Insertion der akzessorischen Bahn wird bereits bei einem Kupplungsintervall von 390 msec eine Tachykardie ausgelöst. Die Refraktärzeit der akzessorischen Bahn ist genauer am $\Delta - \Delta$-Intervall als am Kupplungsintervall der atrialen Extrasystole abzulesen [564])

chung die Refraktäritätsparameter von akzessorischen und normalen Leitungswegen bei verschiedener Basisfrequenz untersucht werden.

5.3.3.1 WPW-Syndrome

Genaue Angaben über die Häufigkeit der WPW-Syndrome liegen nicht vor. Averill u. Mitarb. [35] geben eine Übersicht, in der die Häufigkeit des Vorkommens zwischen 0,16 – 2,4‰ schwankt. Die Autoren selbst fanden in den EKG von 67 375 asymptomatischen Männern vom fliegenden Personal der amerikanischen Luftwaffe 106 EKG mit WPW-Charakteristik, was einer Häufigkeit von 1,6‰ entspricht. Von diesen Patienten konnten in 12% Episoden tachykarder Rhythmusstörungen wahrscheinlich gemacht werden. Die Altersverteilung des WPW-Syndroms im untersuchten Kollektiv war gleichmäßig. Keine der Angaben gibt die wahre Häufigkeit des Vorkommens wieder, denn alle Studien beschränken sich auf ausgewählte Untersuchungsgruppen. Hinzu kommt, daß WPW-Syndrome intermittierend auftreten können, und daß das EKG die „verborgenen WPW-Syndrome" nicht erfaßt. Untersuchungen an Kollektiven unausgesuchter Gesamtpopulationen fehlen. Das Syndrom soll vorzugsweise beim männlichen Geschlecht vorkommen [35], jedoch ist auch diese Aussage nicht genügend belegt.

Bei elektrokardiographisch manifestem WPW-Syndrom entspricht die ventrikuläre Erregung einer Kombinationssystole aus 2 vom Vorhof ausgehenden Erregungen. Eine wird über das normale ELS, d. h. AV-Knoten und HPS, anterograd geleitet, die andere verläuft über die akzessorische AV-Verbindung. Das Ausmaß der ventrikulären Präexzitation hängt von verschiedenen Faktoren und deren Zusammenspiel ab:

a) bei Sinusrhythmus ist das Ausmaß der Präexzitation infolge der unterschiedlichen Lokalisation der atrialen Insertion der akzessorischen Bahn zunächst von dieser Lokalisation selbst abhängig. Da der linke Vorhof bei normaler atrialer Erregungsfolge stets nach dem rechten depolarisiert wird, und der AV-Knoten von der Erregung eher getroffen wird als eine linksatriale Mündung einer akzessorischen Bahn, ist die Ausprägung der Präexzitation bei einem WPW-Syndrom Typ A meistens geringer (kenntlich an Δ-Welle und QRS-Breite, jedoch nicht an QRS-Konfiguration) als beim WPW-Syndrom Typ B.

b) Bei gegebener Lokalisation der Bahn und Sinusrhythmus können die Zeitunterschiede, die die Erregungswelle benötigt, AV-Knoten und atriale Insertion der akzessorischen Bahn zu erreichen weiter durch intraatriale Erregungsausbreitungsstörungen verändert werden. Das Ausmaß der Präexzitation wird dadurch ein anderes.

c) Gleiches gilt für einen Wechsel des supraventrikulären Schrittmacherzentrums (s. Abb. 5.65). Bei Erregungsursprung im Hisschen Bündel normalisiert sich der QRS-Komplex ähnlich wie bei Stimulation vom Hisschen Bündel.

d) Die Präexzitations-Charakteristik ist weiterhin abhängig von den Leitungseigenschaften des AV-Knotens und des HPS. Wird die Erregungsleitung im Knotenbereich entweder durch Erhöhung der Stimulationsfrequenz, durch Zunahme des Vagustonus oder durch Pharmaka, die fast selektiv auf den AV-Knoten wirken (z. B. Verapamil, D 600), bei gleichbleibender Leitungseigenschaft der akzessorischen AV-Verbindung verzögert, nimmt die Präexzitation zu (Abb. 5.64). Auch eine Leitungsverzögerung im Hisschen Bündel selbst hat gleichen Effekt. Andererseits wird die Beschleunigung der Erregungsleitung im AV-Knoten oder im Hisschen Bündel die Präexzitation zurücktreten lassen. Darauf beruht der Atropin-Test zur Diagnose und Differentialdiagnose eines WPW-Syndroms [341].

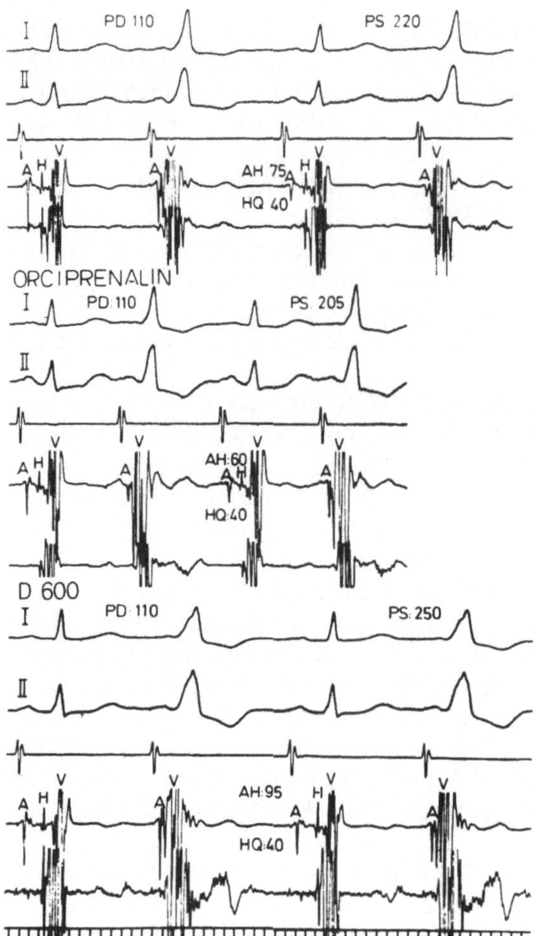

Abb. 5.64. Änderung der Präexzitation durch Veränderung der nodalen Leitungseigenschaften.
Intermittierendes WPW-Syndrom, Typ B, bedingt durch 2 : 1-Block der akzessorischen Bahn. Es wird angenommen, daß die AH-Zeit, die während der WPW-Morphologie des QRS-Komplexes nicht meßbar ist (H-Potential in V verborgen) nicht unterschiedlich bei normalen und präexzitierten QRS-Komplexen ist. Ohne Beeinflussung beträgt die AH-Zeit 75 msec, das P–Δ-Intervall (PD) 110 msec (obere Reihe).
Nach Orciprenalin verkürzt sich die AH-Zeit auf 60 msec, während das PD-Intervall gleich bleibt. Infolge schnellerer Leitung über das ELS nimmt das Ausmaß der Präexzitation, kenntlich an der Breite des QRS-Komplexes (PS 220 → 205 msec) ab (mittlere Reihe).
Nach D 600 wird die nodale Leitungsgeschwindigkeit geringer (AH 95 msec). Da die akzessorische Bahn unbeeinflußt bleibt (PD 110 msec) nimmt die Präexzitation (PS-Intervall von 220 → 250 msec) zu (untere Reihe) [563])

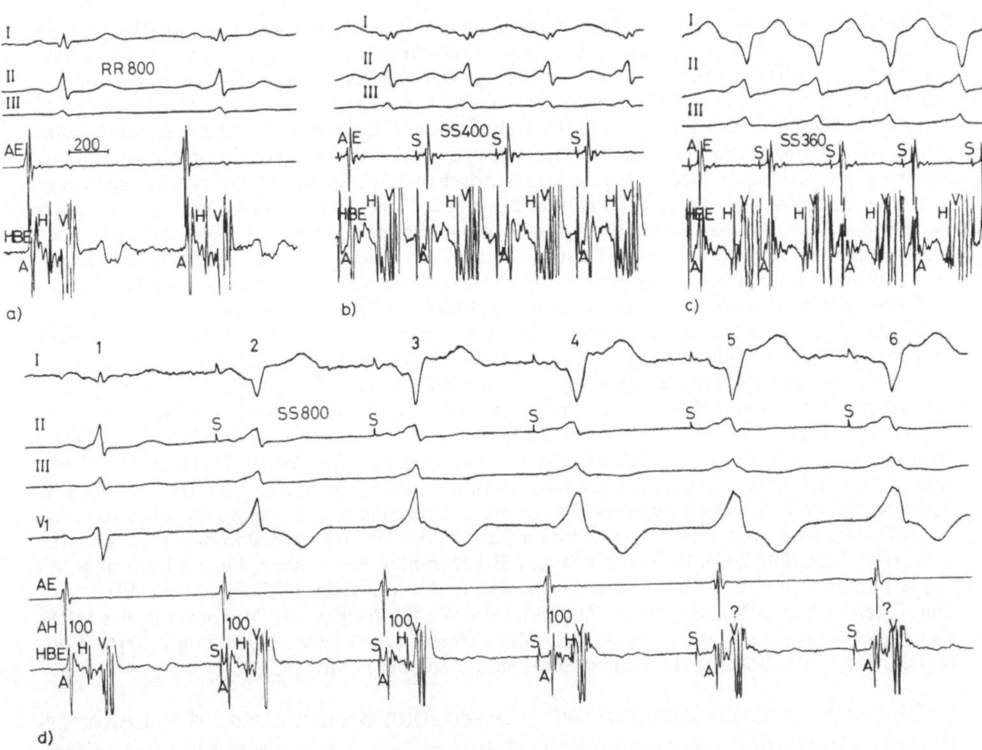

Abb. 5.65 a – d. Einfluß von frequenzbedingter nodaler Leitungsverzögerung (obere Reihe **a** bis **c**) und Stimulationsort (untere Reihe **d**) auf das Ausmaß der Präexzitation bei WPW-Syndrom Typ A (s. Text)

Treten intraventrikuläre Leitungsverzögerungen auf, so wird beim Typ B WPW-Syndrom eine rechtsventrikuläre Erregungsausbreitung das Ausmaß der Präexzitation vergrößern, umgekehrt eine Erregungsausbreitungsstörung im linksventrikulären ELS die Präexzitation bei Typ A stärker hervortreten lassen. In beiden Fällen würde die intraventrikuläre Leitungsverzögerung einen größeren Anteil akzessorischer Erregungsleitung zum „blokkierten“ Ventrikelareal, in das die akzessorische Bahn mündet, gestatten. Umgekehrt ist aber auch belegt, daß bei linksseitiger akzessorischer Bahn und supraventrikulärem Rhythmus eine zusätzliche Rechtsschenkelblockierung die Präexzitation vergrößert, da das über die akzessorische Bahn erregte Myokardareal zu Lasten des „blockierten“ rechtsseitigen Ventrikelareals an Fläche zunehmen würde [222, 465, 495]. Auch bei zusätzlicher intraventrikulärer Erregungsausbreitungsstörung hängt also die resultierende Veränderung der Präexzitation vom Verhalten der Leitungseigenschaften der konkurrierenden Leitungswege ab.

Abbildung 5.65 zeigt ein Beispiel, in dem einmal das Ausmaß der Präexzitation durch Verzögerung des nodalen Erregungsdurchganges (5.65 a – c), zum anderen durch Wechsel des supraventrikulären Schrittmachers (5.65 d) bis zum Vollbild ausgebildet wird.

Bei Vorliegen eines WPW-Syndroms Typ A wird bei Sinusrhythmus mit einem RR-Abstand von 800 msec im EKG (I–III) nur eine geringe Präexzitation (Δ-Welle in II) wahrgenommen. Das H-Potential (HBE) liegt deutlich vor Beginn der Δ-Welle, wodurch angezeigt wird, daß der Erregungsdurchgang durch den AV-Knoten früher erfolgt ist als die heterodrome Erregung von Teilen des linken Ventrikels. Bei rechtsatrialer Stimulation mit einem Simulationsintervall von 400 msec (150/min, Abb. 5.65 b) hat sich die AH-Zeit von 100 msec bei Sinusrhythmus auf 165 msec verlängert. Der Anteil der akzessorischen Impulspropagation hat dadurch zugenommen, die Δ-Welle ist in II u. III stärker ausgeprägt, und der His-Spike liegt 20 msec nach Beginn der Δ-Welle. Bei Verkürzung des Stimulationsintervalls um 40 msec auf 360 msec (Abb. 5.65 c) verlängert sich das AH-Intervall in HBE als Folge der frequenzbedingten nodalen Leitungsverzögerung auf 195 msec, und das H-Potential liegt jetzt 60 msec nach Beginn der Δ-Welle. QRS ist bizarr geformt und stellt das Vollbild der Präexzitation dar.
Wird dagegen der linke Vorhof mit einem Stimulationsintervall von 800 ms entsprechend dem Sinusrhythmus von 75/min erregt (Abb. 5.65 d), trifft die linksatriale Erregung die atriale Insertion früher, und die Präexzitation nimmt sofort zu. Da aber für Erregung 2, 3 und 4 noch eine Interferenz des stimulierten Rhythmus mit den Sinusrhythmus besteht, wird ein Teil der Sinuserregung noch mit einer kranio-kaudalen rechtsatrialen Erregungsausbreitung (A in AE 20 msec vor A in HBE) mit einem AH-Intervall von 100 msec über das ELS geleitet. Das H-Potential rückt dabei stetig näher an die V-Depolarisation und hinter den Beginn der Δ-Welle. Daneben verbreitert sich QRS zwischen der 2. und 5. Erregung bis der Anteil der über das ELS verlaufenden Erregung nicht mehr auszumachen ist, da das H-Potential in den V-Potentialen verborgen liegt. Die Vorhöfe werden ab 5. QRS-Komplex vom linken Atrium her erregt, da das H-Potential in HBE jetzt vor dem A-Potential in der kranialen Vorhofableitung AE liegt.
Die dabei zu beobachtende stetige Zunahme der Verbreiterung und Verformung des QRS-Komplexes durch Anwachsen des Anteiles der akzessorischen Erregungsleitung bis zum Vollbild der Präexzitation wird als „Concertina-Phänomen" bezeichnet [483].

e) Letztlich wird das Ausmaß der Präexzitation bestimmt von den Leitungseigenschaften der akzessorischen Bahn selbst. Frequenzbelastung durch atriale Stimulation ändert bis zum Block der akzessorischen Bahn die Leitungseigenschaften nicht meßbar [349]. Da bei Frequenzanstieg sich die effektive Refraktärperiode verkürzt, und eine strenge lineare Beziehung ($r = 0{,}943$) zwischen effektiver Refraktärzeit und maximaler Leitungskapazität besteht [470], könnte angenommen werden, daß sich unter Frequenzbelastung und genügender Adaptation an die neue Frequenz die Leitungseigenschaften akzessorischer Bahnen verbessern würden.
Die Leitungseigenschaften akzessorischer Bahnen können pharmakologisch beeinflußt werden, wobei z. B. Digitalis die effektive Refraktärzeit eher verkürzt, Ajmalin, Aprindin [559] und Propafenon die Refraktärzeit verlängern [Lit. s. 679]. Wird durch Beeinträchtigung der akzessorischen Leitungseigenschaften der Anteil der Erregungsleitung über die Bahnen vermindert oder besser verzögert, nimmt die Präexzitation ab. Wird der Anteil der Erregungsleitung verbessert, nimmt die Präexzitation zu. Ajmalin wird wegen seiner Wirkung auf die akzessorische Bahn auch zur Diagnostik des WPW-Syndroms eingesetzt.
Auch bei direkter Beeinflussung der akzessorischen Bahn wird das Ausmaß der Präexzitation nicht nur an der Verformung bzw. Normalisierung des QRS-Komplexes und dem Ausmaß der Δ-Welle sichtbar, sondern besser in der Konkurrenz zweier Leitungswege an der Lage des His-Potentials zum Beginn der Δ-Welle bzw. des QRS-Komplexes.
Die Leitungsfähigkeit einer akzessorischen Bahn ist mit ihrer anatomischen Struktur verknüpft. Das Verhältnis der einmündenden Fasern der akzesso-

rischen Bahn zum Areal des freien Myokards der Vorhöfe und der Kammern entscheidet über das Ausmaß der Leitfähigkeit in anterograder oder retrograder Richtung. Aus elektrophysiologischen Befunden von De la Fuente u. Mitarb. [206] ist zu entnehmen, daß bei Insertion schmaler Brücken in ein umgebendes breites Myokardareal die Leitungskapazität verringert wird (mismatched impedance). Eine Beeinträchtigung der Leitungseigenschaften akzessorischer Bahnen zeigt sich gelegentlich in einer sogenannten „Overdrive Suppression of Conductivity". Nach Stimulation mit schnellem Erregungsdurchgang über eine akzessorische Bahn verliert sie nach plötzlichem Abschalten der Stimulationsfrequenz bei Basisfrequenzen, bei denen vor Stimulation ihre Leitungseigenschaften unbeeinträchtigt waren, für mehr oder weniger lange Zeit ihre Leitfähigkeit [471].
Von größerer Wichtigkeit ist aber die Tatsache, daß akzessorische AV-Verbindungen vom Typ des Kentschen Bündels unterschiedliches Leitvermögen in anterograder und retrograder Richtung aufweisen. Dies ist sowohl bei Prüfung der Leitungskapazität durch Stimulation mit steigenden Frequenzen vom Vorhof und Ventrikel nachzuweisen [476] als auch durch Bestimmung der Refraktärperioden bei programmierter ventrikulärer und atrialer Stimulation [683].
Pharmakologische Beeinflussung der Leitungseigenschaften ist am effektivsten in der Leitungsrichtung, die normalerweise schon beeinträchtigt war. Tabelle 5.13 [559] zeigt, daß nach 20 mg Aprindin i. v. sich die Refraktärzei-

Tabelle 5.13. Pharmakologische Beeinflussung der Leitungseigenschaften. Refraktärzeiten unter Kontrollbedingungen (RT_C) und nach Aprindingabe (RT_A) (20 mg i.v.); HR = Herzfrequenz; SR = Sinusrhythmus (vgl. Text)

Pat.	HR	Anterograd		Retrograd	
„conduction capacity"		RT_C	RT_A	RT_C	RT_A
W. K. ♂ 38 J.	SR 68	270	310	290	370
AV-Block 180/min	100	260	300	280	380
VA-Block 120/min	120	260	290	–	–
WPW-Typ B	150	240	–	–	–
N. S. ♂ 57 J.	SR 80	310	360	270	300
AV-Block 150/min	100	310	360	270	300
VA-Block 200/min	120	290	–	250	280
WPW-Typ B	150	–	–	240	–

ten nach dem Medikament (RT_A) im Vergleich zu denen der Kontrollwerte (RT_C) in beiden Richtungen ändern, jedoch bei beiden Patienten stärker in der Richtung der ursprünglich benachteiligten Leitungsrichtung. Auch die Leitungskapazität der akzessorischen Bahn, gemessen an der kritischen Frequenz, bei der ein AV- bzw. VA-Block auftrat, wird in der beeinträchtigten Leitungsrichtung vermindert. Diese Befunde werden unterstützt durch Beobachtungen von Wellens, nach denen Medikamente besser an akzessorischen AV-Verbindungen mit längerer Refraktärzeit angreifen als an solchen mit kürzeren [690].
Diese Heterodromie gibt in ausgeprägten Fällen Anlaß zu unidirektionalem Block einer akzessorischen Bahn. Besteht ein solcher für die anterograde Erregungsleitung bei erhaltener retrograder Erregungsleitung, so resultieren verborgene WPW-Syndrome.

5.3.3.2 Verborgene WPW-Syndrome

Da bei unidirektionalem Block der akzessorischen Leitungsbahn in anterograder Richtung eine supraventrikuläre Erregung ausschließlich über das normale ELS geleitet wird, sind im Oberflächen-EKG die charakteristischen Merkmale des WPW-Syndroms nicht zu erkennen.
Besondere diagnostische Verfahren sind daher notwendig, um eine nur in retrograder Richtung leitende akzessorische Bahn und ihre Beteiligung an einer Re-entry-Tachykardie festzustellen.
Sie kann generell
1. durch ventrikuläre Stimulationsverfahren,
2. durch pharmakologische Intervention,
3. anhand bestimmter Charakteristika der atrialen Erregungsausbreitung und des Auftretens bzw. Verschwindens von intraventrikulären Erregungsausbreitungsstörungen aufgedeckt werden.

Zu 1)
Bei ventrikulärer Stimulation mit steigenden Frequenzen verlängert sich normalerweise bei 1 : 1 VA-Leitung das Stimulations-A′-Intervall (SA′) oder die Zeit vom Beginn der ventrikulären Depolarisation im Oberflächen-EKG (Q) bis zum Beginn einer ersten atrialen Depolarisation A′ ähnlich wie bei anterograder Erregungsleitung aufgrund einer Leitungsverzögerung im AV-Knoten langsam zunehmend. Die Ausmessung des SA′-Intervalles oder QA′-Intervalles ist gemeinhin besser zu verwenden als die Messung der HA′-Zeit, da die H-Potentiale bei retrograder Erregungsleitung häufig noch in den V-Potentialen verborgen liegen. Erfolgt bei retrograd leitender akzessorischer Bahn die VA-Leitung über diese, fällt diese Verzögerung fort. Bei höheren Frequenzen bleibt das resultierende QA′-Intervall bis zum Erreichen des Endes der Leitungskapazität der akzessorischen Bahn gleich, um dann evtl. bei nun ausschließlicher Leitung über das ELS sich geringgradig zu verlängern bis ein VA-Block auftritt (s. Abb. 5.66). Ein ähnliches Leitungsmuster ergibt sich, wenn die Refraktärparameter durch programmierte ventrikuläre Stimulation bestimmt werden.

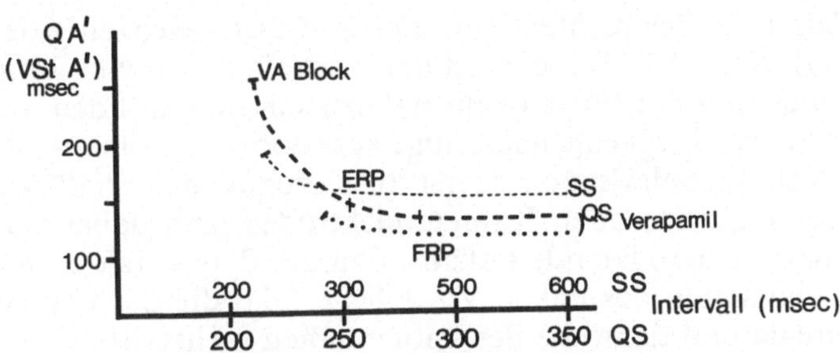

Abb. 5.66. Beziehungen zwischen Kupplungsintervall QS (Abszisse unten) und resultierendem QA'-Intervall (Ordinate) bei rechtsventrikulärer programmierter Stimulation bei WPW-Syndrom Typ B. Bis zu einem Kupplungsintervall von 250 msec bleibt die QA'-Zeit mit 130 – 140 msec konstant. Dann ist die effektive Refraktärität für die retrograde Leitung der akzessorischen Bahn erreicht (ERP) und bei weiterer Verkürzung des Kupplungsintervalles wird bei nodaler Leitung das QA'-Intervall länger bis ein VA-Block auftritt. 10 min nach Verapamil 10 mg i. v. (·····) tritt der VA-Block ohne vorausgehende Verlängerung plötzlich auf, da die nodalen Strukturen, nicht aber die akzessorische Bahn ihre Refraktärität verlängert haben. Bei Stimulation mit steigenden Frequenzen (SS, obere Abszisse) ergibt sich ein ähnliches Verhalten, da die frequenzabhängige Verlängerung der nodalen Leitung erst spät in minimalem Umfang auftritt (------)

Solange die Rückwärtsleitung über die akzessorische Bahn erfolgt, verlängert sich bei sich verkürzendem Kupplungsintervall der Zusatzerregung (AS- oder QS-Intervall) das resultierende QA'-Intervall nicht. Es kann sich geringgradig verlängern, wenn die funktionelle Refraktärperiode der akzessorischen Bahn erreicht wird. Bei Erreichen der effektiven Refraktärperiode (sofern diese länger als die des ELS ist) kommt es zu einer allmählichen Verlängerung des QA'-Intervalls bei sich weiter verkürzendem QS-Intervall wegen nun erfolgender Leitung über das ELS bis entweder die effektive Refraktärität des ELS oder des Ventrikels erreicht ist und ein VA-Block resultiert (Abb. 5.66). Bei Rückwärtsleitung über die akzessorische Leitungsbahn ergibt sich je nach Lokalisation der akzessorischen Bahn eine veränderte atriale Erregungsausbreitung.

Zu 2)
Medikamente, die die AV-Knotenüberleitung selektiv verschlechtern, jedoch die Leitungseigenschaften der akzessorischen Bahn unbeeinflußt lassen, können zur Feststellung akzessorischer AV-Verbindungen herangezogen werden. So fanden Spurrell u. Mitarb. [615] bei 13 Patienten mit supraventrikulären Tachykardien ohne Präexzitations-Syndrom bei 8 Patienten eine Verlängerung der Rückwärtsleitung nach Verapamil, während sich bei 5 Patienten ein annähernd konstantes VA-Intervall ergab. Sie schließen daraus auf das Bestehen nur retrograd leitender akzessorischer Bahnen.

Zu 3)
Erfolgt während ventrikulärer Stimulation mit steigenden Frequenzen oder Einzelstimuli oder während einer supraventrikulären „Knoten-Tachykardie" eine Rückwärtsleitung über das ELS, werden zunächst die knotennahen Teile des rechten Vorhofes depolarisiert (A' in HBE), danach die krania-

len Teile des rechten Vorhofes und fast gleichzeitig der linke Vorhof [226, 301, 637, 683]. Dabei wird der Vorhofteil zwischen Mündung des Koronarsinus und der Fossa ovalis nahezu simultan mit dem rechtsatrialen Septum aktiviert. Liegt eine linksseitige akzessorische Bahn vor, so kann die retrograde Vorhofdepolarisation zuerst im Koronarsinus erfaßt werden. Je nach Lage der registrierenden Katheterelektroden sind dabei auch Rückschlüsse auf die genauere laterale Lokalisation des Bypasstraktes möglich. Nach der Depolarisation des linken Vorhofes erfolgt die der kranialen rechten Vorhofareale und dann die der knotennahen rechtsatrialen Vorhofanteile. Erfolgt die retrograde Erregung über paranodale oder septale akzessorische Verbindungen, werden zunächst die Areale in der Nähe der Mündung des Koronarsinus depolarisiert. Rechtsventrikulo-atriale anomale Verbindungen können je nach Lage jeden Teil des rechten Vorhofes zuerst erregen, immer folgt der linke verspätet. Zur genaueren Lokalisation müssen hier exakte endoatriale Mapping-Studien nach Art der von Gallagher u. Mitarb. [220] beschriebenen Technik benutzt werden, um durch deduktive Analyse die genaue Lokalisation festzustellen.

Die Veränderungen, die durch Auftreten und Beendigung von intraventrikulären Erregungsausbreitungsstörungen bei supraventrikulären Tachykar-

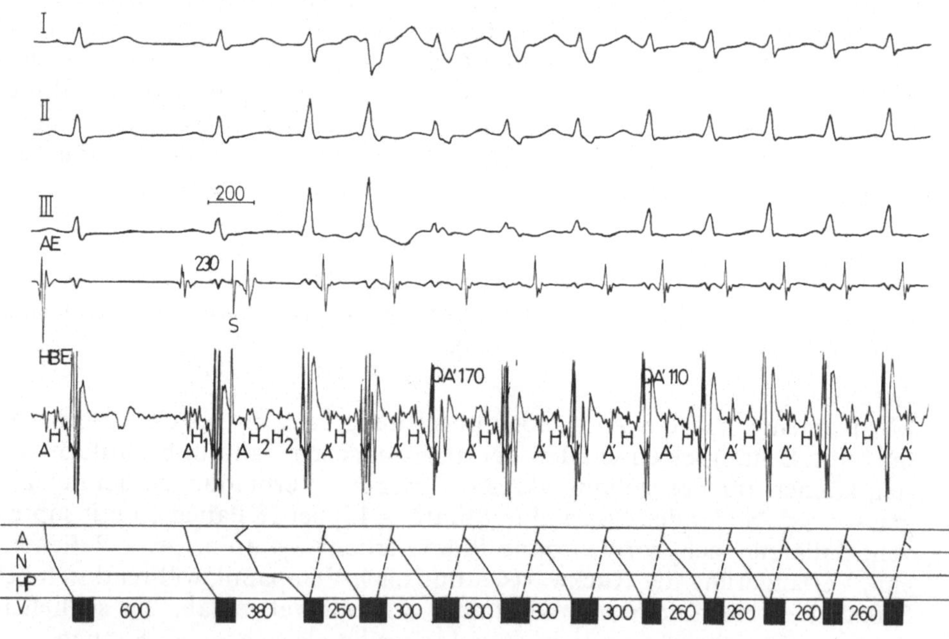

Abb. 5.67. Frequenzänderung einer Tachykardie bei Normalisierung einer intraventrikulären Leitungsstörung.
Auslösung einer supraventrikulären Tachykardie durch atriale Zusatzerregung. Bereits die unterhalb des Hisschen Bündels erfolgende Leitungsverzögerung ($H_2 - H_2'$) deutet darauf hin, daß der Re-entry-Mechanismus nicht auf die nodalen Strukturen begrenzt ist. Das QA'-Intervall verkürzt sich schlagartig mit Normalisierung der rechtsventrikulären Erregungsausbreitungsstörung (s. Text)

dien mit normaler QRS-Konfiguration während der Rhythmusstörung beobachtet werden können, geben neben den Auslösemechanismen (s. u.) Hinweise auf die Teilnahme retrograd leitender akzessorischer Bahnen am Re-entry-Kreis und auf ihre Lokalisation. Während einer solchen Re-entry-Tachykardie mit normalen QRS-Komplexen erfolgt die Impulspropagation anterograd über das ELS, und die Seite, in der die ventrikuläre Insertion der akzessorischen Bahn liegt, wird über den jeweiligen Schenkel des ELS und eine kurze Strecke freien Myokards erreicht. Ist dieser Schenkel blokkiert (meistens frequenzabhängig), muß die Erregung einen längeren Weg über den kontralateralen Schenkel und eine größere Strecke freien Ventrikelmyokards zurücklegen, um die ventrikuläre Insertion der akzessorischen Bahn zu erreichen. Der Re-entry-Kreis wird also größer. Normalisiert sich die intraventrikuläre Erregungsausbreitungsstörung, wird der Kreis kleiner. Dies bedingt, daß die Erregungsfolge schneller wird und damit die Tachykardiefrequenz zunimmt. Da bei diesem Phänomen sich die Leitungsgeschwindigkeit nur in retrograder Richtung ändert, sind in den intrakardialen Ableitungen Unterschiede in der QA'-Zeit, nicht jedoch im A'H-Intervall zu erkennen [106, 226, 477, 602, 637].

In Abbildung 5.67 wird der Vorgang exemplarisch dargestellt. Beim Patienten ohne erkennbare Präexzitation wird bei einem Sinusrhythmus von 100/min durch eine an die atriale Erregung angekuppelte Extrasystole eine Leitungsstörung im Hisschen Bündel erzeugt ($H_2 H_2'$-Intervall). Nach der resultierenden ventrikulären Erregung tritt ein Echophänomen auf mit retrograder Depolarisation der Vorhöfe, der eine erneute ventrikuläre Erregung folgt, die stark rechts verspätet eintritt. Die Tachykardie kommt in Gang, und auch die nächsten drei QRS-Komplexe zeigen das Bild eines Rechtsschenkelblocks. Während des Bestehens des Rechtsschenkelblockes beträgt die Rücklaufzeit, gemessen am QA'-Intervall 170 msec, die Tachykardiefrequenz bei einem RR-Abstand von 300 msec 200/min. Nach dem 7. dargestellten QRS-Komplex normalisiert sich die Erregungsausbreitung, so daß der 8. QRS-Komplex denen bei Sinusrhythmus gleicht. Da nun die Erregung über den rechten Schenkel die ventrikuläre Insertion der akzessorischen Bahn unmittelbar erreicht, verkürzt sich die retrograde Leitungszeit QA' auf 110 msec, und die Tachykardiefrequenz nimmt schlagartig auf 230/min zu (RR-Intervall 260 msec).

5.3.3.3 Rhythmusstörungen bei WPW-Syndrom

Bereits in der Beschreibung des Syndroms von Wolff, Parkinson und White [712] wird herausgestellt, daß Patienten mit diesem Syndrom zu supraventrikulären Tachykardien neigen. Eine retrograde Impulspropagation über eine akzessorische Bahn kann bei solchen supraventrikulären Tachykardien gelegentlich Vorhofflimmern auslösen [637]. Das Bestehen einer in anterograder Richtung ohne Verzögerung leitenden akzessorischen Bahn wirft aber auch bei Eintritt von Vorhofflimmern besondere Rhythmusprobleme bei ihren Trägern auf.
Die supraventrikulären Tachykardien bei Bestehen einer akzessorischen Leitungsbahn beruhen auf kreisenden Erregungen, bei denen die Kreisbahn sowohl von Teilen des normalen ELS als auch von der akzessorischen Bahn gebildet werden. Bereits Mines [426] hat in seinem 1913/14 vorgelegten Konzept der kreisenden Erregung aus den Beobachtungen im Tierver-

such heute noch gültige Bedingungen für ihr Zustandekommen aufgestellt. Voraussetzung sind in parallel leitenden Bahnen unterschiedliche Leitungsgeschwindigkeit und unterschiedliche Refraktärperiode. Im Fall akzessorischer AV-Verbindungen hat in der Mehrzahl der Fälle die akzessorische Bahn eine längere Refraktärperiode als das ELS, so daß von einer zusätzlichen Erregung die akzessorische Bahn in anterograder Richtung refraktär angetroffen wird; es besteht ein unidirektionaler Block. Die Zusatzerregung – stimuliert oder spontan entstandene Extrasystolen – wird mit Verzögerung über den AV-Knoten und das Hissche Bündel geleitet und trifft die ventrikuläre Insertion der akzessorischen Bahn, wenn diese sich außerhalb ihrer Refraktärität befindet.

Die Erregung wird retrograd zu den Vorhöfen zurückgeleitet und tritt in die nunmehr ihrerseits nicht mehr refraktäre Struktur des ELS *wieder ein* (Wiedereintritts- oder Re-entry-Phänomen), der Vorgang wiederholt sich, der Erregungskreis ist geschlossen. Der obere gemeinsame Leitungsweg wird von Teilen des Vorhofmyokards, der untere gemeinsame von Teilen des Ventrikelmyokards gebildet. Das Erregungsintervall, das am oberen und unteren gemeinsamen Leitungsweg für die Impulsfortleitung nach proximal und distal wirksam wird, ist gleich der Tachykardiefrequenz. Es entspricht der Summe der Laufzeiten der Erregungen in den einzelnen, den Erregungskreis formenden Strukturen. Dieses Intervall muß länger sein als die Refraktärität in jedem einzelnen Teil des Re-entry-Kreises, so daß die kreisende Erregungswelle stets auf depolarisierbares Gewebe trifft und eine erregbare Lücke bestehen bleibt.

Die Kupplungs-Intervall-Zone, in der durch atriale und/oder ventrikuläre Stimuli die unterschiedliche Refraktärität und Leitungsgeschwindigkeit der

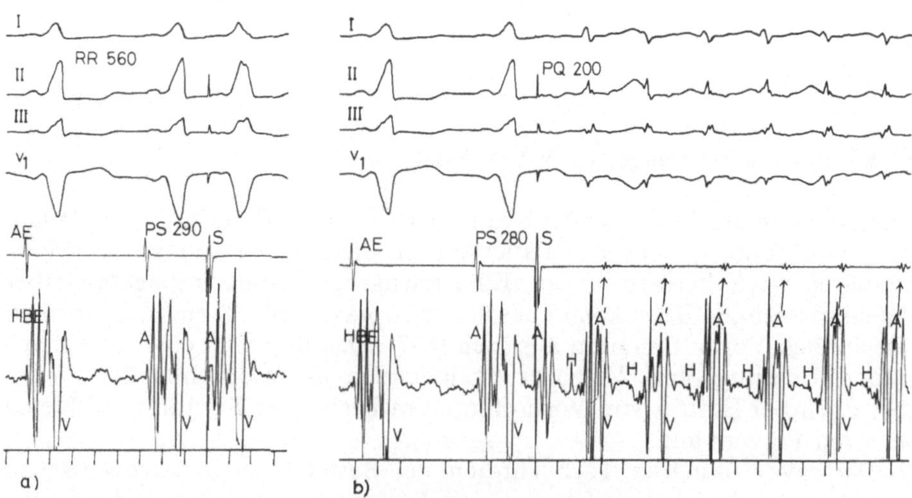

Abb. 5.68 a u. b. Auslösung einer supraventrikulären Tachykardie bei WPW-Syndrom Typ B. Eine mit 290 msec angekuppelte atriale Zusatzerregung wird noch voll über die akzessorische Bahn geleitet. Wird das Kupplungsintervall um 10 msec auf 280 msec verkürzt, ist die Refraktärität der akzessorischen Bahn erreicht und die Tachykardie kommt in Gang (s. Text)

beiden parallel leitenden Bahnen sichtbar wird, und eine Bahn zu einer rückwärtigen Erregung fähig wird und damit eine nochmalige Erregung des Vorhofes und/oder des Ventrikelmyokards bewirkt (Echophänomen), wird „Echozone“ genannt. Innerhalb dieser zeitlichen Begrenzung werden besonders leicht supraventrikuläre Tachykardien durch Extrasystolen ausgelöst.

In Abb. 5.68 a und b eines Patienten mit WPW-Syndrom Typ B wird bei Sinusrhythmus mit einem RR-Abstand von 560 msec eine Extrasystole mit einem Kupplungsintervall von 290 msec an die vorangehende atriale Erregung angekuppelt. Dies führt zu einer Zunahme der Präexzitation. Die unbeeinträchtigte Leitungsgeschwindigkeit der akzessorischen Bahn gewinnt überhand vor der bei diesem Kupplungsintervall wahrscheinlich stärker werdenden nodalen Erregungsverzögerung. H-Potentiale sind im intraatrialen EKG verborgen (Abb. 5.68 a). Bei Verkürzung des Kupplungsintervalls um 10 msec (Abb. 5.68 b) ist die Refraktärität der akzessorischen Bahn erreicht, die stimulierte Erregung wird mit einem AH-Intervall von 150 msec ausschließlich über das ELS verzögert geleitet. Der QRS-Komplex ist normalisiert, es folgt eine retrograde Erregung des rechten Vorhofes (A′ in HBE vor A′ in AE), und eine Tachykardie mit normalisierten QRS-Komplexen mit einer Frequenz von 220/min kommt in Gang.

Dieser Mechanismus für das Ingangkommen supraventrikulärer Tachykardien ist bei WPW-Syndrom durch zahlreiche klinisch-elektrophysiologische Untersuchungen bestätigt [93, 154, 155, 218, 443, 465, 563]. Auslösemechanismen sind supraventrikuläre und ventrikuläre Extrasystolen, schnelle atriale Stimulation, bei der die Leitungskapazität der akzessorischen Bahnen in anterograder Richtung erschöpft wird und gleichzeitig eine nodale Erregungsverzögerung auftritt. Da Antiarrhythmika die Erregungsleitung in einer Richtung zu blockieren vermögen und dabei gleichzeitig auch die Erregungsleitung in den nodalen Strukturen verlangsamt werden kann (z. B. Aprindin, Propafenon, Ajmalin), kann sich unter den Effekten einer pharmakologischen Beeinflussung die Echozone verschieben und die Auslösung supraventrikulärer Tachykardien bei nicht mehr vorhandenen elektrokardiographischen Merkmalen des WPW-Syndroms erleichtert werden [465, 559].

In etwa 80–90% ist während einer supraventrikulären Tachykardie der QRS-Komplex normalisiert, d. h. die anterograde Erregung erfolgt ausschließlich über das ELS.

Wird die akzessorische Bahn dagegen anterograd durchlaufen, sind die QRS-Komplexe im Sinne der vollen Präexzitation deformiert; die Unterscheidung zu einer ventrikulären Tachykardie ist häufig nicht leicht. Nicht immer ist dabei die akzessorische Bahn leitender Teil des Re-entry-Kreises. Sie kann bei auf den Knotenbereich beschränkter kreisender Erregung nur mitleiten, und diese Mitleitung kann trotzdem zum Vollbild der Präexzitation führen [469, 561]. Da infolge der aufgezeichneten Entwicklungsstörung für das Bestehenbleiben akzessorischer AV-Verbindungen mehrere Bahnen vorhanden sein können (und bewiesen sind) [203, 613], muß auch in diesen Fällen damit gerechnet werden, daß die Knotentachykardie nicht eine Re-

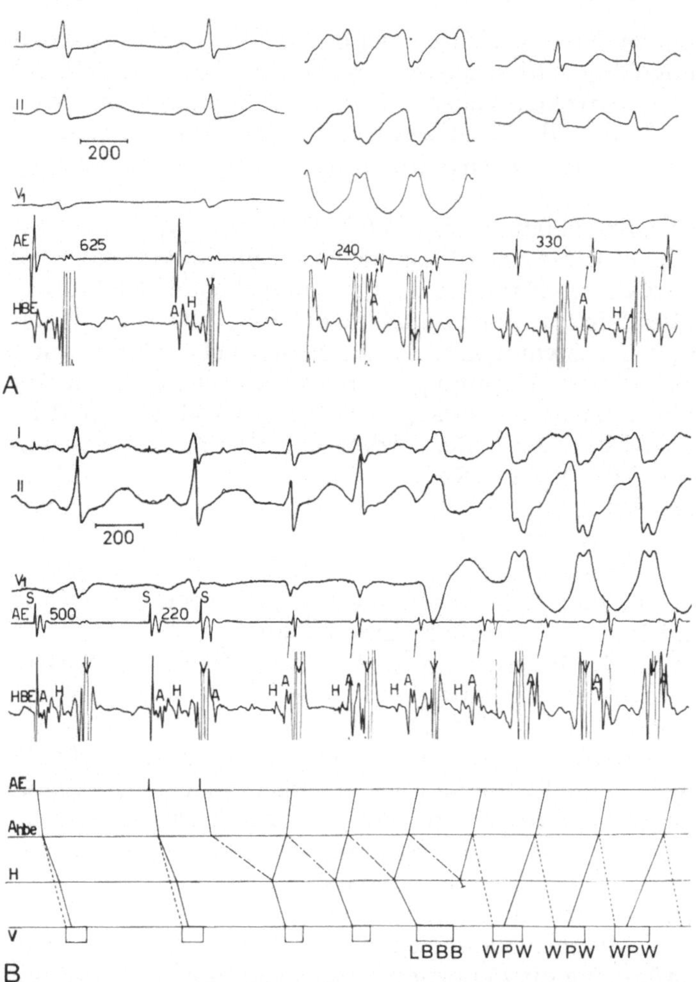

Abb. 5.69 A u. B. WPW-Syndrom Typ A mit 2 Arten supraventrikulärer Tachykardien bedingt durch Wechsel des Re-entry-Kreises.

A: Bei Sinusrhythmus ist die Präexzitation minimal. Das H-Potential liegt vor Beginn der wenig ausgeprägten Δ-Welle (li.). Bei einer supraventrikulären Tachykardie von 250/min (RR 240 msec) liegt ein Vollbild der Präexzitation vor, die H-Potentiale liegen in den V-Potentialen (Mitte), die A A′-Zeit beträgt 25 msec.

Bei der anderen Art der Tachykardie ist die retrograde A A′-Zeit identisch. Die Vorwärtserregung erfolgt jetzt aber mit verlängertem AH-Intervall über das ELS, so daß bei einer Frequenz von 181/min der QRS-Komplex normal ist (re.).

B: Bei atrial stimulierter Basisfrequenz von 120/min wird durch eine mit 220 msec angekuppelte atriale Zusatzerregung eine Tachykardie ausgelöst, die zunächst mit normalem QRS-Komplex einhergeht. Die linksseitige akzessorische Bahn ist weder an der anterograden noch retrograden Leitung beteiligt. Dann (5. QRS-Komplex) tritt ein Linksschenkelblock auf und anschließend ein Block unterhalb des Hisschen Bündels (s. Leiterdiagramm). Dadurch wird es ermöglicht, daß die akzessorische Bahn jetzt Teil des Re-entry-Kreises wird und die anterograde Leitung über sie erfolgt. Plötzlicher Wechsel der Tachykardiefrequenz

entry-Tachykardie infolge funktioneller Längsdissoziation des Knotenbereiches war, sondern knotennahe septale akzessorische Bahnen bestanden. Eine solche Interpretation muß um so mehr in Betracht gezogen werden, als in zunehmendem Maße nachgewiesen werden kann, daß an den Re-entry-Vorgängen, die bisher auf Längsdissoziation des Knotens zurückgeführt wurden, akzessorische, nur retrograd leitende AV-Verbindungen als Glied des Re-entry-Kreises beteiligt sind [218, 226, 637, 679, 684]. Während der Tachykardie können alternierend unterschiedliche Bahnen benutzt werden womit der RR-Abstand wechselt [203]; die Herzfrequenz kann wegen der sich ändernden Größe des Re-entry-Kreises plötzliche Sprünge aufweisen [560] (Abb. 5.69).

Das therapeutische Vorgehen hat zum Ziel, die erregbare Lücke im Re-entry-Kreis zu schließen. Richtig plazierte Zusatzerregungen können ein „Zuviel" an Erregung für die Kapazität des Leitungskreises bedeuten und ihn zum Zusammenbrechen bringen. Pharmakologische Intervention soll die Refraktärität in einer oder mehrerer der am Re-entry-Kreis beteiligten Strukturen so verlängern, daß die Erregungswelle in dieser Struktur kein depolarisierbares Gewebe mehr antrifft. Während Aprindin, Propafenon, Ajmalin und Amiodaron sowohl normale als auch akzessorische Leitungsbahnen beeinflussen, wirkt Verapamil fast isoliert nur auf den AV-Knoten. Der Erregungskreis bricht also in dieser Struktur auseinander. Alternieren nach Bolus-Injektion von 10 mg Verapamil i. v. vor Beendigung einer supraventrikulären Tachykardie mit normalen QRS-Komplexen die RR-Abstände bei sich nicht veränderndem QA-Intervall in den intrakardialen Ableitungen, so wird hier die Vorwärtsleitung der Erregung alternierend im nodalen Bereich verzögert, und die Rückwärtsleitung erfolgt über die akzessorische Leitungsbahn [115].

Liegen Vorhofdepolarisationsstörungen vor, kann eine schnelle Rückwärtsleitung auf die Vorhöfe Vorhofflimmern auslösen. Von Sung u. Mitarb. [637] wird dies als Hinweis auf eine Rückwärtsleitung über akzessorische Bahnen angesehen; jedoch wäre die Auslösung einer solchen Rhythmusstörung zumindest theoretisch auch bei „Knotentachykardien" infolge Längsdissoziation des AV-Knotens zu erwarten.

Tritt bei anterograd gut leitfähiger Bahn Vorhofflimmern ein, können die atrialen Erregungen unter Umgehung des physiologischen AV-Filters direkt das Ventrikelmyokard ohne Verzögerung erreichen. Die dabei auftretende Tachyarrhythmie ist durch einen Wechsel zwischen deformierten, das Vollbild der Präexzitation zeigenden QRS-Komplexen und normalen QRS-Komplexen gekennzeichnet. Die resultierende Tachyarrhythmie-Frequenz der Kammern ist abhängig von der effektiven Refraktärperiode der akzessorischen Bahn. Je kürzer diese ist, desto kürzer ist das resultierende kürzeste RR-Intervall während des Vorhofflimmerns [682]. Der Wechsel zwischen präexzitierten und normalen QRS-Komplexen während des Vorhofflimmerns erklärt sich wahrscheinlich dadurch, daß die atrialen Erregungsfronten nicht alle in gleicher Intensität und in gleicher Richtung die atriale Insertion der akzessorischen Bahn erreichen. Durch die dadurch bedingten unregelmäßigen und schnellen ventrikulären Depolarisationen kann – zu-

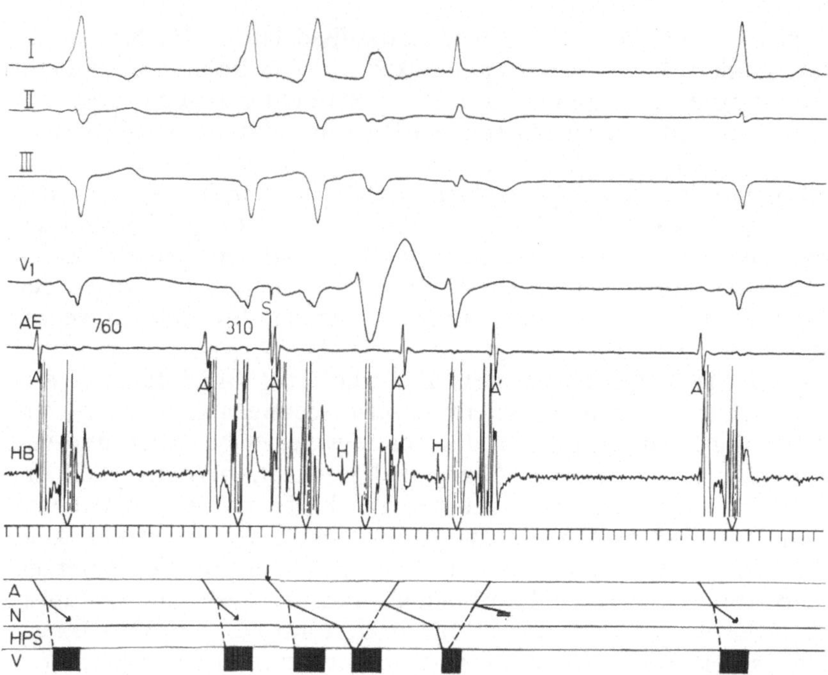

Abb. 5.70. Ventrikuläre Doppelerregung durch eine atriale Zusatzerregung bei WPW-Syndrom Typ B infolge ausgeprägter Differenz der Refraktärität und Leitungsgeschwindigkeiten zwischen akzessorischer Bahn und ELS ([472] s. Text)

mal bei zusätzlicher Erkrankung des Ventrikelmyokards – Kammerflimmern und -flattern ausgelöst werden.

Re-entry-Tachykardien und evtl. auch ventrikuläre Rhythmusstörungen können auch ausgelöst werden, wenn infolge weit auseinanderliegender Refraktärzeiten des ELS und der akzessorischen Bahn eine supraventrikuläre Erregung zu einer Doppelerregung des Ventrikels führt.

In Abb. 5.70 wird bei einem Patienten mit WPW-Syndrom Typ B eine atriale Extrasystole mit einem Kupplungsintervall von 310 msec ausgelöst. Diese wird infolge kurzer effektiver Refraktärzeit der akzessorischen Leitungsbahn ausschließlich über diese Bahn propagiert und führt zum Vollbild der Präexzitation. Dagegen ist die Leitungsgeschwindigkeit in den nodalen Strukturen so verzögert, daß mit einem AH-Intervall von 280 msec der gleiche atriale Stimulus zu einer verzögerten zweiten ventrikulären Depolarisation führt, wobei der QRS-Komplex linksschenkelblockartig konfiguriert ist. Diese Erregung wird rückwärts geleitet über die akzessorische Bahn und erneut über das ELS zum Ventrikel, so daß der 1. Zyklus eines Re-entry-Kreises, ausgelöst durch diese ventrikuläre Doppelerregung, geschlossen wird. Der 2. Re-entry-Zyklus, der zu einem normalisierten QRS-Komplex führt, wird nach retrograder Aktivierung der Vorhöfe über die akzessorische Bahn oberhalb des Hisschen Bündels anterograd blockiert [472].

5.3.3.4 LGL-Syndrome

Unter Nichtberücksichtigung der WPW-Syndrome und Patienten mit einem akzessorischen Erregungsleitungstyp nach Art der „Mahaim-Fasern" lassen sich bei Patienten mit kurzer und normaler PQ-Zeit bei Prüfung des Überleitungsmusters mit steigenden stimulierten atrialen Frequenzen 4 Typen in bezug auf die Leitungskapazität nachweisen [474] (s. Abb. 5.71). Typ 1 läßt bei steigenden Frequenzen die für Frequenzbelastung physiologische AH-Verlängerung völlig vermissen. Typ 2 zeigt nur eine geringgradige Verlängerung der AH-Zeit, wobei diese stets im normalen Bereich bleibt. Bei Patienten mit Typ 3 folgt eine geringe Zunahme der AH-Zeit bis zu einer bestimmten Frequenz, dann erfolgt eine plötzliche, sprunghafte Verlängerung des AH-Intervalles mit weiterer steiler Verlängerung bis zum Auftreten eines AV-Blockes II. Grades mit Wenckebach-Periodik. Typ 4 zeich-

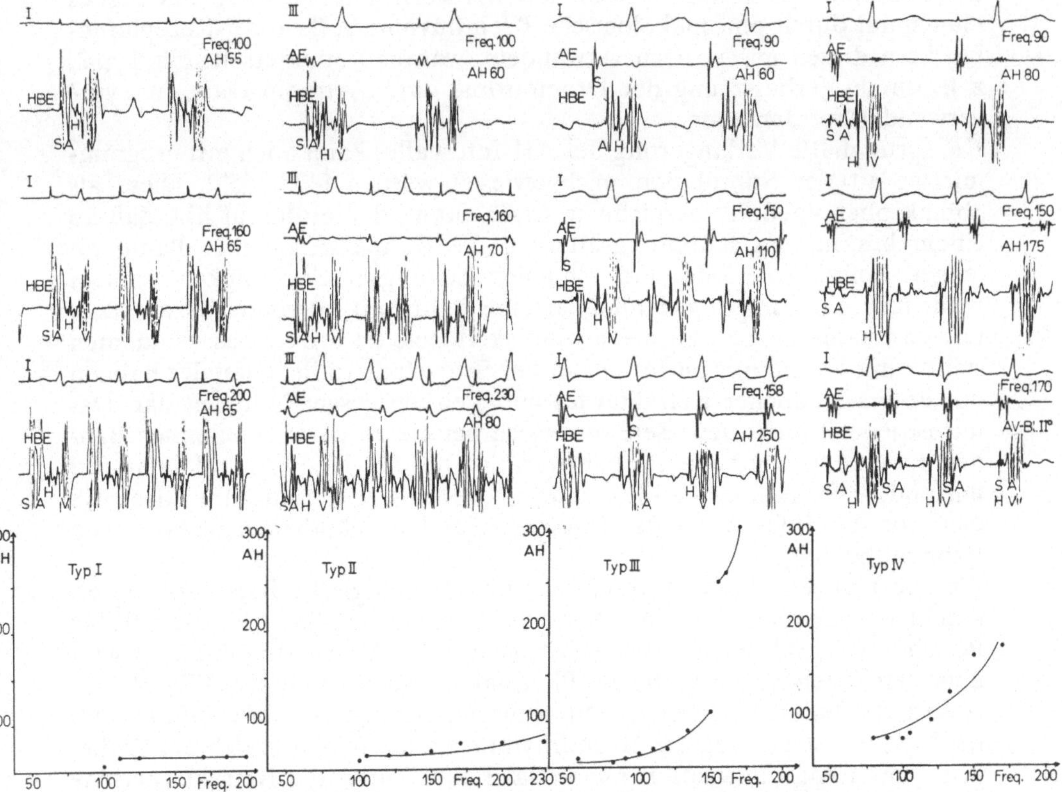

Abb. 5.71. Beispiele für 4 Typen von Leitungsmustern bei atrialer Frequenzbelastung.
Es sind jeweils für jeden Typ EKG, hohe rechtsatriale Ableitung und/oder HBE bei 3 unterschiedlichen Frequenzen abgebildet. Im HBE ist das AH-Intervall abzulesen.
Darunter sind die Beziehungen zwischen resultierendem AH-Intervall (Ordinate) und stimulierter Frequenz grafisch aufgetragen. Sprunghafte Verlängerung des AH-Intervalls (Break Phänomen) bei Typ III [474]

net sich durch das normale Verhalten der AH-Zeit aus, die mit steigenden Frequenzen graduell zunimmt bis der AV-Block eintritt.
Bei der Untersuchung eines Kollektivs von 65 Patienten (A) mit kurzer PQ-Zeit und einem Kollektiv von 46 Patienten (B) mit normaler PQ-Zeit bot sich folgende Verteilung der Typen 1 – 4 für das Kollektiv A und B:

	Typ 1 n	Typ 2 n	Typ 3 n	Typ 4 n	Summe
Kollektiv A	3	30	12	20	65
Kollektiv B	–	7	2	37	46

Daraus ergibt sich eine signifikante Anhäufung der Leitungsmuster 1 – 3 für Patienten mit kurzer PQ-Zeit. Dabei sind Typ 2 und Typ 3 nur qualitativ, nicht aber quantitativ verschieden. Bei Vorliegen eines Typ 2 gelingt es manchmal durch pharmakologische Beeinflussung z. B. mit β-Rezeptorenblockern diesen in Typ 3 zu verwandeln, während andererseits ein Typ 3, z. B. durch Verbesserung der Dromotropie durch Atropin-Gabe in Typ 2 verwandelt werden kann.
Die sprunghafte Verlängerung des AH-Intervalles kann auch mit programmierter atrialer Stimulation nachgewiesen werden [475, 557]. Diese als „break phenomenon" bezeichnete Erscheinung deutet darauf hin, daß ab einem bestimmten Kupplungsintervall die Refraktärität einer Bahn mit langer Refraktärperiode und schneller Leitungsgeschwindigkeit erreicht wird, und die Erregung dann über eine Bahn mit kürzerer Refraktärzeit und langsamerer Leitungsgeschwindigkeit geleitet wird. Das Phänomen stellt somit einen Hinweis für das Bestehen zweier parallel leitender Bahnen mit unterschiedlicher Refraktärität und Leitungsgeschwindigkeit dar. Damit ist jedoch nicht bewiesen, ob es sich bei diesen parallel leitenden Bahnen um eine funktionelle Längsdissoziation des AV-Knotens und damit nur um nodale Strukturen handelt, oder ob neben der Leitung über das ELS eine vor der Bifurkation des Hisschen Bündels mündende akzessorische Bahn mitbeteiligt ist.
Weitere Hinweise können durch eine pharmakologische Beeinflussung erbracht werden. Bei Gabe von Verapamil würde sich das AH-Intervall bei Bestehen einer akzessorischen Leitungsbahn bei Vorhofstimulation gegenüber dem Intervall vor Gabe des Pharmakons nicht verlängern [70]. Da akzessorische Bahnen und nodale Strukturen gegensätzlich ihre Refraktärität bei Frequenzsteigerung des Grundrhythmus ändern, würde sich bei Vorliegen einer Längsdissoziation nur nodaler Strukturen die Refraktärperiode bei Frequenzanhebung verlängern und das „Break-Phänomen" bei einem größeren Kupplungsintervall auftreten (Abb. 5.72). Liegen neben nodalen Strukturen akzessorische Leitungsbahnen vor, die zunächst benutzt werden, sollte das „Break-Phänomen" bei höherer Basisfrequenz mit kürzerem Kupplungsintervall erreicht werden.

Das „Break-Phänomen" selbst reflektiert die Echozone, in der supraventrikuläre Tachykardien ausgelöst werden. Sowohl im Kollektiv A als auch im Kollektiv B (s. o.) fanden sich Patienten, bei denen in der Anamnese Tachykardien eruiert werden konnten; im Kollektiv A zu 43%, im Kollektiv B zu 26%. Da sich bei den 46 Patienten des Kollektivs B bei 9 Patienten Leitungsmuster nachweisen ließen, wie sie für Patienten mit kurzer PQ-Zeit typisch sind, hängt also die Existenz zweier parallel leitender Bahnen nicht unmittelbar mit einer verkürzten PQ-Zeit zusammen. Ob es sich bei norma-

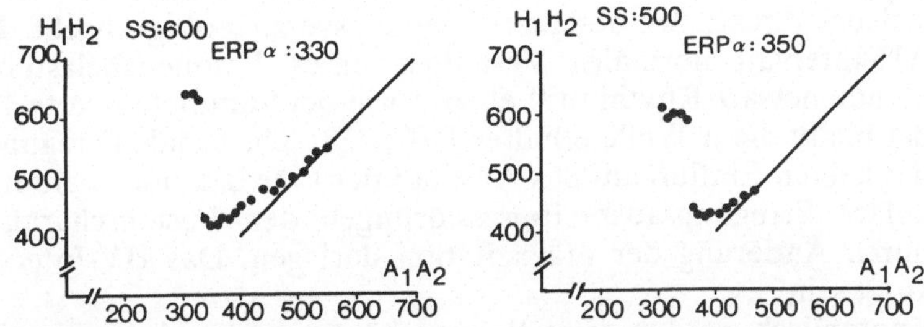

Abb. 5.72. Verschiebung des „Break-Phänomens" durch Steigerung der Basisfrequenz. Bei stimulierter Basisfrequenz von 100/min (SS 600 msec) wird die effektive Refraktärperiode (ERP α) der einen Bahn (α) bei 330 msec Kupplungsintervall der atrialen Zusatzerregung (A_1A_2-Intervall, Abszisse) erreicht. Dann folgt bei weiterer Verkürzung des Kupplungsintervalls die sprunghafte Verlängerung des zugehörigen Erregungsdurchganges durch das Hissche Bündel (H_1H_2-Intervall, Ordinate), bedingt durch nodale Erregungsverzögerung (li. Seite). Bei Steigerung der Basisfrequenz auf 120/min (SS 500 msec) wird die ERP der α-Bahn länger (330 → 350 msec, re. Seite). Das deutet darauf hin, daß zunächst eine Leitungsbahn mit nodalen Funktionseigenschaften für die anterograde Impulsleitung benutzt wird, die eine lange Refraktärzeit und eine schnelle Leitungsgeschwindigkeit aufweist

ler PQ-Zeit nur um funktionelle Längsdissoziationen des AV-Knotens handelt, wie das tierexperimentell [12] bewiesen ist und nach klinischen Befunden bereits 1926 von Scherf u. Shookoff [554] postuliert wurde, oder ob nur retrograd leitende und daher verborgene akzessorische Leitungsbahnen an der „Längsdissoziation" teilnehmen, bleibt unklar. Hier muß im Einzelfall mit den aufgezeigten Verfahren versucht werden, die Existenz akzessorischer Verbindungen nachzuweisen.
Letztlich kommt eine verkürzte PQ-Zeit nach den Befunden von Mandel u. Mitarb. [406] auch durch eine Verkleinerung des HQ-Intervalls zustande. Dieses kurze Intervall bei normalem QRS-Komplex ist vielleicht dadurch zu erklären, daß eine faszikulo-ventrikuläre Bahn vom Typ der „Mahaim-Fasern" durch vorzeitige Erregung des Septums das verkürzte HV-Intervall oder HQ-Intervall bedingt. In diesem Fall braucht eine Deformierung von QRS nicht ausgeprägt zu sein [434].
Sowohl die anatomischen Befunde als auch die elektrophysiologischen Untersuchungen lassen den Schluß zu, daß dem LGL-Syndrom keine pathogenetisch einheitliche Konzeption zugrundeliegt. Klinisch relevant ist allein die Tatsache, daß Patienten mit kurzer PQ-Zeit in gehäuftem Maße

zu supraventrikulären Tachykardien neigen, wobei die Grenze der PQ-Zeit schon bei 140 msec anzusetzen ist [651]. Auch hier entsprechen die Auslösemechanismen denen, die beim WPW-Syndrom geschildert sind.

5.3.3.5 Präexzitation vom Mahaim-Typ

Die Lokalisation des Abganges dieser Bahn vom ELS bestimmen das Verhaltensmuster der ventrikulären Präexzitation. Die nodale Erregungsleitung ist ohne Einfluß auf das Ausmaß der Präexzitation, wenn die Bahn distal des Areals der nodalen Erregungsverzögerung abgeht. Hier zeigt das AH-Intervall normales Verhalten unter Frequenzbelastung. Auch bei „Knotenersatz-Rhythmus" ebenso wie bei Stimulation vom Hisschen Bündel bleibt die Δ-Welle erhalten [107, 438]. Die atriale Erregungsausbreitung hat keinen Einfluß auf das Ausmaß der Präexzitation, während intraventrikuläre Erregungsausbreitungsstörungen den Fusionscharakter von QRS durch Änderung der Präexzitation darlegen. Das HV-Intervall kann verkürzt sein.
Anatomisch werden diese Bahnen häufiger gefunden, ohne daß Merkmale einer Δ-Welle oder einer Präexzitation bestanden hätten. Ihre funktionelle Bedeutung bleibt im Einzelfall umstritten. Es sind nur wenig Fälle belegt, in denen Maiham-Fasern ursächlich als Glied eines Re-entry-Kreises – und damit für eine supraventrikuläre Tachykardie – in Erwägung gezogen werden konnten [678]. Dies wird im wesentlichen durch die Tatsache begründet, daß Mahaim-Fasern eine schlechte Leitungskapazität aufweisen und meist eine lange Refraktärzeit haben. Da außerdem die erregten Myokardanteile zwischen der normalen und der akzessorischen Bahn so eng sind, werden die faszikulo-ventrikulären Fasern durch eine penetrierende Erregung noch refraktär angetroffen, und daher kann eine kreisende Erregung nicht ausgelöst werden [465].

Das Hauptgewicht dieses Kapitels stützt sich auf Befunde, die bei Patienten mit WPW-Syndromen erhoben wurden. Infolge der Besonderheit der hier vorliegenden Leitungsverhältnisse dienen sie exemplarisch auch für andere Formen der Präexzitation. Die Vielzahl der Veröffentlichungen – die hier naturgemäß nur zum geringen Ausmaß zitiert werden konnten – scheint in Widerspruch zu stehen zu der klinischen Relevanz. Zwar sind längst nicht alle Probleme der Präexzitation und ihrer verborgenen Formen geklärt. Darüber hinaus haben die Beobachtungen bei Präexzitations-Syndromen, und insbesondere beim WPW-Syndrom, aber wichtige Erkenntnisse für die Pathogenese anderer und häufig auch gefährlicherer Rhythmusstörungen erbracht. Aufgrund der heuristischen Bedeutung erscheint es deswegen gerechtfertigt, das WPW-Syndrom den „Rosette-Stein" der Elektrokardiographie, und insbesondere der Herzrhythmusstörungen, zu nennen [296].

5.4 Ventrikuläre Reizbildungs- und Erregungsleitungsstörungen

D. W. FLEISCHMANN

Die Elektrostimulation der menschlichen Herzkammer wird heute noch überwiegend zur Behandlung bradykarder Rhythmusstörungen eingesetzt. Ventrikuläre Extrasystolen durch künstliche Stimulation aus diagnostischen oder therapeutischen Gründen heraus auszulösen, wird offenbar aus Furcht vor einer Beschleunigung des Kammerrhythmus mit Übergang in Kammerflattern oder Kammerflimmern vermieden. Mit einer Vulnerabilität der menschlichen Herzkammer gegenüber künstlicher elektrischer Reizung muß zweifellos gerechnet werden. Wie unsere Untersuchungen ergeben haben, ist die Neigung der Kammer zur Vulnerabilität jedoch gering. Sie ist außerdem von bestimmten methodischen Voraussetzungen abhängig [vgl. 196 a]. In Fällen mit ventrikulären Tachykardien in der Anamnese läßt sich diese Rhythmusstörung oft durch künstliche Reizung reproduzierbar auslösen und löschen. Die vorzeitige Stimulation der Kammer gewinnt damit nicht nur diagnostische, sondern auch therapeutische Bedeutung.

5.4.1 Methodik, Patientengut

Zur Abklärung von tachykarden und bradykarden Rhythmusstörungen wurde bei 109 Patienten eine intrakardiale Potentialableitung und eine programmierte vorzeitige Kammerstimulation durchgeführt [195]. Aus diesem Gesamtkollektiv wurden 16 Fälle mit rezidivierenden ventrikulären Tachykardien und 1 Patientin mit rezidivierendem Kammerflimmern in einer Untergruppe zusammengefaßt [189 a]. Die klinischen Daten und die elektrophysiologischen Untersuchungsergebnisse dieser Fälle gehen aus den Tabellen 5.14 und 5.15 hervor. Patienten mit einem akuten Herzinfarkt sind in der Untersuchung nicht enthalten.
Die Elektrodenkatheter zur Potentialableitung und zur Stimulation wurden transvenös nach perkutaner Punktion von der rechten und linken Vena femoralis aus unter Röntgenkontrolle bis zum Herzen vorgeschoben. Ein bipolarer Elektrodenkatheter wurde in der Spitze der rechten Kammer plaziert. Die distale Elektrode diente als differenter Pol für eine unipolare Stimulationstechnik; die 1 mm oder 10 mm proximal von der Katheterspitze entfernt liegende Elektrode wurde zur Ableitung eines unipolaren Kammerelektrogramms benutzt. Zusätzlich wurden ein bipolares Elektrogramm des rechten Vorhofes, des AV-Bündels [190, 555] und die EKG-Ableitungen I, II, III, V_1 auf einem 8-Kanal-Direktschreiber synchron registriert. Die vorzeitige Kammerstimulation wurde mit einem programmierbaren, digital einstellbaren Elektrostimulator durchgeführt. In der überwiegenden Zahl der Fälle wurde die rechte Kammer mit einer konstanten Frequenz stimuliert. Nach jedem 10. Schlag wurde ein vorzeitiger Kammerimpuls (S_2) ausgelöst. Das Ankopplungsintervall des vorzeitigen Impulses (S_2) an den letz-

Tabelle 5.14. Klinische und elektrokardiographische Befunde von 15 Patienten mit rezidivierenden ventrikulären Tachykardien und einer Patientin mit rezidivierendem Kammerflimmern

Fall	Alter Geschlecht	Klinische Diagnose	Sinusrhythmus EKG	Sinusrhythmus QRS-Dauer (sec)	Ventrikuläre Tachykardie QRS Dauer (sec)	Ventrikuläre Tachykardie QRS Form	Ventrikuläre Tachykardie Freq. min^{-1}	Häufigk. der Anfälle	Dauer d. Rhythmusstörung	Klin. Form (VT)
1	16, w.	Zust. n. Karditis?	normal	0,07	0,14	RSB ÜRT	130	1 – 5/Tag	8 Mon.	extrasystolisch
2	20, w.	angebor. QT-Abnormität	QT-Verlängerung	0,08	rezidivierendes Kammerflimmern			10/Jahr	1 Jahr	extrasystolisch
3	16, m.	Zust. n. Karditis	i. RSB ÜLT	0,11	0,13	RSB ÜLT	235	1 – 5/Wo.	5 Jahre	extrasystolisch
4	19, m.	Zust. n. Karditis?	normal	0,07	0,12	RSB ÜLT	135	5/Mon.	1 Mon.	permanent
5	34, w.	Karditis	neg. T in II, III, aVF $V_4 – V_6$	0,08	0,14	RSB ÜLT	150	1	2 Tage	permanent
6	17, m.	unbekannt	RSB ÜRT	0,12	0,14	LSB	200	0 – 2/Mon.	1 Jahr	extrasystolisch
7	28, m.	Zust. n. Karditis	prätermin. neg. T in I, aVL $V_1 – V_4$	0,1	0,13	LSB	205	1/Wo.	2 Mon.	permanent
8	51, m.	Zust. n. Karditis	prätermin. neg. T in $V_1 – V_4$	0,1	0,15	LSB	160 – 200	1 – 2/Tag	2 Wo.	permanent

Tabelle 5.14. (Fortsetzung)

Fall	Alter Geschlecht	Klinische Diagnose	Sinusrhythmus: EKG	Sinusrhythmus: QRS-Dauer (sec)	Ventrikuläre Tachykardie: QRS Dauer (sec)	Ventrikuläre Tachykardie: QRS Form	Ventrikuläre Tachykardie: Freq. min^{-1}	Häufigk. der Anfälle	Dauer d. Rhythmusstörung	Klin. Form (VT)
9	54, m.	Zust. n. HW-Infarkt	LSB	0,12	0,16	RSB ÜRT	185	2/Wo.	6 Mon.	extrasystolisch
10	54, m.	Zust. n. HW-Infarkt, HW-Aneurysma	LSB	0,13	0,14	RSB ÜRT	175	1 – 2/Wo.	4 Mon.	extrasystolisch
11	51, m.	Zust. n. HW-Infarkt	Q_{II}, Q_{III}	0,1	0,14	RSB ÜRT	160	1	5 Tage	permanent
12	75, m.	Zust. n. VW-Infarkt	AVBlock I RSB, ÜLT	0,14	0,16	RSB ÜLT	165	1	2 Tage	extrasystolisch
13	67, m.	arteriosklerot. Herzleiden	LVH	0,1	0,14	RSB ÜRT	175	1 – 3/Tag	2 Wo.	extrasystolisch
14	75, m.	Zust. n. HW-Infarkt	AVBlock I Q_{III} i. RSB	0,11	0,13	RSB ÜLT	155	1/5 Jah.	5 Tage	permanent
15	52, m.	Zust. n. Anterolateral-Infarkt	Q_I, aVL $V_4 - V_6$	0,1	0,14	RSB ÜLT	190	2 – 5/Tag	7 Tage	extrasystolisch
16	62, m.	Zust. n. VW-Infarkt	RSB $Q_{V_1-V_5}$ VH-Flimmern	0,12	0,16	RSB ÜLT	140	7 Tage	2 Wo.	permanent

Abkürzungen: w. weiblich; m. männlich; Zust. Zustand; HW Hinterwand; VW Vorderwand; VT ventrikuläre Tachykardie; RSB Rechtsschenkelblock; LSB Linksschenkelblock; ÜLT überdrehter Linkstyp; ÜRT überdrehter Rechtstyp; neg. negativ; i. inkomplett; LVH linker vorderer Hemiblock; VH Vorhof

Tabelle 5.15. Befunde der vorzeitigen Kammerstimulation zur Tachykardieauslösung (I) und zur Tachykardieunterbrechung (II) bei den 16 Patienten mit ventrikulären tachykarden Rhythmusstörungen

Fall Nr.	Stimulation der rechten Kammer	
	I	Tachykardieauslösung
	II	Tachykardieunterbrechung
1	I	spontan
	II	overdrive, spontan
2	I	1 Extraimpuls: keine VT
3	I	spontan
	II	5 Serienimpulse Faustschlag (Brust)
4	I	1 Extraimpuls; spontan
	II	1 Extraimpuls
5	I	Dauertachykardie
	II	3 Extraimpulse ohne Effekt medikamentös
6	I	spontan
	II	Kardioversion, spontan
7	I	1 Extraimpuls: keine VT
8	I	1 Extraimpuls
	II	1 Extraimpuls
9	I	spontan
	II	3 Serienimpulse
10	I	spontan
	II	4 Serienimpulse
11	I	1 Extraimpuls
	II	1 Extraimpuls
12	-	
13	I	1 – 3 Serienimpulse: keine VT
	II	spontan
14	I	3 Serienimpulse
	II	1 – 2 Extraimpulse
15	I	spontan
	II	3 – 8 Serienimpulse
16	I	spontan
	II	3 Serienimpulse: vorübergehende Unterdrückung

VT: Ventrikuläre Tachykardie

ten Schlag der Grundfrequenz (S_1) – das S_1S_2-Intervall – wurde um jeweils 10 – 20 msec verkürzt, bis die effektive Refraktärzeit der rechten Herzkammer erreicht war. Als Grundfrequenz wurden 80, 100 und 120/min gewählt. In 30 nicht selektierten Zeilen wurde während eines konstanten Vorhofrhythmus mit regelmäßiger Vorhof-Kammerleitung die vorzeitige Stimulation der rechten Kammer wiederholt [195]. Die Periodendauer des Vorhofrhythmus entsprach dabei der Periodendauer während des konstanten Kammerrhythmus. Auch in den Fällen mit rezidivierenden ventrikulären Tachykardien wurde eine vorzeitige Stimulation der Kammer durchgeführt. Nach entsprechender Programmierung des Stimulators wurden nach jedem 10. Schlag des tachykarden Grundrhythmus ein oder mehrere vorzeitige Kammerimpulse ausgelöst. Zur Triggerung des Gerätes diente in diesem Fall das über den Stimulationskatheter abgeleitete Elektrogramm der rechten Kammer. Die Abbildung 5.73 erläutert schematisch die Methode der vorzeitigen Kammerstimulation [678] mit Hilfe einer Synchronisations-(Trigger-)Einheit und eines synchronisierbaren Elektrostimulators. Zur Absicherung gegen gefährdende Leckströme [152] wurden die Ausgänge des Gerätes über Opto-Koppler galvanisch von der übrigen Elektronik getrennt.
Als Stimulationsimpulse dienten Rechteckimpulse von 1 msec Dauer und doppeltem diastolischen Schwellenwert. Der durchschnittliche diastolische Schwellenwert der rechten Kammer lag bei 0,44 ± 0,15 V (n = 64).

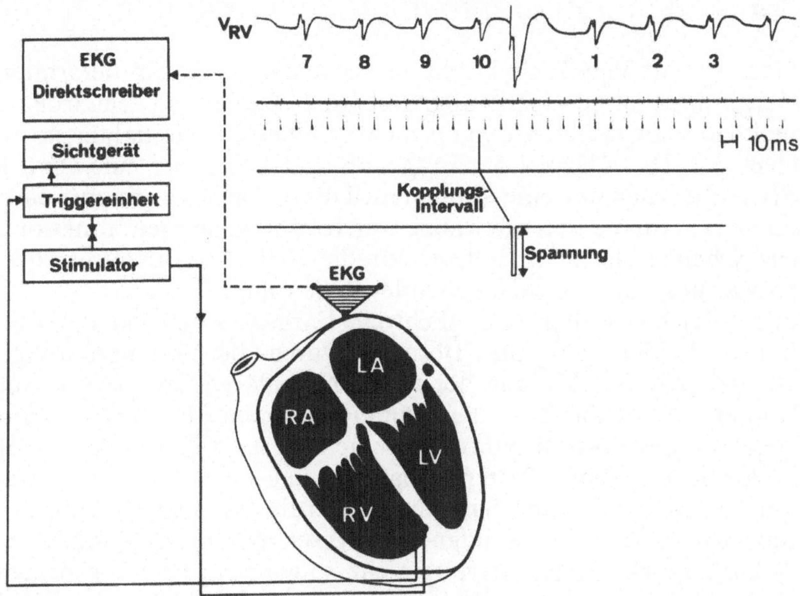

Abb. 5.73. Schematische Darstellung der vorzeitigen programmierten Stimulation der rechten Kammer. Ein unipolares Elektrogramm der rechten Kammer (V_{RV}) dient zur Triggerung des Stimulators. Nach der zehnten Eigenaktion gibt der Stimulator einen Spannungsimpuls ab, dessen Größe einstellbar ist. Auch das Ankopplungsintervall des vorzeitigen Impulses ist programmierbar. Oben rechts im Bild eine Originalaufzeichnung, Zeitmarkierung: 100 msec

5.4.1.1 Definitionen

Die effektive Refraktärzeit der rechten Kammer (ERP_{RV}) wurde als das längste S_1S_2-Intervall definiert, bei dem der S_2-Impuls von der Kammer nicht mehr beantwortet wurde. Beginn der relativen Refraktärzeit des Purkinje-Systems während retrograder Erregungsleitung: Das längste Vorzeitigkeitsintervall S_1S_2, bei dem zum ersten Mal eine H-Gruppe von der V-Gruppe im His-Bündel-Elektrogramm während vorzeitiger Reizung der Kammer abgegrenzt werden konnte [189].
Die ventrikulären Tachykardien wurden aufgrund der Verlaufsform in zwei Arten unterschieden: 1. in eine permanente (essentielle) Tachykardie, dem Typ Bouveret-Hoffmann entsprechend, und 2. in eine extrasystolische Form, entsprechend dem Typ Gallavardin. Im ersteren Fall traten tachykarde Anfälle von längerer Dauer auf, während in der Zwischenzeit ein normaler Sinusrhythmus nachgewiesen wurde. Im zweiten Fall wurden Anfälle ventrikulärer Tachykardien von kurzer oder auch längerer Dauer mit häufigen Extrasystolen während des Sinusrhythmus beobachtet.

5.4.2 Meßergebnisse

5.4.2.1 Differentialdiagnose supraventrikulärer und ventrikulärer Tachykardien

Eine regelmäßige Tachykardie mit schenkelblockartig deformierten Kammergruppen ohne sicher abgrenzbare P-Wellen im Elektrokardiogramm stellt ein schwieriges, durchaus nicht seltenes differentialdiagnostisches Problem dar. Die Klärung der Frage, ob es sich hier um eine ventrikuläre Tachykardie oder um eine supraventrikuläre Tachykardie mit einem präexistenten, permanenten oder auch nur vorübergehenden, funktionell bedingten Schenkelblock handelt, ist für die Differentialtherapie dieser Rhythmusstörung von ausschlaggebender Bedeutung.
In zahlreichen Fällen ermöglicht ein Carotis-Druck-Versuch die Differenzierung beider Tachykardieformen. Durch die Verlangsamung oder vorübergehende Blockierung der atrioventrikulären Erregungsleitung im AV-Knoten nimmt die Zahl der Kammeraktionen ab. Dadurch wird die Abgrenzung des Vorhofrhythmus in eine Sinustachykardie, eine Vorhoftachykardie oder in Vorhofflattern möglich.
Eine Vorhof- oder eine Knotentachykardie lassen sich häufig durch diese, zunächst zur Differentialdiagnose eingesetzte Hilfsmaßnahme beseitigen.
Gelingt die Diagnosesicherung nicht, so wird zur besseren Abtrennung der Vorhofaktionen von den Kammeraktionen ein Ösophagus-EKG oder ein Vorhofelektrogramm abgeleitet.
Die Abbildung 5.74 zeigt das EKG einer 34jährigen Patientin mit einer regelmäßigen Tachykardie von 150/min. P-Wellen sind nicht erkennbar, die Kammergruppen sind rechtsschenkelblockartig deformiert, der größte R-

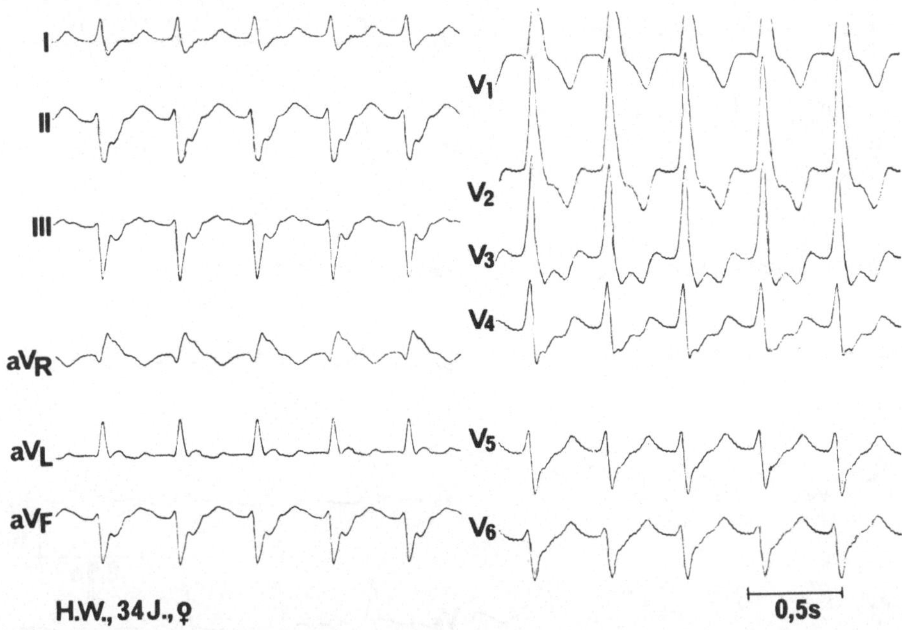

Abb. 5.74. Regelmäßige Tachykardie mit schenkelblockartig deformierten Kammergruppen, Frequenz 150/min. P-Wellen sind nicht erkennbar. S. a. Abb. 5.75

Vektor ist nach links überdreht. Erst die Ableitung eines Vorhofelektrogramms ermöglichte in diesem Fall die Diagnose einer ventrikulären Tachykardie. Dies geht aus der Betrachtung der Abbildung 5.75 hervor: die retrograde 1 : 1 Kammer-Vorhofleitung wird in der Mitte der Aufzeichnung unterbrochen, Vorhof- und Kammeraktionen dissoziieren. Die Frequenz des Vorhofes ist langsamer als die der Kammer. Durch Lidocain i. v. konnte die Tachykardie in kurzer Zeit unterbrochen werden.

In Einzelfällen gelingt es trotz der Ableitung eines Elektrogramms aus dem rechten Vorhof nicht, die Tachykardieform eindeutig zu klären. Dies trifft

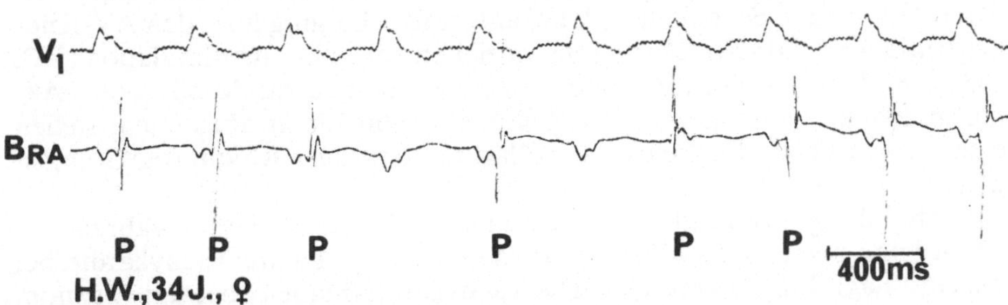

Abb. 5.75. Ableitung eines Vorhofelektrogramms (B_{RA}) während einer regelmäßigen ventrikulären Tachykardie, Fall der Abb. 5.74. Zunächst retrograde 1 : 1-Kammer-Vorhofleitung, danach 2 : 1-Überleitung mit anschließendem Sinusschlag, später erneute retrograde 1 : 1-AV-Überleitung

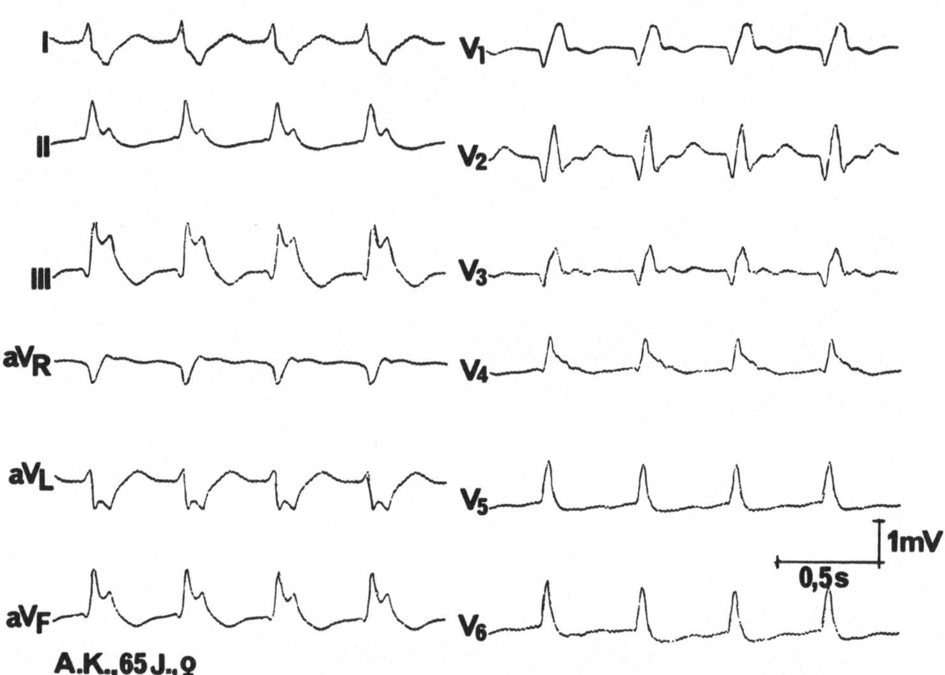

Abb. 5.76. Regelmäßige Tachykardie während eines Angina-pectoris-Anfalles. Zustand nach Vorderwandinfarkt. Die Kammergruppen zeigen einen Rechtsschenkelblock. Die Diagnosesicherung gelang mit Hilfe der Vorhofstimulation, s. Abb. 5.77

besonders für die Fälle zu, in denen neben einem Schenkelblockbild im EKG eine 1 : 1-Beziehung zwischen Vorhof- und Kammeraktionen besteht. Hier kann es sich um Fälle mit einer ventrikulären Tachykardie und einer konstanten retrograden 1:1 Kammer-Vorhofleitung handeln oder um Fälle mit einer Vorhof- oder Knotentachykardie und gleichzeitigem Schenkelblock oder um Patienten mit einem WPW-Syndrom, wobei in den letzteren Fällen die schenkelblockartige Deformierung der Kammergruppen entweder durch die Erregungsleitung über das akzessorische Bündel oder durch einen funktionellen Schenkelblock bei antegrader Leitung über den AV-Knoten bedingt ist. Die Einführung der gezielten Einzelimpulsstimulation [152, 155, 678, 726] des Vorhofes oder der Kammer und die Möglichkeit, Aktionspotentiale vom spezifischen Leitungssystem direkt abzuleiten, stellen einen wesentlichen Fortschritt zur Klärung derartiger Rhythmusstörungen dar.

Die Abbildung 5.76 zeigt das EKG einer 65jährigen Patientin während eines Angina-pectoris-Anfalles. Es wurde eine ventrikuläre Tachykardie bei Zustand nach Infarkt vermutet. Die Tachykardiefrequenz beträgt 125/min. Die Ableitung des intraatrialen Elektrogramms (Abb. 5.77) ergibt eine konstante 1 : 1-Beziehung zwischen P-Wellen und Kammergruppen: Der Beginn von P fällt mit dem Beginn von QRS zusammen. Durch zwei künstlich ausgelöste, frühzeitig einfallende Vorhofaktionen wird der regelmäßige Ab-

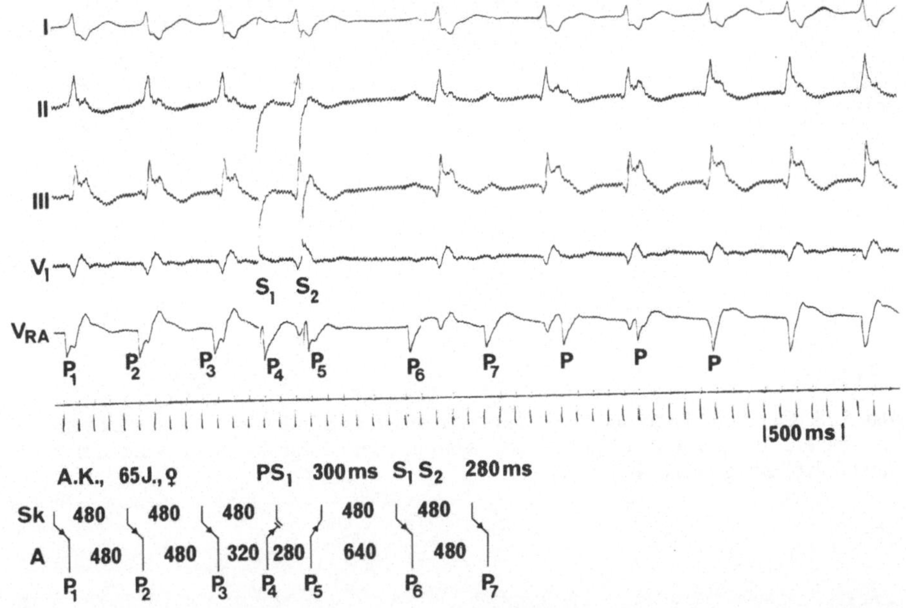

Abb. 5.77. Nachweis einer Sinustachykardie mit AV-Block I. Grades und Rechtsschenkelblock durch intrakardiale Potentialableitung und Stimulation des rechten Vorhofs. Fall der Abb. 5.76. Neben den Ableitungen I, II, III, V_1-Aufzeichnung eines unipolaren Vorhofelektrogramms (V_{RA}). Zwei vorzeitig ausgelöste Vorhofaktionen (P_4, P_5) führen zu einer Phasenverschiebung des Sinusrhythmus. Dies wird schematisch in dem Leiterdiagramm erläutert. Sk Sinusknoten, A Vorhof, Zeitangaben in msec

lauf des Vorhofrhythmus gestört. Die Tachykardie wird kurzzeitig unterbrochen, um dann mit einer Phasenverschiebung erneut einzusetzen. Erst die Ableitung eines Vorhofelektrogramms in Verbindung mit einer Stimulation des Vorhofes führten zur endgültigen Diagnose: es handelte sich um eine supraventrikuläre Tachykardie, eine Sinustachykardie mit einem AV-Block I. Grades und einem kompletten Rechtsschenkelblock. Aufgrund dieses Befundes war eine medikamentöse, antiarrhythmische Therapie kontraindiziert; es wurde vielmehr der bereits im Vorhof liegende Elektrodenkatheter bis zur Kammer vorgeschoben und ein temporärer, externer Herzschrittmacher angeschlossen.

5.4.2.2 Differentialdiagnose ventrikulärer Extrasystolen

Aus der Betrachtung des Oberflächenelektrokardiogramms ist es oftmals nicht möglich, eine ventrikuläre Extrasystolie von einer supraventrikulären Extrasystolie mit einer intraventrikulären Erregungsleitungsstörung zu unterscheiden. Extrasystolen aus dem Bündelstamm mit und ohne Aberration stellen ein weiteres differentialdiagnostisches Problem dar. Die Ableitung des His-Bündel-Elektrogramms erlaubt hier in den meisten Fällen eine Klärung der Diagnose und den Beginn einer gezielten medikamentösen Therapie.

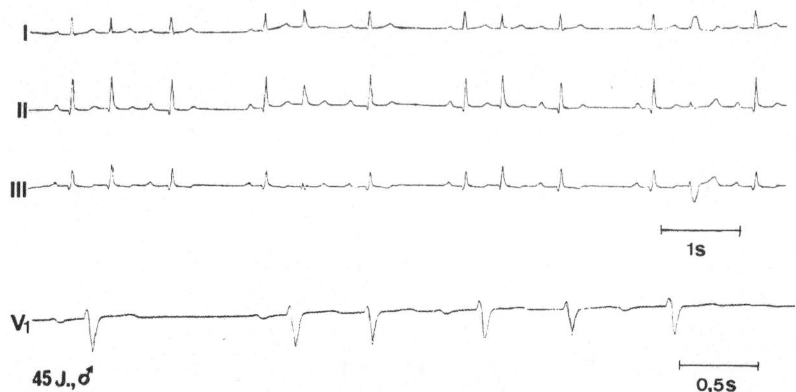

Abb. 5.78. Gehäufte, interpolierte Extrasystolen aus dem Bündelstamm. Zunächst wurde eine ventrikuläre Extrasystolie diagnostiziert. Klärung der Diagnose durch eine intrakardiale Potentialableitung (siehe Abb. 5.79)

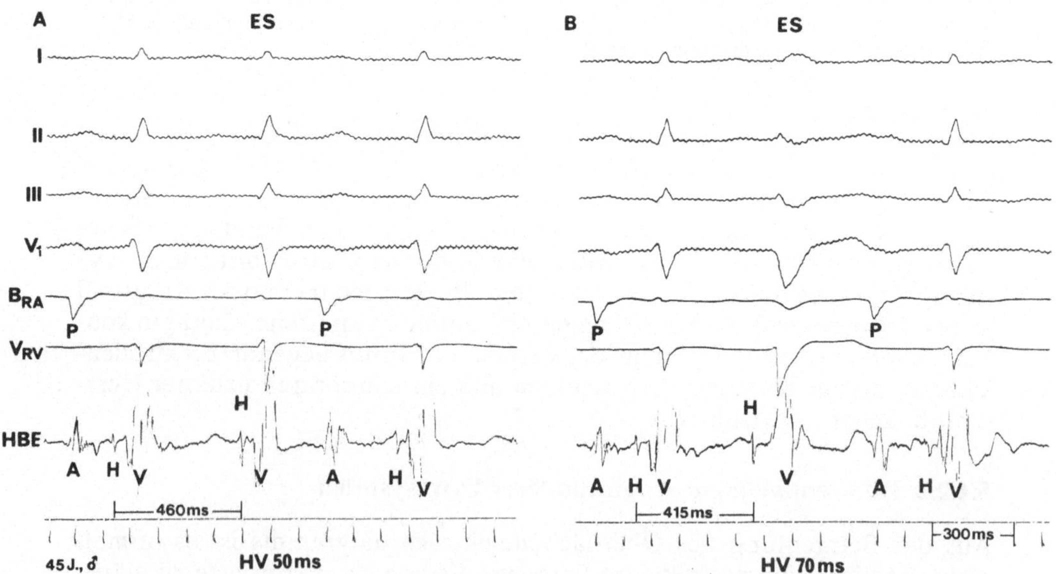

Abb. 5.79. Nachweis einer Extrasystolie aus dem Bündelstamm, Fall der Abb. 5.78. Bipolares Vorhof-Elektrogramm (B_{RA}), unipolares Elektrogramm der rechten Kammer (V_{RV}), His-Bündel-Elektrogramm (HBE). Der mit ES bezeichneten Extrasystole geht ein deutliches H-Potential voraus. Die Bündel-Extrasystole in B erscheint bereits 415 msec nach der vorangehenden H-Gruppe. Das intraventrikuläre Leitungssystem ist ungenügend erholt, die HV-Zeit dementsprechend verlängert. Die Überleitung auf die Kammern erfolgt unter dem Bild des Linksschenkelblocks

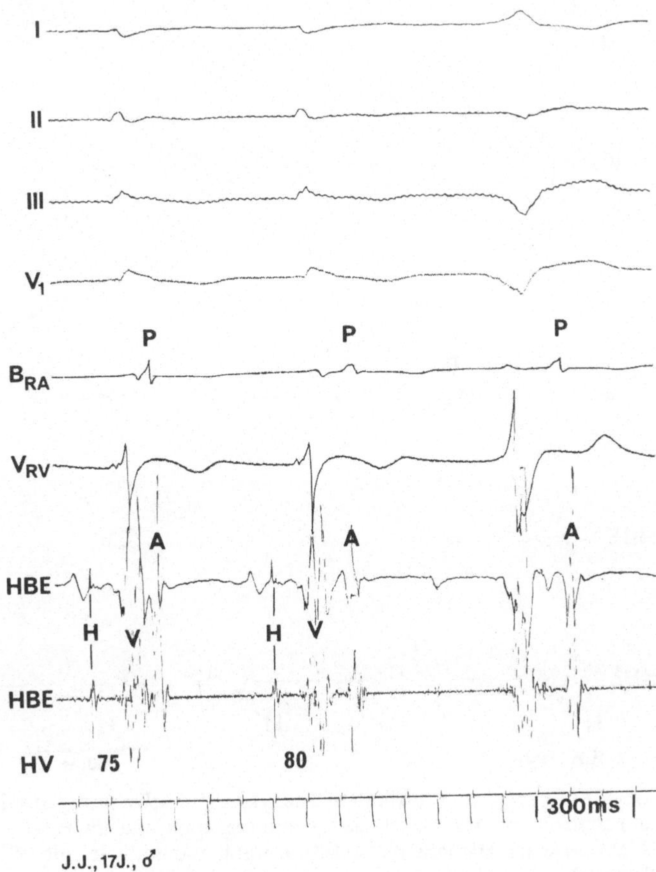

Abb. 5.80. 17jähriger Patient mit ventrikulären Extrasystolen und rezidivierenden Kammertachykardien. Im Ausgangs-EKG Rechtsschenkelblock bei überdrehtem Rechtstyp. Hier Nachweis eines His-Bündel-Rhythmus mit AV-Dissoziation. Den Extrasystolen geht jeweils eine H-Gruppe voraus. Rechts im Bild eine rechtsventrikuläre Extrasystole. Es fehlt die H-Gruppe

Das EKG der Abbildung 5.78 zeigt eine gehäufte Extrasystolie. Es wurde eine ventrikuläre Extrasystolie vermutet. Die Ableitung des His-Bündel-Elektrogramms (HBE) ergibt jedoch eine Extrasystolie aus dem Bündelstamm mit und ohne eine gleichzeitige intraventrikuläre Erregungsleitungsstörung (Abb. 5.79). Frühzeitig einfallende Extrasystolen aus dem Bündelstamm (Abb. 5.79 B) werden unter dem Bild des Linksschenkelblocks bei gleichzeitiger Verlängerung des HV-Intervalls von 50 bis auf 70 msec übergeleitet. Die Verlängerung des HV-Intervalls weist darauf hin, daß neben der funktionellen Leitungsstörung im linken Kammerschenkel (Linksschenkelblockbild in den Ableitungen I, II, III, V_1) die Erregungsleitung im rechten Schenkel ebenfalls beeinträchtigt ist.

Bei einem 17jährigen Patienten mit einem Rechtsschenkelblock bei überdrehtem Rechtstyp im EKG war das HV-Intervall während Sinusrhythmus mit 75 msec deutlich verlängert (Abb. 5.80). Die H-Gruppe in HBE war ver-

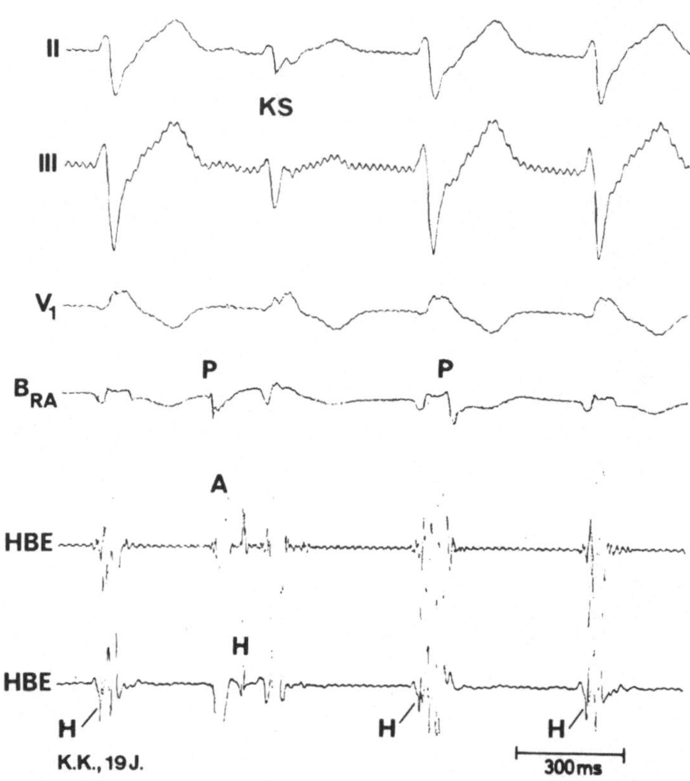

Abb. 5.81. Langsame ventrikuläre Tachykardie mit Ursprung aus dem intraventrikulären Leitungssystem. Im Anfangsteil der Kammergruppe und im His-Bündel-Elektrogramm (HBE) Nachweis eines His-Potentials. KS: Kombinationssystole mit deutlichem, orthograden His-Potential

breitert. Diese Befunde zeigen eine Erregungsleitungsstörung im verbliebenen intraventrikulären Leitungssystem einschließlich des Bündelstamms an. Bündelstammextrasystolen waren häufig. Ein konstanter His-Bündel-Rhythmus führte zu einer AV-Dissoziation. Die Form der Kammergruppen im EKG entsprach denen während des Sinusrhythmus. Zusätzlich wurden Extrasystolen aus der rechten Kammer beobachtet (Abb. 5.80). Bei Extrasystolen aus dem peripheren Purkinje-System, den distalen Anteilen der Kammerschenkel oder dem Kammermyokard fehlt im HBE ein Bündel-Potential. Die Abbildung 5.81 zeigt einen beschleunigten idioventrikulären Kammerrhythmus. In der V-Gruppe des HBE ist ein diskretes H-Potential verborgen, die HV-Zeit beträgt bis 40 msec. Das AV-Bündel wird retrograd erregt. Dieser Befund weist darauf hin, daß die Extrasystolen aus der Peripherie des Erregungsleitungssystems, – aus einem Faszikel des linken Tawaraschenkels, stammen [505]. Ein Fusions-Schlag mit einem orthograden H-Potential (HV-Zeit 45 msec) ist in der Mitte des Bildes zu erkennen. Die Kombinationssystole kommt dadurch zustande, daß die Kammern teilweise von dem faszikulären Extrasystoliezentrum, teilweise aber auch über das

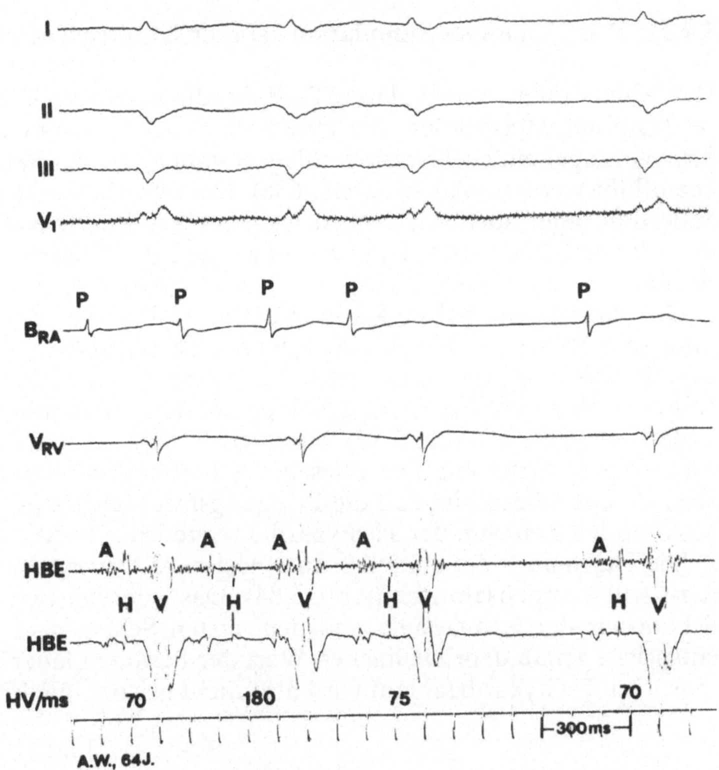

Abb. 5.82 Supraventrikuläre Extrasystolen in Salvenform, die unter dem Bild eines Rechtsschenkelblocks mit überdrehtem Linkstyp auf die Kammern geleitet werden. 3 : 2-AV-Überleitung mit starker Verlängerung des HV-Intervalls nach der 1. Vorhofextrasystole. Differentialdiagnostisch konnte somit eine ventrikuläre Extrasystolie ausgeschlossen werden

His-Tawara-System erregt werden. Die Existenz der Kombinationssystole spricht zugunsten eines idioventrikulären Ursprungs der hier beschriebenen Estrasystolie.

Zwei kurz aufeinander folgende Extraschläge, eine Zweier-Salve, läßt das EKG der Abbildung 5.82 erkennen. Allein aus der Betrachtung des Oberflächenelektrokardiogramms konnte nicht entschieden werden, ob es sich um ventrikuläre Extrasystolen oder um supraventrikuläre Extrasystolen mit aberrierender Kammerleitung handelte. Die intrakardiale Potentialableitung mit einem Elektrogramm aus dem Vorhof, der rechten Kammer und dem AV-Bündel ergibt den überraschenden Befund einer supraventrikulären Dreier-Salve mit einer 3:2 AV-Überleitung unter dem Bild des Rechtsschenkelblocks mit überdrehtem Linkstyp. Die intraventrikuläre Leitungszeit (HV) ist bereits während des Sinusrhythmus mit 70 msec verlängert. Nach der ersten vorzeitig einfallenden Vorhofaktion verlängert sich die HV-Zeit auf 180 msec. Die zweite Vorhofaktion wird im AV-System blockiert, während die dritte Vorhofaktion erneut auf die Kammern übergeleitet wird.

5.4.2.3 Programmierte Stimulation bei ventrikulären Tachykardien

Der Ablauf einer ventrikulären Tachykardie kann durch künstlich ausgelöste Kammerextrasystolen, die innerhalb eines bestimmten Intervalls nach dem vorangehenden Kammerschlag einfallen, in charakteristischer Weise beeinflußt werden [680, 685, 686, 688]. Die künstlich erzwungene Verlaufsänderung, aber auch das Fehlen jeglicher Beeinflußbarkeit der Tachykardie erlauben Rückschlüsse auf die Form und den Ursprung der Rhythmusstörung:

1. Die vorzeitig ausgelöste Kammerextrasystole hat eine nicht vollkompensatorische Pause zur Folge. Das Intervall zwischen dem letzten Schlag vor dem Extraschlag und dem ersten Schlag nach dem künstlich ausgelösten Kammerschlag erreicht nicht das doppelte der Periodendauer der ventrikulären Tachykardie (Abb. 5.83). Der erste Schlag nach der Extrasystole fällt früher als erwartet ein. Die Phasenverschiebung der ventrikulären Tachykardie weist darauf hin, daß die Erregungsfront der Extrasystole bis zu dem auslösenden Zentrum der Tachykardie vorgedrungen ist.
2. Die Pause nach der künstlich ausgelösten rechtsventrikulären Extrasystole ist voll kompensatorisch (Abb. 5.84). Das Intervall zwischen dem letzten Schlag vor der Extrasystole und dem ersten Schlag nach der Extrasystole entspricht genau dem zweifachen Wert der Periodendauer des Grundrhythmus. Der Tachykardieablauf wird also nicht gestört: die Erregungsfront der

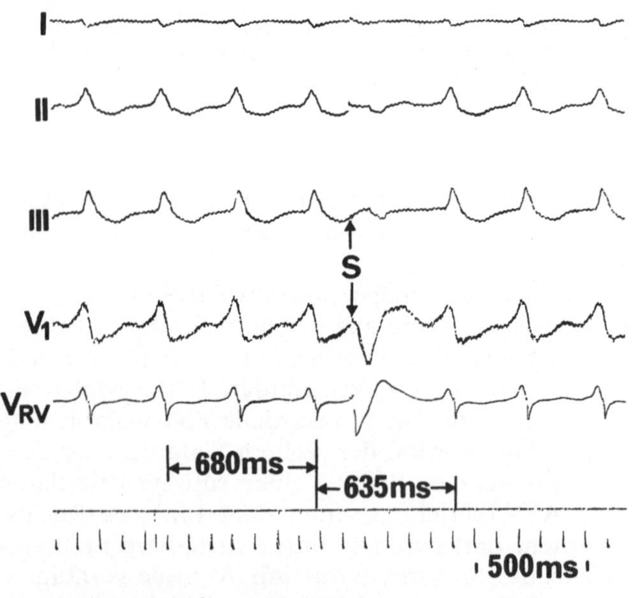

Abb. 5.83. Programmierte, vorzeitige Kammerstimulation während einer ventrikulären Tachykardie. V_{RV} unipolares Elektrogramm der rechten Kammer. Die Kammerextrasystole hat eine Phasenverschiebung des Grundrhythmus zur Folge

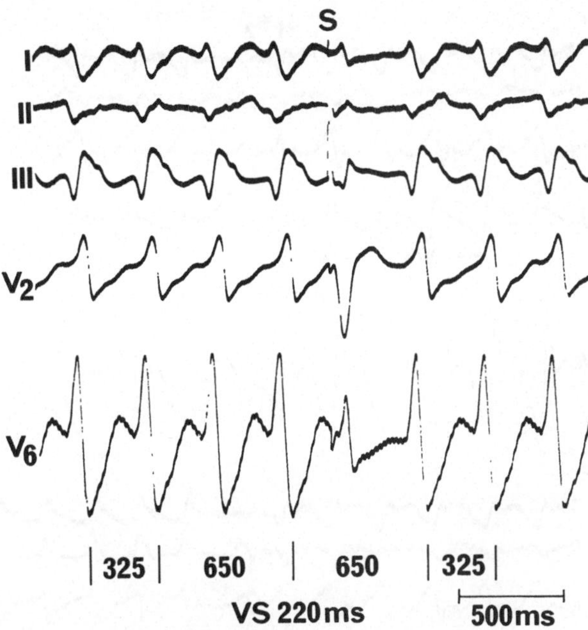

Abb. 5.84. Einzelimpulsstimulation während einer ventrikulären Tachykardie (185/min). Der Ablauf der Tachykardie wird nicht gestört

Extrasystole konnte nicht bis zum Automatiezentrum vordringen. Das hier beschriebene Phänomen entspricht der kompensatorischen Pause nach einer ventrikulären Extrasystole während eines regelmäßigen Sinusrhythmus. Die volle kompensatorische Pause beweist, daß die regelmäßige Automatie des Sinusrhythmus durch die Kammerextrasystole nicht beeinflußt wurde.

3. Wenn nicht durch eine Extrasystole, so gelingt es oft, durch zwei kurz hintereinander gekoppelte Extrasystolen der rechten Kammer den Tachykardieablauf zu stören, bzw. eine Phasenverschiebung herbeizuführen (Abb. 5.85 A). Das Intervall zwischen der letzten QRS-Gruppe der Tachykardie vor den künstlich ausgelösten Extrasystolen und der ersten QRS-Gruppe der Tachykardie nach den Extrasystolen entspricht nicht dem dreifachen Wert der Periodendauer. Es ist anzunehmen, daß erst die zweite Extrasystole mit ihrer Erregungsfront bis zu dem Zentrum der Tachykardie vordringen konnte und damit einen „reset" der Tachykardie herbeiführte. Wie in der Abbildung 5.85 B gezeigt wird, bewirkten die künstlich ausgelösten Extrasystolen bei demselben Patienten nicht nur eine Versetzung des zeitlichen Ablaufs der Tachykardie, sondern auch eine Beschleunigung der Frequenz mit einer Änderung der Kammergruppen. Während die Periodendauer zunächst 325 msec betrug, verkürzte sich die Periodendauer der Tachykardie im Anschluß an die beiden Extrasystolen auf 290 msec. Der formale Wechsel von QRS sowohl in den Extremitäten- als auch in den Brustwandableitungen läßt auf eine Änderung in der Ausbreitungsrichtung der Erregungsfront während der Tachykardie schließen.

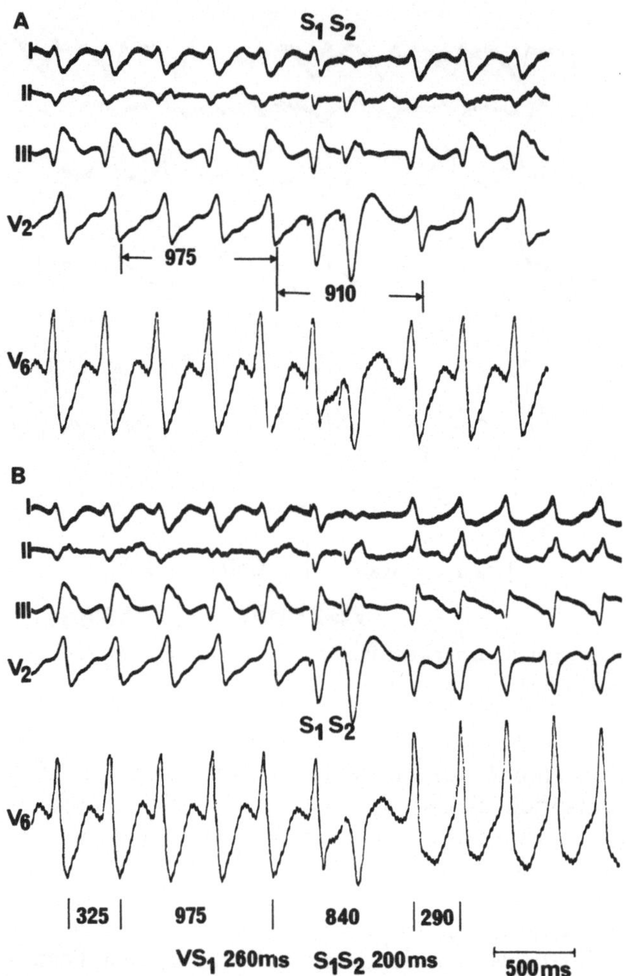

Abb. 5.85. Programmierte Kammerstimulation während einer ventrikulären Tachykardie mit zwei frühzeitig einfallenden Impulsen. Vergleiche Abb. 5.84. In A führen die Doppelimpulse zu einer Phasenverschiebung der Tachykardie, in B zusätzlich zu einer Änderung der Tachykardiefrequenz und der Konfiguration der Kammergruppen

4. Die ventrikuläre Tachykardie wird durch eine frühzeitig einfallende Extrasystole unterbrochen (Abb. 5.86).
In diesem Fall handelt es sich um einen 75 Jahre alten Patienten mit einer 3 Tage andauernden Tachykardie. Der Patient entwickelte eine Herzinsuffizienz. Eine einzige, vorzeitig einfallende Extrasystole beendete die Tachykardie. Die anschließende kontinuierliche EKG-Überwachung ergab einen konstanten, regelmäßigen Sinusrhythmus.
In anderen Fällen wurden zwei oder mehrere Serienimpulse zur Tachykardieunterbrechung benötigt (Tabelle 5.14). Die Löschung einer ventrikulären Tachykardie durch früh einfallende Extrasystolen beweist einen direk-

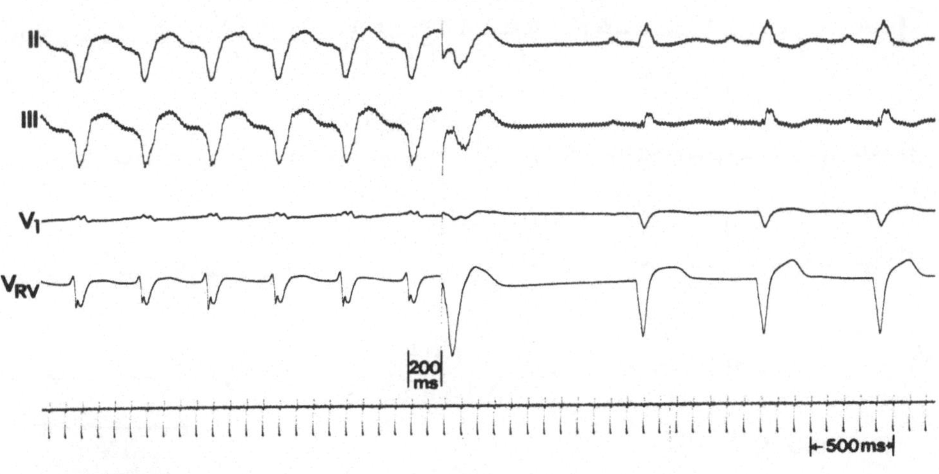

Abb. 5.86. Unterbrechung einer ventrikulären Tachykardie durch eine einzige vorzeitig ausgelöste Kammerextrasystole. V_{RV} unipolares Elektrogramm der rechten Kammer

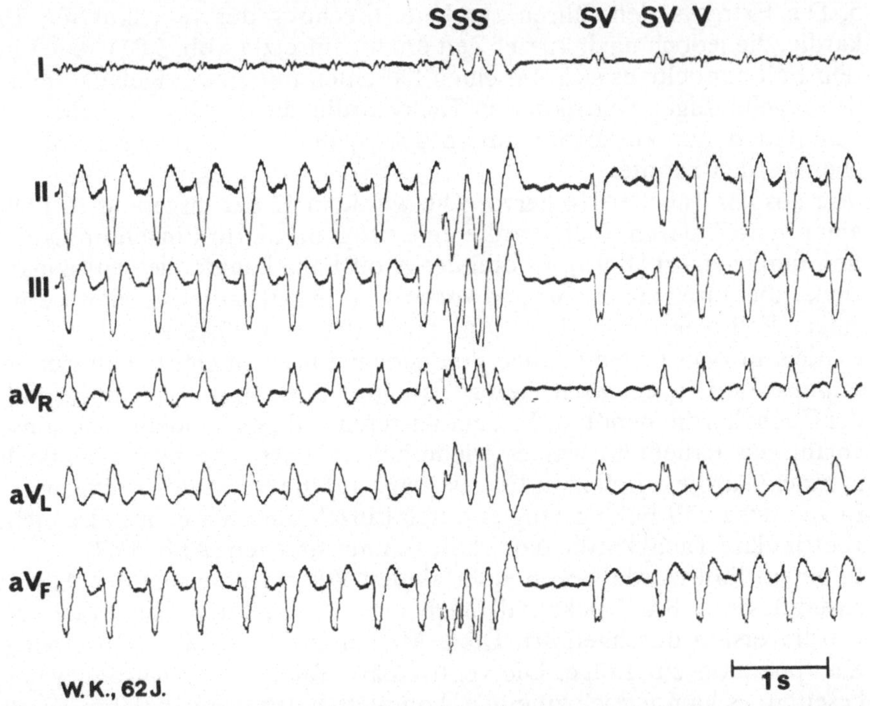

Abb. 5.87. Kurzfristige Unterdrückung einer ventrikulären Tachykardie durch eine Serie von drei künstlich ausgelösten Extrasystolen. SV vom Vorhof übergeleitete Kammeraktionen bei Vorhofflimmern. Bei V setzt die Kammertachykardie erneut ein. Es handelte sich um eine Kammertachykardie, die durch ein ektopes Zentrum unterhalten wurde

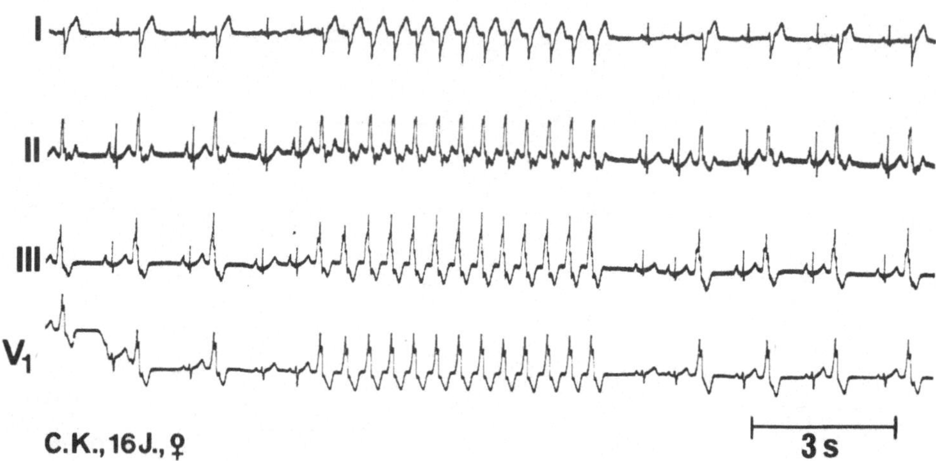

Abb. 5.88. Extrasystolische Form einer ventrikulären Tachykardie, dem Typ Gallavardin entsprechend

ten Zusammenhang zwischen dem Tachykardieablauf und den Zusatzerregungen: Das eigenständige die Tachykardie unterhaltende Zentrum in den Kammern wird durch die künstlich ausgelösten Extrasystolen beseitigt.
5. Die Extrasystolen führen zur Unterbrechung der ventrikulären Tachykardie, die jedoch nach kurzer Zeit erneut einsetzt (Abb. 5.87). Auch in diesem Fall handelte es sich um einen Patienten mit einer tagelang andauernden regelmäßigen ventrikulären Tachykardie, die durch künstliche Elektrostimulation nur kurzfristig unterdrückt, jedoch nicht dauerhaft unterbrochen werden konnte.
Wie aus der Tabelle 5.14 hervorgeht, wurde in 12 der insgesamt 15 Fälle mit einer ventrikulären Tachykardie eine programmierte Einzelimpulsstimulation durchgeführt [189 a]. In drei der zwölf Fälle konnte die ventrikuläre Tachykardie durch einen einzigen vorzeitigen Impuls unterbrochen werden, in einem Fall waren zwei kurz hintereinander ausgelöste Impulse dazu notwendig. In zwei Fällen wurden drei Serienimpulse, in einem Fall vier Serienimpulse und in einem weiteren Fall fünf Serienimpulse zur Beendigung der Tachykardie benötigt. In dem letzteren Fall, es handelte sich um einen 16jährigen Patienten, war es wiederholt möglich, die paroxysmale Kammertachykardie durch zwei Faustschläge auf die Brust zu beseitigen.
In vier der zwölf Fälle gelang es durch Einzel- oder Serienimpulse nicht, die ventrikuläre Tachykardie dauerhaft zu unterbrechen (Abb. 5.87).
In einem Fall wurde wegen einer akuten Verschlechterung des Allgemeinzustandes mit Blutdruckabfall nach der i. v. Injektion von Lidocain eine Kardioversion durchgeführt. Diese Maßnahme hatte eine schwerwiegende Komplikation zur Folge. Die ventrikuläre Tachykardie wurde zwar sofort beseitigt, es kam jedoch zu einem kompletten atrioventrikulären Block, der nur durch eine Orciprenalin-Infusion behoben werden konnte.In einem anderen Fall (Fall Nr. 7) führte die Injektion von Lidocain zu einer Unterbrechung der Tachykardie ohne weitere Nebenwirkungen. In einem weiteren

Fall (Patient Nr. 13) waren die tachykarden Anfälle jeweils nur von kurzer Dauer. Sie endeten spontan. In der Zeit zwischen den Anfällen wurde der Sinusrhythmus durch häufige ventrikuläre Extrasystolen unterbrochen. Das typische Bild einer derartigen extrasystolischen Form der ventrikulären Tachykardie zeigt die Abb. 5.88 (Fall Nr. 1).

5.4.2.4 Ventrikuläre Tachyarrhythmien während vorzeitiger Stimulation

Bei einer Reizung der menschlichen Herzkammern in der frühen Diastole muß mit einer Vulnerabilität, d. h. mit einer Neigung zur Entstehung zusätzlicher, spontaner ventrikulärer Extrasystolen gerechnet werden. Eigene systematische Untersuchungen [192, 193, 194] über die Extrasystolieneigung während künstlicher elektrischer Reizung der menschlichen Herzkammer ergaben, daß die spontane Extrasystolieneigung gering ist. Sie be-

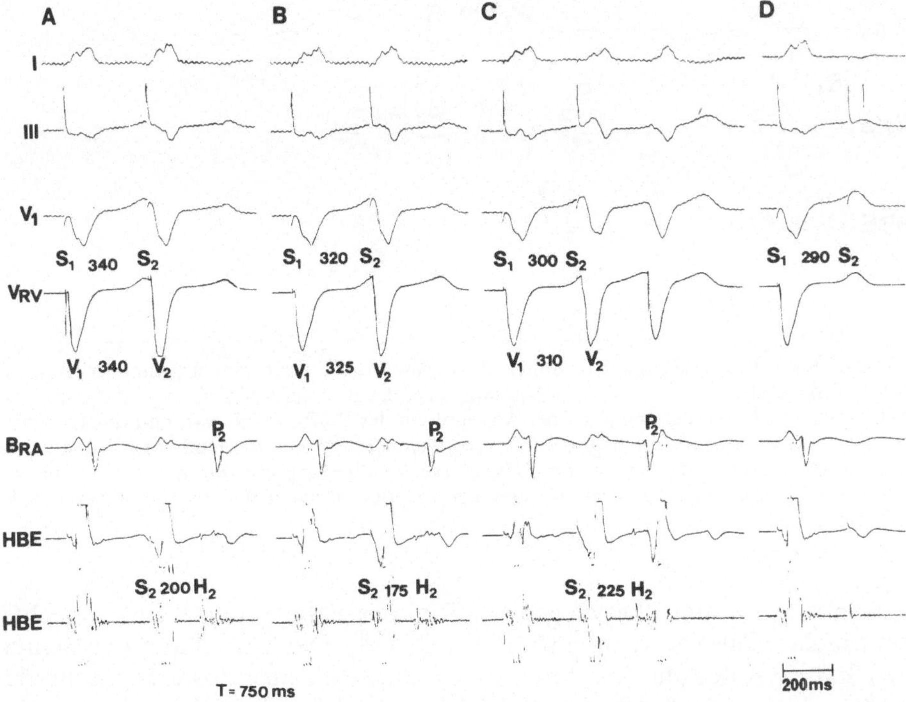

Abb. 5.89. Entstehung einer spontanen ventrikulären Extrasystole (Teil C) nach künstlicher Reizung der rechten Herzkammer während eines konstanten Kammerrhythmus von 80/min. Dargestellt ist jeweils der letzte Schlag des regelmäßigen Grundrhythmus (V_1) und die vorzeitig ausgelöste Zusatzerregung (V_2). Das Ankopplungsintervall S_1 S_2 wurde zunehmend kürzer, bis in dem Teil D die effektive Refraktärzeit der rechten Kammer erreicht war (S_1 S_2-Intervall 290 msec). Die retrograde Leitungszeit vom Ort der Stimulation in der rechten Kammer bis zum AV-Bündel, das S_2 H_2-Intervall betrug in A 200 msec, in B 175 msec, in C 225 msec. Erst bei einem kritischen Wert der retrograden Leitungszeit S_2 H_2 entstanden spontane ventrikuläre Extrasystolen. V_{RV} unipolares Elektrokardiogramm der rechten Kammer, B_{RA} bipolares Elektrogramm des rechten Vorhofes, HBE His-Bündel-Elektrogramm

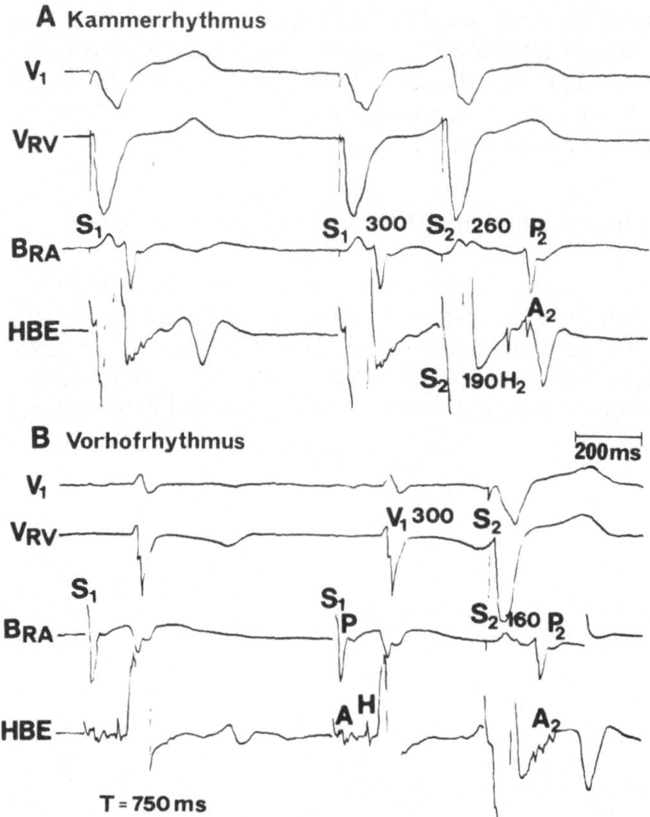

Abb. 5.90. Vergleich der retrograden Kammer-Vorhofleitungszeit bei gleichem Ankopplungsintervall des Prüfreizes S_2 in der Kammer; in A während eines konstanten Kammerrhythmus, in B während eines konstanten Vorhofrhythmus bei der Frequenz von 80/min. Die retrograde Leitungszeit $S_2 P_2$ beträgt 260 msec bei Ankopplung des Prüfreizes S_2 während des Kammerrhythmus; das $S_2 P_2$-Intervall liegt bei 160 msec, wenn der Prüfreiz während eines Vorhofrhythmus in der Kammer abgegeben wird. Die starke Verzögerung der retrograden Leitungszeit $S_2 P_2$ in A ist hauptsächlich durch die Verlängerung der intraventrikulären Leitungszeit $S_2 H_2$ (190 msec) bedingt

schränkt sich in der überwiegenden Zahl der Fälle auf eine einzige rechtsventrikuläre Zusatzerregung [6, 192, 193, 194]. Die Entstehung der spontanen Extrasystolen im Anschluß an die künstlich ausgelöste Erregung der rechten Kammer ist offensichtlich von einer kritischen Verlängerung der Erregungsleitung im peripheren Purkinje-System in unmittelbarer Nähe der stimulierenden Elektrode abhängig (Abb. 5.89). Erreicht die mit Hilfe intrakardialer Ableitungen meßbare, retrograde intraventrikuläre Leitungszeit der künstlich ausgelösten Erregung (das S_2H_2-Intervall, als Leitungszeit vom Arbeitsmyokard über das Purkinje-Tawara-System bis zum Hisschen Bündel) einen kritischen Wert, so treten spontane ventrikuläre Extrasystolen auf. Die notwendige Verlängerung der Erregungsleitungszeit im peripheren Purkinje-System in der Nähe der stimulierenden Elektrode ist von bestimmten methodischen Voraussetzungen [195] abhängig: die Erregungsleitungsverzögerung ist gering (Abb. 5.90) in den Fällen, in denen die Kammer während eines konstanten Vorhof- oder Sinusrhythmus gereizt wird. Spontane ventrikuläre Extrasystolen im Anschluß an die künstliche Kammererregung traten bei dieser Stimulationstechnik nicht auf (Tabelle 5.16). Wird dagegen der Prüfreiz während eines konstanten Kammerrhythmus abgegeben, wobei die Auslösung des Haupt- und Prüfreizes an derselben Stelle in der rechten Kammer erfolgt, so erreicht die Erregungsleitungsverzögerung früher Prüfreize in unmittelbarer Nähe der stimuliernden Elektrode maximale Werte: die Extrasystolieneigung nach vorzeitiger Kammerreizung wurde unter diesen methodischen Voraussetzungen in 59 der 93 untersuchten Fälle beobachtet, das entspricht 64% (Tabelle 5.16 und 5.17).

Tabelle 5.16. Vergleich elektrophysiologischer Befunde während vorzeitiger Kammerstimulation bei einem konstanten Kammerrhythmus von 80/min bzw. bei einem konstanten Vorhofrhythmus von 80/min

Vorzeitige Kammerstimulation (n = 20)	Kammerrhythmus (RV)	Vorhofrhythmus (RA)
Retrogrades His Potential abgrenzbar	17 (85%)	2 (10%)
Maximale retrograde intraventrikuläre Leitungszeit	(n = 17) 250 msec ± 50 msec	(n = 2) 1. 140 msec 2. 90 msec
Intermittierender Block der retrograden intravent. Leitung	12 (60%)	0 (0%)
Intraventrikuläre Umkehrsystolen	12 (60%)	0 (0%)

Tabelle 5.17. Häufigkeit spontaner ventrikulärer Extrasystolen während vorzeitiger Kammerstimulation bei konstantem Kammerrhythmus in 93 untersuchten Fällen. Die spontanen Extrasystolen wurden als intraventrikuläre Umkehrsystolen gedeutet. Das Schenkelblockbild der Umkehrsystolen wurde zusätzlich aufgeschlüsselt

	Intraventrikuläre Umkehrsystolen	Schenkelblockbild der Umkehrsystolen		
		LSB	RSB	LSB + RSB
	n (%)	n (%)	n (%)	n (%)
Normale QRS-Gruppe n = 73	51 (70)	39 (76,5)	3 (5,9)	9 (17,6)
LSB (QRS ≧ 0,12 sec) n = 7	4 (57)	3 (75)	1	–
RSB (QRS ≧ 0,11 sec) n = 13	4 (30,5)	1	2 (50)	1
Insgesamt n = 93	59 (63,5)	43 (73)	6 (10)	10 (17)

Abkürzungen: LSB = Linksschenkelblock; RSB = Rechtsschenkelblock

Die Verzögerung der retrograden intraventrikulären Erregungsleitung frühzeitig ausgelöster Kammerextrasystolen beruht auf der unterschiedlichen Aktionspotentialdauer der aneinandergrenzenden Fasern des peripheren Purkinje-Systems und des Arbeitsmyokards [439]. Die unterschiedliche Aktionspotentialdauer hat zwangsläufig auch eine unterschiedliche Refraktärität beider Fasertypen zur Folge.

Eine Bestimmung des Beginns der relativen Refraktärzeit des peripheren Purkinje-Systems für die retrograde Leitungsrichtung und der effektiven Refraktärzeit des Arbeitsmyokards bei 35 Patienten für verschiedene Fre-

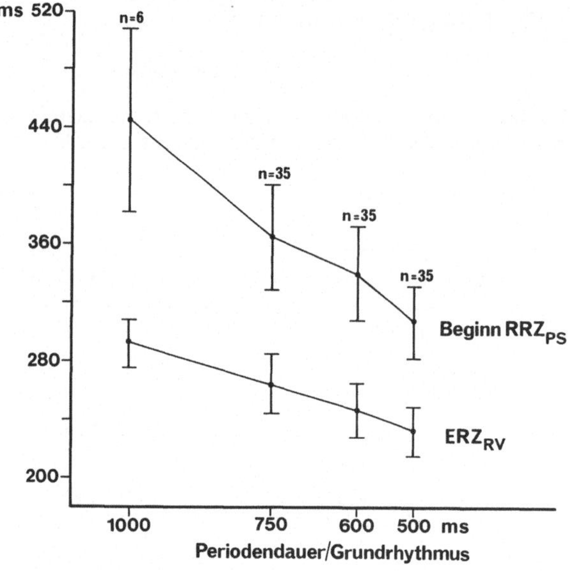

Abb. 5.91. Effektive Refraktärzeit der rechten Kammer (ERZ_{RV}) und Beginn der relativen Refraktärzeit des Purkinje-Systems (RRZ_{PS}) für die retrograde Erregungsleitung in Abhängigkeit von der Periodendauer des Grundrhythmus. Zeitangaben in msec

quenzen des Kammerrhythmus ließ eine deutliche Frequenzabhängigkeit beider Parameter erkennen [189], wobei der Unterschied in der Dauer zwischen beiden Refraktärzeiten bei niedrigeren Grundfrequenzen deutlicher hervortrat (Abb. 5.91). Diesem Befund entspricht die erhöhte spontane Extrasystolieneigung bei vorzeitiger Reizung der Kammer während einer niedrigen Grundfrequenz. Eine schematische Darstellung (Abb. 5.92) erläutert in der Form eines modifizierten Leiterdiagramms die Unterschiede der Refraktärzeiten im Verlauf des atrioventrikulären Erregungsleitungssystems für die ortho- und retrograde Leitungsrichtung. Bei Ankunft einer frühen Zusatzerregung ist die Erregungsrückbildung im Purkinje-System während eines Vorhofrhythmus wesentlich weiter vorangeschritten als während eines künstlichen Kammerrhythmus. Im ersteren Fall fällt die retrograde Leitungsverzögerung der Zusatzerregung nur gering aus; sie erreicht

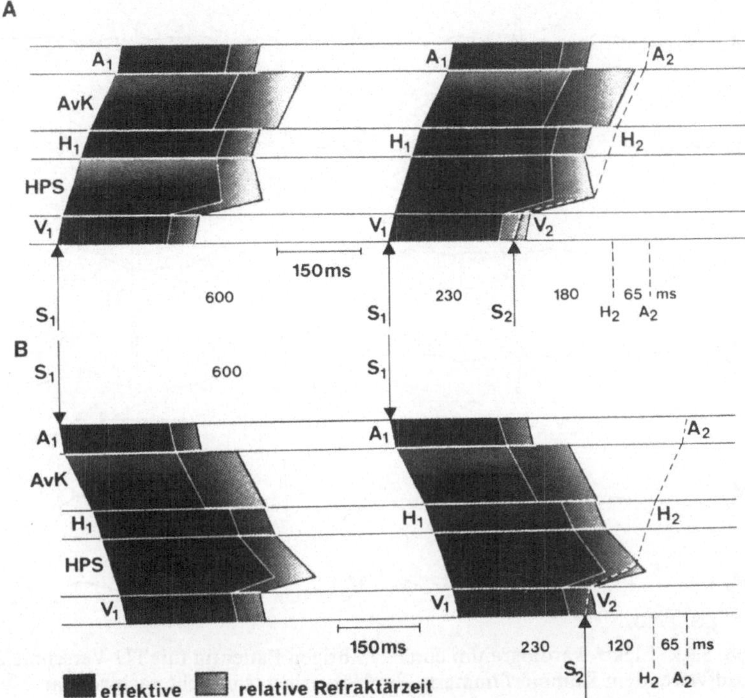

Abb. 5.92. Modifiziertes Leiterdiagramm unter Berücksichtigung der unterschiedlichen Refraktärzeiten in den einzelnen Abschnitten des atrioventrikulären Erregungsleitungssystems, in A retrograde Kammer-Vorhofleitung während eines Kammerrhythmus; in B orthograde Vorhof-Kammerleitung während eines konstanten Vorhofrhythmus. A Vorhof, AVK AV-Knoten, H Hissches Bündel, HPS His-Purkinje-System, V Kammer, S_1 Grundrhythmus, S_2 frühzeitig ausgelöster Impuls in der Kammer. Die retrograde Fortleitung des Zusatzimpulses S_2 wird während des konstanten Kammerrhythmus (A) wesentlich stärker verzögert ($S_2 H_2$ 180 msec) als während des konstanten Vorhofrhythmus (B). Das $S_2 H_2$-Intervall beträgt hier nur 120 msec. Dieser Befund wird erklärt durch die lange Dauer der Refraktärzeit im peripheren His-Purkinje-System. Die Refraktärzeit nimmt im Verlauf des His-Purkinje-Systems kontinuierlich zu

nicht den kritischen Wert, der für die Entstehung einer spontanen Extrasystole notwendig ist.

In einem Fall mit rezidivierendem Kammerflimmern (Abb. 5.94) bei angeborener QT-U-Abnormität im Elektrokardiogramm (Abb. 5.93) konnte mit Hilfe der diagnostischen Elektrostimulation eine starke Verlängerung der Refraktärzeit des peripheren Purkinje-Systems (Abb. 5.95) gefunden werden [196]. Es wird vermutet, daß die Vergrößerung des Refraktäritätsunterschiedes zwischen spezifischem Leitungssystem und Arbeitsmyokard in diesem Fall für die Genese des rezidivierenden Kammerflimmerns ursächlich von Bedeutung ist.

In Fällen ohne anamnestische Hinweise auf rezidivierende ventrikuläre Tachykardien beschränkte sich die Vulnerabilität der Kammer nach einer künstlich ausgelösten Zusatzerregung auf eine oder zwei spontane ventriku-

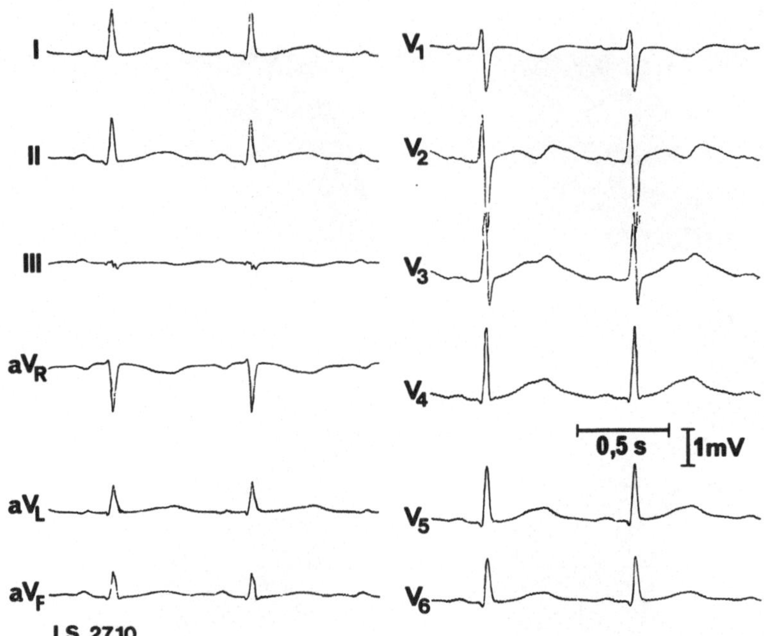

Abb. 5.93. Elektrokardiogramm einer 21jährigen Patientin mit TU-Verschmelzungswellen und rezidivierendem Kammerflimmern. Ein Hörverlust war nicht nachweisbar

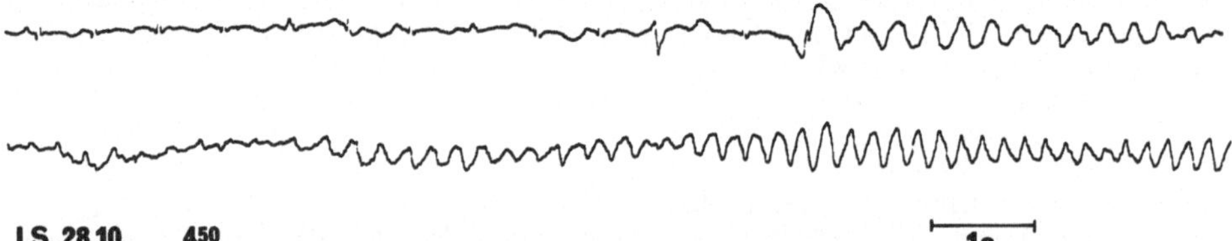

Abb. 5.94. Kammerflimmern bei der 21jährigen Patientin (siehe Abb. 5.93) mit angeborener QT-U-Abnormität. Das Kammerflimmern wurde durch Defibrillation beseitigt

läre Extrasystolen [196 b u. c]. Wurden im Anschluß an den letzten Impuls des Grundrhythmus (S_1) drei Serienimpulse mit unterschiedlichem Ankopplungsintervall (Abb. 5.96) abgegeben [188], so ließ sich auch mit dieser Methode keine gehäufte Extrasystolieneignung provozieren. Lediglich in 3 von 15 Fällen, bei denen die letzte Methode angewandt wurde, trat zusätzlich eine einzige spontane ventrikuläre Extrasystole auf.

Bei Patienten mit einer Herzinfarktnarbe wurden nach vorzeitiger Kammerreizung während eines Kammerrhythmus kurze ventrikuläre Salven in der Form von Spitzentorsaden beobachtet [196 b u. c]. Die ventrikulären Salven traten in Fällen mit Infarktnarbe signifikant häufiger auf als in Fällen ohne Infarktnarbe. Klinisch boten beide Patientenkollektive keine Zeichen einer gesteigerten ventrikulären Irritabilität. Bei Patienten mit

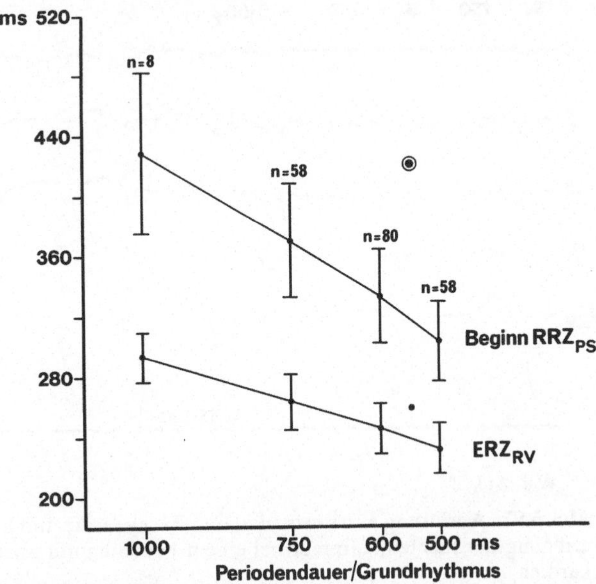

Abb. 5.95. Verlängerung des Beginns der relativen Refraktärzeit des Purkinje-Systems (RRZ_{PS}) bei der Patientin mit rezidivierendem Kammerflimmern (schwarzer Punkt durch einen Kreis hervorgehoben). Vergleich der Werte der Patientin mit den Werten eines Kollektivs ohne QT-U-Abnormität im EKG (vgl. Abb. 5.93)

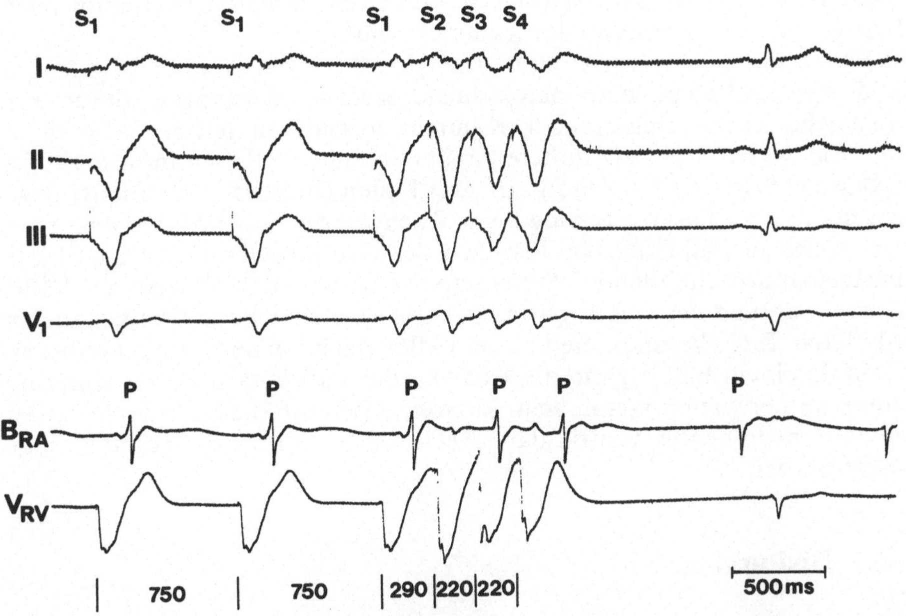

Abb. 5.96. Fehlende Vulnerabilität der Kammer nach 3 Serienimpulsen während eines konstanten Kammerrhythmus von 80/min bei einem Patienten ohne Kammertachykardien in der Anamnese

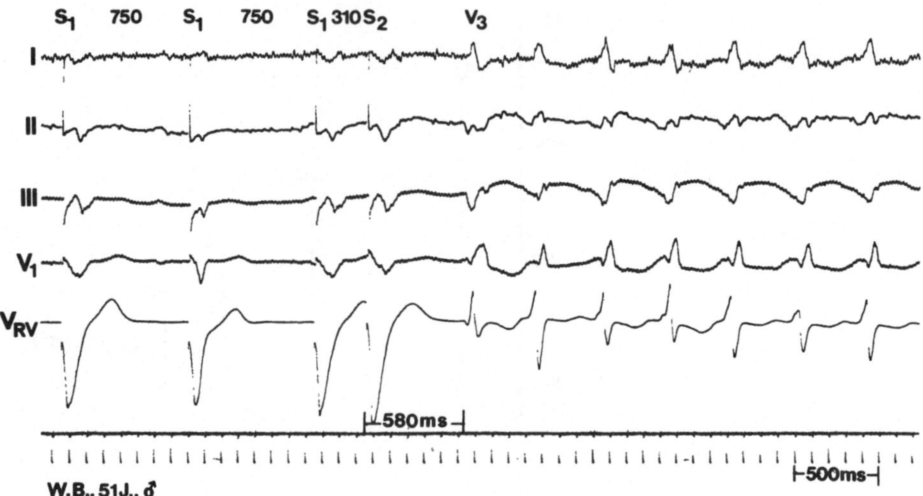

Abb. 5.97. Auslösung einer ventrikulären Tachykardie durch eine frühzeitig ausgelöste Zusatzerregung der rechten Kammer bei einem Patienten mit rezidivierenden ventrikulären Tachykardien

einem Herzinfarkt in der Anamnese und klinisch manifesten ventrikulären Arrhythmien konnte Greene u. Mitarb. [242 a] jedoch sogar nach vorzeitiger Kammerreizung während eines Vorhofrhythmus, d. h. mit einer Stimulationsmethode, mit der in der Regel bei rhythmusstabilen Patienten keine spontane Extrasystolie auszulösen ist, kurze ventrikuläre Salven induzieren. Hier war die Vulnerabilität der Kammer erhöht.

In Fällen mit einer ventrikulären Tachykardie in der Anamnese gelang es in 3 von 12 Fällen, eine paroxysmale Kammertachykardie durch eine künstliche Zusatzerregung der Kammer auszulösen (Abb. 5.97), in einem Fall waren drei kurz hintereinander einfallende Serienimpulse zur Tachykardieauslösung notwendig. In zwei Fällen (Fall Nr. 7, 9) konnte dagegen durch eine Zusatzerregung keine Tachykardie ausgelöst werden, in einem weiteren Fall (Fall Nr. 13) blieb der Grundrhythmus trotz drei kurz hintereinander einfallender Serienimpulse stabil. In fünf weiteren Fällen kam es während der elektrophysiologischen Untersuchung spontan zu ventrikulären Tachykardien, die in zwei Fällen nach kurzer Zeit von selbst endeten. In einem Fall begann die Tachykardie jedoch nach kurzer Unterbrechung immer wieder von neuem. In zwei weiteren Fällen mußte die jeweils spontan beginnende ventrikuläre Tachykardie durch Serienimpulse gelöscht werden.

5.4.3 Diskussion

Wie an anderer Stelle [192, 193, 194] bereits beschrieben, deuten wir die Entstehung der spontanen ventrikulären Extrasystolen nach einer künstlichen, frühzeitig ausgelösten Kammererregung während programmierter vorzeitiger Kammerstimulation als Kammerumkehrsystolen. Zugunsten eines Re-entry-Phänomens als Ursache der spontanen Extrasystolen (V_3) spricht die Beobachtung, daß deren Entstehung von einer kritischen Verlängerung der retrograden intraventrikulären Leitungszeit der vorzeitigen, künstlich ausgelösten Kammererregung (S_2H_2-Intervall) abhängig war. Da wir die Verzögerung der retrograden Erregungsleitung der V_2-Erregung hauptsächlich in der Peripherie des Purkinje-Systems in der Nähe der stimulierenden Elektrode lokalisieren [195], vermuten wir auch die Kreiserregung in diesem Bereich.

Die notwendige Voraussetzung [429, 550] für das Zustandekommen einer Kreiserregung ist die unidirektionale Blockierung einzelner Fasern mit der Ausbildung einer Umgehungsbahn, in dem die Erregung mit langsamer Geschwindigkeit fortschreitet. Im peripheren Purkinje-System mit angrenzendem Arbeitsmyokard sind durch die unterschiedlichen Refraktäritätsverhältnisse die elektrophysiologischen Voraussetzungen für eine verlangsamte Erregungsleitung und eine einbahnige Leitungsblockierung gegeben [707]. Die schematische Darstellung der Abbildung 5.98, in Anlehnung an Wenckebach und Winterberg [691], erläutert diese Hypothese zur Entste-

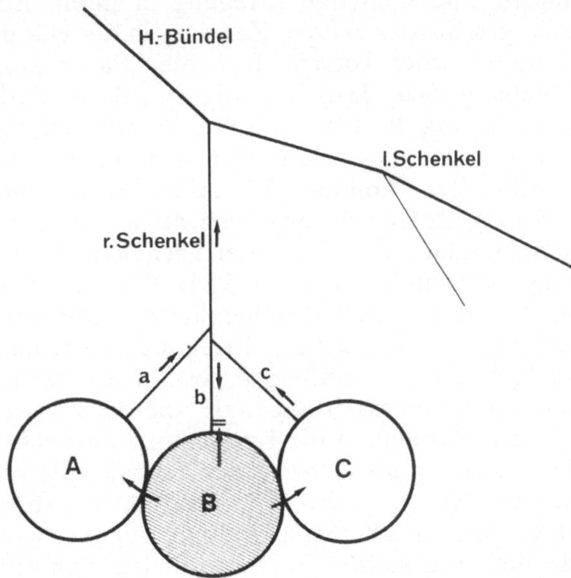

Abb. 5.98. Schema zur Erläuterung des Entstehungsmechanismus der spontanen ventrikulären Extrasystolen nach frühzeitiger Kammerreizung. Die Fortleitung einer frühzeitig ausgelösten Zusatzerregung der Kammer (B) wird im Bereich einzelner Fasern des peripheren Purkinje-Systems (b) blockiert. Die Erregung wird auf Umgehungsbahnen weitergeleitet, über den Myokardbezirk A zu den entsprechenden Purkinjefasern (a) und über den Myokardbezirk C zu den Purkinjefasern c. Inzwischen sind die Purkinjefasern b von der vorangehenden Erregung erholt und für eine orthograde Erregungsfortleitung durchgängig. Es kommt zur Wiedererregung im Myokardbezirk B: Hypothese zur Entstehung von Umkehrsystolen der Kammer (in Anlehnung an Wenckebach und Winterberg [691])

hung der spontanen ventrikulären Extrasystolen während vorzeitiger Reizung der rechten Kammer.

Elektrophysiologische Untersuchungen an Patienten mit chronisch rezidivierenden ventrikulären Tachykardien lassen vermuten, daß in einer großen Zahl die Tachykardien durch kreisende Erregungen unterhalten werden. Hier sind besonders die Untersuchungen von Wellens [680, 685, 686, 688] hervorzuheben. Die Untersuchungsergebnisse von Wellens wurden inzwischen von anderen Arbeitsgruppen (Denes u. Mitarb. [126], Guérot u. Mitarb. [247], Lüderitz u. Mitarb. [396], Spurrell u. Mitarb. [614], Zacouto u. Mitarb. [723]) bestätigt.

Gelingt es, durch eine oder zwei frühzeitig einfallende Zusatzerregungen eine ventrikuläre Tachykardie dauerhaft zu unterbrechen, so spricht dies zugunsten einer kreisenden Erregung als Ursache der Tachykardie [166]. Wird die Tachykardie durch die Zusatzerregungen nur kurzzeitig unterdrückt, um dann sofort wieder einzusetzen und mit unveränderter Regelmäßigkeit fortzufahren, so liegt hier wahrscheinlich ein ektopes Automatiezentrum mit hoher Entladungsfrequenz vor (vgl. S. 324).

Eine vorübergehende Beeinflussung des Ablaufs der Tachykardie durch eine frühzeitig ausgelöste Zusatzerregung kann nicht zugunsten der einen oder anderen Hypothese verwandt werden [429]. Es ist einleuchtend, daß sowohl eine kreisende Erregung in ihrem Erregungsablauf als auch ein nicht geschütztes ektopes Zentrum in der Häufigkeit der Impulsbildung beeinflußt werden können. In beiden Fällen kommt es zu einer Phasenverschiebung [680]. Daß vorzeitig ausgelöste Vorhoferregungen eine Phasenverschiebung der automatischen Impulsbildung des Sinusknotens, des Prototyps eines nicht geschützten Automatiezentrums, herbeiführen können, wurde in der Abbildung 5.77 erläutert. Auch in Fällen mit einer kreisenden Erregung als Ursache einer ventrikulären Tachykardie gelingt es unter Umständen nicht, den Ablauf der Tachykardie durch eine einzelne Zusatzerregung zu beeinflussen (Abb. 5.84). Wie von Wellens [678] ausführlich erläutert wurde, ist die Wahrscheinlichkeit, mit einer frühzeitig ausgelösten Zusatzerregung die kreisende Erregung zu erreichen und damit den Ablauf der Tachykardie zu beeinflussen, sowohl von der Tachykardiefrequenz als auch von der Leitungszeit abhängig, die die Zusatzerregung benötigt, um vom Ort der Stimulation die Kreisbahn zu erreichen. Zugunsten einer kreisenden Erregung als Ursache der Tachykardie spricht die Beobachtung, daß sich durch eine vorzeitige Extrasystole die Ausbreitungsrichtung der Tachykardie ändern läßt [680]. Ebenfalls zugunsten einer Kreiserregung als Ursache der ventrikulären Tachykardie läßt sich der Befund anführen, eine ventrikuläre Tachykardie während eines konstanten Grundrhythmus durch programmierte Stimulation auslösen zu können [166, 680].

Eine Analyse der 12 Fälle, bei denen eine programmierte Kammerstimulation zur Beendigung oder zur Auslösung einer ventrikulären Tachykardie [189 a] durchgeführt wurde, ergibt unter Berücksichtigung der angeführten Kriterien, daß in acht der zwölf Fälle eine Kreiserregung vorlag, in vier Fällen die Tachykardie jedoch durch ein ektopes Automatiezentrum unterhalten wurde. Die klinische Einteilung in eine extrasystolische und eine

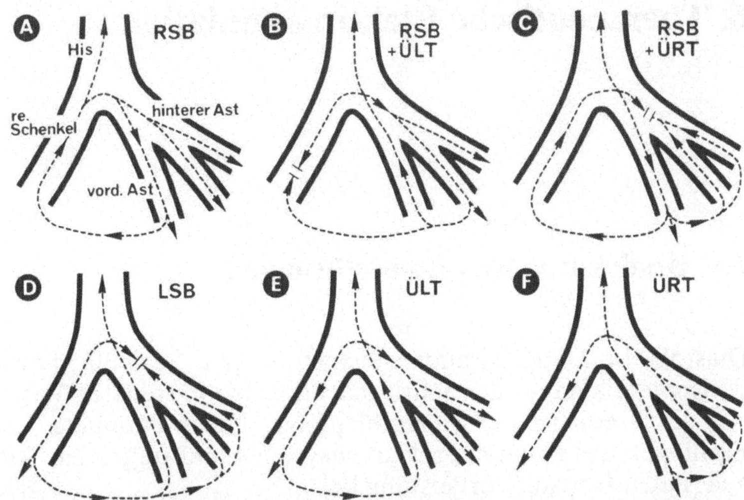

Abb. 5.99. Schematische Darstellung kreisender Erregungen in den Kammern unter Beteiligung der Tawaraschen Schenkel und seiner Äste. Arbeitshypothese zur Erklärung der verschiedenen Schenkelblockformen bei ventrikulären Tachykardien in Anlehnung an Wellens und Mitarb. [685]. RSB Rechtsschenkelblock, LSB Linksschenkelblock, ÜLT überdrehter Linkstyp, ÜRT überdrehter Rechtstyp

permanente Form der ventrikulären Tachykardie erwies sich bei der Differenzierung des Entstehungsmechanismus nicht als hilfreich. Ebensowenig konnte aus der Tachykardiefrequenz oder der Form der Kammergruppen auf die Ursache der Tachykardie geschlossen werden. In den acht Fällen, in denen eine kreisende Erregung als Ursache der ventrikulären Tachykardie angenommen wurde, fand sich viermal das Bild eines Rechtsschenkelblocks bei überdrehtem Linkstyp, dreimal ein Rechtsschenkelblock bei überdrehtem Rechtstyp und einmal ein kompletter Linksschenkelblock im EKG.
In der Literatur [231, 247, 614, 686, 688] wird eine kreisende Erregung in den Kammern unter Beteiligung der Tawaraschen Schenkel und seiner Äste diskutiert (Abb. 5.99). Unter der Annahme, daß die im EKG nachweisbaren, immer wiederkehrenden Schenkelblockformen durch einen zeitlich ausgewogenen Erregungsablauf in den Faszikeln des AV-Bündels zustande kommen, ergeben sich die in Anlehnung an Wellens [685], von uns modifizierten Kreisbahnen der Erregung in den Kammern. Es handelt sich um eine vereinfachte Darstellung der sicherlich im Einzelfall sehr komplexen Leitungsverhältnisse, denn das intraventrikuläre Erregungsleitungssystem der linken Kammer besteht oftmals nicht nur aus zwei Faszikeln, es ist vielmehr in zahlreichen Fällen trifaszikulär angelegt. Zusätzlich muß berücksichtigt werden, daß in zahlreichen Fällen mit chronisch rezidivierenden ventrikulären Tachykardien die kreisende Erregung durch die veränderten Erregungsleitungsverhältnisse an der Randzone einer Infarktnarbe [197] oder eines Herzwandaneurysmas [219] unterhalten wird: von den 16 hier näher untersuchten Fällen mit ventrikulären Rhythmusstörungen hatten sieben Patienten einen Herzinfarkt durchgemacht.

6. Therapeutische Elektrostimulation

6.1 Bradykarde Rhythmusstörungen

Diastolische Depolarisationsgeschwindigkeit, Schwellenpotential und Aktionspotentialdauer der Schrittmacherzellen im rechten Vorhof determinieren die Frequenz der Herzschlagfolge. Diese Parameter unterliegen den Einflüssen des autonomen Nervensystems und tragen zur Anpassung einer adäquaten Herzauswurfleistung bei.
Ursache einer Bradykardie können verzögerte Reizbildung (Abnahme der diastolischen Depolarisationsgeschwindigkeit, Zunahme des Schwellenpotentials) oder Störung der Erregungsfortleitung vom Sinusknoten zu den Herzkammern sein. Blockierungen der Erregungsleitung treten vorwiegend in präformierten Strukturen des Herzens wie dem Hisschen Bündel und dem Tawara-System auf. Häufig sind auch sinuaurikuläres und atrioventrikuläres Überleitungsgewebe Orte eines Blockes. Die bevorzugte Lokalisation beruht auf den besonderen elektrophysiologischen Eigenschaften dieser Strukturen, die im wesentlichen in herabgesetzter Erregungsleitungsgeschwindigkeit und niedriger Aktionspotentialamplitude der Einzelfaser bestehen (Leitung mit Dekrement).
In der Folge einer pathologischen Bradykardie sind sowohl hämodynamische wie auch elektrophysiologische Störungen zu erwarten: Sie können in einem reduzierten Herzminutenvolumen mit konsekutiver Abnahme der zerebralen, koronaren, renalen, mesenterialen und muskulären Durchblutung – häufig mit kompensatorisch maximal gesteigertem Schlagvolumen – bestehen und mit einem erhöhten rechts-ventrikulären sowie erhöhtem systolischen Pulmonalarteriendruck und erhöhtem systemischen Blutdruck (Volumenhochdruck) einhergehen.
Elektrophysiologische Störungen bei Bradykardien sind im wesentlichen auf die Instabilität subsidiärer und idioventrikulärer Automatiemechanismen, mit wechselnden Lokalisationen und Periodendauern ektoper Schrittmacher, zurückzuführen. Ort der ektopen Reizbildung können das atriale Gewebe, das His-Purkinje-System und das Ventrikelmyokard sein. Darüber hinaus sind folgende elektrophysiologische Komplikationen bei Bradykardien zu erwarten:
1. die Verlängerung der Diastolendauer bei herabgesetzter Herzfrequenz erhöht die statistische Wahrscheinlichkeit des Auftretens ektoper Impulsbildung,
2. die Flimmerschwelle des Myokards ist frequenzabhängig und nimmt mit sinkender Herzfrequenz ab [269],

3. die geringe Homogenität der Erregungsrückbildung bei niedrigen Herzfrequenzen birgt die Gefahr des Wiedereintritts der Erregungswelle mit Perpetuierung der Erregung (re-entry) in einem pathologischen Leitungskreis [270].

Das elektrokardiographische Bild bradykarder Rhythmusstörungen ist vielfältig. Es kann als Sinusbradykardie (f < 60/min), als Sinusarrhythmie, als sinuaurikulärer Block II. und III. Grades, als Sinusknotenstillstand, als Vorhofextrasystolie mit kompensatorischer Pause, als Vorhofflimmern und -flattern, als einfache AV-Dissoziation, als Interferenzdissoziation, als AV-Block II. und III. Grades, als idioventrikulärer Rhythmus und als ventrikuläre Extrasystolie mit kompensatorischer Pause in Erscheinung treten (s. Allgemeiner Teil S. 58 ff.).

6.1.1. Indikation zur Schrittmachertherapie

Die Anfänge der elektrischen Behandlung bei Herzstillstand liegen über 200 Jahre zurück. In den Schriften der Royal Human Society aus dem Gründungsjahr 1774 findet sich eine Abhandlung über die Wiederbelebung eines 3jährigen Kindes durch Applikation transthorakaler Stromstöße [vgl. 238]. In den elektromedizinischen Zeitabschnitten des Galvanismus (Aloisio Galvani, 1737 - 1798, Arzt und Naturforscher in Bologna) und der Faradaysation (Michael Faraday 1791 - 1867, Naturforscher in London) ist wiederholt über die Anwendung elektrischer Stromimpulse durch den Brustkorb – auch in Verbindung mit „Aufblasen der Lunge" – berichtet worden. 1929 referierte Gould [237] auf einem Ärztekongreß über ein von ihm entwickeltes Herzwiederbelebungsgerät mit einer teilisolierten positiven Nadelelektrode zur Punktion des Herzens und einer indifferenten Plattenelektrode zum Anlegen an die Thoraxwand.

Ein Gerät zur elektrischen Herzreizung durch periodische Stromimpulse wurde 1932 von dem New Yorker Arzt Hyman [290] beschrieben. Der erste „Hymanator" bestand aus einem Gleichstromgenerator mit Stromunterbrecher und einer bipolaren Nadelelektrode zur transthorakalen Punktion des rechten Atriums und wurde von seinem Erfinder im Hinblick auf den natürlichen Taktgeber des Herzens als „künstlicher Schrittmacher" (artificial pacemaker) vorgestellt, eine Bezeichnung, die auch heute noch üblich ist.

Zoll u. Mitarb. entwickelten 1956 [727] ein Schrittmachersystem mit einem elektronischen Detektor, der bei Unterschreiten einer wählbaren kritischen Herzfrequenz automatisch einen Impulsgenerator einschaltete. Das System war so dimensioniert, daß erstmalig eine Daueranwendung bei einem Patienten möglich wurde.

Tabelle 6.1. Indikation zur Schrittmachertherapie

Indikation zur Schrittmachertherapie
Adams-Stokes-Anfall (bradykarde Form)
Pathologische Bradykardie
Sinuatriale Blockierungen
Bradyarrhythmia absoluta
Atrioventrikuläre Blockierungen II. Grades
Kompletter AV-Block
Faszikuläre Leitungsstörungen
Bradykarde Rhythmusstörungen bei Myokardinfarkt
Carotis-Sinus-Syndrom
Sinusknoten-Syndrom

Der erste komplett inkorporierbare Schrittmacher wurde am 8. Oktober 1958 im Karolinska Sjukhuset in Stockholm von Elmquist u. Senning [163] bei einem Patienten mit rezidivierenden Adams-Stokes-Anfällen implantiert. Damit waren die Voraussetzungen für eine breite klinische Anwendung der elektrischen Schrittmachertherapie erfüllt.
Als Indikation für die Schrittmacherstimulation (Tabelle 6.1) gewannen neben dem Herzstillstand zunehmend bradykarde Rhythmusstörungen an Bedeutung. Auch intermittierende symptomatische Bradykardien, wie sie beim Sinusknoten-Syndrom (s. S. 99) und beim Carotis-Sinus-Syndrom (s. S. 110) auftreten können, zählen zu den Indikationen der Schrittmachertherapie.

6.1.1.1 Adams-Stokes-Anfall

Die bekanntesten klinischen Beschreibungen von Synkopen mit Pulslosigkeit basieren auf Beobachtungen von Morgagni, Adams und Stokes [1, 629]. Pathophysiologisch handelt es sich beim Adams-Stokes-Anfall um die Folgen eines passageren akuten Kreislaufstillstandes kardialer Genese. Ursächlich liegt eine verminderte oder eine gesteigerte Erregbarkeit des Herzens zugrunde. Führend kann eine ventrikuläre Asystolie in der Folge eines SA- oder AV-Blocks sein, eine pankardiale Asystolie oder ein Zustand mit Übererregbarkeit der Kammern mit Kammerflattern oder Kammerflimmern, aber auch eine hochfrequente Vorhof- oder AV-Knoten-Tachykardie. Nicht selten sind Mischformen von Asystolie, Bradysystolie und hochfrequenten Ektopien Ursache des akuten Kreislaufversagens.
Die bei weitem häufigste Ursache von Adams-Stokes-Anfällen und damit absolute Schrittmacherindikation ist der komplette Herzblock, d. h. die vollständige Unterbrechung der atrioventrikulären Erregungsleitung mit verzögertem Einsetzen eines subsidiären Automatie-Ersatzzentrums oder der AV-Block mit Übergang eines instabilen bradysystolischen Ersatzrhythmus in Kammerflattern und -flimmern. Die klinische Bedeutung einer unregelmäßigen AV-Überleitung ist hinsichtlich der Gefährdung des Patienten durch Adams-Stokes-Anfälle besonders schwerwiegend. Weniger bedrohlich ist jedoch ein AV-Block II. Grades mit Wenckebach-Periodik oder ein konstanter 2 : 1-Block [345, 672]. Ursachen Adams-Stokesscher Anfälle der pankardialen asystolischen Form sind der sinuatriale Block und der Sinusknoten-Stillstand [vgl. 78].
Die Indikation zur Schrittmachertherapie ist bei klinisch begründetem Verdacht auf ein Adams-Stokessches Anfallsleiden auch gegeben, wenn im Routine-EKG nur inkomplette Herzblockformen (z. B. bifaszikulärer Block) nachweisbar sind. Zunehmende Bedeutung kommt in diesen Fällen dem bettseitigen Bandspeicher-EKG sowie der (Kassetten-)Langzeitelektrokardiographie zu; oft sichern erst diese die Verdachtsdiagnose. Häufig erbringen Provokationstests, wie Carotisdruck-Versuch, Frequenzbelastung bei ergometrischen Untersuchungen oder atriale Elektrostimulation diagnostische Hinweise und therapeutische Entscheidungshilfen (s. S. 170); Atropintest s. S. 158.

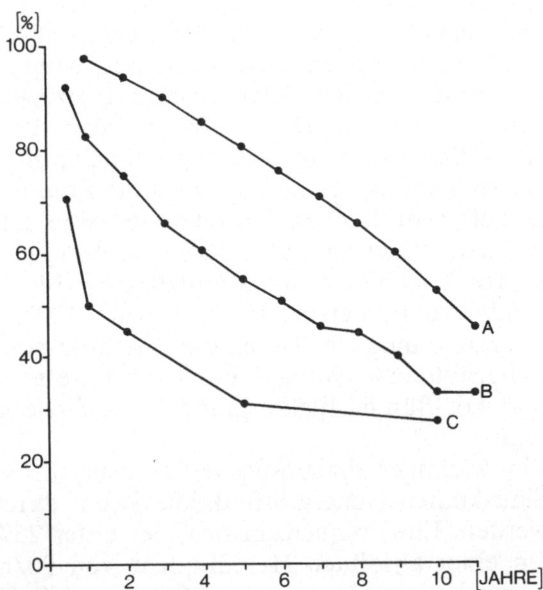

Abb. 6.1. Schrittmachertherapie: Prognose
Kumulative Überlebensrate von 941 Schrittmacherpatienten (B) im Vergleich mit 204 medikamentös behandelten Patienten mit komplettem AV-Block (C) und der natürlichen Überlebensrate (A) [nach 590]

Die 5-Jahres-Überlebensrate von Patienten mit höhergradigen AV-Blockierungen konnte durch die Schrittmachertherapie von 30% auf 60% gesteigert werden [158, 590, 597]. Unter ausschließlich medikamentöser Therapie war bereits 1 Jahr nach Auftreten des ersten Adams-Stokes-Anfalls die Hälfte der Patienten verstorben. Nicht so ausgeprägt sind die Unterschiede zwischen medikamentöser Therapie und Schrittmacherbehandlung nach einem 10 Jahre währenden Verlauf: die kumulative Überlebensrate liegt bei Schrittmacherträgern nur noch 6% über der der medikamentös therapierten Patienten (Abb. 6.1). Die altersspezifische Mortalität der Schrittmacher-behandelten Patienten liegt jedoch immer noch über der entsprechenden Altersgruppe der Gesamtbevölkerung [597]. Als Todesursache wird in der überwiegenden Zahl der Fälle die Progression der zugrundeliegenden kardialen Erkrankung angegeben, wobei ischämische und hypertensive Herzerkrankungen an erster Stelle stehen. Durch die Möglichkeiten der modernen Schrittmachertherapie wird jedoch nicht nur der Gefahr des akuten Herzstillstandes wirkungsvoll begegnet, sondern vielen Patienten auch wieder ein normales Leben (verbesserte Lebensqualität), ausgezeichnet durch das Fehlen klinischer Symptome, ermöglicht.

6.1.1.2 Pathologische Bradykardie

Der Begriff „pathologische Bradykardie" bezeichnet eine langsame Herzschlagfolge, die unter Belastung keine adäquate Frequenzzunahme zeigt und bei der auch bereits in Ruhe eine kritische Verminderung der Herzauswurfleistung besteht. Die klinischen Konsequenzen können in Leistungsminderung, Schwindelzuständen, Herzinsuffizienz, Angina pectoris und kardiogenem Schock manifest werden. Im Gegensatz zur paroxysmalen Asystolie, z. B. beim Adams-Stokes-Syndrom, ist hier die Kontinuität der Herzschlagfolge gewahrt, jedoch die Frequenz abnorm niedrig. Zu den potentiell bedrohlichen Bradykardien sind folgende Rhythmusstörungen zu rechnen: sinuatriale Blockierungen, Bradyarrhythmia absoluta, atrioventrikuläre Blockbilder und kompletter AV-Block. Die Differentialdiagnose von Bradyarrhythmien ist in den meisten Fällen durch das Oberflächen-Elektrogramm möglich. Treten die Rhythmusstörungen passager auf, so können Langzeitüberwachung, Provokationstests, Elektrostimulationsmethoden und His-Bündel-Elektrographie zur Sicherung der Diagnose erforderlich sein.

Ein wichtiger diagnostischer Hinweis für das Vorliegen einer gestörten Sinusknoten-Generatorfunktion kann durch den Atropin-Test erbracht werden. Ein Frequenzanstieg, der unter 25% liegt, sowie das Unterschreiten einer absoluten Herzfrequenz von 90/min nach Atropin-Applikation (1 mg i. v.) gilt als wichtiges Kriterium [60, 378] (s. S. 102, 158). Letztlich ist jedoch nicht schematisch zu entscheiden, bei welcher Grenzfrequenz eine Bradykardie bei einem älteren Patienten mit nomotoper Reizbildung und ungestörter AV-Überleitung als pathologisch zu bezeichnen ist. Stets ist die klinische Symptomatik des einzelnen Patienten bei der Indikationsstellung zur Schrittmachertherapie vorrangig zu berücksichtigen. Die Indikation zur Schrittmachertherapie ist darüber hinaus auch bei medikamentös bedingter Sinusbradykardie, z. B. im Gefolge einer Herzglykosid- oder Betarezeptorenbehandlung oder einer antiarrhythmischen Langzeittherapie zu stellen.

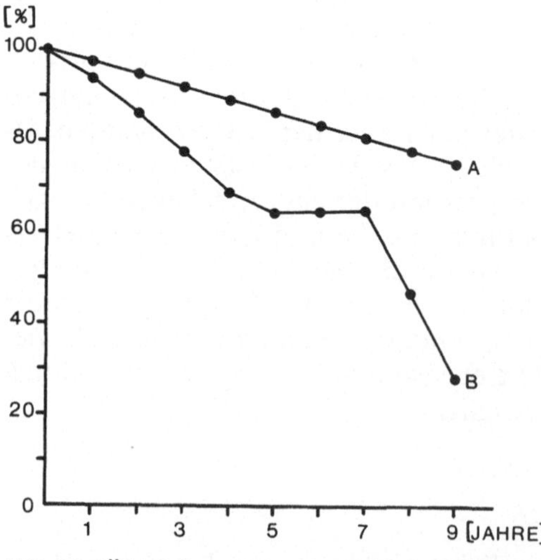

Abb. 6.2. Überlebensrate von 50 Schrittmacherpatienten mit höhergradigen SA-Blockierungen (B) im Vergleich zu der natürlichen Überlebensrate (A) [nach 601]

6.1.1.3 Sinuatriale Blockierungen

Sinuatriale Blockierungen (I., II. und III. Grades) sind gekennzeichnet durch eine Störung der Erregungsleitung vom Schrittmacherareal zum Vorhofmyokard. Im Oberflächen-EKG sind höhergradige Blockierungen durch Verdoppelungen bzw. Vervielfachungen der normalen Herzzyklen charakterisiert. Die exakte Differenzierung von intraatrialen Erregungsleitungsstörungen und Störungen der Reizbildung, also der Sinusknoten-Automatie, ist jedoch der invasiven Diagnostik vorbehalten (s. S. 142 ff.). Bei entsprechender klinischer Symptomatik sind sinuatriale Blockierungen den Schrittmacherindikationen zuzurechnen. Der Erfolg der Schrittmachertherapie beruht bei diesen Patienten im Rückgang der klinischen Symptome (Schwindel, Palpitationen, Dyspnoe) und der Prophylaxe von Synkopen [511, 596, 601].

Die kumulative 5-Jahres-Überlebensrate liegt bei diesen Patienten um 65% und damit rund 20% unter der einer vergleichbaren Bevölkerungsgruppe ohne SA-Block [601] (Abb. 6.2).

6.1.1.4 Bradyarrhythmia absoluta

Die absolute Bradyarrhythmie tritt in der überwiegenden Zahl der Fälle im Zusammenhang mit schwerwiegenden kardiovaskulären Erkrankungen auf. Koronare Herzkrankheit, Herzklappenvitien oder Kardiomyopathien sind dabei häufige Ursachen einer manifesten Herzinsuffizienz mit allseitiger Dilatation des Herzens. Nach elektrischer Steigerung der Herzfrequenz

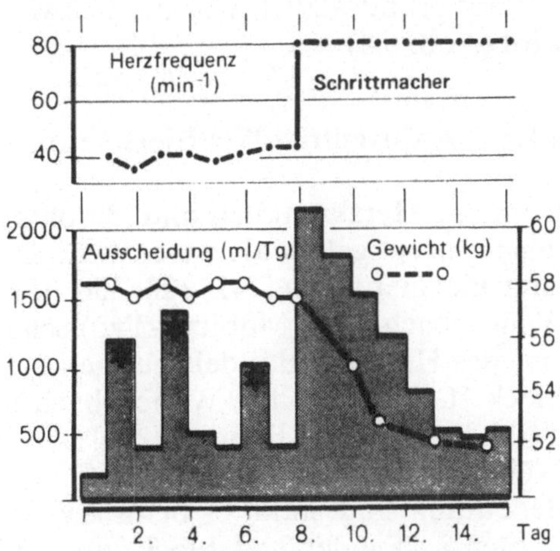

Abb. 6.3. Schrittmachertherapie bei Bradyarrhythmia absoluta. Bei einer 37jährigen Patientin bestand eine Kardiomyopathie bei bradykarder Flimmerarrhythmie (Kammerfrequenz 35–40/min) und hydropischer Herzinsuffizienz. Durch Bettruhe, Natriumrestriktion und Saluretika-Therapie (Furosemid 40 mg p. o. = *) konnte keine wesentliche Besserung herbeigeführt werden. Nach elektrischer Steigerung der Herzfrequenz resultierte eine rasche Ödemausschwemmung und klinische Besserung [nach 380]

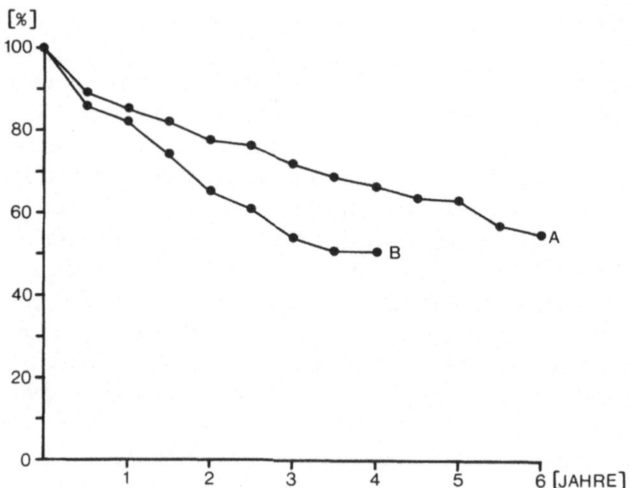

Abb. 6.4. Kumulative Überlebensrate von Schrittmacherpatienten. (A) Adams-Stokes-Anfälle, (B) Herzinsuffizienz (vorwiegend auf der Basis einer Bradyarrhythmia absoluta) [nach 521]

durch Schrittmacherimplantation resultiert bei diesen Patienten, insbesondere auch in Verbindung mit einer optimalen Dosierung von Herzglykosiden, eine oft rasche klinische Besserung, verbunden mit Ödemausschwemmung, Verkleinerung des Herzens und Steigerung der körperlichen Belastbarkeit (Abb. 6.3). Die günstige symptomatische Beeinflussung des Krankheitsgeschehens bei diesen Patienten darf jedoch nicht über die weiterhin ernste Prognose der genannten Grunderkrankungen hinwegtäuschen, deren Verlauf grundsätzlich von der Schwere des ursächlichen Leidens bestimmt wird (Abb. 6.4).

6.1.1.5 Atrioventrikuläre Blockierungen II. Grades

Koronare Herzkrankheit und idiopathische Degeneration des Erregungsleitungssystems gelten als wesentliche Ursachen höhergradiger atrioventrikulärer Blockierungen [142, 320, 350, 351, 540]. Der AV-Block II. Grades vom Wenckebach-Typ (Mobitz I-Typ) scheint in der Mehrzahl der Fälle proximal des Hisschen Bündels gelegen zu sein. Beim sog. Mobitz II-Typ (AV-Block II. Grades ohne Wenckebach-Periodik) liegt die Blockierung meist distal des Hisschen Bündels [273] (s. S. 193, 194).
Während AV-Blockierungen I. Grades hämodynamisch ohne wesentliche Bedeutung sind, kann es beim AV-Block II. Grades, besonders beim konstanten 2 : 1- oder 3 : 1-Block, zu einer erheblichen Abnahme des Herzzeitvolumens kommen; auch hier gilt, daß die Indikation zur Schrittmachertherapie, besonders wenn anamnestische Hinweise auf Synkopen vorliegen, großzügig gestellt werden kann, da das Risiko der Entwicklung eines totalen AV-Blockes bei höhergradiger AV-Überleitungsstörung mit bis zu 10% pro Jahr [354, 448] verhältnismäßig hoch ist (vgl. S. 195).

AV-Blockierungen II. Grades stellen wegen der überleitungsverlängernden Wirkung von Digitalisglykosiden eine Kontraindikation für Herzglykoside dar, die nach Schrittmacherimplantation jedoch verordnet werden können.

6.1.1.6 Kompletter (totaler) AV-Block

Beim kompletten AV-Block kann die Unterbrechung der Erregungsleitung im AV-Knoten, im His-Bündel oder innerhalb der intraventrikulären Faszikel des Überleitungssystems lokalisiert sein. Wie bei den atrioventrikulären Leitungsstörungen niedrigeren Grades, sind auch hier ursächlich vor allem koronare Herzkrankheit und idiopathische Fibrosierung des Erregungsleitungssystems zu diskutieren; daneben kommen andere Primärerkrankungen, z. B. Myokarditis, Hämochromatose, Amyloidose, Lues oder der chirurgische, traumatische und angeborene Herzblock in Frage.
Bei komplettem AV-Block ist die Herzauswurfleistung in der Regel deutlich herabgesetzt. Die aufeinanderfolgenden Schlagvolumina sind je nach zeitlicher Assoziation von Vorhof- und Ventrikelkontraktion unterschiedlich. Die effektive Herzfrequenz wird durch die Automatie eines Ersatzzentrums distal der Blockierung bestimmt. Je peripherer das Automatie-Ersatzzentrum, desto niedriger wird die Kammerfrequenz gewöhnlich sein. Die Herzschlagfolge liegt meist zwischen 30 und 40/min, kann intermittierend noch weiter absinken oder gänzlich sistieren. Der komplette Herzblock stellt wegen seiner extremen Pulsverlangsamung und der Gefahr Adams-Stokesscher Anfälle eine Indikation zur Schrittmacherimplantation dar. Besonders deutlich treten die klinischen Symptome schon bei geringfügigen körperlichen Belastungen des Patienten hervor, da eine adäquate Frequenzsteigerung des ektopen peripheren Automatie-Ersatzzentrums gewöhnlich nicht erfolgt.
Die für den Patienten spürbare Besserung der herabgesetzten Herzleistung sowie die objektiv meßbaren Kriterien der kardialen Rekompensation nach Pacemakerimplantation sind vielfach belegt [78, 163, 521, 590, 597, 727]. Die Schrittmachertherapie beim AV-Block III. Grades ist jeder medikamentösen Behandlung überlegen und führt zu einer Verringerung der prognostischen Belastung der Grunderkrankung.

6.1.1.7 Faszikuläre Leitungsstörungen

Intraventrikuläre Erregungsleitungsstörungen werden je nach Ausmaß in unifaszikuläre, bifaszikuläre und trifaszikuläre Blockierungen unterschieden. Unifaszikuläre Blockierungen treten als Rechtsschenkelblock, linksanteriorer oder links-posteriorer Hemiblock in Erscheinung (s. S. 200 ff.). Ohne zusätzliche Verlängerung der atrioventrikulären Überleitung und ohne Hinweise auf synkopale Anfälle besteht in diesen Fällen keine Indikation zur Schrittmacherimplantation.

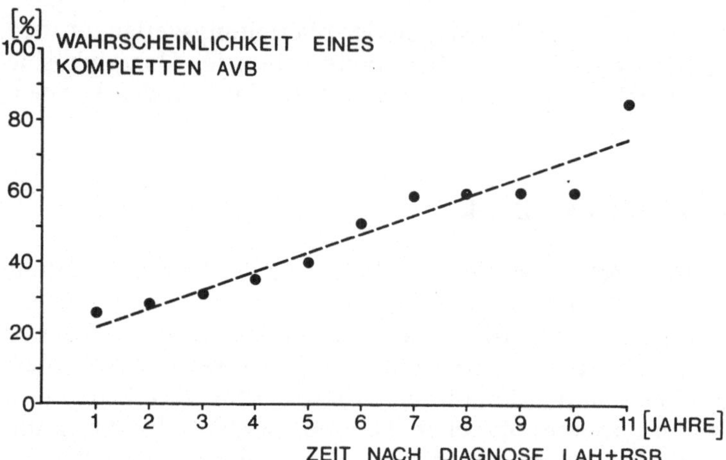

Abb. 6.5. Zunahme der Wahrscheinlichkeit eines kompletten AV-Blockes (AVB) mit der Zeit bei Patienten mit Rechtsschenkelblock (RSB) und linksanteriorem Hemiblock (LAH). Nach Diagnosestellung nimmt die Wahrscheinlichkeit pro Jahr um 6% zu [nach 333]

Rechtsschenkelblock und gleichzeitig bestehender links-anteriorer Hemiblock mit zusätzlicher Verlängerung des H-V-Intervalls im His-Bündel-Elektrogramm sollten auch bei asymptomatischen Patienten Anlaß zur Implantation eines Schrittmachers sein (s. S. 204). Diese Kombination wird als Vorstufe des trifaszikulären Blockes, der peripheren Form eines totalen atrioventrikulären Blockes aufgefaßt [244, 333, 347, 354, 448, 540, 582] (Abb. 6.5). Dagegen gelten Rechtsschenkelblock und links-anteriorer Hemiblock ohne H-V-Intervallverlängerung lediglich als relative Schrittmacherindikation (Tabelle 6.2). Gerade in diesen Fällen sollte jedoch besonders sorgfältig nach Neigungen zu Adams-Stokes-Anfällen gefahndet werden, denn die Schrittmachertherapie hat ihre Bedeutung nicht allein in der Rezidiv-Behandlung, sondern hier auch in der Prophylaxe des ersten Anfalls. Durch die His-Bündel-Elektrographie läßt sich die Entwicklung eines trifaszikulären Blockes näherungsweise abschätzen. Dabei kann eine Verlängerung des HV-Intervalls bei hochfrequenter atrialer Stimulation oder unter dem Einfluß von Ajmalin [502] eine Entscheidungshilfe zur Frage der Schrittmacherimplantation darstellen.

Tabelle 6.2. Indikationen zur Schrittmachertherapie bei faszikulären Leitungsstörungen

Asymptomatische, unifaszikuläre Leitungsstörungen	keine Indikation zur Schrittmachertherapie
Rechtsschenkelblock und linksanteriorer Hemiblock mit normalem H-V-Intervall ohne klinische Symptomatik	relative Indikation zur Schrittmachertherapie
Rechtsschenkelblock und linksanteriorer Hemiblock mit Verlängerung des H-V-Intervalls ohne klinische Symptomatik	Indikation zur Schrittmachertherapie

6.1.1.8 Myokardinfarkt

Sinusbradykardie, sinuatriale, atrioventrikuläre und intraventrikuläre Leitungsstörungen sind häufige Komplikationen des akuten Myokardinfarkts. Höhergradige Blockierungen der atrioventrikulären Überleitung treten in etwa 12–39%, ein totaler AV-Block in 4–8% der Fälle auf [173] (Tabelle 6.3).
AV-Blockierungen bei Hinterwandinfarkt entwickeln sich in der Regel unter fortschreitender Zunahme der Erregungsleitungsstörung. Sie sind prognostisch günstiger einzuschätzen als AV-Blockierungen bei Vorderwandinfarkt und zeigen in 90% der Fälle eine spontane Rückbildung [52]. Ursächlich wird dieser relativ günstigere Verlauf auf die Reversibilität einer vorübergehenden Ischämie bzw. eines hypoxischen Ödems im AV-Knotenbereich zurückgeführt. Aufgrund der proximalen suprabifurkalen Lokalisation des subsidiären Automatie-Ersatzzentrums stellt sich gewöhnlich wieder ein stabiler Rhythmus mit hämodynamisch ausreichender Frequenz und schmalen QRS-Komplexen ein.

Tabelle 6.3. Myokardinfarkt: bradykarde Rhythmusstörungen bei fortlaufender Monitorüberwachung. MW = Mittelwert
Bradykarde Rhythmusstörungen bei 2531 Patienten mit akutem Myokardinfarkt [nach 173]

	% der Fälle	MW %
SA-Block, Sinusbradykardie	11–26	20 (n=506)
AV-Block	12–39	17 (n=430)
AV-Block III. Grades	4– 8	6 (n=151)
Faszikulärer Block	13–18	15 (n=380)

Der weniger häufige und prognostisch stärker belastete AV-Block bei Verschluß des Ramus descendens anterior der linken Koronararterie ist Ausdruck einer ausgedehnten Infarzierung des Myokards im Bereich der Vorderwand und des Septums unter Beteiligung des Erregungsleitungssystems. In diesen Fällen ist die Blockierung im peripheren Erregungsleitungssystem lokalisiert. Es liegt das Bild eines Rechtsschenkelblockes oder eines Linksschenkelblockes oder eines Rechtsschenkelblockes mit linksanteriorem Hemiblock vor. Bei noch weiterer Ausdehnung des Infarktes in das intraventrikuläre Septum kann ein trifaszikulärer Block auftreten. Das in diesem Falle weit distal liegende Automatie-Ersatzzentrum ist bradyfrequent und instabil, die Kammerkomplexe sind breit, die Neigung zu Adams-Stokes-Anfällen ist groß. Der AV-Block beim Vorderwandinfarkt stellt sich meist ohne prämonitorische Zeichen ein.
Die passagere Elektrostimulation ist beim Vorderwandinfarkt daher bei bereits geringfügigen Störungen der atrioventrikulären Erregungsleitung notwendig, während sie beim Hinterwandinfarkt erst bei höhergradigen AV-Blockierungen obligat ist.

Nach Angaben der Literatur liegt die Mortalität bei Vorderwandinfarkt mit atrioventrikulärem Block zwischen 29 und 90% (Mittelwert 61%), bei Hinterwandinfarkt mit der gleichen Komplikation zwischen 16 und 50% (Mittelwert 25%). Damit liegt bei Manifestation eines Herzblockes die Mortalität um das Doppelte bis Dreifache über der Gesamtsterblichkeit bei unkompliziertem Infarkt [78]. Die hohe Inzidenz von letalem Krankheitsverlauf und AV-Block beim akuten Myokardinfarkt macht die Erwartungen verständlich, die sich für diese spezielle Indikation an die Elektrostimulation geknüpft hatten. Beim Vergleich der verschiedenen Patientengruppen zeigt sich aber nur ein geringfügiger Rückgang der Gesamtsterblichkeit bei Patienten mit akutem Infarkt und atrioventrikulären Blockierungen, so daß nicht der AV-Block, sondern die größere Ausdehnung des Infarktes die Prognose dieser Patienten überwiegend zu belasten scheint (Tabelle 6.4). Trotz dieser Einschränkungen haben aber die allgemeinen Regeln der

Tabelle 6.4. Akuter Myokardinfarkt mit atrioventrikulären Leitungsstörungen: mit und ohne Schrittmachertherapie. Gruppe A: Persistierender AV-Block III. Grades, Gruppe B: intermittierender AV-Block III. Grades, Gruppe C: AV-Block II. Grades, Gruppe D: nicht klassifizierter AV-Block.
Mortalität bei akutem Myokardinfarkt mit atrioventrikulären Überleitungsstörungen mit und ohne Schrittmachertherapie

	Studie	Mortalität unter Schrittmacher-therapie %	Mortalität ohne Schrittmacher-therapie %	Anzahl der Fälle
A (persist. AVB III°)	Paulk u. Mitarb. [491]	71%		8
	Parsonnet u. Mitarb. [490]	86%		10
	Sutton u. Mitarb. [638]	89%		18
	Chatterjee u. Mitarb. [97]	82%		22
B (intermitt. AVB III°)	Julian u. Mitarb. [303]		37%	8
	Paulk u. Mitarb. [491]	44%		43
	Restieaux u. Mitarb. [520]		33%	9
	Day [120]		53%	17
	Sutton u. Mitarb. [638]	48%		46
	Chatterjee u. Mitarb. [97]		45%	29
	Grendahl u. Sivertssen [243]	49%		53
	Watson u. Goldberg [674]	29%		45
	Simon u. Mitarb. [598]		64%	45
	Woie u. Aksnes [711]		52%	42
	Beck u. Hochrein [46]	49%		40
C (AVB II°)	Day [120]		13%	16
	Brown u. Mitarb. [76]		27%	13
	Simon u. Mitarb. [598]		41%	29
D (AVB nicht klass.)	Scott u. Mitarb. [579]	37%	61%	27
	Friedberg u. Mitarb. [201]	50%	58%	131
	Lassers u. Julian [348]	47%		51
	Büchner u. Drägert [78]	46%		

Schrittmachertherapie für den akuten Myokardinfarkt Gültigkeit gewonnen.
Bei Bradykardie und intakter AV-Überleitung im Rahmen eines Myokardinfarktes sollten zur Gewährleistung einer optimalen Ventrikelfüllung Vorhofschrittmacher zur Anwendung kommen. Auch der Einsatz bifokaler und vorhofsynchroner Schrittmacher dürfte sich bei akut auftretender Herzinsuffizienz als günstiger erweisen. In vielen Fällen ist darüber hinaus die antibradykarde Stimulation beim Myokardinfarkt die Voraussetzung für den Einsatz potenter Antiarrhythmika zur Therapie begleitender Rhythmusstörungen. Erweisen sich diese als therapierefraktär, so kommen spezielle antitachykarde Stimulationstechniken zur Anwendung (s. S. 329 ff.).
Erhöhte Komplikationsrisiken der Elektrostimulation resultieren aus der herabgesetzten Flimmerschwelle des frisch infarzierten Myokards [269]. Aus diesem Grunde sollten nur Bedarfsschrittmacher zur Anwendung kommen; die Stimulationsenergie sollte schwellennahe eingestellt werden. Darüber hinaus ist die kathodale Stimulation der anodalen vorzuziehen, da die Flimmerschwelle des ischämischen Myokards bei kathodaler Stimulation höher liegt als bei anodaler [269]. Gegenüber der bipolaren Stimulation weist das unipolare System eine höhere Empfindlichkeit der Detektionsfunktion auf, wodurch Störungen der Demand-Schaltung herabgesetzt werden, insbesondere dann, wenn der akute Infarkt mit einer Abnahme der Amplitude des endokardialen Elektrogramms verbunden ist.

6.1.1.9 Carotis-Sinus-Syndrom

Das Carotis-Sinus-Syndrom umfaßt einen Symptomenkomplex kardial oder vagovasal bedingter Schwindelerscheinungen und synkopaler Anfälle bei Hyperreflexie der Pressorezeptoren des Carotis-Sinus [198] (s. S. 110). Die klinischen Zeichen des Syndroms treten spontan bei zufälligem Druck auf die Carotisgabel auf, z. B. bei Kopfwendung oder Druck der Halsbekleidung. Stets findet sich beim Carotis-Sinus-Syndrom ein hypersensitiver Carotis-Sinus-Reflex. Der Reflex wird durch manuelle Carotis-Sinus-Massage (Czermakscher Druckversuch) geprüft und kann mit passagerer Asystolie oder Bradykardie (vagal-kardialer Typ) oder Blutdruckabfall (vasodepressorischer Typ) einhergehen. Nach Sigler [595] wird der experimentell ausgelöste Carotis-Sinus-Reflex in 4 Grade eingeteilt:

Grad 1: unbedeutende Bradykardie, kein Blutdruckabfall.
Grad 2: Abnahme der Herzfrequenz über 20/min, Asystolie bis 2 sec, Blutdruckabfall 10–20 mm Hg.
Grad 3: Abnahme der Herzfrequenz um 30 bis 50%, Asystolie 2 – 3 sec, Blutdruckabfall über 30 mm Hg.
Grad 4: Asystolie 3 – 5 sec, Blutdruckabfall auf unter 50 mm Hg.

Carotis-Sinus-Reflexe der Grade 3 und 4 sind als pathologisch zu bewerten [198, 595]. Patienten mit Carotis-Sinus-Syndrom sind diesen Gruppen zuzurechnen, wobei die Anfälle spontan durch das Verhalten des Patienten

Tabelle 6.5. Carotis-Sinus-Syndrom: Prophylaxe synkopaler Anfälle durch Schrittmacherimplantation.
Schrittmachertherapie beim Carotis-Sinus-Syndrom

Autor	Synkopen		Anzahl der Fälle
	vor	nach	
	Schrittmacherimplantation		
Heinz u. Mitarb. [275]	+	–	4
Voss u. Mitarb. [669]	+	–	1
Bahl u. Mitarb. [37]	+	–	1
Hacker u. Mitarb. [261]	+	–	15
Gadermann u. Mitarb. [213]	+	1	19
Kleinert [316]	+	–	17

selbst, ausgelöst werden. Anamnestische Angaben über Schwindelerscheinungen sowie ein hypersensitiver Carotis-Sinus-Reflex legen somit den Verdacht auf das Vorliegen eines Carotis-Sinus-Syndroms nahe.
Die Therapie des Carotis-Sinus-Syndroms war vor der Schrittmacherära unbefriedigend. Als Mittel der Wahl galt beim vagal-kardialen Typ Atropin bis zu 4×1 mg/die, eine Dosierung, die für die Langzeitbehandlung nur selten toleriert wird. Über vollständige Heilung des Syndroms durch Röntgenbestrahlung der Carotis Sinus wird in 30% [242] bis 44% [628] berichtet. Bei der nicht risikolosen chirurgischen Therapie mit Durchtrennung des N. sinus carotici, soll die Erfolgsquote bei 70% liegen [94]. Die Indikation zur Schrittmachertherapie bei der vagal-kardialen Form des Carotis-Sinus-Syndroms hat sich nunmehr jedoch zunehmend etabliert [261].
Es liegen zahlreiche Berichte vor, die den wirksamen und risikoarmen Einsatz dieser Behandlungsform belegen. Bei insgesamt 57 berichteten Fällen [37, 213, 261, 275, 316, 669] (Tabelle 6.5) traten nur in einem Fall weiterhin Synkopen auf. Der ausbleibende Erfolg wurde in diesem Einzelfall auf die spätere Demaskierung eines vasodepressorischen Typs des Carotis-Sinus-Syndroms nach Beseitigung der Asystolie bezogen.
Zur Erhaltung einer weitgehend physiologischen Frequenzregulation sowie der natürlichen Kontraktionssequenz von Vorhöfen und Kammern sollten beim Carotis-Sinus-Syndrom signalinhibierte Bedarfsschrittmacher (ventrikuläre Sondenlage) zur Anwendung kommen, deren Basisfrequenz unterhalb der individuellen Ruhefrequenz des Patienten liegt. Frequenzprogrammierbare Schrittmacher mit niedriger Minimalfrequenz (50/min), die zusätzlich eine Frequenzkorrektur erlauben, sind hier den nicht programmierbaren vorzuziehen.

6.1.1.10 Sinusknoten-Syndrom

Das Sinusknoten-Syndrom bezeichnet eine komplexe Gruppe oft auch nebeneinander bestehender supraventrikulärer Arrhythmien und tritt elektrokardiographisch als Sinustachykardie, sinuatriale Blockierung, Sinuskno-

tenstillstand mit Ersatzrhythmus, supraventrikuläre Tachykardie sowie brady- oder tachysystolisches Vorhofflimmern und Vorhofflattern in Erscheinung. Die klinischen Symptome können bradykardie- oder tachykardiebedingt sein und reichen von allgemeiner Leistungsschwäche und Herzinsuffizienz bis zu Schwindelgefühl und Adams-Stokes-Anfall (s. S. 99, 142).
Therapeutische Probleme ergeben sich häufig aus der Begünstigung der latenten Arrhythmieform bei Behandlung der vorherrschenden Rhythmusstörung. Ein Beispiel ist die Therapie einer Bradyarrhythmie mit Atropin oder Orciprenalin mit nachfolgender Auslösung einer Tachykardie.
Schrittmacher werden bereits seit längerer Zeit [525] zur Therapie des symptomatischen Sinusknoten-Syndroms eingesetzt. Ihre Bedeutung liegt bei der bradykarden Form des Syndroms mit passagerer Asystolie und bei verlängerten posttachykarden präautomatischen Pausen in der Aufrechterhaltung einer ausreichenden Herzfrequenz. Bei Vorherrschen der tachykarden Form und beim Bradykardie-Tachykardie-Syndrom ist häufig erst nach Pacemaker-Implantation eine wirksame medikamentöse Therapie möglich (Digitalis, Antiarrhythmika) (s. S. 104). Ein antitachykarder Effekt der Schrittmachertherapie ist bei hochfrequenten Rhythmusstörungen zu erwarten, die durch einen vorausgehenden Frequenzabfall getriggert werden.
Die ventrikuläre und atriale Elektrostimulation ist vielfach erfolgreich beim Sinusknoten-Syndrom eingesetzt worden [27, 157, 263, 318, 331, 403, 487, 508, 525, 671, 710]. Ohne gleichzeitig bestehende atrioventrikuläre Erregungsleitungsstörungen sollte ein Vorhofschrittmacher zur Anwendung kommen, besonders dann, wenn die Ventrikelfunktion eingeschränkt ist und der Ventrikel fehlende Vorhofaktionen nicht oder nur unvollständig zu kompensieren vermag. Darüber hinaus kann die Vorhofstimulation die Entwicklung atrialer Tachyarrhythmien durch Suppression fokaler Ektopien günstig beeinflussen. Ein ähnlicher antitachykarder Effekt ist auch bei ventrikulärer Stimulation mit erhaltener ventrikuloatrialer Leitung zu erwarten.
Die Zuverlässigkeit der atrialen Stimulation hängt naturgemäß entscheidend von einer regelrechten atrioventrikulären Überleitung ab. Diese ist beim Sinusknoten-Syndrom mit hoher Inzidenz gestört. So fanden Rosen und Mitarb. in 53% ihrer Patienten mit Sinusknoten-Syndrom gleichzeitig bestehende atrioventrikuläre Überleitungsstörungen [530]. Gegebenenfalls kann in diesen Fällen ein bifokaler Schrittmacher implantiert werden. Die Komplikationsmöglichkeiten steigen allerdings mit Zunahme der Anzahl notwendiger Stimulations- und Detektionselektroden; zudem liegt die Funktionsdauer dieser Systeme (2 Jahre) weit unter der ventrikulärer Bedarfsschrittmacher (über 6 Jahre). In ihren Stimulations- und Detektionsfunktionen optimierte sequentielle Stimulatoren befinden sich noch in der klinischen Erprobung [207].
Vergleichende Untersuchungen und prospektive Studien zeigen die Wirksamkeit der Schrittmachertherapie beim Sinusknoten-Syndrom zweifelsfrei auf. Übereinstimmend wird von den Autoren (vgl. Tabelle 6.6) eine Abnahme der klinischen Symptomatik beobachtet; zuvor bestehende synkopale

Tabelle 6.6. Sinusknoten-Syndrom: Mortalität unter Schrittmachertherapie. Die Überlebensrate der Patienten nach einer mittleren Beobachtungszeit von 19 Monaten liegt zwischen 58% und 80% (Mittelwert 70%) und damit deutlich unter der für Schrittmacherpatienten mit AV-Block III. Grades (80%). M = Mittelwert.

	Anzahl der Patienten	Mittl. Beobachtungszeitraum (Monate)	Mortalität %
Wan u. Mitarb. [671]	15	14	20%
Aroesty u. Mitarb. [27]	28	20	32%
Härtel u. Talvensaari [263]	90	23	25%
Krishnaswami u. Geraci [331]	33	13	33%
Wohl u. Mitarb. [710]	39	25	42%
M		19	30%

Anfälle traten in keinem Fall mehr auf. Bei einem Teil der Patienten (bis zu 50%) sistierten paroxysmale Tachykardien allein nach Implantation eines Bedarfsschrittmachers; bei den übrigen Patienten war eine zusätzliche antiarrhythmische Therapie notwendig. Wenn auch die klinischen Beschwerden der Patienten mit Sinusknoten-Syndrom nach Schrittmacher-Implantation rückläufig sind, so haben doch verschiedene Untersuchungen gezeigt, daß die Mortalität nicht signifikant gesenkt wird [599] und nach einer Behandlungszeit von 1½ Jahren um 10% über der von schrittmacherbehandelten Patienten mit höhergradigen AV-Blockierungen liegt (Tabelle 6.6). Nach einer vergleichenden Studie von Krishnaswami war die kumulative Überlebensrate unter Schrittmachertherapie bei Patienten mit Sinusknoten-Syndrom sogar nur halb so groß wie die von Patienten mit AV-Block [331]. Die Schrittmachertherapie ist bei Patienten mit symptomatischem Sinusknoten-Syndrom auch angesichts der genannten Einschränkungen absolut indiziert und erfüllt ihren Sinn vor allem auch in einer nachhaltigen Besserung der allgemeinen Lebensumstände des Patienten.

6.1.2 Kontrolle implantierter Schrittmacher

Bei der Kontrolle implantierter Schrittmacher werden elektrokardiographische, elektronische, oszillographische und röntgenologische Untersuchungsmethoden angewandt. Das Elektrokardiogramm des schrittmacher-gesteuerten Herzens erlaubt die Beurteilung der Stimulationsfunktion und der Detektionsfunktion des Schrittmachers sowie die Messung der Stimulationsfrequenz. Elektronische Digitalzähler messen bis auf Millisekunden genau das Stimulationsintervall und mit einer Genauigkeit von wenigen Mikrosekunden die Dauer des Stimulationsimpulses. Mit oszillographischen Methoden läßt sich im Oberflächen-Elektrogramm das Stimulationsartefakt optisch darstellen und nach photographischer Aufnahme analysieren. Durch röntgenologische Untersuchungen können Elektrodendislokationen, Elektrodenbrüche und Adapterdiskonnektionen nachgewiesen werden. Die röntgenologische Kontrolle des Ladungszustandes von Quecksilberoxyd-Zink-Primärelementen [321] konnte sich als quantitative Methode nicht durchsetzen und ist ohnehin bei dem heute bevorzugten Gebrauch metallisch armierter Aggregate nicht mehr durchführbar.

Die apparativen Untersuchungsmethoden werden ergänzt durch Inspektion, Palpation und Auskultation. In der Phase der Wundheilung nach Schrittmacherimplantation ist auf die frühzeitige Erkennung entzündlicher Veränderungen im Bereich der Schrittmachertasche und des Sondenverlaufs besonderer Wert zu legen. Deutliche schrittmacher-synchrone Muskelkontraktionen können durch unzureichende Isolation oder Dislokation der indifferenten oder der differenten Elektrode bei Kontakt mit der Pectoralismuskulatur oder des Zwerchfells hervorgerufen werden. Bei Auskultation des schrittmacher-gesteuerten Herzens ist häufig als Nebenbefund bei unipolarer Stimulation ein kurzes präsystolisches Tonsegment registrierbar, das sich im Phonokardiogramm als synchron mit dem Stimulationsimpuls erweist. Es handelt sich um einen Muskelton, der durch Miterregung von Anteilen des Musculus pectoralis, der Interkostalmuskulatur oder des Zwerchfells entsteht. Dementsprechend ist dieser Ton auch bei Einfall des Stimulus während der Refraktärzeit des Herzens nachweisbar [228, 324, 565] (Abb. 6.6).

Die Palpation des peripheren Pulses kann einen ersten Anhalt für ineffektive Stimulation oder Frequenzabfall des Schrittmachers geben. Ergänzend

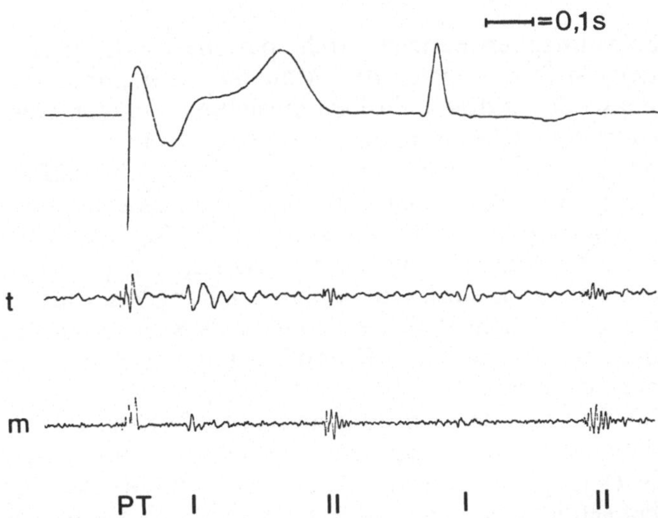

Abb. 6.6. Präsystolisches Tonsegment bei unipolarem Schrittmachersystem. Oben: EKG-Extremitätenableitung II. Unten: Phonokardiogramm; PT: präsystolisches Tonsegment; I, II: Herztöne, t, m: tiefe, mittlere Frequenzen. Synchron mit dem Stimulationsimpuls und vor dem 1. Herzton tritt ein Tonsegment auf, das von der Kontraktion elektrodennaher Skeletmuskelanteile herrührt. Das Tonsegment ist bei Herzeigenaktionen nicht nachweisbar

erlaubt die Herzauskultation bei Registrierung einer erniedrigten peripheren Pulsfrequenz, die Differenzierung zwischen Absinken der Schrittmacherfrequenz und Extrasystolie oder Parasystolie mit Pulsdefizit (Abb. 6.7). Neben den ärztlicherseits durchgeführten Kontrolluntersuchungen wirkt der Schrittmacherpatient selbst bei der Schrittmacherüberwachung mit. Die in diesem Zusammenhang geübten Methoden bestehen in der täglichen Pulszählung an einer peripheren Arterie oder in der Bestimmung der

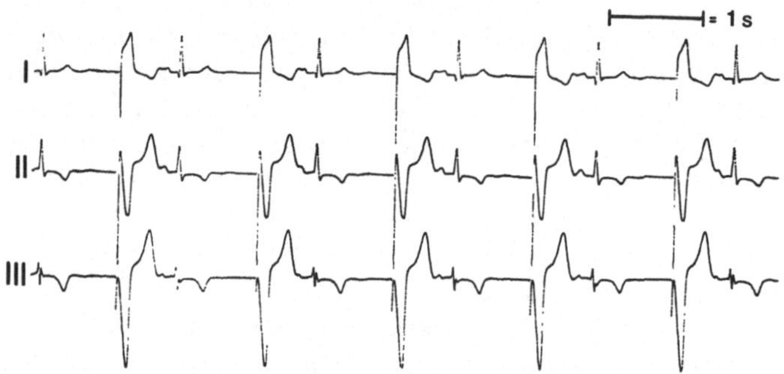

Abb. 6.7. Verdacht auf Schrittmacherversagen bei Parasystolie mit Pulsdefizit. I, II, III: EKG-Extremitätenableitungen. Es bestand der Verdacht auf frühzeitige Batterieerschöpfung: Die periphere Pulsfrequenz betrug 39/min. Bei Auskultation lag die Herzfrequenz um 80/min, das EKG zeigte regelrechte Stimulations- und Detektionsfunktion und ein normales postdetektorisches Stimulationsintervall

Schrittmacherfrequenz durch spezielle elektronische Geräte. Die Pulszählung ist in den ersten drei Monaten nach Implantation, also während der Phase der größten Dislokationshäufigkeit, der elektronischen Schrittmacherfrequenzbestimmung überlegen, da letztere die Effizienz des elektrischen Stimulus nicht berücksichtigt. Zunehmend werden Patienten-Kontrollgeräte angeboten, die das Elektrokardiogramm und den Schrittmacherimpuls gleichzeitig ableiten, die Signale verarbeiten und bei Absinken der Herzfrequenz Alarm auslösen. Ein peripheres Pulsdefizit wird jedoch nicht erkannt. Ob die Einbeziehung von Fingerpulsfrequenz, Herzfrequenz und Schrittmacherfrequenz als Kontrollgrößen zu einer für den Patienten unzumutbaren Komplizierung des Kontrollgerätes führt, muß sich noch erweisen.

Im Rahmen der Schrittmacherkontrolle kommt dem Elektrokardiogramm die zentrale Bedeutung zu. Mit elektrokardiographischen Aufzeichnungen ist es möglich, Reiz und Reizantwort zu objektivieren und, besonders auch bei sequentieller und vorhofgesteuerter Schrittmacherstimulation, den Erregungsablauf zu verfolgen. Ohne EKG ist die Detektionsfunktion eines Schrittmachers der Beurteilung nicht zugänglich. In der elektrokardiographischen Aufzeichnung ist die Information über alle relevanten kontrollierbaren Funktionen des implantierten Schrittmachers enthalten.

6.1.2.1 Stimulationsfunktion

Die Effizienz der Elektrostimulation ist aus dem EKG durch Zuordnung von Reiz und Reizantwort beurteilbar. Der elektrische Stimulus stellt sich als schmaler senkrechter Ausschlag dar und ist gefolgt von einem Erregungsmuster, das von der Lokalisation des differenten Elektrodenpols bestimmt wird. Entsprechend dem Ort des Erregungsursprungs liegen bei atrialer Sondenlage in der Regel ein normal konfigurierter Kammerkomplex und eine normale PQ-Zeit vor; das Bild eines Rechtsschenkelblocks ergibt sich bei linksventrikulärer Elektrodenfixation, ein linksschenkelblockartig deformierter Kammerkomplex bei rechtsventrikulärer Elektrodenlage.
Bei Vorliegen einer intrinsischen Herzfrequenz oberhalb der Schrittmachergrundfrequenz wird bei negativ gesteuerten Bedarfsschrittmachern die Stimulation unterbrochen. Mit Hilfe eines Dauermagneten (Testmagnet) lassen sich negativ gesteuerte Bedarfsschrittmacher über einen Magnetschalter (reed relay) auf festfrequente oder hochfrequente (bis 100/min) Arbeitsweise umschalten (Abb. 6.8). Die Überprüfung der Stimulationsfunktion bei inhibierten Schrittmachern ist häufig nach Frequenzreduktion durch Carotis-Sinus-Massage möglich.
Die Reizantwort kann ausbleiben bei Elektrodendislokation, Elektrodenbruch, Adapterdiskonnektion, Reizschwellenerhöhung, Absinken der Ausgangsspannung unter die Reizschwelle, Verkürzung der Impulsdauer und Einfall des Stimulationsimpulses in die Refraktärzeit des Herzens. Das Artefakt des Stimulationsimpulses kann in allen diesen Fällen im EKG sichtbar bleiben.

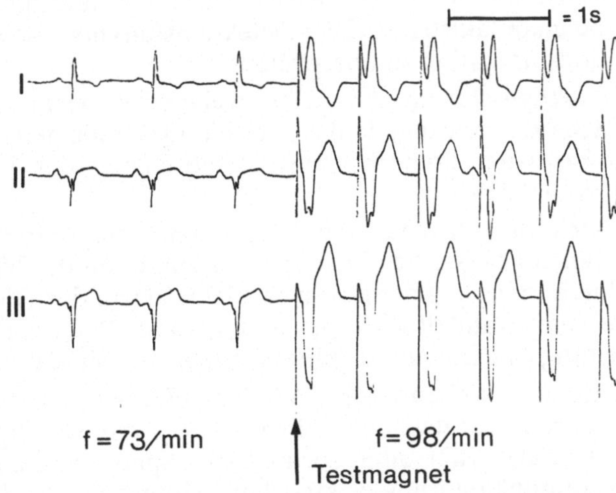

Abb. 6.8. Überprüfung der Stimulationsfunktion bei inhibiertem Bedarfsschrittmacher. I, II, III: EKG-Extremitätenableitungen. Durch Schalten des reed relay mit Hilfe eines Testmagneten revertiert der Schrittmacher in hochfrequente Arbeitsweise. Die links in den QRS-Komplexen erscheinenden Impulsartefakte liegen unterhalb der Reizschwelle und können der Erkennung von Eigenaktionen bei telefonischer Schrittmacherkontrolle dienen

6.1.2.2 Detektionsfunktion

Die Kontrolle der Detektionsfunktion des Bedarfsschrittmachers ist durch Provokation von Herzeigenaktionen, z. B. durch körperliche Belastung oder auch Gabe von Atropin möglich. Elektrische Impulse, über Oberflächenelektroden an die Thoraxwand appliziert (Brustwandstimulation, ca. 1 mA), können als Triggersignale zur Ansteuerung der Detektionseinheit dienen. Diese Methode erlaubt es, durch Messung der Detektionsschwelle Aufschluß über die Eingangsempfindlichkeit des Schrittmachers (ca. 2 mV) und Hinweise auf Änderungen der Impedanz des Systems Brustwandelektroden-Gewebe-Schrittmacherelektroden zu gewinnen. Bei einigen programmierbaren Schrittmachern kann die Detektionsfunktion nach Umschaltung der Stimulation auf unterschwellige Ausgangs-Energie oder nach Reduktion der Stimulationsfrequenz überprüft werden (s. S. 128, Tab. Kap. 4).

Die Detektion von elektrischen Signalen ist nur außerhalb der Refraktärzeit des Schrittmachers möglich. Die Dauer der Refraktärperiode beträgt etwa 300–400 msec und kann nach Stimulation und Detektion unterschiedlich lang sein. An das Ende der Refraktärzeit schließt sich die Störmeßzeit an; während dieses Intervalls gemessene Störsignale schalten den Schrittmacher auf festfrequente Betriebsart um.

Störungen der Detektionsfunktion können zu bradykarden und zu tachykarden Rhythmusstörungen führen. Wird ein QRS-Komplex nicht detektiert, so kann ein technischer Defekt im Schrittmacher vorliegen, oder die Amplitude des endokardialen Elektrogramms ist nicht ausreichend, um den Detektionskreis des Schrittmachers zu triggern („undersensing", z. B. bei Dislokation der Elektrode oder nach Myokardinfarkt im Bereich der Elektrodenkontaktstelle). Die Detektionsfunktion ist durch elektrische Brustwandstimulation zu überprüfen.

Detektionsstörungen sind bei weiterer Verkleinerung der Elektrodenoberfläche zu erwarten, da die über die Elektrode gemessene Amplitude des endokardialen Potentials mit Herabsetzung der Elektrodenoberfläche abnimmt [287].

Detektionsstörungen bei bipolaren, temporären Bedarfsschrittmachern können gelegentlich behoben werden, wenn das bipolare Elektrodensystem durch Fixierung der positiven Elektrode an der Thoraxwand in ein unipolares umgewandelt wird: das endokardiale Potential weist bei unipolarer Ableitung eine höhere Amplitude auf als bei bipolarem Abgriff.

Führen P-Wellen oder T-Wellen [175, 696] zur Impulsunterdrückung des Bedarfsschrittmachers, so liegt ein sog. oversensing vor [43]. Auch Muskelpotentiale [702] oder sprunghafte Spannungsänderungen, die bei einer Kontinuitätsstörung elektrischer Leitungen („Wackelkontakt") oder bei inkomplettem Elektrodenbruch [54 a] oder bei Adapterdiskonnektion auftreten können, oder mechanische Kontakte der Stimulationssonde mit belassenen Elektrodenabschnitten können zur vorübergehenden Unterdrückung des Bedarfsschrittmachers führen.

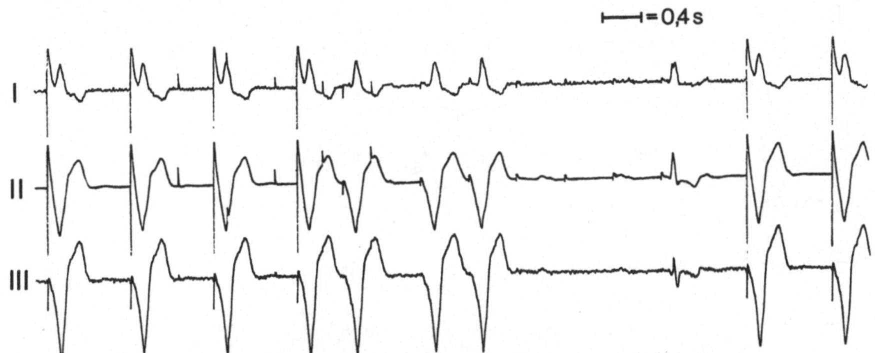

Abb. 6.9 a. Inhibierung des Schrittmachers bei intermittierender Adapterdiskonnektion. I, II, III: EKG-Extremitätenableitungen. Bei Revision des Schrittmachersystems wurde ein „Wakkelkontakt" am Adapter zwischen Schrittmacher und Elektrode festgestellt, der intermittierend zur Inhibierung der Impulsabgabe des Schrittmachers (Starr Edwards 8116) führte. Die 5., 6. und 7. Myokarderregung erfolgt synchron mit „tracking impulses", die durch den „Wakkelkontakt" ausgelöst werden

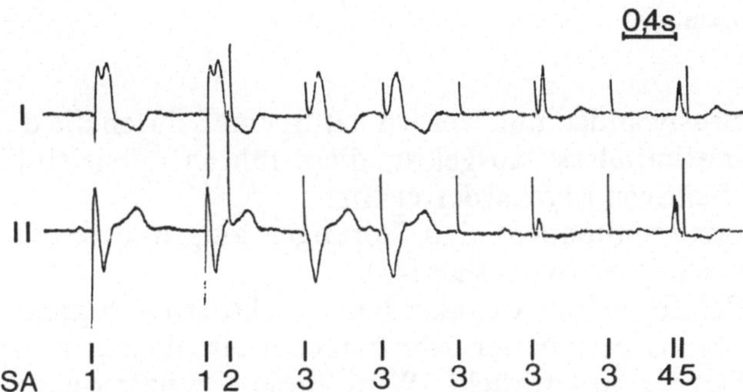

Abb. 6.9 b. Effektive Depolarisation des Myokards durch den „tracking impulse" bei einem Starr Edwards Bedarfsschrittmacher 8116. I, II: EKG-Extremitätenableitungen, SA: Stimulationsartefakte 1 bis 5, 1: regelrechter Stimulationsartefakt des Bedarfsschrittmachers, 2: Artefakt bei Einschalten des externen Schrittmachers zur Brustwandstimulation (I = 1 mA), 3: Summe der Artefakte des Brustwandstimulus und des „tracking impulse", 4: Artefakt des „tracking impulse", interponiert in die Eigenaktion, 5: Artefakt des Brustwandstimulus. 5 fällt so frühzeitig nach 4 ein, daß keine Auslösung des „tracking impulse" erfolgt. Die Stimulationsartefakte 3 ergeben sich aus der Amplitudendifferenz 5 – 4, d. h. zu den Zeitpunkten der Brustwandstimuli treten zusätzlich „tracking impulses" auf, die zur Auslösung der 3. und 4. Myokarderregung führen. Während einer Beobachtungszeit von 2 Minuten führten 30% der „tracking impulses" zu einer Myokarddepolarisation (vgl. auch Abb. 6.9 a)

Bei einem Schrittmacher mit „tracking impulse" (Starr Edwards 8116) konnten wir neben der Impulsunterdrückung durch Wackelkontakt am Schrittmacheradapter eine mit dem „tracking impulse" synchrone Myokarderregung registrieren (Abb. 6.9 a). Wir sehen diese Beobachtung als Hinweis dafür an, daß der „tracking impulse" eine fortgeleitete Myokarddepolarisation initiieren kann. Bei einem Schrittmacher gleichen Typs fanden wir diese Annahme bestätigt. Bei Unterdrückung des Schrittmachers mit

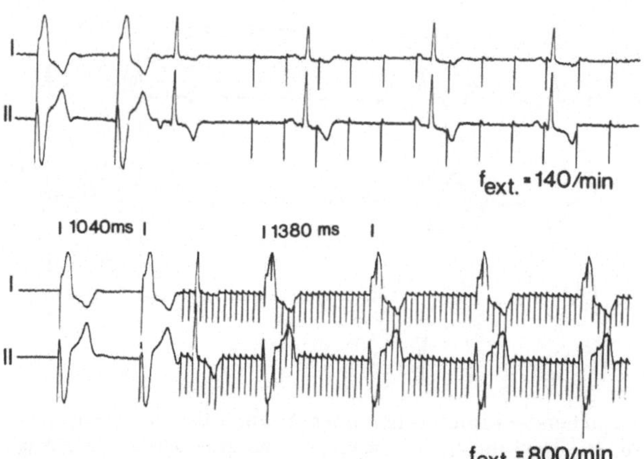

Abb. 6.10. Detektion extrakardialer elektrischer Signale. Negativ gesteuerter Bedarfsschrittmacher (Schrittmacherfrequenz 60/min). I, II: EKG-Extremitätenableitungen. Oben: Bei Detektion einer Impulsfolge mit einer Frequenz von 140/min (Brustwandstimulation) wird der Schrittmacher inhibiert. Unten: Bei Überschreiten einer Grenzfrequenz der Impulsfolge (800/min) resultiert eine festfrequente Stimulation mit Störfrequenz (in diesem Beispiel 43/min)

Brustwandstimuli werden naturgemäß durch die detektierten Signale „tracking impulses" ausgelöst; diese führen offensichtlich (Abb. 6.9 b) zu einer effektiven Myokarderregung.

Systemimmanent sind Störungen aufgrund der Detektion des sog. Schrittmachernachpotentials [41].

Bei Detektion extrakardialer elektrischer Signale wird die Impulsabgabe negativ gesteuerter Schrittmacher bis zu einer kritischen Grenzfrequenz der Signale unterdrückt. Wird diese Grenzfrequenz überschritten, resultiert eine Umschaltung des Schrittmachers auf festfrequente Arbeitsweise; die

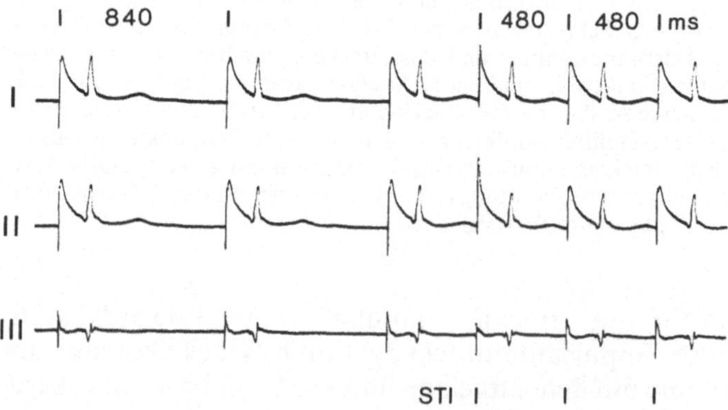

Abb. 6.11. Detektion extrakardialer elektrischer Signale. Positiv gesteuerter Bedarfsschrittmacher, atriale Sondenlage. I, II, III: EKG-Extremitätenableitungen, STI: Brustwandstimuli. Bei Detektion von Brustwandstimuli (1 mA) erfolgt bei positiv gesteuertem Bedarfsschrittmacher eine Impulsauslösung

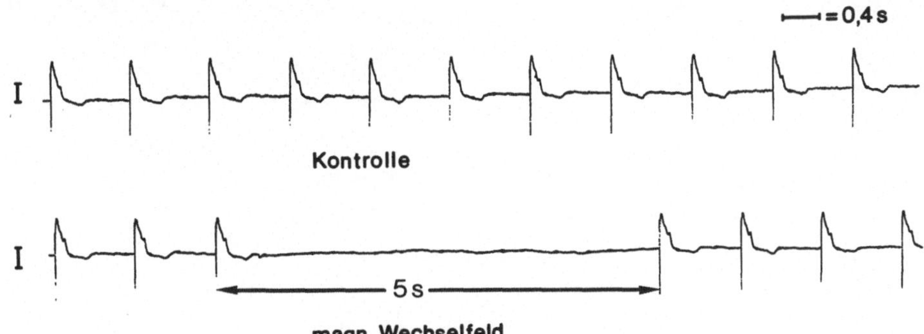

Abb. 6.12. Inhibierung der Impulsabgabe durch ein magnetisches Wechselfeld. I: EKG-Extremitätenableitung. Bei verschiedenen Schrittmachern wird durch Schalten des reed relays (Magnetschalter für festfrequente Betriebsart) ein elektrisches Signal abgegeben, das von der Detektionseinheit registriert wird und zur „Selbstinhibierung" des Schrittmachers für eine Zykluslänge (reset) führt. Erfolgt die Magnetschaltung rhythmisch in einer niedrigen Frequenz, so kann die Impulsabgabe des Schrittmachers beliebig lange unterdrückt werden (Typ CPI 503)

Impulsabgabe erfolgt dann mit der Störfrequenz, d. h. der schrittmachereigenen Frequenz, auf die das Aggregat bei externen elektromagnetischen Störfeldern umschaltet (Abb. 6.10). Positiv gesteuerte Bedarfsschrittmacher geben bei Detektion eines elektrischen Signals, das außerhalb ihrer Refraktärzeit liegt, einen Stimulationsimpuls ab (Abb. 6.11). In manchen Fällen läßt sich die Impulsabgabe von Bedarfsschrittmachern auch durch ein magnetisches Wechselfeld unterdrücken (Abb. 6.12).

6.1.2.3 Schrittmacherfrequenz

Die Stimulationsfrequenz der gebräuchlichen Schrittmacher ist ein Indikator für die Energiereserve der Schrittmacherbatterie und stellt bei sonst störungsfreiem Verlauf der Schrittmachertherapie das wichtigste Kriterium für die Indikation zum Schrittmacheraustausch dar. Dementsprechend ist die Stimulationsfrequenz ein wesentlicher Parameter, an dessen Kontrolle der Patient, der Hausarzt und die Schrittmacherambulanz selbst beteiligt sind [383]. Die Frequenzkontrolle in der Klinik wird am besten mit einem 6fach-EKG-Schreiber mit eichbarem Papiervorschub und hohen Gleichlaufeigenschaften durchgeführt. Neben der Stimulationsgrundfrequenz wird bei Bedarfsschrittmachern nach Magnetumschaltung zusätzlich die Testfrequenz (meist auch festfrequente Betriebsart) bestimmt; diese liegt je nach Schrittmachertyp im Bereich der Basisfrequenz oder in höheren Frequenzbereichen (80 – 100/min). Genaue Angaben finden sich in den Datenblättern des jeweiligen Schrittmachers. Sollen hohe Testfrequenzen vermieden werden, so kann der Schrittmacher auch durch hochfrequente Brustwandstimulation (400/min) (Abb. 6.13) in die festfrequente Arbeitsweise bei Störfrequenz revertiert werden.

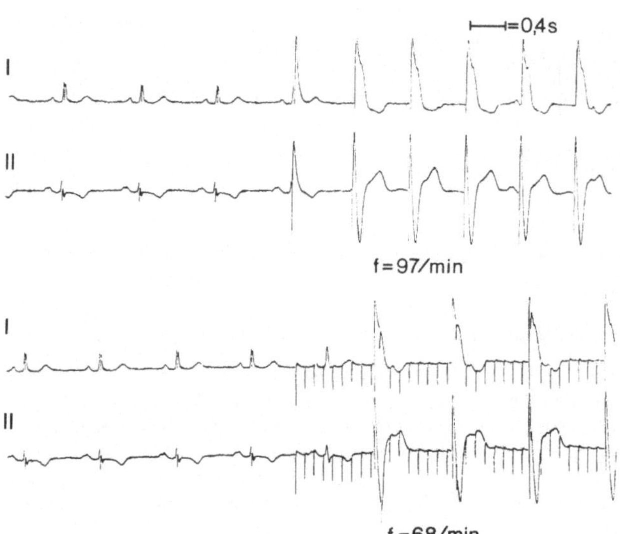

Abb. 6.13. Einschalten des inhibierten Schrittmachers. I, II: EKG-Extremitätenableitungen. Oben: Bei Einschalten des inhibierten Schrittmachers mit einem Testmagneten resultiert Stimulation mit der Testfrequenz: 97/min. Unten: Bei Einschalten desselben Schrittmachers mittels hochfrequenter Brustwandstimulation resultiert eine Schrittmacherstimulation mit der Störfrequenz: 68/min (Typ Starr Edwards 8116)

Frequenzmessungen werden im Rahmen der Funktionskontrolle von Schrittmachern durchgeführt, wie auch zur Erfassung des Zeitpunktes der beginnenden Batterieerschöpfung und zur Planung des Termins zum Schrittmacherwechsel. Dazu sind bei Schrittmachern mit Quecksilberoxyd-Zink-Primärelementen nach dem 30. Monat 4wöchige Kontrollen angebracht. Bei Schrittmachern mit Lithiumbatterien sollten nach 60 Monaten Betriebszeit ¼jährliche Kontrollen durchgeführt werden. Verschiedene Lithiumbatterien sollen aufgrund stufenweise ablaufender elektrochemischer Reaktionen mehrere Entladungsebenen zeigen [694], so daß sich das Ende der Batteriebetriebszeit (E.O.L. = end of life) frühzeitig bei ausreichender Gangreserve ankündigt (Abb. 6.14). Ob sich diese aus theoretischen Überlegungen gewonnenen Entladungscharakteristiken auch in klinischen Langzeituntersuchungen in einem entsprechenden Frequenzverhalten der Schrittmacher bestätigen, ist nicht gesichert. Patienten, die bei den vorangehenden Kontrollen nach elektrischer Schrittmachersuppression (Brustwandstimulation) asystolisch waren oder Herzfrequenzen unter 35/min aufwiesen, sollten schon vor dem 30. bzw. 60. Monat engmaschig überwacht werden. Dazu gehören regelmäßige Kontrollen durch den Hausarzt, sowie die tägliche Pulszählung durch den Patienten. Für die Eigenkontrolle des Patienten sind verschiedene elektronische Geräte entwickelt worden, die das Unterschreiten einer kritischen Grenzfrequenz anzeigen.

Nach Herstellerangaben beträgt die Betriebsdauer herkömmlicher unipolarer Bedarfsschrittmacher mit Quecksilberoxyd-Zink-Batterien 24–48 Monate, mit Lithium-Batterien 6–12 Jahre und mit Radio-Nuklid-Batterien 8–20 Jahre. Nach einer Statistik von Furman [210] lag

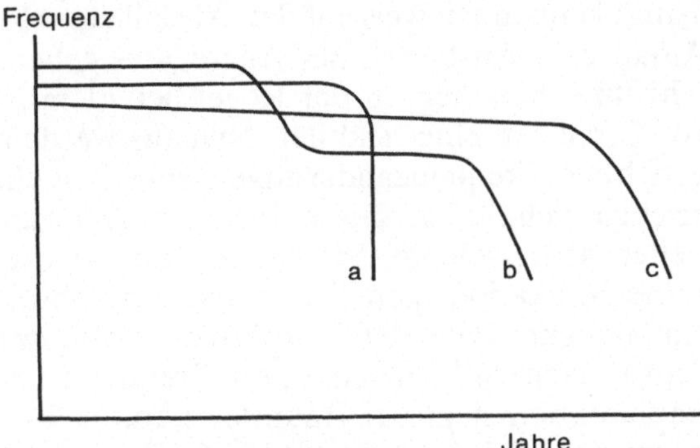

Abb. 6.14. Abnahme der Stimulationsfrequenz in Abhängigkeit von der Betriebsdauer des Schrittmachers. a) Unvermittelter Frequenzabfall bei Schrittmachern mit herkömmlichen Quecksilberoxyd-Zink-Batterien. b) Biphasischer Frequenzabfall bei Schrittmachern mit Lithium-Silberchromat- und Lithium-Kupfersulfid-Batterien. c) Allmählicher Frequenzabfall bei Schrittmachern mit Lithium-Jod-Batterien (nach Herstellerangaben, vgl. Text)

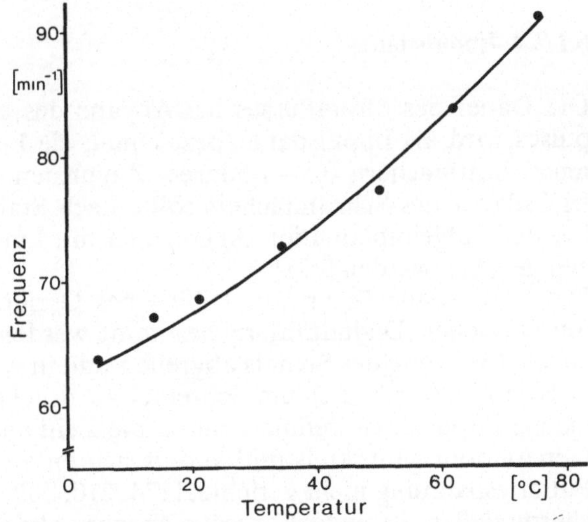

Abb. 6.15. Zunahme der Schrittmacherfrequenz mit der Betriebstemperatur. Zwischen 20 und 80° C zeigt sich eine nahezu lineare Abhängigkeit der Stimulationsfrequenz von der Temperatur (Schrittmacher mit Lithium-Batterie, vor Implantation)

die Betriebsdauer von 161 im Jahre 1976 ausgewechselten Schrittmachern verschiedener Hersteller mit herkömmlichen Batterien bei 35,8 Monaten. Dabei lag in je etwa 10% der Fälle die Betriebsdauer unter 24 bzw. über 48 Monate.

Als Indikation für den Schrittmacheraustausch gilt im allgemeinen ein Frequenzabfall von 5 – 10% bezogen auf die initiale Basisfrequenz. Die Austauschkriterien der unterschiedlichen Schrittmacher werden jeweils gesondert angegeben (s. S. 129). Als Indikator wird auch die Zunahme der Differenz zwischen Testfrequenz und Basisfrequenz, oder das Absinken der Testfrequenz auf die Basisfrequenz angegeben. Plötzliche Frequenzabfälle von ca.

3/min können Hinweis auf den Ausfall eines Primärelementes sein und sollten Anlaß zum Austausch des Aggregates geben. Die Frequenz eines Bedarfsschrittmachers liegt in der Regel bei 70/min. Geringfügige Abweichungen vor Erreichen eines stabilen Niveaus werden gelegentlich beobachtet. Ungerichtete Frequenzänderungen sprechen für die Instabilität der elektronischen Schaltung. Diese Frequenzänderungen bedürfen der Kontrolle, stellen aber, solange 5% des Ausgangswertes nicht überschritten werden, keine Indikation zum Schrittmacherwechsel dar. Frequenzänderungen in Abhängigkeit von der Körpertemperatur werden besonders bei Lithium-Schrittmachern beobachtet; die Frequenz eines Lithium-Schrittmachers vor Implantation liegt bei Raumtemperatur 5 – 7 pro min unter der Basisfrequenz nach Implantation (Abb. 6.15).
Spontane bedrohliche Frequenzzunahme (Schrittmacherrasen) oder unkontrollierte Frequenzzunahme bei Abnahme der Energiereserve („runaway pacemaker“) werden heute kaum noch beobachtet, da die Mehrzahl der modernen Schrittmacher mit Frequenzbegrenzungsschaltungen ausgestattet ist.

6.1.2.4 Impulsdauer

Die Dauer des Stromflusses bei Abgabe des elektrischen Stimulationsimpulses wird als Impulsdauer bezeichnet; sie beträgt bei derzeit verwendeten Schrittmachern 0,5 – 1,5 msec. Zugunsten einer möglichst langen Betriebsdauer des Schrittmachers sollte nach Stabilisierung der Reizschwelle bei der Folgeimplantation Aggregaten mit kurzen Impulsdauern der Vorzug gegeben werden [703].
Die Impulsdauer kann mit Hilfe eines Oszillographen ausgemessen oder mit speziellen Digitalzählern bestimmt werden, die den Meßwert aus der ersten Ableitung des Signals abgreifen und in Mikrosekunden anzeigen und in Kombination mit einem Schreiber ausdrucken. Die Dauer eines Schrittmacherimpulses ist definiert durch die Zeitkonstante eines RC-Gliedes im Generatorausgangskreis und ändert sich im allgemeinen bei Abnahme der Batteriespannung nicht gerichtet [174, 210, 262, 340]. Bei einigen Schrittmachermodellen ist jedoch zusätzlich zur Abnahme der Schrittmacherfrequenz die Zunahme der Impulsdauer als weiterer Indikator für bevorstehende Batterieerschöpfung angegeben (z. B. Medtronic: Xyrel 5973, Telectronics: 140 b).
Änderungen der Impulsdauer können bei programmierbaren Schrittmachern spontan auftreten oder Folge eines Defektes im Ausgangskreis des Schrittmachers sein.

6.1.2.5 Impulsamplitude

Als Impulsamplitude wird die Höhe des Stimulationsartefaktes in mV bezeichnet. Die Impulsamplitude ist bei unipolarer und bei bipolarer Stimulation unterschiedlich hoch (Abb. 6.16) und je nach Lage des differenten und

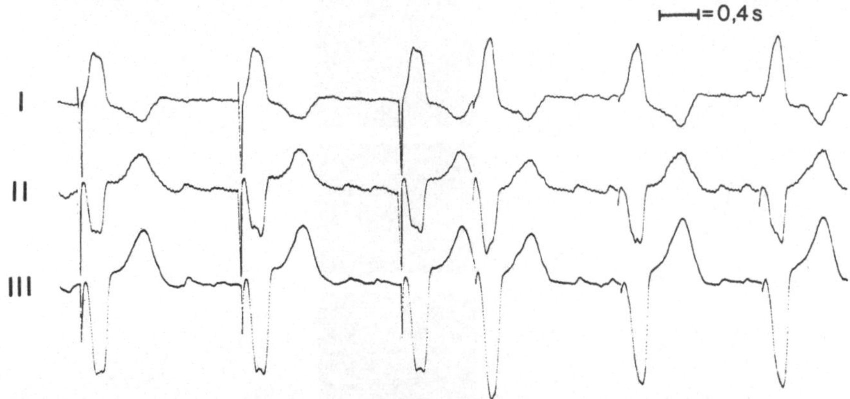

Abb. 6.16. Impulsamplitude. Amplitude des Stimulationsartefaktes bei unipolarer und bipolarer Stimulation (gleiche Sondenlage). I, II, III: EKG-Extremitätenableitungen

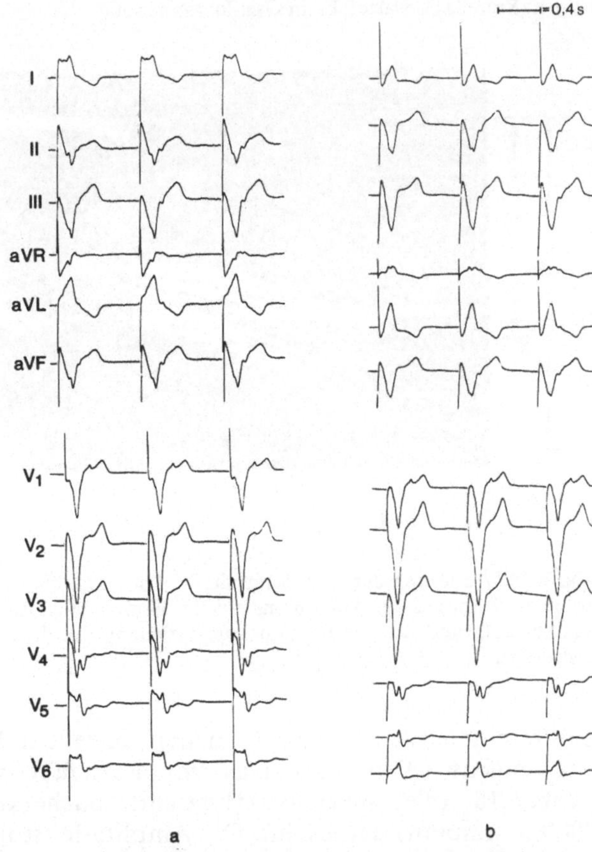

Abb. 6.17 a u. b. Impulsamplitude. Links (**a**): Stimulationsartefakte bei rechtsinfraklavikulärer Lage des Schrittmachers. Rechts (**b**): Stimulationsartefakte bei linksinfraklavikulärer Lage des Schrittmachers (gleicher Patient, gleiche intrakardiale Sondenlage)

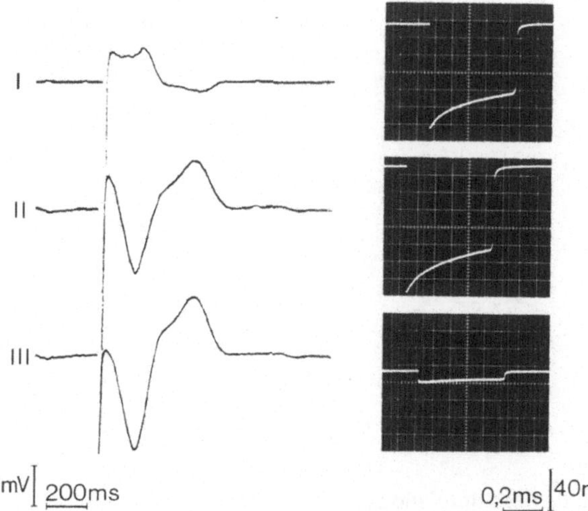

Abb. 6.18. Impulsamplitude. Links: Stimulationsartefakt in den EKG-Ableitungen I, II, III. Rechts: Stimulationsartefakt im Oszillographenbild

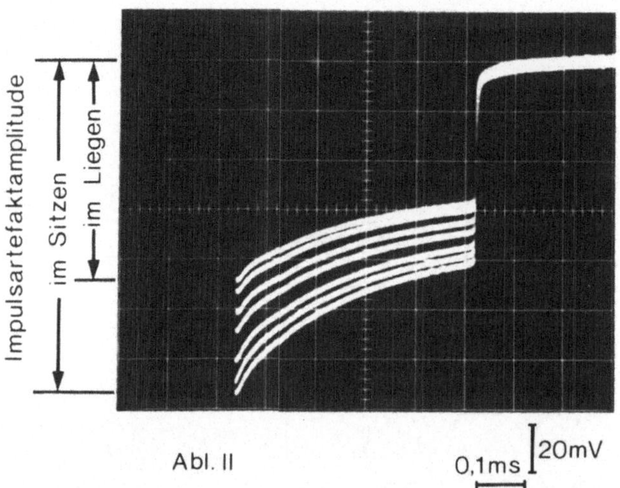

Abb. 6.19. Änderung der Impulsamplitude. Photographische Aufnahme vom Speicheroszillographen. Während des Aufrichtens aus der Horizontalen nimmt die Amplitude des Impulsartefaktes aufgrund der veränderten Lagebeziehung des differenten und indifferenten Elektrodenpols zu

indifferenten Elektrodenpols in den einzelnen EKG-Ableitungen negativ oder positiv (Abb. 6.17). Das Impulsartefakt wird mit dem Oszilloskop (Abb. 6.18) oder speziellen Herzschrittmacherkontrollgeräten (z. B. SMK 2000, Gutmann) dargestellt. Die Amplitude ist in der Regel 20 bis 500 mV hoch (also bis zu 500mal größer als das EKG-Signal) und kann an der aufsteigenden oder an der abfallenden Flanke des Artefaktes oder in definierter Zeit nach Impulsbeginn bestimmt werden. Die Artefaktamplitude ist abhängig von der Impedanz der Elektrode und des Gewebes zwischen Stimulationsort und Ableitort, von der gewählten EKG-Ableitung, von der Lage des Patienten (aufrecht, liegend) von der Respirationsphase und der Lagebeziehung der Herzachse zum Thorax. Zur Früherkennung einer drohenden Batterieerschöpfung hat sich die Messung der Artefaktamplitude nicht bewährt, da die Amplitudenschwankungen der Projektion des Dipols auf eine elektrokardiographische Ableitung aufgrund räumlicher Änderungen (Zwerchfellstand, Respirationsphase, Körperhaltung) bedeutend größer sind als die durch Änderungen der Ausgangsspannung (Abb. 6.19). Signifikante Änderungen der Artefaktamplitude würden sich erst jenseits eines noch zu tolerierenden batteriebedingten Frequenzabfalls ergeben oder bei sehr großen Widerstandsänderungen, z. B. nach Lösen des Kontaktes zwischen Impulsgenerator und Elektrode oder bei Elektrodenfraktur [vgl. Abb. 6.25, S. 309].

6.1.2.6 Zeitkonstante

Bei Stromfluß im Gewebe – während der Impulsdauer – nimmt die Gewebsimpedanz zu. Bei stromkonstanter Stimulation ist die Ausgangsimpedanz des Generators groß gegen die Gewebsimpedanzänderung, so daß ein praktisch konstanter Stromfluß resultiert. Bei spannungskonstanten Aggregaten liegt die Änderung der Gewebsimpedanz in der Größenordnung der Ausgangsimpedanz des Generators, es resultiert ein exponentieller Verlauf zwischen den Flanken des Impulsartefaktes. Dieser Verlauf ist charakterisiert durch die Zeitkonstante τ; sie gibt die Zeit an, nach der die Artefaktamplitude auf den 1/e-fachen Wert abgefallen ist (Abb. 6.20). Liegt die Generatorausgangsimpedanz zwischen den vorgenannten Ausgangsimpedanzen, so ergibt sich initial ein konstanter Stromfluß, der anschließend gegen das Ende des Impulses hin abnimmt (Abb. 6.21). Die Zeitkonstante kann entweder aus photographischen Aufnahmen vom oszillographisch darge-

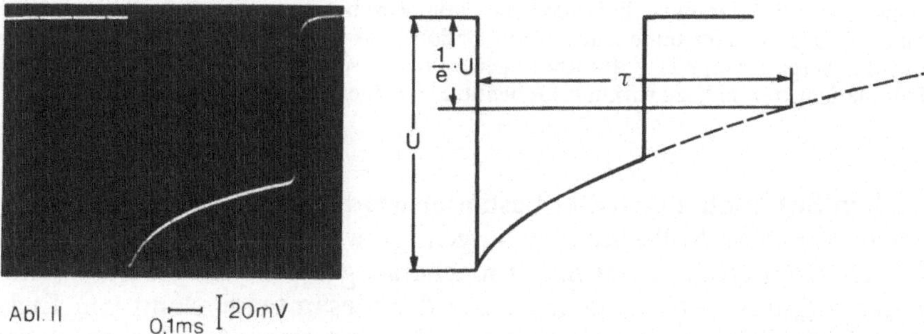

Abb. 6.20. Bestimmung der Zeitkonstante τ. Unter der Voraussetzung, daß die Abnahme der Impulsamplitude einer Exponentialfunktion entspricht, kann die Zeitkonstante grafisch aus dem Impulsartefakt ermittelt werden. Da $\tau = R \cdot C$ ist (R: Gesamtwiderstand im Patientenkreis, C: Kapazität des Ausgangskondensators des Schrittmachers), weist eine Änderung von τ (bei konstantem C) auf eine Änderung von R (Elektrodenbruch, Isolationsdefekt) hin

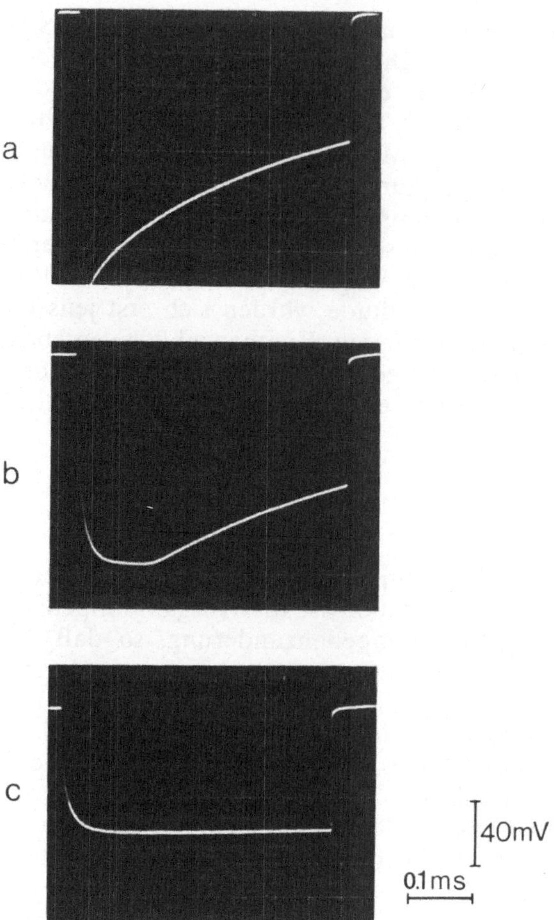

Abb. 6.21 a – c. Impulsformen verschiedener Schrittmacher. (**a**) Spannungskonstanter Impulsgenerator: der während der Impulsdauer fließende Strom nimmt bei zunehmender Impedanz im Stimulationskreis ab. Die Schrittmacherausgangsimpedanz ist niedrig. (**b**) Strombegrenzter Impulsgenerator: der initial fließende hohe Strom wird begrenzt, anschließend nimmt der Stromfluß bei zunehmender Impedanz im Stimulationskreis ab. (**c**) Stromkonstanter Impulsgenerator: die Ausgangsimpedanz des Impulsgenerators ist so hoch, daß die Impedanzänderung im Stimulationskreis nahezu wirkungslos bleibt, es resultiert ein konstanter Stromfluß

stellten Stimulationsartefakt bestimmt werden, oder mit speziellen Meßgeräten direkt in Millisekunden angezeigt werden. Bei bekannter Kapazität des Kondensators am Schrittmacherausgang läßt sich daraus (ohne Berücksichtigung der Imaginäranteile) der Gesamtwiderstand von Elektrode und Gewebe berechnen ($\tau = R \cdot C$, R: Gesamtwiderstand im Patientenkreis, C: Ausgangskondensator des Schrittmachers). R wird groß bei unvollständiger Elektroden- oder Adapterdiskontinuität, der Widerstand wird dagegen kleiner bei Isolationsdefekten im Bereich der Elektrode. Durch regelmäßige Kontrollmessung der Zeitkonstante τ kann somit in Einzelfällen

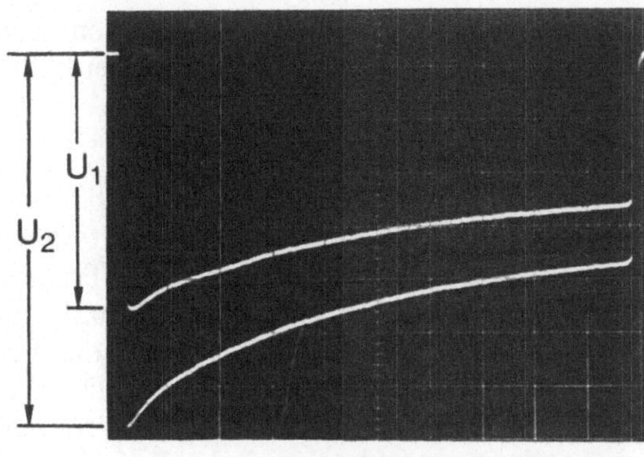

Abb. 6.22. Zeitkonstante. Bei horizontaler und aufrechter Körperhaltung ergeben sich unterschiedliche Werte für τ, wodurch die Streuung dieses Parameters vergrößert wird (vgl. Text)

noch vor Manifestation eines Stimulationsausfalles die Diagnose einer gestörten Zuleitung des Stimulationsimpulses mit Widerstandsänderung im Stimulationskreis gestellt werden. Bei Wertung des Meßergebnisses ist zu berücksichtigen, daß die Zeitkonstante ähnlich wie die Impulsamplitude eine große Streuung aufweist (Abb. 6.22).

6.1.2.7 Stimulationsintervall

Der zeitliche Abstand zwischen zwei Schrittmacherimpulsen wird als Stimulationsintervall bezeichnet und ist der Stimulationsfrequenz reziprok. Die Stimulationsintervalle der verschiedenen Betriebsarten des Schrittmachers, wie Stimulation bei Basisfrequenz, festfrequente Stimulation bei Testfrequenz oder Stimulation bei elektromagnetischer Interferenz (Störfeld) können große Unterschiede aufweisen. Die Messung des Intervalls erfolgt mit einem elektronischen Digitalzähler, der die Meßgröße in Millisekunden angibt (z. B. Medtronic Herzschrittmachermonitor 9500) und in Verbindung mit einem Schreiber ausdruckt.

Bei Abnahme der Grundfrequenz und der Testfrequenz nehmen die entsprechenden Stimulationsintervalle zu. Der Temperatureinfluß auf die Dauer des Stimulationsintervalls wird im Millisekundenbereich besonders deutlich, so daß Änderungen dieser Meßgröße nicht Ursache eines drohenden Generatorausfalls sein müssen. Bei den derzeitigen Schrittmachern sollte eine Änderung der Dauer des Stimulationsintervalls von 40 bis 80 msec (entsprechend einer Frequenzänderung von 5 – 10%) Anlaß zum Austausch des Schrittmachers sein.

Der Betrag der Standardabweichung des Stimulationsintervalls vom statistischen Mittelwert läßt sich nicht mit der Abnahme der Batteriespannung korrelieren. Nur bei Schrittmachern, die eine Abhängigkeit des Stimulationsintervalls vom Lastwiderstand aufweisen, ist eine Zunahme der Standardabweichung bei intermittierenden Leitungsunterbrechungen („Wakkelkontakt") während der Messung denkbar.

6.1.2.8 Refraktärzeit

Die Refraktärzeit eines Bedarfsschrittmachers ist definiert als das poststimulatorische Intervall, in dem eine Triggerung der Detektionseinheit des Schrittmachers durch elektrische Signale nicht erfolgt. Auch im Anschluß an einen Detektionsvorgang („reset" des Basisintervalls) ist die Triggerung des Bedarfsschrittmachers, d. h. die Detektion eines weiteren elektrischen Signals für eine bestimmte Zeit nicht möglich, so daß eine poststimulatorische und eine postdetektorische Refraktärzeit von unterschiedlicher Dauer gemessen werden können (Abb. 6.23). Die poststimulatorische Refraktärzeit ist ca. 300 bis 400 msec lang; während dieses Intervalls wird die Auslösung der Detektionseinheit des Schrittmachers durch Schrittmachernachpotentiale [41], durch T- oder P-Wellen oder durch Polarisationsvorgänge im Elektroden-Myokard-Interface verhindert.

Die Messung der poststimulatorischen Refraktärzeit kann mit Hilfe eines externen triggerbaren Schrittmachers mit wählbarer Verzögerung der Impulsabgabe über Brustwandelektroden durchgeführt werden (Abb. 6.23). Die Refraktärzeit mancher Schrittmacher ist abhängig von der Impulsamplitude des externen Schrittmachers. Mitunter fällt bei dieser Untersuchung eine inkomplette Rückstellung des Zeitgebers mit verkürztem Stimulationsintervall auf. Die postdetektorische Refraktärzeit kann gemessen werden, indem an den ersten Triggerimpuls ein zweiter mit variabler Verzögerung angekoppelt wird und der Abstand zwischen beiden so lange vergrößert wird, bis der zweite Triggerimpuls vom internen Schrittmacher detektiert wird. Der Abstand zwischen dem ersten Triggerimpuls und dem folgenden Impuls des implantierten Schrittmachers stellt dann die Summe aus postde-

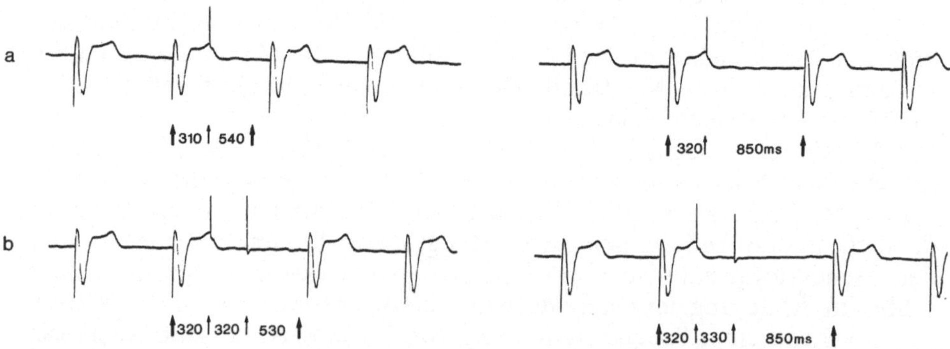

Abb. 6.23 a u. b. Messung der Refraktärzeit des implantierten Schrittmachers durch gekoppelte Brustwandstimulation mit einem externen Universalstimulator. (**a**) Poststimulatorische Refraktärzeit: Bei einem Kopplungsintervall von 310 msec erfolgt keine Detektion des Signals (links). Bei einem Kopplungsintervall von 320 msec ist die Refraktärzeit überschritten, es resultiert ein reset des Zeitgebers (850 msec). (**b**) Ein zweiter Stimulus wird detektiert, wenn der Abstand zum vorausgehenden Signal mindestens 320 msec beträgt: postdetektorische Refraktärzeit

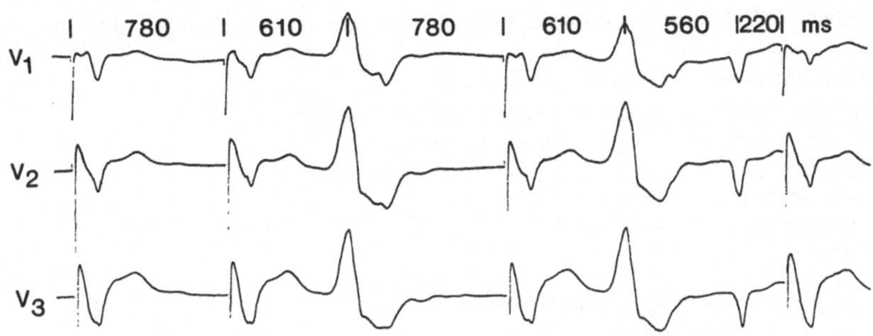

Abb. 6.24. Postdetektorische Refraktärzeit. V_1, V_2, V_3: Wilson-Ableitungen. Bei Einfall zweier ventrikulärer Extrasystolen wird die zweite nicht detektiert, da sie innerhalb der postdetektorischen Refraktärperiode des Schrittmachers (560 msec) liegt: der nachfolgende Schrittmacherstimulus fällt frühzeitig (220 msec) in die Erregungsrückbildungsphase der ventrikulären Extrasystole ein

tektorischer Refraktärzeit und Schrittmachergrundzyklus dar. Die Bestimmung der Refraktärzeit des Schrittmachers hat für die Funktionskontrolle von Schrittmachern keine große Bedeutung erlangt. Sie ist jedoch für das Verständnis der Genese schrittmacherbedingter Arrhythmien von Relevanz (Abb. 6.24).

6.1.3 **Komplikationen** (Tabelle 6.7)

6.1.3.1 Operatives Vorgehen, intra- und postoperative Komplikationen

Als bevorzugte Methode wird heute bei der Schrittmacherimplantation die infraklavikuläre Position des Aggregates bei transvenöser Sondenlage gewählt. Die Elektrode wird unter Lokalanästhesie, vorzugsweise über die V. cephalica mit einem anschließend zu entfernenden Mandrin unter Bildwandlerkontrolle in die Spitze des rechten Ventrikels vorgeführt. Reizschwellenmessungen erlauben die günstigste Lokalisation des Elektrodenkopfes. Vom gleichen Hautschnitt aus wird das Aggregat unter das subkutane Fettgewebe plaziert. Die intraoperative Letalität lag bei einem repräsentativen Patientenkollektiv (3884 Erstimplantationen und Wiedereingriffe) um 0,25% [551]. Die intra- und postoperative Gesamtletalität (bis zum 15. postoperativen Tag) lag bei 1,26% (39 Todesfälle bei 3884 Eingriffen zwischen 1962 und 1975) [551]. Intraoperative Todesursachen waren überwiegend nicht beherrschbare Herzrhythmusstörungen (Kammerflimmern).

6.1.3.2 Elektroden

Die häufigste postoperative Komplikation, die zu einer Revision des Schrittmachersystems Anlaß gibt, ist die frühzeitig nach Implantation auftretende Elektrodendislokation; sie wird in bis zu 20% der Fälle angegeben

Tabelle 6.7. Therapie mit implantierbaren Schrittmachern: Komplikationen

Komplikationen beim operativen Eingriff
Herzrhythmusstörungen (Asystolie, Kammerflimmern)
Myokardperforation mit Herzbeuteltamponade
Primäre Infektion
Pneumothorax
Luftembolie
Hämatom

Postoperative- und Spätkomplikationen
Wundheilungsstörungen
Drucknekrosen an der Schrittmachertasche und im Verlauf der Sonde
Hautperforation
Sekundärinfektion
Sepsis
Allergische Reaktion

Elektrodenbedingte Komplikationen
Elektrodendislokation
Reizschwellenerhöhung
Elektrodenfraktur
Isolationsdefekt
Adapterdiskonnektion
Myokardpenetration
Transseptale Penetration
Skeletmuskel- und Nervenstimulation
Venenthrombose und Thrombembolie

Schrittmachersystembedingte Komplikationen
Vorzeitige Batterieerschöpfung
Funktionsausfall durch Produktionsfehler
Schrittmacherinduzierte Rhythmusstörungen
Impulsunterdrückung durch intrinsische elektrische Störsignale (Muskelpotentiale) sowie galvanische und elektromagnetische Interferenzen
Steigerung der Impulsfrequenz durch galvanische und elektromagnetische Interferenzen
Interferenzen zwischen Impulsabgabe und Herzeigenaktionen

[141, 186, 482, 526, 551]. Die Abhängigkeit der Dislokationsrate vom verwendeten Elektrodentyp ist durch zahlreiche Untersuchungen belegt [54, 317, 482]. Elektrodenköpfe mit besonderen Haltevorrichtungen (Schraubelektroden [437, 634], Borstenelektroden [209, 566], Widerhakenelektroden [292] und Vorhofelektroden in J-Version [319] sollen diesen hohen Prozentsatz senken.

Eine mit hoher Letalität belastete elektrodenbedingte Komplikation ist die intraoperative Myokardperforation; eine relativ günstigere Prognose weist die allmähliche Penetration der Elektrode auf [551, 709]. Myokardpenetrationen können, abgesehen von der Ineffektivität der Myokardstimulation und dem gelegentlichen Auftreten von schrittmachersynchronen Zwerchfellkontraktionen, asymptomatisch bleiben. Ein Wandel vom Linksschenkelblock zum Rechtsschenkelblock im EKG kann Hinweis auf eine transseptale Penetration sein. Als frühzeitiges Zeichen ist das Auftreten eines en-

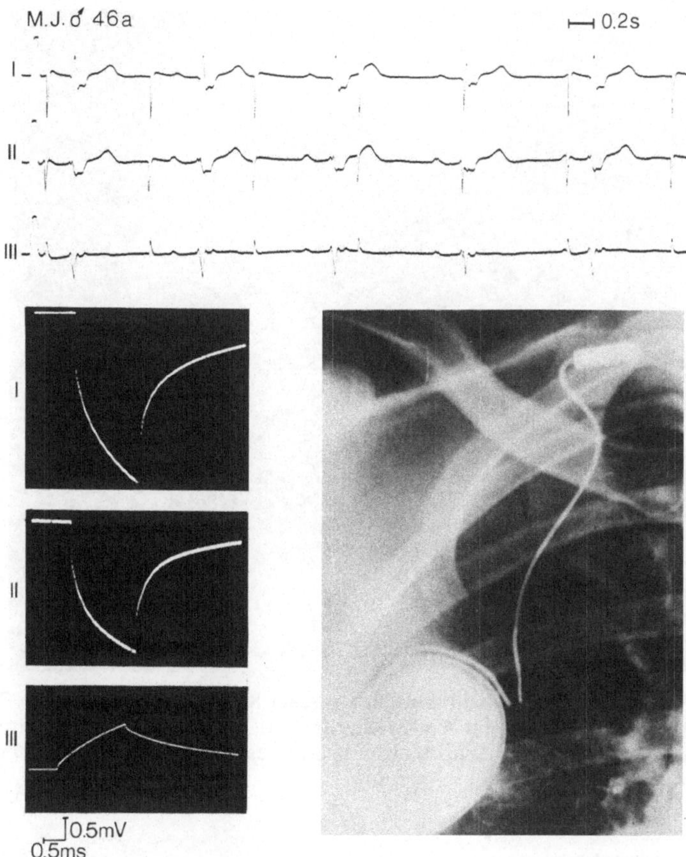

Abb. 6.25 a. EKG, Stimulationsartefakt und Röntgenbild bei kompletter Elektrodenfraktur. I, II, III: EKG-Extremitätenableitungen. Im EKG kommt die aufgehobene Stimulations- und Detektionsfunktion zur Darstellung. Das Oszillografenbild zeigt eine deutlich verminderte Artefaktamplitude mit trägem Anstieg und Abfall der Impulsflanken sowie eine Zunahme der Artefaktdauer. In der Röntgenaufnahme Sondenfraktur am Ort besonders starker Beanspruchung. Im Nebenbefund rechts oben Z. n. Sondenreparatur mittels Kopplungsstück. (Schrittmachertyp: Omni-Stanicor λ)

dokardialen Geräuschbefunds („friction rub") möglich [229], der zu weiterführender Diagnostik und ggf. zur Sondenrevision Anlaß geben sollte. Die Herzbeuteltamponade ist eine eher seltene Komplikation der Myokardpenetration [172, 305, 709].

Weitere elektrodenbedingte Komplikationen sind Reizschwellenerhöhungen, die vorzugsweise in den ersten 4 Wochen nach Elektrodenimplantation auftreten (s. S. 119). Eine Zunahme von Störungen der Detektionsfunktion ist bei zunehmender Verwendung kleinflächiger Elektrodenköpfe zu erwarten [287], umfassende klinische Langzeitstudien liegen allerdings noch nicht vor. Elektrodenfrakturen treten in 4,5% der Fälle auf [108, 482] und können zu intermittierendem oder dauerndem Stimulationsausfall mit leta-

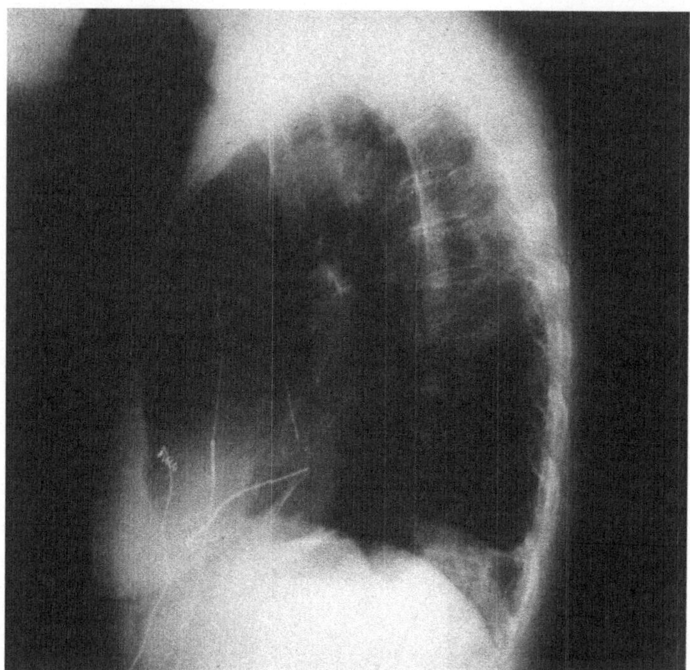

Abb. 6.25 b. Elektrodenfraktur an typischer Stelle. Röntgenbild einer 71jährigen Pat. mit AV-Block III. Grades. Beim Wiedereingriff wurde eine myokardiale Elektrode implantiert. Die abdominale Lage des Schrittmacheraggregates wurde beibehalten. Die Elektrodenfragmente wurden belassen

len Folgen führen. Im EKG können die frustranen Schrittmacherstimuli in der Basisfrequenz sichtbar bleiben (Abb. 6.25 a). In der Regel ist die Elektrodenfraktur nicht auf einen Materialfehler zurückzuführen, sondern Folge einer natürlichen Materialermüdung durch unablässige, permanent wechselnde Druck-, Zug- und Torsionsspannungen. Prädilektionsstellen für Frakturen sind Elektrodenabschnitte mit maximaler Auslenkung oder in der Nachbarschaft fixierter Abschnitte. Dislokationen und Elektrodenfrakturen als Folge ausgeprägter Bewegungen bei körperlicher Arbeit sind beschrieben worden [484] (Abb. 6.25 b). Eine weniger häufige Ursache des Stimulationsausfalls ist die Lösung des Elektrodenadapters vom Schrittmacheraggregat (Abb. 6.26).
Zur vollständigen Unterbrechung der Stimulation kann auch die Retraktion der Elektrode durch Rotation des Schrittmacheraggregates (pacemaker twiddler's syndrome) führen [162, 322, 421, 577] (Abb. 6.27).

Abb. 6.27. Retraktion der Elektrode durch Rotation des Schrittmacheraggregates mit nachfolgender Aufwickelung der Sonde (pacemaker twiddler's syndrome). Röntgenbild eines 48jährigen Pat. mit Sinusknoten-Syndrom. Durch Dislokation der Sonde sistierte die Elektrostimulation des Herzens. Links: bei Entlassung, rechts: bei Wiederaufnahme ▶

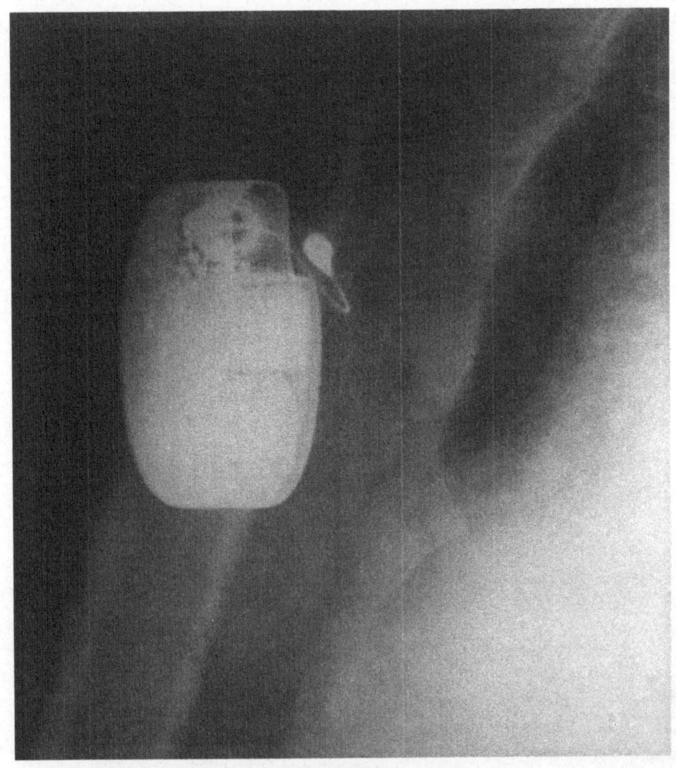

Abb. 6.26. Vollständige Adapterlösung. Röntgendetailaufnahme, 47jähriger Pat. mit AV-Block III. Grades. Der Patient wurde wegen eines Adams-Stokes-Anfalles nach Schrittmacherimplantation erneut in die Klinik aufgenommen. Aufgrund der unterbrochenen Impulsübermittlung sistierte die Elektrostimulation des Herzens

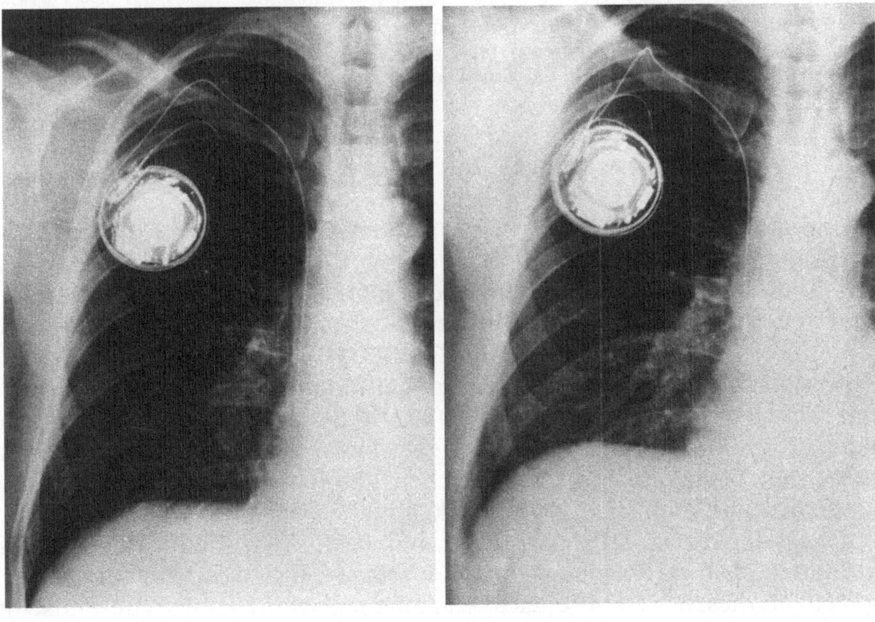

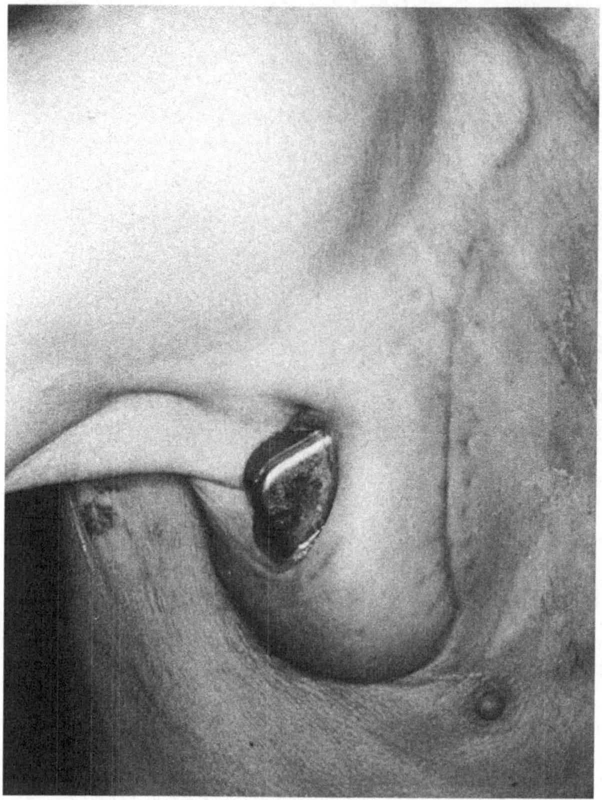

Abb. 6.28. Hautperforation nach Drucknekrose durch das Herzschrittmacheraggregat. 76jähriger Pat. mit bradykarder Herzinsuffizienz. Nach Sturz auf die Schrittmachertasche war es zur Nekrose mit anschließender Hautperforation und Infektion der Schrittmachertasche gekommen. Die Schrittmacherfunktion war regelrecht. Das Schrittmachersystem wurde insgesamt entfernt und durch ein neues auf der kontralateralen Seite ersetzt

6.1.3.3 Wundheilungsstörungen, Infektionen und Drucknekrosen

An zweiter Stelle der Häufigkeit von Komplikationen bei der Schrittmachertherapie stehen Wundheilungsstörungen, Infektionen und Drucknekrosen. Diese Komplikationen treten postoperativ sehr viel seltener auf als im späteren Verlauf und werden in der Literatur mit 1,5 bis 13% angegeben [88, 102, 551, 575, 594]. Subakute Infektionen, bei denen die Kontamination schon bei der Implantation stattgefunden hat, können aufgrund der nur wenig pathogenen Hautkeime (häufig Staph. epidermidis) [551] einen langen, symptomarmen Verlauf zeigen, bevor es, mitunter in Verbindung mit einer geringgradigen traumatischen Irritation zu akuten Entzündungszeichen mit Abnahme der überdeckenden Gewebsschicht, lokalen Durchblutungsstörungen, Drucknekrosen und Perforation der Haut (Abb. 6.28) kommen kann. Hohes Gewicht und eckige Form des Schrittmachers begünstigen diesen Verlauf ebenso wie eine reduzierte subkutane Fettschicht,

besonders bei älteren Patienten. Nicht selten findet sich zusätzlich ein Diabetes mellitus.
Taschenkomplikationen müssen meist operativ behandelt werden; bei zusätzlicher Infektion ist das System in toto zu entfernen und auf der kontralateralen Seite ein neues zu implantieren.
Bei Infektion des Schrittmachersystems droht als weitere ernste Komplikation die Sepsis, die selten eintritt, aber häufig letal endet.
Außer Perforationen im Bereich des Schrittmacheraggregates können Drucknekrosen der Haut mit nachfolgender Fistelbildung auch im Verlauf der Elektrode auftreten, was im ungünstigsten Fall zur Endokarditis mit Streuung bakteriell infizierten thromboembolischen Materials in andere Organe führt [322].
Nicht zuletzt aus diesen Gründen ist die Elektrodenführung zur rechten Herzkammer möglichst zentral, d. h. eher über die Vena cephalica als über die Vena jugularis externa zu wählen [575].

6.1.3.4 Galvanische und elektromagnetische Interferenzen

Elektrische Signale können zu einer Beeinträchtigung der Schrittmacherfunktion führen, wenn sie sich bei direktem Kontakt des Patienten mit einer Spannungsquelle (galvanischer Strom) oder durch Induktion aus elektrischen oder magnetischen Wechselfeldern in die elektronische Schrittmacherschaltung einkoppeln. Störsignale gelangen entweder über die Stimulationselektrode – ähnlich wie das Nutzsignal (endokardiales Elektrogramm) – in den Schaltkreis des Schrittmachers oder werden unmittelbar in diesem induziert. Elektronische Filter im Eingangskreis der Schaltung sowie metallische Abschirmung des Aggregates vermögen das System gegen die Störungen nicht vollständig zu schützen. Als systemimmanent verbleiben darüber hinaus Betriebsstörungen von Bedarfsschrittmachern, solange die elektronische Diskriminierung von Stör- und Nutzsignal durch die Detektionseinheit nicht in jedem Fall exakt gewährleistet ist.
Die Reaktion eines implantierten Schrittmachers auf galvanische Ströme und elektrische oder magnetische Wechselfelder wird bestimmt durch den Schrittmachertyp, die Stärke und Frequenz des Stromes oder des Wechselfeldes und den Abstand zum Schrittmacher [576]. Neben der Grundfrequenz ist besonders die Modulation eines elektrischen Vorganges für das Schrittmacherverhalten von Bedeutung. So wird ein negativ gesteuerter Bedarfsschrittmacher z. B. in der Nähe eines starken magnetischen Wechselfeldes mit einer Frequenz von 300 Hz auf Störfrequenz umschalten und das Myokard festfrequent stimulieren; handelt es sich aber um einen amplituden- oder frequenzmodulierten („gepulsten") Vorgang, d. h. wird dieses Wechselfeld beispielsweise 100mal in der Minute ein- und ausgeschaltet, so kann die Impulsabgabe des Bedarfsschrittmachers unterdrückt werden (Abb. 6.29).
Der festfrequente Schrittmacher gilt als der betriebssicherste Pacertyp. Galvanische Ströme, die z. B. bei Berührung ungeerdeter oder defekter Haushaltsgeräte, bei Betätigung von Sensorschaltern (dabei können Ströme

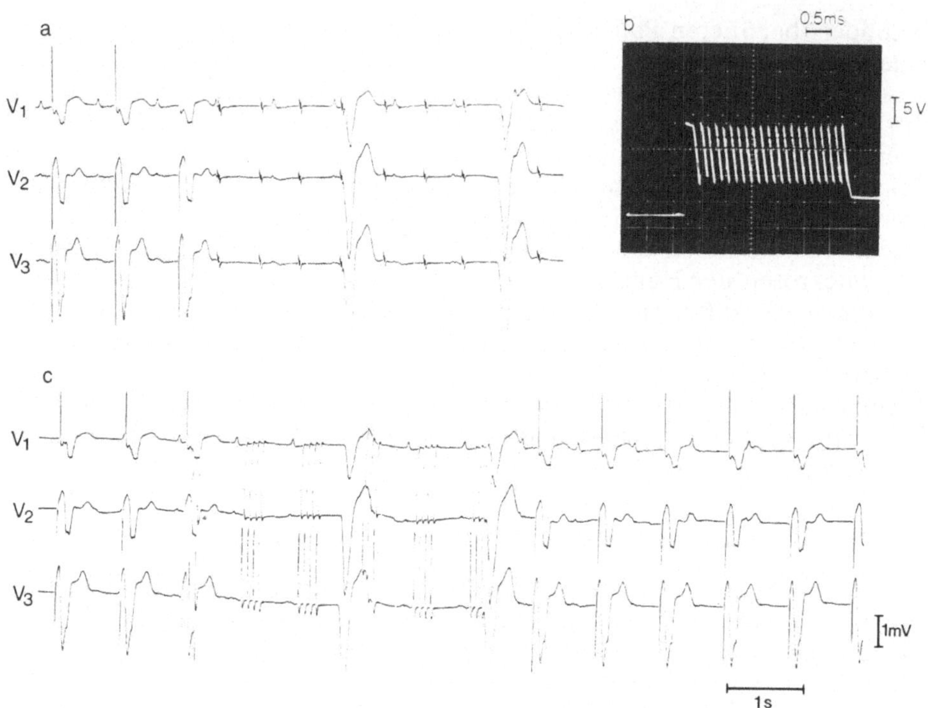

Abb. 6.29 a–c. Reaktion eines negativ gesteuerten Bedarfsschrittmachers auf ein hochfrequentes, „gepulstes" elektromagnetisches (**a**) und elektrisches (**c**) Feld. V_1, V_2, V_3: Wilson-Ableitungen. Obwohl es sich hier um hochfrequente Störungen handelt, schaltet der Schrittmacher nicht auf festfrequente Betriebsart um, sondern wird aufgrund der ausgeprägten Modulation inhibiert. (**b**) Oszillographische Darstellung der hochfrequenten Störung (**a**)

bis zu mehreren 100 µA durch den menschlichen Körper gegen Erde fließen [56]) oder auch Brustwandstimuli mit einer Amplitude von 20 mA in einer Frequenz von 800/min führen im allgemeinen nicht zu einer Beeinträchtigung der Funktion des festfrequenten Schrittmachers. Auch Elektrokauter, bei denen hochfrequente Wechselströme zwischen einer großflächigen indifferenten und einer kleinflächigen differenten Elektrode auftreten, können bei Patienten mit modernen, metallisch armierten starrfrequenten Schrittmachern angewendet werden. Erst extrem hohe Feldstärken und Frequenzen im MHz-Bereich vermögen, besonders bei nicht metallgekapselten Aggregaten, auf induktivem Wege in die elektronische Schaltung des Schrittmachers zu gelangen und seine Impulsfrequenz, -amplitude und -breite zu beeinflussen [300].

Hinsichtlich induktiver Störungen hoher Feldstärken verhalten sich Bedarfsschrittmacher ähnlich wie starrfrequente Schrittmacher: bei Einkoppeln eines repetitiven Signals können sämtliche Impulsparameter für die Dauer der Einwirkung verändert werden. Darüber hinaus können Signale, die in ihrer Frequenz und ihrem Frequenzinhalt dem endokardialen Elektrogramm ähneln, zu Schrittmacherfunktionsstörungen führen. Werden diese Signale über die Elektrode der Detektionseinheit des Schrittmachers zugeführt, so resultiert entweder eine Inhibierung (bei negativ gesteuerten Bedarfsschrittmachern) oder eine störsignalsynchrone Impulsauslösung (bei positiv gesteuerten Schrittmachern bis zu einer oberen Grenzfrequenz, die durch die Refraktärzeit des Schrittmachers definiert ist). Überschreitet das externe Störsignal eine kritische Frequenz, so schalten Bedarfsschrittmacher auf festfrequente Betriebsart um. Störsignale, die vom Schrittmacher wie Nutzsignale verarbeitet werden, können u. a. von „Wackelkontakten" bei Kontinuitätsstörungen am Adapter zwischen Aggregat und Elektrode (s. S. 295, Abb. 6.9 a) von unvollständiger Sondenfraktur [54 a] und von der Berührung verschiedener im Herzen befindlicher Schrittmachersonden [695] herrühren, ferner von Muskelkontraktionen (M. pectoralis [441, 702], Atemmuskulatur [493]) und von gepulsten hochfrequenten galvanischen Strömen oder elektromagnetischen Feldern. Bei einem Stromsprung von 10 A in einem elektrischen Kabel bei einem Abstand von 30 cm von der Schrittmacherelektrode wird in dieser kurzzeitig ein Strom von ca. 0,1 mA induziert [486]; dieser kann ausreichen, um die Detektionseinheit des Schrittmachers zu triggern.

Frequenz- und amplitudenkonstante Störungen, die den Schrittmacher auf festfrequente Arbeitsweise umstellen, können von elektromedizinischen Geräten (Diathermie: 0,6 – 1 MHz, Kurzwelle: 10 – 30 MHz, Hochfrequenztherapie: bis über 400 MHz) Elektrokautern, Sensorschaltern und defekten Haushaltsgeräten, Zündanlagen und Schweißgeräten ausgelöst sein. Bei dieser gleichsam kalkulierten Schrittmacherbeeinflussung ist zwar durch Umschaltung auf Störfrequenz eine physiologische Stimulationsfrequenz gewährleistet, rhythmologische Komplikationen können aber dennoch bei gleichzeitig bestehender Hypoxie oder Elektrolytstörung bei Herzeigenaktionen und einer derartigen festfrequenten Stimulation eintreten.

Zeitlich veränderliche Magnetfelder vermögen nicht nur bei hohen Feldstärken durch Induktion von Strömen eine Schrittmacherfunktionsstörung hervorzurufen, sondern auch bei repetitiver Schaltung des reed-relay (Magnetschalter) einen vollständigen Impulsausfall zu verursachen (s. S. 297, Abb. 6.12). Bei Abschalten der Detektionseinheit des Schrittmachers durch Magnetschalterbetätigung erfolgt (außerhalb der Refraktärzeit) jeweils ein „reset" des Zeitgenerators. Der Schrittmacher produziert in diesem Fall das inhibierende Signal durch Kurzschlußstrom zwischen reed-relay und Detektionseinheit selbst.

Auch nach Einführung automatischer Störfrequenz-Umschalter, spezieller Filter (Sperrfilter) und Dioden (Zenerdioden) in den Eingangskreis der Schaltung, metallischer Armierung des Schrittmachers sowie nach der Zuwendung zur integrierten Schalttechnik kann die Reaktion eines Schrittmachers nicht immer verbindlich vorausgesagt werden. So wurde kürzlich über einen Fall unkontrollierter Frequenzzunahme des Schrittmachers bei Hochfrequenztherapie mit letalem Ausgang berichtet [160]. Später durchgeführte Untersuchungen ergaben, daß ein Schrittmacher desselben Typs und des gleichen Herstellers ein völlig anderes Verhalten zeigte, ein dritter Schrittmacher mit vergleichbaren Betriebsdaten reagierte ebenfalls individuell unterschiedlich.

Elektrotherapeutische Eingriffe bei Schrittmacherpatienten sollten nur unter EKG-Kontrolle durchgeführt werden. Eine einwandfreie Erdung der Elektrogeräte muß gewährleistet sein. Elektrokauterisation sollte nach Möglichkeit nur fern vom Schrittmachersystem vorgenommen werden. Bei Anlegen der indifferenten Elektrode ist zu beachten, daß der Schrittmacher nicht im Stromkreis liegt. Wird die Impulsabgabe des Schrittmachers trotz Einhaltung dieser Regeln unterdrückt, so kann er mittels Testmagnet eingeschaltet werden (Abb. 6.30).

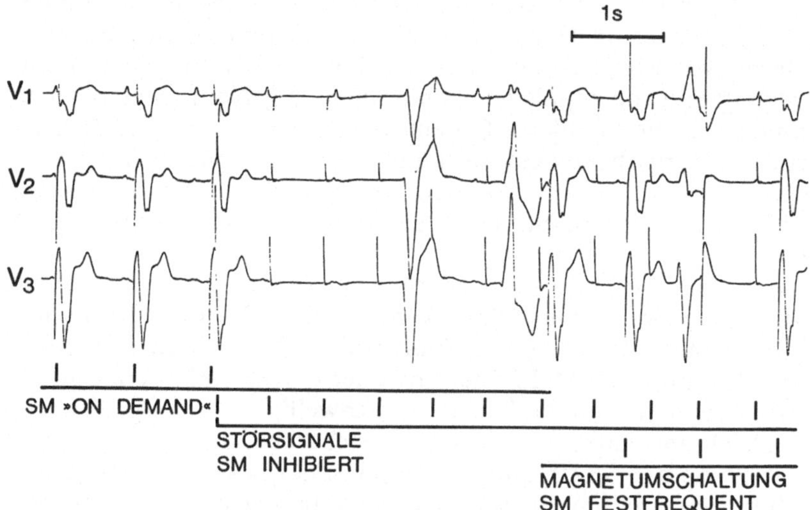

Abb. 6.30. Einschalten eines durch ein externes Störfeld inhibierten negativ gesteuerten Bedarfsschrittmachers mittels Testmagnet. V_1, V_2, V_3: Wilson-Ableitungen. Nach Aktivierung des Magnetschalters durch den Testmagneten resultiert trotz Fortbestehen des Störfeldes eine festfrequente Stimulation des Herzens

Bei Verwendung moderner Schrittmacher sind insgesamt ernste Bedrohungen durch Störeinflüsse aus der Umwelt des nicht speziell exponierten Schrittmacherträgers im allgemeinen kaum zu erwarten.
In besonderen Fällen müssen Messungen am Arbeitsplatz den Ausschluß einer Gefährdung des Schrittmacherträgers erbringen.
Zahlreiche, noch vor wenigen Jahren potentiell bedrohlich aufgeführte Elektrogeräte sind aufgrund der weiterentwickelten Schrittmachertechnologie als ungefährlich anzusehen, z. B. Rundfunkgeräte, Fernsehapparate, Sensortasten, Schallfernsteuerungen, drahtlose Infrarotkopfhörer [56]; Haushaltsmaschinen, Rasiergeräte, Autozündanlagen [39]; Radarmeßwagen, Mikrowellenherde, Waffenspürgeräte [57].

6.1.3.5 Komplikationen bei urologischen Operationen (Elektrokauter)

Operationsbedürftige Prozesse der Prostata treten nicht selten bei Schrittmacherträgern höherer Altersklassen auf, so daß sich eine Koinzidenz von permanenter Elektrostimulation und elektrotherapeutischer Prostatabehandlung ergibt. Als Routineeingriff zur Prostatateilresektion kommt der transurethrale Zugang mit Elektrokauter in Frage. Bei Patienten mit Bedarfsschrittmachern drohen bei dieser Operationsmethode, wie eigene Erfahrungen zeigen, elektrische Interaktionen mit Unterdrückung der Schrittmacherimpulsabgabe und konsekutiven schweren Herzrhythmusstörungen bis hin zu Asystolie und Kammerflimmern. Unsere Beobachtungen beziehen sich auf drei Schrittmacherpatienten, die sich wegen unterschiedlicher Erkrankungen der Prostata einer elektrochirurgischen Operation unterziehen mußten. Die Eingriffe wurden in Spinalanästhesie mit dem Elektrokauter Elektrotom 500 der Fa. Martin (Tuttlingen) (Nennfrequenz 500 ± 50 kHz, maximale Leistung 400 W) durchgeführt. Eine regelrechte Erdung der elektrischen Geräte (Elektrokauter, EKG-Monitor, EKG-Schreiber) war gewährleistet.

Kasuistik:

1.) R. J., 73 a
Präoperative Schrittmacherimplantation wegen bradykarder Herzinsuffizienz und intermittierendem AV-Block II° bei koronarer Herzkrankheit. Schrittmacheraggregat: Demand-Schrittmacher Telectronics 140 B. Nach Schrittmacherimplantation transurethrale Teilresektion bei Prostataadenom. Während der Elektrokauterisation Schrittmacherunterdrückung, Asystolie und konsekutives Kammerflimmern. Nach Defibrillation (180 Ws): Asystolie, ineffektive Schrittmacherimpulse, externe Herzmassage. Nach intravenöser Gabe von Orciprenalin, Kalzium und Bicarbonat trat ein idioventrikulärer Ersatzrhythmus auf (Frequenz 31/min). Einführen einer passageren Schrittmachersonde über die vena femoralis rechts; nach Anschließen eines externen Schrittmachers regelmäßige Myokardstimulation mit einer Frequenz von 90/min. Zunehmendes Aufklaren des Patienten innerhalb der nächsten Stunden. Nach Abschalten des externen Schrittmachers regelrechte Funktion des implantierten Aggregats.

2.) S. R., 68 a
Schrittmacherimplantation wegen Sinusbradykardie und Herzinsuffizienz bei koronarer Herzkrankheit. Aggregat: Demand-Schrittmacher CPI 503. Vasotomie beidseits und transurethrale Resektion von ca. 12 g Prostatagewebe wegen dysurischer Beschwerden bei nodulärer Prostatahyperplasie. Während der Elektrokauterbehandlung unregelmäßige Stimulationsfrequenz mit Wechsel von Eigenaktionen, schrittmacherinitiierten Aktionen und Asystolien von bis zu 3 sec Dauer. Nach Auflegen eines Testmagneten auf das Schrittmacheraggregat resultierte eine störungsfreie, regelmäßige festfrequente Stimulation während des elektrochirurgischen Eingriffs.

3.) F. H., 85 a
Schrittmacherimplantation im April 1976 wegen absoluter Arrhythmie bei Vorhofflattern und bifaszikulärem Block. Schrittmacherwechsel im September 1978. Aggregat: Demand-Schrittmacher Starr-Edwards 22 U. 15 Tage nach Batteriewechsel transurethrale Prostatateilresektion bei Überlaufblase, prostatischer Harnröhrenenge und Verdacht auf Prostatacarcinom. Während der transurethralen Prostataresektion mit dem Elektrokauter beobachteten wir einen festen Zusammenhang zwischen Schrittmacherunterdrückung und Koagulationsmodus: bei rhythmischer Berührung des Prostatagewebes mit dem Elektrotom in einer Frequenz von ca. 1,5/sec bleibt der Schrittmacher für die Dauer der Manipulation unterdrückt. Dieser Effekt ist reproduzierbar, die Dauer der Unterdrückung betrug bis zu 6,5 sec. Nach Umschalten des Schrittmachers auf festfrequente Arbeitsweise mittels Testmagnet bleibt die Unterdrückung der Impulsabgabe aus (Abb. 6.31).

Anhand dieser Fallbeschreibungen wird deutlich, daß in Einzelfällen auch bei Erdung der elektrischen Geräte, Metallabschirmung des Schrittmacheraggregats und regelrechter Lokalisation der indifferenten Elektrode des

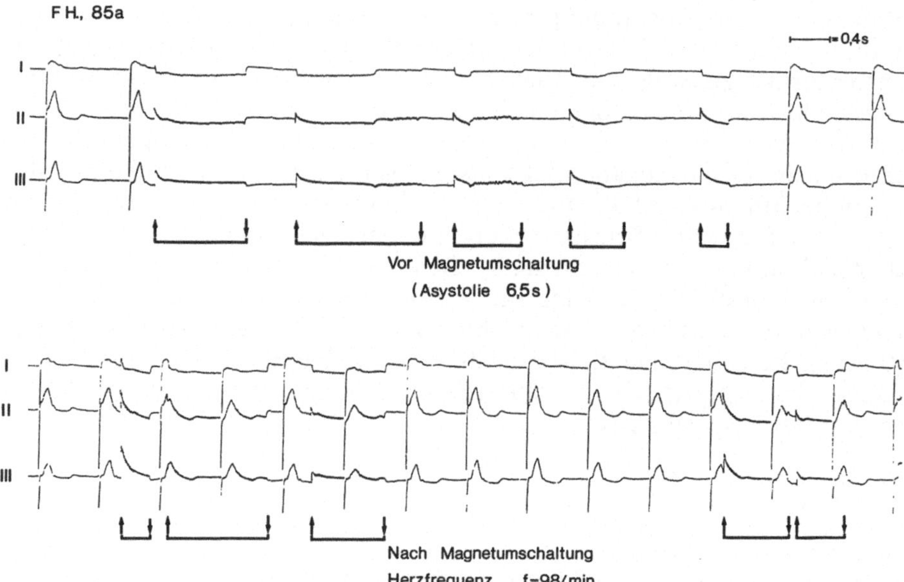

Abb. 6.31. Unterdrückung der Impulsabgabe eines Bedarfsschrittmachers bei urologischer Elektrokauterbehandlung. I, II, III: Extremitätenableitungen. ↑ Einschalten, ↓ Abschalten des Elektrotoms. Während einer transurethralen Prostataresektion kam es bei rhythmischem Ein- und Abschalten des Elektrotoms (Mischstrom, Schaltstufe 5 bzw. 7, Elektrotom 500, Fa. Martin, Tuttlingen) und Berühren des Prostatagewebes zur Unterdrückung der Impulsabgabe mit vorübergehender Asystolie. Nach Magnetumschaltung des Schrittmachers auf festfrequente Arbeitsweise resultiert eine regelrechte Stimulation [vgl. Text]

Elektrokauters thoraxfern an der unteren Extremität, eine ernste Gefährdung von Schrittmacherpatienten bei elektrochirurgischen Eingriffen besteht. In den beobachteten Fällen führen wir die Unterdrückung der Schrittmacherimpulsabgabe, die in einem Fall zu Kammerflimmern geführt hatte (R. J.), auf die spezielle Handhabung des Elektrotoms mit bis zu etwa 10 sec währendem rhythmischen Berühren des zu resezierenden Gewebes zurück, – in einer Berührungsfrequenz, die oberhalb der Schrittmachergrundfrequenz liegt. Es handelt sich damit um die Schrittmacherunterdrückung durch einen gepulsten hochfrequenten elektrischen Vorgang, der durch den Schrittmacher als niederfrequentes Signal detektiert wird und so, ähnlich wie die Impulse bei der Brustwandstimulation, eine spontane Herztätigkeit vortäuscht (vgl. auch Abb. 6.29, S. 314).

Aus unseren Beobachtungen ergibt sich die Empfehlung, bei der transurethralen Resektion zunächst zu prüfen, ob durch Magnetumschaltung eine stabile Schrittmacherfrequenz zu erreichen ist und ggf. diesen Stimulationsmodus während der Operation anzuwenden. Die möglichen Risiken einer schrittmacherbedingten Parasystolie bei festfrequenter Stimulation sind jedoch zu beachten. Andernfalls sollte sicherheitshalber eine passagere bipolare Reizsonde mit externem Schrittmacher zur Bedarfsstimulation vorbereitet sein.

6.2 Tachykarde Rhythmusstörungen

Die klinische Relevanz von Tachyarrhythmien macht meist ein sofortiges therapeutisches Eingreifen erforderlich. Neben der konventionellen medikamentösen Behandlung haben besonders in Notfällen elektrotherapeutische Maßnahmen heute ihren festen Platz. Dies gilt für die Defibrillation bei Kammerflimmern ebenso wie neuerdings für die Elektrostimulation bei bestimmten Formen repetitiver supraventrikulärer und ventrikulärer Tachykardien (Tabelle 6.8).

Tabelle 6.8. Elektrotherapie tachykarder Rhythmusstörungen

Indikation	*Methoden*
I. Elektroschock	I. Elektroschock
Vorhofflimmern	Defibrillation
Vorhofflattern	Kardioversion
Supraventr. Tachykardie	
Kammertachykardie	
Kammerflimmern	
II. Schrittmacherstimulation	II. Schrittmacherstimulation
Vorhofflattern	Atriale u. ventr. Hochfrequenzstimulation
Supraventr. Tachykardie	„Overdrive Pacing"
(Präexzitationssyndrome)	Doppelstimulation
Ventr. Extrasystolie	Programmierte Stimulation:
Kammertachykardie	a) Festfrequente Stimulation
	b) Stimulation mit progress. Kopplungsintervall
	c) Simultane Vorhof- u. Kammerstimulation
	d) Frequenzbezogene Intervallstimulation

6.2.1 Elektroschock

6.2.1.1 Prinzip

Die Terminierung tachykarder Rhythmusstörungen durch einen transthorakal applizierten Stromstoß wird als Elektrokonversion (Elektrokardioversion, Elektroreduktion) bezeichnet. Bei Vorliegen von Vorhofflimmern und Kammerflimmern spricht man von Defibrillation. Das nunmehr seit etwa 15 Jahren weltweit verbreitete Verfahren verdankt seine routinemäßige klinische Anwendung im wesentlichen den Untersuchungen von Lown u. Mitarb. [362, 363], die experimentell und klinisch zeigen konnten, daß durch kurze intensive Gleichstromstöße Vorhof- und Kammertachykardien ohne wesentliche Komplikationen beseitigt werden können. Bei rhythmisch schlagendem Herzen beinhaltet ein Stromstoß in der Phase der Kammerrepolarisation die Gefahr der Auslösung von Kammerflimmern. Von Lown wurde daher ein R-zackengesteuerter Defibrillator entwickelt, der die sichere Applikation des Elektroschocks außerhalb der gefährlichen Kammerrepolarisationsphase gewährleistet (Abb. 6.32).

Nach Untersuchungen von Antoni kann als Wirkungsmechanismus der elektrischen Defibrillation eine synchrone Reizung aller nicht refraktären Myokardbezirke angenommen werden [25]. Es kommt darauf an, daß der gesamte Myokardzellverband gleichzeitig gereizt wird, was eine ausreichende Stromdichte in allen Teilen voraussetzt. Im nicht refraktären Myokard treten hierbei neue Erregungen auf, die sich jedoch wegen der Depolarisation der übrigen Myokardareale nicht ausbreiten können. Somit sistiert das

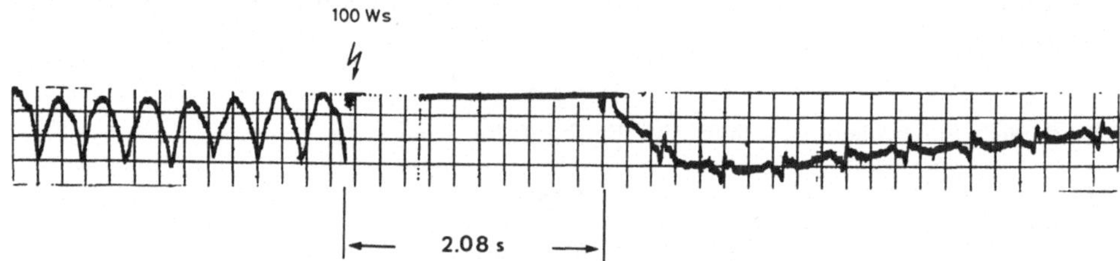

Abb. 6.32. Elektrokonversion einer Kammertachykardie. Eine Kondensatorentladung von 100 Wattsekunden, die am Fußpunkt von S einfällt, stellt wieder Sinusrhythmus her. Der 1. normale QRS-Komplex erscheint nach einer asystolischen Pause von 2,08 sec [362]

Flimmern, und der Sinusrhythmus kann wieder die Kontrolle über die Herzschlagfolge übernehmen. Die elektrische Unterdrückung ektopischer Automatiezentren spielt im Rahmen der Defibrillation wahrscheinlich nur eine geringe Rolle. Die elektrische Defibrillation ist um so aussichtsreicher, je homogener der elektrische Strom einwirken kann [vgl. 25].

6.2.1.2 Anwendung

Die elektrische Defibrillation wird angewandt im Rahmen der Reanimation bei Kammerflimmern. Die Elektrokonversion, die charakterisiert ist durch R-synchronisierte Abgabe des Stromstoßes und Verwendung kleinerer Stromstärken, findet Anwendung bei bedrohlichen Tachykardien (Notkardioversion) und als geplante Konversion (zum Zeitpunkt der Wahl) von Vorhofflimmern und Vorhofflattern (s. Abb. 6.33 u. 6.34).

Der Elektroschock wird gemeinhin in Kurznarkose (z. B. 500 mg Epontol oder 10 mg Valium i. v.; maximal 20 mg Valium i. v.) durchgeführt. Diazepam (Valium) führt meist nicht zu einem vollkommenen Bewußtseinsverlust, bedingt jedoch in der Regel eine retrograde Amnesie. Beim bewußtlosen Patienten unter Reanimationsbedingungen entfällt naturgemäß eine Narkose. Zur Prophylaxe hypoxiebedingter postdefibrillatorischer Arrhythmien ist die Gabe von Sauerstoff sinnvoll. Der Stromstoß wird über spezielle Elektrodenplatten appliziert, die mit Elektrolyt-Gel beschichtet werden, um den Übergangswiderstand zu reduzieren und Hautreizungen zu vermeiden. Die Verabreichung von Gleichstromstößen (DC-Schock) erfolgt mit Energien zwischen 50 und 500 Ws bei Spannungen zwischen 500 und 7000 V. – Gewöhnlich sollte mit niedrigen Energiestufen, ausgehend von 100 Ws, begon-

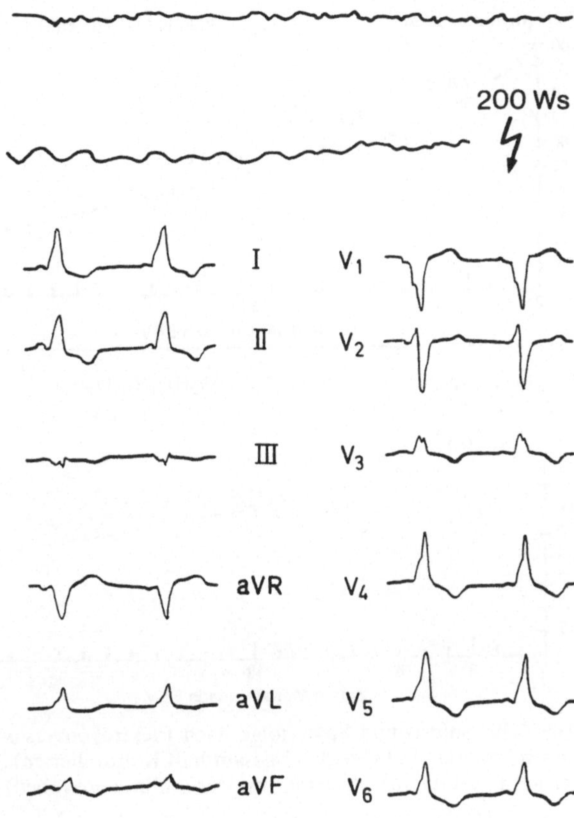

Abb. 6.33. Defibrillation von Kammerflimmern bei WPW-Syndrom. Bei einem 41jährigen Patienten trat im Zusammenhang mit einer orthopädischen Operation Kammerflimmern auf. Durch sofortige Defibrillation (200 Ws) konnte die Rhythmusstörung terminiert werden. Die Ursache des Kammerflimmerns war zunächst nicht bekannt. Das nach Defibrillation registrierte EKG zeigt das typische Bild eines WPW-Syndroms Typ B [385]

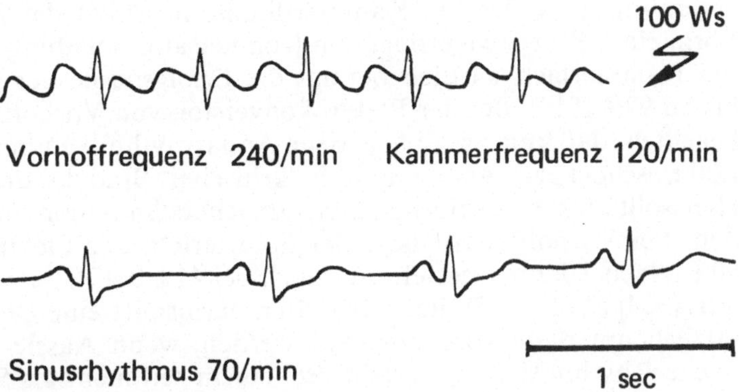

Abb. 6.34. Elektrische Defibrillation von Vorhofflattern mit 2 : 1-Überleitung (100 Ws); anschließend besteht regelmäßiger Sinusrhythmus [32]

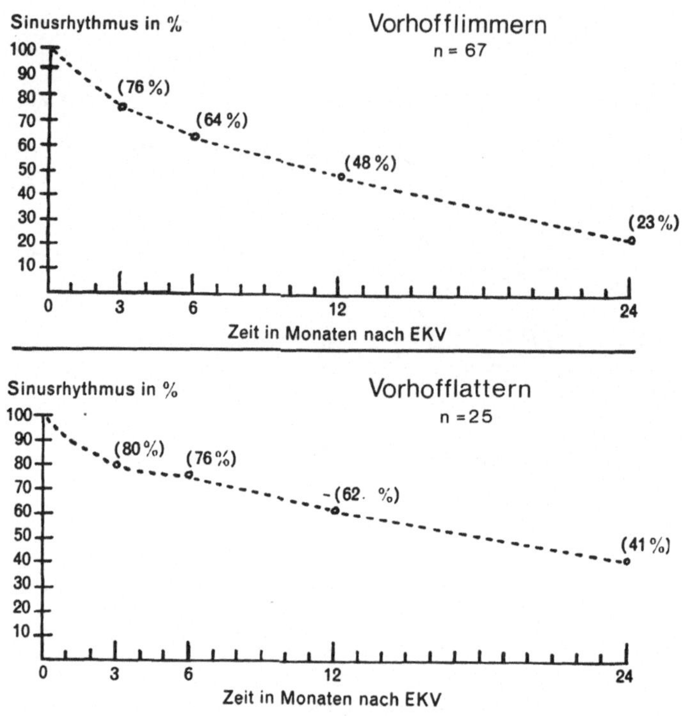

Abb. 6.35. Sofort- und Späterfolge nach Elektrokonversion (EKV). Anteil der Patienten mit Sinusrhythmus (in Prozent der gesamthaft Kontrollierten) 3, 6, 12 und 24 Monate nach erfolgreicher Erst-Elektrokonversion von Vorhofflimmern (oben) und Vorhofflattern (unten) [304]

nen werden, bis der gewünschte Erfolg eintritt. Bei höheren Energiestufen nimmt die Komplikationsrate erfahrungsgemäß zu. In Notfallsituationen (Kammerflimmern) sollte jedoch sofort eine hohe Energiedosis (400 Ws) angewendet werden. Der Erfolg der Defibrillation wird dabei wesentlich durch das vorbestehende Grundleiden, Vormedikation (z. B. Lidocain) ggf. Dauer des Kreislaufstillstandes und Vorbehandlung (z. B. Herzmassage) determiniert. Außer bei Kammerflimmern erfolgt der Stromstoß stets in Form einer R-zackengetriggerten Kondensatorentladung [vgl. 374].

Bei Kammertachykardien beträgt die Erfolgsquote der Elektrokonversion bis zu 97% [519]. Bei der Elektrokonversion von Vorhoftachykardien ist zu beachten, daß kurz zuvor gegebene Antiarrhythmika unmittelbar nach dem Elektroschock zu Asystolie bzw. kritischer Bradykardie führen können. Hier sollte für eine sofortige Schrittmacherstimulation Sorge getragen werden. Bei Vorhofflattern liegt der Soforterfolg der Elektrokonversion über 90%. Nach 2 Jahren besteht nur noch bei 41% der Patienten ein Sinusrhythmus [304] (Abb. 6.35). Bei Vorhofflimmern sollte eine Defibrillation grundsätzlich nur dann vorgenommen werden, wenn Aussicht auf eine erfolgreiche Rhythmisierung besteht. Bei einem seit mehr als 5 Jahren bestehenden Vorhofflimmern, vor einer geplanten Herzoperation und bei erheblicher linker Vorhofdilatation sowie in höherem Lebensalter sollte von ei-

nem Konversionsversuch Abstand genommen werden. Als Kontraindikationen gelten Hypokaliämie und Digitalisintoxikation, da hierbei infolge der Erniedrigung der Flimmerschwelle die Auslösung von Kammerflimmern möglich ist.
Die Elektrokonversion kann – wie die klinische Erfahrung zeigt – auch während der Schwangerschaft ohne fötale Schädigung angewendet werden [571].
Vor jeder Elektrokonversion sollten Digitalisglykoside sicherheitshalber abgesetzt werden. Ferner ist auf eine normale Serum-Kalium-Konzentration zu achten (s. o.). Nach unseren Erfahrungen führt eine Reanimation häufig zur Hypokaliämie. – Eine Chinidin-Vorbehandlung kann die Erfolgsquote bei der Regularisierung erhöhen. Besonderer Wert ist auf die Antikoagulation zur Prophylaxe thromboembolischer Komplikationen zu legen. Wir führen bei der geplanten Defibrillation von Vorhofflimmern drei Wochen vor dem Termin eine Antikoagulation durch und setzen diese Therapie für ca. 2 Monate nach erfolgreicher Konversion fort [387].

6.2.1.3 Komplikationen

Grundsätzlich ist die Elektrokonversion bzw. Defibrillation in Relation zu ihrem klinischen Nutzen als risikoarme Methode anzusehen. – An harmlosen Komplikationen sind Hautreizungen bzw. Verbrennungen an den Auflageflächen der Elektroden und ein flüchtiger Anstieg der Serum-Enzyme (CPK, GOT, LDH) zu nennen, deren Herkunft auf die Interkostalmuskulatur bezogen wird. Von größerer klinischer Bedeutung ist das postdefibrillatorische Auftreten von Extrasystolen, Kammertachykardien oder sogar Kammerflimmern, das bei falscher Triggerung (sehr selten!) und bei Patienten, die Herzglykoside erhalten, gelegentlich beobachtet werden kann. – Das Auftreten einer Asystolie nach Elektrokonversion infolge fehlender oder unzureichender Spontanautomatie droht beim Sinusknoten-Syndrom. Die Gefahr arterieller Embolien kann durch eine effektive prophylaktische Antikoagulantientherapie vermindert werden [375].

6.2.2 Schrittmachertherapie

Trotz vielfältiger Vorteile stellt die Elektrokonversion bzw. Defibrillation nicht für alle medikamentös therapieresistenten tachykarden Rhythmusstörungen das Mittel der Wahl dar. Der Elektroschock ist kontraindiziert bei Digitalisvormedikation bzw. -intoxikation und Hypokaliämie, sowie beim Sinusknoten-Syndrom (s. o.). Fernerhin ist die Elektrokonversion nicht zur repetitiven Anwendung geeignet. Angesichts dieser Einschränkungen gewinnt die Elektrostimulation bei entsprechender Indikation zunehmende Bedeutung. Die Schrittmachertherapie kann erfolgreich eingesetzt werden bei extrasystolischen Arrhythmien, bei Vorhofflattern, supraventrikulären und ventrikulären Tachykardien (vgl. Tabelle 6.8).

Bei der Anwendung der Elektrostimulation bei Tachyarrhythmien sind Stimulationsort, Stimulationsfrequenz und Dauer der Stimulation von Bedeutung. Grundsätzlich dienen die verschiedenen Stimulationsformen der Prophylaxe wie der Therapie von Tachyarrhythmien. Die Tachykardieprophylaxe setzt in aller Regel eine längerfristige Stimulation voraus in einer Frequenz, die höher ist als die Spontanfrequenz, aber niedriger als die potentiell zu supprimierende Herzschlagfolge. Die Terminierung von Tachykardien erfordert demgegenüber meist nur eine sehr kurze Stimulation von Sekunden oder Minuten Dauer [42].

6.2.2.1 Mechanismus der antitachykarden Stimulationstherapie

Als Ursache ektoper tachykarder Rhythmusstörungen sind zwei unterschiedliche pathogenetische Prinzipien zu diskutieren: die fokale Impulsbildung und die kreisende Erregung [426]. Beide Mechanismen sind tierexperimentell nachgewiesen worden [vgl. 14, 110, 276, 420]. Ihre sichere Unterscheidung mit klinischen Mitteln erscheint derzeit noch nicht möglich.
Zur Perpetuierung der Erregung auf einer Kreisbahn muß gewährleistet sein, daß die Erregungsfront stets in ein Gebiet gelangt, das nicht refraktär ist. Mit anderen Worten: die Wellenlänge der Erregung muß kürzer sein als der gesamte Kreisumfang. Die Refraktärzeit ist kürzer als die Leitungszeit der atypischen Erregungswelle über die Kreisbahn. Mathematisch ausgedrückt: die Refraktärperiode (RP) ist kleiner als das Kreisintegral von $1/V$ ($V =$ Leitungsgeschwindigkeit der Kreisbahn) multipliziert mit der differentiellen Wellenlänge der Kreisbahn (dl) [vgl. 387] (s. S. 15).
Diese Bedingung kann durch eine Senkung der Leitungsgeschwindigkeit und/oder eine Verkürzung der Refraktärzeit erfüllt werden. Aus dieser Betrachtung leiten sich verschiedene Ansatzpunkte zur Unterbrechung einer kreisenden Erregung ab: Verlängerung der Refraktärperiode bzw. Erhöhung der Leitungsgeschwindigkeit im atypischen Leitungskreis, Verkleinerung des Radius der Leitungsbahn und Verkürzung der Periodendauer. – Als Gewebe, die unter den genannten Voraussetzungen an Kreiserregungen beteiligt sein können, kommen nicht nur präformierte Leitungsstrukturen wie das intraventrikuläre Leitungssystem, Purkinje-Fasern und akzessorische Leitungsbahnen zwischen Vorhof und Ventrikel in Betracht, sondern auch Sinusknoten [444], Vorhof [14], AV-Knoten [299], sowie infarziertes und fibrotisches Ventrikelmyokard [685] (s. S. 16).
Die Tatsache, daß es in einigen Fällen von tachykarden Rhythmusstörungen gelingt, diese durch vorzeitig einfallende elektrische Stimuli zu unterbrechen (bzw. auch Tachykardien durch Extrareize auszulösen), ist als Hinweis auf das Vorliegen eines Re-entry-Mechanismus angesehen worden [685]. Als Erklärung für die Tachykardieunterbrechung wird dabei angenommen, daß die künstlich gesetzte Zusatzerregung zur Depolarisation erregbaren Myokards an einer Stelle der Kreisbahn führt, die sich dann gegenüber der Erregungswelle der kreisenden Erregung refraktär verhält.
Aufgrund theoretischer Überlegungen sowie neuerer tierexperimenteller Befunde muß jedoch der Versuch, den Erfolg oder Nichterfolg der elektri-

schen Stimulation als differentialdiagnostisches Kriterium zur Unterscheidung zwischen fokaler und Re-entry-Tachykardie zu benutzen, wieder in Zweifel gezogen werden. So ist z. B. vorstellbar, daß bei größerer Distanz oder erniedrigter Leitungsgeschwindigkeit zwischen Stimulationskatheter und dem Ort der die Tachykardie unterhaltenden Kreiserregung die elektrische Zusatzerregung den Re-entry-Kreis gar nicht zu erreichen vermag. Die Erfolgsaussichten, mit einem Extrareiz eine Kreiserregung zu unterbrechen, wären weiterhin verringert, wenn es sich um eine anatomisch sehr kleine Kreisbahn handelt. Im Extremfalle könnte dabei der gesamte Kreisumfang so kurz wie die Wellenlänge der Erregung selbst werden, d. h. es bestünde für den künstlich gesetzten Extrareiz gar keine „erregbare Lücke“ zwischen Anfang und Ende der kreisenden Erregungswelle. Somit kann also ein negatives Ergebnis der Schrittmachertherapie einen Re-entry-Mechanismus nicht ausschließen. Auch bei positivem Ausfall eines Stimulationsversuches ist eine fokale Impulsbildung nicht sicher zu negieren. Dies muß aus tierexperimentellen Untersuchungen abgeleitet werden, die entgegen der allgemein verbreiteten Auffassung den Nachweis erbrachten, daß auch eine Impulsbildung fokalen Ursprungs durch künstlich gesetzte Extrareize sowohl ausgelöst als auch unterbrochen werden kann [110, 704; vgl. 387].

6.2.2.2 Stimulationsformen bei Tachyarrhythmien

Atriale Hochfrequenzstimulation

Die intraatriale Hochfrequenzstimulation stellt eine wirksame elektrotherapeutische Maßnahme bei Vorhofflattern, atrialen und junktionalen Tachykardien dar.

Vorhofflattern mit schneller Überleitung kann, unabhängig vom Grundleiden, eine bedrohliche Situation herbeiführen durch die Gefahr der 1 : 1-Überleitung auf die Kammern. Die konventionelle Therapie besteht in der schnellen oder mittelschnellen Digitalisierung mit dem Ziel der Überführung in einen Sinusrhythmus oder in Vorhofflimmern mit langsamer Kammerfrequenz. Ist eine Digitalisierung kontraindiziert und kommt eine Kardioversion (Elektroreduktion) nicht in Frage, z. B. bei Digitalisüberdosierung, so bietet die schnelle intraatriale Stimulation [411] eine Alternativmethode, die im Unterschied zur Kardioversion ohne Narkose durchgeführt werden kann und damit besonders bei älteren Patienten oder bei Kranken in schlechtem Allgemeinzustand von Vorteil ist, zumal die Digitalismedikation beibehalten werden kann. – Bei dieser Methode wird ein bipolarer Stimulationskatheter transvenös unter Röntgenkontrolle in den rechten Vorhof eingeführt und möglichst wandständig angelegt. Eine ventrikuläre Stimulation (z. B. durch Veränderung der Elektrodenlage) muß sicher ausgeschlossen sein. Kurzfristig (wenige Sekunden oder Minuten) erfolgt eine hochfrequente Stimulation über einen Impulsgenerator. Die effektive Frequenz liegt gewöhnlich zwischen 150 und 600/min; vereinzelt sind Frequenzen bis zu 2000/min angewandt worden [42]. Dieses Vorgehen kann mehrmals wiederholt werden. Das simultan registrierte EKG gibt

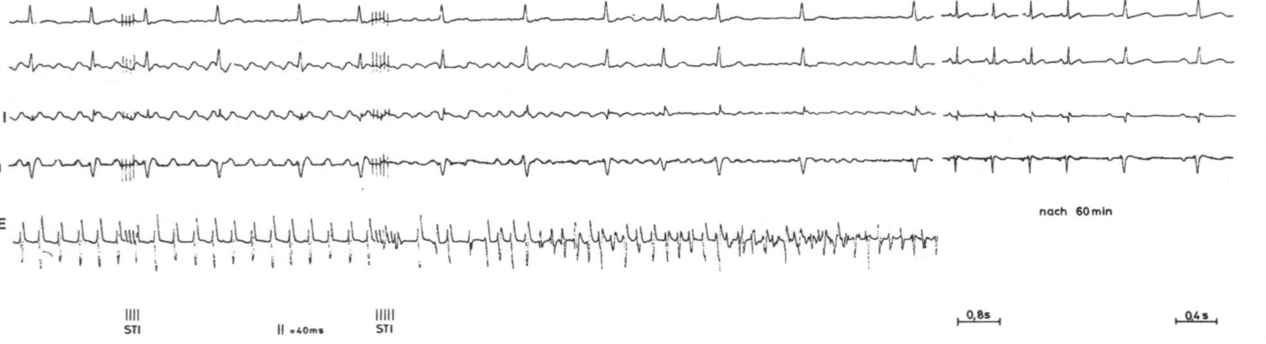

Abb. 6.36. Atriale Serienstimulation bei Vorhofflattern mit wechselnder Überleitung. RAE: Bipolares Elektrogramm des rechten Vorhofs. Eine atriale Stimulationssalve von 4 Impulsen in je 40 msec Abstand (entsprechend einer Stimulationsfrequenz von 1500/min) führt zu keinem Erfolg. Erst mit 5 Stimuli in gleichem Abstand erfolgt die Konversion in Vorhofflimmern, das (60 min später) in Sinusrhythmus übergeht

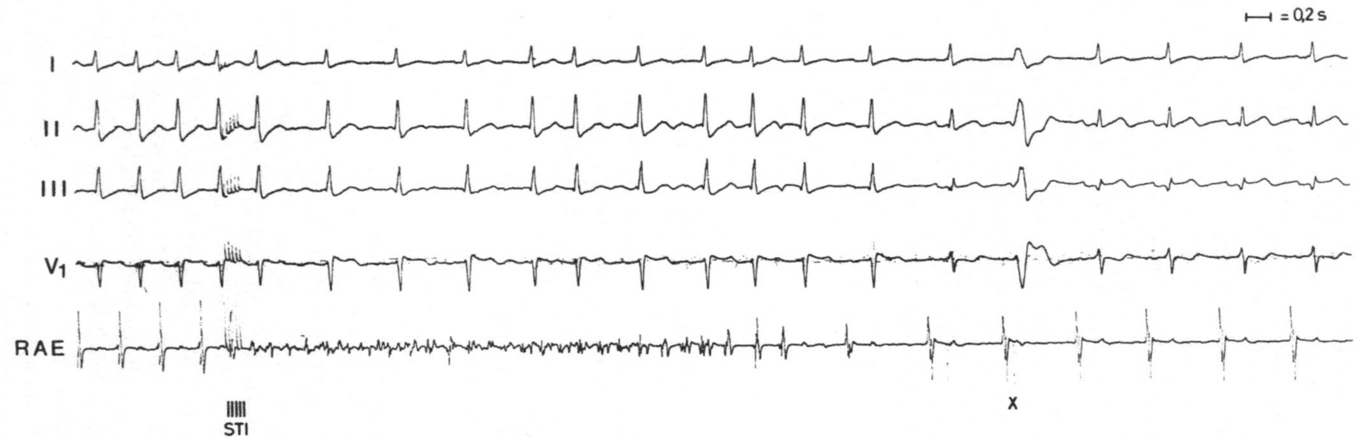

Abb. 6.37. Konversion einer supraventrikulären Tachykardie in Sinusrhythmus bei einer 44jährigen Pat. Eine Salve von 5 Stimuli im Abstand von je 30 msec führt zu Vorhofflimmern, das unmittelbar in Sinusrhythmus übergeht (X = aberrierend geleitete Kammer-

z. B. die Konversion von Vorhofflattern in Vorhofflimmern zu erkennen, das häufig nach kurzer Zeit spontan in Sinusrhythmus umschlägt.

Es bedarf jedoch keineswegs stets einer Minuten währenden atrialen Hochfrequenzstimulation um Sinusrhythmus zu erzielen. Sehr effektiv ist nach unseren Erfahrungen [400] auch die Stimulation mit einer Salve hochfrequenter Einzelimpulse (Abb. 6.36 u. 6.37).

Im ersten Beispiel (Abb. 6.36) führt eine Salve von 4 Stimuli mit 40 msec Abstand (entsprechend einer Stimulationsfrequenz von 1500/min) zu keinem Erfolg; es gelingt jedoch mit einer Salve von 5 Stimuli eine Konversion von Vorhofflattern in Vorhofflimmern und (60 min später) in Sinusrhythmus zu erreichen. Der zweite Fall (Abb. 6.37) zeigt schließlich den Übergang einer supraventrikulären Tachykardie über Vorhofflimmern in Sinusrhythmus nach einer Fünffachstimulation (Stimulationsintervall 30 msec; entsprechend einer Stimulationsfrequenz von 2000/min).

Die intraatriale Hochfrequenzstimulation hat sich als wirksame und risikoarme Methode bewährt, die vielfach der klassischen DC-Defibrillation vorzuziehen ist. Die Erfolgsrate der schnellen atrialen Stimulation (definiert als Konversion in Sinusrhythmus oder Vorhofflimmern) liegt bei 70%. Der Umschlag in Sinusrhythmus innerhalb von Sekunden oder Minuten findet sich in ca. 50% der erfolgreich behandelten Patienten. Der Zeitpunkt der Konversion kann aber auch erst nach mehreren Stunden oder Tagen eintreten, wenngleich in der Mehrzahl der Fälle innerhalb von 48 Stunden ein Sinusrhythmus auftritt [42].

Bei Vorhofflimmern ist die intraatriale Stimulation unwirksam. Supraventrikuläre Tachykardien (abgesehen von Vorhofflimmern) können außer durch schnelle atriale Stimulation auch durch programmierte Einzelstimulation (s. u.) sowie durch Stimulation in einer Frequenz, die unter der der Tachykardie liegt, erfolgreich angegangen werden.

Erfolgversprechend erscheinen auch die sog. Radio-Frequenz-Stimulationssysteme [119, 200, 306]. Kahn und Citron berichteten über ein patientengesteuertes implantierbares Pacemaker-System zur Suppression supraventrikulärer Tachykardien, das auf dem Prinzip extern auslösbarer passagerer atrialer Hochfrequenzstimulation beruht. Das System besteht aus einem implantierten Empfänger, der mit einer bipolaren Vorhofelektrode verbunden ist und einem externen Batterie-betriebenen, durch den Patienten zu bedienenden Sender [306, Abb. 6.38]. Die erfolgreiche Anwendung dieses Systems setzt eine genaue Abklärung der zu behandelnden Tachykardie durch vorhergehende Stimulation voraus, ferner normale atrioventrikuläre Überleitungsverhältnisse sowie ein hohes Maß an Kooperationsfähigkeit des Patienten, die sich auf die Erkennung wie auf die Terminierung der tachykarden Anfälle beziehen muß. Die Autoren beobachteten in 15 von 18 Fällen die erfolgreiche Konversion von medikamentös therapierefraktären supraventrikulären Tachykardien anhand von annähernd 10 000 Patienten-induzierten Anwendungen dieses neuen Stimulationssystems (Abb. 6.39).

Kürzlich ist über die Implantation eines Vorhofschrittmachers mit hochfrequenter Dauerstimulation (160/min) zur Praevention supraventrikulärer

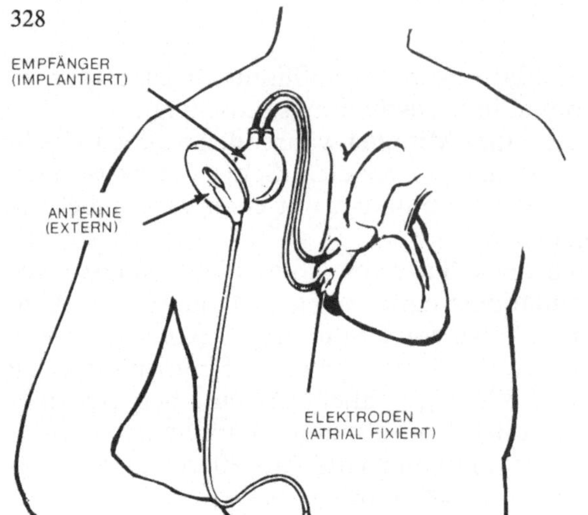

Abb. 6.38. Schematische Darstellung eines Radio-Frequenz-Schrittmachersystems (vgl. Text) [306]

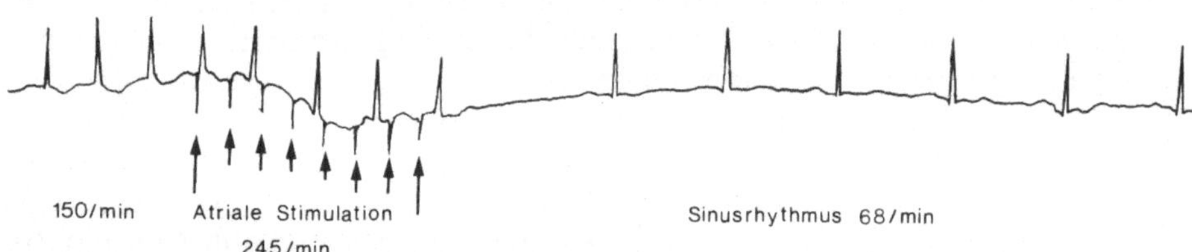

Abb. 6.39. Supraventrikuläre Tachykardie (150/min), die nach kurzer atrialer Hochfrequenzstimulation (245/min) in Sinusrhythmus übergeht. Die atriale Stimulation erfolgt durch einen externen Sender, der vom Patienten selbst betätigt wurde und über einen implantierten Empfänger, welcher mit einer bipolaren Vorhofelektrode verbunden ist (vgl. Abb. 6.38) [306]

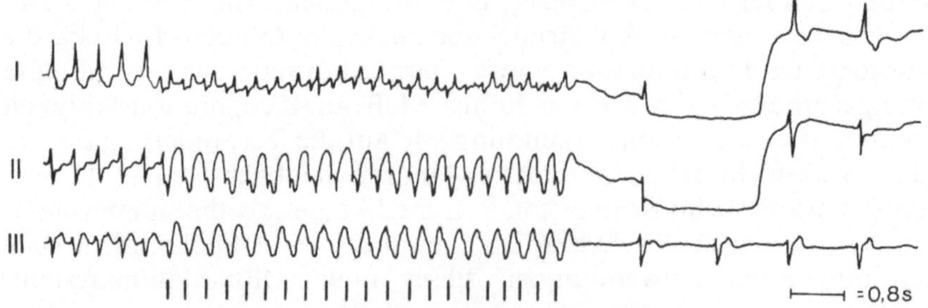

Abb. 6.40. Terminierung einer medikamentös therapierefraktären AV-Knotentachykardie (Frequenz 170/min). Eine passagere rechtsventrikuläre Hochfrequenzstimulation (Frequenz 182/min) terminiert die Tachykardie

Re-entry-Tachykardien berichtet worden. Es handelte sich hierbei um einen Patienten mit WPW- und Sinusknoten-Syndrom, der zusätzlich einen ventrikulären Demand-Pacemaker zur Überbrückung überlanger präautomatischer Pausen benötigte [463].

Eine spezielle Problematik beobachteten wir bei einem 57jährigen Patienten mit Bradykardie-Tachykardie-Syndrom auf der Basis einer koronaren Herzkrankheit. Wegen posttachykarder Asystolien von über 6 sec Dauer war die Implantation eines transvenösen Demand-Pacemakers mit intrakardialer rechtsventrikulärer Elektrodenlage notwendig. Intermittierend auftretende Tachykardien wurden durch einen zusätzlichen Vorhofschrittmacher mit magnetisch einstellbarer festfrequenter Stimulationsfrequenz von 400/min beseitigt [456 b].

Über die transösophageale Vorhofstimulation liegen erst begrenzte Erfahrungen vor. Die ersten Berichte sind ermutigend. Die Vorteile dieses Verfahrens liegen vor allem in dem einfachen, nicht invasiven Vorgehen und der zu entbehrenden Durchleuchtungskontrolle bei notfallsmäßiger Anwendung [433].
Der Mechanismus der Konversion in Sinusrhythmus durch atriale Hochfrequenzstimulation ist noch ungeklärt. In vielen Fällen dürfte die Unterbrechung einer Re-entry-Tachykardie stattfinden. Andererseits ist auch die Suppression eines automatischen Fokus denkbar. Die Initiierung von Vorhofflimmern durch die Hochfrequenzstimulation kann mit einer Stimulation in die sog. vulnerable Phase des Vorhofs erklärt werden.

Ventrikuläre Hochfrequenzstimulation
Durch passagere intraventrikuläre Hochfrequenzstimulation ist es möglich, bei entsprechender retrograder Überleitung supraventrikuläre Re-entry-Tachykardien zu terminieren. Die Abbildung 6.40 zeigt ein derartiges Beispiel bei einem Patienten mit Sinusknoten-Syndrom und rezidivierenden medikamentös therapierefraktären AV-Knoten-Tachykardien. – Bei ventrikulären Tachykardien wird die Hochfrequenzstimulation bislang nur vereinzelt

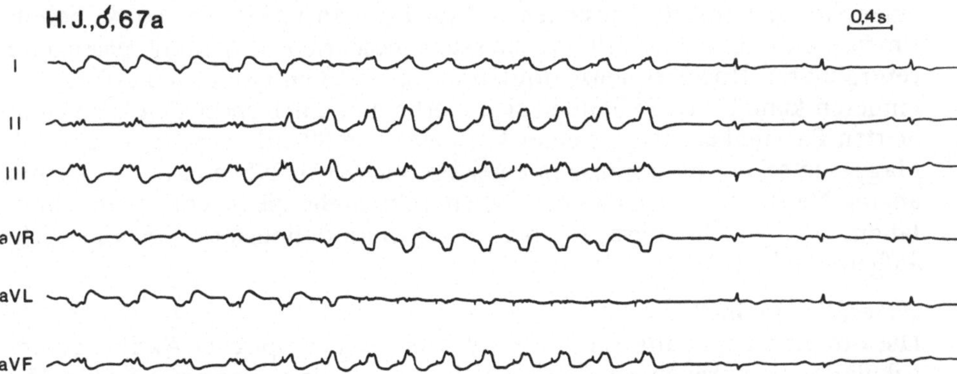

Abb. 6.41. Ventrikuläre Hochfrequenzstimulation bei Kammertachykardie. Bei einem 67jährigen Patienten mit Zustand nach Vorderwandinfarkt bestand eine ventrikuläre Tachykardie mit einer Frequenz von 125/min, die medikamentös nicht beherrschbar war. Durch kurzfristige rechtsventrikuläre tachyfrequente Stimulation (162/min) wurde die Tachykardie dauerhaft terminiert

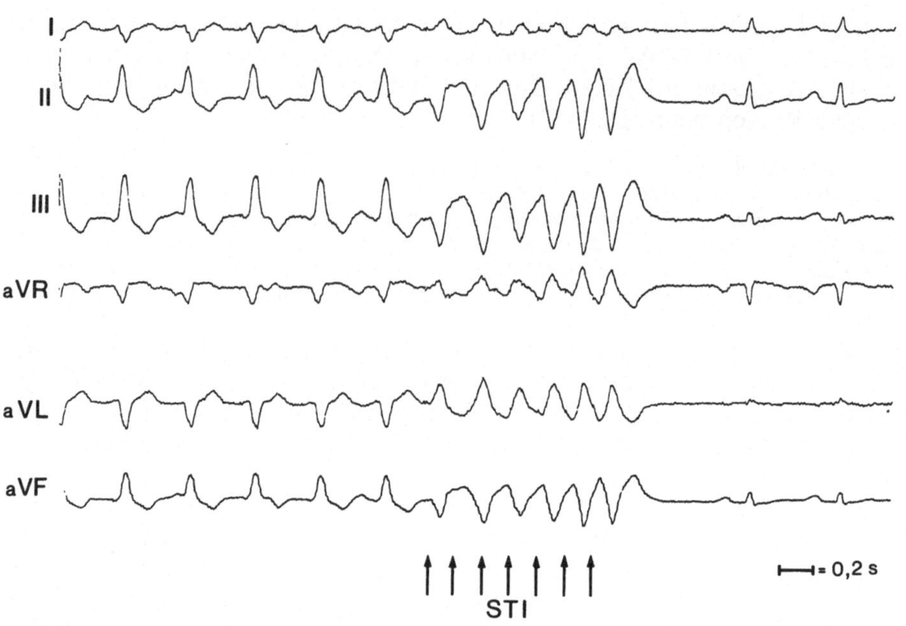

Abb. 6.42. Ventrikuläre Tachykardie. Frequenz 163/min. Terminierung der Tachykardie durch rechtsventrikuläre Salvenstimulation (7 Stimuli im Abstand von je 150 msec, entsprechend einer Frequenz von 400/min). Poststimulatorisch besteht Sinusrhythmus

angewendet. Bei einem 67jährigen Patienten mit ventrikulären Tachykardien im Rahmen einer koronaren Herzkrankheit und einem 5 Monate zurückliegenden Vorderwandinfarkt gelang es, durch rechtsventrikuläre tachyfrequente Schrittmacherstimulation eine ventrikuläre Tachykardie dauerhaft zu terminieren (Abb. 6.41). Die effektive tachykarde Ventrikelstimulation kann gelegentlich auch sehr kurz sein (Abb. 6.42) bzw. nur aus einer Stimulationssalve bestehen. – Von Furman u. Mitarb. wurde bereits ein implantierbares Schrittmachersystem beschrieben, das mit passagerer ventrikulärer Hochfrequenzstimulation ektope Ventrikeltachykardien terminieren kann [211]. Es handelt sich hierbei um einen speziellen QRS-inhibierten Pacemaker, der mit einer Frequenz von 80/min arbeitet und durch Magnetumschaltung Impulse in einer Frequenz von 295/min bzw. 300/min abgibt. Nach 2,5 sec beendet das System selbständig die Hochfrequenzstimulation. Kammerflimmern sei bei dieser Stimulationsform bislang nicht aufgetreten [vgl. 211].

„Overdrive pacing"

Die Frequenzanhebung zur Unterdrückung von ektopischer Aktivität (ventrikulär oder supraventrikulär) wird als „overdriving" bezeichnet [607]. Die Stimulationsfrequenz muß hierbei naturgemäß über der Spontanfrequenz liegen; sie kann aber deutlich niedriger als die zu supprimierende ektopische Frequenz sein. Oft genügt bereits eine Frequenz, die nur ganz geringfügig über der spontanen liegt. Insbesondere bei extrasystolischen Arrhyth-

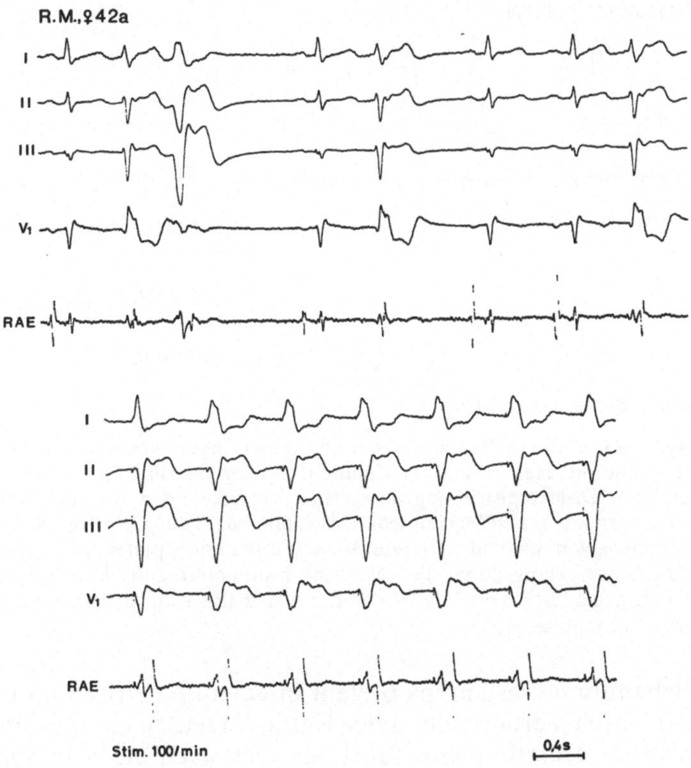

Abb. 6.43. 42jährige Patientin, Zustand nach Myokarditis. Beseitigung einer polytopen ventrikulären Extrasystolie durch Steigerung der (spontanen) Kammerfrequenz von 90/min auf 100/min durch ventrikuläre Elektrostimulation

mien läßt sich diese Stimulationstechnik erfolgreich einsetzen (Abb. 6.43). Das „overdrive pacing" eignet sich bei entsprechender Indikation zur Überbrückung akuter Situationen über Stunden evtl. auch Tage, und kann insbesondere bei kardiochirurgischen Patienten – vorzugsweise mit epikardialer Elektrodenlage – und Infarktpatienten mit medikamentös therapierefraktärer Extrasystolie Anwendung finden. – Der elektrophysiologische Mechanismus der „overdrive suppression" ist noch weitgehend unklar. Zu diskutieren sind z. B. eine Erhöhung der ventrikulären Flimmerschwelle durch die höhere Stimulationsfrequenz, eine stimulationsinduzierte Erhöhung der Eigenfrequenz über die des ektopischen Pacemakers, und Unterbrechung eines Re-entry-Kreises durch Veränderung der Leitungsverhältnisse im Myokard. In diesem Zusammenhang ist nicht nur die Stimulationsfrequenz, sondern vor allem auch der Stimulationsort entscheidend [42].

Doppelstimulation

Die Doppelstimulationsmethode hat sich nur in wenigen Fällen therapieresistenter Tachykardien erfolgreich anwenden lassen. Das Prinzip dieses

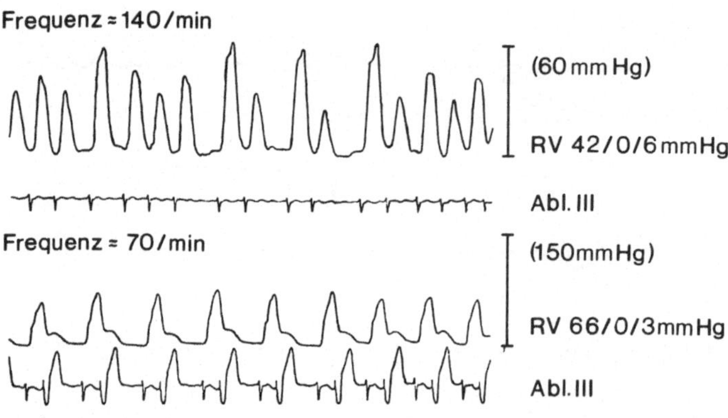

Abb. 6.44. Gekoppelte Stimulation bei einer therapieresistenten paroxysmalen Flimmerarrhythmie mit Halbierung der Kammerfrequenz von 140/min (oben) auf 70/min (unten). Simultane Druckregistrierung im rechten Ventrikel: der systolische Druck steigt von 42 auf 66 mmHg an, der enddiastolische Druck fällt von 6 auf 3 mmHg ab. Anstieg des Herzminutenvolumens von 3,65 auf 5,1 l/min. Während der gekoppelten Stimulation bleibt eine minimale Druckentwicklung durch die künstliche Kammererregung bestehen, welche aber hämodynamisch gegenüber dem Vorteil der Frequenzhalbierung in den Hintergrund tritt (Papiervorschub 25 mm/sec) [30]

Behandlungsverfahrens besteht in einem elektrisch induzierten Bigeminus, der durch Verdoppelung der Refraktärzeit zu einer Halbierung der mechanischen Herzfrequenz führt, da die nachfolgende Eigenaktion auf das künstlich depolarisierte, d. h. refraktäre Myokard trifft (Abb. 6.44).

Programmierte Stimulation

Durch eine zeitlich exakt definierte intrakavitäre Elektrostimulation kann die Terminierung supraventrikulärer und ventrikulärer Tachykardien erreicht werden. Als Mechanismus dieses therapeutischen Effektes wird allgemein die Unterbrechung einer kreisenden Erregung angenommen (s. o.). Eine vorzeitig induzierte Depolarisation des Myokards kann dazu führen, daß sich bestimmte Myokardareale gegenüber einer atypischen Erregungswelle, die die tachykarde Rhythmusstörung unterhält, refraktär verhalten (s. o.). Damit gewinnt der normale Schrittmacher die Kontrolle über die Herzfrequenz zurück. Dieser Mechanismus kann auch spontan wirksam werden (Abb. 6.45).

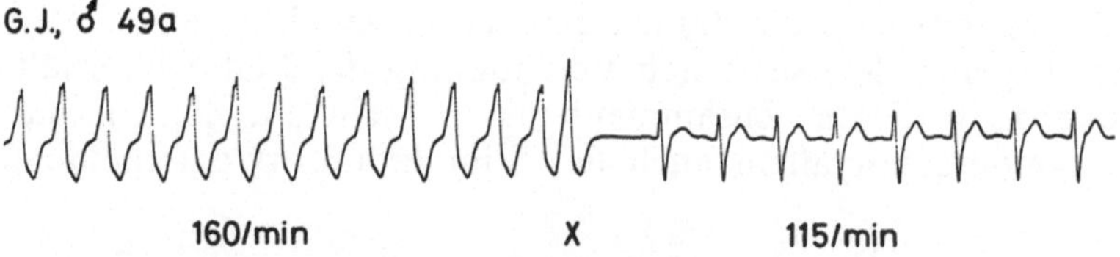

Abb. 6.45. Spontane Terminierung einer ventrikulären Tachykardie durch eine frühzeitig einfallende Extrasystole (X) gefolgt von Sinusrhythmus. Es wird die Unterbrechung einer kreisenden Erregung durch eine vorzeitig induzierte Depolarisation des Myokards angenommen

Die Methode der durch zeitgerechte Einzel- und Mehrfachstimulation resp. Salvenstimulation induzierbaren Auslösung und Terminierung von Tachykardien hat wesentlichen Aufschluß über die Pathophysiologie verschiedener tachykarder Rhythmusstörungen, insbesondere auch beim Wolff-Parkinson-White-Syndrom ergeben [678]. Während die diagnostische programmierte Stimulation als etablierte Methode an vielen kardiologischen Zentren seit Jahren geübt wird, steht der therapeutische Einsatz dieser Stimulationstechniken erst am Anfang. Die programmierte Stimulation mit externen Schrittmachern hat in den letzten Jahren gleichwohl zunehmende Verbreitung gefunden. Die Langzeitbehandlung mit implantierbaren Schrittmachersystemen zur programmierten Stimulation ist erst in einzelnen Fällen beschrieben worden [330, 456 b, 460, 546].

a) Festfrequente Schrittmacherstimulation

Als paradoxe Anwendung eines Demand Pacemakers wird die Umschaltung eines ventrikulären Bedarfsschrittmachers auf starr-frequente Stimulation bei tachykarden Rhythmusstörungen bezeichnet. Ryan u. Mitarb. konnten durch Magnetumschaltung mit diesem Verfahren höherfrequente supraventrikuläre (Re-entry-)Tachykardien beim WPW-Syndrom unterbrechen [546]. Ursächlich ist eine randomisierte Depolarisation der sog. erregbaren Lücke eines Re-entry-Kreises anzunehmen (s. o.). Krikler u. Mitarb. berichteten kürzlich über den Einsatz von automatisch umschaltbaren Serien-Pacemakern bei 2 Patienten mit repetitiven Knotentachykardien bei WPW-Syndrom. Das Schrittmachersystem arbeitet als herkömmlicher Demand-Pacemaker und schaltet bei Auftreten einer Tachykardie selbständig auf eine starrfrequente Stimulationsfunktion um und bewirkt somit die Unterbrechung des Re-entry-Kreises, der der Tachykardie zugrunde liegt. Nach Beseitigung der Tachykardie arbeitet der Schrittmacher wieder in Demand-Funktion [330] (Abb. 6.46). Eine derartige Anwendung setzt naturgemäß eine subtile elektrophysiologische Diagnostik der anderweitig intraktablen Tachykardie und ihre Beeinflußbarkeit durch Elektrostimulation voraus. Hierbei ist insbesondere auch die optimale Lokalisation der Reizelektrode zu bestimmen. In einem der mitgeteilten Fälle mit WPW-Syndrom Typ A war die fixfrequente Stimulation am effektivsten bei rechtsventrikulärer

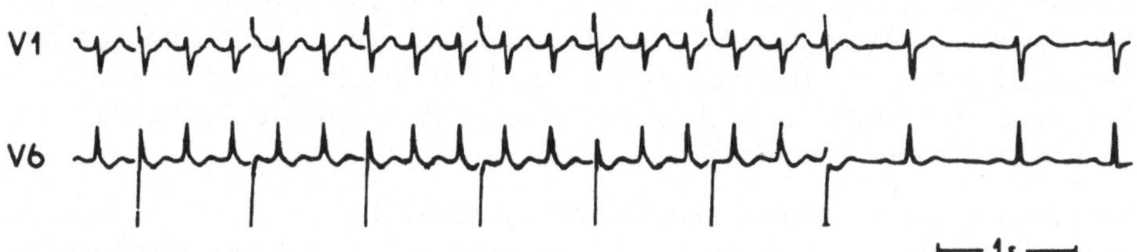

Abb. 6.46. 44jähriger Pat. mit WPW-Syndrom. Terminierung einer supraventrikulären Tachykardie. Ein Demand-Pacemaker mit Sondenlage im Sinus coronarius schaltet sich automatisch mit starrfrequenter Stimulationsfunktion bei Auftreten einer Knotentachykardie (185/min) ein. Der 7. Impuls führt zu einer Depolarisation des linken Atriums mit einer kritischen Vorzeitigkeit, die eine Blockierung des Re-entry-Kreises innerhalb des AV-Knotens bedingt und somit wieder Sinusrhythmus herbeiführt [330]

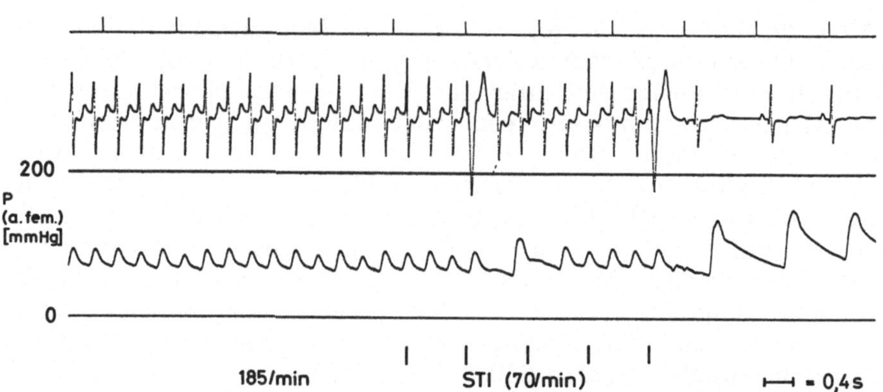

Abb. 6.47. Paroxysmale supraventrikuläre Tachykardie bei Myokarditis. Durch passagere rechtsventrikuläre, festfrequente Stimulation kann die Tachykardie (185/min) terminiert werden. Der 2. Impuls führt bereits zu einer Kammerdepolarisation ohne jedoch die Tachykardie zu beeinflussen. Erst der 5. Impuls bedingt eine zeitlich kritische Depolarisation, die die der Tachykardie zugrunde liegende (pathologische) Leitungsbahn blockiert. Die untere Registrierung gibt das Blutdruckverhalten in der Arteria femoralis wieder

Sondenlage (und retrograder Impulsleitung). Im anderen Falle wurde bei einer im Sinus coronarius lokalisierten Elektrode die günstigste Wirkung erzielt [330].

Der Einsatz der programmierten passageren starrfrequenten Stimulation ist übrigens nicht nur auf supraventrikuläre Tachykardien im Rahmen eines Präexzitations-Syndroms beschränkt. Die Abbildung 6.47 zeigt das Beispiel einer effektiven Tachykardieterminierung durch festfrequente Stimulation bei einem Patienten mit supraventrikulärer Tachykardie bei Myokarditis. Es genügen 5 elektrische Impulse (entsprechend einer Frequenz von 70/min), um die Rhythmusstörung zu beseitigen.

Eine spezielle durch starrfrequente Stimulation therapierbare tachykarde Rhythmusstörung konnte von uns bei einem 20jährigen Patienten beobachtet werden. Hierbei handelte es sich um eine sich selbst terminierende rezidivierende Tachykardie, die bei progressiver Verkürzung der RR- und Zunahme der AV-Intervalle zu einer retrograden Blockierung der ventrikuloatrialen Leitungsbahn führte. Bei einer kritischen Stimulationsfrequenz von 90/min war es möglich, permanent eine Blockierung der pathologischen Leitungsbahnen zu erreichen und durch Unterbrechung der als subjektiv belastend empfundenen Tachykardie eine normofrequente Herzschlagfolge zu gewährleisten (Abb. 6.48).

b) Stimulation mit progressivem Kopplungsintervall

Spurrell beschrieb einen sog. „scanning pacemaker", welcher durch ventrikuläre Stimulation bei supraventrikulären Tachykardien auf Re-entry-Basis wirksam sei [vgl. 611]. Dieses System trägt dem Umstand Rechnung, daß der zur Terminierung einer Tachykardie adäquate Stimulationszeitpunkt eine Variation bis zu 30 msec aufweisen kann. Somit wäre eine exakte Vorprogrammierung nicht möglich. Das „scanning-System" setzt automatisch

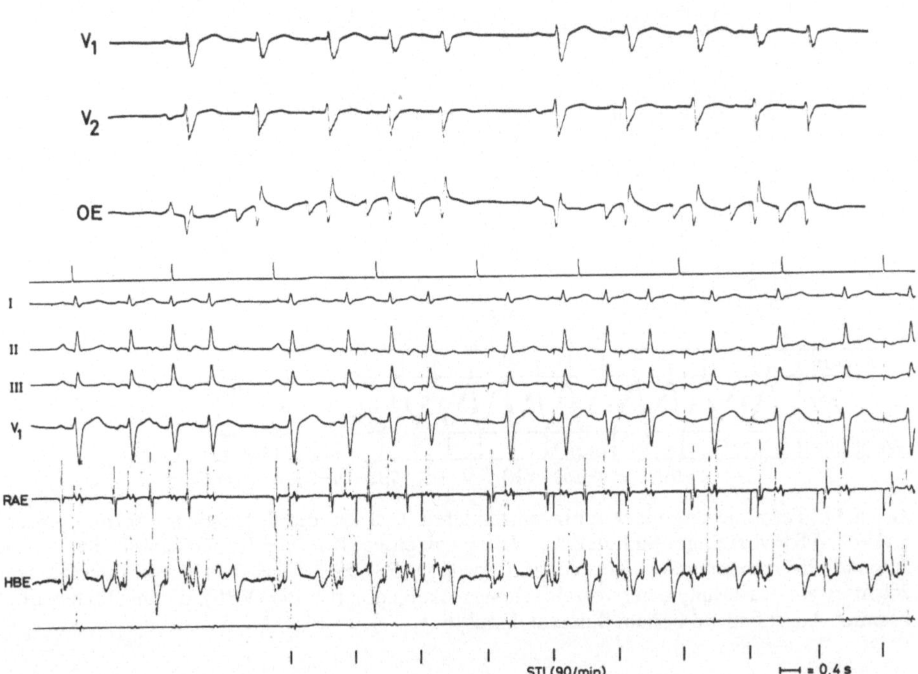

Abb. 6.48. 20jähriger Pat. mit medikamentös therapierefraktärer Tachyarrhythmie. OE: Ösophaguselektrokardiogramm; RAE: rechtsatriales Elektrogramm; HBE: His-Bündel-Elektrogramm. Oben: Die rezidivierenden Tachykardien führen möglicherweise durch progressiv sich verkürzende RR-Intervalle (bei zunehmenden PQ-Intervallen) zur Selbstterminierung durch Blockierung des atypischen Leitungsweges. Unten: Durch (kritische) atriale Stimulation mit einer Frequenz von 90/min gelingt es nach dem 6. Impuls perpetuierend die pathologische Leitung zu blockieren und eine normofrequente Herzschlagfolge zu gewährleisten

ein, wenn eine supraventrikuläre Tachykardie auftritt und gibt Einzel- oder Doppelimpulse nach bestimmten zeitlichen Intervallen ab. Der erste Stimulus erfolgt innerhalb der Refraktärzeit der stimulierten Kammer; eine Sekunde später fällt ein zweiter Impuls mit einer Verzögerung von 5 msec ein. Im folgenden werden sekündlich Impulse mit jeweils 5 msec Verzögerung abgegeben, bis 400 msec durchmessen sind. Bei Beendigung der Tachykardie sistiert die Stimulation. Dieser Stimulationsmodus kann mit einfachen oder mit Doppelimpulsen erfolgen (Abb. 6.49) [611, 612].

c) Simultane Vorhof- und Kammererregung

Von Coumel u. Mitarb. wurde ein Schrittmachersystem entwickelt, das durch simultane Vorhof- und Kammerstimulation bestimmte supraventrikuläre Tachykardien, die durch einen unidirektionalen Block bei 2 funktionell unterschiedlichen Leitungsbahnen zustande kommen, beherrschen kann. Der Schrittmacher interveniert nach Auftreten der P-Welle bei Beginn einer Tachykardie und stimuliert zugleich verzögerungsfrei den Ven-

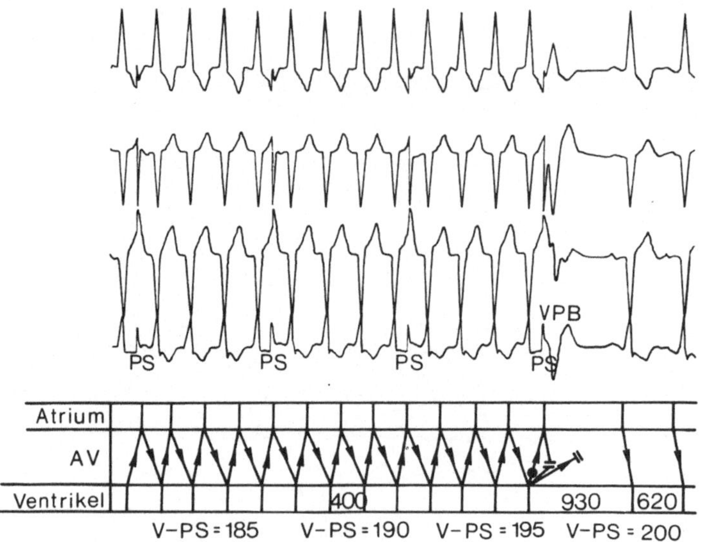

Abb. 6.49. Terminierung einer supraventrikulären Tachykardie durch einen „scanning pacemaker". PS = vorzeitige Stimulation; VPB = vorzeitige Kammerdepolarisation. Bei einem automatisch zunehmenden Kopplungsintervall (V-PS) kommt es bei einem Intervall von 200 msec zur Auslösung einer vorzeitigen Ventrikeldepolarisation (VPB), die die Tachykardie beendet. Anschließend besteht Sinusrhythmus [611]

trikel entsprechend einer artifiziellen Präexzitation. Durch verborgene Rückleitung in die beiden der kreisenden Erregung dienenden AV-Leitungsbahnen wird eine Re-entry-Tachykardie verhindert [105].

d) Frequenzbezogene Stimulation (Orthorhythmische Stimulation)

Durch eine kritische Depolarisation ist zu erreichen, daß sich bestimmte Myokardareale gegenüber einer atypischen Erregungswelle, die eine Tachykardie unterhält, refraktär verhalten (s. o.). Dadurch wird die tachykarde Rhythmusstörung terminiert und der Sinusrhythmus kann die Herzschlagfolge wieder bestimmen. Diesem Ziel dient die Anwendung eines in den letzten Jahren entwickelten Schrittmachersystems, das automatisch den Zeitpunkt einer gekoppelten Impulsabgabe als Funktion des Abstandes der beiden letzten Herzaktionen variiert und damit programmierbar frequenzbezogen arbeitet [250, 393, 394, 725]. Hierbei wird ein konventioneller Stimulationskatheter mit atrialer oder ventrikulärer Elektrodenlage an einen sog. orthorhythmischen Pacemaker angeschlossen (Fa. Edwards Lab.), der die Funktionen eines konventionellen standby-pacemakers besitzt und zusätzlich mit einem Computer ausgerüstet ist, der eine automatische intervallbezogene Einzel- und Mehrfachstimulation ermöglicht. Außerdem ist das Gerät für die serielle und kontinuierliche Hochfrequenzstimulation ausgerüstet. Eine permanente Detektionskontrolle der atrialen bzw. ventrikulären Herzaktionen ist gewährleistet.

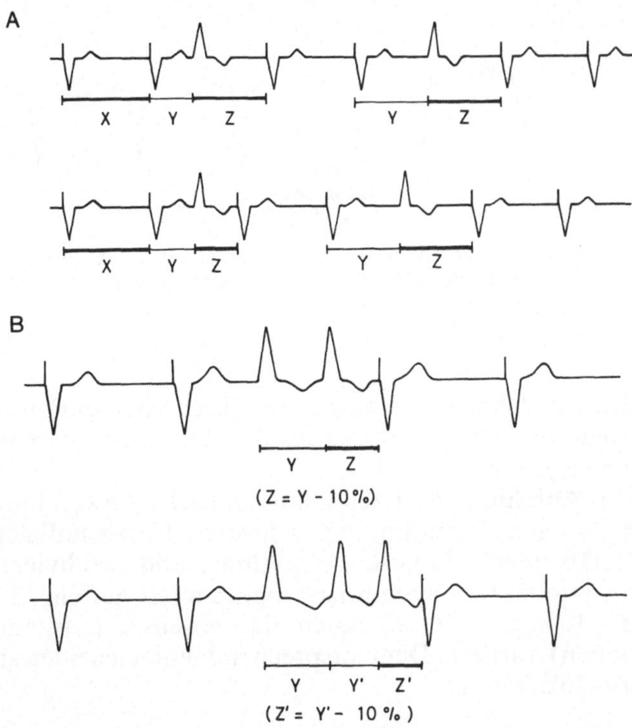

Abb. 6.50. (**A**) Schematische Darstellung unterschiedlicher Stimulationsprinzipien bei Schrittmachergrundrhythmus. Obere Reihe: Stimulationsschaltung eines konventionellen Bedarfsschrittmachers: unabhängig vom Zeitpunkt des Einfalls einer Extrasystole erfolgt die Impulsabgabe nach einem konstanten Intervall (Z). Unteren Reihe: Prinzip der frequenzbezogenen Stimulation: bei Auftreten einer Extrasystole interveniert der Pacemaker mit einer Verzögerung, die als Funktion des Abstandes der beiden vorangegangenen Kammeraktionen regelbar ist. Z ist variabel. – (**B**) Suppression ventrikulärer Extrasystolen durch intervallbezogene Einzelstimulation bei wechselndem RR-Abstand. Y bzw. Y′ entsprechen dem RR-Intervall bei unmittelbar vorangegangener Extrasystole. Z bzw. Z′ bezeichnen das Stimulationsintervall [396]

Während bei der herkömmlichen gekoppelten Stimulation das Interventionsintervall in Abhängigkeit zur vorausgehenden Herzaktion gewählt wird, berücksichtigt das neue Schrittmachersystem das jeweils vorangegangene Intervall und arbeitet damit programmierbar frequenzbezogen (Abb. 6.50 A). Bei Auftreten einer Extrasystole interveniert der künstliche Schrittmacher mit einer Verzögerung (Z), die als Funktion des Abstandes der beiden vorausgegangenen Herzaktionen (Y) regelbar ist. – Bei 2 konsekutiven Extrasystolen (Abb. 6.50 B) erfolgt die Intervallstimulation z. B. in einem Abstand (Z), der 10% kleiner ist als der der beiden vorangegangenen Extrasystolen (Y): Z = Y minus 10%. Eine im gleichen Abstand folgende Extrasystole würde in die stimulationsbedingte Refraktärzeit fallen und damit unwirksam bleiben. Wenn aber eine weitere Extrasystole der programmierten Schrittmacherstimulation (Y – 10%) zuvorkommt, so reagiert der

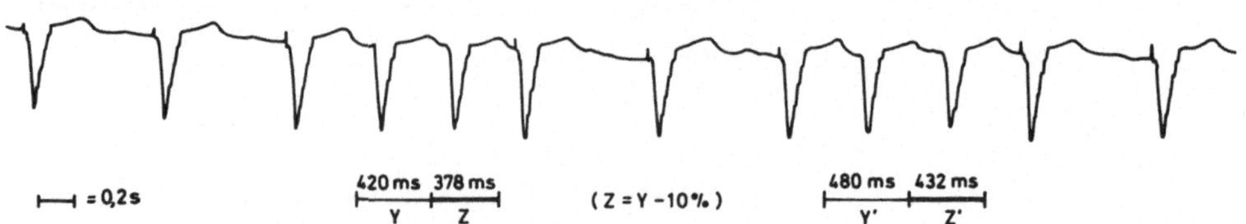

Abb. 6.51. Programmierte Stimulationsschaltung Z=Y – 10%. Der Pacemaker interveniert in einem Intervall, das 10% kleiner ist als der Abstand der beiden vorangegangenen Herzaktionen (Einzelheiten s. Text)

Schrittmacher automatisch mit einer Intervention im Abstand Z′, welcher wiederum 10% kleiner ist als der der beiden vorangegangenen Extrasystolen (Y′): Z′=Y′ – 10%.

Die Abbildung 6.51 zeigt eine klinische Anwendung des Prinzips bei einer 87jährigen Patientin mit schwerer Herzinsuffizienz bei generalisiertem Gefäßleiden, absoluter Arrhythmie und rezidivierender ventrikulärer Extrasystolie. Das System ist programmiert auf ein Interventionsintervall von Y – 10%. Es ist zu erkennen, daß jeweils Y (Abstand der Kammereigenaktionen) variiert. Dementsprechend unterscheidet sich Z, das jedoch stets Y – 10% beträgt.

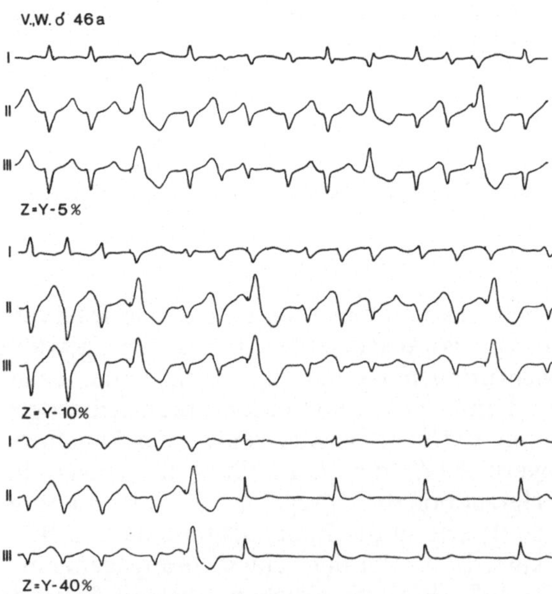

Abb. 6.52. RR-gekoppelte Intervall-Stimulation mit unterschiedlicher Stimulationsprogrammierung bei ventrikulärer Extrasystolie. Die Terminierung der tachykarden ventrikulären Rhythmusstörung erfolgt erst nach einem Stimulationsintervall, das um 40% kürzer ist als der vorangegangene RR-Abstand

Die programmierte Intervallstimulation wurde von verschiedenen Arbeitsgruppen bei Patienten mit medikamentös therapierefraktären Tachykardien, die unabhängig vom Grundleiden auftraten, eingesetzt [250, 258, 396, 398]. Im einzelnen handelte es sich um supraventrikuläre Tachykardien, Vorhofflattern und ventrikuläre Tachykardien sowie ventrikuläre Extrasystolen als Vorläufer von Kammertachykardien.

Die intervallbezogene Stimulation wurde auch im Rahmen diagnostischer Herzkatheterisationen angewandt, bei denen wegen der Gefahr bradykarder Rhythmusstörungen bereits eine Reizsonde gelegt worden war. Hierbei wurde die Supression ventrikulärer Extrasystolen bzw. Tachykardien angestrebt, die bei Linksherzkatheterisierung und bei Lävokardiographien sowie bei selektiver Koronarangiographie auftraten. Eine effektive Schrittmacherintervention wurde dann angenommen, wenn die Terminierung einer ventrikulären Tachykardie oder einer Salve ventrikulärer Extrasystolen mit einer stimulationsbedingten Kammeraktion zusammenfiel, die entsprechend der vorprogrammierten Intervallschaltung ausgelöst worden war [402].

In Abbildung 6.52 ist die programmierte Stimulation während der Herzkatheteruntersuchung eines 46jährigen Patienten mit koronarer Herzkrankheit dargestellt. Die EKG-Registrierungen machen die Funktion der intervallbezogenen Einzelstimulation bei unterschiedlicher Vorprogrammierung deutlich. Die Standardableitungen im oberen Teil der Abbildung zeigen die Pacemaker-Intervention nach einer programmierten Verzögerung von Z = Y – 5%, d. h. das Schrittmacherintervall ist 5% kürzer als der vorangegangene RR-Abstand. Bei dieser Intervallprogrammierung ist es nicht möglich, die salvenartig auftretenden polytopen Extrasystolen zu supprimieren. Auch bei einer Intervallschaltung von Z = Y – 10% (Bildmitte) bleibt die ventrikuläre Extrasystolie bestehen, wie mehrfache Stimulationsversuche

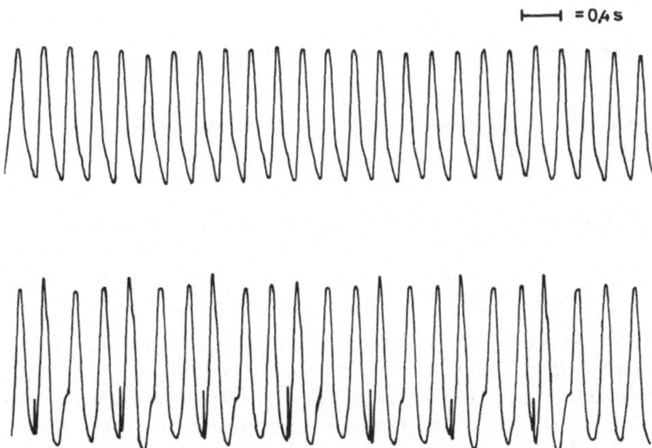

Abb. 6.53. Erfolgloser Therapieversuch mit frequenzbezogener Stimulation bei ventrikulärer Tachykardie [396]

demonstrieren. Erst bei einem Interventionsintervall, das um 40% kürzer ist als der vorangegangene RR-Abstand (Z = Y – 40%) gelingt es, die ventrikuläre Extrasystolie zu terminieren. Im Anschluß daran besteht Sinusrhythmus.

Eine andere Beobachtung läßt hingegen die erfolglose Intervention des Schrittmachersystems erkennen (Abb. 6.53): Es handelt sich um eine 68jährige Patientin mit rezidivierenden therapierefraktären ventrikulären Tachykardien im Anschluß an einen Vorderwandinfarkt. Die Stimuli induzieren zwar einen Kammerkomplex, es kommt jedoch nicht zur Unterbrechung der Tachykardie. Der zeitliche Abstand bis zum Wiedereinsetzen der ventrikulären Tachykardie war konstant länger als der normale RR-Abstand während der ventrikulären Tachykardie als möglicher Ausdruck einer kompensatorischen Pause. Man könnte dieses Versagen als Hinweis dafür werten, daß es sich nicht um eine re-entry-bedingte, sondern um eine fokale Tachykardie mit Eintrittsblock gehandelt habe. Andererseits gelingt es erfahrungsgemäß sehr selten, hochfrequente Tachykardien (gleichgültig welcher Genese) durch Einzelimpulse zu supprimieren. Meist bedarf es hierzu einer Mehrfach- bzw. Salvenstimulation.

Ein eindrucksvolles Therapieergebnis des neuen Stimulationsprinzips zeigt der Fall eines 66jährigen Patienten mit ausgeprägter koronarer Herzkrank-

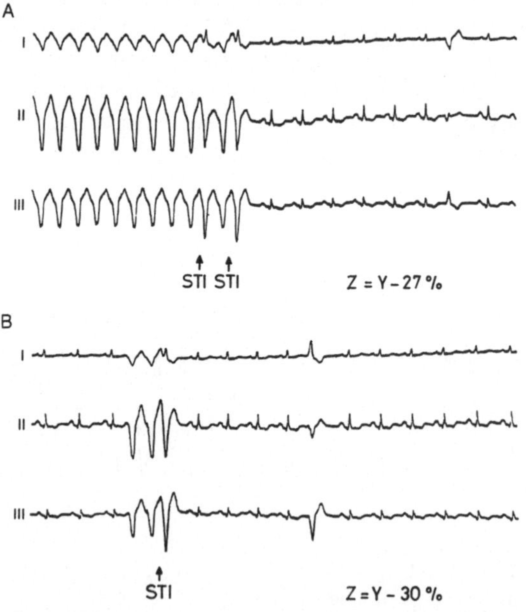

Abb. 6.54 A u. B. Rezidivierende ventrikuläre Tachykardie bei koronarer Herzkrankheit. (**A**) Ventrikuläre Tachykardie; erst nach zweimaligem Stimulationsversuch (STI) (Z = Y – 27%) gelingt die Suppression der tachykarden Rhythmusstörung. (**B**) Salve ventrikulärer Extrasystolen, die durch programmierte Einzelstimulation terminiert wird. Programmierung: Z = Y – 30%. Die Kammerkomplexe gleichen morphologisch denen in A und dürften dem gleichen heterotopen Reizbildungszentrum entstammen. Es ist anzunehmen, daß durch die sofortige Stimulation (**B**) die Entstehung einer neuen Tachykardie verhindert wurde [251]

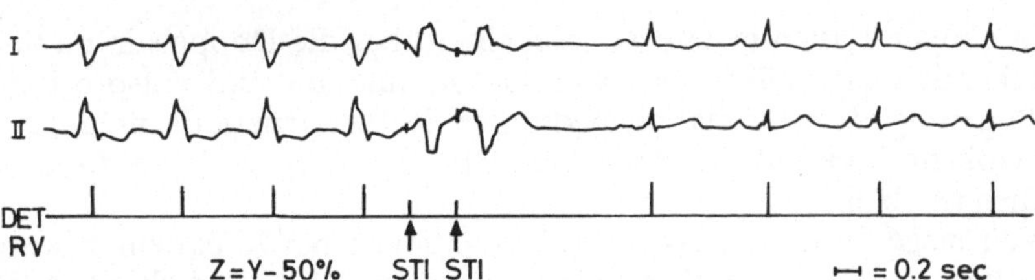

Abb. 6.55. Terminierung einer ventrikulären Tachykardie durch intervallbezogene Doppelstimulation mit der Programmierung Z=Y−50%, d. h. beide Stimulationsintervalle sind gleichermaßen um die Hälfte verkürzt gegenüber dem vorangegangenen RR-Abstand. DET=Detektionskontrolle im rechten Ventrikel (RV): die hohen Anschläge zeigen die Eigenaktionen an, während die niedrigen Auslenkungen den stimulationsbedingten Kammeraktionen entsprechen [398]

heit (Abb. 6.54). Im Anschluß an einen schweren Myokardinfarkt hatten sich ein Herzwandaneurysma, eine therapierefraktäre Herzinsuffizienz und Anfälle ventrikulärer Tachykardien entwickelt. Durch zeitlich abgestimmte, vorzeitig einfallende Stimuli bei der Programmierung von Z=Y−27% bzw. Z=Y−30% wurden die rezidivierenden ventrikulären Tachykardien beseitigt. Unter permanentem Einsatz des Pacemakers konnte schließlich erfolgreich eine Aneurysmektomie vorgenommen werden [251, 400].

Intervallbezogene Mehrfachstimulation

Gegenüber der programmierten, frequenzbezogenen Einzelstimulation kann sich ein großer Teil der Tachykardien – sowohl der spontan aufgetretenen, wie der im Rahmen von Herzkatheteruntersuchungen hervorgerufenen – therapierefraktär verhalten. Davon ausgehend wurde versucht, durch frequenzbezogene Mehrfachstimulation die Wirksamkeit dieses programmierten elektrotherapeutischen Verfahrens zu erhöhen. Die Abbildung 6.55 zeigt die Suppression einer ventrikulären Tachykardie durch ventrikuläre Doppelstimulation, nachdem sich die Einzelstimulation als ineffektiv erwiesen hatte.

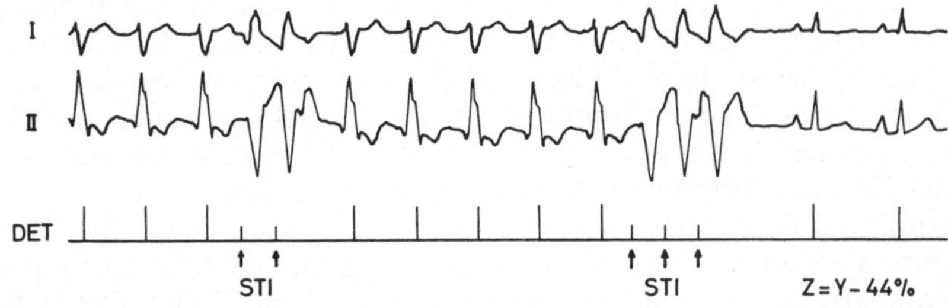

Abb. 6.56. Suppression einer ventrikulären Tachykardie durch Dreifachstimulation. Es sind 2 Standardableitungen und die Detektionskontrolle wiedergegeben, wobei die hohen Ausschläge die Eigenaktionen anzeigen und die niedrigen Auslenkungen den stimulationsbedingten Kammeraktionen entsprechen (vgl. Abb. 6.55). Durch Einfach- und Doppelstimulation war die Unterbrechung der Tachykardie nicht möglich, erst die dreifache Einzelstimulation (Z=Y−44%) erwies sich als wirksam [396]

In einigen Fällen ist es erst nach einer über die Doppelstimulation hinausgehenden salvenförmigen Mehrfachstimulation und entsprechenden Verlängerung der stimulationsbedingten Refraktärperiode möglich, die mutmaßliche kreisende Erregung als Ursache einer Tachykardie zu unterbrechen (Abb. 6.56).
Von insgesamt mehr als 1100 Stimulationen bei 76 Patienten waren in den Fällen, die spontan Kammerextrasystolen und Tachykardien aufwiesen, etwa die Hälfte (54%) der Schrittmacherstimulationen wirksam, d. h. es erfolgte meist nach mehreren Stimulationsversuchen in unterschiedlicher Intervallprogrammierung jeweils eine Terminierung der ventrikulären Extrasystolie bzw. Tachykardie. Bei tachykarden Kammerarrhythmien, die im Rahmen von Herzkatheteruntersuchungen (Linksherzkatheterismus, Lävokardiographie, selektive Koronarangiographie) (20 Patienten) auftraten, waren nur etwa ⅕ (21%) der Intervallstimulationen erfolgreich [402].
Die Erfolgsquote der intervallbezogenen Stimulationstherapie ist also bei spontan auftretenden Kammerarrhythmien deutlich höher als bei tachykarden ventrikulären Rhythmusstörungen im Rahmen von Herzkatheteruntersuchungen. Die Ursache für diesen Befund dürfte in der jeweils unterschiedlichen Genese der Rhythmusstörungen liegen oder in der speziellen Eigenschaft des speziellen Pacemaker-Systems, auf die Unterbrechung reentry-bedingter Tachykardien ausgerichtet zu sein.

Bei den ektopischen Erregungen außerhalb der normalen Schrittmacher ist zwischen fokaler Aktivität und kreisender Aktivität zu unterscheiden (s. o.). Dabei könnte ein Re-entry-Mechanismus im Prinzip sowohl durch die kreisende Erregung (circus movement) eines Impulses auf alternativen Leitungsbahnen aufrechterhalten werden als auch durch eine fokale Reexzitation [vgl. 268].

Aufgrund der relativ hohen Effektivität der gekoppelten Intervallstimulation bei spontan auftretenden tachykarden Arrhythmien bei arteriosklerotischem Herzleiden und Myokardiopathien wäre anzunehmen, daß diese Rhythmusstörungen überwiegend auf einer kreisenden Erregung beruhen. Die elektrische Beeinflussung ektopischer Zentren ist nach Auffassung von Antoni nur mit Impulsstärken möglich, die das Myokard irreversibel schädigen [24]. Die geringe Erfolgsquote dieses neuen Stimulationsprinzips bei ventrikulären Extrasystolen und Tachykardien bei Herzkatheteruntersuchungen weist darauf hin, daß diese Rhythmusstörungen überwiegend durch einen Fokus bedingt sein dürften. Ursächlich ist eine mechanische Irritation des Ventrikelmyokards durch die Katheterspitze und die Injektion des Kontrastmittels bei Angiographie anzunehmen.
Aufgrund tierexperimenteller Befunde ist bekannt, daß eine Dehnung von Purkinje-Fäden zu einer Beschleunigung der Entladungsfrequenz führt. Papillarmuskeleinzelfasern gewinnen unter dem Einfluß der Dehnung vorübergehend Schrittmachereigenschaften und erfahren somit einen Funktionswandel [22]. Die Dehnungseffekte sind wenige Sekunden nach Entdehnung vollständig reversibel. Ein ähnlicher Mechanismus ist bei der Entstehung von Extrasystolen bzw. ventrikulären Tachykardien im Rahmen von Herzkatheteruntersuchungen vorstellbar. Die intervallbezogene Stimu-

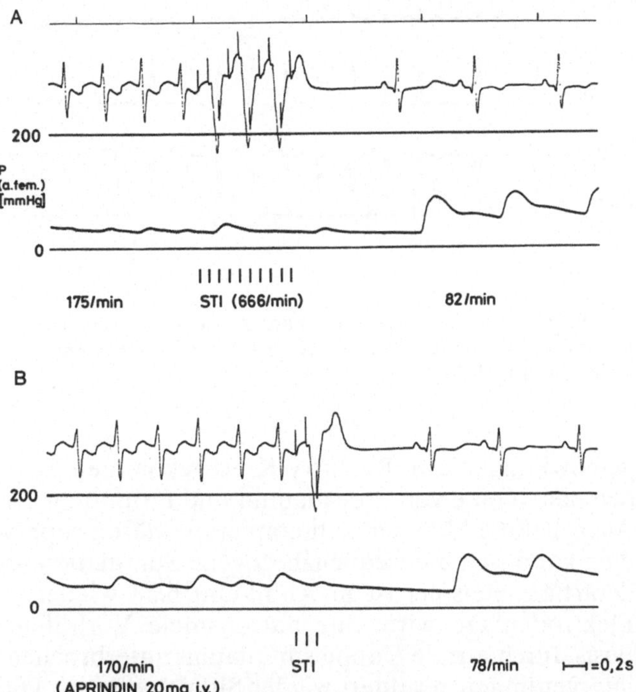

Abb. 6.57 A u. B. 15jähriger Pat. mit rezidivierenden supraventrikulären Tachykardien bei Z. n. Myokarditis. (**A**) Die medikamentös therapieresistente Tachykardie läßt sich durch rechtsventrikuläre Serienstimulation (3 Kammeraktionen; 10 Impulse, entsprechend einer Frequenz von 666/min) terminieren. Im Anschluß daran besteht wieder Sinusrhythmus. Die untere Registrierung gibt den arteriellen Blutdruck (art. femoralis) wieder. (**B**) Nach Gabe von Aprindin (Amidonal) 20 mg i. v. kommt es zu einer geringfügigen Frequenzabnahme der tachykarden Rhythmusstörung. Es sind nurmehr 3 Impulse (Abstand je 90 msec; eine Kammeraktion) notwendig, um die Tachykardie zu beseitigen. Die posttachykarde Sinusfrequenz ist geringfügig niedriger als vor Aprindin-Applikation [376]

lationsmethode kann somit in beschränktem Maße im Rahmen der Schrittmachertherapie zur Differentialdiagnose tachykarder Rhythmusstörungen herangezogen werden [396].

Die Beobachtung, daß bei Patienten mit chronisch-rezidivierenden ventrikulären Tachykardien durch eine zeitgerechte Stimulation die Tachykardie reproduzierbar zu beseitigen ist, schafft besonders gute Voraussetzungen für die Prüfung antiarrhythmischer Pharmaka. In der Abbildung 6.57 ist die EKG-Registrierung eines 15jährigen Patienten mit rezidivierenden supraventrikulären Tachykardien wiedergegeben. Es bedurfte einer zehnfachen Stimulation in engem Abstand (entsprechend einer Stimulationsfrequenz von 666/min), um die Tachykardie zu beseitigen (Abb. 6.57 A). Nach intravenöser Applikation von Aprindin (20 mg Amidonal i. v.) (Abb. 6.57 B) genügen 3 Einzelimpulse im Abstand von je 90 msec, um die Tachykardie zu terminieren. Die Aprindin-bedingte Frequenzerniedrigung der Tachykardie weist darauf hin, daß es zugleich zu einer Verlangsamung der Leitungs-

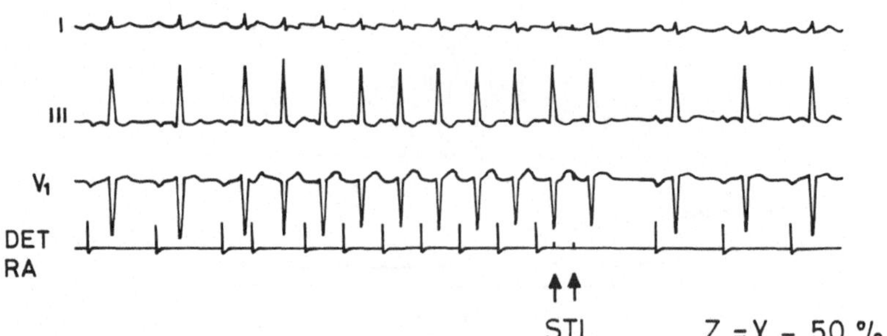

Abb. 6.58. Unterbrechung einer paroxysmalen supraventrikulären Tachykardie durch programmierte Doppelstimulation (Z = Y – 50%) DET RA entspricht der Detektionskontrolle im rechten Vorhof [249]

geschwindigkeit im Re-entry-Kreis gekommen ist. – Ähnliche Befunde wurden nach Gabe von Procainamid und Propranolol beobachtet [680].
Auch bei medikamentös therapierefraktären supraventrikulären Tachykardien kann sich die frequenzbezogene Stimulation als wirksam erweisen. Ein derartiges Beispiel ist in Abbildung 6.58 wiedergegeben. Bei intraatrialer Elektrodenlage wird eine paroxysmale Vorhoftachykardie auf Re-entry-Basis durch atriale Doppelstimulation unterbrochen. Nach 2 Schrittmacherinterventionen resultiert wieder Sinusrhythmus. Die effektive Programmierung entspricht Z = Y – 50%, d. h. das Stimulationsintervall (Z) beträgt 50% des Abstandes der beiden vorangegangenen Vorhofaktionen (Y).
Bei retrograder Leitung ventrikulär applizierter Stimulationsimpulse ist die Möglichkeit der Suppression suprabifurkaler und supraventrikulärer Tachykardien bei intrakavitärer Sondenlage (rechter Ventrikel) gegeben (Abb. 6.59). Hierbei ist es gelegentlich erst nach sequentieller Mehrfachstimulation und entsprechender Verlängerung der stimulationsbedingten Refraktärperioden möglich, die mutmaßliche kreisende Erregung als Ursache einer Tachykardie zu unterbrechen. – Diese Befunde zeigen, daß in bestimmten Fällen durch atriale und ventrikuläre intervallbezogene Sequen-

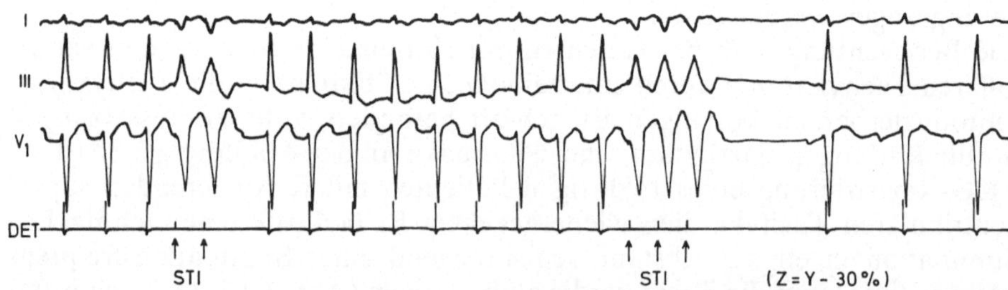

Abb. 6.59. Suppression einer paroxysmalen supraventrikulären Tachykardie durch intraventrikuläre Dreifachstimulation. Es sind die Standardableitungen I und III sowie V_1 wiedergegeben, ferner die Detektionskontrolle (DET) des rechten Ventrikels. Durch Einfach- und Doppelstimulation war die Unterbrechung der Tachykardie nicht möglich. Erst die dreifache Einzelstimulation mit der Programmierung Z = Y – 30% erwies sich als effektiv [251]

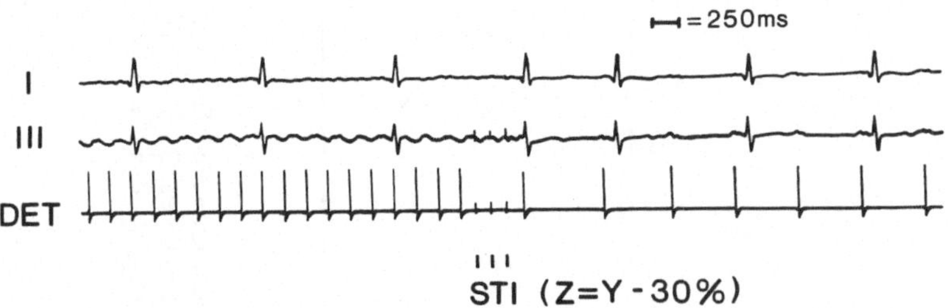

Abb. 6.60. Terminierung von Vorhofflattern durch intervallbezogene Dreifachstimulation. Die Registrierung gibt die Standardableitung I und III und die Detektionskontrolle wieder. Es besteht regelmäßiges Vorhofflattern mit atrioventrikulärer Blockierung. Nach Beendigung des Flatterns durch 3 Stimuli in gleichem Abstand (Z = Y – 30%) folgt Sinusrhythmus bei AV-Block II. Grades (Mobitz II) [251, 396]

tialstimulation die Suppression von Tachykardien möglich ist, die sich durch Einfach- und Doppelstimulation nicht terminieren lassen [397].
Bei intraatrialer Elektrodenlage ist es mit Hilfe der programmierten Intervallstimulation möglich, auch Vorhofflattern zu terminieren. Die erfolgreichen Stimulationsversuche sind jedoch auf die Fälle beschränkt, in denen ein vergleichsweise grobes Vorhofflattern mit entsprechend hohen atrialen Potentialen eine Detektion der Vorhofaktionen durch den im Vorhof gelegenen Stimulationskatheter ermöglicht (Abb. 6.60).

Frequenzbezogene Stimulation beim WPW-Syndrom
Beim WPW-Syndrom haben tachykarde Anfälle die größte klinische Relevanz. Nur sehr selten können echte Kammertachykardien beobachtet werden [650].
Therapeutisch kommt es beim WPW-Syndrom darauf an, die Leitungsgeschwindigkeit und Refraktärzeit der Überleitung via AV-Knoten und/oder akzessorischer Leitungsbahn zu beeinflussen, um die Blockierung des vorhandenen Re-entry-Kreises zu erreichen. In diesem Sinne können Antiarrhythmika wie Ajmalin, Procainamid und Chinidin, sowie neuere Substanzen wie Aprindin, Disopyramid und Propafenon, evtl. auch Betarezeptoren-Blocker und Verapamil wirksam sein [vgl. 466]. Gelegentlich erweist sich auch eine Schrittmachertherapie als notwendig. Neben der sog. paradoxen Anwendung eines Demand-Schrittmachers (s. o.) kann naturgemäß auch die frequenzbezogene Intervallstimulation wirksam sein. Die Abbildung 6.61 zeigt einen derartigen Fall.

Orthorhythmische Stimulation beim Sinusknoten-Syndrom
Die wichtigsten rhythmologischen Kriterien des Sinusknoten-Syndroms bestehen in einer gestörten Impulsbildung des Sinusknotens oder einer gestörten Erregungsleitung vom Sinusknoten zum Vorhof, wie auch in häufig zusätzlichen atrioventrikulären Überleitungsstörungen (Einzelheiten zum Sinusknoten-Syndrom s. S. 99, 142). Für das sog. Tachykardie-Bradykardie-Syndrom im Sinne von Kaplan u. Mitarb. [307] gilt der Wechsel zwischen bradykarden und tachykarden Frequenzen als typisch. Eine im Einzelfall ge-

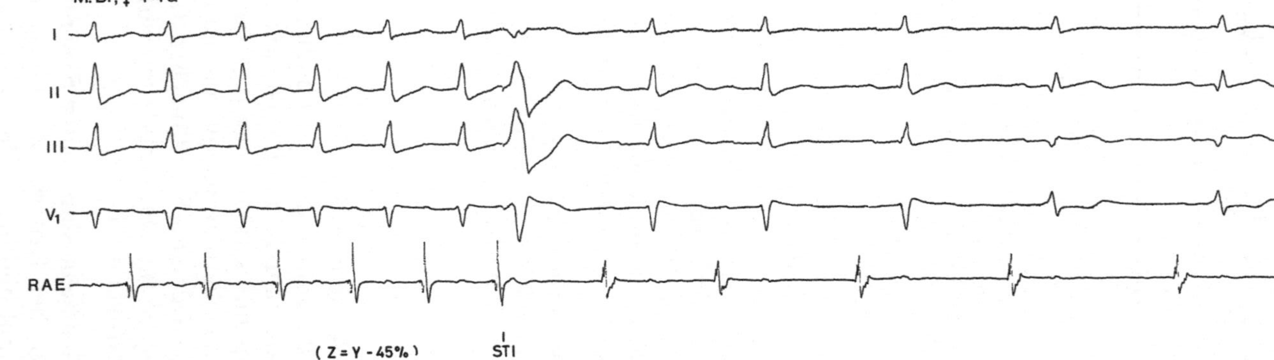

Abb. 6.61. 44jährige Pat. mit WPW-Syndrom und rezidivierenden Re-entry-Tachykardien. Durch eine zum kritischen Zeitpunkt vorzeitig ausgelöste Stimulation (STI) (Programmierung: Z = Y – 45%) gelingt es, die Tachykardie zu terminieren. RAE = Elektrogramm des rechten Atriums. Nach 3 WPW-typischen Herzaktionen folgt wieder der vorbestehende Erregungsablauf von Vorhöfen und Kammern bei Sinusrhythmus

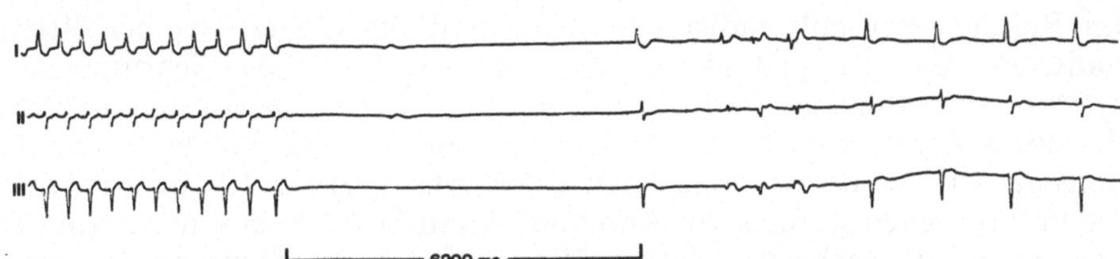

Abb. 6.62. 53jähriger Pat. mit Bradykardie-Tachykardie-Syndrom und hypersensitivem Carotis-Sinus-Reflex. Supraventrikuläre Tachykardie mit einer Frequenz von 180/min. Nach Carotisdruck tritt eine Asystolie von 6200 msec mit Adams-Stokes-Symptomatik auf. Erst nach mehreren Ersatzschlägen stellt sich wieder ein normaler Rhythmus ein

botene Notfalltherapie muß sich sowohl auf die Suppression der Tachykardien beziehen als auch auf die Prävention bzw. Überbrückung posttachykarder asystolischer oder bradykarder Phasen, die Adams-Stokes-Anfälle bedingen wie auch die Auslösung neuer Tachykardien begünstigen können. Die antitachykarde und antibradykarde Stimulationsfunktion des frequenzbezogenen Pacemakers ist am Beispiel eines Sinusknoten-Syndroms bei einem 53 Jahre alten Patienten in den Abbildungen. 6.62 – 6.64 dargestellt [vgl. 371].

Bei dem Patienten bestand ein Tachykardie-Bradykardie-Syndrom bei angiographisch nachgewiesener koronarer Herzkrankheit. Die maximale Sinusknotenerholungszeit war mit 2660 msec verlängert; eine deutliche Verlängerung zeigte auch die sog. einfache sinuatriale Leitungszeit. Mithin handelte es sich um eine ausgeprägte Störung der Sinusknotenautomatie bei zusätzlicher sinuatrialer Überleitungsstörung. Das Beschwerdebild bestand im wesentlichen in repetitiven, anfallsartigen Paroxysmen von Herzjagen, die mit brennenden Schmerzen in der Herzgegend einhergingen. Nach Beendigung des Anfalles, der durch den Patienten selbst mittels Carotisdruck herbeigeführt wurde, traten Schwindelgefühl und Schwarzwerden vor den Augen auf. Elektrokardiograpisch zeigte sich eine supraventrikuläre Tachykardie mit Frequenzen um 180/min. Nach dem Carotisdruck bestand eine mehr als 6 sec währende Asystolie, die erst nach einigen Ersatzschlägen unterschiedlicher Reizbildungszentren wieder von einem Sinusrhythmus gefolgt war (Abb. 6.62).

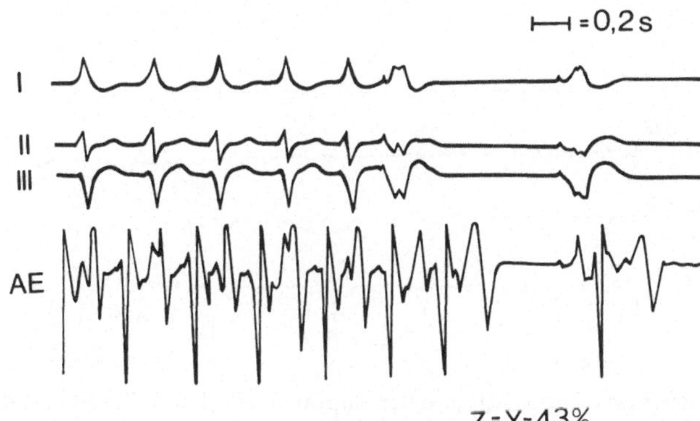

Abb. 6.63. Unterbrechung einer Tachykardie durch vorzeitige Einzelstimulation. Programmierung Z = Y – 43%. AE = Atriales Elektrogramm. Die ventrikuläre Stimulation führt zur Supression der supraventrikulären Tachykardie. Somit dürfte es sich um eine Rückleitung des Impulses in die höher gelegenen Re-entry-Leitungsbahnen gehandelt haben [386]

Im Rahmen der notwendigen Sofortbehandlung erwies sich bei diesem Patienten die Doppelfunktion des orthorhythmischen Schrittmachersystems als erfolgreich (Abb. 6.63). Bei vorzeitiger Einzelstimulation mit der Programmierung Z=Y-43% (d. h. ein um 43% kürzeres Stimulationsintervall als der vorangegangene RR-Abstand) konnte die Tachykardie unterbrochen werden. Im Anschluß daran bedurfte es einer normofrequenten Schrittmacherstimulation. Interventionsversuche mit einem Stimulationsintervall, das über 57% des vorangegangenen RR-Abstandes lag, waren erfolglos. Es ist bemerkenswert, daß die ventrikuläre Stimulation ohne Beeinflussung der Vorhofpotentiale (vgl. atriales Elektrogramm in Abb. 6.63) zur Beendigung der Tachykardie führte. Es könnte hier eine Knotentachykardie vorgelegen haben, wobei der verborgen rückgeleitete ventrikuläre Impuls mit der atypischen Erregungswelle kollidierte und somit die Re-entry-Tachykardie terminierte. – Aus der Abbildung 6.64 geht hervor, daß es sich um wechselnde Re-entry-Bahnen gehandelt haben muß; denn es gelingt keineswegs immer, mit der gleichen Programmierung die Tachykardien bei demselben Patienten zu unterbrechen. Es bedurfte mitunter deutlich kürzerer Stimulationsintervalle zur Tachykardieunterbrechung: Z=Y-50%. Aus der Abbildung 6.64 ist weiterhin zu entnehmen, daß es im Rahmen derartiger Stimulationen nach erfolgter Unterbrechung und normofrequenter Schrittmacherstimulation zur Initiierung neuer Tachykardien kommen kann: im vorliegenden Fall (Abb. 6.64) möglicherweise unter Einschluß ventrikulärer und supraventrikulärer Bahnen. Diese neuerliche Tachykardie konnte jedoch durch die letzte intervallbezogene Einzelstimulation wieder beendet werden.

Im weiteren zeitlichen Verlauf erwies sich Verapamil als effektiv zur Unterbrechung der rezidivierenden Tachykardien. Es bestand jedoch zugleich die Notwendigkeit zu intermittierender normofrequenter Schrittmacherstimulation. Dem Patienten wurde daher ein permanenter Pacemaker mit stand-by-Funktion implantiert bei Perpetuierung der Verapamil-Medikation (160 mg täglich p. o.) [386].

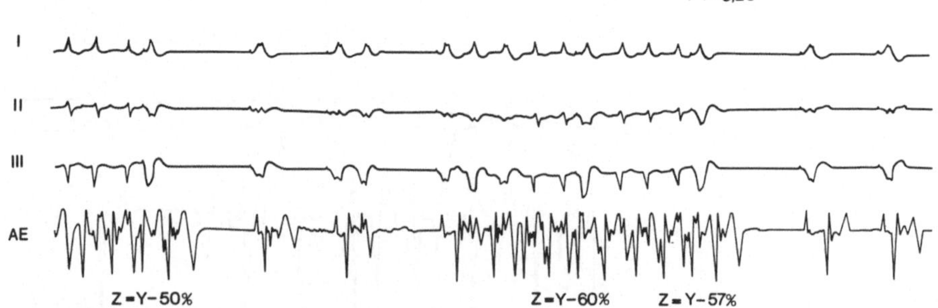

Abb. 6.64. Suppression einer supraventrikulären Tachykardie mit vorzeitiger ventrikulärer Einzelstimulation (Z=Y-50%). Normofrequente Schrittmacherstimulation und Initiierung einer neuen Tachykardie über ventrikuläre und supraventrikuläre Leitungsbahnen, die mit der Stimulationsprogrammierung Z=Y-57% erfolgreich terminiert werden konnte, wohingegen sich die Programmierung Z=Y-60% als erfolglos erwies. AE=Atriales Elektrogramm (vgl. Text) [386]

Bei vorsichtiger Beurteilung der beschriebenen Therapieergebnisse ist die Anwendung der frequenzbezogenen Intervallstimulation bei Auftreten medikamentös resistenter ventrikulärer und supraventrikulärer Tachykardien gerechtfertigt, ebenso bei salvenartig auftretenden Kammerextrasystolen als Vorläufern lebensbedrohlicher Kammertachykardien, unabhängig vom Grundleiden. Ein Behandlungsversuch erscheint insbesondere zur Beherrschung tachykardiebedingter bedrohlicher Situationen bei kardiochirurgischen Patienten und im Anschluß an einen Myokardinfarkt sinnvoll. Gegenüber der elektrischen Defibrillation hat dieses Verfahren den Vorteil der nahezu unbeschränkt wiederholbaren automatischen Anwendung.
Gelegentlich ist dieses Schrittmacherprinzip mit intraventrikulär liegender Reizsonde bei supraventrikulären Tachykardien im Rahmen eines WPW-Syndroms indiziert; nicht anwendbar ist es bei Kammerflattern und Kammerflimmern sowie bei Vorhofflimmern. Bei medikamentös therapieresistentem Vorhofflattern kann ein Behandlungsversuch mit der programmierten Intervallstimulation jedoch durchaus erfolgreich sein. Durch frequenzbezogene Salvenstimulation wird die Suppression von Tachykardien möglich, die sich durch Einfach- und Doppelstimulation nicht terminieren lassen.
Als seltene Komplikation der frequenzbezogenen Stimulation ist die Auslösung heterotoper Reizbildung durch die mechanische Irritation der Schrittmachersonde oder die Entstehung ektopischer Rhythmen im Gefolge der elektrischen Stimulation möglich. In einem Falle von ätiologisch ungeklärter Kardiomyopathie und 2 Fällen mit akutem Myokardinfarkt und Kammertachykardie trat während der Regularisierungsversuche Kammerflimmern auf, das durch elektrische Defibrillation beseitigt werden konnte. Der Einsatz der programmierten Intervallstimulation sollte daher nur unter Intensiv-Pflegebedingungen mit Defibrillationsmöglichkeit vorgenommen werden.

6.2.2.3 Implantierbare antitachykarde Schrittmacher

Implantierbare antitachykarde Schrittmachersysteme sind bislang noch nicht allgemein verfügbar. Vor kurzem wurde ein neuer Schrittmachertyp zur Therapie tachykarder und bradykarder supraventrikulärer Dysrhythmien sowie von ventrikulären medikamentös therapierefraktären Tachyarrhythmien beschrieben [460]. Positive Erfahrungen liegen bislang über 7 Patienten vor. In seiner Grundbetriebsart ist das Aggregat als stand-by-pacemaker ausgelegt. Durch Magnetumschaltung kann seine Refraktärzeit von 400 auf 150 msec reduziert werden, so daß der Frequenzbereich bis auf 400/min erweitert wird. Über den triggerbaren Zeitgeber des Pacemakers lassen sich mit einem externen Impulsgeber verschiedene Stimulationsarten, wie die festfrequente, die gekoppelte, die gepaarte, die frequenzbezogene Impulsabgabe (orthorhythmische Stimulation) oder die Hochfrequenzstimulation realisieren. Die Impulsdauer beträgt 0,5 msec, die Impulsamplitude 5,2 V. Die Stimulation erfolgt unipolar kathodal über eine endokardiale Schraubelektrode. Die Sonde dient gleichzeitig der Detektion der

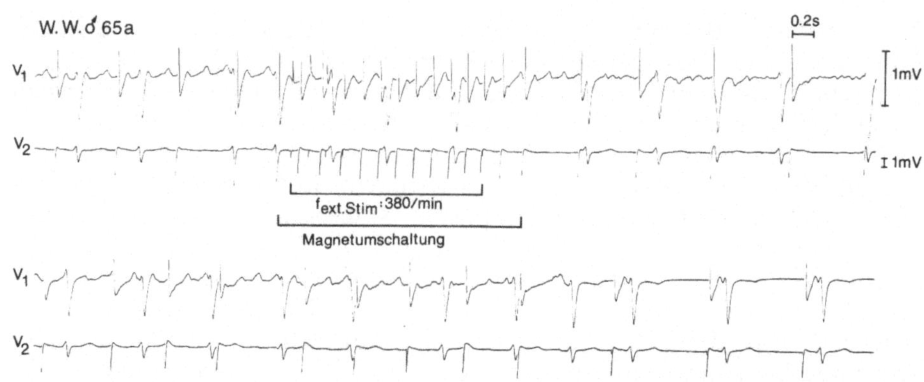

Abb. 6.65. 65jähriger Pat. mit Bradykardie-Tachykardie-Syndrom. Konversion von Vorhofflattern in Vorhofflimmern durch ein implantiertes, extern steuerbares Schrittmachersystem. V_1, V_2: Wilson-Ableitungen (unterschiedliche Eichung der Kanäle). – Nach Umschaltung der Refraktärzeit des Schrittmachers auf 150 msec wird über Brustwandelektroden der implantierte Schrittmacher angesteuert und somit nach kurzer Latenz eine atriale Hochfrequenzstimulation (f = 380/min) durchgeführt, die das Vorhofflattern in Vorhofflimmern überführt. Nach 2½ min kommt es spontan zum Sistieren des Vorhofflimmerns; derselbe Schrittmacher übernimmt nun eine antibradykarde Vorhofstimulation (f = 68/min). (Bei Vorhofflattern und Vorhofflimmern folgt der Schrittmacher ohne Magnetumschaltung bis zu einer Grenzfrequenz von 150/min (entspr. 400 msec) jeweils nach Anzahl und Potentialhöhe der atrialen Aktionen)

intrinsischen elektrischen Herzaktionen und der Übermittlung der Triggerimpulse des externen Steuergerätes. Bei Bradykardie stimuliert der Schrittmacher in seiner Grundfrequenz, die vor Implantation beliebig zwischen 60 und 100/min eingestellt wird (Abb. 6.65) [s. 460].
Diese Form der Elektrotherapie beruht auf einer vorhergehenden exakten elektrophysiologischen Abklärung der Rhythmusstörungen mit intrakardialen Ableit- und Stimulationstechniken, der Bestimmung des effektiven Stimulationsmodus und -ortes sowie der Anpassung von Frequenz, Stimulations-, Detektions- und Steuerungseigenschaften des Schrittmachers. Mit entsprechenden individuell adaptierten Aggregaten wurden auch die Patienten versorgt, deren antiarrhythmischer Stimulationsmodus in den Abbildungen 6.47, 6.48 und 6.64 wiedergegeben ist [vgl. 456 b].

6.2.3 Schlußbemerkung

Elektrotherapeutische Verfahren haben die Möglichkeiten der Arrhythmiebehandlung wesentlich erweitert. Die Defibrillation wird angewendet im Rahmen der Reanimation bei Kammerflimmern, als Notkardioversion bei bedrohlichen Tachykardien und als geplante Elektrokonversion zur Regularisierung von Vorhofflimmern und Vorhofflattern. Auch die elektrische Schrittmacherstimulation ist in vielen Fällen therapieresistenter Tachykardien wirksam. Dies gilt besonders für die intraatriale Hochfrequenzstimulation bei Vorhofflattern, und das sog. „overdrive-pacing“ bei extrasystolischen Arrhythmien. Die Doppelstimulationsmethode, die durch einen elektrisch induzierten Bigeminus zur Halbierung der mechanischen Herzfrequenz führt, hat nurmehr geringe Bedeutung. Die programmierte Stimulation (als Einzel- oder Mehrfachstimulation) kann bei supraventrikulären und ventrikulären Tachykardien sowie ventrikulären Extrasystolen als Vorläufer von Tachykardien wirksam sein. – Wenn auch die therapeutische Anwendung der programmierten Stimulation noch weitgehend kardiologischen Zentren vorbehalten ist, so ist nicht zu verkennen, daß auf dem Gebiet der Elektrotherapie tachykarder Rhythmusstörungen in den letzten Jahren wichtige praktische Fortschritte erzielt wurden, die sich auf die automatische bzw. computergestützte Anwendbarkeit von Stimulationssystemen und auf die Implantierbarkeit bisher nur extern anwendbarer Schrittmacher beziehen. Es ist damit zu rechnen, daß auch im Rahmen der allgemein-klinischen Anwendung dieser neuen Verfahren das Segment der noch therapierefraktären Tachyarrhythmien weiter vermindert wird.

7. Literatur

1. Adams, R.: Cases of diseases of the heart accompanied with pathological observations. Dublin Hosp. Rep. Communic. in Med. Surg. *4,* 353 (1827)
2. Agha, A. S., Castellanos, A., Wells, D., Ross, M. D., Befeler, B., Myerburg, R. J.: Type I, type II, and type III gaps in bundle-branch conduction. Circulation *47,* 325 (1973)
3. Ahlquist, R. P.: A study of the adrenotropic receptors. Am. J. Physiol. *153,* 586 (1948)
4. Akhtar, M., Damato, A. N.: Clinical uses of His bundle electrography. Part I. Am. Heart J. *91,* 520 (1976)
5. Akhtar, M., Damato, A. N., Batsford, W. P., Caracta, A. R., Vargas, G., Lau, S. H.: Unmasking and conversion of gap phenomenon in the human heart. Circulation *49,* 624 (1974)
6. Akhtar, M., Damato, A. N., Batsford, W. P., Ruskin, J. N., Ogunkelu, J. B., Vargas, G.: Demonstration of re-entry within the His-Purkinje system in man. Circulation *50,* 1150 (1974)
7. Akhtar, M., Damato, A. N., Caracta, A. R., Batsford, W. P., Josephson, M. E., Lau, S. H.: Electrophysiologic effects of atropine on atrioventricular conduction studied by His bundle electrogram. Am. J. Cardiol. *33,* 333 (1974)
8. Akhtar, M., Damato, A. N., Batsford, W. P., Ruskin, J. N., Ogunkelu, J. B.: A comparative analysis of antegrade and retrograde conduction patterns in man. Circulation *53,* 766 (1975)
9. Akhtar, M., Damato, A. N., Gilgert-Leeds, C. J., Batsford, W. P., Reddy, C. P., Gomes, J. A. C., Calon, A. H., Dhatt, M. S.: Induction of iatrogenic electrocardiographic patterns during electrophysiologic studies. Circulation *56,* 60 (1977)
10. Alanis, J., Gonzales, H., Lopez, E.: The electrical activity of the bundle of His. J. Physiol. (Lond) *142,* 127 (1958)
11. Aldor, E., Heeger, H.: Propafenon – ein neues Antiarrhythmikum. Dtsch. Med. Wochenschr. *101,* 1318 (1976)
12. Allessie, M. A., Bonke, F. I. M., Schopman, F. J. G., Lammers, W. J. E. P.: An in vitro model of circulating excitation in the abscence of an anatomic obstacle. In: Cardiac pacing, diagnostic and therapeutic tools. Lüderitz, B., (ed.). Berlin, Heidelberg, New York: Springer 1976
13. Allessie, M. A., Bonke, F. I. M.: Is sustained circus movement into the sinus node possible? In: The Sinus Node. Structure, Function, and Clinical Relevance. Bonke, F. I. M., (ed.). Leiden: Stenfort Kroese B. V. (1978)
14. Allessie, M. A., Bonke, F. I. M., Schopman, F. J. G.: Circus movement in rabbit atrial muscle as a mechanism of tachycardia. Circ. Res. *33,* 54 (1973)
15. Allessie, M. A., Bonke, F. I. M., Schopman, F. J. G.: Circus movement in rabbit atrial muscle as a mechanism of tachycardia. III "The leading Circle" concept: A new model of circus movement in cardiac tissue without the involvement of an anatomical obstacle. Circ. Res. *41,* 9 (1977)
16. Amat-y-Leon, F., Chuquimia, R., Wu, D., Denes, P., Chingra, R. C., Wyndham, C., Rosen, K. M.: Alternating Wenckebach periodicity: A common electrophysiologic response. Am. J. Cardiol. *36,* 757 (1975)
17. Amat-y-Leon, F., Denes, P., Wu, D., Pietras, R. J., Rosen, K. M.: Effects of atrial pacing site on atrial and atrioventricular nodal function. Br. Heart J. *37,* 576 (1975)
18. Amat-y-Leon, F., Dhingra, R., Denes, P., Wu, D., Wyndham, C., Chuquimia, R. Rosen, K. M.: The clinical spectrum of chronic His bundle block. Chest *70,* 747 (1976)

19. Amer, N. S., Stuckey, J. H., Hoffman, B. F., Capelletti, R. R., Domingo, R. T.: Activation of the interventricular septal myocardium studied during cardiopulmonary bypass. Am. Heart J. *59,* 224 (1960)
20. Amory, D. W., West, T. C.: Chronotropic response following direct electrical stimulation of the isolated sinoatrial node: a pharmacologic evaluation. J. Pharmacol. Exp. Ther. *137,* 14 (1962)
21. Anderson, R. H., Becker, A. E., Brechenmacher, C., Davies, M. J., Rossi, L.: Ventricular preexcitation. A proposed nomenclature of its substrates. Eur. J. Cardiol. *3,* 27 (1975)
22. Antoni, H.: Die Entstehung ektopischer Schrittmacher durch Funktionswandel des nichtautomatischen Arbeitsmyokards. In: Herzrhythmusstörungen. Holzmann, M. (Hrsg.). Stuttgart, New York: Schattauer, 1968
23. Antoni, H.: Elektrophysiologische Grundlagen bei Störungen des Herzrhythmus. Therapiewoche *21,* 1152 (1971)
24. Antoni, H.: Physiologische Grundlagen bei der Erzeugung und Unterbrechung von Vorhof- und Kammerflimmern des Herzens durch elektrischen Strom. Herz/Kreisl. *4,* 342 (1972)
25. Antoni, H.: Physiologische Grundlagen der Elektrostimulation und der Elektrokonversion des Herzens. Intensivmedizin *9,* 166 (1972)
25a. Antoni, H.: Zur Pathogenese der Herzrhythmusstörungen bei Myokardinfarkt. Z. Allgemeinmed. *54,* 859 (1978).
26. Aranda, J. M., Befeler, B., Castellanos, A.: His bundle recordings, bundle branch block, and myocardial infarction. Ann. Intern. Med. *86,* 106 (1977)
27. Aroesty, J. M., Cohen, S. I., Morkin, E.: Bradycardia-tachycardia syndrome: Results in 28 patients treated by combined pharmalogic therapy and pacemaker implantation. Chest *66,* 257 (1974)
28. Aronson, R. S., Gelles, J. M.: Electrophysiologic effects of dopamine in sheep cardiac Purkinje fibers. J. Pharmacol. Exp. Ther. *188,* 596 (1974)
29. Arzneimittelkommission der deutschen Ärzteschaft: Eingeschränkte Anwendung von Amidonal. Dtsch. Ärztebl. *74,* 2118 (1977)
30. Avenhaus, H.: Das schrittmachergesteuerte Herz – elektrophysiologische und hämodynamische Untersuchungen. Habilitationsschrift Göttingen 1970
31. Avenhaus, H.: Rhythmusstörungen des Herzens bei Glykosidtherapie. Dtsch. Med. J. *7,* 189 (1971)
31a. Avenhaus, H.: Rhythmusstörungen des Herzens und Elektrolytstoffwechsel. Monatskurse ärztl. Fortbildg. *3,* 116 (1972).
32. Avenhaus, H.: Rhythmusstörungen des Herzens. In: Klinische Kardiologie. Riecker, G. (Hrsg.). Berlin, Heidelberg, New York: Springer 1975
33. Avenhaus, H., Bolte, H.-D., Lüderitz, B.: Einfluß von Glukagon auf die Refraktärzeit des menschlichen Herzens. Verh. Dtsch. Ges. Inn. Med. *76,* 623 (1970)
34. Avenhaus, H., Lüderitz, B., Nordeck, E.: Einfluß von Glukagon auf die Hämodynamik des menschlichen Herzens nach Beta-Rezeptoren-Blockade. Verh. Dtsch. Ges. Kreislaufforsch. *37,* 427 (1971)
35. Averill, K. H., Fosmoe, R. J., Lamb, L. E.: Electrocardiographic findings in 67375 asymptomatic subjects. IV. Wolff-Parkinson-White syndrome. Am. J. Cardiol. *6,* 108 (1960)
36. Bachmann, K.: Bedeutung der EKG-Telemetrie. Dtsch. Med. Wochenschr. *99,* 1878 (1974)
37. Bahl, O. P., Ferguson, T. B., Oliver, G. C., Parker, B. M.: Treatment of carotid sinus syncope with demand pacemaker. Chest *59,* 262 (1971)
38. Bailey, J. C., Lathrop, D. A., Pippernger, D. L.: Differences between proximal left and right bundle branch block action potential durations and refractoriness in the dog heart. Circ. Res. *40,* 464 (1977)
39. De Bakker, J. M. T., Bisping, H. J., Irnich, W., Stork, W.: Gefährdung von Herzschrittmacherträgern durch elektrische Einflüsse. Elektrotechn. Zb. *28,* 190 (1976)
40. Barlow, P.: The clinical occurrence of sino-auricular block. Lancet *1927 I,* 65
41. Barold, S. S.: Double reset of demand pacemakers. Am. Heart J. *84,* 262 (1972)
42. Barold, S. S.: Therapeutic use of cardiac pacing in tachyarrhythmias. In: His bundle electrocardiography and clinical electrophysiology. Narula, O. S. (ed.). Philadelphia: F. A. Davis Comp. 1975

43. Barold, S. S., Gaidula, J. J.: Evaluation of normal and abnormal sensing function of demand pacemakers. Am. J. Cardiol. *28,* 201 (1971)
44. Bashour, T., Hemb, R., Wickramesekaran, R.: An unusual effect of atropine on overdrive suppression. Circulation *48,* 911 (1973)
45. Batsford, W. P., Akhtar, M., Caracta, A. R., Josephson, M. E., Seides, S. F. Damato, A. N.: Effect of atrial stimulation site on the electrophysiological properties of the atrioventricular node in man. Circulation *50,* 283 (1974)
45a. Batsford, W. P., Cannom, D. S., Zaret, B. L.: Relations between ventricular refractoriness and regional myocardial blood flow after acute coronary occlusion. Am. J. Cardiol. *41,* 1083 (1978)
46. Beck, O. A., Hochrein, H.: Die passagere Schrittmacherbehandlung beim akuten Herzinfarkt. Med. Welt *27,* 683 (1976)
47. Bekheit, S., Murtagh, J. G., Morton, P., Fletcher, E.: Measurements of sinus impulse conduction from electrogram of bundle of His. Br. Heart J. *33,* 719 (1971)
48. Bekheit, S., Murtagh, J. G., Morton, P., Fletcher, E.: Studies of heart block with His bundle electrograms. Br. Heart J. *34,* 717 (1972)
49. Bender, F., Hartmann, Ch., Brisse, B., Wichmann, B.: Therapie der Bradykardie mit einem Atropinester. Z. Kardiol. *64,* 329 (1975)
50. Bergström, J.: The effect of hydrochlorothiazide and amiloride administered together on muscle electrolytes in normal subjects. Acta Med. Scand. *197,* 415 (1975)
51. Berkowitz, W. D., Lau, S. H., Patton, R. D., Rosen, K. M., Damato, A. N.: The use of His bundle recordings in the analysis of unilateral and bilateral bundle branch block. Am. Heart J. *81,* 340 (1971)
52. Bernard, R., Durme, J. P. van, Beaujean, M., Colay, G., Collignon, P., Cornel, A., Daenen, W., Derom, F., D'Heer, H., Dodinot, B., Helmer, J., Laurent, C., Poulot, R., Primo, G., Tremouroux, J., Vandroux, A., Vermeire, P.: Le pacemaker definitif postinfarctus. Ann. Cardiol. Angéiol. (Paris) *20,* 435 (1971)
53. Berti, F., Lentati, R., Usardi, M. M.: The species specifity of prostaglandine E_1 effects on isolated heart. Med. Pharmacol. Exp. *13,* 233 (1965)
54. Beyer, J., Schaudig, A., Thurmayr, R., Zimmermann, M.: Zur Zuverlässigkeit intrakardialer Schrittmachersonden unter Berücksichtigung elektrophysiologischer und mechanischer Kriterien. Herz/Kreisl. *10,* 484 (1978)
54a. Beyer, J., Schaudig, A., Stemple, G., Zimmermann, M.: Der inkomplette Elektrodenbruch als Ursache von Bradyarrhythmien bei Trägern von Herzschrittmachern. Herz *3,* 362 (1978)
55. Bharati, S., Lev, M., Wu, D., Denes, P., Dhingra, R., Rosen, K. M.: Pathophysiologic correlations in two cases of split His bundle potentials. Circulation *49,* 615 (1974)
56. Bisping, H. J., Irnich, W.: Beeinflussung von implantierten Herzschrittmachern durch Fernseh- und Rundfunkgeräte. Dtsch. Med. Wochenschr. *101,* 668 (1976)
57. Bisping, H. J., Irnich, W., Meyer, J., Effert, S.: Störbeeinflussung implantierter Schrittmacher im Alltag. Dtsch. Med. Wochenschr. *97,* 1773 (1972)
58. Bissett, J. K., Kane, J. J., Soyza, N. de, Murphy, M. L.: Electrophysiological significance of rapid pacing as a test of atrioventricular conduction. Cardiovasc. Res. *9,* 593 (1975)
59. Bissett, J. K., Soyza, N. D. B. de, Kane, J. J., Murphy, M. L.: Electrophysiology of atropine. Cardiovasc. Res. *9,* 73 (1975)
60. Blömer, H., Wirtzfeld, A., Delius, W., Sebening, H.: Das Sinusknoten-Syndrom. Z. Kardiol. *64,* 697 (1975)
61. Blömer, H., Wirtzfeld, A., Delius, W., Sebening, H.: Das Sinusknoten-Syndrom. Erlangen: Perimed-Verlag, Dr. D. Straube, 1977
62. Boineau, J. P., Moore, E. N.: Evidence for propagation of activation across an accessory atrioventricular connection in types A and B preexcitation. Circulation *41,* 375 (1970)
63. Boineau, J. P., Moore, E. N., Spear, J. F., Sealy, W. C.: Basis of static and dynamic electrocardiographic variations in Wolff-Parkinson-White Syndrome. Am. J. Cardiol. *32,* 32 (1973)
64. Bolte, H.-D., Lüderitz, B.: Einfluß von Insulin auf das Membranpotential und die frequenzabhängige Schwellenreizstromstärke des isolierten Papillarmuskels. Verh. Dtsch. Ges. Kreislaufforsch. *35,* 177 (1969)

65. Bolte, H.-D., Lüderitz, B.: Elektrolytstörungen und Erregungsablauf am Herzen aus klinischer Sicht. Herz/Kreisl. *4,* 170 (1972)
66. Bolte, H.-D., Bergmann, M., Tebbe, U.: Unterschiedliche Wirkungen eines neuen Antiarrhythmikums (Propafenon) auf Purkinje- und Arbeitsmyokardfasern. Verh. Dtsch. Ges. Inn. Med. *82,* 1239 (1976)
67. Bond, R. C., Engel, T. R., Schaal, S. F.: The effect of digitalis on sinoatrial conduction in man. Circulation *48* (Suppl. IV), 147 (1973)
68. Bond, R. C., Engel, T. R., Schaal, S. F.: The effect of digitalis on sinoatrial conduction in man. Am. J. Cardiol. *33,* 128 (1974)
69. Bonke, F. I. M., Bouman, L. N., Rijn, H. E. van: Change of cardiac rhythm in the rabbit after an atrial premature beat. Circ. Res. *24,* 533 (1969)
70. Both, A., Seipel, L., Loogen, F.: Diagnostische Probleme beim LGL-Syndrom. In: His-Bündel-Elektrographie. Seipel, L., Loogen, F., Both, A. (Hrsg.). Stuttgart, New York: Schattauer 1975
71. Brechenmacher, C.: Atrio-His bundle tracts. Br. Heart J. *37,* 853 (1975)
72. Breithardt, G., Haerten, K., Seipel, L.: Zur antiarrhythmischen Wirksamkeit von Disopyramid bei ventrikulärer Extrasystolie und Vorhofflimmern. Z. Kardiol. *65,* 713 (1976)
72 a. Breithard, G., Seipel, L.: Comparative study of two methods of estimating sinoatrial conductive time in man. Am. J. Cardiol. *42,* 965 (1978)
73. Breithardt, G., Seipel, L., Both, A., Loogen, F.: The effect of atropine on calculated sinoatrial conduction time in man. Eur. J. Cardiol. *4,* 49 (1976)
74. Breithardt, G., Seipel, L., Loogen, F.: Sinus node recovery time and calculated sinoatrial conduction time in normal subjects and patients with sinus node dysfunction. Circulation *56,* 43 (1977)
74a. Breithardt, G., Seipel, L., Loogen, F.: Häufigkeit, Prognose und Therapie von Herzrhythmusstörungen bei koronarer Herzkrankheit. Z. Kardiol. *67,* 1 (1978)
75. Brouant, B., Koop, P., Schmitt, J.: Publication concernant les troubles de l'excitabilité du myocard et de rôle de l'aldactone. Vie méd. *2,* 3919 (1969)
76. Brown, R. W., Hunt, D., Sloman, J. G.: The natural history of atrioventricular conduction defects in acute myocardial infarction. Am. Heart J. *78,* 460 (1969)
77. Bucher, H. W.: Myokardinfarkt und Plasmafettsäuren. Schweiz. Med. Wochenschr. *103,* 199 (1973)
78. Büchner, Ch., Drägert, W.: Schrittmachertherapie des Herzens. Mannheimer Morgen 1973
79. Burchell, H. B., Frye, R. L., Anderson, M. W., McGoon, D. C.: Atrioventricular and ventriculoatrial excitation in Wolff-Parkinson-White syndrome (type B). Temporary ablation at surgery. Circulation *36,* 663 (1967)
80. Burr, H. L.: The lithium iodide-powered cardiac pacemaker. J. Thorac. Cardiovasc. Surg. *73,* 421 (1977)
81. Cagin, N. A., Kunstadt, D., Wolfish, P., Levitt, B.: The influence of heart rate on the refractory period of the atrium and AV conducting system. Am. Heart J. *85,* 358 (1973)
82. Cammilli, L., Alcidi, L., Papeschi, G.: A new pacemaker, autoregulating the rate of pacing in relation to metabolic needs. In: Cardiac pacing. Watanabe. Y. (ed.). Amsterdam. Oxford: Excerp. Med. 1977
83. Campbell, N. P. S., Kelly, J. G., Shanks, R. G., Chaturvedi, N. C., Strong, J. E., Pantridge, J. F.: Mexiletine (Kö 1173) in the management of ventricular dysrhythmias. Lancet *1973 II,* 404
84. Cannom, D. S., Goldreyer, B. N., Damato, A. N.: Atrioventricular conduction system in left bundle-branch block with normal QRS axis. Circulation *46,* 129 (1972)
85. Cannom, D. S., Goodman, D. J., Harrison, D. C.: Electrophysiological studies in patients with rate-related intermittent left bundle-branch block. Br. Heart J. *36,* 653 (1974)
86. Carmeliet, E. E.: Influence of lithium ions on the transmembrane potential and cation content of cardiac cells. J. Gen. Physiol. (Baltimore) *47,* 501 (1964)
87. Carmeliet, E., Verdonck, F.: Effects of aprindine and lidocaine on transmembrane potentials and radioactive K efflux in different cardiac tissues. Acta Cardiol. Suppl. XVIII, 73 (1974)
88. Castberg, T.: Complications from the pacemaker pocket. Acta Med. Scand. [Suppl.] *596,* 51 (1977)

89. Castellanos, A.: H-V intervals in LBBB. Circulation *47,* 1133 (1973)
90. Castellanos, A., Iyengar, R., Agha, A. S., Castillo, C. A.: Wenckebach phenomenon within the atria. Br. Heart J. *34,* 1121 (1972)
91. Castellanos, A., Agha, A. S., Befeler, B., Castillo, C. A., Berkovitz, B. V.: A study of arrival of excitation at selected ventricular sites during human bundle branch block using close bipolar catheter electrodes. Chest *63,* 208 (1973)
92. Castellanos, A., Lemberg, L., Bradfort, W.: Wolff-Parkinson-White Syndrome. Dis. Chest *Index 65,* 3.307 (1974)
93. Castillo, C. A., Castellanos, A.: His bundle recordings in patients with reciprocating tachycardias and Wolff-Parkinson-White syndrome. Circulation *42,* 271 (1970)
94. Cattel, R. B., Welch, M. L.: The carotid sinus syndrome: Its surgical treatment. Surgery *22,* 59 (1947)
95. Cerqueira-Gomes, M. (ed.): Recent advances in ventricular conduction. Internat. Symposium, Porto 1973. Basel: Karger 1975
96. Chai, C. Y., Wang, H. H., Hoffman, B. F., Wang, S. C.: Mechanisms of bradycardia induced by digitalis substances. Am. J. Physiol. *212,* 26 (1967)
97. Chatterjee, K., Harris, A., Leatham, A.: The risk of pacing after infarction and current recommendations. Lancet *1969 II,* 1061
98. Childers, R.: Concealed conduction. In: Symposium on cardiac rhythm disturbances. Resnekov, L. (ed.). Med. Clin. North. Am. *60*/1, 149 (1976)
99. Childers, R.: The AV node: Normal and abnormal physiology. Prog. Cardiovasc. Dis. *19,* 361 (1977)
100. Cohen, H. C., D'Cruz, I., Pick, A.: Concealed intraventricular conduction in the His bundle electrogram. Circulation *53,* 776 (1976)
101. Cohn, K. E., Agemon, J., Gamble, O. W.: The effect of glucagon on arrhythmias due to digitalis toxicity. Am. J. Cardiol. *25,* 683 (1970)
102. Contarini, O., Goff, R.: Treatment of infected cardiac pacemaker site with closed irrigation. J. Fla. Med. Assoc. *63,* 349 (1976)
103. Coraboeuf, E., Deroubaix, E.: Antiarrhythmic effects of canrenoate-Na on the heart muscle. In: Extrarenal activity of aldosterone and its antagonists. Amsterdam: Excerp. Med. 1972
104. Coraboeuf, E., Deroubaix, E.: Effect of a spirolactone derivate, sodium canrenoate, on mechanical and electrical activity of isolated rat myocardium. J. Pharmacol. Exp. Ther. *191,* 128 (1974)
105. Coumel, P.: Management of paroxysmal tachycardia. Sympos. on Cardiac Arrhythmias. Sandoe, E., Flensted-Jensen, E., Olesen, K. H. (eds). Elsinore: AB Astra, 783 (1970)
106. Coumel, P., Attuel, P.: Reciprocating tachycardia in overt and latent preexcitation. Eur. J. Cardiol. *1,* 423 (1974)
107. Coumel, P., Waynberger, M., Fabiato, A., Slama, R., Aigueperse, J., Bouvrain, J.: Wolff-Parkinson-White syndrome. Problems in evaluation of multiple accessory pathways and surgical therapy. Circulation *45,* 1216 (1972)
108. Coumel, P., Mugica, J., Barold, S. S.: Demand pacemaker arrhythmias caused by intermittent incomplete electrode fracture. Am. J. Cardiol. *36,* 105 (1975)
109. Cranefield, P. F.: The conduction of the cardiac impulse. New York: Futura Publishing Company 1975
110. Cranefield, P. F., Aronson, R. S.: Initiation of sustained rhythmic activity by single propagated action potentials in canine cardiac Purkinje fibres exposed to sodium-free solution or ouabain. Circ. Res. *34,* 477 (1974)
111. Cranefield, P. F., Klein, H. O., Hoffman, B. F.: Conduction of the cardiac impulse. I. Delay, block, and one-way block in depressed Purkinje fibers. Circ. Res. *28,* 199 (1971)
112. Creese, R.: Measurement of cation fluxes in rat diaphragm. J. Physiol. 497 (1959)
113. Cremer, M.: Über die direkte Ableitung der Aktionsströme des menschlichen Herzens vom Oesophagus und über das EKG des Foetus. Münch. Med. Wochenschr. *53,* 811 (1906)
114. Crook, B., Kitson, D., McComish, M., Jewitt, D.: Indirect measurement of sinoatrial conduction time in patients with sinoatrial disease and in controls. Br. Heart J. *39,* 771 (1977)

115. Curry, P. V. L., Krikler, D. M.: Significance of cycle length alternation during drug treatment of supraventricular tachycardia. Abstract 7th Europ. Congr. Cardiol. Amsterdam 1976
116. Damato, A. N., Lau, S. H.: Concealed and supernormal atrioventricular conduction. Circulation *43,* 967 (1971)
117. Damato, A. N., Gallagher, J. J., Schnitzler, R. N., Lau, S. H.: Use of His bundle recordings in understanding AV conduction disturbances. Bull. NY. Acad. Med. *47,* 905 (1971)
118. Damato, A. N., Varghese, P. J., Caracta, A. R., Akhtar, M., Lau, S. H.: Functional 2 : 1 block within the His-Purkinje system. Circulation *47,* 534 (1973)
119. Davidson, R. M., Wallace, A. G., Sealey, W. C., Gordon, M. S.: Electrically induced atrial tachycardia with block. A therapeutic application of permanent radiofrequency atrial pacing. Circulation *44,* 1014 (1971)
120. Day, H. W.: Acute coronary care – a five year report. Am. J. Cardiol. *21,* 252 (1968)
121. Delius, W., Wirtzfeld, H., Sebening, H., Blömer, H.: Bedeutung der Sinusknotenerholungszeit beim Sinusknotensyndrom. Dtsch. Med. Wochenschr. *100,* 2305 (1975)
122. Demers, R. G., Heninger, G. R.: Electrocardiographic T-wave changes during lithium carbonate treatment. JAMA *218,* 381 (1971)
123. Denes, P., Wu, D., Dhingra, R., Pietras, R. J., Rosen, K. M.: The effect of cycle length on cardiac refractory periods in man. Circulation *49,* 32 (1974)
124. Denes, P., Dhingra, R. C., Wu, D., Chuquimia, R., Amat-y-Leon, F., Wyndham, C., Rosen, K. M.: H-V interval in patients with bifascicular block (Right bundle branch block and left anterior hemiblock). Am. J. Cardiol. *35,* 23 (1975)
125. Denes, P., Wu, D., Dhingra, R. C., Amat-y-Leon, F., Wyndham, C., Rosen, K. M.: Electrophysiological observations in patients with rate dependent bundle branch block. Circulation *51,* 244 (1975)
126. Denes, P., Wu, D., Dhingra, R. C., Amat-y-Leon, F., Wyndham, C., Mautner, R. K., Rosen, K. M.: Electrophysiological studies in patients with chronic recurrent ventricular tachycardia. Circulation *54,* 229 (1976)
127. DePasquale, N. P., Bruno, M. S.: To pace or not to pace. Ann. Intern. Med. *81,* 395 (1974)
128. Dhatt, M. S., Curtiss, E. I., Shaver, J. A.: Mobitz type I atrioventricular block in the ventricular specialized conduction system. J. Electrocardiol. *8,* 351 (1975)
129. Dhingra, R. C., Rosen, K. M., Rahimtoola, S. H.: Normal conduction intervals and responses in sixty-one patients using His bundle recording and atrial pacing. Chest *64,* 55 (1973)
130. Dhingra, R. C., Rosen, K. M., Rahimtoola, S. H.: Wenckebach periods with repetitive block: Evaluation with His bundle recording. Am. Heart J. *86,* 444 (1973)
131. Dhingra, R. C., Denes, P., Wu, D., Chuquimia, R., Amat-y-Leon, F., Wyndham, C., Rosen, K. M.: Syncope in patients with chronic bifascicular-block. Ann. Intern. Med. *81,* 302 (1974)
132. Dhingra, R. C., Denes, P., Wu, D., Chuquimia, R., Rosen, K. M.: The significance of second degree atrioventricular block and bundle branch block. Circulation *49,* 638 (1974)
133. Dhingra, R. C., Amat-y-Leon, F., Wyndham, C., Wu, D., Denes, P., Rosen, K. M.: The electrophysiological effects of ouabain on sinus node and atrium in man. J. Clin. Invest. *55,* 555 (1975)
134. Dhingra, R. C., Denes, P., Wu, D., Chuquimia, R., Amat-y-Leon, F., Wyndham, C., Rosen, K. M.: Chronic right bundle branch block and left posterior hemiblock. Am. J. Cardiol. *36,* 867 (1975)
135. Dhingra, R. C., Wyndham, C., Amat-y-Leon, F., Denes, P., Wu, D., Rosen, K. M.: Sinus nodal responses to atrial extrastimuli in patients without apparent sinus node disease. Am. J. Cardiol. *36,* 445 (1975)
136. Dhingra, R. C., Amat-y-Leon, F., Wyndham, C., Denes, P., Wu, D., Miller, R. H., Rosen, K. M.: Electrophysiologic effects of atropine on sinus node and atrium in patients with sinus nodal dysfunction. Am. J. Cardiol. *38,* 848 (1976)
137. Dhingra, R. C., Amat-y-Leon, F., Wyndham, C., Denes, P., Wu, D., Pouget, J. M., Rosen, K. M.: The electrophysiologic effects of atropine on human sinus node and atrium. Am. J. Cardiol. *38,* 429 (1976)

138. Dhingra, R. C., Denes, P., Wu, D., Wyndham, C. R., Amat-y-Leon, F., Towne, W. D., Rosen, K. M.: Prospective observations in patients with chronic bundle branch block and marked H-V prolongation. Circulation *53,* 600 (1976)
139. Dhingra, R. C., Wyndham, C., Amat-y-Leon, F., Wu, D., Denes, P., Towne, W. D., Rosen, K. M.: Significance of A-H interval in patients with chronic bundle branch block. Am. J. Cardiol. *37,* 231 (1976)
140. Dhingra, R. C., Amat-y-Leon, F., Wyndham, C., Deedwania, P. C., Wu, D., Denes, P., Rosen, K. M.: Clinical significance of prolonged sinoatrial conduction time. Circulation *55,* 8 (1977)
140a. Diederich, K.-W., Jettel, U., Djonlagic, H.: R-Zackenvergrößerung beim akuten Myokardinfarkt. Z. Kardiol. *67,* 702 (1978)
141. Doenecke, P., Bette, L., Harbauer, G., Hoffmann, W., Hofmeister, G., Schieffer, H.: Verminderung der Dislokationshäufigkeit durch Verwendung neuentwickelter transvenöser Schrittmacherelektroden. Z. Kreisl. Forsch. *61,* 887 (1972)
142. Doerr, W.: Normale und pathologische Anatomie des reizbildenden und erregungsleitenden Gewebes. Verh. Dtsch. Ges. Kreislaufforsch. *35,* 1 (1969)
143. Doerr, W., Schiebler, Th. H.: Pathologische Anatomie des Reizleitungssystems. In: Das Herz des Menschen. Borgmann, W., Doerr, W. (Hrsg.). Stuttgart: Thieme 1963
144. Doherty, J. E.: Digitalis Glycosides. Pharmacokinetics and their clinical implications. Ann. Intern. Med. *79,* 229 (1973)
145. Doherty, J. E., Perkins, W. H.: Digoxin metabolism in hypo- and hyperthyroidism. Ann. Intern. Med. *64,* 489 (1966)
146. Dominguez, G., Fozzard, H. A.: Influence of extracellular K^+-concentration on cable properties and excitability of sheep cardiac Purkinje fibers. Circ. Res. *26,* 565 (1970)
146a. Downar, E., Janse, M. J., Durrer, D.: The effect of "ischemic" blood on transmembrane potentials of normal porcine ventricular myocardium. Circulation *55,* 455 (1977)
147. Draper, M. H., Weidmann, S.: Cardiac resting and action potentials recorded with an intracellular electrode. J. Physiol. *115,* 74 (1951)
148. Dressler, L., Guse, G., Knorre, G. H. von, Otte, K. B., Richwin, R., Weber, D., Witte, J.: Zur Optimierung der Schrittmacherparameter anhand von Reizzeit-Spannungskurven. Dt. Gesundh.-Wesen *32,* 2237 (1977)
149. Drury, A. N.: Effective refractory period, full recovery time and premature response interval of ventricular muscle in the intact anaesthetised cat and rabbit. Q. J. Exp. Physiol. *26,* 181 (1937)
150. Dudel, J., Rüdel, R.: Voltage and time dependence of excitatory sodium current in cooled sheep Purkinje fibres. Pfluegers Arch. *315,* 136 (1970)
151. Dudel, J., Peper, K., Rüdel, R., Trautwein, W.: The dynamic chloride component of membrane current in Purkinje fibres. Pfluegers Arch. *295,* 197 (1967)
152. Durrer, D.: Electrical aspects of human cardiac activity: A clinical-physiological approach to excitation and stimulation. Cardiovasc. Res. *2,* 1 (1968)
153. Durrer, D., Roos, J. P.: Epicardial excitation of the ventricles in a patient with Wolff-Parkinson-White Syndrome. Circulation *35,* 15 (1967)
154. Durrer, D., Wellens, H. J. J.: The Wolff-Parkinson-White Syndrome anno 1973. Eur. J. Cardiol. *1,* 347 (1974)
155. Durrer, D., Schoo, L., Schuilenburg, R. M., Wellens, H. J. J.: The role of premature beats in the initiation and the termination of supraventricular tachycardia in the Wolff-Parkinson-White syndrome. Circulation *36,* 644 (1967)
156. Durrer, D., Schuilenburg, R. M., Wellens, H. J. J.: Preexcitation revisited. Am. J. Cardiol. *25,* 690 (1970)
156a. Durrer, D., Janse, M. J., Kléber, A. K., Lie, K. I.: Mechanism of arrhythmias during acute ischemia. In: The first 24 hours in myocardial infarction. Kaindl, F., Pachinger, O., Probst, P. (eds.). Baden-Baden, Köln, New York: Witzstrock 1977
157. Easley, K. M., Goldstein, S.: Sino-atrial syncope. Am. J. Med. *50,* 166 (1971)
158. Edhag, O., Swahn, A.: Prognosis of patients with complete heart block or arrhythmic syncope who were not treated with artificial pacemakers. Acta Med. Scand. *200,* 447 (1976)
159. Effert, S.: Atrioventrikuläre Überleitungsstörungen. Verh. Dtsch. Ges. Inn. Med. *81,* 99 (1975)

160. Effert, S., Irnich, W.: Schrittmacherrasen unter Hochfrequenz-Therapie. Dtsch. Med. Wochenschr. *102,* 909 (1977)

160a. Effert, S., Herzog, H., Meyer, J., Merx, W., Essen, R. v.: Warnarrhythmie – Registriertechnik, automatische Analyse, klinische Wertigkeit. In: The first 24 hours in myocardial infarction. Kaindl, F., Pachinger, O., Probst, P. (eds.). Baden-Baden, Köln, New York: Witzstrock 1977

161. Einthoven, W.: Ein neues Galvanometer. Ann. Physik (4. Folge) *12,* 1059 (1903)

162. Elert, O., Kreuzer, J., Satter, P.: Totale Elektrodenretraktion (Twiddler-Syndrom) bei Infektion des Schrittmachersystems. Thoraxchirurgie *23,* 63 (1975)

163. Elmquist, R., Senning, Å.: An implantable pacemaker for the heart. Med. Electronics 2. Int. Conf. Paris 1959 (ed. C. N. Smyth) London 1960

164. El-Sherif, N., Scherlag, B. J., Lazzara, R., Samet, P.: Pathophysiology of tachycardia- and bradycardia-dependent block in the canine proximal His-Purkinje system after acute myocardial ischemia. Am. J. Cardiol. *33,* 529 (1974)

165. El-Sherif, N., Scherlag, B. J., Lazzara, R.: Pathophysiology of second degree atrioventricular block: A unified hypothesis. Am. J. Cardiol. *35,* 421 (1975)

166. El-Sherif, N., Hope, R. R., Scherlag, B. J., Lazzara, R.: Re-entrant ventricular arrhythmias in the late myocardial infarction period: 2. Patterns of initiation and termination of reentry. Circulation *55,* 702 (1977)

167. El-Sherif, N., Scherlag, B. J., Lazzara, R.: Second-degree atrioventricular block in the His-Purkinje system following acute myocardial infarction. Chest *71,* 615 (1977)

167a. Engel, T. R., Gonzales, A. D. C.: Effects of digitalis on atrial vulnerability. Am. J. Cardiol. *42,* 570 (1978)

168. Engel, T. R., Schaal, S. F.: Digitalis in sick sinus syndrome: the effects of digitalis on sinoatrial automaticity and atrioventricular conduction. Circulation *48,* 1201 (1973)

169. Erdmann, E., Krawietz, W.: On the action of triamterene on isolated cell membranes. Drug Research *26,* 1812 (1976)

170. Erdmann, E., Schoner, W.: Charakterisierung des Strophanthinrezeptors der Zellmembran aus Herz, Niere und Hirn. Verh. Dtsch. Ges. Kreislaufforsch. *39,* 174 (1973)

171. Erdmann, E., Bolte, H.-D., Lüderitz, B.: The ($Na^+ + K^+$)-ATPase-activity of guinea pig heart muscle in potassium deficiency. Arch. Biochem. Biophys. *145,*121 (1971)

172. Escher, D. J. W.: Types of pacemakers and their complications. Circulation *47,* 1119 (1973)

173. Escher, D. J. W.: The use of artificial pacemakers in acute myocardial infarction. In: Controversy in cardiology. Chung, E. K. (ed.). New York, Heidelberg, Berlin: Springer 1976

174. Escher, D. J. W., Furman, S.: Oscilloscopic and recent other methods of implanted pacemakers follow-up. Ann. Cardiol. Angiol. *20,* 503 (1971)

175. Escher, D. J. W., Furman, S., Parker, D., Solomon, N.: Malfunction in demand pacing. Clin. Rev. *19,* 321 (1971)

176. Evans, T. R., Callowhill, E. A., Krikler, D. M.: Clinical value of tests of sinoatrial function. Pace *1,* 1 (1978)

177. Farah, A., Tuttle, R.: Studies on the pharmacology of glucagon. J. Pharmacol. Exp. Ther. *129,* 49 (1960)

178. Fazekas, P., Kiss, Z.: Mit Adams-Stockes'schem Syndrom einhergehende paroxysmale Kammertachykardie während einer Clinium-Behandlung. Z. Kardiol. *66,* 443 (1977)

179. Ferrer, M. I.: The sick sinus syndrome in atrial disease. J. Am. Med. Ass. *206,* 645 (1968)

180. Ferrier, G. R., Dresel, P. E.: Role of the atrium in determining the functional and effective refractory periods and the conductivity of the atrioventricular transmission system. Circ. Res. *33,* 375 (1973)

181. Ferrier, G. R., Dresel, P. E.: Relationship of the functional refractory period to conduction in the atrioventricular node. Circ. Res. *35,* 204 (1974)

182. Ferrier, G. R., Moe, G. K.: Effect of calcium on acetylstrophanthidin-induced transient depolarizations in canine Purkinje tissue. Circ. Res. *33,* 508 (1973)

183. Ferrier, G. R., Saunders, J. H., Mendez, C.: A cellular mechanism for the generation of ventricular arrhythmias by acetylstrophanthidin. Circ. Res. *32,* 600 (1973)

184. Fiehring, H.: Prähospitale antiarrhythmische Therapie. In: The first 24 hours in myocardial infarction. Kaindl, F., Pachinger, O., Probst, P. (eds.). Baden-Baden, Köln, New York: Witzstrock 1977
185. Fischell, R. E., Lewis, K. B., Schulman, J. H., Love, J. W.: A long-lived, reliable, rechargeable cardiac pacemaker. In: Pacemaker Technology. Schaldach, M., Furman, S. (eds.). Berlin, Heidelberg, New York: Springer 1975
186. Fischer, J., Reutter, F. W., Engel, U. R., Sege, D., Gessner, U.: Komplikationen endokardialer und epimyokardialer Elektroden bei 171 Patienten mit Herzschrittmachern. Schweiz. Med. Wochenschr. *106,* 1574 (1976)
187. Fishenfeld, J., Fleming, H., Desser, K. B., Benchimol, A.: False localization of atrioventricular block secondary to failure of "split His" recording. Chest *66,* 288 (1974)
188. Fisher, J. D., Cohen, H. L., Mehra, R., Altschuler, H., Escher, D. J. W., Furman, S.: Cardiac pacing and pacemakers II. Serial electrophysiologic-pharmacologic testing for control of recurrent tachyarrhythmias. Am. Heart J. *93,* 658 (1977)
189. Fleischmann, D. W., Pop, T.: Assessment of refractoriness of the human Purkinje system. Cardiovasc. Res. *13,* 11 (1978)
189a. Fleischmann, D. W., Pop, T.: His-Bündel-Elektrographie und ventrikuläre Einzelimpulsstimulation bei Patienten mit Kammertachykardien. Z. Kardiol. *67,* 405 (1978)
190. Fleischmann, D. W., Mathey, D., Bleifeld, W., Irnich, W., Effert, S.: His-Bündel-Elektrographie bei Patienten mit intraventrikulären Leitungsstörungen. Klin. Wochenschr. *51,* 1066 (1973)
191. Fleischmann, D. W., Effert, S., Bleifeld, W., Pop, T., Irnich, W.: Lokalisation der Leitungsunterbrechung beim kompletten AV-Block mittels His-Bündel-Elektrographie. Dtsch. Med. Wochenschr. *100,* 723 (1975)
192. Fleischmann, D. W., Pop, T., De Bakker, J. M. T.: Zur Frage der Entstehung ventrikulärer Extrasystolen. Kreiserregung im intraventrikulären Leitungssystem. Herz/Kreisl. *7,* 82 (1975)
193. Fleischmann, D. W., Pop, T., De Bakker, J. M. T.: Reentry mechanism within the His-Purkinje-system in man during extrasystolic stimulation of the right ventricle. In: Cardiac pacing, diagnostic and therapeutic tools. Lüderitz, B. (ed.). Berlin, Heidelberg, New York: Springer 1976
194. Fleischmann, D. W., Pop, T., Effert, S., Nowak, H.: Vergleichende Untersuchungen zur recht- und rückläufigen AV-Leitung des menschlichen Herzens. Verh. Dtsch. Ges. Kreislaufforsch. *42,* 233 (1976)
195. Fleischmann, D. W., Pop, T. De Bakker, J. M. T.: Evidence for re-entry within the His-Purkinje system in man during extrasystolic stimulation of the right ventricle: Macro-versus micro-re-entry. In: Re-entrant Arrhythmias. Kulbertus H. E. (ed.). Lancaster: M. T. P. 1977
196. Fleischmann, D. W., Pop, T., Birkenheier, H., Merx, W., Höck, A.: Prolonged refractoriness of the Purkinje system in a case with the long Q-T interval syndrome. (Sent for publication)
196a. Fleischmann, D. W., Pop, T., Marschall, H. U., De Bakker, J. M. T.: Rate and rhythm dependent vulnerability of the human ventricular myocardium. Basic Res. Cardiol. *14,* 1 (1979)
196b. Fleischmann, D. W., Pop, T., Wiesener, M. U., De Bakker, J. M. T.: Observations on the mechanism of human ventricular vulnerability during premature stimulation. Basic Res. Cardiol. 1979 (im Druck)
196c. Fleischmann, D. W., Pop, T., Marschall, H. U., Wiesener, M. U., De Bakker, J. M. T., Erbel, R., Effert, S.: Über die Vulnerabilität der menschlichen Herzkammer bei vorzeitiger Reizung. Elektrophysiologische Befunde. Z. Kardiol. 1979 (im Druck)
197. Fontaine, G., Frank, R., Bonnet, M., Cabrol, C., Guiroudon, S.: Methode d'étude experimentale et clinique des syndromes de Wolff-Parkinson-White et d'ischemie myocardique par cartographie de la depolarisation ventriculaire épicardique. Coeur Med. Interne *12,* 105 (1973)
198. Franke, H.: Über das Carotis-Sinus-Syndrom und den sogenannten hyperaktiven Carotis-Sinus-Reflex. Stuttgart: Schattauer 1963
199. Freedberg, A. S., Papp, J. G., Vaughan Williams, E. M.: The effect of altered thyroid state on atrial intracellular potentials. J. Physiol. (Lond) *207,* 357 (1970)

200. Freuhan, C. T., Meyer, J. A., Klie, J. H., Johnson, L. W., Obeid, A. I., Smulyan, H., Eich, R.H.: Refractory paroxysmal supraventricular tachycardia. Treatment with patient controlled permanent radiofrequency atrial pacemaker. Am. Heart J. *87,* 229 (1974)
201. Friedberg, C. K., Cohen, H., Donoso, E.: Advanced heart block as a complication of acute myocardial infarction. Prog. Cardiovasc. Dis. *10,* 466 (1968)
202. Friedberg, H. D., Lillehei, C. R.: Progress in pacemaker longevity. J. Electrocardiol. *7,* 97 (1974)
203. Friedberg, H. D., Schamroth, L.: Three atrioventricular pathways. Reciprocating tachycardia with alternation of conduction time. J. Electrocardiol. *6,* 159 (1973)
204. Friedberg, H. D., Lillehei, R. C., Mosharrafa, M.: Long life pacemakers: 3-year study of cardiac pacemakers. Inc., lithium pulse generators. In: Cardiac pacing. Watanabe, Y. (ed.). Amsterdam, Oxford: Excerp. Med. 1977
205. Frye, R. L., Braunwald, E.: Studies on digitalis, III. The influence of triiodothyronine on digitalis requirements. Circulation *23,* 376 (1971)
206. Fuente, D. De la, Sasyniuk, B., Moe, G. K.: Conduction through a narrow isthmus in isolated atrial tissue: a model of the WPW-Syndrome. Circulation *44,* 803 (1971)
206 a. Funke, H. D.: Die optimierte sequentielle Stimulation von Vorhof und Kammer – ein neuartiges Therapiekonzept zur Behandlung bradykarder Dysrhythmien. Herz/Kreisl. *10,* 479 (1978)
207. Funke, H. D.: Automatische Frequenzoptimierung bei Schrittmachersystemen. In: Technik und Klinik der Schrittmacherbehandlung. Dienstl. F. (Hrsg.). Wien: Siemens AG 1974
208. Funke, H. D., Herpers, L.: Electrocardiographic findings in patients treated with optimized sequential stimulation. In: The British Pacing Group (ed.). Arnhem: Tamminga B. V. 1978
209. Funke, H. D., Schaldach, M.: Eine einfach und zuverlässig im Vorhof anzubringende Herzschrittmacher-Elektrode. Dtsch. Med. Wochenschr. *102,* 819 (1977)
210. Furman, S.: Cardiac pacing and pacemakers VIII. The pacemaker follow-up clinic. Am. Heart J. *94,* 795 (1977)
211. Furman, S., Fisher, J., Mehra, R.: Ectopic ventricular tachycardia treated with bursts of ventricular pacing at 300 per minute. In: Cardiac pacing. Watanabe, Y. (ed.). Amsterdam, Oxford: Excerpta Medica 1977
212. Furman, S., Hurzeler, T., Mehra, R.: Cardiac pacing and pacemakers. IV. Threshold of cardiac stimulation. Am. Heart J. *94,* 115 (1977).
213. Gadermann, E., Heinz, N., Saegler, J.: Die Synkopen des Carotissinus-Syndroms und ihre Behandlung. Internist (Berlin) *14,* 502 (1973)
214. Gaffney, T. E., Kahn, J. B., Maanen, E. F. van, Acheson, G. H.: A mechanism of the vagal effect of cardiac glycosides. J. Pharmac. Exp. Ther. *122,* 423 (1958)
215. Gallagher, J. J., Damato, A. N., Varghese, P. J., Lau, S. H.: Localization of an area of maximum refractoriness or "gate" in the ventricular specialized conduction system in man. Am. Heart J. *84,* 310 (1972)
216. Gallagher, J. J., Damato, A. N., Varghese, P. J., Caracta, A. R., Josephson, M. E.: Gap in AV conduction in man: types I und II. Am. Heart J. *85,* 78 (1973)
217. Gallagher, J. J., Damato, A. N., Varghese, P. J., Caracta, A. R., Josephson, M. E., Lau, S. H.: Alternative mechanisms of apparent supernormal atrioventricular conduction. Am. J. Cardiol. *31,* 362 (1973)
218. Gallagher, J. J., Gilbert, M., Svenson, R. H., Sealy, W. C., Kasell, J., Wallace, A. G.: Wolff-Parkinson-White syndrome. The problem, evaluation, and surgical correction. Circulation *51,* 767 (1975)
219. Gallagher, J. J., Oldham, H. N., Wallace, A. G., Peter, R. H., Kasell, J.: Ventricular aneurysm with ventricular tachycardia. Report of a case with epicardial mapping and successful resection. Am. J. Cardiol. *35,* 696 (1975)
220. Gallagher, J. J., Pritchett, E. L. C., Benditt, D. G., Tonkin, A. M., Campbell, R. W. F., Dugan, F. A., Bashore, T. M., Tower, A., Wallace, A. G.: New cathetertechniques for analysis of the sequence of retrograde atrial activation in man. Eur. J. Cardiol. *6,* 1 (1977)
221. Gassel, W. D., Wolf, J., Kaffarnik, H.: Zum Digitaliseinfluß auf die Kammerendteile des EKG's bei Patienten mit Thyreotoxikose. Klin. Wochenschr. *49,* 1128 (1971)

221a. Gelet, T. R., Altschuld, R. A., Weissler, A. M.: Effects in acidosis on the performance and metabolism of the anoxic heart. Circulation, Suppl. IV, 39 und 40, IV-60 (1969)
222. Gersony, W. M., Ekery, D. D.: Concealed right bundle branch block in the presence of type B ventricular preexcitation. Am. Heart J. *77,* 668 (1969)
223. Gettes, L. S.: The electrophysiologic effects of antiarrhythmic drugs. Am. J. Cardiol. *28,* 526 (1971)
224. Giardina, A. C. V., Ehlers, K. H., Engle, M. A.: Wolff-Parkinson-White Syndrome in infants and children. A long term follow up study. Br. Heart J. *34,* 839 (1972)
225. Gibson, D., Sowton, E.: The use of beta-adrenergic receptor blocking drugs in dysrhythmias. Prog. Cardiovasc. Dis. *12,* 16 (1969)
226. Gilette, P. C.: Concealed anomalous cardiac conduction pathways: A frequent cause of supraventricular tachycardia. Am. J. Cardiol. *40,* 848 (1977)
227. Gillis, R. A.: Cardiac sympathetic nerve activity: changes induced by ouabain and propranolol. Science *166,* 508 (1969)
228. Glassman, R. D., Noble, R. J., Tavel, M. E., Storer, W. R., Schmidt, P. E.: Pacemaker-induced endocardial friction rub. Am. J. Cardiol. *40,* 811 (1977)
229. Siehe Lit. 228
230. Gleichmann, U.: Medikamentöse Therapie von Herzrhythmusstörungen. Med. Welt *28,* 675 (1977)
231. Gmeiner, R., Dienstl, F.: Reentrytachykardie im intraventrikulären Leitungssystem. Verh. Dtsch. Ges. Kreislaufforsch. *39,* 326 (1973)
232. Goldberg, L. I.: Cardiovascular and renal actions of dopamine: potential clinical applications. Pharm. Rev. *24,* 1 (1972)
233. Goldberger, E.: A simple indifferent electrocardiographic electrode of zero potential and a technique of obtaining augmented, unipolar, extremity leads. Am. Heart J. *23,* 483 (1942)
234. Goldreyer, B. N., Damato, A. N.: Sinoatrial-node entrance block. Circulation *44,* 789 (1971)
235. Goodman, D. J., Rossen, R. M., Ingham, R., Rider, A. K., Harrison, D. C.: Sinus node function in the denervated human heart. Effect of digitalis. Br. Heart J. *37,* 612 (1975)
236. Goodman, D. J., Rossen, R. M., Rider, A. K., Harrison, D. C.: The effect of cycle length on cardiac refractory periods in the denervated human heart. Am. Heart J. *91,* 332 (1976)
237. Gould, 1929: zitiert nach Hyman, A. F.: Resuscitation of the stopped heart by intracardiac therapy. Arch. Intern. Med. *50,* 283 (1932)
238. Graf, H.: 200 Jahre elektrische Herzwiederbelebung. Electromedica *5,* 157 (1974)
239. Gray, R., Kaushik, V. S., Mandel, W. J.: Wenckebach phenomenon occurring in the distal conducting system in a young adult. Br. Heart J. *38,* 204 (1976)
240. Greatbatch, W., Piersma, B., Shannon, F. D., Calhoon, F. W.: Polarisation phenomena relating to physiological electrodes. Ann. NY. Acad. Sci. *167,* 722 (1969)
241. Greeff, K., Köhler, E.: Tierexperimentelle Untersuchungen über den Einfluß von Triamteren und Amilorid auf Herz, Kreislauf und Toxizität des Digoxins. Arzneim. Forsch. *25,* 1766 (1975)
242. Greely, H. P., Smedal, M. S., Most, W.: The treatment of the carotid-sinus-syndrome by irradiation. N. Engl. J. Med. *252,* 91 (1955)
242a. Greene, H. L., Reid, P. R., Schaeffer, A. M.: The repetitive ventricular response in man. A predictor of sudden death. N. Engl. J. Med. *299,* 729 (1978)
243. Grendahl, H., Sivertssen, E.: Endocardial pacing in acute myocardial infarction. Acta Med. Scand. *186,* 21 (1969)
244. Greven, G., Kley, H. K., Humann, H.: Bifaszikuläre Blockformen als Vorstufe eines totalen AV-Blocks. Med. Klin. *67,* 1548 (1972)
245. Grogler, F. M.: Reizschwellenveränderungen bei chronischer transvenöser Herzstimulierung. Langenbecks Arch. Chir. (Suppl.) 35 (1975)
246. Grogler, F. M., Frank, G., Borst, H. G.: Stimulation threshold in long-term transvenous cardiac pacing. Experience with EM 169 "Vario" and standard pacemaker systems. J. Cardiovasc. Surg. Spec. *11,* 143 (1975)
247. Guérot, C., Valere, P. E., Castillo-Fenoy, A., Tricot, R.: Tachycardie par ré-entrée de branche à branche. Arch. Mal. Coeur *67,* 1 (1974)

248. Guimond, C., Puech, P.: Intra-His bundle blocks (102 cases). Eur. J. Cardiol. *4,* 481 (1976)
249. Guize, L., Zacouto, F.: Principle and applications of the orthorhythmic pacemaker. Eur. Soc. Artific. Organs *1,* 77 (1974)
250. Guize, L., Zacouto, F., Lenègre, J.: Un nouveau stimulateur du coeur: le pacemaker orthorythmique. Presse Méd. *79,* 2071 (1971)
251. Guize, L., Zacouto, F., Meilhac, B., Le Pailleur, C., Di Mattéo, J.: Stimulations endocardiaques orthorythmiques. Nouv. Presse Méd. *3,* 2083 (1974)
252. Gupta, P. K., Haft, J. I.: Retrograde ventriculoatrial conduction in complete heart block. Am. J. Cardiol. *30,* 408 (1972)
253. Gupta, P. K., Young, R., Jewitt, D. E., Hartog, M., Opie, L. H.: Increased plasma-free-fatty-acid concentrations and their significance in patients with acute myocardial infarction. Lancet *1962 II,* 1209
254. Gupta, P. K., Chadda, K., Lichstein, E., Liu, H. M., Sayeen, M.: Intraventricular conduction time in patients with bundle branch block. J. Electrocardiol. *6,* 181 (1973)
255. Gupta, P. K., Lichstein, E., Chadda, K. D.: Intraventricular conduction time (H-V interval) during antegrad conduction in patients with heart block. Am. J. Cardiol. *32,* 27 (1973)
256. Gupta, P. K., Lichstein, E., Badui, E.: Appraisal of sinus nodal recovery time in patients with sick sinus syndrome. Am. J. Cardiol. *34,* 265 (1974)
257. Gupta, P. K., Lichstein, E., Chadda, K. D.: Chronic His bundle block. Br. Heart J. *38,* 1343 (1976)
258. Gurtner, H. P., Gertsch, M., Zacouto, F.: Orthorhythmischer Herzschrittmacher und salvenförmige Herzstimulation. Schweiz. Med. Wochenschr. *105,* 33 (1975)
259. Gurtner, H. P., Lenzinger, H. R., Dolder, M.: Clinical aspects of the sick-sinus-syndrome. In: Cardiac pacing, diagnostic and therapeutic tools. Lüderitz, B. (ed.). Berlin, Heidelberg, New York: Springer 1976
260. Guss, S. B., Kastor, J. A., Josephson, M. E., Scharf, D. L.: Human ventricular refractoriness. Circulation *53,* 450 (1976)
261. Hacker, R. W., Haasis, R., Dittrich, H.: Schrittmachertherapie beim spontanen vagalkardialen hypersensitiven Karotissinussyndrom. Med. Welt *23,* 1971 (1972)
262. Haenni, B., Simonin, P. H., Richez, J., Duchosal, B. P.: Contrôle de marche des pacemakers par Tektronix-Polaroid. Schweiz. Med. Wochenschr. *103,* 318 (1973)
263. Härtel, G., Talvensaari, T.: Treatment of sinoatrial syndrome with permanent cardiac pacing in 90 patients. Acta Med. Scand. *198,* 341 (1975)
264. Haft, J. I.: The His bundle electrogram. Circulation *47,* 897 (1973)
265. Haft, J. I.: The HV interval in patients with bifascicular block. J. Electrocardiol. *10,* 1 (1977)
266. Haft, J. I., Kranz, P. D.: Intraventricular conduction intervals during orthograde conduction in patients with complete heart block. Chest *63,* 751 (1973)
267. Haft, J. I., Weinstock, M., Deguia, R., Gupta, P. K., Fano, A.: Assessment of atrioventricular conduction in left and right bundle branch block using His bundle electrograms and atrial pacing. Am. J. Cardiol. *27,* 474 (1971)
267 a. Halter, J.: Zur Pathogenese und Klinik der Rhythmusstörungen beim akuten Myokardinfarkt. Schweiz. Rundschau Med. *14,* 416 (1975)
268. Han, J.: The concepts of reentrant activity responsible for ectopic rhythms. Am. J. Cardiol. *28,* 253 (1971)
269. Han, J.: Ventricular vulnerability to fibrillation. In: Cardiac Arrhythmias. Dreifus, L. S., Likoff, W. (eds.). New York: Grune & Stratton, Inc. 1973
270. Han, J., Millet, D., Chizzonitti, D., Moe, G. K.: Temporal dispersion of recovery of excitability in atrium and ventricle as a function of heart rate. Am. Heart J. *71,* 481 (1966)
271. Han, J., Malozzi, A. M., Moe, G. K.: Sino-atrial reciprocation in the isolated rabbit heart. Circ. Res. *22,* 355 (1968)
271 a. Han, J.: Atropine and acute myocardial infarction. Circulation *47,* 429 (1973)
272. Harthorne, J. W., Thalen, H. J. (eds.): To pace or not to pace. Intern. Symposium, Brüssel 1977. The Hague: Nijhoff Publ. 1978
273. Hecht, H., Kossmann, C. E., Childers, R. W., Langendorf, R., Lev, M., Rosen, K. M., Pruitt, R. D., Truex, R. C., Uhley, H. N., Watt, T. B.: Atrioventricular and ventricular conduction. Am. J. Cardiol. *31,* 232 (1973)

274. Heeg, E., Lüllmann, H.: Über den Einfluß von Thyroxin auf die Repolarisationsphase des Aktionspotentials vom Meerschweinchenvorhof. Klin. Wochenschr. *39,* 470 (1961)
275. Heinz, H., Luckmann, E., Saegler, J., Westermann, K. W.: Schrittmachertherapie des Karotis-Sinus-Syndroms. Wiederbelebung, Organersatz und Intensivmedizin *8,* 1 (1971)
276. Heistracher, P., Pillat, B.: Elektrophysiologische Untersuchungen über die Wirkung von Chinidin auf die Aconitinvergiftung von Herzmuskelfasern. Naunyn-Schmiedebergs Arch. Exp. Path. Pharmakol. *244,* 48 (1962)
277. Helfant, R. H., Scherlag, B. J.: His bundle electrography. New York: Medcom 1974
278. Hewlett, A. W.: Digitalis heart block. J. Am. Med. Ass. *48,* 47 (1907)
279. Heymans, C., Bouckaert, J. J., Rejniirs, P.: Sur le mecanisme reflexe de la bradycardie provoquée par les Digitaliques. Arch. Int. Pharmacodyn. Ther. *44,* 31 (1932)
279a. Himmler, F. Ch., Wirtzfeld, A., Gollhausen, R., Seidl, K. F., Präuer, H.: Frequenzverhalten von Lithium-Herzschrittmachern. Herz/Kreisl. *10,* 502 (1978)
280. Hodgkin, A. L., Horowicz, P.: The influence of potassium and chloride ions on the membrane potentials of single muscle fibres. J. Physiol. *148,* 127 (1959)
281. Hodgkin, A. L., Huxley, A. F.: A quantitative description of membrane current and its application to conduction and excitation in nerve. J. Physiol. *117,* 444 (1952)
282. Hodgkin, A. L., Katz, B.: The effect of sodium ions on the electrical activity of giant axon of the squid. J. Physiol. *108,* 37 (1949)
283. Hoffman, B. F., Cranefield, P. F.: Electrophysiology of the Heart. New York, Toronto, London: McGraw-Hill Book Company 1960
284. Hoffman, B. F., Kao, C. Y., Suckling, E. E.: Refractoriness in cardiac muscle. Am. J. Physiol. *190,* 473 (1957)
285. Hoffman, B. F., Cranefield, P. F., Stuckey, J. H., Bagdonas, A. A.: Electrical activity during the P-R interval. Circ. Res. *8,* 1200 (1960)
286. Holzmann, M., Scherf, D.: Elektrokardiogramme mit verkürzter Vorhof-Kammer Distanz und positiven P-Zacken. Z. Klin. Med. *121,* 404 (1932)
287. Hughes, H. C., Brownlee, R. R., Tyers, F. O.: Failure of demand pacing with small surface area electrodes. Circulation *54,* 128 (1976)
288. Hutter, O. F., Noble, D.: The chloride conductance of frog skeletal muscle. J. Physiol. *151,* 89 (1960)
289. Hutter, O. F., Noble, D.: Anion conductance of cardiac muscle. J. Physiol. *157,* 335 (1961)
290. Hyman, A. F.: Resuscitation of the stopped heart by intracardiac therapy. Arch. Int. Med. *50,* 283 (1932)
291. Imhof, P. R., Blatter, K., Fuccella, L. M., Turri, M.: Beta-blockade and emotional tachycardia; radiotelemetric investigations in ski jumpers. J. Appl. Physiol. *27,* 366 (1969)
292. Irnich, W., Bleifeld, W., Effert, S.: Permanente transvenöse Elektrostimulation des Herzens mit einer myokardial-fixierten Elektrode. Thoraxchirurgie *20,* 440 (1972)
293. Jacobson, L. B., Scheinman, M.: Catheter-induced intra-hisian and intrafascicular block during recording of His bundle electrograms. Circulation *49,* 579 (1974)
294. Jahrmärker, H., Theisen, K.: Influence of canrenoate-K on the refractory period of the human heart. In: Diuretics in research and clinics. Siegenthaler, W., Beckerhoff, R., Vetter, W. (eds.). Stuttgart: Thieme 1977
294a. Jalife, J., Moe, G. K.: Effect of electronic potentials on pacemaker activity of canine Purkinje fibers in relation to parasystole. Circ. Res. *39,* 801 (1976)
295. James, T. N.: Morphology of the human atrioventricular node, with remarks pertinent to it's electrophysiology. Am. Heart J. *62,* 756 (1961)
296. James, T. N.: The Wolff-Parkinson-White syndrome. Ann. Int. Med. *71,* 399 (1969)
297. James, T. N.: The Wolff-Parkinson-White syndrome: Evolving concepts of it's pathogenesis. Prog. Cardiovasc. Dis. *13,* 159 (1970)
298. James, T. N., Sherf, L.: Specialized tissues and preferential conduction in the atria of the heart. Am. J. Cardiol. *28,* 414 (1971)
299. Janse, M. J., Capelle, F. J. L. van, Freud, G. E., Durrer, D.: Circus movement within the AV node as a basis of supraventricular tachycardias as shown by multiple microelectrode recording in the isolated rabbit heart. Circ. Res. *28,* 403 (1971)

300. Jones, S. L.: Electromagnetic field interference and cardiac pacemakers. Phys. Ther. *56,* 1013 (1976)
301. Josephson, M. E., Kastor, J. A., Morganroth, J.: Electrographic left atrial enlargement. Electrophysiologic, echocardiographic and hemodynamic correlates. Am. J. Cardiol. *39,* 967 (1977)
302. Josephson, de R. L., Zipes, D. P.: Normal H-V time in a patient with right bundle branch block, left anterior hemiblock and intermittent complete distal His block. Chest *63,* 564 (1973)
303. Julian, D. G., Valentine, P. A., Miller, G. G.: Disturbances of rate, rhythm, and conduction in acute myocardial infarction: A prospective study of 100 consecutive unselected patients with the aid of electrocardiografic monitoring. Am. J. Med. *37,* 915 (1964)
304. Kägi, M., Gertsch, M., Minder, F.: Ergebnisse mit der Kardioversion von Herzrhythmusstörungen. Schweiz. Med. Wochenschr. *99,* 1546 (1969)
305. Kalloor, G. J.: Cardiac tamponade. Report of a case after insertion of transvenous endocardial electrode. Am. Heart J. *88,* 88 (1974)
306. Kahn, A. R., Citron, P.: Patient initiated rapid atrial pacing to manage supraventricular tachycardia. In: Cardiac pacing, diagnostic and therapeutic tools. Lüderitz, B. (ed.). Berlin, Heidelberg, New York: Springer 1976
307. Kaplan, B. M., Langendorf, R., Lev, M., Pick, A.: Tachycardia-bradycardia syndrome (so-called "sick sinus syndrome"). Am. J. Cardiol. *31,* 497 (1973)
308. Karim, S. M. M., Somers, K., Hillier, K.: Cardiovascular and other effects of prostaglandins E_2 and $F_{2\alpha}$ in man. Cardiovasc. Res. *5,* 255 (1971)
309. Kastor, J. A., Goldreyer, B. N., Moore, E. N., Shelburne, J. C., Manchester, J. H.: Intraventricular conduction in man studied with an endocardial electrode catheter mapping technique. Circulation *51,* 786 (1975)
310. Kaufmann, R., Theophile, K.: Automatiefördernde Dehnungseffekte an Purkinje-Fäden, Papillarmuskeln und Vorhoftrabekeln von Rhesus-Affen. Pfluegers Arch. *297,* 174 (1967)
311. Kelliher, G. J., Glenn, T. M.: Effect of prostaglandin E_1 on ouabain-induced arrhythmia. Eur. J. Pharmacol. *24,* 410 (1973)
312. Kelly, D. T., Brodsky, S. J., Mirowski, M., Krovetz, L. J., Rowe, R. D.: Bundle of His recordings in congenital complete heart block. Circulation *45,* 277 (1972)
313. Kesteloot, H.: General aspects of anti-arrhythmic treatment with aprindine. Acta Cardiol. (Suppl. XVIII), 303 (1974)
314. Kimbris, D., Dreifus, L. S., Linhart, J. W.: Complete heart block occurring during cardiac catheterization in patients with preexisting bundle branch block. Chest *65,* 95 (1974)
314a. Kléber, A. G., Janse, M. J., Downar, E., Durrer, D.: Die Veränderung der TQ- und ST/T-Segmente im Elektrokardiogramm und deren Beziehung zu den ventrikulären Rhythmusstörungen während der akuten transmuralen Ischämie. Schweiz. Med. Wochenschr. *107,* 1700 (1977)
314b. Kléber, A. G., Janse, M. J., van Capelle, F. J. L., Durrer, D.: Mechanism and time course of S-T and T-Q segment changes during acute regional myocardial ischemia in the pig heart determined by extracellular and intracellular recordings. Circ. Res. *42,* 603 (1978)
315. Kleinert, M.: Myokardiopathie unter Lithiumtherapie. Med. Klin. *69,* 494 (1974)
316. Kleinert, M.: Zum Karotissinus-Syndrom und seine Behandlung mit QRS-programmierten Schrittmachern. Herz/Kreisl. *6,* 387 (1974)
317. Kleinert, M.: Five-year clinical experiences with different permanent atrial electrodes. Herz/Kreisl. *9,* 435 (1977)
318. Kleinert, M., Beer, P.: Sinusknoten-Syndrom: Permanente Kammer- vs. Vorhofstimulation. Herz/Kreisl. *9,* 701 (1977)
319. Kleinert, M., Bock, M., Wilhelm, F.: Einjährige Erfahrungen mit einer neuen Vorhofelektrode (J-Version) an 53 Patienten. Z. Kardiol. *66,* 66 (1977)
320. Knieriem, H. J.: Morphologische Kriterien beim AV-Block mit Adams-Stokes-Syndrom. Intensivmed. *9,* 163 (1972)
321. Koch, R., Tillmann, P., Wiessmann, B., Winter, R.: Zur röntgenographischen Bestimmung des Ladungszustandes von Herzschrittmacher-Batterien. Z. Kreisl.-Forsch. *61,* 523 (1972)

322. Köhler, F., Schmitt, C. G.: Über einige seltene Komplikationen durch transvenöse Herzschrittmacher-Elektroden. Morphologische und klinische Befunde. Z. Kardiol. *66,* 44 (1977)
323. Konishi, T., Matusyama, E.: Effect of changes in inputs to atrioventricular node on AV conduction. Jpn. Circ. J. *40,* 1392 (1976)
324. Kramer, D. H., Moss, A. J., Shah, P. M.: Mechanism and significance of pacemaker induced extracardiac sound. Am. J. Cardiol. *25,* 367 (1970)
325. Kraupp, O.: Pharmakodynamische Beeinflussung der Rhythmik, Dynamik und Durchblutung des Herzens. In: Allgemeine und spezielle Pharmakologie und Toxikologie. 2. Aufl., Forth, W., Henschler, D., Rummel, W. (Hrsg.). Mannheim, Wien, Zürich: Bibliograph. Inst. 1977
326. Kraupp, O.: Pharmakotherapie der Herzarrhythmien. In: Allgemeine und spezifische Pharmakologie und Toxikologie. 2. Aufl. Forth, W., Henschler, D., Rummel, W. (Hrsg.). Zürich: Bibliograph. Institut 1977
327. Krayer, O., Mandoki, J. J., Mendez, C.: Studies on veratrum alkaloids. XVI. The action of epinephrine and of veratramine on the functional refractory period of the auriculoventricular transmission in the heart-lung preparation of the dog. J. Pharmacol. Exp. Ther. *103,* 412 (1951)
328. Kretz, A., Ruos, H. O. da, Leguizamon Palumbo, J. R., Ferrara, A., Garcilazo, E.: Conduction disturbance due to enhanced phase 4 depolarization in the bundle branches of the canine heart. J. Electrocardiol. *7,* 339 (1974)
329. Krikler, D. M.: Persönliche Mitteilung
329a. Krikler, D. M., Curry, P. V. L.: Torsade de pointes, an atypical ventricular tachycardia. Brit. Heart J. *38,* 117 (1976)
330. Krikler, D. M., Curry, P., Buffet, J.: Dual-demand pacing for reciprocating atrioventricular tachycardia. Br. Med. J. *1,* 1114 (1976)
331. Krishnaswami, V., Geraci, A. R.: Permanent pacing in disorders of sinus node function. Am. Heart J. *89,* 579 (1975)
332. Krueger, E., Unna, K.: Comparative studies on the toxic effects of digitoxin and ouabain in cats. J. Pharmac. Exp. Ther. *76,* 282 (1942)
333. Kulbertus, H. E.: The magnitude of risk of developing complete heart block in patients with LAD-RBBB. Am. Heart J. *86,* 278 (1973)
334. Kulbertus, H. E.: Reevaluation of the prognosis of patients with LAD-RBBB. Am. Heart J. *92,* 665 (1976)
335. Kulbertus, H. E., Leval-Rutten, F. De, Mary, L., Casters, P.: Sinus node recovery time in the elderly. Br. Heart J. *37,* 420 (1975)
336. Kunstadt, D., Punja, M., Cagin, N., Fernandez, P., Levitt, B., Yuceoglu, Y. Z.: Bifascicular block: A clinical and electrophysiologic study. Am. Heart J. *86,* 173 (1973)
337. Kurien, V. A., Oliver, M. F.: A metabolic cause for arrhythmias during acute myocardial hypoxia. Lancet *1970 I,* 813
338. Kurien, V. A., Yates, P. A., Oliver, M. F.: Free fatty acids, heparin, and arrhythmias during experimental myocardial infarction. Lancet *1969 II,* 185
339. Kurien, V. A., Yates, P. A., Oliver, M. F.: The role of free fatty acids in the production of ventricular arrhythmias after acute coronary occlusion. Eur. J. Clin. Invest. *1,* 225 (1971)
340. Kurnatowski, H. A. v., Diederich, H. B.: Erste Erfahrungen mit einem oszilloskopischen, digitalanzeigenden Herzschrittmacherkontrollgerät. Intensivmed. *11,* 251 (1974)
341. Lamb, L. E.: Electrocardiography and vectorcardiography: Instrumentation, fundamentals and clinical application. Philadelphia: Saunders 1965
342. Lang, K. F., Just, H.: Das Konzept des fasciculären Blocks. Klin. Wochenschr. *51,* 791 (1973)
343. Lang, K. F., Just, H., Zipfel, J., Erbs, R., Heicke, B., Hopf, U.: Lokalisation der Leitungsstörungen beim AV-Block. In: His-Bündel-Elektrographie. Seipel, L., Loogen, F., Both, A. (Hrsg.), Stuttgart: Schattauer 1975
344. Lange, G.: Action of driving stimuli from intrinsic and extrinsic sources on in situ cardiac pacemaker tissues. Circ. Res. *17,* 449 (1965)
345. Langendorf, R., Pick, A.: Atrioventricular block, Typ II (Mobitz). Its nature and clinical significance. Circulation *38,* 819 (1968)

346. Langendorf, R., Cohen, H., Gozo, E. G.: Observations on second degree atrioventricular block, including new criteria for differential diagnosis between type I and type II block. Am. J. Cardiol. *29,* 111 (1972)
347. Lasser, R. P., Haft, J. I., Friedberg, C. K.: Relationsship of right bundle-branch block and marked left axis deviation (with left parietal or periinfarction block) to complete heart block and syncope. Circulation *37,* 429 (1968)
348. Lassers, B. W., Julian, D. G.: Artificial pacing in the management of complete heart block complicating acute myocardial infarction. Br. Med. J. *2,* 142 (1968)
349. Lau, S. H., Caracta, A. R., Josephson, M. E., Stein, E., Kosowsky, B. D., Haft, J. I., Lister, J. W., Damato, A. N.: Atrial pacing and atrioventricular conduction in anomalous atrioventricular excitation (Wolff-Parkinson-White syndrome). Am. J. Cardiol. *19,* 354 (1967)
349a. Ledingham, J. McA., Norman, J. N.: Acid-base studies in experimental circulatory arrest. Lancet II, *967* (1962)
350. Lenègre, J.: Etiology and pathology of bilateral bundle branch block in relation to complete atrioventricular block. Prog. Cardiovasc. Dis. *6,* 409 (1964)
351. Lev, M.: Anatomic basis for atrioventricular block. Am. J. Med. *37,* 742 (1964)
352. Lev, M.: Anatomic considerations of anomalous AV pathways. In: Mechanisms and therapy of cardiac arrhythmias. Dreifus, L. S., Likoff, W. (eds.). New York: Grune and Stratton 1966
353. Levine, S. A.: Observations on sino-auricular heart block. Arch. Int. Med. *17,* 153 (1916)
354. Levites, P., Haft, J. I.: Significance of first degree heart block (prolonged P-R interval) in bifascicular block. Am. J. Cardiol. *34,* 259 (1974)
355. Levites, R., Toor, M., Haft, J. I.: Progressive improvement of His-Purkinje conduction during recovery from catheter-induced heart block. Am. Heart J. *91,* 79 (1976)
356. Lewis, T., Feil, H. S., Stroud, W. D.: Observations upon flutter and fibrillation: II. Nature of auricular flutter. Heart *7,*191 (1920)
357. Lewis, T., Master, A. M.: Observations upon Conduction in the mammalian heart. A-V conduction. Heart *12,* 209 (1925)
358. Lichstein, E., Gupta, P. K., Chadda, K. D., Liu, H. M., Sayeed, M.: Findings of prognostic value in patients with incomplete bilateral bundle branch block complicating acute myocardial infarction. Am. J. Cardiol. *32,* 913 (1973)
359. Lie, K. I., Wellens, H. J., Schuilenburg, R. M., Becker, A. E., Durrer, D.: Factors influencing prognosis of bundle branch block complicating acute antero-septal infarction. Circulation *50,* 935 (1974)
359a. Lie, K. I., Wellens, H. J. J., Durrer, D.: Characteristics and predictability of primary ventricular fibrillation. Eur. J. Cardiol. *1,* 379 (1974)
360. Lown, B.: Electrical reversion of cardiac arrhythmias. Br. Heart J. *29,* 469 (1967)
361. Lown, B., Ganong, W. F., Levine, S. A.: The syndrome of short P-R interval, normal QRS complex and paroxysmal rapid heart action. Circulation *5,* 693 (1952)
362. Lown, B., Amarasingham, R., Neumann, J.: New method for terminating cardiac arrhythmias. Use of synchronized capacitor discharge. J. Am. Med. Ass. *182,* 548 (1962)
363. Lown, B., Perlroth, M. G., Kaidberg, S., Abe, T., Harken, D. E.: "Cardioversion" of atrial fibrillation. A report on the treatment of 65 episodes in 50 patients. N. Engl. J. Med. *269,* 325 (1963)
364. Lu, H. H., Lange, G., Brooks, Mc., C.: Factors controlling pacemaker action in cells of the sinoatrial node. Circ. Res. *17,* 460 (1965)
365. Lucchesi, B. R., Stutz, D. R., Winfield, R. A.: Glucagon. Its enhancement of atrioventricular nodal pacemaker activity and failure to increase ventricular automaticity in dogs. Circ. Res. *25,* 183 (1969)
366. Luceri, R. M., Furman, S., Hurzeler, P., Escher, D. J. W.: Threshold behaviour in long-term ventricular pacing. Circulation *54* (Suppl. II), 32 (1976)
367. Lüderitz, B.: Einfluß herzwirksamer Hormone auf elektrophysiologische Meßgrößen des Ventrikelmyokards. Habilitationsschrift Göttingen 1972
368. Lüderitz, B.: Fortschritte der Eletrokardiographie – einschließlich intrakardialer Ableitungen. Internist (Berlin) *16,* 137 (1975)
369. Lüderitz, B.: Herzfunktion bei Hyperthyreose. Internist (Berlin) *16,* 524 (1975)

370. Lüderitz, B.: Der Einfluß herzwirksamer Hormone auf elektrophysiologische Parameter der Erregungsleitung. In: His-Bündel-Elektrographie. Seipel, L., Loogen, F., Both, A. (Hrsg.). Stuttgart, New York: Schattauer 1975
371. Lüderitz, B.: Syndrom des kranken Sinusknotens. Monatskurse f. d. Ärztl. Fortbildg. *26*, 329 (1976)
372. Lüderitz, B. (ed.): Cardiac pacing, diagnostic and therapeutic tools. Berlin, Heidelberg, New York: Springer 1976
373. Lüderitz, B.: Die Behandlung von Herzrhythmusstörungen mit Betarezeptorenblockern. Herz/Kreisl. *9*, 541 (1977)
374. Lüderitz, B.: Elektrotherapie bedrohlicher Herzrhythmusstörungen. Diagnostik *10*, 49 (1977)
375. Lüderitz, B.: Elektrotherapie tachykarder Rhythmusstörungen. Intensivmedizin Suppl. II, 19 (1977)
376. Lüderitz, B.: Differentialtherapie tachykarder Rhythmusstörungen. Herz *3*, 62 (1978)
377. Lüderitz, B.: Fortschritte in der medikamentösen Arrhythmiebehandlung. Herz/Kreisl. *10*, 3 (1978)
378. Lüderitz, B.: Fortschritte in der Differentialdiagnostik bradykarder Rhythmusstörungen. Internist (Berlin) *19*, 207 (1978)
378a. Lüderitz, B.: Betarezeptorenblocker bei kardialen Rhythmusstörungen. Internist *19*, 532 (1978)
379. Lüderitz, B.: Wirkung körpereigener Hormone auf elektrophysiologische Meßgrößen des Herzens. 3. Arrhythmie-Symp. Wien. Stuttgart, New York: Schattauer (im Druck)
379a. Lüderitz, B.: Zur Arrhythmiegenese beim akuten Myokardinfarkt. Herz/Kreisl. *11*, 4 (1979)
380. Lüderitz, B., Avenhaus, H.: Zur Differentialdiagnose und Therapie der digitalisrefraktären Herzinsuffizienz. Ther. Ggw. *111*, 1238 (1972)
381. Lüderitz, B., Bolte, H.-D.: Zur kardialen Wirkung von Glucagon – elektrophysiologische Messungen am Papillarmuskel des Herzens. Z. Kreislaufforsch. *60*, 130 (1971)
382. Lüderitz, B., Bolte, H.-D.: Glykosidempfindlichkeit bei Kaliummangel. Med. Welt (N. F.) *25*, 1804 (1974)
383. Lüderitz, B., Müller-Seydlitz, P.: Schrittmachertherapie und ärztliche Praxis. Monatskurse f. d. Ärztl. Fortbildg. *118*, 337 (1976)
384. Lüderitz, B., Naumann d'Alnoncourt, C.: Einfluß diuretischer Substanzen auf elektrophysiologische Parameter des Herzens. Herz/Kreisl. *8*, 649 (1976)
385. Lüderitz, B., Steinbeck, G.: Rhythmusstörungen beim Wolff-Parkinson-White-Syndrom. Münch. Med. Wochenschr. *118*, 377 (1976)
386. Lüderitz, B., Steinbeck, G.: The use of programmed rate-related premature stimulation in managing tachyarrhythmias. In: Cardiac pacing, diagnostic and therapeutic tools, Lüderitz, B. (ed.). Berlin, Heidelberg, New York: Springer 1976
387. Lüderitz, B., Steinbeck, G.: Schrittmachertherapie tachykarder Rhythmusstörungen. Internist (Berlin) *18*, 31 (1977)
388. Lüderitz, B., Bolte, H.-D., Erdmann, E.: Zur Glykosidempfindlichkeit beim chronischen Kaliummangel. Elektrophysiologische Messungen an Papillarmuskeln des Herzens. Verh. Dtsch. Ges. Kreislaufforsch. *36*, 310 (1970)
389. Lüderitz, B., Bolte, H.-D., Steinbeck, G.: Einzelfaserpotentiale und zelluläre Kationenkonzentrationen des Ventrikelmyokards bei chronischem Kaliummangel. Klin. Wochenschr. *49*, 369 (1971)
390. Lüderitz, B., Naumann d'Alnoncourt, C., Bolte, H.-D.: Zur kardialen Wirkung der Schilddrüsenhormone. Elektrophysiologische Messungen am Papillarmuskel des Herzens. Klin. Wochenschr. *50*, 978 (1972)
391. Lüderitz, B., Naumann d'Alnoncourt, C., Stalmann, R.: Zum Einfluß freier Fettsäuren auf elektrophysiologische Meßgrößen des Ventrikelmyokards. Verh. Dtsch. Ges. Inn. Med. *79*, 980 (1973)
392. Lüderitz, B., Steinbeck, G., Bolte, H.-D.: Zur Glykosidwirkung beim chronischen Kaliummangel – myokardiale Kationenkonzentrationen und elektrophysiologische Parameter. Intensivmedizin *10*, 17 (1973)
393. Lüderitz, B., Zacouto, F., Guize, L., Steinbeck, G., Riecker, G.: Ein neues Schrittmacherprinzip zur Suppression ventrikulärer Tachykardien. Verh. Dtsch. Ges. Kreislaufforsch. *39*, 319 (1973)

394. Lüderitz, B., Steinbeck, G., Zacouto, F., Riecker, G.: Ergebnisse über die Unterbrechung ventrikulärer Tachykardien durch RR-gekoppelte Intervallstimulation. Verh. Dtsch. Ges. Kreislaufforsch. *40,* 417 (1974)
395. Lüderitz, B., Naumann d'Alnoncourt, C., Thomas, E., Steinbeck, G.: Elektrophysiologische Untersuchungen über kardiale Wirkungen von Diuretika. Verh. Dtsch. Ges. Kreislaufforsch. *41,* 305 (1975)
396. Lüderitz, B., Steinbeck, G., Guize, L., Zacouto, F.: Schrittmachertherapie tachykarder Rhythmusstörungen durch frequenzbezogene Intervallstimulation. Dtsch. Med. Wochenschr. *14,* 730 (1975)
397. Lüderitz, B., Zacouto, F., Guize, L., Steinbeck, G.: Therapie tachykarder Rhythmusstörungen durch elektrische Einzel- und Mehrfachstimulation. Verh. Dtsch. Ges. Inn. Med. *81,* 174 (1975)
398. Lüderitz, B., Guize, L., Zacouto, F., Steinbeck, G.: Suppression tachykarder Rhythmusstörungen durch programmierte Schrittmacherstimulation. Herz/Kreisl. *4,* 168 (1976)
399. Lüderitz, B., Naumann d'Alnoncourt, C., Steinbeck, G.: Effects of free fatty acids on electrophysiological properties of ventricular myocardium. Klin. Wochenschr. *54,* 309 (1976)
400. Lüderitz, B. Steinbeck, G., Zacouto, F.: Stimulationstherapie ventrikulärer Tachykardien. Intensivmedizin *13,* 45 (1976)
400 a. Lüderitz, B., Naumann d'Alnoncourt, C., Steinbeck, G.: Effects of free fatty acids on electrophysiological properties of ventricular myocardium. Klin. Wochenschr. *54,* 309 (1976)
401. Lüderitz, B., Naumann d'Alnoncourt, C., Steinbeck, G.: Direct effects of diuretic drugs on the myocardium. In: Myocardial Failure. Riecker, G., Weber, A., Goodwin, J. (eds.). Berlin, Heidelberg, New York: Springer 1977
402. Lüderitz, B., Steinbeck, G., Zacouto, F.: Significant reduction of recurrent tachycardias by programmed rate-related premature stimulation. In: Cardiac pacing. Watanabe, Y. (ed.). Amsterdam, Oxford: Excerpta Medica 1977
403. Lüderitz, B., Steinbeck, G., Naumann d'Alnoncourt, C., Rosenberger, W.: Relevance of diagnostic atrial stimulation for pacemaker treatment in sinoatrial disease. In: The sinus node, structure, function and clinical relevance. Bonke, F. I. M. (ed.). The Hague: Martinus Nijhoff B V, 1978
403 a. Lydtin, H., Lohmöller, G.: Beta-Receptoren-Blocker. München: Aesopus 1977
404. Mackenzie, J.: The cause of heart irregularity in influenza. Br. Med. J. 1411 (1902)
405. Mahaim, J.: Kent fibers and the AV paraspecific conduction through the upper connections of the bundle of His-Tawara. Am. Heart J. *33,* 651 (1947)
406. Mandel, W. J., Danzig, R., Hayakawa, H.: Lown-Ganong-Levine syndrome. A study using His bundle electrogram. Circulation *44,* 696 (1971)
407. Mandel, W. J., Lozano, J., Carrasco, H., Hayakawa, H.: Coexisting intra- and subnodal block: An unusual abnormality of atrioventricular conduction. Am. Heart J. *82,* 586 (1971)
408. Mandel, W. J., Hayakawa, H., Danzig, R., Marcus, H. S.: Evaluation of sinoatrial node function in man by overdrive suppression. Circulation *44,* 59 (1971)
409. Mandel, W. J., Hayakawa, H., Allen, H. N., Danzig, R., Kermaier, A. I.: Assessment of sinus node function in patients with the sick sinus syndrome. Circulation *46,* 761 (1972)
409 a. Manz, M., Steinbeck, G., Lüderitz, B.: Wirkung von Lorcainid (R 15889) auf Sinusknotenfunktion und intraventrikuläre Erregungsleitung. Herz/Kreisl. *11,* 4 (1979)
410. Margolis, J. R., Strauss, H. C., Miller, H. C., Gilbert, M., Wallace, A. G.: Digitalis and the sick sinus syndrome. Clinical and electrophysiologic documentation of a severe toxic effect on sinus node function. Circulation *52,* 162 (1975)
410 a. Masini, G., Dianda, R., Graziina, A.: Analysis of sinoatrial conduction in man using premature atrial stimulation. Cardiovasc. Res. *9,* 498 (1975)
411. Massumi, R. A., Kistin, A. D., Tawakkol, A. A.: Termination of reciprocating tachycardia by atrial stimulation. Circulation *36,* 637 (1967)
412. McKusick, V. A.: The effect of lithium on the electrocardiogram of animals and relation of this effect to the ratio of the intracellular and extracellular concentrations of potassium. J. Clin. Invest. *33,* 598 (1954)
413. McNutt, N. S.: Ultrastructure of intracellular junctions in adult and developing cardiac muscle. Am. J. Cardiol. *25,* 169 (1970)

414. Medrano, G. A., Bisteni, A., Brancato, R. W., Pileggi, F., Sodi-Pallares, D.: The activation of the interventricular septum in the dog's heart under normal conditions and in bundle-branch block. Ann. NY. Acad. Sci. *65,* 804 (1957)
415. Meere, C., Dodinot, B., McGregor, D., Cantalapiedra, J. L., Kubler, L., Teijeira, J., Duran, C., Rivera, R.: Current status of the lithium powered pacemaker and early follow-up on 335 patients. In: Cardiac pacing. Watanabe, Y. (ed.). Amsterdam, Oxford: Excerp. Med. 1977
415a. Meesmann, W., Güker, H., Krämer, B., Stephan, K.: Time course of changes in ventricular fibrillation threshold in myocardial infarction. Cardiovasc. Res. *10,* 466 (1976)
415b. Meinertz, T., Kersting, F., Kasper, E., Jähnchen, E., Löllgen, H., Just, H.: Kardiovaskuläre Effekte von Lorcainid, einer neuen antiarrhythmischen Substanz. Z. Kardiol. *67,* 148 (1978)
416. Mello, W. C., Motta, G. E.: The effect of aldosterone on membrane potential of cardiac muscle fibers. J. Pharmacol. Exp. Ther. *167,* 166 (1968)
417. Mendez, C., Moe, G. K.: Demonstration of a dual AV nodal conduction system in the isolated rabbit heart. Circ. Res. *19,* 378 (1966)
418. Mendez, C., Aceves, J., Mendez, R.: Inhibition of adrenergic cardiac acceleration by cardiac glycosides. J. Pharmac. Exp. Ther. *131,* 191 (1961)
419. Mendez, C., Mueller, W. J., Merideth, J., Moe, G. K.: Interaction of transmembrane potentials in canine Purkinje fibers and of Purkinje fiber-muscle junctions. Circ. Res. *24,* 361 (1969)
420. Mendez, C. Mueller, W. J., Urguiaga, X.: Propagation of impulses across the Purkinje fibre-muscle junction in the dog heart. Circ. Res. *25,* 135 (1970)
421. Meyer, A. J., Freuhan, C. T., Delmonico, J. E.: The pacemaker twiddler's syndrome. J. Thor. Cardiovasc. Surg. *67,* 903 (1974)
422. Meyer, J., Heinrich, K. W., Merx, W., Effert, S.: Computeranalyse des Elektrokardiogramms mit verschiedenen Programmen. Dtsch. Med. Wochenschr. *99,* 1213 (1974)
423. Middelhoff, H. D., Paschen, K.: Lithiumwirkungen auf das EKG. Pharmakopsychiatr. *242,* 254 (1974)
424. Miller, H. C., Strauss, H. C.: Measurement of sinoatrial conduction time by premature atrial stimulation in the rabbit. Circ. Res. *35,* 935 (1974)
425. Mines, G. R.: On circulating excitations in heart muscles and their possible relation to tachycardia and fibrillation. Trans. R. Soc. Can. *4,* 43 (1914)
426. Siehe Lit. 425
427. Moe, G. K., Abildskov, J. A.: Observations on the ventricular dysrhythmias associated with atrial fibrillation in the dog heart. Circ. Res. *14,* 447 (1964)
428. Moe, G. K., Farah, A. E.: Digitalis and allied cardiac glycosides. In: The pharmacological basis of therapeutics. New York: 5th edition. Goodman, L. S., Gilman, A. (eds.), New York: Macmillan Publishing Co. Inc. 1975
429. Moe, G. K., Mendez, C.: The physiologic basis of reciprocal rhythm. Progr. Cardiovasc. Dis. *8,* 461 (1966)
430. Moe, G. K., Mendez, C.: Functional block in the intraventricular conduction system. Circulation *43,* 949 (1971)
431. Moe, G. K., Preston, J. B., Burlington, H.: Physiologic evidence for a dual AV transmission system. Circ. Res. *4,* 357 (1956)
432. Moe, G. K., Abildskov, J. A., Mendez, C.: An experimental study of concealed conduction. Am. Heart J. *67,* 338 (1964)
432a. Mond, H., Harper, R., Luxton, M., Smith. O., Cole, A., Graeme, S.: Lithium generators: experience with 5 different types. In Watanabe, Y. (ed.): Cardiac pacing. Amsterdam: Excerpta Medica, 1977
433. Montoyo, J. V., Angel, J., Valle, V., Gausi, C.: Cardioversion of tachycardias by transesophageal atrial pacing. Am. J. Cardiol. *32,* 85 (1973)
434. Moore, E. N., Speer, J. F., Boineau, J. P.: On preexcitation in the dog using an electronically simulated atrioventricular bypass pathway. Circulation *31,* 174 (1972)
435. Mudge, G. H., Vislocky, K.: Electrolyte changes in human striated muscle in acidosis and alcalosis. J. Clin. Invest. *28,* 482 (1949)
436. Mugica, J., Lazarus, B., Dubos, M.: L'électrode vissée pour la stimulation endocardiaque de longue durée: Première expérience clinique (5 cas). Nouv. Presse Méd. *10,* 654 (1976)

437. Mulch, J., Pahutan, P., Hehrlein, F. W.: Erste Erfahrungen mit einer neuen myokardialen Schrittmacherelektrode. Thoraxchir. *22,* 113 (1974)

437a. Multicentre International Study. Improvement in prognosis of myocardial infarction by long term beta-adrenoceptor blockade using practolol. Brit. Med. J. *3,* 735 (1975)

438. Mustakallio, K. K., Saikkonnen, S.: Persistence of characteristic pattern of Wolff-Parkinson-White syndrome in middle nodal rhythm. Am. Heart J. *46,* 607 (1953)

439. Myerburg, R. J., Stewart, J. W., Hoffman, B. F.: Electrophysiological properties of the canine peripheral AV conducting system. Circ. Res. *26,* 361 (1970)

440. Myerburg, R. J., Nilsson, K., Zoble, R. G.: Relationship of surface electrogram recordings to activity in the underlying specialized conduction system. Circulation *45,* 420 (1972)

441. Mymin, D., Cuddy, T. E., Sinha, S. N.: Inhibition of demand pacemakers by skeletal muscle potentials. Circulation (Suppl. II), *45,* 108 (1972)

442. Nadeau, R. A., James, T. N.: Antagonistic effects on the sinus node of acetylstrophanthidin and adrenergic stimulation. Circ. Res. *13,* 388 (1963)

443. Narula, O. S.: Wolff-Parkinson-White syndrome. Circulation *47,* 872 (1973)

444. Narula, O. S.: Sinus node reentry. A mechanism for supraventricular tachycardia. Circulation *50,* 1114 (1974)

445. Narula, O. S.: Current concepts of atrioventricular block. In: His bundle electrocardiography and clinical electrophysiology. Narula, O. S. (ed.), Philadelphia: Davis Comp. 1975

446. Narula, O. S. (ed.): His bundle electrocardiography and clinical electrophysiology. Intern. Symposium, Miami 1974. Philadelphia: Davis Comp. 1975

447. Narula, O. S.: Evaluation of the conduction system of the heart by His bundle recordings. In: To pace or not to pace. Harthorne, J. W., Thalen, H. J. Th. (eds.). The Hague: Nijhoff Publ. 1978

448. Narula, O. S., Samet, P.: Right bundle branch block with normal, left or right axis deviation. Am. J. Med. *51,* 432 (1971)

449. Narula, O. S., Scherlag, B. J., Samet, P.: Pervenous pacing of the specialized conduction system in man. Circulation *41,* 77 (1970)

450. Narula, O. S., Runge, M., Samet, P.: Second-degree Wenckebach type AV block due to block within the atrium. Br. Heart J. *34,* 1127 (1972)

451. Narula, O. S., Samet, P., Javier, R. P.: Significance of the sinus node recovery time. Circulation *45,* 140 (1972)

451a. Narula, O. S., Shanta, N., Vasquez, M., Towne, W. D., Linhart, J. W.: A new method for measurement of sinoatrial conduction time. Circulation *58,* 706 (1978)

452. Nassar, B. A., Manku, M. S., Reed, J. D., Tynan, M., Horrobin, D. F.: Actions of prolactin and furosemide on heart rate and rhythm. Br. Med. J. *266,* 27 (1974)

453. Naumann d'Alnoncourt, C.: Elektrophysiologische Untersuchungen über kardiale Wirkungen antikaliuretischer Substanzen – unter besonderer Berücksichtigung des Pteridinderivates Triamteren. Inauguraldissertation München 1978

454. Naumann d'Alnoncourt, C.: unveröffentlicht.

455. Naumann d'Alnoncourt, C., Lüderitz, B.: Technischer Entwicklungsstand elektrischer Herzschrittmacher. Herz/Kreisl. *9,* 728 (1977)

456. Naumann d'Alnoncourt, C., Lüderitz, B.: Einfluß von Kalium auf die nomotope Reizbildung des Herzens. Verh. Dtsch. Ges. Kreislaufforsch. *43,* 366 (1977)

456a. Naumann d'Alnoncourt, C., Lüderitz, B.: Wirkung von Tocainid auf Reizbildung und Erregungsleitung des Herzens. Verh. Dtsch. Ges. Kreislaufforsch. *45* (1979)

456b. Naumann d'Alnoncourt, C., Lüderitz, B.: Therapie tachykarder Rhythmusstörungen mit implantierten Schrittmachern. Dtsch. Med. Wochenschr. (1979) (im Druck)

457. Naumann d'Alnoncourt, C., Delhaes, R., Steinbeck, G., Lüderitz, B.: Elektrophysiologische Untersuchungen über die kardiale Wirkung von Lithium. Verh. Dtsch. Ges. Kreislaufforsch. *42,* 217 (1976)

458. Naumann d'Alnoncourt, C., Hornberger, M., Lüderitz, B.: Interaktionen von Triamteren und Herzglykosiden am Erregungsleitungssystem des Herzens. Verh. Dtsch. Ges. Inn. Med. *82,* 1236 (1976)

459. Naumann d'Alnoncourt, C., Steinbeck, G., Lüderitz, B.: Der Einfluß von Aprindin auf elektrophysiologische Parameter des spontan schlagenden Vorhofpräparates. Herz/Kreisl. *8,* 531 (1976)

460. Naumann d'Alnoncourt, C., Beyer, J., Lüderitz, B.: Therapie von tachysystolischen Arrhythmien durch implantierbare Schrittmachersysteme. Intensivmedizin *15,* 196 (1978)
461. Naumann d'Alnoncourt, C., Cyran, J., Lüderitz, B.: Antitachykarde Therapie mit implantierbaren Schrittmachern. Verh. Dtsch. Ges. Kreislaufforsch. *44,* 153, 1978
462. Nayler, W. G.: The pharmacology of disopyramide. Int. Med. Res. *4,* (Supp. 1), 8 (1976)
463. Neumann, G., Funke, H., Wagner, J., Simon, H., Aulepp, H., Richter, R., Schaede, A.: Behandlung einer supraventrikulären Re-entry-Tachykardie bei WPW- und Sick-Sinus-Syndrom mit permanenter schneller Vorhof- und QRS-inhibierter Kammerstimulation. Dtsch. Med. Wochenschr. *102,* 351 (1977)
464. Netter, F. H.: Heart. Ciba, Vol. 5 (1971)
465. Neuss, H.: Befunde der His-Bündel Elektrographie bei Praeexcitationssyndromen und paroxysmalen supraventrikulären Tachykardien. Habilitationsschrift Mannheim 1976
466. Neuss, H., Buss, J.: Wirkungsspektrum neuer Antiarrhythmica. Internist (Berlin) *19,* 234 (1978)
467. Neuss, H., Schlepper, M.: Die Registrierung von Elektrogrammen des His'schen Bündels beim Menschen. Herz/Kreisl. *3,* 121 (1971)
468. Neuss, H., Schlepper, M.: Befunde zur supranormalen atrio-ventrikulären Leitung. Z. Kardiol. *62,* 267 (1973)
469. Neuss, H., Schlepper, M.: Unusual re-entry mechanisms in patients with WPW-syndrome. Br. Heart J. *36,* 880 (1974)
470. Neuss, H., Schlepper, M.: Effektive Refraktärperioden akzessorischer AV-Verbindungen und ihre Beziehungen zur Herzfrequenz. Verh. Dtsch. Ges. Kreislaufforsch. *43,* 384 (1977)
471. Neuss, H., Nowak, F. G., Schlepper, M.: Changes of conduction properties of anomalous pathways in cases with WPW-syndrome. Z. Kardiol. *62,* 489 (1973)
472. Neuss, H., Schlepper, M., Spies, H. F.: Double ventricular response to an atrial extrasystole in a patient with WPW-syndrome type B. Eur. J. Cardiol. *2,* 175 (1974)
473. Neuss, H., Thormann, J., Schlepper, M.: Electrophysiological findings in frequency-dependent left bundle branch block. Br. Heart J. *36,* 888 (1974)
474. Neuss, H., Nowak, F. G., Schlepper, M.: Analyse der AV-Überleitung bei kurzer PQ-Zeit. In: His-Bündel-Elektrographie. Seipel, L., Loogen, F., Both, A. (Hrsg.). Stuttgart, New York: Schattauer 1975
475. Neuss, H., Schlepper, M., Spies, H. F.: Effects of heart rate and atropine on "dual AV-conduction". Br. Heart J. *37,* 1216 (1975)
476. Neuss, H., Schlepper, M., Spies, H. F.: Heterodromia in accessory AV-connections. Bas. Res. Cardiol. *70,* 364 (1975)
477. Neuss, H., Schlepper, M., Thormann, J.: Analysis of re-entry mechanisms in three patients with concealed Wolff-Parkinson-White syndrome. Circulation *51,* 75 (1975)
478. Neuss, H., Schaumann, H.-J., Stegaru, B.: Drug effects on AV-conduction. In: Cardiac pacing, diagnostic and therapeutic tools. Lüderitz, B. (ed.). Berlin, Heidelberg, New York: Springer 1976
479. Neuss, H., Spies, H. F., Schlepper, M.: Herzfrequenz und Refraktärverhalten akzessorischer Leitungsbahnen. Z. Kardiol. *66,* 231 (1977)
480. Nielsen, C. J., Lucchesi, B. R.: Inability of potassium canrenoate to convert experimentally induced ouabain arrhythmias in the canine heart. Circ. Res. *34,* 635 (1974)
481. Noble, D., Tsien, R. W.: Outward membrane currents activated in the plateau range of potentials in cardiac Purkinje fibres. J. Physiol. *200,* 205 (1969)
482. Nordeck, E., Buckesfeld, R., Kirchhoff, P. G., Neubaur, J.: Elektrodenbedingte Komplikationen bei Herzschrittmachertherapie. Dtsch. Med. Wochenschr. *100,* 1282 (1975)
483. Öhnell, R.: Preexcitation, a cardiac abnormality. Acta Med. Scand. (Suppl.) *152,* 1 (1944)
484. Ohm, O. J.: Displacement and fracture of pacemaker electrode during physical exertion. Acta Med. Scand. *192,* 33 (1972)
485. Oliver, M. F., Kurien, V. A., Greenwood, T. W.: Relation between serum-free-fatty acids and arrhythmias and death after acute myocardial infarction. Lancet *1968 I,* 710
486. Ollendorff, F.: Über induktive Störungen am Herz-Taktgeber. Elektrotechn. Z. *97,* 113 (1976)
487. Paeprer, H., Thormann, I., Nasseri, M.: Cardiac pacing in the sick sinus syndrome. In: Cardiac pacing. Watanabe, Y. (ed.). Amsterdam, Oxford: Excerpta Medica 1977

488. Pahlajani, D. B., Serratto, M., Mehta, A., Miller, R. A., Hastreiter, A., Rosen, K. M.: Surgical bifascicular block. Circulation *52,* 82 (1975)
489. Parsonnet, V.: Cardiac pacing and pacemakers. VII. Power sources for implantable pacemakers. Part I. Am. Heart J. *94,* 517 (1977)
490. Parsonnet, V., Zucker, I. R., Gilbert, L., Rothfeld, E. L., Brief, D. K., Alpert, J.: An evaluation of transvenous pacing of the heart in complete heart block following acute myocardial infarction. J. Med. Sci. *3,* 306 (1967)
491. Paulk, E. A., Hurst, J. W.: Complete heart block in acute myocardial infarction: A clinical evaluation of the intracardiac bipolar catheter pacemaker. Am. J. Cardiol. *17,* 695 (1966)
492. Peter, T., Harter, R., Luxton, M., Pring, M., McDonald, R., Sloman, G.: Personal telephone electrocardiogram transmitter. Lancet *1973 II,* 1110
493. Peter, Th., Harper, R., Sloman, G.: Inhibition of demand pacemakers caused by potentials associated with inspiration. Br. Heart J. *38,* 211 (1976)
494. Pfisterer, M., Heierli, B., Burkart, F.: Hypersensitivier Carotis-Sinus-Reflex bei älteren Patienten, Häufigkeit und Bedeutung für die Diagnose kranker Sinusknoten. Schweiz. Med. Wochenschr. *107,* 1565 (1977)
495. Pick, A., Fisch, C.: Ventricular preexcitation (WPW) in the presence of bundle branch block. Am. Heart. J. *55,* 504 (1958)
496. Pop, T., Fleischmann, D. W.: Das Lückenphänomen der atrio-ventrikulären Überleitung. In: His-Bündel-Elektrographie. Seipel, L., Loogen, F., Both, A. (Hrsg.). Stuttgart, New York: Schattauer 1975
497. Pop, T., Fleischmann, D. W., De Bakker, J. M. T., Effert, S.: An atrionodal and nodohisian gap phenomenon. Br. Heart J. *37,* 1150 (1975)
489. Parsonnet, V.: Cardiac pacing and pacemakers. VII. Power sources for implantable pace-Kardiol. *65,* 445 (1976)
499. Präuer, H. W., Lampadius, M., Wirtzfeld, A., Schmück, L.: Herzschrittmacher mit Lithium-Batterien. Fortschr. Med. *94,* 426 (1976)
500. Preston, T. A.: Anodal stimulation as a cause of pacemaker-induced ventricular fibrillation. Am. Heart J. *86,* 366 (1973)
501. Preston, T. A., Kirsh, M. M.: Permanent pacing of the left atrium for treatment of WPW tachycardia. Circulation *42,* 1073 (1970)
502. Probst, P.: Die Indikation zur prophylaktischen Schrittmacherimplantation bei hochgradigen atrioventrikulären Überleitungsstörungen. Z. Kardiol. *64,* 926 (1975)
503. Probst, P.: Die Elektrostimulation als Hilfsmittel zur Diagnostik von atrioventrikulären Leitungsstörungen. Z. Kardiol.. *64,* 934 (1975)
504. Puech, P.: Corrélations entre les enregistrements de surface et l'électrogramme hisien. In: His-Bündel-Elektrographie. Seipel, L., Loogen, F., Both, A. (Hrsg.), Stuttgart, New York: Schattauer 1975
505. Puech, P.: Ectopic ventricular rhythms: Ventricular tachycardia and His bundle recordings. In: His bundle elctrocardiography and clinical electrophysiology. Narula, O. S. (ed.). Philadelphia: Davis, F. A. 1975
506. Puech, P., Grolleau, R.: L'activité du faisceau de His normale et pathologique. Paris: Éditions Sandoz 1972
507. Puech, P., Grolleau, R., Cinca, J.: Reciprocating tachycardia using a left sided accessory pathway. Diagnostic approach by conventional ECG. In: Re-entrant Arrhythmias. Kulbertus, H. (ed.). Lancaster: MTP 1977
508. Radford, D. J., Julian, D. G.: Sick sinus syndrome: Experience of cardiac pacemaker clinic. Br. Med. J. *3,* 504 (1974)
509. Radomski, J. L., Fuyat, H. N., Nelson, A. A., Smith, P. K.: The toxic effects, excretion and distribution of lithium chloride. J. Pharmacol. and Exp. Therap. *100,* 429 (1950)
510. Ranganathan, N., Dhurandhar, R., Philips, J. H., Wigle, E. D.: His bundle electrogram in bundle-branch block. Circulation *45,* 282 (1972)
511. Rasmussen, K.: Chronic sinoatrial heart block. Am. Heart J. *81,* 38 (1971)
512. Ravens, K. G., Jipp, P.: Die freien Plasmafettsäuren in der Frühphase nach einem Myokardinfarkt. Arzneim. Forsch. *22,* 1831 (1972)
513. Ravens, K. G., Jipp, P.: Konzentrationsänderungen der freien Fettsäuren in der Frühphase nach einem Myokardinfarkt. Verh. Dtsch. Ges. Inn. Med. *78,* 1033 (1972)

514. Reddy, C. P., Damato, A. N., Akhtar, M., Ogunkelu, J. B., Caracta, A. R., Ruskin, J. N., Lau, S. H.: Time dependent changes in the functional properties of the atrioventricular conduction system in man. Circulation *52,* 1012 (1975)
515. Reiffel, J. A., Bigger, J. T., Giardina, E. G. V.: The effect of digoxin on sinus node automaticity and sinoatrial conduction (SAC) in man. J. Clin. Invest. *53,* 64 (1974)
516. Reiffel, J. A., Bigger, J. T., Reid, D. S.: The effect of atropine on sinus node function in adults with sinus bradycardia. Am. J. Cardiol. *35,* 165 (1975)
517. Reiffel, J. A., Bigger, J. T., Giardina, E. G. V.: Paradoxical prolongation of sinus nodal recovery time after atropine in the sick sinus syndrome. Am. J. Cardiol. *36,* 98 (1975)
518. Reimann, R., Schwandt, P.: Frischer Herzinfarkt und freie Fettsäuren. Dtsch. Med. Wochenschr. *96,* 93 (1971)
519. Resnekow, L.: Present status of electroversion in the management of cardiac dysrhythmias. Circulation *47,* 1356 (1973)
520. Restieaux, N., Bray, C., Bullard, H., Murray, M., Robinson, J., Brigden, W., McDonald, L.: 150 patients with cardiac infarction treated in a coronary unit. Lancet *1967 I,* 1285
521. Rettig, G., Schieffer, H., Doenecke, P., Flöthner, R., Drews, H., Bette, L.: Langzeitprognose bei Schrittmacherpatienten. Herz/Kreisl. *7,* 497 (1975)
522. Reuter, H.: Strom-Spannungsbeziehungen von Purkinjefasern bei verschiedenen extrazellulären Ca-Konzentrationen und unter Adrenalineinwirkung. Pfluegers Arch. *287,* 357 (1966)
523. Riecker, G.: Störungen des Wasser- und Elektrolythaushaltes bei Nierenkrankheiten. In: Handbuch der inneren Medizin. Berlin, Heidelberg, New York: Springer 1968
524. Riecker, G.: Conversion of atrial tachycardia with lidoflazine. Arzneim. Forsch. Beiheft *26,* 102 (1974)
525. Rokseth, R., Hatle, L.: Prospective study on the occurrence and management of chronic sinoatrial disease, with follow-up. Br. Heart J. *36,* 582 (1974)
526. Roloff, W.: Chirurgische Aspekte zur Elektrostimulation des Herzens bei Rhythmusstörungen. Zentralbl. Chir. *18,* 552 (1972)
527. Rosen, M. R., Hoffman, B. F.: Mechanism of action of antiarrhythmic drugs. Circ. Res. *32,* 1 (1973)
528. Rosen, K. M., Loeb, H. S., Chuquimia, R., Sinno, M. Z., Rahimtoola, S. H., Gunnar, R. M.: Site of heart block in acute myocardial infarction. Circulation *42,* 925 (1970)
529. Rosen, K. M., Loeb, H. S., Gunnar, R. M., Rahimtoola, S. H.: Mobitz type II block without bundle-branch block. Circulation *44,* 1111 (1971)
530. Rosen, K. M., Loeb, H. S., Sinno, M. Z., Rahimtoola, S. H., Gunnar, R. M.: Cardiac conduction in patients with symptomatic sinus node disease. Circulation *43,* 836 (1971)
531. Rosen, K. M., Rahimtoola, S. H., Chuquimia, R., Loeb, H. S., Gunnar, R. M.: Electrophysiological significance of first degree atrioventricular block with intraventricular conduction disturbance. Circulation *43,* 491 (1971)
532. Rosen, K. M., Rahimtoola, S. H., Sinno, M. Z., Gunnar, R. M.: Bundle branch block and ventricular activation in man. Circulation *43,* 193 (1971)
533. Rosen, K. M., Barwolf, C., Ehsani, A., Rahimtoola, S. H.: Effects of lidocaine and propranolol on the normal and anomalous pathways in patients with preexcitation. Am. J. Cardiol. *30,* 801 (1972)
534. Rosen, K. M., Ehsani, A., Rahimtoola, S. H.: H-V intervals in left bundle-branch block. Circulation *46,* 717 (1972)
535. Rosen, K. M., Rahimtoola, S. H., Gunnar, R. M., Lev, M.: Site of heart block as defined by His bundle recording. Circulation *45,* 965 (1972)
536. Rosen, K. M., Dhingra, R. C., Loeb, H. S., Rahimtoola, S. H.: Chronic heart block in adults. Arch. Intern. Med. *131,* 663 (1973)
537. Rosen, K. M., Rahimtoola, S. H., Bharati, S., Lev, M.: Bundle branch block with intact atrioventricular conduction. Am. J. Cardiol. *32,* 783 (1973)
538. Rosen, K. M., Mehta, A., Miller, R. A.: Demonstration of dual atrioventricular nodal pathways in man. Am. J. Cardiol. *33,* 291 (1974)
539. Rosenbaum, F. F., Hecht, H. H., Wilson, F. N., Johnston, F. D.: Potential variations of the thorax and the esophagus in anomalous atrioventricular excitation (WPW-Syndrome). Am. Heart J. *29,* 281 (1945)

540. Rosenbaum, M. B., Elizari, M. V., Kretz, A., Taratuto, A. L.: Anatomical basis of AV conduction disturbances. In: Cardiac Arrhythmias. Sandoe, E., Flensted-Jensen, Olesen, K. H. (eds.). Elsinore: AB Astra 1970
541. Rosenbaum, M. B., Elizari, M. V., Lazzari, J. O.: The hemiblocks. New concepts of intraventricular conduction based on human anatomical, physiological and clinical studies. Tampa Tracings Oldsmar Fla. 1970
542. Rostock, K.-J., Knorre, G. H. v.: Zur Analyse der nomotopen Reizbildung des menschlichen Herzens. Dtsch. Gesundh.-Wes. *31,* 304 (1976)
543. Rostock, K.-J., Knorre, G. H. v.: Zur Indikation der Schrittmacherimplantation beim Sinusknoten-Syndrom. Dtsch. Gesundh.-Wes. *32,* 2177 (1977)
544. Runge, M.: Analyse des Reizbildungs- und Erregungsleitungssystems durch Elektrostimulation und intrakavitäre EKG-Registrierung. Münch. Med. Wochenschr. *117,* 1333 (1975)
545. Runge, M., Luckmann, E., Narula, O. S.: Die Beeinflussung der funktionellen Eigenschaften des menschlichen Erregungsleitungssystems durch Frequenzbelastung, elektroinduzierte Vorhofextrasystolen und Blockade des autonomen Nervensystems. Basic Res. Cardiol. *71,* 565 u. 588 (1976)
546. Ryan, G. F., Easley, R. M., Zaroff, L. I., Goldstein, S.: Paradoxical use of a demand pacemaker in the treatment of supraventricular tachycardia due to the Wolff-Parkinson-White-syndrome: Observation of termination of reciprocal rhythm. Circulation *38,* 1037 (1968)
547. Sano, T., Iida, Y., Yamagishi, S.: Sites of conduction block in the atria in excess potassium and a doubt on the existence of the sinoatrial block. Proc. Jpn. Acad. *42,* 1197 (1966)
548. Sano, T., Nakai, M., Suzuki, F.: Nature of His potentials in His electrogram. Jpn. Heart J. *13,* 521 (1972)
549. Sasyniuk, B. I., Mendez, C.: A mechanism for re-entry in canine ventricular tissue. Circ. Res. *28,* 3 (1971)
550. Siehe Lit. 549
551. Schaudig, A., Zimmermann, M., Thurmayr, R., Beyer, J.: Komplikationen der Schrittmachertherapie. Internist (Berlin) *18,* 25 (1977)
552. Scheinman, M., Weiss, A., Kunkel, F.: His bundle recordings in patients with bundle branch block and transient neurologic symptoms. Circulation *48,* 322 (1973)
553. Scher, A. M., Young, A. C., Malmgren, A. L., Erickson, R. V.: Activation of the interventricular septum. Circ. Res. *3,* 56 (1955)
554. Scherf, D., Shookoff, D.: Experimentelle Untersuchungen über die "Umkehr-Extrasystole". Wien. Arch. Inn. Med. *12,* 501 (1928)
555. Scherlag, B. J., Lau, S. H., Helfant, R. H., Berkowitz, W. D., Stein, E., Damato, A. N.: Catheter technique for recording His bundle activity in man. Circulation *39,* 13 (1969)
556. Scherlag, B. J., Samet, P., Helfant, H.: His bundle electrogram. Circulation *46,* 601 (1972)
557. Schlepper, M.: Klinik und Therapie tachykarder Rhythmusstörungen einschließlich WPW-Syndrom. Verh. Dtsch. Ges. Inn. Med. *81,* 119 (1975)
558. Schlepper, M.: Contribution of intracardiac electrography to the understanding of normal and disturbed AV conduction. In: Cardiac pacing, diagnostic and therapeutic tools. Lüderitz, B. (ed.), Berlin, Heidelberg, New York: Springer 1976
559. Schlepper, M.: Wirkung von Aprindin beim Präexzitationssyndrom. In: Neue Aspekte der antiarrhythmischen Therapie. Erfahrungen mit Aprindin. Seipel, L., Breithardt, G., Loogen, F. (Hrsg.). Editio Cantor Aulendorf 1976
560. Schlepper, M.: Mechanisms underlying sudden changes in heart rate during paroxysmal supraventricular tachycardia. In: Reentrant arrhythmias. Kulbertus, H. E. (ed.). Lancaster: MTP 1977
561. Schlepper, M., DeMey, Ch.: Reentry-Tachykardien über unterschiedliche Kreisbahnen bei WPW-Syndrom, Typ A. Verh. Dtsch. Ges. Kreislaufforsch. *41,* 395 (1975)
562. Schlepper, M., Neuss, H.: Die Elektrographie vom menschlichen Reizleitungssystem. Z. Kreislaufforsch. *61,* 865 (1972)
563. Schlepper, M., Neuss, H.: Das Syndrom von Wolff-Parkinson-White. In: Herzrhythmusstörungen. Antoni H., Effert, S. (Hrsg.). Stuttgart, New York: Schattauer 1974

564. Schlepper, M., Neuss, H.: His-Bündel Elektrographie beim Präexzitationssyndrom. In: His-Bündel-Elektrographie. Seipel, L., Loogen, F., Both, A. (Hrsg.). Stuttgart, New York: Schattauer 1975
565. Schluger, J., Wolf, R.: Sound caused by diaphragmatic contraction resulting from transvenous cardiac pacemaker. Chest *61,* 693 (1972)
566. Schmitt, G., Hauss, W. H.: Experimentelle und klinische Erfahrungen mit der neuen transvenösen Katheter-Elektrode MIP 2000. Intensivmed. *12,* 324 (1975)
567. Schölkens, B.: Über die kardiostimulatorische und antiarrhythmische Wirkung von Sekretin. Verh. Dtsch. Ges. Kreislaufforsch. *37,* 294 (1971)
568. Scholz, H.: Disopyramid-Phosphat: Elektrophysiologische und inotrope Wirkungen am Katzenpapillarmuskel im Vergleich mit Chinidin. Arzneim. Forsch. *26,* 469 (1976)
569. Schou, M.: Electrocardiographic changes during treatment with lithium and with drugs of the imipramine-type. Acta Psychiatr. Scand. (Suppl) *39,* 168 (1963)
570. Schrade, W., Böhle, E., Biegler, R., Teicke, R., Ullrich, B.: Gaschromatographische Untersuchungen der Serumfettsäuren des Menschen. III. Mitteilung: Die Fettsäuren der Cholesterinester, Phospholipide und Triglyceride, sowie die unveresterten Fettsäuren bei Gesunden und bei Arteriosklerotikern. Klin. Wochenschr. *38,* 739 (1960)
571. Schroeder, J. S., Harrison, D. C.: Repeated cardioversion during pregnancy. Treatment of refractory paroxysmal atrial tachycardia during 3 successive pregnancies. Am. J. Cardiol. *27,* 445 (1971)
572. Schröder, R., Schüren, K. P., Biamino, G., Dennert, J., Meyer, V., Sadee, W.: Die Wirkung von Aldactone auf Herzdynamik und Kontraktilität. Verh. Dtsch. Ges. Kreislaufforsch. *37,* 438 (1971)
573. Schuilenburg, R. M., Durrer, D.: Rate-dependency of functional block in the human His bundle and bundle-branch Purkinje system. Circulation *48,* 526 (1973)
574. Schuilenburg, R. M., Durrer, D.: Problems in the recognition of conduction disturbances in the His bundle. Circulation *51,* 68 (1975)
575. Schulte, H. D., Bircks, W.: Herzschrittmacher-Komplikationen, ihre Vermeidung und Behandlung. Z. Gerontol. *7,* 110 (1972)
576. Schulten, K. H., Baldus, O., Röhrig, F. R., Smekal, P. v.: Störbeeinflussung implantierter Herzschrittmacher. Dtsch. Med. Wochenschr. *97,* 1539 (1972)
577. Schulten, K. H., Mesnil de Rochemont, W. du, Jochem, W., Baldus, O., Grosser, K. D., Behrenbeck, D. W.: Störung der Schrittmacherstimulation durch Rotation der Batterie (Pacemaker-Twiddler's-Syndrome). Med. Welt *26,* 1406 (1975)
578. Schwartz, S. P., Schwedel, J. B.: Digitalis studies on children with heart disease. II. The effects of digitalis on the sinus rate of children with rheumatic fever and chronic valvular heart disease. Am J. Dis. Child. *39,* 298 (1930)
579. Scott, M. E., Geddes, J. S., Patterson, G. C., Adgey, A. A., Pantridge, F.: Management of complete heart block complicating myocardial infarction. Lancet *1967 II,* 1382
580. Seipel, L.: His-Bündel-Elektrographie und intrakardiale Stimulation. Stuttgart: Thieme 1978
581. Seipel, L., Breithardt, G.: Das Syndrom der kurzen PQ-Zeit mit normalem QRS-Komplex (LGL-Syndrom). Med. Klinik *71,* 1525 (1976)
582. Seipel, L., Gleichmann, U., Grabensee, B.: Überdrehter Linkstyp mit Rechtsschenkelblock als Vorstadium des totalen AV-Blocks. Intensivmed. *9,* 301 (1972)
583. Seipel, L., Gleichmann, U., Loogen, F.: His-Bündel Elektrographie, Methodik und Möglichkeiten. Med. Technik. *93,* 27 (1973)
584. Seipel, L., Breithardt, G., Both, A., Loogen, F.: Messung der sinuatrialen Leitungszeit mittels vorzeitiger Vorhofstimulation beim Menschen. Dtsch. Med. Wochenschr. *99,* 1895 (1974)
585. Seipel, L., Both, A., Loogen, F.: Klinische Bedeutung der His-Bündel Elektrographie. Klin. Wochenschr. *53,* 499 (1975)
586. Seipel, L., Breithardt, G., Both, G.: Elektrophysiologische Effekte der Antiarrhythmika Disopyramid und Propafenon auf das menschliche Reizleitungssystem. Z. Kardiol. *64,* 731 (1975)
587. Seipel, L., Breithardt, G., Both, A., Loogen, F.: Diagnostische Probleme beim Sinusknoten-Syndrom. Z. Kardiol. *64,* 1, (1975)

588. Seipel, L., Bub, E., Driwas, S.: Kammerflimmern bei Funktionsprüfung eines Demand-Schrittmachers. Dtsch. Med. Wochenschr. *100,* 2439 (1975)

589. Seipel, L., Loogen, F., Both, A. (Hrsg.): His-Bündel Elektrographie. Stuttgart, New York: Schattauer 1975

590. Seipel, L., Pietrek, G., Körfer, R., Loogen, F.: Prognose nach Schrittmacherimplantation. Internist (Berlin) *18,* 21 (1977)

591. Seipel, L., Breithardt, G., Kuhn, H.: Significance of His bundle recording in bundle branch block. In: To pace or not to pace. Harthorne, J. W., Thalen, H. J. Th. (eds.). The Hague: Martinus Nijhoff 1978

591a. Seipel, L., Breithardt, G., Loogen, F.: Die prognostische Bedeutung der H-V-Zeit bei Patienten mit intraventrikulären Leitungsstörungen. Z. Kardiol. (1979) (im Druck)

592. Seller, R. H., Banach, S., Namey, T., Neff, M., Swartz, C.: Cardiac effect of diuretic drugs. Am. Heart J. *89,* 493 (1975)

593. Seller, R. H., Greco, J., Banach, S., Seth, R.: Increasing the inotropic effect and toxic dose of digitalis by the administration of antikaliuretic drugs – further evidence for a cardiac effect of diuretic agents. Am. Heart J. *90,* 56 (1975)

594. Siddons, H., Nowak, K.: Surgical complications of implanting pacemakers. Br. J. Surg. *62,* 69 (1975)

595. Sigler, L. H.: Clinical observations on the carotis sinus reflex. Am. J. Med. Sci. *186,* 118 (1933)

596. Sigurd, B., Jensen, G., Sandoe, E.: Adams-Stokes syndrome caused by sinoatrial block. Br. Heart J. *35,* 1002 (1973)

597. Simon, A. B., Zloto, A. E.: Atrioventricular block: Natural history of permanent ventricular pacing. Am. J. Cardiol. *41,* 500 (1978)

598. Simon, A. B., Steinke, W. E., Curry, J. J.: Atrioventricular block in acute myocardial infarction. Chest *62,* 156 (1972)

599. Shaw, D., Govers, J., Kekwick, C., Bolwell, A.: Mortality of patients with sinoatrial disorder (sick sinus syndrome). In: The British Pacing Group (ed.). Arnhem: Tamminga B. V. 1978

600. Siehe Lit. 555

601. Skagen, K., Hansen, J. F.: The long-term prognosis for patients with sinoatrial block treated with permanent pacemaker. Acta Med. Scand. *199,* 13 (1975)

602. Slama, R., Coumel, P., Bouvrain, Y.: Les syndromes de Wolff-Parkinson-White de typ A inapparents ou latents en rhythme sinusal. Arch. Mal Coeur *66,* 639 (1973)

603. Smyth, N. P. D., Tajan, P. P., Chernoff, E., Baker, N.: The significance of electrode surface area and stimulating thresholds in permanent cardiac pacing. J. Thorac. Cardiovasc. Surg. *71,* 559 (1976)

604. Smyth, N. P. D., Magovern, G. J., Cushing, W. J., Keshishian, J. M.: Preliminary experience with a new radioisotopic powered cardiac pacemaker. In: Cardiac pacing. Watanabe, Y. (ed.). Amsterdam, Oxford: Excerp. Med. 1977

605. Sodi-Pallares, D., Testelli, M. R., Fishleder, B. L., Bisteni, A., Medrano, G. A., Friedland, Ch., Michel, A. de: Effects of intravenous infusions of a potassium-glucose-insuline solution on the electrocardiographic signs of myocardial infarction. Am. J. Cardiol. *9,* 166 (1962)

606. Somani, P., Lum, B. K. B.: The antiarrhythmic actions of beta adrenergic blocking agents. J. Pharmacol. Exp. Ther. *147,* 194 (1965)

607. Sowton, E., Leatham, A., Carson, P.: The suppression of arrhythmia by artificial pacing. Lancet *1964 II,* 1098

608. Spang, K., Korth, C.: Das Elektrokardiogramm bei Überfunktionszuständen der Schilddrüse. Arch. Kreislaufforsch. *4,* 189 (1939)

609. Sperelakis, N., Hoshiko, T., Berne, R. M.: Nonsyncytial nature of cardiac muscle: membrane resistance of single cells. Am. J. Physiol. *19,* 531 (1960)

610. Spies, H. F., Neuss, H.: Funktionsdiagnostik der AV-Überleitung bei Schenkelblock. Herz/Kreisl. *7,* 34 (1975)

611. Spurrell, R. A. J.: Artificial cardiac pacemakers. In: Cardiac arrhythmias. Krikler, D. M., Goodwin, J. F. (eds.). London: Saunders, W. B. Comp. 1975

612. Spurrell, R. A. J.: Future aspects of cardiac pacing. In: Cardiac pacing, diagnostic and therapeutic tools. Lüderitz, B. (ed.). Berlin, Heidelberg, New York: Springer 1976

613. Spurrell, R. A. J., Krikler, D. M., Sowton, E.: Two or more intra AV-nodal pathways in association with either a James or Kent extra-nodal bypass in three patients with paroxysmal supraventricular tachycardia. Br. Heart J. *35,* 113 (1973)
614. Spurrell, R. A. J., Sowton, E., Denchar, D. C.: Ventricular tachycardia in 4 patients evaluated by programmed electrical stimulation of the heart and treated in 2 patients by surgical division of anterior radiation of left bundle branch. Br. Heart J. *35,* 1014 (1973)
615. Spurrell, R. A. J., Krikler, D. M., Sowton, E.: Concealed bypasses of the atrioventricular node in patients with paroxysmal supraventricular tachycardia revealed by intracardiac electrical stimulation and Verapamil. Am. J. Cardiol. *33,* 590 (1974)
616. Steinbeck, G.: Zur Pathogenese von Herzrhythmusstörungen. Internist (Berlin) *19,* 200 (1978)
617. Steinbeck, G., Lüderitz, B.: Comparative study of sinoatrial conduction time and sinus node recovery time. Br. Heart J. *37,* 956 (1975)
618. Steinbeck, G., Lüderitz, B.: Sinus node recovery time and sinoatrial conduction time. In: Cardiac pacing, diagnostic and therapeutic tools. Lüderitz, B. (ed.). Berlin, Heidelberg, New York: Springer 1976
619. Steinbeck, G., Lüderitz, B.: Störungen der Sinusknotenfunktion, Diagnostik und klinische Bedeutung. Dtsch. Med. Wochenschr. *102,* 35 (1977)
620. Steinbeck, G., Lüderitz, B.: Sinoatrial pacemaker shift following atrial stimulation in man. Circulation *56,* 402 (1977)
621. Steinbeck, G., Erdmann, E., Lüderitz, B., Bolte, H.-D.: Einfluß herzaktiver Glykoside auf die intrazelluläre Kalium- und Natriumkonzentration des Myokards bei chronischem Kaliummangel. Verh. Dtsch. Ges. Kreislaufforsch. *39,* 170 (1973)
622. Steinbeck, G., Körber, H.-J., Lüderitz, B.: Die Bestimmung der sinuatrialen Leitungszeit beim Menschen durch gekoppelte atriale Einzelstimulation. Klin. Wochenschr. *52,* 1151 (1974)
623. Steinbeck, G., Jacob, F., Lüderitz, B.: Analysis of sinus node response to premature atrial stimulation in the isolated rabbit heart. In: Cardiac pacing. Watanabe, Y. (ed.), Amsterdam: Excerp. Med. 1977
624. Steinbeck, G., Rosenberger, W., Naumann d'Alnoncourt, C., Lüderitz, B.: Sinus node function and digitalis. Electrophysiological studies in man. In: Troubles du rhythme et electrostimulation (Publisher: Société de la Nouvelle Imprimerie Fournié, Toulouse – France), 1978, p. 79
624a. Steinbeck, G., Rosenberger, W., Lüderitz, B.: Effect of ajmaline on sinus node function in man, studied by programmed atrial stimulation. Trans. Europ. Soc. Cardiol. *1,* 57 (1978)
624b. Steinbeck, G., Allessie, M. A., Bonke, F. I. M., Lammers, W. J. E. P.: Sinus node response to premature atrial stimulation in the rabbit studied with multiple microelectrode impalements. Circ. Res. *43,* 695 (1978)
624c. Steinbeck, G., Haberl, R., Lüderitz, B.: Effects of atrial pacing rate on atrio-sinus conduction and sinus node recovery time. Circulation *58* (Suppl.), 106 (1978)
625. Steinbeck, G., Bonke, F. I. M., Allessie, M. A., Lammers, W. J. E. P.: Cardiac glycosides and pacemaker activity of the sinus node – A microelectrode study on the isolated right atrium of the rabbit. In: The sinus node, structure, function, and clinical relevance. Bonke, F. I. M. (ed.). The Hague: Martinus Nijhoff 1978
626. Steiner, C., Wit, A. L., Damato, A. N.: Effects of glucagon on atrioventricular conduction and ventricular automaticity in dogs. Circ. Res. *24,* 167 (1969)
627. Steiner, C., Lau, S. H., Stein, E., Wit, A. L., Weiss, M. B., Damato, A. N., Haft, J. I., Weinstock, M., Gupta, P.: Electrophysiologic documentation of trifascicular block as a common cause of complete heart block. Am. J. Cardiol. *28,* 437 (1971)
628. Stevenson, C. A., Moreton, R. D.: Subsequent report on roentgen therapy in carotid sinus syndrome. Radiology *50,* 207 (1948)
629. Stokes, W.: The diseases of the heart and the aorta. Dublin: Hodges and Smith 1854
630. Strauss, H. C., Bigger, J. T.: Electrophysiological properties of the rabbit sinoatrial perinodal fibers. Circ. Res. *31,* 490 (1972)
631. Strauss, H. C., Saroff, A. L., Bigger, J. T., Giardina, E. G. V.: Premature atrial stimulation as a key to the understanding of sinoatrial conduction in man. Circulation *47,* 88 (1973)

632. Strauss, H. C., Bigger, J. T., Saroff, A. L., Giardina, E. G. V.: Electrophysiologic evaluation of sinus node function in patients with sinus node dysfunction. Circulation *53,* 763 (1976)
633. Strauss, H. C., Gilbert, M., Svenson, R. H., Miller, H. C., Wallace, A. G.: Electrophysiological effects of propranolol on sinus node function in patients with sinus node dysfunction. Circulation *54,* 452 (1976)
634. Strödter, D., Mulch, J., Wick, E.: Erfahrungen mit neuen transvenösen Schraubelektroden. Herz/Kreisl. *9,* 955 (1977)
635. Sugiura, M.: Trifascicular block: Electrophysiological and histological correlation study on atrioventricular block. Jpn. Circ. J. *40,* 233 (1976)
636. Sung, R. J., Tamer, D. M., Garcia, O. L., Castellanos, A., Myerburg, R. J., Gelband, H.: Analysis of surgically-induced right bundle branch block pattern using intracardiac recording techniques. Circulation *54,* 442 (1976)
637. Sung, R. J., Gelband, H., Castellanos, A., Aranda, J. M., Myerburg, R.: Clinical and electrophysiological obversations in patients with concealed accessory atrioventricular bypass tracts. Am. J. Cardiol. *40,* 839 (1977)
638. Sutton, R., Chatterjee, K., Leatham, A.: Heart block following acute myocardial infarction. Lancet *1968 II,* 645
639. Swedberg, K., Winblad, B.: Heart failure as complication of lithium treatment. Acta Med. Scand. *196,* 279 (1974)
640. Talbot, R. G., Nimmo, J., Julian, D. G., Clark, R. A., Neilson, J. M. M., Prescott, L. F.: Treatment of ventricular arrhythmias with mexiletine (Kö 1173). Lancet *1973 II,* 399
641. Takagi, M.: Diagnosis of atrio-ventricular block. Jpn. Circ. J. *40,* 225 (1976)
642. Talso, P. J., Spafford, N., Blaw, M.: Metabolism of water and electrolytes in congestive heart failure. I. Electrolyte and water content of normal human skeletal muscle. J. Lab. Clin. Med. *41,* 281 (1953)
643. Tanaka, H., Katanazako, H., Uemura, N., Toyama, Y., Kanehisa, T., Amatatsu, K.: Ventriculaatrial conduction in complete atrioventricular block due to AH block. Jpn. Heart J. *15,* 1 (1974)
644. Tangedahl, T. N., Gau, G. T.: Myocardial irritability associated with lithium carbonate therapy. N. Engl. J. Med. *287,* 867 (1972)
645. Tarjan, P.: Engineering aspects of implantable cardiac pacemakers. In: Cardiac Pacing. Samet, P. (ed.). New York: Grune and Stratton 1973
646. Terry, G., Vellani, C. W., Higgins, M. R., Doig, A.: Bretylium-Tosylate in treatment of refractory ventricular arrhythmias complicating myocardial infarction. Br. Heart J. *23,* 21 (1970)
647. Theisen, K., Halbritter, R., Jahrmärker, H.: Messung der Leitungszeit in den Faszikeln des His-Purkinje-Systems mittels endokardialer Detektion. Klin. Wochenschr. *53,* 279 (1975)
648. Theisen, K., Krötz, J. Rackwitz, R., Müller-Seydlitz, P., Haider, M., Jahrmärker, H.: Korrigierte sinuatriale Leitungszeit. Verh. Dtsch. Ges. Kreislaufforsch. *42,* 225 (1976)
649. Thoren, A., Lodin, A.: Test results of long life batteries for cardiac pacemakers. In: Cardiac pacing. Watanabe. Y. (ed.). Amsterdam, Oxford: Excerp. Med. 1977
649 a. Thormann, I.: Klinisch-therapeutische Erfahrungen mit Depot-Orciprenalin bei der Behandlung bradykarder Herzrhythmusstörungen. Herz/Kreisl. *9,* 458 (1977)
650. Thorspecken, R., Hassenstein, P.: Rhythmusstörungen des Herzens, Ursache, Erkennung, Behandlung. Stuttgart: Thieme 1975
651. Tobien, H. H., Götting, E.: Untersuchungen über die PQ-Zeit von Patienten mit paroxysmalen Tachykardien. Z. Kreislaufforsch. *52,* 252 (1963)
652. Togawa, T., Suma, K., Fujimori, Y., Abe, M., Toyoshima, T., Nemoto, T.: Experimental and clinical evaluation of a screw-in electrode. In: Cardiac pacing. Watanabe, Y. (ed.). Amsterdam, Oxford: Excerp. Med. 1977
653. Tonkin, A. M., Miller, H. C., Svenson, R. H., Wallace, A. G., Gallagher, J. J.: Refractory periods of the accessory pathway in the Wolff-Parkinson-White Syndrome. Circulation *49,* 22 (1974)
654. Touboul, P., Clément, C., Porte, J., Magrina, J., Delahaye, J. P.: Etude électrophysiologique des troubles de conduction auriculo-ventriculaire dans l'infarctus myocardique récent. Arch. Mal. Coeur *65,* 1287 (1972)

655. Touboul, P., Huerta, F., Delahaye, J. P.: Retrograde conduction in complete atrioventricular block. Br. Heart J. *38,* 706 (1976)
656. Trautwein, W.: Generation and conduction of impulses in the heart as affected by drugs. Pharm. Rev. *15,* 277 (1963)
657. Trautwein, W.: Elektrophysiologie des reizbildenden und -leitenden Gewebes. Verh. Dtsch. Ges. Kreislaufforsch. *35,* 37 (1969)
658. Trautwein, W., Schmidt, R. F.: Zur Membranwirkung des Adrenalins an der Herzmuskelfaser. Pfluegers Arch. *271,* 715 (1960)
658a. Trautwein, W., Gottstein, U., Dudel, J.: Der Aktionsstrom der Myokardfaser im Sauerstoffmangel. Pfluegers Arch. *260,* 40 (1954)
659. Truex, R. C., Bishof, J. K., Hoffman, E. L.: Accessory atrioventricular muscle bundles of the developing human heart. Anat. Res. *131,* 45 (1958)
660. Tseng, L. H.: Interstitial myocarditis probably related to lithium carbonate intoxication. Arch. Pathol. *92,* 444 (1971)
661. Tsien, R. W., Giles, W., Greengard, P.: Cyclic AMP mediates the effects of adrenaline on cardiac Purkinje fibres. Nature New Biol. *240,* 181 (1972)
662. Valentine, P. A., Frew, J. L., Mashford, M. L., Sloman, J. G.: Lidocaine in the prevention of sudden death in the pre-hospital phase of acute infarction. A double-blind study. N. Engl. J. Med. *291,* 1327 (1974)
663. Varghese, P. J., Damato, A. N., Paulay, K. L., Gallagher, J. J., Lau, S. H.: Demonstration of entrance block into the atrioventricular node of man. Circulation *46,* 123 (1972)
664. Varghese, P. J., Elizari, M. V., Lau, S. H., Damato, A. N.: His bundle electrograms of dog. Correlation with intracellular recordings. Circulation *48,* 753 (1973)
665. Vasalle, M.: Analysis of cardiac pacemaker potential using a "voltage clamp" technique. Am. J. Physiol. *210,* 1335 (1966)
666. Vaughan Williams, E. M.: Classification of antiarrhythmic drugs. In: Cardiac arrhythmias. Sandoe, E., Flensted-Jensen, E., Olesen, K. H. (eds.). Elsinore: AB Astra 449 (1970)
667. Vaughan Williams, E. M.: The development of new antidysrhythmic drugs. Schweiz. Med. Wochenschr. *103,* 262 (1973)
668. Vera, Z., Mason, D. T., Fletcher, R. D., Awan, N. A., Massumi, R. A.: Prolonged His-Q interval in chronic bifascicular block. Circulation *53,* 46 (1976)
669. Voss, D. M., Magnin, G. E.: Demand pacing and carotid sinus syncope. Am. Heart J. *79,* 544 (1970)
670. Wallace, A. W., Katz, L. N.: Sino-auricular block. Am. Heart J. *6,* 478 (1930)
671. Wan, S. H., Lee, G. S., Toh, C. C. S.: The sick sinus syndrome. A study of 15 cases. Br. Heart J. *34,* 942 (1972)
672. Watanabe, Y., Dreifus, L. S.: Second degree atrioventricular block. Cardiovasc. Res. *1,* 150 (1967)
673. Watanabe, Y., Dreifus, L. S.: Levels of concealement in second degree and advanced second degree AV block. Am. Heart J. *84,* 330 (1972)
674. Watson, C. C., Goldberg, M. J.: Evaluation of pacing for heart block in myocardial infarction. Br. Heart J. *33,* 120 (1971)
675. Weber, D. J.: Intravenous triamterene in the treatment of acute digitalis intoxication. Clin. Pharmacol. Ther. *13,* 868 (1972)
676. Weidmann, S.: The effect of the cardiac membrane potential on the rapid availability of the sodium-carrying system. J. Physiol. *127,* 213 (1955)
677. Weidmann, S.: Elektrophysiologie der Herzmuskelfaser. Bern, Stuttgart: Huber 1956
678. Wellens, H. J. J.: Electrical stimulation of the heart in the study and treatment of tachycardias. Leiden: Stenfert Kroese 1971
679. Wellens, H. J. J.: Contribution of cardiac pacing to our understanding of the Wolff-Parkinson-White syndrome. Br. Heart J. *37,* 231 (1975)
680. Wellens, H. J. J.: Pathophysiology of ventricular tachycardia in man. Arch. Int. Med. *135,* 473 (1975)
681. Wellens, H. J. J.: The Wolff-Parkinson-White syndrome. In: Cardiac pacing, diagnostic and therapeutic tools. Lüderitz, B. (ed.). Berlin, Heidelberg, New York: Springer 1976
682. Wellens, H. J. J., Durrer, D.: Wolff-Parkinson-White syndrome and atrial fibrillation. Am. J. Cardiol. *34,* 777 (1974)

683. Wellens, H. J. J., Durrer, D.: Patterns of ventriculo-atrial conduction in the Wolff-Parkinson-White Syndrome. Circulation *49,* 22 (1974)

684. Wellens, H. J. J., Durrer, D.: The role of accessory pathways in reciprocal tachycardia: observations in patients with and without the Wolff-Parkinson-White syndrome. Circulation *52,* 58 (1975)

685. Wellens, H. J. J., Schuilenburg, R. M., Durrer, D.: Electrical stimulation of the heart in patients with ventricular tachycardia. Circulation *46,* 216 (1972)

686. Wellens, H. J. J., Lie, K. I., Durrer, D.: Further observations on ventricular tachycardia studied by electrical stimulation of the heart. Chronic recurrent ventricular tachycardia and ventricular tachycardia during acute myocardial infarction. Circulation *49,* 647 (1974)

687. Wellens, H. J. J., Cats, V. M., Düren, D. R.: Symptomatic sinus node abnormalities following lithium carbonate therapy. Am. J. Med. *59,* 285 (1975)

688. Wellens, H. J. J., Düren, D. R., Lie, K. I.: Observations of mechanisms of ventricular tachycardia in man. Circulation *54,* 237 (1976)

689. Wellens, H. J. J., Lie, K. I., Janse, M. J. (eds.): The conduction system of the heart. Leiden: Stenfert Kroese 1976

690. Wellens, H. J. J., Bär, F. W., Gorgels, A. P.: Effect of drugs in WPW syndrome. Importance of initial length of effective refractory period of accessory pathway. Am. J. Cardiol. *41,* 372 (1978)

691. Wenckebach, K. F., Winterberg, H.: Die unregelmäßige Herztätigkeit. Leipzig: Engelmann, W. 1927

692. West, T. C.: Electrophysiology of the sinoatrial node. In: Electrical Phenomena in the Heart. DeMello, W. C. (ed.). New York, London: Acad. Press 1972

693. Whitehouse, F. W., James, T. N.: Chronotropic action of glucagon on the sinus node. Proc. Soc. Exp. Biol. Med. (N. Y.) *122,* 823 (1966)

694. Wickham, G. G.: A lithium-silver chromate powered pacer. In: Cardiac pacing. Watanabe, Y. (ed.). Amsterdam, Oxford: Excerp. Med. 1977

695. Widman, W. D., Mangiola, S., Lubow, L. A., Dolan, F. M.: Suppression of demand pacemakers by inactive pacemaker electrodes. Circulation *45,* 319 (1972)

696. Wiehmeyer, J.: Korrektur einer T-Wellen-induzierten Schrittmacherbradykardie durch Chinidin. Dtsch. Med. Wochenschr. *100,* 1172 (1975)

696a. Wilhelmsson, G., Vedin, J. A., Wilhelmsen, L., Tribblin, G., Werkö, L.: Reduction of sudden death after myocardial infarction by treatment with alprenolol, preliminary results. Lancet *1974 II,* 1158

697. Williams, D. O., Scherlag, B. J., Hope, R. R., El-Sherif, N., Lazzara, R., Samet, P.: Selective versus non-selective His bundle pacing. Cardiovasc. Res. *10,* 91 (1976)

698. Wilson, F. N., Mac Load, A. G., Johnson, F. D., Barker, P. S.: Electrocardiograms that represent the potential variations of a single electrode. Am. Heart J. *9,* 447 (1933)

699. Wilson, W. R., Theilen, E. O., Fletcher, F. W.: Pharmacodynamic effects of beta adrenergic receptor blockade in patients with hyperthyroidism. J. Clin. Invest. *43,* 1967 (1964)

700. Wirtzfeld, A., Himmler, Ch.: Technischer Entwicklungsstand künstlicher Herzschrittmacher. Internist (Berlin) *18,* 38 (1977)

701. Wirtzfeld, A., Sebening, H.: Das Sinusknoten-Syndrom. Dtsch. Med. Wochenschr. *98,* 1 (1973)

702. Wirtzfeld, A., Lampadius, M., Ruprecht, E. O.: Inhibierung von Demandschrittmachern durch Muskelpotentiale. Dtsch. Med. Wochenschr. *97,* 61 (1972)

703. Wirtzfeld, A., Himmler, Ch., Lampadius, M., Schmück, L., Präuer, H. W.: Verlängerung der Funktionszeit implantierter Herzschrittmacher durch Reduzierung der Impulsdauer. Dtsch. Med. Wochenschr. *100,* 1863 (1975)

704. Wit, A. L, Cranefield, P. F.: Triggered activity in cardiac muscle fibres of the simian mitral valve. Circ. Res. *38,* 85 (1976)

705. Wit, A. L., Damato, A. N., Weiss, M. B., Steiner, C.: Phenomenon of the gap in atrioventricular conduction in the human heart. Circ. Res. *27,* 679 (1970)

706. Wit, A. L., Weiss, M. B., Berkowitz, W. D., Rosen, K. M., Steiner, C., Damato, A. N.: Patterns of atrioventricular conduction in the human heart. Circ. Res. *27,* 345 (1970)

707. Wit, A. L., Cranefield, P. F., Hoffman, B. F.: Slow conduction and re-entry in the ventricular conducting system. II. Single and sustained circus movement in networks of canine and bovine Purkinje fibers. Circ. Res. *30,* 11 (1972)
708. Wit, A. L., Hoffman, B. F., Rosen, M. R.: Electrophysiology and pharmacology of cardiac arrhythmias. IX. Cardiac electrophysiologic effects of beta adrenergic receptor stimulation and blockade. Part C. Am. Heart J. *90,* 795 (1975)
709. Witt, E., Beck, O. A., Lehmann, H. U., Hochrein, H.: Myokardperforation mit Herztamponade als Komplikation bei transvenöser Schrittmacherlegung. Notfallmedizin *3,* 107 (1977)
710. Wohl, A. J., Laborde, N. J., Atkins, J. M., Blomqvist, C. G., Mullins, C. B.: Prognosis of patient permanently paced for sick sinus syndrome. Arch. Intern. Med. *136,* 406 (1976)
711. Woie, L., Aksnes, E. G.: Mortality of heart block complicating acute myocardial infarction managed without artificial pacemakers. Acta Med. Scand. *191,* 379 (1972)
712. Wolff, L., Parkinson, J., White, P. D.: Bundle branch block with short P-R interval in healthy young people prone to paroxysmal tachycardia. Am. Heart J. *5,* 685 (1930)
713. Wong, B. Y. S., Dunn, M.: Transient unifascicular, bifascicular and trifascicular block: Electrophysiologic correlations in a patient with rate-dependent left bundle branch block and transient right bundle branch block. Am. J. Cardiol. *39,* 116 (1977)
714. Woodbury, J. W., Crill, W. E.: On the problem of impulse conduction in the atrium. In: Nervous Inhibition. Florey, E. (ed.). Oxford: Pergamon Press 1961
714 a. Woosley, R. L., McDevitt, D. G., Nies, A. S., Smith, R. F., Wilkinson, G. R., Oates, J. A.: Suppression of ventricular ectopic depolarizations by tocainide. Circulation *56,* 980 (1977)
715. Worthley, L. I. G.: Lithium toxicity and refractory cardiac arrhythmia treated with intravenous magnesium. Anaesth. Intens. Care *4,* 357 (1974)
716. Wu, D., Denes, P., Dhingra, R. C., Rosen, K. M.: Bundle branch block. Am. J. Cardiol. *33,* 583 (1974)
717. Wu, D., Denes, P., Dhingra, R. C., Rosen, K. M.: Nature of the gap phenomenon in man. Circ. Res. *34,* 682 (1974)
718. Wu, D., Denes, P., Rosen, K. M.: Refractoriness of atrioventricular conduction. In: His bundle electrocardiography and clinical electrophysiology. Narula, O. S. (ed.), Philadelphia: Davis Comp. 1975
719. Wu, D., Denes, P., Dhingra, R. C., Wyndham, C. R., Rosen, K. M.: Quantification of human atrioventricular nodal concealed conduction utilizing $S_1S_2S_3$ stimulation. Circ. Res. *39,* 659 (1976)
720. Wu, D., Denes, P., Dhingra, R. C., Amat-y-Leon, F., Wyndham, C. R., Chuquimia, R., Rosen, K. M.: Electrophysiological and clinical observations in patients with alternating bundle branch block. Circulation *53,* 456 (1976)
721. Yabek, S. M., Jarmakani, J. M., Roberts, N. K.: Sinus node function in children. Factors influencing its evaluation. Circulation *53,* 28 (1976)
722. Yeh, B. K., Sung, P. K., Saha, A. H.: Use of canrenoate to suppress ouabain-induced ventricular arrhythmias in dogs. Circ. Res. *31,* 915 (1972)
723. Zacouto, F., Guize, L.: Fundamentals of orthorhythmic pacing. In: Cardiac pacing, diagnostic and therapeutic tools. Lüderitz, B. (ed.). Berlin, Heidelberg, New York: Springer 1976
724. Siehe Lit. 723
725. Zacouto, F., Guize, L., Maurice, P., Gerbaux, A.: Orthorhythmic pacing in arrhythmias. Am. J. Cardiol. *31,* 165 (1973)
726. Zipes, D. P.: The contribution of artificial pacemaking to understanding the pathogenesis of arrhythmias. Am. J. Cardiol. *28,* 211 (1971)
727. Zoll, P. M., Linenthal, A. J.: Long term electric pacemakers for Stokes-Adams-disease. Circulation *20,* 341 (1960)

8. Schrittmacher-Glossar

A = Ampère: Internationale Abkürzung der elektrischen Stromstärke.

Adams-Stokes-Anfall: Anfälle mit Bewußtlosigkeit als Folge einer verminderten Herzauswurfleistung durch bradykarde oder tachykarde Rhythmusstörungen.

Adapter: Kopplungsteil zwischen Schrittmacher und Elektrode zur Kombination von Schrittmachern und Elektroden verschiedener Hersteller.

Ah: Ampèrestunden (vgl. Batteriekapazität).

Akkumulator: Aufladbare Energiequelle, vgl. Sekundärelement.

Aktionspotential: Zeitlicher Verlauf des intrazellulären elektrischen Potentials bei Erregung der Zelle.

Anode: Positiver Pol eines elektrischen Stromkreises. Positiver Pol einer Batterie. Indifferente Elektrode bei der elektrischen Stimulation des Myokards.

Anstiegsflanke: Vorangehender Teil eines Impulses, in dem dieser von Null ausgehend seinen Anfangswert erreicht.

Anstiegszeit: Dauer der Anstiegsflanke eines Impulses.

Asystolie: Herzstillstand.

Ausgangswiderstand: Scheinwiderstand einer elektronischen Schaltung im Ausgangskreis, der die Ausgangsspannung in Abhängigkeit vom Strom determiniert (auch Innenwiderstand).

Automatie: Spontane Reizbildung in myokardialen Fasern durch Abnahme des Membranpotentials auf das Schwellenpotential (diastolische Depolarisation) mit nachfolgender Myokarddepolarisation.

AV-Blockierungen: Atrioventrikuläre Überleitungsstörungen.

Basic-pulse-interval: siehe Basisintervall.

Basic-rate: siehe Basisfrequenz.

Basisfrequenz: Frequenz der Impulsabgabe des Schrittmachers bei ausbleibenden Eigenaktionen.

Basisintervall: Intervall zwischen zwei Impulsabgaben bei Basisfrequenz.

Batteriekapazität: Gesamtladungsmenge der Batterie. Angabe meist in Ah (Ampèrestunden).

Batteriespannung: Klemmenspannung der Batterie in Abhängigkeit des Betriebszustandes (Leerlauf, Last). Beim Schrittmacher maximale Stimulationsspannung.

Bedarfsschrittmacher, negativ gesteuerter: auch: Demand- oder signalinhibierter Schrittmacher. Schrittmacher, der nur dann einen Stimulationsimpuls abgibt, wenn für die Dauer eines Basisintervalls keine Herzaktion detektiert wird.

Bedarfsschrittmacher, positiv gesteuerter: auch: Stand-by- oder getriggerter Schrittmacher. Schrittmacher, der bis zu einer unteren Grenzfrequenz mit der Eigenfrequenz des Herzens synchronisiert ist. Eine effektive Stimulation resultiert erst, wenn die Eigenfrequenz des Herzens die Basisfrequenz des Schrittmachers unterschreitet.

Belastung: Widerstand, gegen den eine Spannungsquelle arbeitet.

Betriebsspannung: Generatorspannung bei Belastung.

Blindwiderstand: frequenzabhängiger Wechselstromwiderstand einer Spule (Induktivität) oder eines Kondensators (Kapazität).

B.O.L.: Begin of life, Betriebsbeginn des Schrittmachers.

Brustwandstimulation: Applikation elektrischer Impulse durch die Brustwand zur Unterdrückung (Auslösung) signalinhibierter (getriggerter) Bedarfsschrittmacher.

Brustwandstimulus: elektrischer Impuls zur Triggerung der Detektionseinheit eines Schrittmachers.

Chest wall stimulation: siehe Brustwandstimulation.

Chronaxie: Minimale Reizdauer zur Auslösung einer Erregung bei doppelter Rheobase.

C-MOS-IC: Abkürzung für complementary-metal-oxide-semiconductor-IC. Elektronische Schaltung mit speziellen Transistoren in monolithisch integrierten Schaltkreisen, die sich durch besonders niedrigen Stromverbrauch, Temperaturkonstanz und weitgehende Unabhängigkeit von Schwankungen in der Versorgungsspannung auszeichnen.

Defibrillationsschutz: Schaltung mit Zenerdiode im Schrittmachereingangskreis zum Schutz des Schrittmachers gegen Zerstörung bei hohen Spannungen, wie sie bei elektrischer Defibrillation auftreten.

Delay: siehe Verzögerungsintervall.

Demand-Empfindlichkeit: siehe Detektionsempfindlichkeit.

Demand-Mechanismus: siehe Detektionseinheit.

Demand-Schrittmacher: siehe Bedarfsschrittmacher.

Depletion indicator: Indikator für Batterieerschöpfung.

Detektionseinheit: Teil der elektronischen Schaltung des Bedarfsschrittmachers, der durch intrakardiale Spannungssignale getriggert wird und die Impulsabgabe unterdrückt (signalinhibierter Bedarfsschrittmacher) oder mit der Eigenaktion synchronisiert ist (getriggerter Bedarfsschrittmacher).

Detektionsempfindlichkeit: Triggerschwelle der Detektionseinheit des Schrittmachers für ein Testsignal. Zur Auslösung der Detektionseinheit erforderliche Mindestspannung in mV (um 2 mV). Maßgeblich für die Detektion sind Amplitude und Frequenzinhalt des Signals bzw. des endokardialen Elektrogramms.

Diode: Elektronisches Bauelement zur Gleichrichtung von Wechselstrom; Stromleitung erfolgt fast ausschließlich in einer Richtung.

Eigenaktion: Spontane Herzaktion. Im Gegensatz zur schrittmacherinitiierten Herzaktion (vgl. Schrittmacheraktion).

Eingangswiderstand: Scheinwiderstand einer elektrischen Schaltung im Eingangskreis. Bei Bedarfsschrittmachern bestimmt der Eingangswiderstand die Höhe der zur Detektion notwendigen Spannungsamplitude.

Elektrode, bipolare: Elektrode mit intrakardial gelegener Anode und Kathode.

Elektrode, differente: Meist Kathode, Lage: endokardial, perikardial oder myokardial.

Elektrode, endokardiale: Schrittmacherelektrode mit endokardial fixierter Kathode.

Elektrode, epikardiale: Schrittmacherelektrode mit epikardial fixierter Kathode.

Elektrode, indifferente: Meist Anode, Lage: herzfern (z. B. subclaviculär, abdominal).

Elektrode, myokardiale: Schrittmacherelektrode mit myokardial (subepikardial) fixierter Kathode.

Elektrode, unipolare: Elektrode mit einem Pol (Kathode). Als zweiter Pol (Anode) dient der metallische Teil des Schrittmachergehäuses.

Elektrodenmyokardwiderstand: Scheinwiderstand am Übergang zwischen Elektrodenkopf und Myokard.

Elektrodenwiderstand: Summe aus den elektrischen Widerständen der Elektrodenzuleitung (abhängig von der Länge) und des Elektrodenkopfes (abhängig von der Oberfläche und dem Material).

Elektrode, Polarisation der: Spannung an Grenzflächen unterschiedlicher Medien auf Grund ungleicher Konzentration und Beweglichkeit von Ladungsträgern: Elektronen (im Metall) und Ionen (im Elektrolyten).

E.M.C.: Electromagnetic Compatibility. Elektromagnetische Abschirmung.

Energiedichte: Energievorrat der Batterie, bezogen auf das Batterievolumen (VAh/m^3) oder auf die Batteriemasse (VAh/kg).

Entrance block: Ineffektive Auslösung der Detektionseinheit des Bedarfsschrittmachers bei Herzaktionen.

E.O.L.: End of life. Definiertes Betriebsende eines Schrittmachers.

E.R.I.: Elective replacement indicator. Definierter Indikator für elektiven Schrittmacherwechsel.

E.R.T.: Elective replacement time. Empfohlener Zeitpunkt für elektiven Schrittmacherwechsel.

Escape interval: Postdetektorisches Stimulationsintervall.

Exit block: Ineffektive Stimulation des Myokards durch den Schrittmacherimpuls (z. B. bei Reizschwellenerhöhung, Batterieerschöpfung, Elektrodenbruch).

Grundfrequenz: siehe Basisfrequenz.

Grundperiode: siehe Basisintervall.

High-power-Schrittmacher: Schrittmacher mit hoher Ausgangsleistung zur Verwendung bei hohen Reizschwellen des Myokards.

Hochfrequenzstimulation: Schrittmacherstimulation mit Frequenzen über 200/min zur Konversion von Vorhofflattern in Vorhofflimmern.

Hybridschaltung: Elektronische Schaltung aus diskreten und integrierten Bauteilen.

Hysterese: Definierte Verlängerung des Basisintervalls nach Detektion einer spontanen Herzaktion.

Impedanz: siehe Scheinwiderstand.

Impuls: Kurzzeitiger Spannungs- oder Stromstoß am Ausgang eines Schrittmachers.

Impulsamplitude: Amplitude des Schrittmacherimpulses in Volt oder Milliampère bei definierter Belastung.

Impulsanalyse: Elektronische Bestimmung von Dauer, Intervall, Amplitude und Zeitkonstante des Impulsartefaktes eines Herzschrittmacherimpulses nach Implantation.

Impulsartefakt: Artefakt des Schrittmacherimpulses im Oberflächen-EKG.

Impulsartefakt, Amplitude: Amplitude des Impulsartefaktes in mV, abhängig von Belastung und Impulsdauer sowie von der Lagebeziehung zwischen Implantationsort und EKG-Ableitort.

Impulsartefakt, Zeitkonstante: Intervall, nach dem die Amplitude des Impulsartefaktes um den Faktor 1/e abgesunken ist.

Impulsbreite: siehe Impulsdauer.

Impulsdauer: Dauer eines Schrittmacherimpulses (0,3 – 1 msec).

Impulshöhe: siehe Impulsamplitude. Auch für Amplitude des Impulsartefaktes.

Impulsintervall: Intervall zwischen dem Beginn zweier aufeinander folgender Schrittmacherimpulse. Das Impulsintervall kann bei Basisfrequenz, Testfrequenz und Störfrequenz unterschiedlich sein.

Indikatorimpuls: „tracking-impulse", Markierungsimpuls. Mit Eigenaktionen synchroner unterschwelliger elektrischer Impuls zur Diskriminierung von Schrittmacheraktionen bei telefonischer Schrittmacherüberwachung.

Inhibition: Unterdrückung des Schrittmacherimpulses durch Herzeigenaktion.

Innenwiderstand: Widerstand eines elektrischen Spannungsgenerators (Batterie).

Integrated circuit: Abk.: IC. Siehe Schaltung, integrierte.

Kathode: Negativer Pol eines elektrischen Stromkreises. Negativer Pol einer Batterie. Differente Elektrode bei der elektrischen Stimulation des Myokards.

Kombinationssystole: Gleichzeitige Depolarisation verschiedener Myokardanteile durch den Schrittmacherimpuls und durch intrinsische Reizbildung.

Kombinationssystole, Pseudo-: Im Oberflächen-EKG erscheint das Impulsartefakt des Schrittmachers in den QRS-Komplex integriert; der Impuls hat jedoch keinen Anteil an der Depolarisation des Myokards.
Kondensator: auch: Kapazität. Elektronisches Bauelement: unendlicher Widerstand für Gleichstrom, abnehmender Wechselstromwiderstand mit steigender Wechselstromfrequenz, Ladungsspeicher, Bauteil in Frequenzfiltern, elektronischen Differentiatoren und Schaltverzögerern.

Lead: Elektrodenzuleitung.
Leading edge: siehe Anstiegsflanke.
Leckstrom: Verluststrom einer Batterie auf Grund ihres endlichen Innenwiderstandes.
Leerlaufspannung: Batteriespannung ohne Belastung.

Magnetfrequenz: siehe Testfrequenz.

Noise rate: siehe Störfrequenz.
Noise sampling period: siehe Störmeßzeit.

Oesophaguselektrode: Bipolare Elektrode zur externen Elektrostimulation des Herzens über den linken Vorhof vom Oesophagus aus.
Ohm: Einheit des elektrischen Widerstandes.
Orthorhythmische Stimulation: Frequenzbezogene Intervallstimulation zur Unterbrechung von Tachykardien.

Pacemaker: Herzschrittmacher.
Pacemaker-twiddler's Syndrom: Rotation des implantierten Schrittmachers mit Aufwickelung der Elektrodenzuleitung um das Schrittmachergehäuse mit nachfolgender Dislokation und ineffektiver Myokardstimulation.
Parasystolie: Gleichzeitiges Bestehen von zwei oder mehreren Reizbildungszentren mit wechselnder Initiierung der Herzaktion.
Periode: siehe Impulsintervall.
Präautomatische Pause: Intervall bis zum Auftreten einer Herzaktion nach Aussetzen des aktuellen Reizbildungszentrums oder des elektrischen Schrittmachers.
Primärelement: Elektrochemisches Element, das aus chemischen Reaktionen elektrische Energie bezieht. Ein oder mehrere Elemente bilden eine Batterie.
Programmer: siehe Programmiergerät.
Programmiergerät: Elektronisches Gerät zur Umschaltung (Frequenz, Impulsdauer, Impulsamplitude) programmierbarer Schrittmacher durch elektromagnetische Impulse.
Programmiermagnet: Magnet zur Frequenzprogrammierung entsprechender Schrittmacher (magnetische Feldstärke ca. 400 Gauß).

Pulse duration: siehe Impulsdauer.
Pulse interval: siehe Impulsintervall.

R auf T-Phänomen: Auslösung von Zusatzerregungen durch eine in die Repolarisationsphase fallende Herzaktion.
Redundanz: In der Schrittmacherelektronik: Prinzip der Bestückung elektronischer Schaltungen mit überzähligen Funktionseinheiten, die andere bei Funktionsausfall vollständig oder teilweise ersetzen.
Reed relay: siehe Reed-Schalter.
Reed-Schalter: Mechanischer Schalter in Schrittmachern. Die Schaltung erfolgt durch Auflegen eines Dauermagneten, wobei eine Metallfeder im Magnetfeld den Kontakt schließt (Umschaltung vom Bedarfsbetrieb auf festfrequente Stimulation).
Refractory period: siehe Refraktärzeit.
Refraktärzeit: Intervall nach Stimulation, in dem bei signalinhibierten oder getriggerten Bedarfsschrittmachern keine Detektion bzw. Triggerung erfolgt (auch „absolute Refraktärzeit" oder „poststimulatorische Refraktärzeit").
Refraktärzeit, postdetektorische: Intervall nach Detektion, in dem keine weitere Detektion erfolgt.
Refraktärzeit, poststimulatorische: Intervall nach Stimulation, in dem keine Detektion erfolgt.
Refraktärzeit, relative: siehe Störmeßzeit.
Reizintervall: siehe Impulsintervall.
Reizschwelle: Zur Stimulation des Herzens erforderliche minimale Energie (vereinfacht in Volt oder Milliampère angegeben).
Reizspannungsschwelle: Spannung, die ein Reiz definierter Dauer und Form übersteigen muß, um eine Herzaktion hervorzurufen.
Reizstromschwelle: Stromstärke, die ein Reiz definierter Dauer und Form übersteigen muß, um eine Herzaktion hervorzurufen.
Reizzeit: siehe Impulsdauer.
Reset: Rückstellung des Zeitgenerators auf den Nullpunkt des Basisintervalls, z. B. bei Detektion einer Herzeigenaktion.
Rheobase: Extrapolierte Amplitude der Reizschwelle bei unendlicher Reizdauer (Gleichstromreizung).
Rise-time: siehe Anstiegszeit.
Röntgenidentifikation: Identifikation des Schrittmachers auf Grund eines röntgenpositiven Codes im Schrittmachergehäuse.
Runaway pacemaker: Schrittmacher, der bei Batterieerschöpfung unkontrollierte Frequenzzunahme zeigt.

Schaltung, diskrete: Nach herkömmlichen Technologien gefertigte und konventionell verschaltete elektronische Bauelemente: Widerstände, Kondensatoren, Transistoren, Spulen und Dioden sind durch gesonderte Leitungen und Lötstellen miteinander verbunden.

Schaltung, integrierte: Elektronische Funktionseinheiten (Verstärker, Schalter, Multivibratoren, Kippstufen). Komplexe elektronische Miniaturschaltung auf einem Siliziumträger (chip). In mehreren Produktionsschritten werden Widerstände, Kapazitäten, Transistoren und Dioden in speziellen Techniken (Dünnfilmtechnik, Dickfilmtechnik, Aufdampfverfahren, Siebdruckverfahren) auf den Träger aufgebracht.

Scheinwiderstand: Impedanz. Vektorielle Summe aus Wirk- und Blindwiderstand.

Schrittmacheraktion: Schrittmacherinitiierte Herzaktion. Im Gegensatz zur spontanen Herzaktion (vgl. Eigenaktion).

Schrittmacher, asynchroner: Schrittmacher mit festfrequenter Impulsabgabe ohne Detektionseinheit.

Schrittmacher, bifokaler: Schrittmacher für sequentielle oder vorhofgesteuerte Kammerstimulation.

Schrittmacher-Ausgangskreis, spannungskonstanter: Während der Impulsdauer fließt ein elektrischer Strom vom Ausgangskondensator durch das Myokard. Der Stromfluß nimmt exponentiell mit der Impulsdauer ab. Derzeit gebräuchlichste Schaltung.

Schrittmacher-Ausgangskreis, strombegrenzter: Widerstandsschaltung, die den initialen Anteil der exponentiell verlaufenden Kondensatorentladung bei Stimulation auf einen definierten Wert begrenzt.

Schrittmacher-Ausgangskreis, stromkonstanter: Während der Impulsdauer fließt ein konstanter elektrischer Strom von der Batterie durch das Myokard; dieser Strom wird begrenzt durch den Widerstand des Ausgangskreises des Schrittmachers.

Schrittmacher-Eingangsempfindlichkeit: siehe Detektionsempfindlichkeit.

Schrittmacher, QRS-getriggerter: siehe Bedarfsschrittmacher, getriggerter.

Schrittmacher, QRS-inhibierter: siehe Bedarfsschrittmacher, signalinhibierter.

Schrittmacher, sequentieller: Schrittmacher mit zwei Elektroden, der Vorhöfe und Kammern nacheinander mit einer der PQ-Zeit entsprechenden Verzögerung stimuliert.

Schrittmacher, vorhofgesteuerter: Schrittmacher mit atrialer Detektionselektrode, der durch P-Wellen gesteuert wird und die Ventrikel nach einem der PQ-Zeit entsprechenden Intervall über eine zweite Elektrode stimuliert.

Sekundärelement: Durch elektrischen Strom aufladbares elektrochemisches Element (Akkumulator).

Sensibilität eines Schrittmachers: siehe Detektionsempfindlichkeit.

Sensitivity: Sensitivität, siehe Detektionsempfindlichkeit.

Siliziumchip: Trägerplatte für integrierte elektronische Schaltungen aus einer dünnen Siliziumschicht von 1 – 2 mm² Fläche.

Spule: auch Induktivität. Elektronisches Bauelement: zunehmender Wechselstromwiderstand mit steigender Wechselstromfrequenz. Bauteil in Frequenzfiltern, Verwendung als Übertrager und Transformator.

Stand-by-Schrittmacher: siehe Bedarfsschrittmacher, positiv gesteuerter.

Stimulation, ineffektive: Elektrische Stimulation des Myokards ohne Auslösung einer Herzaktion (z. B. bei Reizschwellenerhöhung, Batterieerschöpfung, Elektrodenbruch, Elektrodendislokation).

Stimulation threshold: siehe Reizschwelle.

Störfrequenz: Asynchrone Stimulationsfrequenz eines Bedarfsschrittmachers, auf die der Impulsgeber bei elektromagnetischer Störung umschaltet.

Störmeßzeit: Intervall am Ende der Refraktärzeit des Schrittmachers (relative Refraktärzeit), in dem Störsignale den Schrittmacher auf festfrequente Betriebsart umschalten.

Strombegrenzung: siehe Schrittmacher-Ausgangskreis, strombegrenzter.

Testfrequenz: Stimulationsfrequenz des Schrittmachers nach Umschalten mit dem Testmagneten.

Testmagnet: Dauermagnet zur Umschaltung eines Bedarfsschrittmachers auf die Testfrequenz. Bei den meisten Schrittmachern kombinierte Umschaltung auf festfrequente Betriebsart (magnetische Feldstärke ca. 80 Gauß).

Threshold: siehe Reizstromschwelle, Reizspannungsschwelle.

Tracking impulse: siehe Indikator-Impuls.

Transistor: Elektronisches Halbleiterbauelement, Bauteil in elektronischen Verstärkern und Schaltern.

triggern: Auslösen einer Funktion durch ein Signal, z. B. Auslösen der Detektionseinheit des Schrittmachers durch das endokardiale Elektrogramm, durch das Elektromyogramm eines Skeletmuskels, durch einen Brustwandstimulus oder durch einen elektromagnetischen Störimpuls.

Use-before date: Spätester Implantationszeitpunkt des Schrittmachers.

Vario-Mechanismus: Programmierbare stufenweise Spannungsverminderung am Schrittmacher-Ausgang zur Kontrolle der Reizschwelle nach Schrittmacherimplantation.

Verzögerungsintervall: Verzögerung der Kammerstimulation nach einer Vorhofaktion bei vorhofgesteuerten und sequentiellen Schrittmachern.

Volt: Einheit der elektrischen Spannung. 1 Volt ist die Spannung, die bei Stromfluß von 1 Ampère eine Leistung von 1 Watt erbringt.

Vorhofschrittmacher: Schrittmacher mit atrialer Stimulationselektrode.

Vulnerable Phase: Intervall in der Repolarisationsphase des Myokards, in dem durch elektrische Stimulation (oder durch eine spontane Herzaktion) zusätzliche Erregungen ausgelöst werden.

Widerstand: Elektronisches Bauelement zur Strombegrenzung oder Spannungsteilung.

Wirkwiderstand: Ohmscher Widerstand eines elektronischen Bauelementes.

Zener Diode: Halbleiterdiode, deren Ausgangsspannung von der Eingangsspannung weitgehend unabhängig ist. Bauteil im Eingangskreis von Schrittmachern, welches das endokardiale Spannungssignal leitet, hohe Spannungen jedoch, wie sie z. B. bei Defibrillation mit Elektroschock auftreten, stark begrenzt. Vgl. Defibrillationsschutz.

Literatur: 272, 372, 589, 689

9. Sachverzeichnis

Cardiac Pacing

Diagnostic and Therapeutic Tools

Editor: B. Lüderitz
With an Introduction by G. Riecker

1976. 75 figures, 29 tables. VII, 245 pages
Cloth DM 53,–; US $ 29.20
ISBN 3-540-07711-1

The papers contained in this book were presented at the international symposium on "Diagnostic and Therapeutic Tools of Cardiac Pacing" in Munich. Current experience, new results, and future trends in this field are discussed in twenty-four summarized articles. Investigations of sinus node function, disturbances of AV conduction, and the electrophysiology of supraventricular and ventricular tachycardias receive special attention. The section on the sinus node includes new experimental and clinical data on sinus node automaticity and sinoatrial conduction properties. Recent advances in suction electrode recording are considered. The chapter on AV conduction covers the application of His's bundle electrography with emphasis on conduction disturbances, AV-nodal tachycardias, pre-excitation syndromes, and drug effects. The third part of the book is concerned with experimental, clinical, and electrocardiographic features of tachycardias. New pacing techniques to suppress supraventricular, junctional, and ventricular tachycardias are presented. Finally, the future of cardiac pacing is discussed.

Contents: Sinus Node. – Atrioventricular Conduction. – Supraventricular and Ventricular Tachycardias.

Springer-Verlag
Berlin
Heidelberg
New York

Prices are subject to change without notice